高职高专规划教材

市政工程计量与计价

（市政工程专业适用）

王云江　主编

中国建筑工业出版社

图书在版编目（CIP）数据

市政工程计量与计价/王云江主编．—北京：中国建筑工业出版社，2016.8
高职高专规划教材（市政工程专业适用）
ISBN 978-7-112-19387-5

Ⅰ.①市… Ⅱ.①王… Ⅲ.①市政工程-工程造价-高等职业教育-教材 Ⅳ.①TU723.3

中国版本图书馆 CIP 数据核字（2016）第 087037 号

本书是市政工程专业高职高专规划教材。主要内容包括概论、市政工程定额、市政工程预算、预算定额计量与计价（工料单价法）、工程量清单计量与计价（综合单价法）、通用项目计量与计价、道路工程计量与计价、桥涵工程计量与计价、排水工程计量与计价、利用广联达计价软件编制市政工程造价（工料计价法与综合清单法）。重点介绍了工程量的计算方法和定额的套用，并列举了道路、排水、桥梁等市政工程施工图预算编制的完整实例。

本书可作为大中专院校市政工程、工程造价管理、给水排水等专业的教材，特别适用于从事预算工作的市政专业工作人员学习使用。

* * *

责任编辑：朱首明 刘平平
责任校对：李欣慰 党 蕾

高职高专规划教材
市政工程计量与计价
（市政工程专业适用）
王云江 主编
*
中国建筑工业出版社出版、发行（北京西郊百万庄）
各地新华书店、建筑书店经销
北京红光制版公司制版
北京建筑工业印刷厂印刷
*
开本：787×1092 毫米 1/16 印张：29¼ 字数：709 千字
2016 年 10 月第一版 2020 年 7 月第三次印刷
定价：**55.00** 元
ISBN 978-7-112-19387-5
（28629）

前　言

第二版《市政工程定额与预算》一书出版发行至今已4年多，《建设工程工程量清单计价规范》GB 50500—2013和《市政工程工程量计算规范》GB 50857—2013已出版，有必要重新编写教材第三版。

《市政工程计量与计价》一书，是依据2013年7月1日颁发的《建设工程工程量清单计价规范》GB 50500—2013、《市政工程工程量计算规范》GB 50857—2013及《浙江省市政工程预算定额》(2010版)、《浙江省建设工程施工取费定额》(2010版) 等最新规范，定额进行编写。

目前工程造价仍为定额计价模式和工程量清单计价模式并存。定额计价和清单计价模式有着密不可分的联系，本书清晰地介绍了两种模式下工程计量与计价的方法。

全书共十章。其中第一章概论、第二章市政工程定额、第三章市政工程预算、第四章预算定额计量与计价（工料单价法）第五章工程量清单计量与计价（综合单价法）、第六章通用项目计量与计价、第七章道路工程计量与计价、第八章桥涵工程计量与计价、第九章排水工程计量与计价、第十章利用广联达计价软件编制市政工程造价（工料计价法与综合清单法）。

本书图文并茂、内容翔实，实例丰富、实用性强。全书在第二版的基础上作了大量的调整、修改和增减。在通用项目、道路工程、桥梁工程和排水工程各章中通过大量完整的实例详尽介绍了工程量计算方法和市政工程造价的编制方法。

本教材由王云江主编，李拥华、张文俊副主编，王博、季颖俐、施季艳、徐承军参编，张新标主审。

虽经第二次修订，限于编者水平，书中难免有不妥当或疏漏之处，欢迎读者批评指正。

目　录

第一章 概 论

本章学习要点

基本建设的内容和组成、基本建设的程序和内容；市政工程预算课程应具备的专业知识和能力。

第一节 市政工程概述

一、市政工程的内容

市政工程属于国家的基本建设，是组成城市的重要部分。

市政工程包括：城市的道路、桥涵、隧道、地铁、给水排水、防洪堤坝、燃气、集中供热及绿化等工程，这些工程都是国家投资（包括地方投资）兴建，是城市的基础设施。供城市生产和人民生活使用的公用工程，通常称为市政公用设施，简称市政工程。

二、市政工程的作用

城市建设中的道路、桥涵、隧道、给水排水、防洪堤坝、燃气、集中供热及绿化等市政工程是城市的重要基础设施，是城市必不可少的物质技术基础，是城市经济发展和实行对外开放的基本条件。国家的工业化都是以大力发展基础设施为前提，并伴随着市政、交通、能源等基础设施发展起来。建设现代化的城市必须有相适应的基础设施，使之与生产和发展各项建设事业相适应，以创造良好的生活环境，提高城市经济效益和社会效益。市政工程可称为支柱工程、骨干工程、血管工程。它既输送着经济建设中的养料，如城市供水设施向企业提供生产用水、向居民提供生活用水；又排除废料，如城市排水设施排放、处理工业废水和生活污水；城市防洪设施既保证生产安全，又保障人民生活安全；城市道路、桥梁保证生产用车和生活用车的通行，沟通着城乡物资交流，对于促进农业生产以及科学技术的发展，改善城市面貌，使国家经济建设和人民物质文明生活的提高，有着极为重要的作用。

三、市政工程建设的特点

（一）市政工程产品的特点

（1）单项工程投资大，一般工程在千万元左右，较大工程要在亿元以上。

（2）产品的固定性。市政工程产品，它的基础都是与大地相连的，工程建设后它的位置便固定下来，不能移动。

（3）工程类型多，工程量大。如道路、桥梁、隧道、排水、防洪堤坝等类工程都有，而且工程量大，如高速公路、大型桥梁逐渐增多。

（4）结构复杂而且单一，每个工程的结构不尽相同，特别是桥梁、污水处理厂等工程更是复杂。

(5) 干、支线配合、系统性强。如道路、管网等工程的干线要解决支线流量问题，而且成为系统。否则互相堵截，排流不畅。

（二）市政工程施工的特点

(1) 施工生产的流动性。在生产中，施工人员、机械、设备、材料等围绕着产品进行流动。

(2) 施工生产的一次性。产品类型不同，设计形式和结构不同，再次施工生产各有不同。

(3) 工期长、工程结构复杂，工程量大，投入的人力、物力、财力多。

(4) 施工的连续性。开工后，各个工序必须依据生产程序连续进行，不能间断。否则就会造成很大的浪费和损失。

(5) 协作性强。地上地下工程的配合、材料、供应、水源、电源、运输以及交通的配合与工程附近工厂、市民的配合，都需要协作支持。

(6) 露天作业，施工条件差。

(7) 受自然条件影响大。夏、冬、雨、雪、风、气温高、气温低，都会给施工带来很大困难。

第二节 基本建设概述

一、基本建设的含义

基本建设就是固定资产的再生产。固定资产再生产，必须包括简单再生产和扩大再生产两个方面。简单再生产，是指建设在原有规模上进行，建造出来的新固定资产，只能补偿、替换被消耗掉的固定资产；扩大再生产，是指新建、扩建、改建等形式建设在扩大的规模上进行，建造出来的新固定资产多于被消耗掉的固定资产。

为了便于管理和核算，目前在有关制度中规定，凡列为固定资产的劳动资料，一般应同时具备两个条件：

(1) 使用期限在一年以上。

(2) 单位价值在规定的限额以上。小型国有企业为1000元以上、中型国有企业为1500元以上、大型国有企业为2000元以上的。不同时具备上述两个条件的应列为低值易耗品。

市政工程属于基本建设范畴，基本建设投资的比例很大，所以市政建设的发展规模，技术进步，生产效率的提高，都直接关系到基本建设的进程与效益，因此市政工程和基本建设有着密切的联系，它们是互相依赖、互相影响的。正确地对待基本建设与市政工程的关系，对国民经济的建设和市政工程的发展，都有着重要的意义。

基本建设主要包括新建、扩建、改建、恢复及迁建等形式的扩大再生产。

1. 新建项目

指从无到有，新开始建设的项目。

2. 扩建项目

指从小到大，为增加新的品种生产能力而增建的主要工程项目。

3. 改建项目

指从旧到新，为提高综合能力对原有厂房、设备进行技术改造或固定资产更新的项目。

4. 恢复项目

指受破坏后恢复，原有固定资产因自然灾害、人为灾害等原因破坏，投资重新建设的项目。

5. 迁建项目

指搬迁新地，原单位因环境保护或安全生产以及其他特殊需要，搬迁到另外地方进行的建设项目。

二、基本建设的内容和组成

（一）基本建设的内容

基本建设的内容，包括以下五个方面：

1. 建筑工程

包括各种建筑物、构筑物、管道敷设及农田水利等工程的修建，如市政建设中的道路、桥梁、给水、排水、隧道、地铁等工程，以及为施工而进行的建筑场地平整、清理与绿化等工程。

2. 安装工程

包括生产、动力、起重、运输、医疗、实验等设备的装配，安装工程与设备相连的装设工程。如市政工程中污水泵站安装泵机，隧道工程安装通风机等，以及有关绝缘、油漆、测试和试车等工作。

3. 设备、工具、器具的购置

包括生产应配备的各种设备、工具、器具、生产家具及实验仪器等的购置。

4. 勘察设计与地质勘探等工作

5. 其他基本建设工作

包括上述以外的各种基本建设工作，如土地征购，青苗赔偿，迁坟移户，干部及生产人员培训，科学研究以及生产和办公用具购置等。

（二）基本建设的项目组成

基本建设工程一般可分为建设项目、单项工程、单位工程三级。单位工程由各个分部工程组成，分部工程由各个分项工程组成。

1. 建设项目

建设项目是指按照一个总体设计进行施工，经济上实行统一核算，行政上有独立的组织形式的基本建设单位，一般应以一个企业（或联合企业）事业单位或大型独立工程作为一个建设项目，如一条内环线工程或一个污水处理厂。

2. 单项工程

单项工程又称工程项目，是建设项目的组成部分，能够独立发挥生产能力或效益的工程。一般是指工业建设中能独立生产的车间，或非工业建设中能发挥设计规定的主要效益的各个独立工程，如某个城区的立交桥、城市道路、排水工程中的泵站建设。

3. 单位工程

单位工程是单项工程的组成部分，通常按照单项工程所包含的不同性质的工程内容，根据能否独立施工的要求，将一个单项工程划分为若干个单位工程，如泵站建设中泵房建筑是一个单位工程，如一段道路工程、一段下水道工程也是一个单位工程。单位工程一般是进行工程成本核算的对象。在预算结算制中，单位工程产品价格是由编制单位工程施工图预算来确定的。

4. 分部工程

分部工程是单位工程的组成部分，一般是按照单位工程的各个部位划分的。根据结构部位不同可将一个单位工程分解为若干个分部工程。如可将一段道路工程分解为路基工程、路面工程、附属工程等若干个分部工程。

5. 分项工程

分项工程是分部工程的组成部分，它是将分部工程更细地划分为若干个分项工程，如泵房建筑中的土方工程又可分为挖土、土方运输、回填土等。分项工程是计算人工、材料、机械等消耗的最基本的计算要素。

三、基本建设程序及内容

（一）基本建设程序

基本建设程序：前后衔接、左右配合、互相联系依次进行。其程序形式如图 1-1 所示。

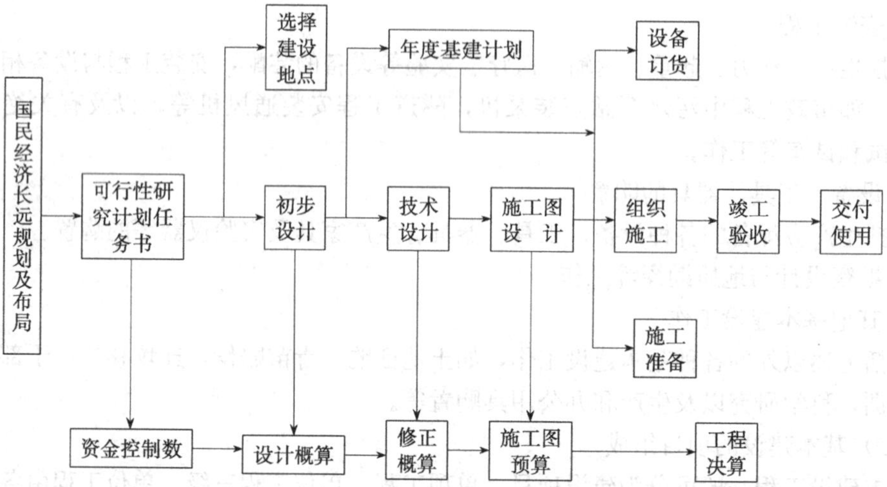

图 1-1 基本建设程序

（二）基本建设程序的内容

1. 项目建议书

（1）建设项目提出的必要性和依据；

（2）产品方案、拟建规模和建设地点的初步设想；

（3）资源情况、建设条件、协作关系的初步分析；

（4）投资估算和资金筹措设想；

（5）经济效益和社会效益的初步估计。

2. 可行性研究

（1）项目提出的背景和依据；

（2）建设规模、产品方案、市场预测和测定的依据；

(3) 技术工艺、主要设备、建设标准；

(4) 资源、原材料、燃料、运输等协作配合条件；

(5) 建设地点、厂区布置方案、占地面积；

(6) 项目设计方案，协作配套工程，环保、防震要求；

(7) 劳动定员和人员培训；

(8) 建设工期和实施进度；

(9) 投资估算和资金筹措方式；

(10) 经济效益和社会效益的估计。

3. 设计任务书

一般项目设计，分初步设计和施工图设计两个阶段。对于技术复杂并且缺乏经验的项目，分初步设计、技术设计和施工图设计三个阶段。

(1) 初步设计：初步设计由文字说明、图纸和总概算书组成，是对已批准的设计任务书中的内容进行概括的计算。具体包括：总体规划，工艺流程，主要建筑设施，占地面积，主要设备材料清单，主要技术经济指标，总概算书，建设工期等。

(2) 技术设计：技术设计的主要任务是在初步设计的基础上，进一步确定建筑、结构、设备等的技术问题。

(3) 施工图设计：施工图设计包括：建筑、结构、水、电、暖、卫、气、工业管道等全部施工图纸，工程说明书，结构计算书和施工图预算等。

4. 建设准备

(1) 开工准备工作：

1) 征地、拆迁和场地平整；

2) 完成施工用水、电、路等工程；

3) 组织准备、材料订货；

4) 准备必要的施工图纸，至少可供开工后 3 个月的施工；

5) 组织施工招标，择优选定承包商。

(2) 报批开工报告：开工准备工作具备后，建设单位要将新开工工程文件上报国家计委统一审核后编制，年度大中型和限额以上建设项目开工计划报国务院批准。

5. 建设施工

施工单位在施工中严格按设计进行，按规范操作管理。建设单位应按合同条款，协调各种关系及时组织对隐蔽工程的验收，严把质量关。做到计划、设计、施工三个环节互相衔接，投资、工程内容、施工图纸、设备材料、施工质量互相落实。

6. 生产准备

(1) 招收和培训人员；

(2) 生产组织、技术和物资准备。

7. 竣工验收、交付使用

竣工验收是全面考核项目建设成果、检验设计和工程质量的重要步骤，也是项目从建设转入生产或使用的标志。

(1) 竣工决算和工程竣工图；

(2) 隐蔽工程验收记录；

(3) 工程定位测量记录；

(4) 建筑物、构筑物各种试验记录；

(5) 设计变更资料；

(6) 质量事故处理报告等技术资料。

第三节　市政工程定额与预算课程的要求与学习方法

一、市政工程预算课程的要求

《市政工程定额与预算》是一门技术性、专业性、实践性和综合性很强的专业课程。它涉及市政工程识图、市政工程材料、道路工程、桥梁工程、排水工程及施工组织与管理招投标与合同管理等有关知识，要学好这门课，必须具有以下专业知识和能力：

(1) 具有市政工程识图，道路、排水管道、桥梁及护岸工程构造的基本知识；

(2) 了解常用建筑材料、制品、构配件以及机械设备的品种、规格、性能和用途；

(3) 熟悉道路、排水、桥涵的施工程序、施工方法和工程技术规范；

(4) 熟悉定额的内容，工程量计算规则、方法及取费标准；

(5) 能用计算机编制施工图预算。

二、市政工程定额与预算课程的学习方法

(1) 本课程的教学内容具有很强的实践性，学习时必须与本地实际挂钩，注重理论联系实际，以应用为重点。

(2) 本课程是一门政策性很强的学科，学习时必须熟悉专业定额，随时掌握本地区有关文件及费用、价格文件，在编制市政工程施工图预算时，各项费用计取程序要结合本地区规定进行。

(3) 正确运用预算项目的列项、工程量计算、定额的套用和换算方法。

(4) 在学习中要多看书、多思考、多做练习、学练结合来进一步消化，由浅入深，融会贯通。在学习中，一方面学会用手算编制预算，在预算练习过程中发现问题并解决问题，打下扎实的基础；另一方面在手算的基础上，运用电脑技术及市政预算软件来编制预算。

(5) 将市政定额与预算和工程项目招投标等内容结合。

(6) 在学习中应掌握市政工程计价方法并编制施工图预算和工程量清单。

思考题与习题

1. 什么是基本建设？基本建设内容主要包括哪些方面？
2. 基本建设项目组成有哪些？
3. 基本建设程序的内容有哪些？
4. 市政工程预算课程应具备哪些专业知识和能力？

第二章 市政工程定额

本章学习要点

定额的概念、特点、分类；施工定额的概念、基本形式；预算定额的概念、组成和内容、应用与换算；企业定额的性质、作用。

第一节 定额的基本概念

一、市政工程定额的概念

定额，“定”就是规定，“额”就是数额。定额就是规定在产品生产中人力、物力或资金消耗的标准数额。

在市政施工过程中，在一定的施工组织和施工技术条件下，用科学的方法和实践经验相结合，制定为生产质量合格的单位工程产品所必须消耗的人工、材料和机械台班的数量标准，就称为市政工程定额，或简称为工程定额。

二、市政工程定额的特性

（一）定额的科学性

定额的科学性，表现为定额为生产成果和生产消耗的客观规律和科学的管理方法，定额的编制是用科学的方法确定各项消耗量标准，力求定额水平合理，形成一套系统的、完善的、在实践中行之有效的方法。

（二）定额的法令性

定额的法令性，是指定额一经国家、地方主管部门或授权单位颁发，各地区及有关施工企业单位，都必须严格遵守和执行，不得随意改变定额的结构形式和内容，不得任意变更定额的水平，如需要进行调整、修改和补充，必须经授权部门批准。

（三）定额的群众性

定额的制定和执行都具有广泛的群众基础。首先，定额的制定来源于广大职工群众的生产（施工）活动，是在广泛听取群众意见并在群众直接参加下制定的。其次，定额要依靠广大群众贯彻执行，并通过广大职工的生产（施工）活动，进一步提高定额水平。

（四）定额的统一性

为了使国民经济按照既定的目标发展，需要借助于标准、定额、参数等，对工程建设进行规划、组织、调节、控制。而这些标准、定额、参数必须在一定范围内是一种统一的尺度，才能对项目的决策、设计范围、投标报价、成本控制进行比选和评价。

（五）定额的稳定性和时效性

定额是定与变的统一体。定额在一定时期具有相对的稳定性。但是，任何一种定额，都只能反映一定时期的生产力水平，定额应该随着生产的发展，修改、补充或重新编制。

定额的科学性是定额法令性的依据；定额的法令性又是贯彻执行定额的重要保证；定额的群众性则是制定和贯彻定额的可靠基础。

三、定额的作用

（1）定额是国家对工程建设进行宏观调控和管理的手段。

（2）定额具有节约社会劳动和提高劳动生产效率的作用。

（3）定额有利于建筑市场公平竞争。

（4）定额是完成规定计量单位分项工程计价所需的人工、材料、机械台班的消耗量标准。

（5）定额是编制施工图预算、招标工程标底、投标报价的依据。

（6）定额有利于完善市场的信息系统。

四、定额的分类

市政工程定额种类很多，如图 2-1 所示。一般按生产因素、用途、性质与编制范围，可分为以下类型：

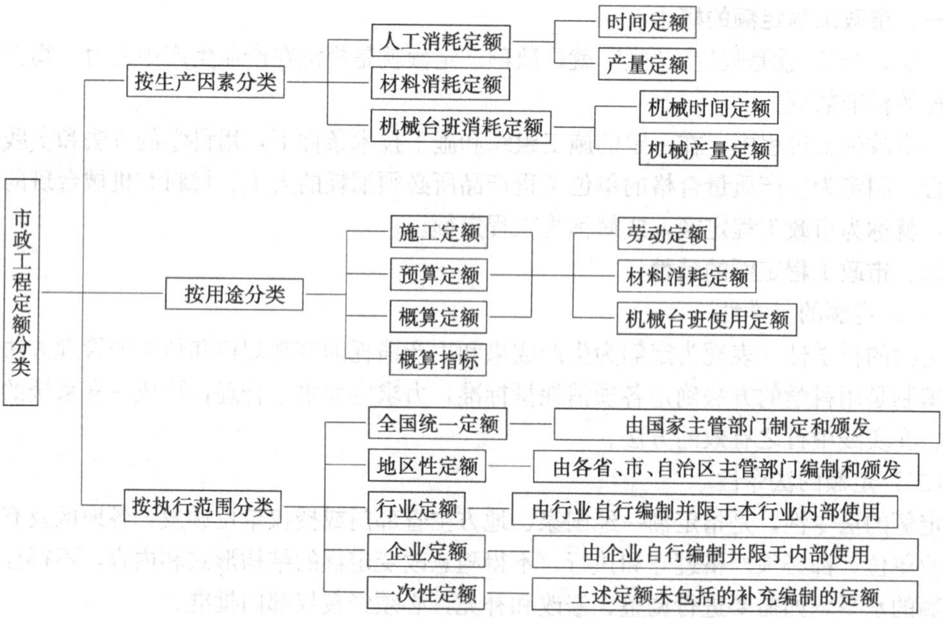

图 2-1 市政工程定额分类

（一）按生产因素分类：可分为劳动消耗定额、材料消耗定额与机械台班消耗定额

1. 劳动消耗定额

劳动定额亦称人工定额，它规定了在正常施工条件下，某工种的某一等级工人为生产单位合格产品，所必须消耗的劳动时间，或在一定的劳动时间内，所生产合格产品的数量。

劳动定额按其表现形式不同，可分为时间定额和产量定额两种。

2. 材料消耗定额

材料消耗定额是在节约和合理使用材料的条件下，生产单位合格产品所必须消耗的一定品种规格的原材料、燃料、成品、半成品或构配件等的数量。

3. 机械台班消耗定额

机械台班定额简称机械定额，它是在合理的劳动组织与正常施工条件下，利用机械生产一定单位合格产品，所必须消耗的机械工作时间，或在单位时间内，机械完成合格产品的数量。

机械消耗定额可分为时间定额和产量定额两种。

（二）按用途性质分类：可分为施工定额、预算定额、概算定额与概算指标

1. 施工定额

施工定额是直接用于基层施工管理中的定额，它一般由劳动定额、材料消耗定额和机械台班使用定额三个部分组成。根据施工定额，可以计算不同工程项目的人工、材料和机械台班的需用量。施工定额是编制预算定额，确定人工、材料、机械消耗数量标准的基础依据。

2. 预算定额

预算定额是确定一定计量单位的分项工程或结构构件的人工、材料（包括成品、半成品）和施工机械台班耗用量以及费用标准。预算定额是确定工程造价的主要依据，是计算标底和确定报价的主要依据。

3. 概算定额

概算定额是预算定额的扩大与合并，它是确定一定计量单位扩大分项工程的人工、材料和施工机械台班的需要量以及费用标准，是设计单位编制设计概算所使用的定额。

4. 概算指标

概算指标是以整个构筑物为对象，或以一定数量面积（或长度）为计量单位，而规定人工、机械与材料的耗用量及其费用标准。他主要是用于投资估算所使用的定额。

概算定额是介于预算定额与概算指标之间的定额。

（三）按主编单位和执行范围分类：可分为全国统一定额、地区定额、行业定额、企业定额和一次性定额。

1. 全国统一定额

全国统一定额是根据全国各专业工程的生产技术与组织管理的一般情况而编制的定额，在全国范围内执行。如《全国市政工程统一劳动定额》。

2. 地区定额

地区定额是各省、自治区、直辖市建设行政主管部门参照全国统一定额及国家有关统一规定制定的，在本地区范围内使用。

3. 行业定额

行业定额是由各行业结合本行业特点，在国家统一指导下编制的具有较强行业或专业特点的定额，一般只在本行业内部使用。

4. 企业定额

企业定额是施工企业根据现行定额项目，不能满足生产需要，必须要根据实际情况编制补充，如对统一定额缺项或对特殊项目的补充。企业定额是施工企业进行投标报价的基础和依据，但这些定额均应按规定履行审批手续。

5. 一次性定额

一次性定额，也称临时定额，它是因上述定额中缺项而又实际发生的新项目而编制的。一般由施工企业提出测定资料，与建设单位或设计单位协商议定，只作为一次使用，并同时报主管部门备查，以后陆续遇到此类项目时，经过总结和分析，往往成为补充或修

订正式统一定额的基本资料。

第二节　施　工　定　额

一、施工定额的概念

施工定额是直接用于市政施工管理中的一种定额，是施工企业管理工作的基础。它是以同一性质的施工过程为测定对象，在正常施工条件下完成单位合格产品所需消耗的人工、材料和机械台班的数量标准，因采用技术测定方法制定，故又叫技术定额。根据施工定额可以直接计算出不同工程项目的人工、材料和机械台班的需要量。

施工定额是以工序定额为基础，由工序定额结合而成的，可直接用于施工之中。

施工定额由劳动定额、材料消耗定额和机械台班使用定额三部分所组成。

二、施工定额的作用

（1）是施工队向班组签发施工任务单和限额领料单的依据。

（2）是编制施工预算的主要依据。

（3）是施工企业编制施工组织设计和施工作业计划的依据。

（4）是加强企业成本核算和成本管理的依据。

（5）是编制预算定额和单位估价表的依据。

（6）是贯彻经济责任制、实行按劳分配和内部承包责任制的依据。

三、施工定额的基本形式

（一）劳动定额

劳动定额也称人工定额。它是施工定额的主要组成部分，表示建筑工人劳动生产率的一个指标。

劳动定额由于表现形式不同，可分为时间定额和产量定额两种。

（1）时间定额：就是某种专业、某种技术等级工人班组或个人在合理的劳动组织与合理使用材料的条件下完成单位合格产品所需的工作时间。定额中的时间包括工人有效工作时间（准备与结束时间，基本生产时间和辅助生产时间）、工人必须休息时间和不可避免的中断时间。

时间定额以工日为单位，每一工日工作时间按现行制度规定为 8 小时，其计算方法如下：

$$\text{单位产品时间定额（工日）}=\frac{1}{\text{每工产量}} \tag{2-1}$$

或

$$\text{单位产品时间定额（工日）}=\frac{\text{小组成员工日数的总和}}{\text{台班产量}} \tag{2-2}$$

（2）产量定额：就是在合理的劳动组织与合理使用材料的条件下，某工种技术等级的工人班组或个人在单位工日中所应完成的合格产品数量。其计算方法如下：

$$\text{每工产量}=\frac{1}{\text{单位产品时间定额（工日）}} \tag{2-3}$$

或

$$\text{每班产量}=\frac{\text{小组成员工日数的总和}}{\text{单位产品时间定额（工日）}} \tag{2-4}$$

产量定额的计量单位，以单位时间的产品计量单位表示，如立方米、平方米、米、吨、块、根等。

时间定额与产量定额互成倒数，即时间定额$=\frac{1}{产量定额}$

$$产量定额=\frac{1}{时间定额}$$

或
$$时间定额\times产量定额=1 \tag{2-5}$$

【例 2-1】 砖石工程砌 1m^3 砖墙，规定砌砖需要 0.524 工日，每工产量为 1.91m^3。试确定时间定额、产量定额。

【解】
$$时间定额=\frac{1}{1.91}=0.524\ 工日/m^3$$

$$产量定额=\frac{1}{0.524}=1.91m^3/工日$$

$$0.524\times1.91=1$$

综合时间定额为完成同一产品各单项时间定额的总和。即综合时间定额(工日)$=\sum$单项时间定额。

$$综合产量定额=\frac{1}{综合时间定额（工日）}$$

时间定额和产量定额都表示同一个劳动定额，但各有用途。时间定额是以工日为单位，便于计算某一分部（项）工程所需要的总工日数，也易于核算工资和编制施工进度计划。用于计算比较适宜和方便。所以劳动定额一般是采用时间定额的形式比较普遍。产量定额是以产品数量为单位，具有形象化的特点，用于施工小组分配任务，考核工人劳动生产率。

劳动定额的测定基本方法有技术测定法、类推比较法、统计分析法和经验估计法。

（二）材料消耗定额

材料消耗定额是指在节约与合理使用材料的条件下，生产单位产品所必须消耗合格材料、构件或配件的数量标准。用公式表示：

$$材料总用量=\frac{净用量}{1-损耗率}$$

或

$$材料总用量=净用量\times(1+损耗率) \tag{2-6}$$

式中 净用量——构成产品实体的消耗量；

损耗率——损耗量与总用量的比值，其中损耗量为施工中不可避免的施工损耗。

例如，浇筑混凝土构件，所需混凝土材料在搅拌、运输过程中不可避免的损耗，以及振捣后体积变得密实，则每立方米混凝土产品就需要耗用 1.02m^3 混凝土拌合材料。

定额中的材料可分为以下四类：

(1) 主要材料——指直接构成工程实体的材料，其中也包括半成品、成品，如混凝土。

(2) 辅助材料——指直接构成工程实体，但用量较小的材料，如铁钉、钢丝等。

(3) 周转材料——指多次使用，但不构成工程实体的材料，如脚手架、模板等。

(4) 其他材料——指用量小，价值小的零星材料，如棉纱等。

(三) 机械台班使用定额

机械台班使用定额是完成单位合格产品所必需的机械台班消耗标准。它也分为机械时间定额和机械产量定额。

机械时间定额就是生产质量合格的单位产品所必需消耗的机械工作时间。机械消耗的时间定额以某台机械一个工作班（8 小时）为一个台班进行计量。其计算方法如下：

$$\text{单位产品机械时间定额（台班）}=\frac{1}{\text{台班产量}} \tag{2-7}$$

或

$$\text{单位产品机械时间定额（台班）}=\frac{\text{小组成员台班数总和}}{\text{台班产量}} \tag{2-8}$$

机械产量定额就是在一个单位机械台班工作日，完成合格产品的数量。其计算方法如下：

$$\text{台班产量}=\frac{1}{\text{单位产品机械时间定额（台班）}} \tag{2-9}$$

或

$$\text{台班产量}=\frac{\text{小组成员台班数总和}}{\text{单位产品机械时间定额（台班）}} \tag{2-10}$$

机械时间定额与机械产量定额互为倒数，即机械时间定额$=\frac{1}{\text{机械产量定额}}$

$$\text{机械产量定额}=\frac{1}{\text{机械时间定额}}$$

或

$$\text{机械时间定额}\times\text{机械产量定额}=1 \tag{2-11}$$

【例 2-2】 机械运输及吊装工程分部定额中规定安装装配式钢筋混凝土柱（构件重量在 5t 以内）每立方米采用履带吊为 0.058 台班，试确定机械时间定额、机械产量定额。

【解】

$$\text{机械时间定额}=0.058\text{ 台班}/m^3$$

$$\text{机械产量定额}=\frac{1}{0.058}=17.24m^3/\text{台班}$$

第三节 预 算 定 额

一、预算定额的概念

预算定额是确定一定计量单位的分项工程或结构构件的人工、材料、机械台班消耗量的标准。

现行市政工程的预算定额，有全国统一使用的预算定额，如建设部编制的《全国统一市政工程预算定额》，也有各省、市编制的地区的预算定额，如：《浙江省市政工程预算定额》(2003 版)。

二、预算定额的作用

(1) 预算定额是编制单位估价表和施工图预算，合理确定工程造价的基本依据。

(2) 预算定额是国家对基本建设进行计划管理和认真贯彻执行“厉行节约”方针的重要工具之一。

(3) 预算定额是工程竣工决算的依据。

(4) 预算定额是建筑安装企业进行经济核算与编制施工作业计划的依据。

(5) 预算定额是编制概算定额与概算指标的基础资料。

(6) 预算定额是编制招标标底、投标报价的依据。

(7) 预算定额是编制施工组织设计的依据。

综上所述，预算定额对合理确定工程造价，实行计划管理，监督工程拨款，进行竣工决算，促进企业经济核算，改善经营管理以及推行招标投标制等方面，都有重要的作用。

三、预算定额的编制

(一) 预算定额的编制原则

(1) 定额水平以符合社会必要劳动量的原则。

(2) 内容形式简明适用的原则。

(3) 集中领导，分级管理的原则。

(二) 预算定额的编制依据

(1) 现行的设计规范、施工及验收规范、质量评定标准和安全操作规程。

(2) 现行的劳动定额、施工材料消耗定额和施工机械台班使用定额。

(3) 现行的标准通用图和应用范围广的设计图纸或图集。

(4) 新技术、新结构、新材料和先进的施工方法等。

(5) 有关科学试验，技术测定、统计和分析测算的施工资料。

(6) 现行的有关文件规定等。

四、预算定额的组成及内容

(一) 预算定额的组成

浙江省现行预算定额由九册及附录册组成。

第一册《通用项目》

第二册《道路工程》

第三册《桥涵工程》

第四册《隧道工程》

第五册《给水工程》

第六册《排水工程》

第七册《燃气与集中供热工程》

第八册《路灯工程》

第九册《地铁工程》

附录其中附录一砂浆、混凝土强度等级配合比、附录二材料单价取定表、附录三机械台班单价取定表、附录四机械台班单独计算的费用。

(二) 预算定额的基本内容

一般由目录、总说明、分部工程说明和分项（节）工程说明、工程量计算规则、分项工程定额表和有关附录等所组成。

1. 目录

主要便于查找，将总说明、各类工程的分部分项定额顺序列出并说明页数。

2. 总说明

总说明是综合说明定额的编制原则和编制依据、适用范围以及定额的作用，定额的有关规定和使用方法。使用定额时必须熟悉和掌握总说明内容。

3. 册、章说明

它主要说明该章、册各分部的工程内容和该分部所包括的工程项目的工作内容及主要施工过程，工程量计算方法和规定，计量单位、尺寸的起讫范围，应扣除和应增加的部分，以及计算附表等。这部分是工程量计算的基准，必须全面掌握。

4. 定额项目表及分部分项表头说明

定额项目表是预算定额的主要构成部分，每个定额表列有分项工程的名称、类别、规格、计量单位、项目名称、定额编号、定额基价以及人工、材料、机械台班等的消耗量指标。有些定额项目表下列有附注，说明设计与定额不符时如何调整，以及其他有关事项的说明。

分部分项表头说明列于定额项目表的上方，说明该分部分项工程所包含的主要工序和工作内容。

5. 定额附录

附录是定额的有机组成部分，一般包括机械台班预算价格表，各种砂浆、混凝土的配合比以及各种材料名称规格表等，供编制预算与材料换算用。

其内容组成形式如图 2-2 所示。

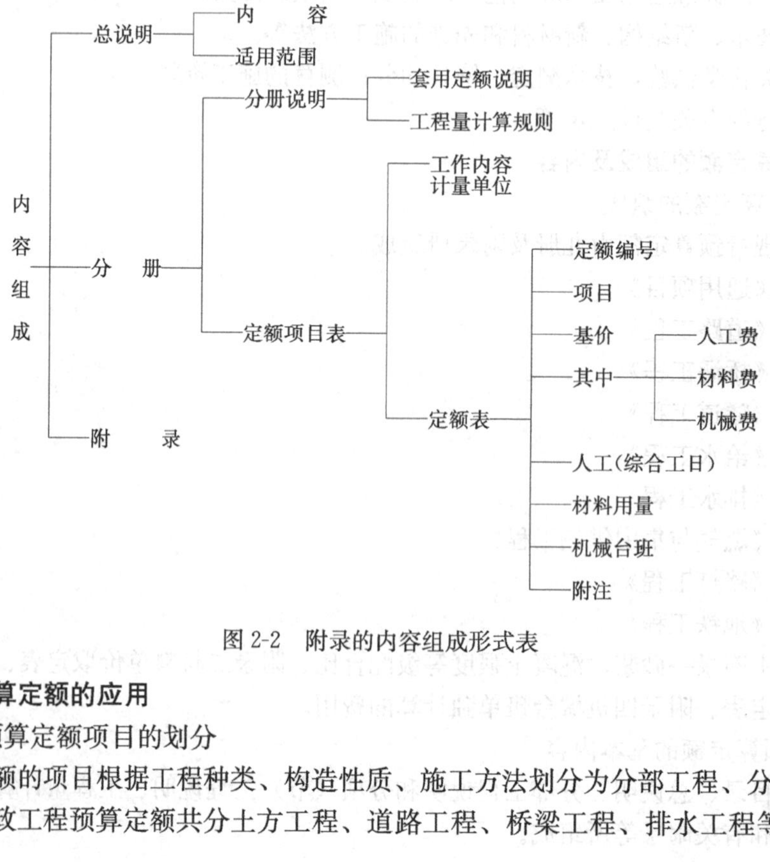

图 2-2　附录的内容组成形式表

五、预算定额的应用

(一) 预算定额项目的划分

预算定额的项目根据工程种类、构造性质、施工方法划分为分部工程、分项工程及子目。例如市政工程预算定额共分土方工程、道路工程、桥梁工程、排水工程等分部工程，道路工程由整理路基、基层、面层、平侧石、人行道等分项组成，沥青混凝土路面，又分粗粒式、中粒式、细粒式与分厚度的子目等。

（二）预算定额的表式

预算定额表列有工作内容、计量单位、项目名称、定额编号、定额基价、消耗定额及定额附注等内容。

1. 工作内容

工作内容是说明完成本节定额的主要施工过程。

2. 计量单位

计量单位每一分项工程都有一定的计量单位，预算定额的计量单位是根据分项工程的形体特征、变化规律或结构组合等情况选择确定的。一般说来，当产品的长、宽、高三个度量都发生变化时，采用立方米或吨为计量单位；当两个度量不固定时，采用平方米为计量单位；当产品的截面大小基本固定时，则用米为计量单位；当产品采用上述三种计量单位都不适宜时，则分别采用个、座等自然计量单位。为了避免出现过多小于 1 的小数位数，定额常采用扩大计量单位如每 $10m^3$、每 $100m^2$ 等。

3. 项目名称

项目名称是按构配件划分的，常用的和经济价值大的项目划得细些，一般的项目划得粗些。

4. 定额编号

预算定额的编号是指定额的序号，其目的是便于检查使用定额时，项目套用是否正确合理，以起减少差错，提高管理水平的作用。定额手册均有规定的编号方法——二符号编号。第一号码表示属全国市政定额第几册，第二号码表示该册中子目的序号。均用阿拉伯数字 1、2、3、4……表示。

定额基价＝人工费＋材料费＋机械费

人工费＝人工综合工日×人＝单价

材料费＝∑（材料消耗量×材料单价）

机械费＝∑（机械台班消耗量×机械台班单价）

例如：人工挖土方三类土　　　定额编号 1-2

水泥混凝土路面草袋养护，定额编号 2-189

5. 定额基价

定额基价是指定额的基准价格，一般是省的代表性价格。实行全省统一基价，是地区调价和动态管理调价的基数。

6. 消耗量

消耗量是指完成每一分项产品所需耗用的人工、材料、机械台班消耗的标准。其中人工定额不分工种、等级、列合计工数。材料消耗量定额列有原材料、成品、半成品的消耗量。机械定额有两种表现形式：单种机械和综合机械。单机的单价是一种机械的单价，综合机械的单价是几种机械的综合单价。定额中的次要材料和次要机械用其他材料费或机械费表示。

7. 定额附注

定额附注是对某定额或某一分项定额的制定依据、使用方法及调整换算等所作的说明和规定。

例如：水泥混凝土路面（抗折 4.0MPa、厚度 20cm）

（1）工作内容：放样、混凝土纵缝涂沥青油、拌合、浇筑、捣固、抹光或拉毛；

（2）计量单位：$100m^2$；

（3）项目名称：20cm 厚水泥混凝土路面（抗折强度 4.0MPa，现拌）；

（4）定额编号：2-193；

（5）基价：5571 元；

（6）消耗量：人工消耗量以合计工日表示，材料消耗量包括其他材料费（次要材料）；

（7）定额附注。

预算定额表中小数点有效位数

（1）人工、材料、机械的消耗量：小数点后保留 3 位小数；

（2）人工费、材料费、机械费：小数点后保留 2 位小数；

（3）定额基价＝取整数。

（三）预算定额的查阅

第一步：按分部→定额节→定额表→项目的顺序找至所需项目名称、并从上向下目视；

第二步：在定额表中找出所需人工、材料、机械名称，并自左向右目视；

第三步：两视线交点的数量，即为所找数值。

（四）预算定额的应用

在编制施工图预算应用定额时，通常会遇到以下三种情况：

定额的套用、换算和补充。

1. 预算定额的套用

在运用预算定额时，要认真地阅读掌握定额的总说明、各分部工程说明、定额的运用范围及附注说明等。根据施工图纸、设计说明、作业说明，确定的工程项目，完全符合预算定额项目的工程内容，可以直接套用定额、合并套用定额或换算套用定额。

（1）直接套用

先把工程量计算中的数量换算成与定额中的单位一致。

【例 2-3】 人工挖一二类土方 $1000m^3$，试确定套用的定额子目编号、基价、人工工日消耗量及所需人工工日的数量。

【解】 人工挖土方定额编号：[1-1]，定额计量单位：$100m^3$

基价＝461 元/$100m^3$

人工工日消耗量＝19.21 工日/$100m^3$

工程数量＝1000/100＝10（$100m^3$）

所需人工工日数量＝10×19.21＝192.1 工日

（2）合并套用。

【例 2-4】 人工运土方，运距 40m，试确定套用的定额子目编号、基价及人工工日消耗量。

【解】 定额子目：[1－43]＋[1－44]

基价＝533＋191＝724 元/$100m^3$

$$人工工日消耗量 = 22.200 + 7.940 = 30.140\ 工日/100m^3$$

(3) 换算套用。

【例 2-5】 人工挖沟槽土方，三类湿土，$H=2m$，并用人工运土，运距 20m。试确定套用的定额子目、基价及人工工日消耗量。

【解】 根据定额说明：挖运湿土时，人工乘以系数 1.18，所以定额套用时需进行换算。

人工挖沟槽湿土（三类土、挖深 2m 内）套用定额子目：[1-8] H

$$人工工日消耗量 = 57.620 \times 1.18 = 67.990\ 工日$$

$$基价 = 67.990 \times 24 = 1632\ 元/100m^3$$

人工运湿土（运距 20m）套用定额子目：[1-43] H

$$人工工日消耗量 = 22.200 \times 1.18 = 26.200\ 工日$$

$$基价 = 26.200 \times 24 = 629\ 元/100m^3$$

2. 预算定额的换算

当设计要求与定额的工程内容、材料规格与施工方法等条件不完全相符时，在符合定额的有关规定范围内加以调整换算。其换算方式有两种：一种是把定额中的某种材料剔除，另换以实际代用的材料；一种是虽属同一种材料，但因规格不同，须将原规格材料数量换算成使用的规格材料数量。例如：混凝土工程，往往设计要求的混凝土强度等级、混凝土中碎石最大粒径与定额不一致，就需要换算调整预算基价。

在换算过程中，定额单位产品材料消耗量一般不变，仅调整与定额规定的品种或规格不相同材料的预算价格。经过换算的定额编号在下端应写个“换”字。

若设计材料强度等级及厚度与定额不同，应进行换算，换算方法如下：

1) 材料强度等级不同：换算基价＝原基价＋(换入材料预算价格－换出材料预算价格)×定额含量。

2) 厚度不同：插入法。

【例 2-6】 砂浆强度等级的换算：M10 砂浆砌料石墩台，试换算定额基价并计算水泥的消耗量。

【解】 定额子目：[3-154] H

定额中用 M7.5 砂浆，而设计要求用 M10 砂浆。

M7.5 砂浆单价＝168.17 元/m^3，M10 砂浆单价＝174.77 元/m^3

材料费调整：2366.22＋0.92×(174.77－168.17)＝2372.29 元

换算后基价＝人工费＋材料费＋机械费＝579.64＋2372.29＋152.60＝3105 元/$10m^3$

水泥用量 $0.92m^3/10m^3 \times 240kg/m^3 = 220.8kg/10m^3$

【例 2-7】 混凝土强度等级不同的换算（石子粒径不同不得换算）：平接式 ϕ300 定型混凝土管道基础（120°），采用 C20 混凝土，试换算定额基价，并计算水泥的消耗量。

【解】 定额子目：[6-276] H

定额中用 C15 混凝土，而设计要求用 C20 混凝土。

C15 混凝土单价＝183.25 元/m^3，C20 混凝土单价＝192.94 元/m^3

材料费调整：1957.44＋10.150×(192.94－183.25)＝2055.79 元

换算后基价＝人工费＋材料费＋机械费＝731.43＋2055.79＋154.53＝2942 元/$100m^3$

水泥用量：8.05m^3/100m×265kg/m^3=2133kg/100m

3. 预算定额的补充

当分项工程的设计要求与定额条件完全不相符时或者由于设计采用新结构、新材料及新工艺施工方法，在预算定额中没有这类项目，属于定额缺项时，可编制补充预算定额。其方法是由补充项目的人工、材料、机械分别消耗定额的制定方法来确定。

第四节　企　业　定　额

企业定额是由企业自行编制，只限于本企业内部使用的定额，包括企业及附属的加工厂、车间编制的定额，以及具有经营性质的定额标准、出厂价格、机械台班租赁价格等。

一、企业定额的性质及作用

（一）企业定额的性质

企业定额是施工企业根据本企业的施工技术和管理水平，以及有关工程造价资料制定的，并供本企业使用的人工、材料和机械台班消耗量标准，供企业内部进行经营管理、成本核算和投标报价的企业内部文件。

（二）企业定额的作用

企业定额是企业直接生产工人在合理的施工组织和正常条件下，为完成单位合格产品或完成一定量的工作所耗用的人工、材料和机械台班使用量的标准数量。企业定额不仅能反映企业的劳动生产率和技术装备水平，同时也是衡量企业管理水平的标尺，是企业加强集约经营、精细管理的前提和主要手段，其主要作用有：

（1）是编制施工组织设计和施工作业计划的依据；

（2）是组织和指导生产的有效工具；

（3）是推广先进技术的必要手段；

（4）是企业内部编制施工预算的统一标准，也是加强项目成本管理和主要经济指标考核的基础；

（5）是施工队和施工班组下达施工任务书和限额领料、计算施工工时和工人劳动报酬的依据；

（6）是企业走向市场参与竞争，加强工程成本管理，进行投标报价的主要依据；

（7）是编制工程量清单报价的依据。

二、企业定额的构成及表现形式

企业定额的编制应根据自身的特点，遵循简单、明了、准确、适用的原则。企业定额的构成及表现形式因企业的性质不同、取得资料的详细程度不同、编制的目的不同、编制的方法不同而不同。其构成及表现形式主要有以下几种：

（1）企业劳动定额。

（2）企业材料消耗定额。

（3）企业机械台班使用定额。

（4）企业施工定额。

（5）企业定额估价表。

（6）企业定额标准。

（7）企业产品出厂价格。

（8）企业机械台班租赁价格。

三、企业定额编制原则

（一）平均先进性原则

定额水平是施工定额的核心。平均先进水平是在正常的施工条件下，经过努力可以达到或超过平均水平。所谓正常施工条件是指施工任务饱满，原材料供应及时，劳动组织合理，企业管理制度健全。平均先进性考虑了先进企业、先进生产者达到的水平，特别是实践证明行之有效的改革施工工艺，改革操作方法，合理配备劳动组织等方面所取得的技术成果，综合确定的平均先进数值。

（二）简明适用性原则

简明适用是指定额结构要合理，定额步距大小要适当，文字要通俗易懂，计算方法要简便，易于掌握运用，具有广泛的适应性，能在较大范围内满足各种需要。

四、企业定额的特点

（一）定额水平的先进性

企业定额在确定其水平时，其人工、材料、机械台班消耗要比社会平均水平低，体现企业在技术和管理的先进性，从而在投标报价中争取更大的取胜砝码。

（二）定额消耗的优势性

企业定额在制定人工、材料、机械台班消耗量时要尽可能体现本企业的全面管理成果和技术优势。

（三）定额内容的特色性

企业定额编制应与施工方案结合。不同的施工方案包括采用不同的施工方法、使用不同的施工措施时，在制定企业定额时应有其特色。

（四）定额单价的动态性和市场性

随着企业劳动资源、技术力量、管理水平等变化，单价应随时间调整。同时随着企业生产经营方式和经营模式的改变，新技术、新工艺、新材料、新设备的采用，定额单价应及时变化。

五、企业定额编制步骤

（一）制定《企业定额编制计划书》

《企业定额编制计划书》一般包括以下内容：

（1）企业定额编制的目的。企业定额编制的目的一定要明确，因为编制目的决定了企业定额的适用性，同时也决定了企业定额的表现形式，例如，企业定额的编制目的如果是为了控制工耗和计算工人劳动报酬，应采取劳动定额的形式；如果是为了企业进行工程成本核算，以及为企业走向市场参与投标报价提供依据，则应采用施工定额或定额估价表的形式。

（2）定额水平的确定原则。企业定额水平的确定，是企业定额能否实现编制目的的关键。定额水平过高，背离企业现有水平，使定额在实施工程中，企业内多数施工队、班组、工人通过努力仍然达不到定额水平，不仅不利于定额在本企业内推行，还会挫伤管理者和劳动者双方的积极性；定额水平过低，起不到鼓励先进和督促落后的作用，而且对项目成本核算和企业参与市场竞争不利。因此，在编制计划书中，必须对定额水平进行确定。

(3) 确定编制方法和定额形式。定额的编制方法很多，对不同形式的定额，其编制方法也不相同。例如：劳动定额的编制方法有：技术测定法、统计分析法、类比推算法、经验估算法等；材料消耗定额的编制方法有观察法、试验法、统计法等。因此，定额编制究竟采取哪种方法应根据具体情况而定。企业定额编制通常采用的方法一般有两种：定额测算法和方案测算法。

(4) 拟成立企业定额编制机构，提交需参编人员名单。企业定额的编制工作是一个系统性的工程，它需要一批高素质的专业人才，在一个高效率的组织机构统一指挥下协调工作，因此，在定额编制工作开始时，必须设置一个专门的机构，配置一批专业人员。

(5) 明确应收集的数据和资料。定额在编制时要搜集大量的基础数据和各种法律、法规、标准、规程、规范文件、规定等，这些资料都是定额编制的依据。所以，在编制计划书中，要制定一份按门类划分的资料明细表。在明细表中，除一些必须采用的法律、法规、标准、规程、规范资料外，应根据企业自身的特点，选择一些能够取得适合本企业使用的基础性数据资料。

(6) 确定工期和编制进度。定额的编制是为了使用，具有时效性，所以，应确定一个合理的工期和进度计划表，这样，既有利于编制工作的开展，又能保证编制工作的效率和效益。

(二) 搜集资料、调查、分析、测算和研究

搜集的资料包括：

(1) 现行定额，包括基础定额和预算定额；工程量计算规则。

(2) 国家现行的法律、法规、经济政策和劳动制度等与工程建设有关的各种文件。

(3) 有关建筑安装工程的设计规范、施工及验收规范、工程质量检验评定标准和安全操作规程。

(4) 现行的全国通用建筑标准设计图集、安装工程标准安装图集、定型设计图纸、具有代表性的设计图纸、地方建筑配件通用图集和地方结构构件通用图集，并根据上述资料计算工程量，作为编制定额的依据。

(5) 有关建筑安装工程的科学实验、技术测定和经济分析数据。

(6) 高新技术、新型结构、新研制的建筑材料和新的施工方法等。

(7) 现行人工工资标准和地方材料预算价格。

(8) 现行机械效率、寿命周期和价格；机械台班租赁价格行情。

(9) 本企业近几年各工程项目的财务报表、公司财务总报表，以及历年收集的各类经济数据。

(10) 本企业近几年各工程项目的施工组织设计、施工方案，以及工程结算资料。

(11) 本企业近几年所采用的主要施工方法。

(12) 本企业近几年发布的合理化建议和技术成果。

(13) 本企业目前拥有的机械设备状况和材料库存状况。

(14) 本企业目前工人技术素质、构成比例、家庭状况和收入水平。

资料收集后，要对上述资料进行分类整理、分析、对比、研究和综合测算，提取可供使用的各种技术数据。内容包括：企业整体水平与定额水平的差异；现行法律、法规，以

及规程规范对定额的影响；新材料、新技术对定额水平的影响等。

（三）拟定编制企业定额的工作方案与计划

（1）根据编制目的，确定企业定额的内容及专业划分；

（2）确定企业定额的册、章、节的划分和内容的框架；

（3）确定企业定额的结构形式及步距划分原则；

（4）具体参编人员的工作内容、职责、要求。

（四）企业定额初稿的编制

（1）确定企业定额的定额项目及其内容。

企业定额项目及其内容的编制就是根据定额的编制目的及企业自身的特点，本着内容简明适用、形式结构合理、步距划分合理的原则，将一个单位工程，按工程性质划分为若干个分部工程，如土建专业的土石方工程、桩基础工程等。然后将分部工程划分为若干个分项工程，如土石方工程分为人工挖土方、淤泥、流沙，人工挖沟槽、基坑，人工挖孔桩……分项工程。最后，确定分项工程的步距，并根据步距对分项工程进一步地详细划分为具体项目。步距参数的设定一定要合理，既不应过粗，也不宜过细。如可根据土质和挖掘深度作为步距参数，对人工挖土方进行划分。同时应对分项工程的工作内容做简明扼要的说明。

（2）确定定额的计量单位。

分项工程计量单位的确定一定要合理，设置时应根据分项工程的特点，本着准确、贴切、方便计量的原则设置。定额的计量单位包括自然计量单位如：台、套、个、件、组等，国际标准计量单位如：m、km、m^2、m^3、kg、t 等。一般说，当实物体的三个度量都会发生变化时，采用立方米为计量单位，如土方、混凝土、保温等；如果实物体的三个度量中有两个度量不固定，采用平方米为计量单位，如地面、抹灰、油漆等；如果实物体截面积形状大小固定，则采用延长米为计量单位，如管道、电缆、电线等；不规则形状的，难以度量的则采用自然单位或重量单位为计量单位。

（3）确定企业定额指标。

确定企业定额指标是企业定额编制的重点和难点，企业定额指标的编制，应根据企业采用的施工方法、新材料的替代以及机械装备的装配和管理模式，结合搜集整理的各类基础资料进行确定。确定企业定额指标包括确定人工消耗指标、确定材料消耗指标、确定机械台班消耗指标等。

（4）编制企业定额项目表。

分项工程的人工、材料和机械台班的消耗量确定以后，接下来就可以编制企业定额项目表了。具体地说，就是编制企业定额表中的各项内容。

企业定额项目表是企业定额的主体部分，它由表头栏和人工栏、材料栏、机械栏组成。表头部分是以表述各分项工程的结构形式、材料做法和规格档次等；人工栏是以工种表示的消耗的工日数及合计；材料栏是按消耗的主要材料和消耗性材料依主次顺序分列出的消耗量；机械栏是按机械种类和规格型号分列出的机械台班使用量。

（5）企业定额的项目编排。

定额项目表，是按分部工程归类，按分项工程子目编排的一些项目表格。也就是说，按施工的程序，遵循章、节、项目和子目等顺序编排。

定额项目表中，大部分是以分部工程为章，把单位工程中性质相近，且材料大致相同的施工对象编排在一起。每章（分部工程）中，按工程内容施工方法和使用的材料类别的不同，分成若干个节（分项工程）。在每节（分项工程）中，可以分成若干项目，在项目下边，还可以根据施工要求、材料类别和机械设备型号的不同，细分成不同子目。

（6）企业定额相关项目说明的编制。

企业定额相关项目的说明包括：前言、总说明、目录、分部（或分章）说明、建筑面积计算规则、工程量计算规则、分项工程工作内容等。

（7）企业定额估价表的编制。

企业根据投标报价工作的需要，可以编制企业定额估价表。企业定额估价表是在人工、材料、机械台班三项消耗量的企业定额的基础上，用货币形式表达每个分项工程及其子目的定额单位估价计算表格。

企业定额估价表的人工、材料、机械台班单价是通过市场调查，结合国家有关法律文件及规定，按照企业自身的特点来确定。其确定方法可参照第二章的相关内容。

（五）评审及修改

评审及修改主要是通过对比分析、专家论证等方法，对定额的水平、使用范围、结构及内容的合理性，以及存在的缺陷进行综合评估，并根据评审结果对定额进行修正。

最后，定稿、刊发及组织实施。

六、企业定额的编制方法

（一）人工消耗指标的确定

企业定额人工消耗指标的确定，实际就是企业劳动定额的编制过程。企业劳动定额在企业定额中占有特殊重要的地位。它是指本企业生产工人在一定的生产技术和生产组织条件下，为完成一定合格产品或一定量工作所耗用的人工数量标准。企业劳动定额一般以时间定额为表现形式。

企业定额的人工消耗指标的确定一般是通过定额测算法确定的。

定额测算法就是通过对本企业近年（一般为三年）的各种基础资料包括财务、预结算、供应、技术等部门的资料进行科学的分析归纳，测算出企业现有的消耗水平，然后将企业消耗水平与国家统一（或行业）定额水平进行对比，计算出水平差异率，最后，以国家统一定额为基础按差异率进行调整，用调整后的资料来编制企业定额。

用定额测算法编制企业定额应分专业进行。下面就以预算定额为基础定额对企业定额人工消耗指标的确定的过程进行描述。

第一步，搜集资料，整理分析，计算预算定额人工消耗水平和企业实际人工消耗水平。

选择近三年本公司承建的已竣工结算完的有代表性的工程项目，计算预算人工工日消耗量，计算方法是用工程结算书中的人工费除以人工费单价。计算公式为：

$$预算人工工日消耗量=预算人工费\div预算人工费单价 \tag{2-12}$$

然后，根据考勤表和施工记录等资料，计算实际工作工日消耗量。

工人的劳动时间是由不同时间构成的，它的构成反映劳动时间的结构，是研究劳动时间利用情况的基础。根据劳动时间构成表，可以计算出实际工作工日数和实际工作工时数。

$$实际工作工日数=制度内实际工作工日数+工休加班工日数+(加点工时\div制度规定每日工作小时数) \tag{2-13}$$

其中：加点工时如果数量不大，可以忽略不计。

$$制度内实际工作工日数=出勤工日数-(全日停工工日数+全日公假工日数)$$

$$出勤工日数=每个制度工作日生产工人出勤人数之和=制度工日数-缺勤工日数$$

$$实际工作工时数=制度内实际工作工时数+加班加点工时数=期内每日生产工人实际工作小时数之和 \tag{2-14}$$

其中：

$$制度内实际工作工时数=(制度内实际工作工日数\times制度规定每日工作小时数)-(非全日缺勤工时数+非全日停工工时数+非全日公假工时数)$$

在企业定额编制工作中，一般以工日为计算单位，即计算实际工作工日消耗量。

第二步，用预算定额人工消耗量与企业实际人工消耗量对比，计算工效增长率。

首先，计算预算定额完成率，预算定额完成率的计算公式为：

$$预算定额完成率=\frac{预算人工工日消耗量}{实际工作工日消耗量}\times100\% \tag{2-15}$$

当预算定额完成率大于1时，说明企业劳动率水平比社会平均劳动率水平高，反之则低。

然后，计算工效增长率，其计算公式为：

$$工效增长率=预算定额完成率-1 \tag{2-16}$$

第三步，计算施工方法对人工消耗的影响。

不同的施工方法，将产生不同的劳动生产率水平。科学合理的选择施工方法，直接影响人工、材料和机械台班的使用数量，这一点，在编制定额时必须予以重视。在编制企业定额时，选用哪种施工方法，其施工方法与预算定额取定的施工方法是否一致，不同施工方法对人、材、机消耗量影响的差异是多少，应通过对比计算，确定施工方法对人工消耗的影响水平，并作为编制企业定额的依据。一般编制企业定额所选用的施工方法应是企业近年在施工中经常采用的并在以后较长期限内继续使用的施工方法。

第四步，计算施工技术规范及施工验收标准对人工消耗的影响。

定额是有时间效应的，不论何种定额，都只能在一定的时间段内使用。影响定额时间效应的因素很多，包括施工方法的改进与淘汰，社会平均劳动生产率水平的提高，新材料取代旧材料，以及市场规则的变化等等，当然也包括施工技术规范及施工验收标准的变化。

施工技术规范及施工验收标准的变化对人工消耗的影响，主要通过施工工序的变化和施工程序的变化来体现，这种变化对人工消耗的影响一般要通过现场调研取得。

比较简单的方法是走访现场有经验的工人，了解施工技术规范及施工验收标准变化后，现场的施工发生了哪些变化，变化量是多少。然后，根据调查记录，选择有代表性的工程，进行实地观察核实。最后对取得的资料分析对比，确定施工技术规范及施工验收标准的变化对企业劳动生产率水平影响的趋势和幅度。

第五步，计算新材料、新工艺对人工消耗的影响。

新材料、新工艺对人工消耗的影响，也是通过现场走访和实地观察来确定其对企业劳动生产率水平影响的趋势和幅度。

第六步，计算企业技术装备程度对人工消耗的影响。

企业的技术装备程度表明生产施工过程中的机械化和自动化水平，它不但能大大降低生产施工工人的劳动强度，而且是决定劳动生产率水平高低的一个重要因素。分析机械装备程度对劳动生产率的影响，对企业定额的编制具有十分重要的意义。

劳动的技术装备程度，通常以平均每一劳动者装备的生产性固定资产或动力、能力的数量来表示。其计算公式是：

$$劳动的技术装备程度指标=\frac{生产性固定资产(或动力、能力)平均数}{平均生产工人人数} \tag{2-17}$$

还应看到，不仅劳动的技术装备程度对劳动生产率有影响，而且，固定资产或动力、能力的利用指标的高低，对劳动生产率也有影响。

固定资产或动力、能力的利用指标，也称为设备能力利用指标的计算公式为：

$$设备能力利用指标(\%)=\frac{设备实际生产能力}{设备可能生产能力}\times 100\% \tag{2-18}$$

根据劳动的技术装备程度指标和设备能力利用指标可以计算出劳动生产率。

$$劳动生产率=劳动的技术装备程度指标\times设备能力利用指标 \tag{2-19}$$

最后，用社会平均劳动生产率与用技术装备程度计算出的企业劳动生产率对比，计算劳动生产率指数。

$$劳动生产率指数=\frac{q_0}{q_1}=\frac{企业劳动生产率}{社会平均劳动生产率}\times 100\% \tag{2-20}$$

第七步，其他影响因素的计算。

对企业人工消耗水平即劳动生产率的影响因素是很复杂的、多方面的，前面只是就影响劳动生产率的几类基本因素作了概括性说明，在实际的企业定额编制工作中，还要根据具体的目的和特性，从不同的角度对其进行具体的分析。

第八步，关键项目和关键工序的调研。

在编制企业定额时，对工程中经常发生的、资源消耗（人工工日消耗、材料消耗、机械台班使用消耗）量大的项目（分部分项工程）及工序，要进行重点调查，选择一些有代表性的施工项目，进行现场访谈和实地观测，搜集现场第一手资料，然后通过对比分析，剔除其中不合理和偶然因素的影响，确定各类资源的实际耗用量，作为编制企业定额的依据。

第九步，确定企业定额项目水平，编制人工消耗指标。

通过上述一系列的工作，取得编制企业定额所需的各类数据，然后根据上述数据，考虑企业还可挖掘的潜力，确定企业定额人工消耗的总体水平，最后以差别水平的方式，将影响定额人工消耗水平的各种因素落实到具体的定额项目中，编制企业定额人工消耗指标。

（二）材料消耗指标的确定

材料消耗指标的确定过程与人工消耗指标的确定过程基本相同，在编制企业定额时，确定企业定额材料的消耗水平，主要把握以下几点：

1. 计算企业施工过程中材料消耗水平与定额水平

以预算定额为基础，预算定额的各类材料消耗量，可以通过对工程结算资料分析取得。施工过程中，实际发生的与定额材料相对应的材料消耗量可以根据供应的出、入库台账、班组材料台账以及班组施工日志等资料，通过下列公式计算：

$$\text{材料实际消耗量}=\text{期初班组库存材料量}+\text{报告期领料量}-\text{退库量}-\text{期末班组库存量}-\text{返工工程及浪费损失量}-\text{挪用材料量} \quad (2\text{-}21)$$

2. 替代材料的计算

替代材料是指企业在施工生产过程中，采用新型材料代替过去施工采用（预算定额综合）的旧材料，以及由于施工方法的改变，用一部分材料代替另外一部分材料，替代材料的计算是指针对发生替代材料的具体施工工序或分项工程，计算其采用的替代材料的数量，以及被替代材料的数量，以备编制具体的企业定额子目时进行调整。

3. 对重点项目（分项工程）和工序消耗的材料进行计算和调研

材料消耗量是影响定额水平的一个重要指标，准确把握定额计价材料消耗的水平，对企业定额的编制具有重要意义。在编制企业定额时，对那些虽是企业成本开支项目，但其费用不作为工程造价组成的材料耗用，如工程外耗费的材料消耗、返工工程发生的材料消耗，以及超标准使用浪费的材料消耗，不能作为定额计价材料耗用指标的组成部分。

对于一些工程上经常发生的、材料消耗量大的或材料消耗量虽不大，但材料单位价值高的项目（分部分项工程）及工序，要根据设计图中标明的材料及构造，结合理论公式和施工规范、验收标准计算消耗量，并通过现场调研进行验证。

4. 周转性材料的计算

工程消耗的材料，一部分是构成工程实体的材料，还有一部分材料，虽不构成工程实体，但却有利于工程实体的形成，在这部分材料中，有一部分是施工作业用料，因此也称施工手段用料；又因为这部分材料在每次的施工中，只受到一些损耗，经过修理可供下次施工继续使用，如土建工程中的模板、挡土板、脚手架，安装工程中的胎具、组装平台、工卡具，试压用的阀门、盲板等，所以又称为周转性材料。

周转性材料的消耗量有一部分被综合在具体的定额子目中，有一部分作为措施项目费用的组成部分单独计取。

周转性材料的消耗量是按照周转使用，分次摊销的方法进行计算。周转性材料凡使用一次，分摊到工程产品上的消耗量称为摊销量。周转性材料的摊销量与周转次数有直接关系。一般地讲，通用程度强的周转次数多些，通用程度弱的周转次数少些，还有少数材料是一次摊销，具体处理方法应根据企业特点和采用的措施来计算。

摊销量可根据下列公式计算：

$$\text{摊销量}=\text{周转使用量}-\text{回收量}\times\text{回收系数} \quad (2\text{-}22)$$

$$\begin{aligned}\text{周转使用量}&=\frac{\text{一次使用量}+\text{一次使用量}(\text{周转次数}-1)\times\text{损耗率}}{\text{周转次数}}\\&=\text{一次使用量}\times\left[\frac{1+(\text{周转次数}-1)\times\text{损耗率}}{\text{周转次数}}\right]\end{aligned} \quad (2\text{-}23)$$

5. 计算企业施工过程中材料消耗水平与定额水平的差异

通过上述的一系列工作，对实际材料消耗量进行调整，计算材料消耗差异率。

材料消耗差异率的计算应按每种材料分别进行。

$$材料消耗差异率=\frac{预算材料消耗量}{调后实际材料消耗量}\times 100\%-1 \quad (2\text{-}24)$$

6. 调整预算定额材料种类和消耗量，编制施工材料消耗量指标。

（三）施工机械台班消耗指标的确定

施工机械台班消耗指标的确定，一般应按下列步骤进行：

1. 计算预算定额机械台班消耗量水平和企业实际机械台班消耗水平。

预算定额机械台班消耗量水平的计算，可以通过对工程结算资料进行人、材、机分析，取得定额消耗的各类机械台班数量。对于企业实际机械台班消耗水平的计算则比较复杂，一般要分以下几步进行：

(1) 统计对比工程实际调配的各类机械的台数和天数。

(2) 根据机械运转记录，确定机械设备实际运转的台班数。

(3) 对机械设备的使用性质进行分析，分清哪些机械设备是生产性机械，哪些是非生产性机械；对于生产性机械，分清哪些使用台班是为生产服务的，哪些不是为生产服务的。

(4) 对生产性的机械使用台班，根据机械种类、规格型号，进行分类统计汇总。

2. 对本企业采用的新型施工机械进行统计分析。

(1) 由于施工方法的改变，用机械施工代替人力施工而增加的机械。对于这一点，应研究其施工方法是临时的，还是企业一贯采用的。由临时的施工方法引起的机械台班消耗，在编制企业定额时不予考虑，而企业一贯采用的施工方法引起的机械台班消耗，在编制企业定额时应予考虑。

(2) 由新型施工机械代替旧种类、旧型号的施工机械。对于这一点，应研究其替代行为是临时的，还是企业一贯采用的；由临时的替代行为引起的机械台班消耗，在编制企业定额时应按企业水平对机械种类和消耗量进行还原，而企业一贯采用的替代行为引起的机械台班消耗，在编制企业定额时应对实际发生的机械种类和消耗量进行加工处理，替代原定额相应项目。

3. 计算设备综合利用指标，分析影响企业机械设备利用率的各种原因。

设备综合利用指标的计算公式为：

$$\begin{aligned}设备综合利用指标（\%）&=\frac{设备实际产量}{设备可能产量}\times 100\%\\&=\frac{设备实际能力\times 设备实际开动时间}{设备理论能力\times 设备可能开动时间}\times 100\%\\&=设备能力利用指标\times 设备时间利用指标\end{aligned} \quad (2\text{-}25)$$

通过上式可以看出，企业机械设备综合利用指标的高低，决定于设备能力和时间两个方面的利用情况。从机械本身的原因看设备的完好率，以及设备事故频率是影响机械台班利用率最直接的因素。企业可以通过更换新设备、加速机械折旧速度淘汰旧设备，以及对部分机械设备进行大修理等途径，提高设备完好率、降低事故频率，达到提高设备利用率的目的。因此，在编制企业定额，确定机械使用台班消耗指标时，应考虑近期企业施工机械更新换代及大修理提高的机械利用率的因素。

4. 计算机械台班消耗的实际水平与预算定额水平的差异。

机械台班消耗的实际水平与预算定额水平的差异的计算，应区分机械设备类别，按下式计算：

$$机械使用台班消耗差异率=\frac{预算机械台班消耗量}{调后实际机械台班消耗量}\times100\%-1 \quad (2\text{-}26)$$

调后实际机械台班消耗量是考虑了企业采用的新型施工机械，以及企业对旧施工机械的更换和挖潜改造影响因素后，计算出的台班消耗量。

5. 调整预算定额机械台班使用的种类和消耗量，编制施工机械台班消耗量指标。

其过程是依据上述计算的各种数据，按编制企业定额的工作方案，以及确定的企业定额的项目及其内容调整预算定额的机械台班使用的种类和消耗量，编制企业定额项目表。

（四）措施费用指标的编制

措施费用指标的编制，是通过对本企业在某类（以工程特性、规模、地域、自然环境等特征划分的工程类别）工程中所采用的措施项目及其实施效果进行对比分析，选择技术可行、经济效益好的措施方案，进行经济技术分析，确定其各类资源消耗量，作为本企业内部推广使用的措施费用指标。

措施费用指标的编制方法一般采用方案测算法，即根据具体的施工方案，进行技术经济分析，将方案分解，对其每一步的施工过程所消耗的人、材、机等资源进行定性和定量分析，最后整理汇总编制指标。

（五）其他费用指标的编制

其他费用指标主要包括管理费用指标和利润指标。

管理费用指标的编制方法一般采用方案测算法，其编制过程是选择有代表性的工程，将工程中实际发生的各项管理费用支出金额进行核定，剔除其中不合理的开支项目后汇总，然后与工程生产工人实际消耗的工日数进行对比，计算每个工日应支付的管理费用。

利润指标的编制是根据某些有代表性工程的利润水平，通过分析对比，结合建筑市场同类企业的利润水平，进行综合取定的。

七、企业定额的使用

（1）最适用于投标报价的企业定额模式是企业定额估价表。企业定额的普遍性和综合性只反映在本企业之内，企业定额水平是企业内部的一种平均先进水平，具体问题具体分析，个别工程个别对待。

（2）使用企业定额时应对定额包括的工作内容与工程量清单所综合的工程内容进行比较。口径一致时方可套用，否则应对定额进行调整。

（3）应对定额使用的范围进行确定，不能超出其使用范围使用定额。

（4）定额是一个时期的产物，定额代表的劳动生产率水平和各种价格水平均具有时效性。所以，对不再具有时效的定额不能直接使用。

思考题与习题

1. 何谓定额？市政工程定额有哪些特性？

2. 什么是施工定额？什么是预算定额？两者有什么区别？

3. 预算定额与企业定额有什么区别？

4. 预算定额表由哪几部分组成？

5. 什么是消耗量指标？根据预算定额，试确定［1-323］定额子目中人工的消耗量、轻型井点井管 $\phi40$、胶管 $\phi50$ 的消耗量、污水泵 $\phi100mm$ 的消耗量。

6. 定额项目表中的“人工费”是如何计算的？“材料费”是如何计算的？“机械使用费”是如何计算的？

第三章 市政工程预算

第一节 市政工程预算的基本概念

一、市政工程预算的意义、性质与分类

（一）市政工程预算的意义

市政工程预算是控制和确定工程造价的文件。搞好工程预算，对正确确定工程造价、控制工程项目投资、推行经济合同制、提高投资效益都具有重要的意义。

（二）市政工程预算的性质

市政工程预算是反映市政工程投资经济效果的一种技术经济文件。通常有两种反映形式：用货币反映及用实物反映。用货币反映的叫造价预算；用人工、材料、机械台班反映的叫实物预算。

市政工程预算的性质既是反映工程投资经济效果的技术经济文件，又是确定市政工程预算造价的主要形式。

（三）市政工程预算的分类

市政工程预算从广义上讲是一个总称，市政工程预算在不同的设计阶段和不同工程建设阶段，所起作用和使用编制依据不同。市政工程预算可分为：设计概算，施工图预算和施工预算三种，我们通常意义上讲的市政工程预算一般是指施工图预算。

1. 设计概算

设计概算一般是在扩大初步设计阶段编制的，这个阶段施工图还没有出，这是设计单位根据初步设计图纸，概算定额及有关费用定额，进行编制而成的拟建工程从筹建到竣工验收、交付使用的全部市政费用的文件。是粗线条预算。

设计概算是初步设计阶段必须编制的重要文件。它是控制和确定建设项目造价、编制固定资产投资计划、签订建设项目总包合同贷款的总合同，实行建设项目投资包干的依据。在设计施工图纸出齐后，一般应再出修正概算，原则上不能突破原概算。

2. 施工图预算（市政工程预算）

施工图预算是施工单位在工程开工之前，根据已批准的施工图，在既定的施工方案（或施工组织设计）的前提下，按照现行统一的市政工程预算定额，工程量计算规则及各种取费标准等，逐项计算编制而成的单位工程或单项工程费用文件。

在施工图阶段，必须编制施工图预算。施工图预算是确定工程预算造价、签订工程合同、实行建设单位和施工单位投资包干和办理工程结算的依据，实行招标工程，预算是工程价款的标底。

概算和预算两者均属设计预算范畴之间，均应由设计单位负责编制。各地情况不尽相同，目前杭州市的设计概算由设计单位编制，预算由施工单位编制作为投标的标价，建设单位编制的预算作为标底。二者除在编制的依据、所起的作用以及所计算的工程项目的划

分有粗细之分外，在费用的组成，表格形式和编制的方法上基本相似。

施工图预算与设计概算有所不同，设计概算是在扩初设计阶段编制的，主要起控制造价作用，所以它的价格是控制性的，还不能算是正式价格。而施工图预算是在施工图设计阶段或合同阶段编的，主要是确定造价的作用。是社会承认的价格。当然，如果实行概算包干，设计概算也起到确定造价的作用。

3. 施工预算

施工预算是施工单位内部编制的预算。是指在施工阶段在施工图预算的控制下，施工企业根据施工图纸、施工定额、施工方案结合现场实际施工方法编制的费用文件。

施工预算是施工单位在施工前编制的预算，它是编制施工作业计划，签发施工任务单，开展经济活动分析的依据，也是考核劳动成果实行按劳分配的依据。

图 3-1 是预算系统示意图。

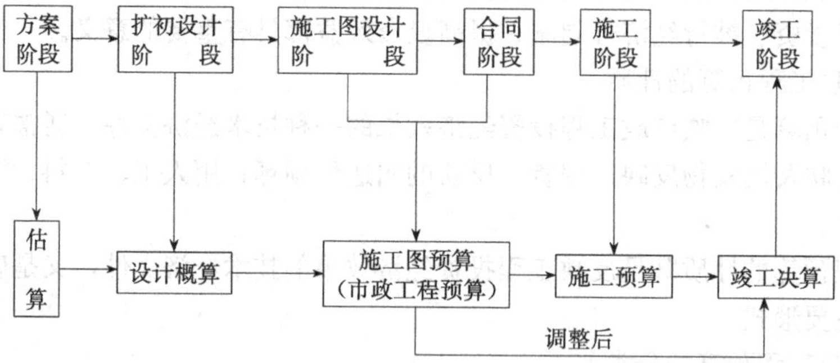

图 3-1　预算系统示意图

二、市政工程造价组成及计算方法

市政工程造价由直接费、间接费、利润和税金组成。

图 3-2 为市政安装工程费用组成图。

1. 直接费组成及计算方法

直接费由直接工程费和措施费组成。

(1) 直接工程费　是指工程施工过程中耗费的构成工程实体的各项费用，包括人工费、材料费、施工机械使用费。

直接工程费 = 人工费 + 材料费 + 施工机械使用费

1) 人工费　是指直接从事建设工程施工的生产工人开支的各项费用，包括基本工资、工资性补贴、辅助工资、福利费、劳动保护费。

人工费 = Σ(各项目定额工日消耗量 × 人工工日单价)

2) 材料费　是指施工过程中耗费的构成工程实体的原材料、辅助材料、构配件、零件、半成品的费用。

材料费 = Σ(各项目定额材料消耗量 × 材料单价)

3) 施工机械使用费　是指施工机械作业所发生的机械使用费，以及机械安拆费和场外运输费。

施工机械使用费 = Σ(各项目定额机械台班消耗量 × 机械台班单价)

上述关于人工、材料及施工机械使用费的计算式中的项目指工程定额项目或分部分项

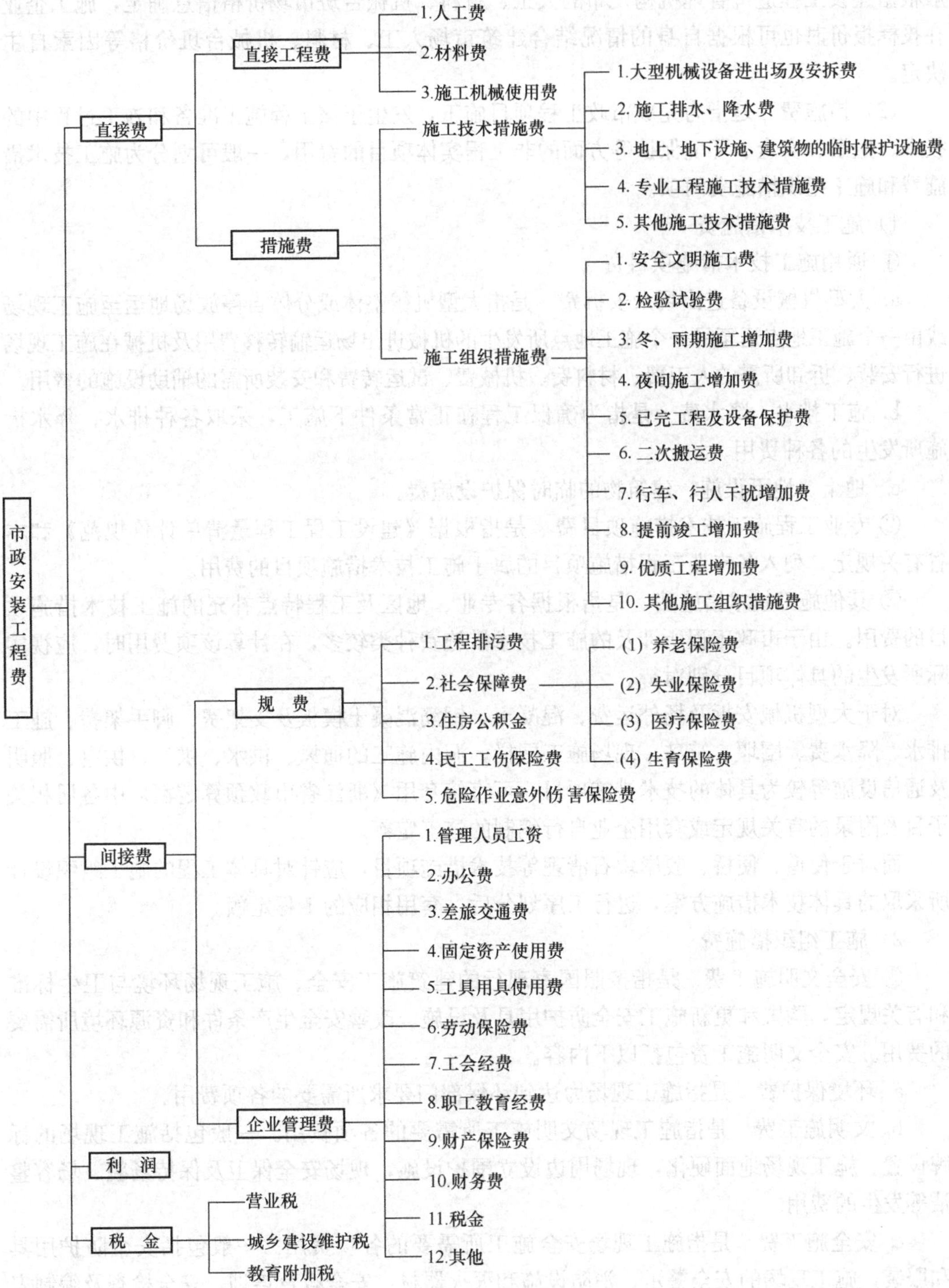

图 3-2 市政安装工程费用组成图

工程量清单项目及施工技术措施项目。在实际工程费用计算时，人工、材料、机械台班消耗量可根据现行建设工程造价管理机构编制的工程定额，或施工企业根据自身情况编制企业定额来确定项目的定额人工、材料、机械台班消耗量；而人工、材料、机械台班单价一般根据建设工程造价管理机构发布的人工、材料、机械台班市场价格信息确定，施工企业在投标报价时也可根据自身的情况结合建筑市场人工、材料、机械台班价格等因素自主决定。

(2) 措施费　是指为完成市政工程项目施工，发生于该工程施工准备和施工过程中的技术、生活、安全、环境保护等方面的非工程实体项目的费用，一般可划分为施工技术措施费和施工组织措施费两项。

1) 施工技术措施费

① 通用施工技术措施项目费

a. 大型机械设备进出场及安拆费　是指大型机械整体或分体自停放场地运至施工现场或由一个施工地点运至另一个施工地点所发生的机械进出场运输转移费用及机械在施工现场进行安装、拆卸所需的人工费、材料费、机械费、试运转费和安装所需的辅助设施的费用。

b. 施工排水、降水费　是指为确保工程在正常条件下施工，采取各种排水、降水措施所发生的各种费用。

c. 地上、地下设施、建筑物的临时保护设施费。

② 专业工程施工技术措施项目费　是指根据《建设工程工程量清单计价规范》和本省有关规定，列入各专业工程措施项目的属于施工技术措施项目的费用。

③ 其他施工技术措施费　是指根据各专业、地区及工程特点补充的施工技术措施项目的费用。由于市政工程所涉及的施工技术措施费种类较多，在计算该项费用时，应视实际所发生的具体项目分别对待。

对于大型机械安拆及场外运费、混凝土、钢筋混凝土模板及支架费、脚手架费、施工排水、降水费、围堰、筑岛、现场施工围栏，洞内施工的通风、供水、供气、供电、照明及通信设施等较为具体的技术措施项目，可直接套用《浙江省市政预算定额》中各册相关子目及附录的有关规定或套用企业自行编制的施工定额。

而对于便道、便桥、驳岸块石清理等技术措施项目，应针对具体工程的施工组织设计所采取的具体技术措施方案，进行工序划分后，套用相应的工程定额。

2) 施工组织措施费

① 安全文明施工费　是指按照国家现行的建筑施工安全、施工现场环境与卫生标准和有关规定，购置和更新施工安全防护用具及设施、改善安全生产条件和资源环境所需要的费用。安全文明施工费包括以下内容。

a. 环境保护费　是指施工现场为达到环保部门要求所需要的各项费用。

b. 文明施工费　是指施工现场文明施工所需要的各项费用。一般包括施工现场的标牌设置。施工现场地面硬化，现场周边设立围护设施，现场安全保卫及保持场貌、场容整洁等发生的费用。

c. 安全施工费　是指施工现场安全施工所需要的各项费用。一般包括安全防护用具和服装，施工现场的安全警示、消防设施和灭火器材，安全教育培训，安全检查及编制安全措施方案等发生的费用。

d. 临时设施费　是指施工企业为进行建筑工程施工所必须搭设的生活和生产用的临时建筑物、构筑物和其他临时设施等发生的费用。

临时设施包括临时宿舍、文化福利及公用事业房屋与构筑物、仓库、办公室、加工厂

（场），以及在规定范围内道路、水、电、管线等临时设施的小型临时设施。

临时设施费用包括：临时设施的搭设、维修、拆除费或摊销费。

② 检验试验费　是指对建筑材料、构件和建筑安装物进行一般鉴定、检查所发生的费用，包括建设工程质量见证取样检测费、建筑施工企业配合检测及自设试验室进行试验所耗用的材料和化学药品等费用。不包括新结构、新材料的试验费和建设单位对具有出厂合格证明的材料进行检验，对构件做破坏性试验及其他有特殊要求需要检验试验的费用。

③ 冬、雨期施工增加费　是指按照施工及验收规范所规定的冬期施工要求和雨期施工期间，为保证工程质量和安全生产所需增加的费用。

④ 夜间施工增加费　是指因夜间施工所发生的夜班补助费、夜间施工降效、夜间施工照明设备摊销及照明用电等费用。

⑤ 已完工程及设备保护费　是指竣工验收前，对已完工程及设备进行保护所需的费用。

⑥ 二次搬运费　是指因施工场地狭小等特殊情况，材料、设备等，一次到不了施工现场而发生的二次搬运费用。

⑦ 行车、行人干扰增加费　是指边施工边维持通车的市政道路（包括道路绿化）、排水工程受行车、行人干扰影响而增加的费用。

⑧ 提前竣工增加费　是指因缩短工期要求发生的施工增加费，包括夜间施工增加费、周转材料加大投入量所增加的费用等。

⑨ 优质工程增加量　是指建筑施工企业在生产合格建筑产品的基础上，为生产优质工程而增加的费用。

⑩ 其他施工组织措施费　是指根据各专业、地区及工程特点补充的施工组织措施项目的费用。

上述各项施工组织措施费可根据费用定额计算。

需要重点指出的是：

① 市政工程施工组织措施费的取费基数除电气及监控安装工程为“人工费”外，其余均为“人工费＋机械费”。

② 施工组织措施费率设置为弹性区间费率。在编制概算、施工图预算（标底）时，应按弹性区间中值计取；施工企业投标报价时，企业可参考该弹性区间费率自主确定。并在合同中予以明确。

③ 施工组织措施费中的环境保护费、文明施工费、安全施工费等费用。计价时不应低于弹性区间费率的下限。

2. 间接费组成及计算方法

间接费由规费、企业管理费组成。

（1）规费　是指政府和有关政府行政主管部门规定必须缴纳的费用。

当前，浙江省建设工程中的规费主要包括：工程排污费、社会保障费、住房公积金、民工工伤保险费和危险作业意外伤害保险费等五项费用。

1）工程排污费　是指施工现场按规定必须缴纳的工程排污费。

2）社会保障费　包括养老保险费、失业保险费和医疗保险费等。

① 养老保险费　是指企业按照规定标准为职工缴纳的基本养老保险费。

② 失业保险费　是指企业按照规定标准为职工缴纳的失业保险费。

③ 医疗保险费　是指企业按照规定标准为职工缴纳的基本医疗保险费。

④ 生育保险费　是指企业按照规定标准为职工缴纳的生育保险费。

3）住房公积金　是指企业按照规定标准为职工缴纳的住房公积金。

4）民工工伤保险费　是指企业按照规定标准为民工缴纳的工伤保险费。

5）危险作业意外伤害保险费　是指按照《中华人民共和国建筑法》规定，企业为从事危险作业的建筑安装施工人员支付的意外伤害保险费。

根据现行的浙江省建设工程施工取费计算规则，规费可按下述方法计算。

以“人工费＋机械费”为计费基础的市政工程：工料单价法计价时，规费以“直接工程费＋措施费＋综合费用”为计算基数乘以相应费率计算；综合单价计价时，规费以“分部分项工程量清单项目费＋措施项目清单费”为计算基数乘以相应费率计算。

规费费率应按照《费用定额》的规定计取。

(2) 企业管理费　企业管理费是指建筑安装企业组织施工生产和经营管理所需的费用。

1）管理人员工资　是指管理人员的基本工资、工资性补贴、职工福利费、劳动保护费等。

2）办公费　是指企业管理办公用的文具、纸张、账表、印刷、邮电、书报、会议、水、电、煤等费用。

3）差旅交通费　是指职工因公出差、调动工作的差旅费、住勤补助费，市内交通费和误餐补助费。职工探亲路费。劳动力招募费。职工离退休、退职一次性路费，工伤人员就医路费；工地转移费以及管理部门使用的交通工具的油料、燃料及牌照费等。

4）固定资产使用费　是指管理和试验部门及附属生产单位使用的属于固定资产的房屋、设备仪器等的折旧、大修、维修或租赁费。

5）工具用具使用费　是指管理使用的不属于固定资产的生产工具、器具、家具、交通工具和检验、试验、测绘、消防用具等的购置、维修和摊销费。

6）劳动保险费　是指由企业支付离退休职工的异地安家补助费、职工退职金，六个月以上的长病假人员工资、职工死亡丧葬补助费、抚恤费、按规定支付给离退休干部的各项经费。

7）工会经费　是指企业按职工工资总额计提的工会经费。

8）职工教育经费　是指企业为职工学习先进技术和提高文化水平，按职工工资总额计提的费用（不包括生产工人的安全教育培训费用）。

9）财产保险费　是指施工管理用财产、车辆保险。

10）财务费　是指企业为筹集资金而发生的各种费用。

11）税金　是指企业按规定缴纳的房产税、车船使用税、土地使用税、印花税等。

12）其他　包括技术转让费、技术开发费、业务招待费、绿化费、广告费、公证费、法律顾问费、审计费、咨询费等。

3. 利润及其计算

利润是指施工企业完成所承包工程获得的盈利。

利润以“人工费＋机械费”为计算基数乘以利润率计算。

利润率应根据不同的工程类别，参考弹性费率区间确定。在编制概算、施工图预算（标底）时，应按弹性区间中值计取；施工企业投标报价时，企业可参考该弹性区间费率自主确定，并在合同中予以明确。

在工程实际计价中，利润一般与企业管理费合并为综合费用，即综合费用＝企业管理费＋利润。

4. 税金及其计算

税金是指国家税法规定的应计入建筑工程造价内的营业税、城乡维护建设税、教育费附加及按本省规定应缴纳的水利建设专项资金。

税金以“直接费＋间接费＋利润”为计算基数乘以相应费率计算。

5. 其他费用内容及计算方法

前面几节关于工程造价的组成是针对整个单位工程总承包的，在实际承发包中，若发生专业分包时，总承包单位可按分包工程造价的1%～3%向发包方计取总承包服务费。该费用一般包括涉及分包工程的施工组织设计、施工现场管理、竣工资料整理等活动所发生的费用。

第二节　设计概算的编制

一、设计概算（扩初概算）

是在扩大初步设计阶段编制的，这个阶段施工图还没出，它是由设计单位根据初步设计或扩大初步设计图纸、概算定额等资料编制的，又称扩初概算。

设计概算分为单位工程概算、单项工程综合概算、建设工程总概算三级。

二、设计概算的作用

（1）设计概算是国家确定建设项目总投资的依据，是建设项目从筹建到竣工和交付使用的全部建设费用的文件。

（2）设计概算是编制基本建设计划及银行开户的依据，是国家拨款的最高限额。

（3）设计概算是控制设计预算实行投资包干和建设银行办理拨款的依据。

（4）设计概算是考核设计方案的经济合理性和建设成本的依据。

（5）设计概算是工程造价管理及编制招标标底和投标报价的依据。

（6）设计概算是控制工程造价和控制施工图预算的依据。

三、设计概算编制的依据

①基本建设计划任务书；②初步设计或扩大初步设计图纸和说明书；③概算定额和概算指标；④设备价格资料；⑤建设地区的人工工资标准、材料价格和设备价格资料；⑥有关费用定额和取费标准。

四、设计概算编制的内容

（1）封面：建设单位、编制单位和编制时间等；

（2）设计概算造价汇总表：设计概算直接费、间接费、计划利润和税金及概算价值等；

（3）编制说明：工程概况、编制依据、编制方法等；

（4）建筑工程概算表。

五、设计概算的编制方法

（一）用设计概算定额编制概算

用概算定额编制概算主要是根据初步设计或扩大初步设计图纸资料和说明书，用概算定额和其他工程费用指标进行编制，其方法步骤如下：

（1）根据设计图纸和概算定额划分项目并按工程量计算规则计算工程量。

（2）根据工程量和概算定额的基价计算直接费用，由于按概算项目比较综合又较粗，故杭州在按概算项目编制概算时增加5%直接费（又称概算系数），作为零星项目的增加费。这样大大简化编制概算的工程量。

基价是根据编制概算定额地区的工资标准和材料预算的。其他地区使用时需要进行换算，换算方法：如果已经规定了调整系数（或称定额差价）则根据规定的调整系数乘以直接费用，如果没有规定调整系数，则根据编制概算定额地区和使用概算定额地区的工资标准、材料预算价格求出调整系数，然后根据调整系数乘以直接费用（采用当地的概算定额，由于目前每个时期的工资标准和材料等调价，同样也需采用综合系数来调整）。

（3）将直接费乘以按工程费用定额规定的各项费率，计算出各项费用，即间接费、计划利润、税金等。在直接费与各项费用之和的基础上，再计取不可预计费得出工程概算费用。

（4）上列的计算仅为工程概算费用，在概算中除工程费用外还应包括，征地拆迁费、建设单位管理费、勘察设计费、供电贴费等。

（5）按工程总量（道路以等级按公里计、桥梁按建筑面积、排水管道工程以管径按公里计等）的概算费用，求出技术经济指标。

（二）用概算指标编制概算

1. 用概算指标编制概算

如果设计对象在结构上与概算指标相符合，可以直接套用概算指标进行编制，从指标上所列的工程每百平方米或每平方米造价和主要材料消耗数量乘以设计对象的建筑面积，得出该设计对象的全部概算费用和主要材料消耗数量。

全国有市政工程道路、桥梁、排水工程的概算指标，并规定了换算各种概算费用的规定与方法可套用。

2. 用修正后的概算指标编制概算

当套用概算指标时，如果设计对象的结构特征与指标规定有局部不同时，需对指标进行修正以后才能使用，一般说来，是从原指标的单位造价中调换结构构件的价值，得出单位造价的修正指标，再将各修正后的单位造价相加，得出修正后的概算指标，就可利用概算指标编制概算的方法步骤进行。

第三节　施工图预算的编制

一、施工图预算（市政工程预算）的概念

施工图预算是根据施工图设计要求所计算的工程量、施工组织设计、现行预算定额、材料预算价格和各地区规定的取费标准，进行计算和编制的单位工程或单项工程的预算造价。

施工图预算有单位工程预算、单次工程预算和建设项目总预算。单位工程施工图

预算是根据施工图、施工组织设计、现行预算定额、取费计算规则以及人工、材料、机械台班等现行的地区价格编制的单位工程施工图预算；汇总各相关单位工程施工图预算便是单项工程施工图预算；汇总各相关单项工程施工图预算便是建设项目市政工程的总预算。

二、施工图预算的作用

（一）是确定市政工程造价的文件

是编制市政投资、加强施工管理和经济核算的基础。市政施工图预算必须项目齐全，经济合理，不得多算或漏算。

要求预算人员有一定的政策水平和施工经验及正确的施工组织设计与施工方案。

（二）是确定招投标标底，报价的依据

实行招投标制的市政工程，施工图概算是建设单位在实行工程招标时，确定标底的依据，也是施工单位参加投标时报价的参考依据。

（三）是银行拨付工程价款的依据

市政工程施工图预算经审定批准后，经办银行据此办理工程拨款和工程结算，监督建设单位和施工单位按工程进度办理结算。如施工图预算超出概算时，由建设单位会同设计单位修改设计或修正概算。工程竣工后，按施工图预算和实际工程变更记录及签证资料修正预算，办理市政工程价款的结算。

（四）施工图预算是建设单位和施工单位结算工程费用的依据

经审定批准后的市政工程施工图预算，是建设单位和施工单位结算工程费用的依据。年终结算或竣工结算也是审定预算的基础上进行调整后作为依据的。在条件具备情况下，根据建设单位和施工单位双方签订的工程施工合同，施工图预算可直接作为市政工程造价包干结算的依据。

（五）是市政工程施工单位编制计划和统计进度的依据

是施工单位正确编制材料计划、劳动计划、机械台班计划、财务计划及施工进度计划等各项计划，进行施工准备的依据，也是进一步落实和调整年度基本建设计划的依据。

（六）是施工企业加强内部经济核算，控制工程成本的依据

是施工企业的计划收入额，市政施工预算是施工企业的计划支出额，施工图预算与施工预算进行对比（两算对比），就能知道施工企业的成本盈亏。

三、施工图预算编制的依据

（1）经有关部门批准的市政工程建设项目的审批文件和设计文件。

（2）施工图纸是编制预算的主要依据。

（3）经批准的初步设计概算书，为工程投资的最高限价，不得任意突破。

（4）经有关部门批准颁发执行的市政工程预算定额、单位估价表、机械台班费用定额、设备材料预算价格、间接费定额以及有关费用规定的文件。

（5）经批准的施工组织设计和施工方案及技术措施等。

（6）有关标准定型图集、建筑材料手册及预算手册。

（7）国务院有关颁发的专用定额和地区规定的其他各类建设费用取费标准。

（8）有关市政工程的施工技术验收规范和操作规程等。

（9）招投标文件和工程承包合同或协议书。

(10) 市政工程预算编制办法及动态管理办法。

四、施工图预算的编制方法

施工图预算的编制，就是将批准的施工图纸、经设计交底后的变更设计文件（包括图纸及联系单），既定的施工方法按省、市城乡建设委员会对工程预算编制办法的有关规定，分部分项地把各工程项目的工程量计算出来（在同一个分部分项工程中各个项目同类项可以合并），套用相应的现行定额，累计其直接费。再计算间接费、利润、税金与风险费用等，最后合计确定工程造价。

编制施工图预算通常有实物法和单价法两种编制方法。

（一）实物法编制施工图预算

实物法是按照建筑安装工程每一对象（分部分项工程）所需人工、材料、施工机械台班等计算的。即先根据施工图计算各个分项工程的工程量。然后从预算定额（手册）里查出各分项工程需要的人工、材料和施工机械台班数量（即工程量乘以各项目定额用量），加以汇总，就得出这个工程全部的人工、材料机械台班耗用量，再各自乘以工资单价、材料预算价格和机械台班单价，其总和就是这项工程的定额直接费。再计算各种费率得出工程费用。

$$\begin{aligned}\text{单位工程施工图预算直接费}=&\sum[\text{工程量}\times\text{人工预算定额用量}\times\text{当地当时人工单价}]\\&+\sum[\text{工程量}\times\text{材料预算定额用量}\times\text{当地当时材料单价}]\\&+\sum[\text{工程量}\times\text{施工机械台班预算定额用量}\\&\times\text{当地当时机械台班单价}]\end{aligned}\tag{3-1}$$

这种方法适用于量价分离编制预算或工、料、机因地因时发生价格变动情况。

该方法编制后工、料、机单价可以调整，但工程的人工、材料、机械耗用台班数量是不变的，换算比较方便。实物法编制预算所用工、料、机的单价均为当时当地实际价格，编得的施工预算较为准确地反映实际水平，适合市场经济特点。但因该法所用工、料、机消耗需统计得到，所用实际价格需要做搜集调查，工作量较大，计算繁琐，不便于进行分项经济分析与核算工作，但用计算机及相应预算软件来计算也就方便了。因此，实物法是与市场经济体制相适应的编制施工图预算的较好方法。

实物法编制施工图预算的步骤如图 3-3 所示。

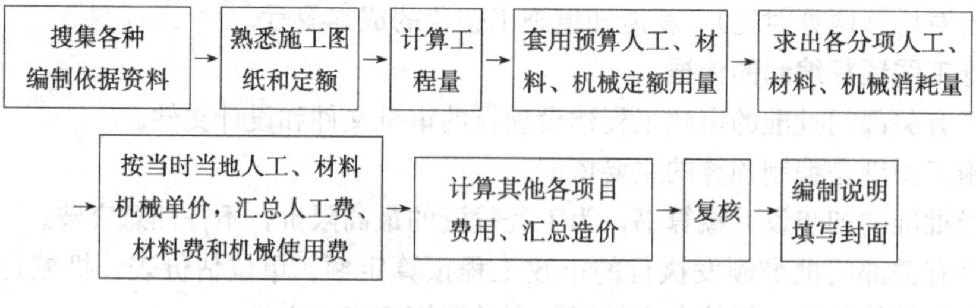

图 3-3　实物法编制施工图预算步骤

具体步骤如下：

1. 熟悉市政工程预算定额和有关文件及资料

预算定额是编制施工图预算的主要依据。在编制时必须熟悉市政预算定额的有关说明、工程量计算规则以及附注说明等才能准确地套用定额。

市政工程施工由于采用了新工艺、新材料，又必须对某些市政预算定额的项目进行修改、调整和补充，由政府部门下达补充文件，作为市政预算补充定额。

在具体应用市政预算定额时，应及时了解动态的市场价格信息及相应的费率，正确编制市政工程预算造价。

在编制施工图预算时还应参考有关工具书、手册和标准通用图集等资料。

2. 熟悉施工图纸、施工组织设计，了解施工现场

(1) 熟悉施工图纸（基本图、详图和标准图）和设计说明：

1）细致、耐心查看图纸目录、设计总说明、总平面图、平面图、立面图、剖面图、钢筋图、详图和标准图。

2）注意图纸单位尺寸。如尺寸以毫米计，标高以米计。

3）熟悉图纸上的各种图例、符号与代号。

4）看图应从粗到细、从大到小。一套施工图纸是一个整体，看图时应彼此参照看、联系起来看、重点看懂关键部分。

5）对施工图纸必须进行全面检查，检查施工图纸是否完整、有无错误，尺寸是否清楚完全，如果在看图或审图中发现图纸有错漏、尺寸不符、用料及做法不清等问题应及时与主管部门、设计单位联系解决。

(2) 熟悉施工组织设计：施工组织设计是施工单位根据工程特点、现场条件等拟定施工方案，保证施工技术措施在施工中很好实施。施工图预算与施工条件和所采用的施工方法有密切关系，因此在编制施工图预算以前，应熟悉施工组织设计和施工方案，了解设计意图和施工方法，明了工程全貌。

(3) 了解施工现场：

1）了解地形和构筑物位置，核对标高。

2）了解土质坚硬程度和填挖情况、场内搬运、借土或弃土地点以便确定运距等。

3）了解现场是否有农作建筑障碍物，地下管线等需迁移或保护。

4）了解附近河道、池塘水位变化情况。

5）了解水电供应和排水条件、交通运输等。

6）了解周围空地，考虑搭建工棚、仓库、车间、堆物位置。

3. 计算工程量

(1) 施工图预算的列项：在列项时根据施工图纸和预算定额按照工程的施工程序进行。一般项目的列项和预算定额中的项目名称完全相同，可以直接将预算定额中的项目列出；有些项目和预算定额中的项目不一致时要将定额项目进行换算；如果预算定额中没有图纸上表示的项目，必须按照有关规定补充定额项目及定额换算。在列项时，注意不要出现重复列项或漏项。

(2) 列出工程量计算式并计算：工程量是编制预算的原始数据，也是一项工作量大又细致的工作。实际上，编制市政工程施工图预算，大部分时间是花在看图和计算工程量上，工程量的计算精确程度和快慢直接影响预算编制的质量与速度。

在预算定额说明中，对工程量计算规则作了具体规定，在编制时应严格执行。工程量计算时，必须严格按照图纸所注尺寸为依据计算，不得任意加大或缩小、任意增加或丢失。工程项目列出后，根据施工图纸按照工程量计算规则和计算顺序分别列出简单明了的

分项工程量计算式并循着一定的计算顺序依次进行计算，做到准确无误。分项工程计量单位有 m、m^2、m^3 等，这在预算定额中都已注明，但在计算工程量时应该注意分清楚，以免由于计量单位搞错而影响计算工程量的准确性。对分项单位价值较高项目的工程量计算结果除铜材（以 t 为计量单位）、木材（以 m^3 为计量单位）取三位小数外，一般项目水泥、混凝土可取小数点后两位或一位，对分项价值较低项如土方、人行道板等可取整数，工程量等计算小数点取位法见表 3-1。在计算工程量时要注意将计算所得的工程量中的计量单位（米、平方米、立方米或千克等）按照预算定额的计量单位（100m、100m^2、100m^3 或 10m、10m^2、10m^3 或 t）进行调整，使其相同。

工程量等计算小数点取位法 **表 3-1**

项目名称	计量单位	分项数量	各分项合计	项目名称	计量单位	分项数量	各分项合计
金额（费用）	元	整数	整数	管材、平侧石、窨井盖座	米或副	1 位	整数
人工（劳动力）	工日	整数	整数	人行道板	块	整数	整数
钢材	t	2 位	2 位	沥青	t	2	1
钢材	kg	整数	整数	沥青	kg	整数	整数
水泥	t	2 位	2 位	生石灰	t	2	1
水泥	kg	整数	整数	熟石灰	t	2	1
木材（模）	m^3	2 位	1 位	机械数量	台班	2	1
混凝土、水泥砂浆、沥青混凝土	m^3 或 t	2 位	1 位	工程量土方、道路、排水	m^3、m^2、m	整数	整数
砂、石料、粉煤灰		1 位	整数	工程量桥梁结构工程	m^3	2	1
标准砖	千块	2 位	2 位	煤、柴油	t	2	1
标准砖	块	整数	整数	煤、柴油	kg	整数	整数

工程量计算完毕后必须进行自我检查复核，检查其列项、单位、计算式、数据等有无遗漏或错误。如发现错误，应及时更正。

工程量计算的顺序，一般有以下几种。

1）按施工顺序计算：即按工程施工顺序先后计算工程量。

2）按顺时针方向计算：即先从图纸的左上角开始，按顺时针方向依次进行计算到右上角。

3）按“先横后直”计算：即在图纸上按“先横后直”，从上到下，从左到右的顺序进行计算。

4. 套用预算定额计算各分项人工、材料、机械台班消耗数量

按施工图预算各分项子目名称、所用材料、施工方法等条件和定额编号，在预算定额中查出各分项工程的各种工、料、机的定额用量，并填入分析表中各相应分项工程的栏内。预算分析表中内容有：工程名称、序号、定额编号、分项工程名称、计量单位、工程量、劳动力、各种材料、各种施工机械的耗用台班数量等。

套用预算定额时，应注意分项工程名称、规格、计量单位、工程内容与定额单位估价表所列内容完全一致。如需要套用预算定额的分项，工程中没有的项目，则应编制补充预

算定额，“工料机分析”是编制单位工程劳动计划和材料机具供应计划，开展班组经济核算的基础，是下达任务和考核人工材料使用情况，进行两算对比依据。

“工料机分析”首先把预算中各分项工程量分别乘以该分项工程预算定额用工、用料数量和机械台班数量，即可得到相应的各分项工程的人工消耗量、各种材料消耗量和各种机械台班消耗量。

$$
\begin{aligned}
&\text{各分项工程人工消耗量}=\text{该分项工程工程量}\times\text{相应人工时间定额}\\
&\text{各分项工程各种材料消耗量}=\text{该分项工程工程量}\times\text{相应材料消耗定额}\\
&\text{各分项工程各种机械台班消耗量}=\text{该分项工程工程量}\times\text{相应机械台班消耗定额}
\end{aligned}
\tag{3-2}
$$

然后按分部分项的顺序将各分部工程所需的人工、各种材料、各种机械分别进行汇总，得出该分部工程的各种人工、各种材料和各种机械的数量，最后将各分部工程进行再汇总就得出该单位工程的各种人工、各种材料和各种机械台班的总数量。

5. 计算工程费用

(1) 计算直接费：按当地、当时的各类人工、各种材料和各种机械台班的市场单价分别乘以相应的人工、材料、机械台班消耗数量，并汇总得出单位工程的人工费、材料费和机械使用费。

(2) 计算其他各项费用，汇总成工程预算总造价：市政工程施工费用由直接费、间接费、利润和税金组成。

6. 复核

复核是单位工程施工图预算编制后，由本单位有关人员对预算进行检查核对。复核人员应查阅有关图纸和工程量计算草稿，复核完毕应予以签章。

7. 计算技术经济指标

单位工程预算造价确定后，根据各种单位工程的特点，按规定选用不同的计算单位，计算技术经济指标。

$$
\text{技术经济指标}=\frac{\text{单位工程预算造价}}{\text{按规定计量单位计算的工程量}} \tag{3-3}
$$

8. 编制说明

编制说明主要是可以补充预算表格中表达不了的而又必需说明的问题。编制说明列于封面的下一页，其内容主要是：

(1) 工程修建的目的。

(2) 施工图纸。

(3) 工程概况。

(4) 编制预算的主要依据。

(5) 补充定额的编制和特殊材料的补充单价依据。

(6) 特殊工程部位，技术处理方法。

(7) 计算过程中对图纸不明确之处如何处理的。

(8) 建设单位供应的加工半成品的预算处理及材料议价差的计取等。

9. 装订、签章

单位工程的预算书按预算封面、编制说明、预算表、造价计算表、工料分析表、工程量计算书等内容按顺序编排装订成册。编制者应签字并盖有资格证号的章，并由有关负责人审阅、签字或盖章，最后加盖单位公章。

（二）单价法编制施工图预算

单价法是用事先编制好的分项工程的单位估价表（或综合单价表）来编制施工图预算的方法。单价法又分为工料单价法和综合单价法。

1. 工料单价法

工料单价法是以分部分项的工程量乘以相应单价为直接费。直接费以人工、材料、机械的消耗量及相应的价格确定。间接费、利润、税金按照有关规定另行计算。

$$单位工程施工图预算直接费=\sum(工程量\times预算定额单价) \tag{3-4}$$

工料单价法编制施工图预算的步骤如图 3-4 所示。

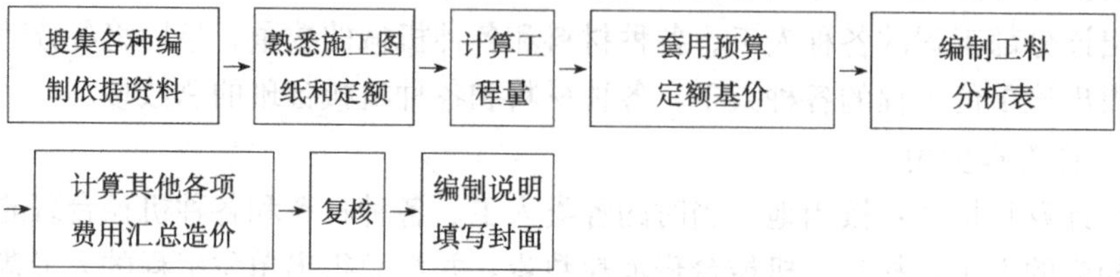

图 3-4　单价法编制施工图预算步骤

具体步骤如下：

（1）搜集各种编制依据资料。

各种编制依据资料包括施工图纸、施工组织设计施工方案、现行市政工程预算定额、费用定额、统一的工程量计算规则和工程所在地区的材料、人工、机械台班预算价格与调价规定等。

（2）熟悉施工图纸和定额。

只有对施工图和预算定额有全面详细的了解，才能全面准确地计算出工程量，进而合理地编制出施工图预算造价。

（3）计算工程量。

工程量的计算在整个预算过程中是最重要、最繁重的一个环节，不仅影响预算的及时性，更重要的是影响预算造价的准确性。因此，必须在工程量计算上狠下工夫，确保预算质量。

计算工程量一般可按下列具体步骤进行：

1）根据施工图示的工程内容和定额项目，列出计算工程量的分部分项工程。

2）根据一定的计算顺序和计算规则，列出计算式。

3）根据施工图示尺寸及有关数据，代入计算式进行数学计算。

4）按照定额中的分部分项工程的计量单位对相应的计算结果的计量单位进行调整，使之一致。

（4）套用预算定额单价。

工程量计算完毕并核对无误后，用所得到的分部分项工程量套用单位估价表中相应的定额基价，相乘后相加汇总，可求出单位工程的直接费。

套用单价时需注意以下几点：

1）分项工程量的名称、规格、计量单位必须与预算定额或单位估价表所列内容一致，否则重套、错套、漏套预算基价会引起直接工程费的偏差，导致施工图预算单价偏高或偏低。

2）当施工图纸的某些设计要求与定额单价的特征不完全符合时，必须根据定额使用说明对定额基价进行调整或换算。

3）当施工图纸的某些设计要求与定额单价的特征相差甚远，既不能直接套用也不能换算、调整时，必须编制补充单位估价表或补充定额。

（5）编制工料分析表。

根据各分部分项工程的实物工程量和相应定额中的项目所列的用工工日及材料数量，计算出各分部分项工程所需的人工及材料数量，相加汇总得出该单位工程的所需要的各类人工和材料的数量。

（6）计算其他各项应取费用和汇总造价。

按照建筑安装单位工程造价构成的规定费用项目、费率及计费基础，分别计算出其他直接费、现场经费、间接费、计划利润和税金，并汇总单位工程造价。

$$\text{单位工程造价}=\text{直接工程费}+\text{间接费}+\text{计划利润}+\text{税金} \tag{3-5}$$

（7）复核。

单位工程预算编制后，有关人员对单位工程预算进行复核，以便及时发现差错，提高预算质量。复核时应对工程量计算公式和结果、套用定额基价、各项费用的取费费率及计算基础和计算结果、材料和人工预算价格及其价格调整等方面是否正确进行全面复核。

（8）编制说明、填写封面。

单价法是目前国内城市道路编制施工图预算的主要方法，具有计算简单、工作量较小和编制速度较快，便于工程造价管理部门集中统一管理的优点。但由于是采用事先编制好的统一的单位估价表，其价格水平只能反映定额编制年份的价格水平。在市场经济价格波动较大的情况下，单价法的计算结果会偏离实际价格水平，虽然可采用调价，但调价系数和指数从测定到颁布又滞后且计算也较繁琐。

2. 综合单价法

综合单价法是以分部分项工程量的单价为全费用单价。全费用单价综合计算完成分部分项工程所发生的直接费、间接费、利润和税金。其单位工程造价计算式为：

$$\text{单位工程造价}=\sum(\text{工程量}\times\text{综合单价}) \tag{3-6}$$

综合单价法编制施工图预算的步骤如下：

（1）收集、熟悉基础资料并了解现场。

1）熟悉工程设计施工图纸和有关现场技术资料。

2）了解施工现场情况和工程施工组织设计方案的有关要求。

（2）计算工程量。

1）熟悉现行市政工程预算定额的有关规定、项目划分、工程量计算规则。

2）根据现行市政工程预算定额，正确划分工程量计算项目。

3）根据工程量计算规则及定额有关说明，正确计算分部分项工程量。

（3）套用定额。

工程量计算完毕，经整理汇总，即可套用定额，从而确定分部分项工程的定额人工、材料、机械台班消耗量，进而获得分部分项工程的综合单价。定额套用应当依据有关要求、定额说明、工程量计算规则以及工程施工组织设计。工程施工组织设计与定额套用有着密切关系，直接影响着工程造价。如：土方开挖有人工、机械开挖两种方式，它们的比例即所占的比重如何；道路工程的混凝土半成品运输距离与道路的长度、施工组织设置的搅拌地点有关；桥梁工程的预制构件安装方式；顶管工程的管道顶进方式有人工、机械等都与定额的套用相关连。所以在套用定额前除了通常所说的熟悉图纸、熟悉定额规定、工程招标文件以外，还应当熟悉工程施工组织设计。

根据套用定额的是否调整换算，定额套用一般有以下几种情况：

1）直接套用。直接采用定额项目的人工、材料、机械台班消耗量，不作任何调整、换算。

2）定额换算。当分部分项工程的工作内容与定额项目的工作内容不完全一致时，按定额规定对部分人工、材料或机械台班的定额消耗量进行调整。

3）定额合并。当工程量清单所包括的工作内容是几个定额项目工作内容之和时，就必须将几个相关的定额项目进行合并。

4）定额补充。随着建设工程中新技术、新材料、新工艺的不断推广应用，实际中有些分部分项工程在定额中没有相同、相近的项目可以套用，这种情况下，就需要编制补充定额。

(4) 确定人工、材料、机械价格及各项费用取费标准、计算综合单价及总造价。

1）使用预算软件，输入定额项目编号及工程量，进行必要的定额调整及换算。

2）汇总得出人工、材料、机械汇总表。按照省建设厅发布的人工单价、施工机械台班单价及材料市场价格信息进行填价。

3）确定综合费、利润率、劳动保险费、规费、税金取费标准，确定特殊施工措施费。

4）计算出各分部分项工程的综合单价及工程造价汇总表。

5）打印输出各种报表。

(5) 校核、修改。

(6) 编写施工图预算的编制说明。

用单价法编制预（概）算其优点是简化了预（概）算编制工作，减少了概预算文件，因为有分项工程单价标准，所以工程价格可以进行对比，选用结构构件可以进行经济技术分析，同时建设单位与施工单位在签订合同，进行工程决算诸方面也就有了依据和标准。如果只需计算工程费用与主要材料就不必把所有人工、材料、机械使用台班数量全部计算出来，大大减少了编制预算的工作量。但在市场价格波动较大的情况下，用该法计算的造价可能会偏离实际，需要对价差进行调整。

（三）实物法与单价法的比较

实物法编制施工图预算直接利用市场价计算而单价法编制施工图预算利用的是定额预算定价，其区别是计算直接费的方法不同。

实物法是把各分项工程数量分别乘以预算定额中人工、材料及机械消耗定额，求出该工程所消耗的人工、各种材料及施工机械台班消耗数量，再乘以当时当地人工、各材料及施工机械台班单价、汇总得出该工程直接费。

单价法是把市政工程的各分项工程量分别乘以单位估价表中相应单价，经汇总后再加上其他直接费，得出工程直接费。

目前，国内承包工程一般多采用单价法编制预算。这种方法有利于工程预算管理部门对施工图预算编制的统一管理，计算也简便。

第四节　施工预算的编制

一、施工预算

施工预算是企业内部经济核算和班组承包等的依据。它是施工企业在承包关系确定后，以施工图预算为基础，结合企业和工程实际情况编制的。

二、施工预算的作用

（一）施工预算是编制施工作业计划的依据

施工作业计划是施工单位管理的中心环节，它主要是根据施工预算与施工进度计划进行编制的，是具体执行施工预算中所考虑到一切降低成本，保证质量的措施。

（二）施工预算是签发施工任务单（或称生产任务单、计划任务单）和限额领料的依据

施工任务单是把施工作业计划落实到班组（队）的行动计划，施工任务单的执行情况，包括编制、签发、记录结算等各个环节都是以施工预算作为主要依据。

（三）施工预算是考核劳动成果实行按劳分配的依据

施工预算是衡量工人劳动成果，计算应得报酬的依据，使工人把劳动和个人生活资料分配直接联系起来，更好地贯彻执行按劳分配的原则。

（四）施工预算是施工单位开展经济活动分析的依据

施工单位开展经济活动分析是提高与加强施工管理的有效手段。通过经济活动分析，找出施工管理中的环节与存在问题，提出应该加强和改进的具体办法，经济活动分析主要是运用施工预算的人工材料和机具台班数量等与施工中实际消耗对比，同时也是和施工图预算进行对比的依据。

（五）施工预算是企业内部经济核算和班组承包的依据，也是企业进行“三算对比”的依据

三、施工预算编制的依据

（一）施工图纸（包括说明书）和施工图预算

编制施工预算是根据施工图纸和施工图预算，在保证工程质量的前提下，考虑一切可以降低工程成本的因素后，由施工单位自行编制，因此在编制时必须具备会审后的全套施工图纸与施工图预算。

（二）施工组织设计或施工方案

在施工组织设计或施工方案中所确定的施工方法，技术组织措施，现场平面布置等，这些都是编制施工预算的依据，没有这些资料施工预算中有些项目是难以确定的。如人工施工或是机械化施工，是现场浇制还是预制构件等。

（三）现行的施工定额和补充定额

施工定额是编制施工预算的主要依据，定额水平的高低和内容是否简明适用，直接关系到施工预算的贯彻执行，目前全国尚无完整的统一施工定额，在这种情况下，只有执行所在地区的有关规定和颁发的施工定额，必要时还需自编补充定额。

（四）其他

包括实地勘察与测量资料，地区材料单价、建筑手册等。

四、施工预算的主要内容

施工预算的主要内容：基本上和施工图预算相似，包括工程量、人工、材料与机械等，一般以单位工程（或分部工程）进行编制，由说明书及表格两部分组成。

（一）说明书

用简短文字简述以下基本内容。

（1）工程性质、范围和地点。

（2）对设计图纸、说明书的审查意见和现场勘察的主要资料。

（3）施工部署及施工期限。

（4）施工中采取的主要技术措施，如降低成本措施、施工技术措施、保安防火措施等，以及施工中可能发生的困难及处理办法。

（5）工程中存在或需要解决的问题。

（二）施工预算表

为了适应施工方法的可能变动，减少计算上的重复劳动，编制施工预算一般采用表格方式进行，目前因无统一的施工定额与具体要求，因此施工预算表格的形式，内容各地区也均不一致。但其中最基本的是施工预算表及工料分析表，与施工图预算表基本相仿。

五、施工预算编制的程序

施工预算编制步骤基本上同施工图预算步骤相似，其区别是两者使用的定额不同，项目划分的粗细、工料耗用量多少有些差别。其编制步骤如下：

（一）熟悉基础资料及定额使用

编制施工预算，首先要熟悉有关的基础资料，包括全套施工图纸、说明书、施工组织设计（或施工方案）以及施工现场布置的平面图，并且要掌握施工定额的内容、使用范围、项目划分及有关规定，防止套用错误造成返工。

（二）计算工程量

工程量的计算是编制施工预算中一项最基本细致的工作，要求做到准确（不重、不漏、不错）及时，所以凡是能利用设计预算的工程量就不必再算，但工程项目、名称和单位一定要符合施工定额。工程量计算完毕，经细致核对无误后，根据施工定额内容和计量单位的要求，按分部分项工程的顺序逐项汇总，整理列项为套用施工定额提供方便。

（三）套用施工定额

套用施工定额必须与施工图纸要求的内容相适应。分项工程名称、规格、计量单位，必须与施工定额所列的内容全部一致，否则重算、漏算、错算都会影响工程核算。在套用施工定额的过程中，对于缺项，可套用相应定额或编制补充定额，但编制补充定额，必须经上报有关单位批准。

（四）编制施工预算及工料分析表

根据工程量按照所套用的施工定额的分项名称、顺序套用定额中的单位人工材料和机械台班消耗量（无机械台班消耗定额按施工组织设计的机械台班消耗计算）然后逐一计算出各个工程项目的人工材料和机械台班的用工用料量，最后同类项工料相加予以汇总，便成为一个完整的工料分析表。

（五）写编制说明（主要内容见上述）

六、施工预算编制的方法

（一）实物法

实物法，是编制施工预算目前普遍应用的方法，它是根据施工图纸和说明书按照劳动定额或施工定额规定计算工程量。汇总分析人工和材料数量，向施工班组（或队）签发施工任务单与用料单，实行班组（或队）核算，与施工图预算的实物人工和主要材料进行对比，分析超、节原因以利加强企业管理。

（二）实物金额法

实物金额法编制施工预算有两种作法：一种是根据“实物法”编制的施工预算的人工和材料数量，分别乘以人工和材料单价，求得直接费的人工和材料费。实物数量用于施工班组（或队）签发施工任务单和用料单，实行班组（或队）核算直接费的人工和材料费与施工图预算直接费的人工和材料费相对比，分析超节原因以利加强企业管理。

另一种方法是根据施工定额规定计算工程量套施工定额单价计算复价，各分项相加，求得直接费与施工图预算编制方法基本相同，所不同之处，项目比施工图预算多，如混凝土工程分模板、钢筋和混凝土浇捣、机械台班按施工组织或施工方案规定计算。施工定额按分项有单价，再将施工预算的工程量套施工定额人工和材料分析人工和主要材料消耗数量，向施工班组（或队）签发施工任务单和用料单，与施工图预算，作人工和主要材料对比。

第五节　竣工结算与竣工决算的编制

一、竣工结算的编制

（一）竣工结算的概念和组成

竣工结算是工程竣工并经验收合格后，施工单位根据施工过程中实际发生的增减变更情况，按照编制施工图预算的方法与规定，对原施工图预算或工程合同造价进行相应调整，而编制的确定工程实际造价并作为最终结算工程价款的技术经济文件，称为竣工结算。

施工图预算或工程合同是在开工前编制和签订的，工程在施工过程中由于图纸发生了一些变化（工程地质条件的变化、设计考虑不周或设计意图的改变、材料的代换等），这些变化将影响工程的最终造价。为了如实地反映竣工工程造价，单位工程竣工后必须及时办理竣工结算。

竣工结算一般由施工单位编制，经建设单位审查无误，由施工单位和建设单位共同办理竣工结算确认手续。

竣工结算由竣工结算书封面、编制说明、结算造价汇总计算表、汇总表的附件和工程竣工资料五部分内容组成。

（二）竣工结算的作用

（1）竣工结算是施工单位考核工程成本，进行经济核算的依据。

（2）竣工结算是施工单位总结和衡量企业管理水平的依据。

（3）竣工结算是施工单位与建设单位结清工程价款的依据。

（三）竣工结算的编制依据

（1）计价规范；

（2）施工合同；

（3）工程竣工图纸及资料；

（4）双方确认的工程量；

（5）双方确认追加（减）的工程价款；

（6）双方确认的索赔、现场签证事项及价款；

（7）投标文件；

（8）招标文件；

（9）国家及地方有关法律、法规和政策；

（10）施工图预算；

（11）现行市政工程预算有关定额、费用调整的补充项目。

（四）竣工结算编制内容

（1）竣工结算书封面。

（2）编制说明。主要说明施工合同有关规定、有关文件和变更内容。

（3）结算造价汇总计算表。与施工图预算相同。

（4）汇总表的附表。包括工程增减变更计算表、材料价差计算表、建设单位供料计算表等。

（5）工程竣工资料。

（五）竣工结算的编制程序

（1）收集整理结算的有关原始资料。

（2）计算调整工程量。

（3）套用预算定额基价，计算工程竣工结算造价。

（六）工程竣工结算方式

工程竣工结算分单位工程竣工结算、单项工程竣工结算和建设项目竣工总结算。

（七）工程竣工结算编审

（1）单位工程竣工结算由承包人编制，发包人审查。若实行总承包的工程，由具体承包人编制，在总包人审查的基础上，发包人审查。

（2）单项工程竣工结算或建设项目竣工总结算由总（承）包人编制，发包人可直接进行审查，也可以委托具有相应资质的工程造价咨询机构进行审查。政府投资项目，由同级财政部门审查。单项工程竣工结算或建设项目竣工总结算经发、承包人签字盖章后有效。

承包人应在合同约定期限内完成项目竣工结算编制工作，未在规定期限内完成的并且提不出正当理由延期的，责任自负。

（八）工程竣工结算审查期限

单项工程竣工后，承包人应在提交竣工验收报告的同时，向发包人递交竣工结算报告及完整的结算资料，发包人应按以下规定时限进行核对（审查）并提出审查意见。

工程竣工结算报告金额审查时间规定如下。

（1）500万元以下，从接到竣工结算报告和完整的竣工结算资料之日起20天。

（2）500万～2000万元，从接到竣工结算报告和完整的竣工结算资料之日起30天。

（3）2000万～5000万元，从接到竣工结算报告和完整的竣工结算资料之日起45天。

（4）5000 万元以上，从接到竣工结算报告和完整的竣工结算资料之日起 60 天。

建设项目竣工总结算在最后一个单项工程竣工结算审查确认后 15 天内汇总，送发包人后 30 天内审查完成。

发包人收到承包人递交的竣工结算报告及完整的结算资料后，应按上述规定的期限（合同约定有期限的，服从其约定）进行核实，给予确认或者提出修改意见。

（九）竣工结算编制方法

竣工结算编制的基本方法：

$$竣工结算价=合同价+调整价 \tag{3-7}$$

合同价是指合同订立的价格。

调整价是指按合同约定应该调整的价格。调整价内容主要包括工程量调价、工料价格调整价、政策性调整价、索赔费用、合同以外零星项目费用以及奖惩费用等。

1. 工程量调整

工程量调整主要是指施工过程中设计变更或工程量清单的工程量计算误差造成的工程量增减变化。其调整价的计算公式如下

$$工程调整价=\sum(调整工程量\times综合单价) \tag{3-8}$$

（1）调整工程量。

工程量主要是指设计变更和清单误差的工程数量。一般情况下，固定总价包干的合同不存在工程量调整。工程量是否调整要视合同的具体约定。

（2）综合单价。

综合单价的确定如下。

1）合同中已有适用于变更工程的价格，按合同已有的价格确定。

2）合同中只有类似于变更工程的价格，可以参照类似价格确定。

3）合同中没有适用或类似于变更工程的价格，由承包人或发包人提出适当的变更价格，经双方认可后确定。

2. 工料价格调整

工料是指人工、材料、机械。工料价格调整是指按合同约定可以调整的人工、材料、机械的单价差调整（若合同约定不予调整的不得调整），其计算方法如下

$$人工单价调整=人工费\times调整系数 \tag{3-9}$$

式中：调整系数根据合同的约定确定。

$$材料单价调整=\sum(材料数量\times材料调整价差) \tag{3-10}$$

式中：材料数量是指合同约定可以调整材料的数量，一般是指价高、量大的材料；材料调整价差是指合同约定的价差。

$$机械单价调整=机械费\times调整系数 \tag{3-11}$$

式中：调整系数根据合同的约定确定。

3. 政策性调整价

政策价调整价主要是指按合同规定可以调整的政策性费用，如规费、安全施工费等。

由于规费是按有关部分规定收取的费用，有的地区规定规费不参与市场竞争，工程投标报价时不计入总报价，在办理结算时规费计算进入结算总价。安全施工费也是如此。

4. 合同以外零星项目费用

发包人要求承包人完成合同以外零星项目的费用，计算公式如下

$$人工费 = \Sigma(签订用工数量 \times 人工单价) \tag{3-12}$$

$$材料费 = \Sigma(签证材料数量 \times 材料单价) \tag{3-13}$$

$$机械费 = \Sigma(签证机械台班数量 \times 机械台班单价) \tag{3-14}$$

5. 索赔费用

索赔费用是指发（承）包人未能按合同约定履行自己的各项义务或发生错误，给另一方造成经济损失的，由受损方按合同约定提出索赔，索赔金额按合同约定支付。

$$索赔费用 = 承包人索赔费用 - 发包人索赔费用 \tag{3-15}$$

（1）承包人索赔费用。

承包人索赔费用是指非承包人原因造成承包人损失的费用。如由于发包人进行设计变更未及时而造成的施工现场塔吊闲置、停窝工损失、材料浪费等。

（2）发包人索赔费用。

发包人索赔费用是指非发包人原因造成发包人损失的费用。

6. 奖惩费用

如合同约定获得“鲁班奖”或提前工期时，发包人给承包人以奖励，奖励费用按合同约定计算。如合同约定由于承包人的原因（承包人施工组织不善等）造成工期延后，发包人给承包人以惩罚，惩罚费用按合同约定计算。

（十）竣工结算的注意事项

（1）要对施工图预算中不真实项目进行调整。

（2）要计算由于政策性变化而引起的调整性费用。

（3）要按实计算大型施工机械进退场费。

（4）要调整材料用量。

（5）要按实计算材料价差。

（6）要确定由建设单位供应材料部分的实际供应量和预算供应量。

（7）要计算因施工条件改变而引起的费用变化。

二、竣工决算的编制

（一）竣工决算的概念

竣工决算是指建设工程通过施工活动与原设计图纸发生了一些变化，在工程竣工以后在施工图预算基础上按编制施工图预算的方法与规定，逐项进行调整计算而编制的预算。计算包括从开始筹建起到该建设项目投产或使用为止全过程中所支出的全部费用总和，称为竣工决算。

竣工决算包括竣工结算工程造价、设备购置费、勘测设计费、征地拆迁费和其他一切全部建设费用的总和。

竣工决算由竣工决算报告说明书、竣工决算报表、竣工工程平面示意图和工程造价比较分析等四部分组成。

竣工决算书是反映市政工程最终造价和实物数量的技术经济文件，是市政工程最终结算的依据，是竣工验收报告的重要组成部分，也是工程建设程序的最后一环。竣工决算由建设单位编制。

（二）竣工决算的作用

(1) 作为核定新增资产价值的依据。工程移交后，生产企业用以正确计算固定资产折旧费，合理计算生产成本和利润。

(2) 作为考核建设成本和分析投资的效果。

(3) 作为今后工程建设的经验积累。

(4) 是国家对基本建设投资实行计划管理的重要手段，是国家对基本实际“三算”对比的依据。

(5) 竣工决算是竣工验收的主要依据。

(三) 竣工决算编制的依据

(1) 市政工程施工图及设计变更通知单或市政工程竣工图；

(2) 施工图预算书；

(3) 市政工程结算文件、设备购置费用结算文件，其他工程费用结算文件；

(4) 隐蔽工程验收记录及工程签证单；

(5) 编制市政工程预（决）算的文件与有关合同等。

(四) 竣工决算的内容

(1) 竣工决算报告说明书：

1) 工程进度、质量、安全、造价。

2) 概算执行情况分析，新增生产能力的效益分析，建设投资包干情况的分析，财务分析。

(2) 竣工决算报表：

1) 建设项目竣工工程概况表。

2) 建设项目竣工财务决算表。

3) 概算执行情况编制说明。

4) 待摊投资明细表。

(3) 工程造价比较分析：

1) 主要实物工程量。

2) 主要材料消耗量。

3) 考核建设单位管理费、建安工程间接费等的取费标准。

(4) 竣工工程平面示意图。

(五) 竣工决算编制的方法

在施工图预算的基础上，根据经审定的竣工结算等有关资料，对原概预算进行调整，重新核定各单项工程和单位工程造价。对属于增加资产价值的其他投资费等应分摊于受益工程，并随同受益工程交付使用的同时，一并计入新增资产价值。

(六) 竣工决算编制步骤

(1) 整理有关资料：把设计变更通知单按签发日期先后整理齐全，在每张通知单上注明属于哪个分部分项工程。

把工程签证单按分部工程顺序整理齐全，在签证单上注明属于哪个分部分项工程。

把隐蔽工程验收记录及交工验收记录按时间先后整理齐全。

在施工图上用红笔划出工程变更的范围。

(2) 准备定额本：准备好现行《市政工程预算定额》、《市政工程费用定额》、《材料预算价格》、《施工机械台班费用定额》，以及有关资料及文件。对于这些定额本和文件要认真学习，掌握定额本的应用方法及文件精神。

（3）增、删分部分项子目：根据工程变更的内容，列出新增分项子目名称。

根据工程变更的内容，在原市政工程预算书上删去未施工的分项子目。

竣工后的分项子目与原设计完全相同，则在原市政工程预算书上保留其分项子目。

将新增的分项子目和保留的分项子目按定额编号顺序列出。新增分项子目应在备注栏中注明。

（4）计算工程量及查定额：按分项子目的定额编号顺序逐个计算出新增分项子目的工程量，继而从定额本上查出其人工费单价、材料费单价、机械费单价。

（5）计算直接费：将新增分项子目的工程量分别乘以人工费单价、材料费单价、机械费单价，得出该分项子目的人工费、材料费、机械费，再把这三项费相加，成为合计数。

将所列各分项子目（连同保留分项子目）的人工费、材料费、机械费的合计数相加，成为直接费。

（6）计算工程造价：根据当时执行的《市政工程费用定额》查出相应各项费用的费率，计算出其他直接费、现场经费、间接费、差别利润、税金等。

把直接费、其他直接费、现场经费、间接费、差别利润和税金相加总和即为市政工程造价。

（7）装订成册：将所有计算表式及编制说明装订成册，贴上封面，只是将封面上的“预”字改为“决”字。

（8）决算送审：市政工程决算编就后，施工单位应负责自审及复审，复审通过后送建设单位审核，审核通过后作为技术档案，市政工程的工程款结算以决算书上所列工程造价为准。

第六节 设计概算、施工图预算、施工预算、竣工结（决）算关系

一、“两算”对比

“两算”对比是指施工预算与施工图预算的对比，也是建设工程的“计划价值”与“预算价格”的对比，它是建筑企业运用经济规律加强管理的手段。施工预算是用于企业内部，是企业支出的标准，是企业的计划支出额；施工图预算是企业对外关系，是企业收入的标准，是企业的计划收入额。通过施工预算与施工图预算的对比分析就可知道施工企业的成本盈亏，找节约、超支的原因，研究解决措施，防止人工材料和机械费的超支，避免发生计划成本亏损。“两算”对比是企业降低劳动消耗量，增加企业积累的重要手段。施工图预算是施工企业进行两算对比的依据。施工预算应低于施工图预算。“两算”对比的内容主要是施工预算中人工、材料、机械台班耗用量、相应人工费、材料费、机械费、其他直接费、临时设施费、现场管理费的对比。“两算”对比主要是直接费用的对比。

（一）“两算”对比做法

“两算”对比是将施工预算的工程量，套劳动定额人工或施工定额人工、材料分析出人

工和主要材料数量与施工图预算的工程量套预算定额人工、材料、分析出人工和主要材料数量进行对比，这种对比方法称为“实物对比法”。将施工预算的人工和主要材料，机械台班数量分别乘单价汇总成人工、材料和机械费与施工图预算人工、材料和机械费相对比，也可将施工预算的直接费与设计的直接费相对比，这种对比方法称为“实物金额对比法”。

（二）分项对比做法

（1）人工数量一般施工预算应低于施工图预算工日数的10%～15%，因为施工预算定额与施工图预算定额的基础水平不一样，另外施工图预算定额还有10%人工定额幅度考虑到在正常施工组织情况下，上下工序的搭接、建筑、安装之间的配合所需停歇时间，工程质量检查及隐蔽工程验收而影响的时间和施工中不可避免的少量零星用工等。

（2）材料消耗，施工预算要考虑到节约指标，应低于施工图预算消耗量，如发现高于施工图预算消耗量时，应调查分析，根据实际情况，采取相应措施进行调整。

（3）关于机械台班数量及机械费用的“两算”对比，尚存在一定困难，因为施工预算是根据施工组织设计（或施工大纲）规定的实际进场施工机械种类、型号、数量、工期编制施工预算计算机械台班费用，而施工图预算定额的机械台班是根据需要与合理配备，综合考虑，大多以金额表示，因此无法以台班数量对比，只能以施工预算与施工图预算“两算”的机械费金额对比。

（4）其他直接费“两算”对比，以金额对比。“两算”对比，主要是直接费用的对比，其他施工管理费，独立费用，应单独核算，不可直接混在一起，一般不作对比，只作核算。“两算”的具体对比内容、要求，要结合各单位的具体情况考虑，一般单位工程开工前，应编出“两算”同时提出“两算”对比分析表（表3-2），报上级批准执行。

工程名称　　　　　　　　　　**两算对比表**　　　　　　　　　　**表3-2**

序号	项目	单位	施工图预算			施工预算			数量差			金额差		
			数量	单价（元）	合计（元）	数量	单价（元）	合计（元）	节约	超支	%	节约	超支	%
一	直接费	元			10100			9456				644		6.38
	其中：													
	人工	工日	617		975	561		886	56		9.08	89		9.08
	材料	元			8590			8058				832		6.19
	机械	元			535			512				23		4.30
二	分部													
1	土方工程	元			229			210				19		8.29
2	砖石工程	元			2735			2605				130		4.75
3	钢筋混凝土	元			2340			2127				213		9.10
	……													
三	单项													
1	板方材	m^3	2.13		328	2.09	154	322	0.04		1.88	6		1.88
2	ϕ10以上钢筋	t	1.08		643	1.04	595	619	0.04		0.04	24		0.04

二、“三算”：设计概算、施工图预算和竣工结算

设计概算、施工图预算、竣工结算，通常称为“三算”。加强“三算”，设计有概算、施工有预算、竣工有结算，对于控制基本建设投资、防止三超：决算超预算，预算超概算，概算超投资有重要作用。

三、预算体制，设计概算——施工图预算——施工预算——竣工结算

设计概算、施工图预算和施工预算组成了我国现阶段市政工程预算体制，它们之间，既有共性，又有特性。

(1) 共性：三者属于同一体系，在不同作用下反映同一工程在不同阶段的经济效果和相互制约关系：概算控制施工图预算，施工图预算控制施工预算。

(2) 特性：三者都具有独立性，在不同阶段和不同的使用要求下发挥各自的经济杠杆作用。设计概算是选择最优设计方案和控制投资的标准，施工图预算是反映社会平均生产力、价格的标准，施工预算是反映企业生产力水平的标准，也用于企业衡量承包工程盈亏的标准。竣工结算是反映工程实施情况、工程实际价格的标准。

思考题与习题

1. 工程预算可分成哪几类?
2. 市政工程费用由哪几部分组成?
3. 什么是施工图预算？施工图预算的编制方法有哪些?
4. 什么是施工预算？施工预算的编制方法有哪些?
5. 什么是竣工结算？如何编制?
6. 什么是工程决算？如何编制?
7. 工程决算与工程结算有何区别?
8. 何谓“两算”对比?
9. 对于控制基本建设投资，应防止哪三起?
10. 什么是措施费？措施费由哪几部分组成?
11. 施工技术措施费包括哪几部分费用?
12. 何谓规费？它包括哪些内容?
13. 直接费与直接工程费相同吗？如何区别?

第四章　预算定额计量与计价（工料单价法）

本章学习要点

预算定额计价法及工程费用计算程序；市政工程施工取费费率及工程类别划分。

第一节　市政工程计量与计价的基本知识

一、市政工程计量的基本知识

1. 工程计量的概念

工程计量是指运用一定的划分方法和计算规则进行计算，并以一定的计量单位来表示分部分项工程数量或项目总体实体数量的工作。

工程计量随建设项目所处的阶段及设计深度的不同，对应的计量对象、计量方法、计量单位、精确程度也有所不同。

2. 工程计量的对象

在工程建设的不同阶段，工程计量的对象不同。

在项目决策阶段编制投资估算时，工程计量的对象取得较大，可能是单项工程或单位工程，甚至是整个建设项目，这时得到的工程估价也就较粗略。

在初步设计阶段编制设计概算时，工程计量的对象可以取单位工程或扩大的分部分项工程。

在施工图设计阶段编制施工图预算时，以分项工程为计量的基本对象，这时取得的工程估价也就较为准确。

3. 工程计量的依据

为了保证工程量计算结果的统一性和可比性，防止工程结算时出现不必要的纠纷，在工程量计算时应严格按照一定的计算依据进行。主要有以下几个方面：

（1）工程量计算规则是指对工程量计算工作所做的统一的说明和规定，包括项目划分、项目特征、工程内容描述、计量方法、计量单位等。

（2）工程设计图样、设计说明及设计变更等。

（3）经审定的施工组织设计及施工技术方案、专项方案等。

（4）招标文件的有关说明及合同条件等。

4. 工程计量的影响因素与注意事项

（1）工程计量的影响因素

在进行工程计量以前，应先确定以下工程计量因素。

1）计量对象

在不同的建设阶段，有不同的计量对象，对应有不同的计量方法，所以确定计量对象是工程计量的前提。

2）计量单位

工程计量时采用的计量单位不同，则计算结果也不同，所以工程计量前应明确计量单位。

3）施工方案

在工程计量时，对于图样相同的工程，往往会因为施工方案的不同而导致实际完成工程量的不同，所以工程计量前应确定施工方案。

4）计价方式

在工程计量时，对于图样相同的工程，采用定额的计价模式和清单的计价模式，可能会有不同的计算结果，所以在计量前也必须确定计价方式。

（2）工程计量注意事项

1）要依据对应的工程量计算规则进行计算，包括项目名称、计量单位、计量方法的一致性。

2）熟悉设计图样和设计说明，计算时以图样标注尺寸为依据，不得任意加大或缩小尺寸。

3）注意计算中的整体性和相关性。如在市政工程计量中，要注意处理道路工程、排水工程的相互关系。

4）注意计算列式的规范性和完整性，最好采用统一格式的工程量计算纸，并写明计算部位、项目、特征等，以便核对。

5）注意计算过程中的顺序性，为了避免工程量计算过程中发生漏算、重复等现象，计算时可按一定的顺序进行。

6）注意结合工程实际，工程计量前应了解工程的现场情况、拟用的施工方案、施工方法等，从而使工程量更切合实际。

7）注意计算结果的自检和他检。工程量计算后，计算者可采用指标检查、对比检查等方法进行自检，也可请经验丰富的造价工程师进行他检。

二、市政工程计价的基本知识

1. 工程计价的概念

工程计价是指在定额计价模式下或在工程量清单计价模式下，按照规定的费用计算程序，根据相应的定额，结合人工、材料、机械市场价格，经计算预测或确定工程造价的活动。

计价模式不同，工程造价的费用计算程序不同，建设项目所处的阶段不同，工程计价的具体内容、计价方法、计价的要求也不同。

2. 工程计价的依据

（1）《建设工程工程量清单计价规范》

《建设工程工程量清单计价规范》GB 50500—2013 是根据《中华人民共和国建筑法》、《中华人民共和国合同法》、《中华人民共和国招标投标法》等法律以及最高人民法院。

（2）《浙江省建筑工程计价依据》（2010 版）

1）《浙江省建设工程计价规则》（2010 版）。

2)《浙江省市政工程预算定额》(2010版)。

3)《浙江省建设工程施工费用定额》(2010版)。

4)《浙江省施工机械台班费用定额》(2010版)。

5) 其他(市场信息价格、企业定额等)。

第二节 工程量计算

一、工程量计算的一般规则

(1) 计算工程量的项目必须与现行定额的项目一致。

(2) 计算工程量的计量单位必须与现行定额的计量单位一致。

(3) 工程量必须严格按照施工图纸进行计算。

(4) 工程量计算规则必须与现行定额规定的计算规则一致。

二、工程量计算

(一) 施工图预算的列项

在列项时根据施工图纸与预算定额按照工程的施工程序进行。一般项目的列项与预算定额中的项目名称完全相同,可以直接将预算定额中的项目列出;有些项目和预算定额中的项目不一致时要将定额项目进行换算;如果预算定额中没有图纸上表示的项目,必须按照有关规定补充定额项目及定额换算。在列项时,注意不要出现重复列项或漏项。

在编制道路工程施工图预算时,要了解在编制中经常遇到的一些项目,如:

路基工程中:有挖土、回填土整修车行道路基、整理人行道路基、场内运土、余土外运等项目。

道路基层中:有厂拌粉煤灰三渣基层等项目。

道路面层中:有粗粒式沥青混凝土、中粒式沥青混凝土、细粒式沥青混凝土或水泥混凝土面层、传力杆、拉杆、小套子、涂沥青木板、涂沥青、切割缝、填缝等项目。

附属设施中:有铺筑预制人行道板、安砌预制混凝土侧平石(或侧石)等项目。

(二) 列出工程量计算式并计算

工程量是编制预算的原始数据,也是一项工作量大又细致的工作。实际上,编制市政工程施工图预算,大部分时间是花在看图和计算工程量上,工程量的计算精确程度和快慢直接影响预算编制的质量与速度。

在预算定额说明中,对工程量计算规则作出了具体规定,在编制时应严格执行。工程量计算时,必须严格按照图纸所注尺寸为依据计算,不得任意加大或减小、任意增加或丢失。工程项目列出后,根据施工图纸按照工程量计算规则和计算顺序分别列出简单明了的分项工程量计算式,并循着一定的计算顺序依次进行计算,做到准确无误。分项工程计算单位有 m、m^2、m^3 等,这在预算定额中都已注明,但在计算工程量时应注意分清楚,以免由于计量单位搞错而影响工程量的准确性。对分项单位价值较高项目的工程量计算结果除钢材(以 t 为计量)、木材(以 m^3 为计量单位)取三位小数外,一般项目水泥、混凝土可取小数点后两位或一位,对分项价值低项如土方、人行道板等可取整数。

在计算工程量时,要注意将计算所得的工程量中的计量单位(米、平方米、立方米或千克等)按照预算定额的计算单位(100m、100m^2、100m^3 或 10m、10m^2、10m^3 或 t)

进行调整，使其相同。

工程量计算完毕后必须进行自我检查复核，检查其列项、单位、计算式、数据等有无遗漏或错误。如发现错误，应及时更正。

（三）工程量计算顺序

一般有以下几种：

（1）按施工顺序计算：即按工程施工先后顺序计算工程量。

（2）按顺时针方向计算：即先从图纸的左上角开始，按顺时针方向依次进行计算到右上角。

（3）按“先横后直”计算：即在图纸上按先横后直、从上到下、从左到右的顺序进行计算。

第三节　预算定额计价的编制（施工图预算的编制）

一、市政工程造价的组成

市政工程造价由直接费、间接费、利润和税金组成，图 3-2。

二、预算定额计价法及工程费用计算程序

1. 预算定额计价方法

预算定额计价一般采用工料单价法计价。

工料单价法是指项目单价由人工费、材料费、施工机械使用费组成，施工组织措施费、企业管理费、利润、规费、税金、风险费用等按规定程序另行计算的一种计价方法。

项目合价＝工料单价×项目工程数量

工程造价＝Σ［项目合价＋取费基数×（施工组织措施费率＋企业管理费率＋利润费）＋规费＋税金＋风险费用］

2. 工料单价法计价的工程费用计算程序（表 4-1）

工料单价法计价的工程费用计算程序表　　**表 4-1**

序号	费用项目		计算方法
一	预算定额分部分项工程费		Σ(分部分项项目工程量×工料单价)
	其中	1. 工人费＋机械费	Σ(定额人工费＋定额机械费)
二	施工组织措施费		Σ[(1＋2＋3＋4)×施工组织措施费率]
	其中	2. 安全文明施工费	1×费率
		3. 检验试验费	
		4. 冬、雨期施工增加费	
		5. 夜间施工增加费	
		6. 已完工程及设备保护费	
		7. 二次搬运费	
		8. 行车、行人干扰增加费	
		9. 提前竣工增加费	
		10. 其他施工组织措施费	按相关规定计算

续表

序号	费用项目		计算方法
三	企业管理费		1×费率
四	利润		
五	规费		11+12+13
	其中	11. 排污费、社保费、公积金	1×费率
		12. 民工工伤保险费	按各市有关规定计算
		13. 危险作业意外伤害保险费	
六	总承包服务费		(14+16)或(15+16)
	其中	14. 总承包管理和协调费	分包项目工程造价×费率
		15. 总承包管理、协调和服务费	
		16. 甲供材料、设备管理服务费	(甲供材料费、设备费)×费率
七	风险费		(一+二+三+四+五+六)×费率
八	暂列金额		(一+二+三+四+五+六+七)×费率
九	税金		(一+二+三+四+五+六+七+八)×税率
十	建设工程造价		一+二+三+四+五+六+七+八+九

【例 4-1】 某市区欲建设城市高架路，长 3.5km。根据施工图样，按正常的施工组织设计、正常的施工工期并结合市场价格计算出直接工程费为 7500 万元（其中人工费+机械费为 2100 万元），施工技术措施费为 1200 万元（其中人工费+机械费为 400 万元），该工程不允许分包，材料不需要二次搬运，暂列金额按税前造价的 5%计算，风险费用暂不考虑，试按工料单价法以编制招标控制价。

【解】

(1) 工程类别判别。

根据《浙江省建设工程施工费用定额》(2010 版) 规定，本例“城市高架路”工程类别为二类桥涵工程。

(2) 费率确定。

根据《浙江省建设工程施工费用定额》(2010 版) 规定，编制招标控制价时，施工组织措施费、企业管理费及利润应按费率的中值或弹性区间费率的中值计取。民工工伤保险费费率按 0.114%计取，危险作业意外伤害保险费暂不考虑。

(3) 按费用计算程序计算招标控制价见表 4-2。

计算施工图预算造价 **表 4-2**

序号	费用项目	计算方法	金额/万元
一	预算定额分部分项工程费	Σ(分部分项项目工程量×工料单价)	8700
	1. 人工费+机械费	Σ(定额人工费+定额机械费)	2500
二	施工组织措施费	Σ(1×施工组织措施费率)	211.25

续表

序号	费用项目	计算方法	金额/万元
	2. 安全文明施工费	2500×4.46%	111.5
	3. 检验试验费	2500×1.23%	30.75
	4. 冬期、雨期施工增加费	2500×0.19%	4.75
	5. 夜间施工增加费	2500×0.03%	0.75
	6. 已完工程及设备保护费	2500×0.04%	1
	7. 二次搬运费	—	0
	8. 行车、行人干扰增加费	2500×2.50%	62.5
	9. 提前竣工增加费	—	0
三	企业管理费	2500×21%	525
四	利润	2500×11%	275
五	规费	11+12+13	185.35
	11. 工程排污费、社会保障费、住房公积金	2500×7.30%	182.5
	12. 民工工伤保险费	2500×0.114%	2.85
	13. 危险作业意外伤害保险费	—	0
六	总承包服务费	14+15+16	0
	14. 总承包管理和协调费	—	0
	15. 总承包管理、协调和服务费	—	0
	16. 甲供材料、设备管理服务费	—	0
七	风险费	(一+二+三+四+五+六)×费率	0
八	暂列金额	(一+二+三+四+五+六+七)×5%	494.83
九	税金	(一+二+三+四+五+六+七+八)×3.577%	371.7015
十	建设工程造价	一+二+三+四+五+六+七+八+九	10763.1315

三、编制的内容和步骤

(一) 施工图预算的组成内容

(1) 封面;

(2) 编制说明;

(3) 工程费用计算程序表;

(4) 工程预算书(分部分项、技术措施);

(5) 组织措施费计算表;

(6) 主要材料价格表。

(二) 施工图预算的编制步骤

(1) 收集和熟悉编制施工图预算的有关文件和资料,以做到对工程有一个初步的了解,有条件的还应到施工现场进行实地勘察,了解现场施工条件、施工场地环境、施工方法和施工技术组织状况。这些工程基本情况的掌握有助于后面工程准确、全面地列项,计算工程量和工程造价。

（2）计算工程量

（3）计算直接工程费

1）正确选套定额项目。

2）填列分项工程单价：通常按照定额顺序或施工顺序逐项填列分项工程单价。

3）计算分项工程直接工程费：分项工程直接工程费主要包括人工费、材料费、机械费，具体按下式计算：

分项工程直接工程费＝消耗量定额基价×分项工程量

其中：人工费＝定额人工单价×分项工程量

材料费＝定额材料费单价×分项工程量

机械费＝定额机械费单价×分项工程量

4）计算直接工程费：直接工程费＝Σ分项工程直接工程费。

（4）工料分析

工料分析表项目应与工程直接费表一致，以方便填写和校核，根据各分部分项工程的实物工程量和相应定额项目所列的工日、材料和机械的消耗量标准，计算各分部分项工程所需的人工、材料和机械需用数量。

（5）计算工程总造价

根据相应的费率和计费基数，分别计算其他各项费用。

（6）复核、填写封面及施工图预算编制说明

单位工程预算编制完成后，由有关人员对预算编制的主要内容和计算情况进行核对检查，以便及时发现差错、及时修改，从而提高预算的准确性。在复核中，应对项目填列、工程量计算式、套用的单价、采用的各项取费费率及计算结果进行全面复核。编制说明主要是向审核方交代编制的依据，可逐条分述。主要应写明预算所包括的工程内容范围、所依据的定额资料、材料价格依据等需重点说明的问题。

四、预算定额套用方法

市政工程消耗量定额是编制施工图预算、确定工程造价的主要依据，为了正确使用消耗量定额，应认真阅读定额手册中的总说明、分部工程说明、分节说明、定额附注和附录，了解各分部分项工程名称、项目单位、工作内容等，正确理解和应用各分部分项工程的工程量计算规则。

在应用定额的过程中，通常会遇到以下几种情况：定额的直接套用、换算和补充。

1. 定额的直接套用

当施工图的设计要求与拟套用的定额分项工程规定的工作内容、技术特征、施工方法、材料规格等完全相符时，可直接套用定额。套用时应注意以下几点：

（1）根据施工图、设计说明和做法说明，选择定额项目。

（2）要从工程内容、技术特征和施工方法上仔细校对，才能较准确地确定相对应的定额项目。

（3）分项工程的名称和计量单位应与预算定额一致。

2. 定额的换算

当施工图设计要求与拟套用的定额项目的工作内容、施工工艺、材料规格等不完全相

符时，则不能直接套用定额，这时应根据定额规定进行计算。如果定额规定允许换算，则应按照定额规定的换算方法进行换算；如果定额规定不允许换算，则不能对该定额项目进行调整换算。

3. 预算定额的补充

当分项工程的设计要求与定额条件完全不相符或者由于设计采用新结构、新材料、新工艺，在预算定额中没有这类项目，属于定额缺项时，可编制补充预算定额。

第四节　市政工程施工取费费率及工程类别划分

一、施工取费计算规则

(1) 建设工程施工组织措施费、企业管理费、利润及规费均以“人工费＋机械费”为取费基数。“人工费＋机械费”是指直接工程费及施工技术措施费中的人工费和机械费之和。人工费不包括机上人工，大型机械设备进出场及安拆费不能直接作为机械费计算，但其中的人工费及机械费可作为取费基数。

(2) 编制投标报价时，其人工、机械台班消耗量可根据企业定额确定，人工单价、机械台班单价可按当时当地的市场价格确定，以此计算的人工费和机械费作为取费基数。

(3) 编制招标控制价时，应以预算定额的人工费和机械费作为取费基数。

(4) 施工措施项目应根据《浙江省建设工程施工费用定额》或措施项目清单，结合工程实际确定。

1) 施工技术措施费可根据相关的工程定额计算。

2) 施工组织措施费按施工费用计算程序以取费基数乘以组织措施费费率，其中安全文明施工费、检验试验费为必须计算的措施费项目，其他组织措施费项目可根据工程量清单或工程实际需要列项，工程实际不发生的项目不应计取费用。

在编制投标报价时，安全文明施工费、检验试验费不得低于《浙江省建设工程施工费用定额》的下限费率报价；在编制招标控制价时，安全文明施工费、检验试验费按中值费率计算。

提前竣工增加费以工期缩短的比例计取，计取缩短工期增加费的工程不应同时计取夜间施工增加费。

3) 企业管理费费率是根据不同的工程类别确定的。

4) 编制招标控制价时，施工组织措施费、企业管理费及利润，应按费率的中值或弹性区间费率的中值计取。

5) 编制施工图预算时，施工组织措施费、企业管理费及利润，可按费率的中值或弹性区间费率的中值计取。

6) 暂列金额一般可按税前造价的5%计算。工程结算时，暂列金额应予以取消，另按工程实际发生项目增加费用。

7) 发包人仅要求对分包的专业工程进行总承包管理和协调时，总承包单位可按分包的专业工程造价的1%～2%向发包方计取总承包服务费；发包人要求总承包单位对分包的专业工程进行总承包管理和协调，并同时要求提供配合服务时，总承包单位可按分包的专业工程造价的1%～4%向发包方计取总承包服务费；对甲供材料、设备进行管理、服务时，可按甲供材料、设备价值的0.2%～1%计取费用。

8）规费、税金费率应按《浙江省建设工程施工费用定额》规定的费率计取，不得作为竞争性费用。

二、市政工程施工取费费率

1. 市政工程施工组织措施费费率

市政工程施工组织措施费费率取值见表4-3。

市政工程施工组织措施费费率　　表4-3

定额编号	项目名称	计算基数	费率（%）		
			下限	中限	上限
C1-1	安全文明施工费				
C1-11	非市区工程	人工费＋机械费	3.41	3.79	4.17
C1-12	市区一般工程	人工费＋机械费	4.01	4.46	4.91
C1-2	夜间施工增加费	人工费＋机械费	0.01	0.03	0.06
C1-3	提前施工增加费				
C1-31	缩短工期10%以内	人工费＋机械费	0.01	0.83	1.65
C1-32	缩短工期20%以内	人工费＋机械费	1.65	2.04	2.44
C1-33	缩短工期30%以内	人工费＋机械费	2.44	2.83	3.23
C1-4	二次搬运费	人工费＋机械费	0.57	0.71	0.82
C1-5	已完工程及设备保护费	人工费＋机械费	0.02	0.04	0.06
C1-6	检验试验费	人工费＋机械费	0.97	1.23	1.49
C1-7	冬期、雨期施工增加费	人工费＋机械费	0.10	0.19	0.29
C1-8	行车、行人干扰增加费	人工费＋机械费	2.00	2.50	3.00
C1-9	优质工程增加费	优质工程增加费前造价	1.00	2.00	3.00

2. 市政工程企业管理费费率

市政工程企业管理费费率取值见表4-4。

市政工程企业管理费费率　　表4-4

定额编号	项目名称	计算基数	费率（%）		
			一类	二类	三类
C2-1	道路工程	人工费＋机械费	16～21	14～19	12～16
C2-2	桥梁工程	人工费＋机械费	21～28	18～24	16～21
C2-3	隧道工程	人工费＋机械费	10～13	8～11	6～9
C2-4	河道护岸工程	人工费＋机械费	—	13～17	11～15
C2-5	给水、燃气及单独排水工程	人工费＋机械费	14～18	12～16	10～14
C2-6	专业土石方工程	人工费＋机械费	—	3～4	2～3
C2-7	路灯及交通设施工程	人工费＋机械费	27～36	22～30	18～25

3. 市政工程利润费率

市政工程利润费率取值见表 4-5。

市政工程利润费率 表 4-5

定额编号	项目名称	计算基数	费率（%）
C3-1	道路工程	人工费＋机械费	9～15
C3-2	桥梁工程		8～14
C3-3	隧道工程		4～8
C3-4	河道护岸工程		6～12
C3-5	给水、燃气及单独排水工程		8～13
C3-6	专业土石方工程		1～4
C3-7	路灯及交通设施工程		13～20

4. 市政工程规费费率

市政工程规费费率取值见表 4-6。

市政工程规费费率 表 4-6

定额编号	项目名称	计算基数	费率（%）
C4-1	道路、桥梁、河道护岸、给排水及燃气工程	人工费＋机械费	7.30
C4-2	隧道工程		4.05
C4-3	专业土石方工程		1.05
C4-4	路灯及交通设施工程		11.96

民工工伤保险及意外伤害保险按各地的规定计取。

5. 市政工程税金费率

市政工程税金费率取值见表 4-7。

市政工程税金费率 表 4-7

定额编号	项目名称	计算基数	费率（%）		
			市区	城（镇）	其他
C4	税金	直接费＋间接费＋规费	3.577	3.513	3.384
D4-1	税费	直接费＋间接费＋规费	3.477	3.413	3.284
D4-2	水利建设资金	直接费＋间接费＋规费	0.100	0.100	0.100

注：税费包括营业税、城市建设维护税、教育附加税。

三、市政工程类别划分及说明

（一）市政工程类别划分表（表 4-8）

市政工程综合费用工程类别划分表 **表 4-8**

工程＼类别	一 类	二 类	三 类
道路工程	城市高速干道	1. 城市主干道、次干道 2. 10000m² 以上广场、5000m² 以上停车场 3. 带 400m 标准跑道的运动场	1. 支路、街道、居民（厂）区道路 2. 单独的人行道工程、广场及路面维修 3. 10000m² 以下广场、5000m² 以下停车场 4. 运动场
桥涵工程	1. 层数 3 层以上的立交桥 2. 单孔最大跨径 40m 以上的桥梁 3. 拉索桥 4. 箱涵顶进	1. 3 层以下立交桥、人行地道 2. 单孔最大跨度 20m 以上的桥梁 3. 高架路	1. 单孔最大跨径 20m 以下的桥梁 2. 涵洞 3. 人行天桥
隧道工程	1. 水底隧道 2. 垂直顶升隧道 3. 截面宽度 9m 以上	截面宽度 6m 以上	截面宽度 6m 以下
轻轨、地铁工程	均按一类工程		
河道排洪及护岸工程		单独排洪工程	单独护岸护坡及土堤
给水、排水工程	1. 日生产能力 20 万 t 以上的自来水厂 2. 日处理能力 20 万 t 以上的污水处理厂 3. 日处理能力 10 万 t 以上的单独排水泵站 4. 直径 1200mm 以上的给水管道 5. 管径 1800mm 以上的排水管道 6. 顶管工程	1. 日生产能力 8 万 t 以上的自来水厂 2. 日处理能力 10 万 t 以上的污水处理厂 3. 日处理能力 5 万 t 以上的单独排水泵站 4. 直径 600mm 以上的给水管道 5. 管径 1000mm 以上的排水管道 6. 给排水构筑物	1. 日生产能力 8 万 t 以下的自来水厂 2. 日处理能力 10 万 t 以下的污水处理厂 3. 日处理能力 5 万 t 以下的单独排水泵站 4. 直径 600mm 以内的给水管道 5. 管径 1000mm 以内的排水管道
燃气供热工程	管外径 900mm 以上的燃气供热管道	管外径 600mm 以上的燃气供热管道	管外径 600mm 以下的燃气供热管道
路灯工程		路灯安装大于 30 根，且包含 20m 及以上的高杆灯安装大于 4 根的工程	二类工程以外的其他工程
土石方工程		深度 4m 以上的土石方开挖	深度 4m 以下的土石方开挖

（二）工程类别划分说明

1. 道路工程

道路工程按道路交通功能分类：

（1）高速干道：城市道路设有中央分隔带，具有四条以上车道，全部或部分采用立体交叉与控制出入，供车辆高速行驶的道路。

（2）主干道：在城市道路网中起骨架作用的道路。

（3）次干道：在城市道路网中的区域性干路，与主干路相连接，构成完整的城市干路系统。

（4）支路：在城市道路网中的干路以外联系次干路或供区域内部使用的道路。

（5）街道：在城市范围全部或大部分地段两侧建有各式建筑物，设有人行道和各种市政公用设施的道路。

（6）居民（厂）区道路：以住宅（厂房）建筑为主体的区域内道路。

2. 桥涵工程

（1）单独桥涵工程按桥涵分类，附属于道路工程的桥涵，按道路工程分类。

（2）单独立交桥工程按立交桥层数进行分类；与高架路相连的立交桥，执行立交桥类别。

3. 隧道工程

隧道工程按隧道类型及隧道截面宽度进行分类。

隧道截面宽度指隧道内截面的净宽度。

4. 河道排洪及护岸工程

河道排洪及护岸工程按单独排洪工程、单独护岸护坡及土堤工程分类。

（1）单独排洪工程包括明渠、暗渠及截洪沟。

（2）单独护岸护坡包括抛石、石笼、砌护底、护脚、台阶以及附属于本类别的土方附属工程等。

5. 给排水工程

给排水工程按管径大小分类。

（1）顶管工程包括挤压顶进。

（2）在一个给水或排水工程中有两种及其以上不同管径时，按最大管径取定类别。

（3）给、排水管道包括附属于本类别的挖土和管道附属构筑物及设备安装。

6. 燃气、供热工程

燃气、供热工程按燃气、供热管道管外径大小分类。

（1）一个燃气或供热管道工程中，有两种及其以上不同管外径管道时，按最大管外径取定类别。

（2）燃气、供热管道包括管道挖土和管道附属构筑物。

7. 其他有关说明

（1）某专业工程有多种情况的，符合其中一种情况，即为该类工程。

（2）除另有说明者外，多个专业工程一同发包时，按专业工程类别最高者作为该工程的类别。

（3）道路或桥涵工程附属的人行道、挡土墙、护坡、围墙等工程按道路或桥涵工程分类。

（4）单独附属工程按相应主体工程的三类取费标准计取。

（5）与其他专业工程一同发包的路灯或交通设施工程要单独划分工程类别。

（6）交通设施工程包括交通标志、标线、护栏、信号灯、交通监控工程等。

思考题与习题

一、问答题

1. 何谓工程计量？何谓工程计价？

2. 工程计量的依据有哪些？工程计价的依据有哪些？

3. 工料单价法计价的工程费用计算程序如何？

4. 施工图预算编制的步骤如何？

二、计算题

某小区排水管道工程，最大管径为1000mm，按正常的施工组织设计、正常的施工工期并结合市场价格计算出各部分费用见表2-12，该工程不允许分包，材料需要二次搬运，暂列金额按税前造价的4%计算，风险费用暂不考虑，试按工料单价法以编制招标控制价。并将计算结果填入表4-9内。

招标控制价（二） **表4-9**

序号	费用项目	计算方法	金额/万元
一	预算定额分部分项工程费	Σ(分部分项项目工程量×工料单价)	920
	1. 人工费+机械费	Σ(定额人工费+定额机械费)	310
二	施工组织措施费	Σ(1×施工组织措施费率)	
	2. 安全文明施工费		
	3. 检验试验费		
	4. 冬期、雨期施工增加费		
	5. 夜间施工增加费		
	6. 已完工程及设备保护费		
	7. 二次搬运费		
	8. 行车、行人干扰增加费		
	9. 提前竣工增加费		
	10. 其他施工组织措施费		
三	企业管理费		
四	利润		
五	规费		
	11. 工程排污费、社会保障费、住房公积金		
	12. 民工工伤保险费		
	13. 危险作业意外伤害保险费		
六	总承包服务费		
	14. 总承包管理和协调费		
	15. 总承包管理、协调和服务费		
	16. 甲供材料、设备管理服务费		
七	风险费		
八	暂列金额		
九	税金		
十	建设工程造价	一十二十三十四十五十六十七十八十九	

第五章　工程量清单计量与计价（综合单价法）

本章学习要点

工程量清单的概念、工程量清单的编制格式和要求；工程量清单计价的概念、工程量清单计价的编制格式和要求。

第一节　概　　述

一、实行工程量清单计价的目的、意义

（一）实行工程量清单计价，是深化工程造价管理改革，推进建设市场市场化的重要途径

（二）实行工程量清单计价，是规范建设市场秩序，适应社会主义市场经济发展的需要

（三）实行工程量清单计价，是与国际接轨的需要

（四）实行工程量清单计价，是促进建设市场有序竞争和企业健康发展的需要

（五）实行工程量清单计价，有利于我国工程造价政府职能的转变

二、“计价规范”编制的原则

（一）政府宏观调控、企业自主报价、市场竞争形成价格

（二）与现行定额既有机的结合又有区别的原则

（三）既考虑我国工程造价管理的现状，又尽可能与国际惯例接轨的原则

三、《建设工程工程量清单计价规范》的主要内容

《建设工程工程量清单计价规范》包括正文和附录两大部分，二者具有同等效力。

（一）正文

正文共五章，包括总则、术语、工程量清单编制、工程量清单计价、工程量清单及计价格式的内容。分别就“计价规范”的适应范围、遵循的原则、编制工程量清单应遵循原则、工程量清单计价活动的规则、工程清单及其计价格式作了明确规定。

（二）附录

附录包括：附录 A 建筑工程工程量清单项目及计算规则，附录 B 装饰装修工程工程量清单项目及计算规则，附录 C 安装工程工程量清单项目及计算规则，附录 D 市政工程工程量清单项目及计算规则，附录 E 园林绿化工程工程量清单项目及计算规则。附录中包括项目编码、项目名称、项目特征、计量单位、工程量计算规则和工程内容，其中项目编码、项目名称、计量单位、工程量计算规则作为四个统一的内容，要求招标人在编制工程量清单时必须执行。

附录D市政工程工程量清单项目及计算规则，共分为八章38节432个清单项目，基本涵盖市政工程编制工程量清单的需要。

第一章D.1土石方工程：包括挖土方、挖石方、填方及土石方运输共3节12个清单项目。

第二章D.2道路工程：包括路基处理、道路基层、道路面层、人行道及其他、交通管理设施共5节60个清单项目。

第三章D.3桥涵护岸工程：包括桩基、现浇混凝土、预制混凝土、砌筑、挡墙、护坡、立交箱涵、钢结构、装饰、其他（包括金属栏杆、桥梁支座、桥梁伸缩装置、隔声屏障、泄水管、防水层等零星项目）共9节74个清单项目。

第四章D.4隧道工程：包括隧道岩石开挖、岩石隧道衬砌、盾构掘井、管节顶升、旁通道、隧道沉井、地下连续墙、混凝土结构、沉管隧道共8节82个清单项目。

第五章D.5市政管网工程：包括管道铺设，管件、钢支架制作安装及新旧管连接，阀门、水表、消火栓安装，井、设备基础及出水口，顶管，构筑物，设备安装共7节111个清单项目。

第六章D.6地铁工程：包括结构、轨道、信号、电力牵引共4节81个清单项目。

第七章D.7钢筋工程：包括预埋铁件、非预应力钢筋、先张法预应力钢筋、后张法预应力钢筋、型钢共1节5个清单项目。

第八章D.8拆除工程：包括拆除路面、拆除基层、拆除人行道、拆除侧缘石、拆除管道、拆除砖石结构、拆除混凝土结构、伐树共1节8个清单项目。

四、《建设工程工程量清单计价规范》的特点

1. 强制性

主要表现在，一般由建设行政主管部门按照强制性标准的要求批准颁发，规定全部使用国有资金或国有资金投资为主的大、中型建设工程按计价规范规定执行。二是明确工程量清单是招标文件的部分，并规定了招标人在编制工程量清单时必须遵守的规则，做到了四统一，即统一项目编码、统一项目名称、统一计量单位、统一工程量计算规则。

2. 实用性

附录中工程量清单项目及计算规则的项目名称表现的是工程实体项目，项目明确清晰，工程量计算规则简洁明了；特别还有项目特征和工程内容，易于编制工程量清单。

3. 竞争性

一是“计价规范”中的措施项目，在工程量清单中只列“措施项目”一栏，具体采用什么措施，如模板、脚手架、临时设施、施工排水等详细内容由投标人根据企业的施工组织设计，视具体情况报价，因为这些项目在各个企业间各有不同，是企业可竞争的项目，是留给企业竞争的空间。二是“计价规范”中人工、材料和施工机械没有具体的消耗量，投标企业可以依据企业的定额和市场价格信息，也可以参照建设行政主管部门发布的社会平均消耗量定额报价，“计价规范”将报价权交给企业。

4. 通用性

采用工程量清单计价将与国际惯例接轨，符合工程量清单计算方法标准化、工程量计算规则统一化、工程造价确定市场化的规定。

五、工程量清单计价模式与预算定额计价模式的区别和联系

（一）区别

（1）适用范围不同

全部使用国有资金投资或国有资金投资为主的建设工程项目必须实行工程量清单计价。除此之外的建设工程，可以采用工程量清单计价模式，也可采用定额计价模式。

采用工程量清单招标的，应该使用综合单价法计价；非招标工程既可采用工程量清单综合单价计价，也可采用定额工料单价法计价。

（2）采用的计价方法不同

根据《计价规范》规定，工程量清单应采用综合单价方法计价。

定额计价一般采用工料单价方法计价，但也可采用综合单价法计价。

（3）项目划分不同

工程量清单项目，基本以一个“综合实体”考虑，一般一个项目包括多项工程内容。而定额计价的项目所含内容相对单一，一般一个项目只包括一项工程内容。

（4）工程量计算规则不同

工程量清单计价模式中的工程量计算规则必须按照国家标准《计价规范》规定执行，实行全国统一。而定额计价模式下的工程量计算规则有一个地区（省、自治区、直辖市）制定的，在本地区域内统一，具有局限性。

（5）采用的消耗量标准不同

工程量清单计价模式下，投标人计价时应采用投标人自己的企业定额。企业定额是施工企业根据本企业的施工技术和管理水平，以及有关工程造价资料制定的，并供本企业使用的人工、材料、机械台班消耗量。消耗量标准体现投标人个体水平，并且是动态的。

工程预算定额计价模式下，投标人计价时须统一采用消耗量定额。消耗量定额是指由建设行政主管部门根据合理的施工组织设计，按照正常条件下制定的，生产一个规定计量单位工程合格产品所需人工、材料、机械台班等的社会平均消耗量，包括建筑工程预算定额、安装工程预算定额、施工取费定额等。消耗量水平反映的是社会平均水平，是静态的，不反映具体工程中承包人个体之间的变化。

（6）风险分担不同

工程量清单由招标人提供，一般情况下，各投标人无需再计算工程量，招标人承担工程量计算风险，投标人则承担单价风险；而定额计价模式下的招投标工程，工程数量由各投标人自行计算，工程量计算风险和单价风险均由投标人承担。

（7）表现形式不同

传统的定额预算计价法一般是总价形式。工程量清单计价法采用综合单价形式，综合单价包括人工费、材料费、机械使用费、管理费、利润，并考虑风险因素，工程量发生变化时，单价一般不做调整。

（8）费用组成不同

传统的预算定额计价法的工程造价由直接工程费、现场经费、间接费、利润、税金组成。工程量清单计价法的工程造价包括分部分项工程费、措施项目费、其他项目费、规费、税金及风险因素增加的费用。

(9) 编制工程量时间不同

传统的定额预算计价法是在发出招标文件后编制。工程量清单计价法必须在发出招标文件前编制。

(10) 评标方法不同

传统的定额预算计价法投标，一般采用百分制评分法。工程量清单计价法投标一般采用合理低报价中标法，要对总价及综合单价进行评分。

(11) 编制单位不同

传统定额预算计价法其工程量分别由招标单位和投标单位按图计算。工程量清单计价法其工程量由招标单位统一计算，或委托有工程造价咨询资质的单位统一计算。投标单位根据招标人提供的工程量清单，根据自身的企业定额、技术装备、企业成本、施工经验及管理水平自主填写报价表。

(12) 投标计算口径不同

传统的预算定额计价法招标，各投标单位各自计算工程量，计算出的工程量均不一致。工程量清单计价法，各投标单位都根据统一的工程量清单报价，达到了投标计算口径的统一。

(13) 项目编码不同

传统的定额预算计价法，全国各省、市采用不同的定额子目。工程量清单计价法，全国实行统一十二位阿拉伯数字编码。一到九位为统一编码，其中一、二位为附录顺序码，三、四位为专业工程顺序码，五、六位为分部工程顺序码，七、八、九位为分项工程项目名称顺序码，十、十一、十二位为清单项目名称顺序码。前九位编码不能变动，后三位编码由清单编制人根据项目设置的清单项目编制。

(14) 合同价调整方式不同

传统的定额预算计价法，合同价调整方式有：变更签证、政策性调整。工程量清单计价法，合同价调整方式主要是索赔，报价作为签订施工合同的依据相对固定下来，单价不能随意调整，工程结算按承包商实际完成的工程量乘以清单中相应的单价计算。

(二) 联系

定额计价作为一种计价模式，在我国使用了多年，具有一定的科学性和实用性，今后将继续存在于工程发承包计价活动中，即使工程量清单计价方式占据主导地位，它仍是一种补充方式。由于目前是工程量清单计价模式的实施初期，大部分施工企业还不具备建立和拥有自己的企业定额体系，建设行政主管部门发布的定额，尤其是当地的消耗量定额，仍然是企业投标报价的主要依据。也就是说，工程量清单计价活动中，存在着部分定额计价的成分。应该看到，在我国建设市场逐步放开的改革过程当中，虽然已经制定并推广了工程量清单计价模式，但是，由于各地实际情况的差异，我国目前的工程造价计价模式又不可避免地出现工程预算定额计价与工程量清单计价两种模式双轨并行的局面。如全部使用国有资金投资或国有资金投资为主的建设工程必须实行工程量清单计价。而除此以外的建设工程，既可以采用工程量清单计价模式，也可采用工程预算定额计价模式。随着我国工程造价管理体制改革的不断深入和对国际管理的进一步深入、了解，工程量清单计价模式将逐渐占主导地位，最后实行单一的计价模式，即工程量清单计价模式。

第二节　工程量清单的编制

一、工程量清单的概念

工程量清单是表现拟建工程的分部分项工程项目、措施项目、其他项目名称和相应数量的明细清单，是按照招标要求、施工设计图样要求将拟建招标工程的全部项目和内容，依据统一的工程量计算规则、统一的工程量清单项目编制规则要求，计算拟建招标工程数量的表格。

工程量清单编制人是招标人或其委托的具有相应资质的工程造价咨询单位或招投标代理机构。工程量清单是招标文件的组成部分，一经中标并签订合同，即成为合同的组成部分。工程量清单的描述对象是拟建工程，其内容涉及清单项目的性质、数量等，并以表格为主要表现形式。

二、工程量清单的组成

工程量清单由分部分项工程量清单、措施项目清单、其他项目清单、规费项目清单和税金项目清单组成。

三、分部分项工程量清单的编制

（一）分部分项工程量清单的编制依据

(1)《建设工程工程量清单计价规范》GB 50500—2008，以下简称《计价规范》；

(2) 招标文件；

(3) 设计文件；

(4) 有关的工程施工规范与工程验收规范；

(5) 拟采用的施工组织设计与施工技术方案。

（二）分部分项工程量清单格式（表 5-1）

分部分项工程量清单与计价表　　　　表 5-1

工程名称：　　　　标段：　　　　第　页　共　页

序　号	项目编码	项目名称	项目特征描述	计量单位	工程量	金额（元）		
						综合单价	合　价	其中：暂估价
		本页小计						
		合　计						

1. 分部分项工程量清单编码

工程量清单的编码，主要是指分部分项工程量清单的编码。

分部分项工程量清单项目编码按五级编码设置，用 12 位阿拉伯数字表示，一至九位应按《计价规范》附录 A、B、C、D、E 的规定设置；十至十二位应根据拟建工程的工程量清单项目名称由其编制人设置，并应自 001 起顺序编制。一个项目的编码由以下五级组成：

(1) 第一级编码：分两位，为分类码；建筑工程为 01、装饰装修工程为 02、安装工程为 03、市政工程为 04、园林绿化工程为 05。

(2) 第二级编码：分两位，为章顺序码。

(3) 第三级编码：分两位，为节顺序码。

(4) 第四级编码：分三位，为清单项目码。

上述四级编码即前九位编码，是《计价规范》附录中根据工程分项在附录 A、B、C、D、E 中分别已明确规定的编码，供清单编制时查询，不能作任何调整与变动。

(5) 第五级编码：分三位，为具体清单项目码，由 001 开始按顺序编制，是分项工程量清单项目名称的顺序码，是招标人根据工程量清单编制的需要自行设置的。

以 040203005001 为例，各级项目编码划分、含义如下所示：

04 02 03 004 001

第五级为具体清单项目码，由清单编制人从 001 开始编制

第四级为清单项目码，004 表示“沥青混凝土”

第三级为分部工程节顺序码，03 表示“第三节道路面层”

第二级为专业工程章顺序码，02 表示“第二章道路工程”

第一级为分类码，04 表示“市政工程”

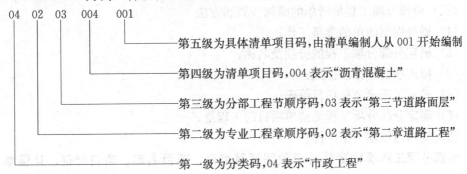

2. 分部分项工程量清单项目名称

项目名称应以《建设工程工程量清单计价规范》GB 50500—2008、《浙江省建设工程工程量清单计价指引》相应项目名称为主，并结合该项目的规格、型号、材质等项目特征和拟建工程的实际情况填写，形成完整的项目名称。

3. 项目特征描述

工程量清单的项目特征是确定一个清单项目综合单价不可缺少的重要依据，在编制工程量清单时，必须对项目特征进行准确和全面的描述。但有些项目特征很难用文字进行描述，在描述工程量清单项目特征时，可按以下原则进行：

(1) 项目特征描述的内容应按《计价规范》附录中的规定，结合工程的实际，能满足确定综合单价的需要；

(2) 若采用标准图集或施工图纸能够全部或部分满足项目特征描述的要求，项目特征描述可直接采用详见××图集或××图号的方式。对不满足项目特征描述要求的部分，仍应用文字描述。

4. 计量单位

计量单位应采用按《计价规范》附录中规定的计量单位，除专业有特殊规定以外，按

以下单位计量：

（1）以重量计算的项目：吨或千克（t或kg）；

（2）以体积计算的项目：立方米（m^3）；

（3）以面积计算的项目：平方米（m^2）；

（4）以长度计算的项目：米（m）；

（5）以自然计量单位计算的项目：个、块、套、台等。

附录中有两个或两个以上计量单位时，应结合工程项目的实际选择其中一个确定。

5. 工程数量

工程数量应按《计价规范》附录规定的“工程量计算规则”进行计算。除另有说明外，所有清单项目的工程量以实体工程量为准，并以完成后的净值计算；投标人投标报价时，应在单价中考虑施工中的各种损耗和需要增加的工程量。

工程数量有效位数规定如下：

（1）以“吨”为单位，应保留小数点后三位数字，第四位四舍五入；

（2）以“米”、“平方米”、“立方米”为单位，应保留小数点后两位数字，第三位四舍五入；

（3）以“个”、“项”等为单位，应取整数。

（三）分部分项工程量清单的编制步骤和方法

（1）做好编制清单的准备工作；

（2）确定分部分项工程的分项及名称；

（3）拟定项目特征的描述；

（4）确定工程量清单项目编码；

（5）确定分部分项工程量清单项目的工程量；

（6）复核与整理清单文件。

分部分项工程项目清单必须载明项目编码、项目名称、项目特征、计量单位和工程量。

分部分项工程项目清单必须根据相关工程现行国家计量规范规定的项目编码项目名称、项目特征、计量单位和工程量计算规则进行编制。

四、措施项目清单的编制

措施项目是为完成工程项目施工，发生于该工程施工前和施工过程中的技术、生活、安全等方面的非工程实体项目。

（一）措施项目清单的设置

首先，要参考拟建工程的施工组织设计，以确定安全文明施工（含环境保护、文明施工、安全施工、临时设施）、二次搬运等项目；其次，参阅施工技术方案，以确定夜间施工、大型机械进出场及安拆、混凝土模板与支架、施工排水、施工降水、地上和地下设施及建筑物的临时保护设施等项目。另外，参阅相关的施工规范与验收规范，可以确定施工技术方案没有表述的，但为了实现施工规范与验收规范要求而必须发生的技术措施。此外，还包括招标文件中提出的某些必须通过一定的技术措施才能实现的要求；设计文件中一些不足以写进技术方案，但要通过一定的技术措施才能实现的内容。通用措施项目一览表见表5-2，市政工程专业措施项目一览表见表5-3。

通用措施项目一览表　　表 5-2

序　号	项目名称
1	安全文明施工（含环境保护、文明施工、安全施工、临时设施）
2	夜间施工
3	二次搬运
4	冬雨季施工
5	大型机械设备进出场及安拆
6	施工排水
7	施工降水
8	地上、地下设施，建筑物的临时保护设施
9	已完工程及设备保护

市政工程专业措施项目一览表　　表 5-3

序　号	项目名称
1	围堰
2	筑岛
3	便道
4	便桥
5	脚手架
6	洞内施工的通风、供水、供气、供电、照明及通信设施
7	驳岸块石清理
8	地下管线交叉处理
9	行车、行人干扰增加
10	轨道交通工程路桥、市政基础设施施工监测、监控、保护

措施项目清单应根据拟建工程的具体情况，参照措施项目一览表列项，若出现措施项目一览表未列项目，编制人可作补充。

要编制好措施项目清单，编制者必须具有相关的施工管理、施工技术、施工工艺和施工方法等的知识及实践经验，掌握有关政策、法规和相关规章制度。例如对环境保护、文明施工、安全施工等方面的规定和要求，为了改善和美化施工环境、组织文明施工就会发生措施项目及其费用开支，否则就会发生漏项的问题。

编制措施项目清单应注意以下几点：

(1) 既要对规范有深刻的理解，又要有比较丰富的知识和经验，要真正弄懂工程量清单计价方法的内涵，熟悉和掌握《计价规范》对措施项目的划分规定和要求，掌握其本质和规律，注重系统思维。

(2) 编制措施项目清单应与分部分项工程量清单综合考虑，与分部分项工程紧密相关的措施项目编制时可同步进行。

(3) 编制措施项目应与拟定或编制重点难点分部分项施工方案相结合，以保证措施项目划分和描述的可行性。

(4) 对一览表中未能包括的措施项目，还应给予补充，对补充项目应更加注意描述清楚、准确。

(二) 措施项目清单的编制依据

(1) 拟建工程的施工组织设计。

(2) 拟建工程的施工技术方案。

(3) 与拟建工程相关的施工规范与工程验收规范。

(4) 招标文件。

(5) 设计文件。

(三) 措施项目清单的基本格式

(1) 措施项目中可以计算工程量的项目清单，宜采用分部分项工程量清单的方式编制，见表 5-4。

分部分项工程措施项目计价表（一） **表 5-4**

工程名称： 标段： 第 页 共 页

序　号	项目编码	项目名称	项目特征描述	计量单位	工程量	金额（元）		
						综合单价	合　价	其中 暂估价
本页小计								
合　计								

（2）措施项目中不能计算工程量的项目清单，以"项"为计量单位，清单格式见表5-5。

总价措施项目清单与计价表（二） **表 5-5**

工程名称： 标段：

序　号	项目编码	项目名称	计算基础	费率/%	金额/元	调整费率（%）	调整后金额（元）	备注
		安全文明施工费						
		夜间施工增加费						
		二次搬运费						
		冬雨期施工增加费						
		已完工程及设备保护费						
合计								

五、其他项目清单的编制

（一）其他项目清单的编制规则

其他项目清单应按照下列内容列项：

（1）暂列金额：招标人在工程量清单中暂定并包括在合同价款中的一笔款项。用于施工合同签订时尚未确定或不可预见的所需材料、设备、服务的采购，施工中可能发生的工程变更、合同约定调整因素出现时的工程价款调整，以及发生的索赔、现场签证确认等的费用。

(2) 暂估价：招标人在工程量清单中提供的用于支付必然发生但暂时不能确定价格的材料的单价及专业工程的金额，包括材料暂估价、专业工程暂估价。

(3) 计日工：在施工过程中，完成发包人提出的施工图纸以外的零星项目或工作，按合同约定的综合单价计价。

(4) 总承包服务费：总承包人为配合协调发包人进行的工程分包自行采购的设备、材料等进行管理、服务以及施工现场管理、竣工资料汇总整理等服务所需的费用。

编制其他项目清单，出现《计价规范》未列项目，可根据工程实际情况补充。

(二) 其他项目清单基本格式（见表5-6～表5-11）。

其他项目清单与计价汇总表 **表5-6**

工程名称： 标段： 第 页 共 页

序号	项目名称	计量单位	金额（元）	备注
1	暂列金额			详见明细表
2	暂估价			
2.1	材料（工程设备）暂估价/结算价			详见明细表
2.2	专业工程暂估价/结算价			详见明细表
3	计日工			详见明细表
4	总承包服务费			详见明细表
5	索赔与现场签证			详见明细表
合计				

暂列金额明细表 **表5-7**

工程名称： 标段： 第 页 共 页

序号	项目名称	计量单位	暂定金额（元）	备注
1				
2				
3				
4				
5				
6				
7				
8				
9				
合计				

材料（工程设备）暂估单价及调整表

表 5-8

工程名称：　　　　　　　　　　　　　标段：

序　号	材料（工程设备）名称、规格、型号	计量单位	数量		暂估/元		确认/元		差额±/元		备　注
			暂估	确认	单价	合价	单价	合价	单价	合价	

专业工程暂估价表

表 5-9

工程名称：　　　　　　　　　　　　　标段：　　　　　　　　　　　第　页　共　页

序号	工程名称	工程内容	暂估金额（元）	结算金额（元）	差额±/元	备　注

计　日　工　表

表 5-10

工程名称：　　　　　　　　　　　　　标段：　　　　　　　　　　　第　页　共　页

编号	项目名称	单位	暂定数量	实际数量	综合单价（元）	合　价	
						暂定	实际
一	人　工						
1							
2							
3							
4							

续表

编号	项目名称	单位	暂定数量	实际数量	综合单价（元）	合价	
						暂定	实际
人工小计							
二	材料						
1							
2							
3							
4							
材料小计							
三	施工机械						
1							
2							
3							
4							
施工机械小计							
四	企业管理和利润						
总计							

总承包服务费计价表 表 5-11

工程名称： 标段： 第 页 共 页

序号	项目名称	项目价值（元）	服务内容	计算基础	费率（%）	金额（元）
1	发包人发包专业工程					
2	发包人供应材料					
	合计					

六、规费、税金项目清单的编制

（一）规费、税金项目清单应按照下列内容列项

（1）社会保障费，包括养老保险费、失业保险费、医疗保险费、工伤保险费、生育保险费；

（2）住房公积金；

（3）工程排污费；

（4）税金。

（二）规费、税金项目清单基本格式见表 5-12

规费、税金项目清单与计价表　　表 5-12

工程名称：　　标段：　　第　页　共　页

序　号	项目名称	计算基础	费率（%）	金额（元）
1	规费			
1.1	社会保险费			
(1)	养老保险费			
(2)	失业保险费			
(3)	医疗保险费			
(4)	工伤保险费			
(5)	生育保险费			
1.2	住房公积金			
1.3	工程排污费			
2	税金	分部分项工程费＋措施项目费＋其他项目费＋规费		
合　计				

七、工程量清单的整理

工程量清单按规范规定的要求编制完成后，应当反复进行校核，最后按规定的统一格式进行归档整理。《计价规范》对工程量清单规定的格式及填表要求如下：

（一）工程量清单的格式

（1）工程量清单封面；

（2）总说明；

（3）分部分项工程量清单与计价表；

（4）措施项目清单与计价表；

（5）其他项目清单与计价汇总表；

（6）暂列金额明细表；

（7）材料暂估单价表；

（8）专业工程暂估价表；

（9）计日工表；

（10）总承包服务费计价表；

（11）规费、税金项目清单与计价表。

（二）填表须知

（1）工程量清单及其计价格式中所有要求签字、盖章的地方，必须由规定的单位和人员签字、盖章。

（2）工程量清单及其计价格式中的任何内容不得随意删除或涂改。

（3）工程量清单计价格式中列明的所有需要填报的单价和合价，投标人均应填报，未填报的单价和合价，视此项费用已包含在工程量清单的其他单价和合价中。

（三）工程量清单的填写规定

(1) 工程量清单应由招标人或受其委托，具有相应资质的工程造价咨询人编制。

(2) 封面应按规定的内容填写、签字、盖章，造价员编制的工程量清单应由负责审核的造价工程师签字、盖章。

(3) 总说明应按下列内容填写：

1) 工程概况：建设规模、工程特征、计划工期、施工现场实际情况、自然地理条件、环境保护要求等。

2) 工程招标和分包范围。

3) 工程量清单编制依据。

4) 工程质量、材料、施工等的特殊要求。

5) 其他需要说明的问题。

【例 5-1】 某段 D500 钢筋混凝土管道沟槽（放坡）支护开挖如图 5-1 所示，已知混凝土基础宽度 $B_1=0.7$m，垫层宽 $B_2=0.9$m，沟槽长 $L=100$m，沟槽底平均标高 $h=1.000$m，原地面平均标高 $H=4.000$m。试分别计算该段管道沟槽挖方清单工程量、定额工程量、施工工程量。

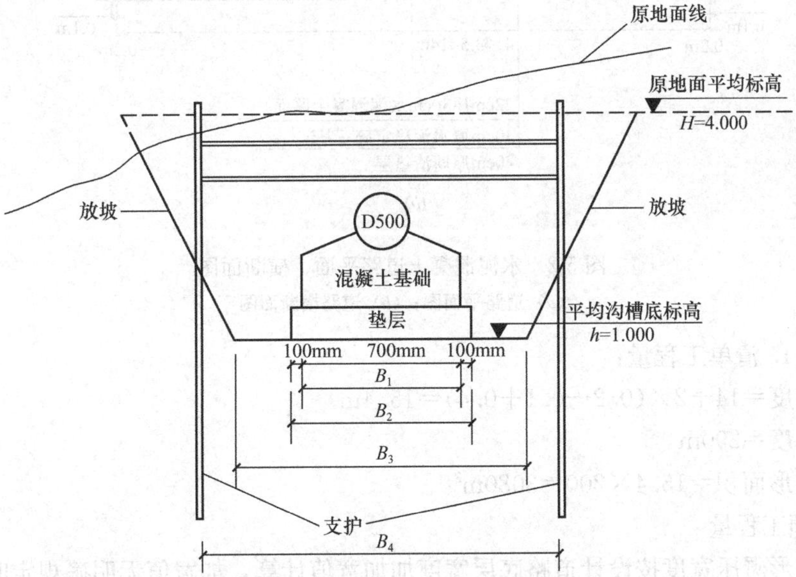

图 5-1　管道沟槽放坡（支护）开挖示意图

【解】 1. 清单工程量：按“挖沟槽土方”清单项目工程量计算规则计算。

$$V=B_2\times L\times(H-h)=0.9\times100\times(4.000-1.000)=270\text{m}^3$$

2. 定额（报价）工程量：定额计价或综合单价分析计算时按定额的计算规则计算。当放坡开挖时，设边坡为 1∶0.5，每侧工作面宽度为 0.5m

沟槽底宽 $B_3=B_1+2\times0.5=1.7$m

$$\begin{aligned}V&=[B_3+m(H-h)]\times(H-h)\times L\\&=[1.7+0.5\times(4.000-1.000)]\times(4.000-1.000)\times100\\&=960\text{m}^3\end{aligned}$$

当支护开挖时，沟槽底宽 $B_4=B_1+2\times0.5+0.2=1.9$m

$$V = B_4 \times (H - h) \times L = 1.9 \times (4.000 - 1.000) \times 100 = 570\text{m}^3$$

3. 施工工程量：根据工程实际情况、施工方案确定的开挖方法、工作面宽度计算。根据现场实际情况，采用支护开挖，两侧工作面宽度为 0.45m，则

$$V = (0.7 + 2 \times 0.45) \times (4.000 - 1.000) \times 100 = 480\text{m}^3$$

【例 5-2】 某道路工程采用水泥混凝土路面，现施工 K0＋000～K0＋200 段，道路平面图、横断面图如图 5-2 所示，试计算其路床整形清单工程量、定额工程量。

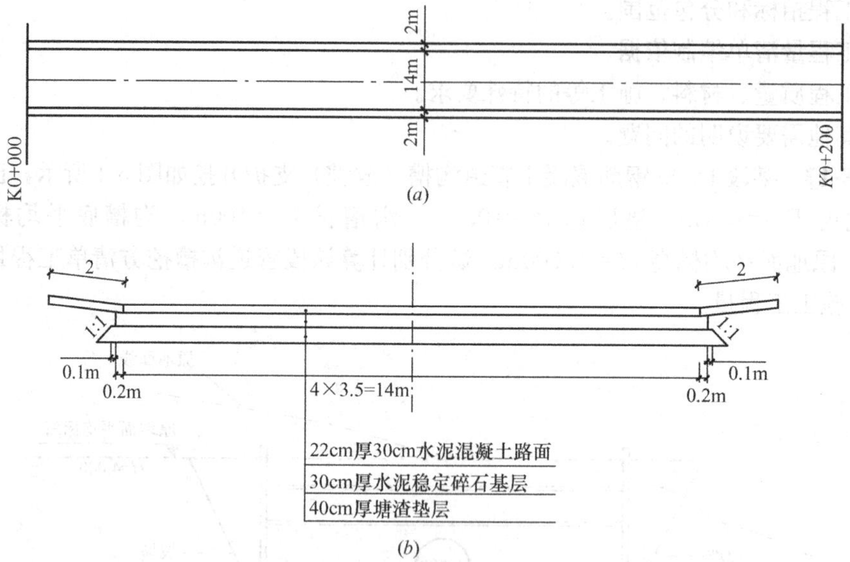

图 5-2 水泥混凝土道路平面、横断面图

(*a*) 道路平面图；(*b*) 道路横断面图

【解】 1. 清单工程量：

路床宽度＝14＋2×(0.2＋0.1＋0.4)＝15.4m

路床长度＝200m

路床整形面积＝15.4×200＝3080m²

2. 定额工程量：

路床整形碾压宽度按设计道路底层宽度加加宽值计算，加宽值无明确规定时，按底层两侧各加 25cm 计算。

路床宽度＝[14＋2×(0.2＋0.1＋0.4)]＋2×0.25＝15.9m

路床长度＝200m

路床整形面积＝15.9×200＝3180m²

【例 5-3】 某道路工程采用水泥混凝土路面，现施工 K0＋000～K0＋200 段，道路平面图、横断面图如图 5-2 所示，试计算其基层清单工程量。

【解】 本例有两层基层，基层材料、厚度不同，需分别计算其工程量。

1. 30cm 厚水泥稳定碎石基层。

基层宽度＝14＋2×0.2＝14.4m

基层长度＝200m

基层面积＝14.4×200＝2880m²

2. 40cm 厚塘渣基层。

塘渣基层摊铺边坡为 1∶1，基层的宽度是变化的，计算时可取 1/2 层厚处的宽度。

基层宽度＝14＋2×0.2＋2×0.1＋2×0.2＝15m

基层长度＝200m

基层面积＝15×200＝3000m²

【例 5-4】 某道路工程采用水泥混凝土路面，现施工 K0＋000～K0＋200 段，道路平面图、横断面图如图 5-2 所示，试计算其面层清单工程量。

【解】 道路面层宽度＝14m

道路面层长度＝200m

道路面层面积＝14×200＝2800m²

【例 5-5】 某道路工程采用沥青混凝土路面，现施工 K0＋000～K0＋200 段，道路平面图、横断面图如图 5-3 所示，试计算其面层清单工程量。

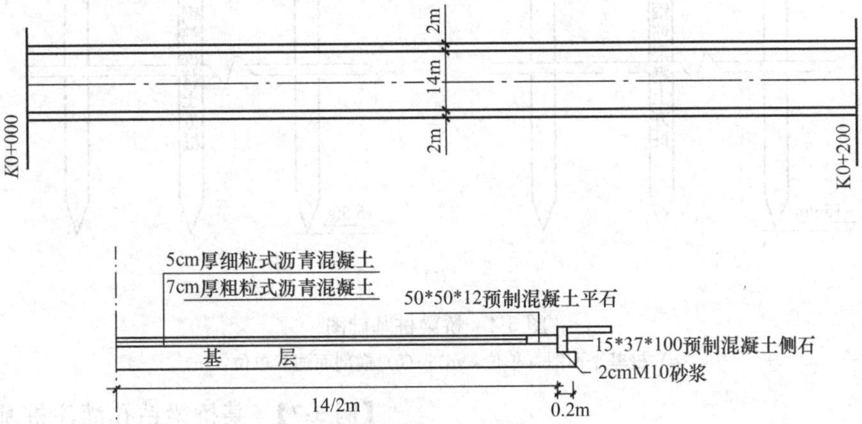

图 5-3　沥青混凝土道路平面、横断面图

【解】 沥青混凝土路面带有平石，计算时应扣除平石所占面积。

道路面层宽度＝14－0.5×2＝13m

道路面层长度＝200m

道路面层面积＝13×200＝2600m²

【例 5-6】 某单跨小型桥梁，采用轻型桥台、钢筋混凝土方桩基础，桥梁桩基础如图 5-4 所示，试计算桩基清单工程量。

【解】 根据图 5-4 可知，该桥梁两侧桥台下均采用 C30 钢筋混凝土方桩，均为直桩。但两侧桥台下方桩截面尺寸不同，即有 1 个项目特征不同，所以该桥梁工程桩基有 2 个清单项目，应分别计算其工程量。

（1）C30 钢筋混凝土方桩（400mm×400mm），项目编码：040301003001

清单工程量＝15×6＝90m

（2）C30 钢筋混凝土方桩（500mm×500mm），项目编码：040301003002

清单工程量＝15.5×6＝93m

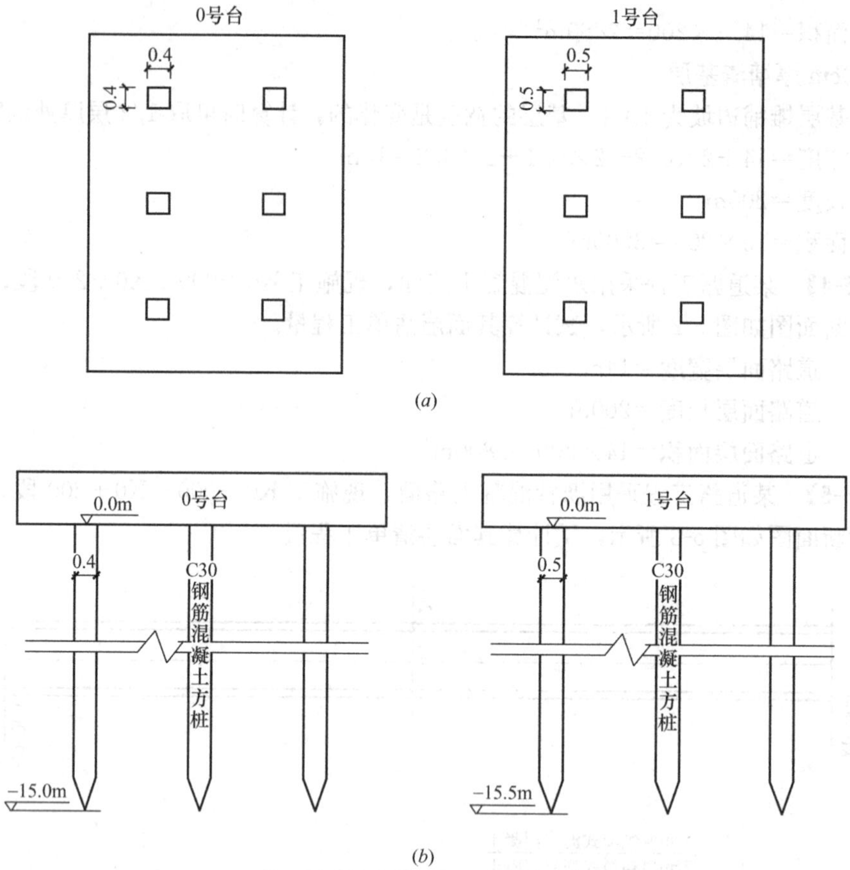

图 5-4 桥梁桩基础图

(a) 桩基平面图（单位：m）；(b) 横剖面图（单位：m）

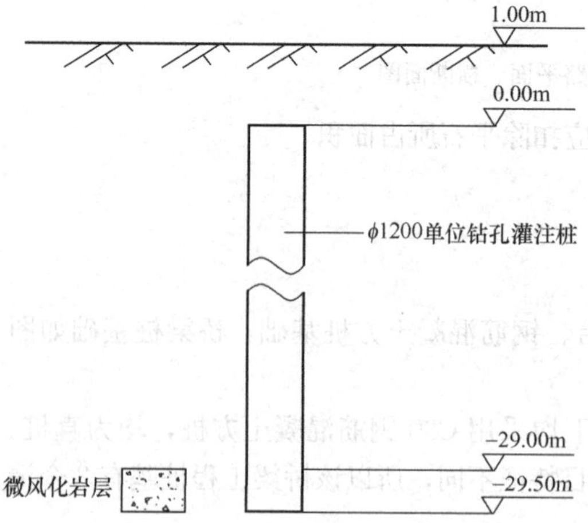

图 5-5 某桥梁钻孔灌注桩基础图

【例 5-7】 某桥梁钻孔灌注桩基础如图 5-5 所示，采用正循环钻孔桩工艺，桩径为 1.2m，桩顶设计标高为 0.00m，桩底设计标高为－29.50m，桩底要求入岩，桩身采用 C25 钢筋混凝土。试计算桩基清单工程量和定额工程量（钻机成孔、灌注混凝土的工程量）。

【解】

(1) 清单项目为机械成孔灌注桩(φ1200、C25)，项目编码为 040301007001

清单工程量＝0.00－(－29.50)＝29.50m

(2) 定额钻机成孔工程量＝[1.0－(－29.50)]×$(1.2/2)^2\pi$＝34.39m^3

(3) 定额灌注混凝土工程量＝{[0.00－(－29.50)]＋0.5×1.2}×$(1.2/2)^2\pi$＝34.04m^3

第三节　工程量清单计价的编制

一、工程量清单计价的概念

工程量清单计价包括编制招标标底（控制价）、投标报价、合同价款的确定与调整以及办理工程结算等。工程量清单投标报价是指在施工招标活动中，招标人按规定格式提供工程的工程量清单，投标人按工程价格的组成、计价规定自主报价。

各投标企业在工程量清单报价条件下必须对单位工程成本、利润进行分析、统筹考虑，精心选择施工方案，并根据企业自身能力合理确定人工、材料、机械等的投入与配置、优化组合，有效地控制现场费用和技术措施费用，形成具有竞争力的报价。

二、清单计价费用的构成

工程量清单计价是指投标人完成由招标人提供的工程时清单所需的全部费用，包括分部分项工程费、措施项目费、其他项目费、规费和税金。清单计价费用的构成见表 5-13。

清单计价费用的构成　　　　**表 5-13**

<table>
<tr><td rowspan="30">工程量清单计价费用构成</td><td rowspan="20">分部分项清单项目费</td><td colspan="3">人工费</td></tr>
<tr><td colspan="3">材料费</td></tr>
<tr><td colspan="3">机械使用费</td></tr>
<tr><td rowspan="15">企业管理费</td><td colspan="2">管理人员工资</td></tr>
<tr><td colspan="2">办公费</td></tr>
<tr><td colspan="2">差旅交通费</td></tr>
<tr><td colspan="2">固定资产使用费</td></tr>
<tr><td colspan="2">工具用具使用费</td></tr>
<tr><td colspan="2">劳动保险和职工福利费</td></tr>
<tr><td colspan="2">工会经费</td></tr>
<tr><td colspan="2">职工教育经费</td></tr>
<tr><td colspan="2">财产保险费</td></tr>
<tr><td colspan="2">财务费</td></tr>
<tr><td rowspan="4">税金</td><td>房产税</td></tr>
<tr><td>车船使用税</td></tr>
<tr><td>土地使用税</td></tr>
<tr><td>印花税</td></tr>
<tr><td colspan="2">其他</td></tr>
<tr><td colspan="3">利润</td></tr>
<tr><td colspan="3">风险费用</td></tr>
<tr><td rowspan="10">措施项目清单费</td><td colspan="3">安全防护、文明施工费</td></tr>
<tr><td colspan="3">夜间施工费（或缩短工期增加费）</td></tr>
<tr><td colspan="3">二次搬运费</td></tr>
<tr><td colspan="3">冬雨期施工费</td></tr>
<tr><td colspan="3">已完工期及设备保护费</td></tr>
<tr><td colspan="3">检验试验费</td></tr>
<tr><td colspan="3">大型机械进出场及安拆费</td></tr>
<tr><td colspan="3">施工排水、降水费</td></tr>
<tr><td colspan="3">地上、地下设施，建筑物的临时保护设施费</td></tr>
<tr><td colspan="3">市政专业工程措施项目费</td></tr>
</table>

续表

工程量清单计价费用构成	其他项目清单费	暂列金额	
		暂估价	
		材料暂估价	
		专业工程暂估价	
		计日工	
		总承包服务费	
	规　费	工程排污费	
		社会保障费	养老保险费
			失业保险费
			医疗保险费
			工伤保险费
			生育保险费
		住房公积金	
	税　金	营业税	
		城市维护建设税	
		教育费附加税	
		地方教育附加	

三、工程量清单计价法及工程费用计算程序

(一) 工程量清单计价法

工程量清单计价应采用综合单价法。

综合单价法是指项目单价采用全费用单价（规费、税金按规定程序另行计算）的一种计价方法，规费、税金单独计取。综合单价包括完成一个规定计量单位项目所需的人工费、材料费、施工机械使用费、企业管理费、利润以及风险费用。

综合单价=规定计量单位的人工费、材料费、施工机械使用费+取费基数×（企业管理费+利润率）+风险费用

项目合价=综合单价×工程数量

施工技术措施项目、其他项目应按照综合单价法计算，施工组织措施项目可参照《费用定额》计算。

工程造价=Σ（项目合价+取费基数×施工组织措施费率+规费+税金）

(二) 综合单价法计价的工程费用计算程序

综合单价法计价的工程费用计算程序（表 5-14）。

综合单价法计价的工程费用计算程序　　**表 5-14**

序　号	费用项目	计算方法
一	工程量清单分部分项工程费	Σ(分部分项工程量×综合单价)
	1. 工人费+机械费	Σ分部分项(人工费+机械费)

续表

序号	费用项目	计算方法
二	措施项目费	
	(一) 施工技术措施项目费	按综合单价
	2. 人工费＋机械费	Σ技措项目(人工费＋机械费)
	(二) 施工组织措施项目费	按项计算
	3. 安全文明施工费	(1＋2)×相应费率
	4. 检验试验费	(1＋2)×相应费率
	5. 冬、雨期施工增加费	(1＋2)×相应费率
	6. 夜间施工增加费	(1＋2)×相应费率
	7. 已完工程及设备保护费	(1＋2)×相应费率
	8. 二次搬运费	(1＋2)×相应费率
	9. 行车、行人干扰增加费	(1＋2)×相应费率
	10. 提前竣工增加费	
三	其他项目费	按工程量清单计价要求计算
四	11. 规费	12＋13＋14
	12. 工程排污费、社会保障费、住房公积金	(1＋2)×相应费率
	13. 工伤保险费	(1＋2)×相应费率
	14. 危险作业意外伤害保险费	
五	税金	(一＋二＋三＋四)×相应费率
六	建设工程造价	一＋二＋三＋四＋五

【例 5-8】 某市区单独排水工程，已知管道最大管径为 1200mm，根据施工图样，按正常的施工组织设计、正常的施工工期并结合市场价格计算出分部分项工程量清单项目费为 1200 万元（其中人工费＋机械费为 300 万元），施工技术措施项目清单费为 250 万元(其中人工费＋机械费为 80 万元)，其他项目清单费为 30 万元。试按综合单价法编制招标控制价。

【解】

(1) 工程类别判别。

根据《浙江省建设工程施工费用定额》（2010 版）规定，本例工程类别为二类排水工程。

(2) 费率确定。

根据《浙江省建设工程施工费用定额》(2010 版）规定，编制招标控制价时，施工组织措施费、企业管理费及利润应按费率的中值或弹性区间费率的中值计取。民工工伤保险费费率按 0.114%计取，危险作业意外伤害保险费暂不考虑。

（3）按费用计算程序计算招标控制价，见表 5-15。

计算招标控制价 **表 5-15**

序号	费用项目	计算方法	金额/万元
一	工程量清单分部分项工程费	Σ(分部分项工程量×综合单价)	1200
二	1. 人工费＋机械费	Σ分部分项(人工费＋机械费)	300
	措施项目费		284.808
	（一）施工技术措施项目清单费	Σ(技术措施项目工程量×综合单价)	250
	2. 人工费＋机械费	Σ技术措施项目(人工费＋机械费)	80
	（二）施工组织措施项目费	3＋4＋5＋6＋7＋8＋9	34.808
	3. 安全文明施工费	(300＋80)×4.46%	16.948
	4. 检验试验费	(300＋80)×1.23%	4.674
	5. 冬、雨期施工增加费	(300＋80)×0.19%	0.722
	6. 夜间施工增加费	(300＋80)×0.03%	0.114
	7. 已完工程及设备保护费	(300＋80)×0.04%	0.152
	8. 二次搬运费	(300＋80)×0.71%	2.698
	9. 行车、行人干扰增加费	(300＋80)×2.50%	9.500
	10. 提前竣工增加费		
三	其他项目费	按工程量清单计价要求计算	30
四	规费	12＋13＋14	28.1732
	11. 工程排污费、社会保障费、住房公积金	(300＋80)×7.30%	27.74
	12. 民工工伤保险费	(300＋80)×0.114%	0.4332
	13. 危险作业意外伤害保险费	—	0
五	税金	(一＋二＋三＋四)×3.577%	55.1924
六	建设工程造价	一＋二＋三＋四＋五	1598.1736

（三）施工取费计算规则

（1）建设工程施工费用按“人工费＋机械费”或“人工费”为取费基数的程序计算。人工费和机械费是指直接工程费及施工技术措施费中的人工费和机械费。人工费不包括机上人工，机械费不包括大型机械设备进出场及安拆费。

(2) 人工费、材料费、机械费按工程定额项目或按分部分项工程量清单项目及施工技术措施项目清单计算的人工、材料、机械台班消耗量乘以相应单价计算。

人工、材料、机械台班消耗量可根据建设工程造价管理机构编制的工程定额确定，人工、材料、机械台班单价按当时、当地的市场价格组价，企业投标报价时可根据自身情况及建筑市场人工价格、材料价格、机械租赁价格等因素自主决定。

(3) 施工措施项目应根据《浙江省建设工程施工取费定额》或措施项目清单，结合工程实际确定。

施工技术措施费可根据相关的工程定额计算。施工组织措施费按上述计算程序以取费基数乘以组织措施费费率，其中环境保护费、文明施工费、安全施工费等费用，工程计价时不应低于弹性费率的下限。

(4) 企业管理费加利润称为综合费用，综合费用费率是根据不同的工程类别确定的。

(5) 施工组织措施费、综合费用在编制概算、施工图预算（标底）时，应按弹性费率的中值计取。在投标报价时，企业可参考弹性区间费率自主确定。

(6) 规费费率按规定计取。以“人工费＋机械费”为取费基数的工程，工料单价法计价时，规费以“直接工程费＋措施费＋综合费用”为计算基数乘以相应费率计算；综合单价法计价时，规费以“分部分项工程量清单费＋措施项目清单费”为计算基数乘以相应费率计算。以“人工费”为取费基数的工程，规费均以“人工费”为计算基数乘以相应费率计算。

规费费率内不含危险作业意外伤害保险费，危险作业意外伤害保险费按各市有关规定计算。

(7) 税金费率按规定计取，税金以“直接费＋间接费＋利润”为计算基数乘以相应税率计算。

(8) 若按《房屋建筑和市政基础设施工程施工分包管理办法》（建设部令第124号）规定发生专业工程分包时，总承包单位可按分包工程造价的1%～3%向发包方计取总承包服务费。发包与总承包双方应在施工合同中约定或明确总承包服务的内容和费率。

四、综合单价的编制

综合单价的计算公式如下：

综合单价＝1个规定计量单位项目人工费＋1个规定计量单位项目材料费＋1个规定计量单位项目机械使用费＋取费基数×(企业管理费率＋利润率)＋风险费用

1个规定计量单位项目人工费＝Σ(人工消耗量×人工价格)

1个规定计量单位项目材料费＝Σ(材料消耗量×材料价格)

1个规定计量单位项目机械使用费＝Σ(施工机械台班消耗量×机械台班价格)

综合单价计算步骤如下：

(1) 根据工程量清单项目名称和拟建工程的具体情况，按照投标人的企业定额或参照《浙江省工程量清单计价指引》，分析确定清单项目的各项可组合的工程内容，并确定各项组合工作内容对应的定额子目。

(2) 计算1个规定计量单位清单项目所对应的各个定额子目的工程量。

(3) 根据投标人的企业定额或参照浙江省计价依据，并结合工程实际情况，确定各对应定额子目的人工、材料、施工机械台班的消耗量。

(4) 依据投标自行采集的市场价格或参照省、市工程造价管理机构发布的价格信息，结合工程实际分析确定人工、材料、施工机械台班的价格。

(5) 计算1个规定计量单位清单项目人工费、材料费、机械使用费。

(6) 确定取费基数，根据投标人的企业定额或参照浙江省计价依据，并结合工程实际情况、市场竞争情况，分析确定企业管理费率、利润率，计算企业管理费、利润。综合单价中的“取费基数”为1个规定计量单位清单项目人工费与机械使用费之和，或为1个规定计量单位清单项目人工费。

(7) 按照招标文件约定的风险分担原则，结合自身实际情况，投标人防范、化解、处理应由其承担的施工过程中可能出现的人工、材料和施工机械台班价格上涨、人员伤亡、质量缺陷、工期拖延等不利事件所需的费用，即风险费用。

(8) 合计1个规定计量单位项目人工费、材料费、机械使用费以及企业管理费、利润、风险费用，即为该清单项目的综合单价。

五、清单计价的步骤

工程量清单计价过程可以分为以下两个阶段：

第一阶段：业主在统一的工程量计算规则的基础上，制定工程量清单项目设置规则，根据具体工程的施工图纸统一计算出各个清单项目的工程量。

第二阶段：投标单位根据各种渠道所获得的工程造价信息和经验数据，依据工程量清单计算得到工程造价。

进行投标报价时，施工方在业主提供的工程量清单的基础上，根据企业自身所掌握的信息、资料，结合企业定额编制得到工程报价。其计算过程如下：

1. 确定投标报价时采用的人工、材料、机械的单价，并编制主要工日价格表、主要材料价格表、主要机械台班价格表。

2. 计算分部分项工程费，按以下步骤进行：

(1) 根据施工图纸复核工程量清单；

(2) 按当地的消耗量定额工程量计算规则拆分清单工程量；

(3) 根据消耗量定额和信息价计算直接工程费，即人工费、材料费、机械使用费；

(4) 确定取费基数，计算管理费和利润，按下式计算：

$$管理费=取费基数\times管理费费率$$

$$利润=取费基数\times利润率$$

(5) 汇总形成综合单价，并填写工程量清单综合单价计算表及工程量清单综合单价工料机分析表；

(6) 计算分部分项工程费，按下式计算：

$$分部分项工程费=\Sigma（工程量清单数量\times综合单价）$$

计算结果填写分部分项工程量清单与计价表。

3. 计算措施项目费

（1）可以计算工程量的措施项目费用计算方法与分部分项工程费计算方法相同，计算结果填写措施项目清单与计价表（二）、措施项目清单综合单价计算表、措施项目清单综合单价工料机分析表。

其中，安全防护、文明施工措施项目费按实计算，并填写安全防护、文明施工措施项目费分析表。

（2）不能计算工程量的措施项目，确定取费基数后，按费率系数计价，按下式计算：

$$措施项目费=取费基数\times措施项目费费率$$

计算结果填写措施项目费计算表（二）。

（3）合计措施项目费用，填写措施项目清单与计价表。

4. 计算其他项目费、规费、税金

其他项目费中的费用均为估算、预测数量，在投标时计入投标报价，工程竣工结算时，应按投标人实际完成的工作内容结算，剩余部分仍归招标人所有。填写其他项目清单与计价汇总表、暂列金额明细表、材料暂估单价表、专业工程暂估单价表、计日工表、总承包服务费计价表。

规费=计算基数×规费费率

税金=(分部分项工程量清单费+措施项目清单费+其他项目清单费+规费)×综合税率

5. 计算单位工程报价

单位工程报价=分部分项工程量清单费+措施项目清单费+其他项目清单费+规费+税金

填写单位工程投标报价汇总表。

6. 计算单项工程报价

单项工程报价=Σ单位工程报价

7. 计算建设项目总报价

建设项目总报价=Σ单位工程报价

填写工程项目投标报价汇总表。

六、工程量清单计价的规定格式及填写要求

（一）工程量清单计价的规定格式

工程量清单报价应采用统一格式，由下列内容组成：

（1）封面；

（2）总说明；

（3）建设项目投标报价汇总表；

（4）单位工程投标报价汇总表；

（5）单项工程投标报价汇总表；

（6）分部分项工程和措施项目清单及计价表；

（7）综合单价分析表；

（8）总价措施项目清单与计价表；

（9）其他项目清单与计价汇总表；

(10) 暂列金额明细表；

(11) 材料暂估单价表；

(12) 专业工程暂估价表；

(13) 计日工表；

(14) 总承包服务费计价表；

(15) 主要工日价格表；

(16) 主要材料价格表；

(17) 主要机械台班价格表；

(18) 安全防护、文明施工措施项目费分析表。

(二) 工程量清单计价格式的填写规定

(1) 封面

封面应按规定的内容填写、签字、盖章。除承包人自行编制的投标报价和竣工结算外，受委托编制的招标控制价、投标报价、竣工结算若为造价员编制的，应由负责审核的造价工程师签字、盖章以及工程造价咨询人盖章。

(2) 总说明

编制投标报价时，总说明的内容应包括：1）采用的计价依据；2）采用的施工组织设计及投标工期；3）综合单价中风险因素、风险范围（幅度）；4）措施项目的依据；5）其他需要说明的问题。

(3) 工程项目投标报价汇总表

1）表中的“单位工程名称”应按单位工程费汇总表中的单位工程名称填写。

2）表中的“金额”应按单位工程费汇总表中的合计金额填写。

3）表中的“安全文明施工费”和“规费”应按单位工程费汇总表中的“安全文明施工费”和“规费”小计金额填写。

(4) 单位工程费汇总表

1）表中的“分部分项工程”、“措施项目”金额分别按专业工程分部分项工程量清单计价表和措施项目清单计价表中的合计金额填写。

2）表中的“其他项目”金额按单位工程其他项目清单计价表中的合计金额填写。

3）表中的“规费”、“税金”金额根据不同专业工程，按《浙江省建设工程施工取费定额》规定程序、费率以及我省及各市有关补充规定计算后填写，表中的规费1包括工程排污费、社会保障费和住房公积金，规费2为危险作业意外伤害保险，规费3为农民工工伤保险费。

4）当有多个专业工程时，表中的“清单报价汇总”栏可作相应的增加。

(5) 分部分项工程量清单及计价表

表中的“序号”、“项目编码”、“项目名称”、“项目特征”、“计量单位”和“工程量”应按工程量清单中相应内容填写，“综合单价”应按投标人的企业定额或参考本省建设工程计价依据报价，人工、材料、机械单价依据投标人自行采集的价格信息或参照省、市工程造价管理机构发布的价格信息确定，并考虑相应的风险费用。

(6) 措施项目清单与计价表

1）表（一）适用于以“项”为单位计量的措施项目。

2）表（二）适用于以分部分项工程量清单项目综合单价方式计价的措施项目，使用方法参照“分部分项工程量清单及计价表”。

3）编制投标报价时，除“安全防护、文明施工费”和“检验试验费”应不低于本省造价管理机构规定费用的最低标准外，其余措施项目可根据拟建工程实际情况自主报价。

（7）其他项目清单与计价表

1）列金额明细表：应按工程量清单中的暂列金额汇总后计入其他项目清单与计价汇总表。

2）材料暂估单价表：应根据工程量清单中材料暂估单价直接进入清单项目综合单价，无需计入其他项目清单与计价汇总表。

3）专业工程暂估价表：应按工程量清单中的暂估金额汇总后计入其他项目清单与计价汇总表。

4）计日工表：编制投标报价时，表中的“项目名称”、“单位”、“暂定数量”应按工程量清单中相应内容填写。“单价”由投标人自主报价，“合价”经汇总后计入其他项目清单与计价汇总表。

5）总承包服务费计价表：表中的“项目名称”、“项目价值”、“服务内容”应按工程量清单中相应内容填写。费率由投标人自主报价，“金额”经汇总后计入其他项目清单与计价汇总表。

（8）安全防护、文明施工措施项目费分析表

编制投标报价时，投标人应参照安全防护、文明施工措施项目费分析表中所列项目并结合拟建工程实际情况，对该工程项目的文明施工及环境保护费、临时设施费和安全施工费进行分析，如遇分析表未列项目，可在表中“四、其他”栏中自行增加。表中上述各项费用作为施工过程中必须保证的措施费用，其“合价”金额不得低于该工程项目中各专业工程相对应的费用的合计金额。

（9）人工、材料、机械价格表

1）主要人工、材料、机械价格表无需单独编制，其主要内容是对综合单价工料机分析表中的人工、主要材料和主要机械的单位、数量、单价进行汇总，一般通过计价软件完成。

2）主要人工、材料、机械价格表通常按照单位工程进行汇总，但也可根据招标人需要，按照工程项目、单个专业工程和整体专业工程汇总，其表格上方“单位工程名称”项相应变更为“工程名称”、“单位及专业工程名称”及“专业工程名称”。

3）编制投标报价时，对于招标人有要求的材料，投标人应在主要材料价格表的“规格型号”栏中明确该材料的规格和型号，并在备注栏中注明品牌。

【例 5-9】 清单组价：某城市主干道工程长 100m，两侧人行道各宽 5m，采用 37×15×100 预制混凝土侧石。人行道结构依次为 10cm 的 C15 混凝土基础；2cm 的 M7.5 水泥砂浆粘贴层；5.5cm 的 25×25 普通人行道板、混凝土侧石垫层采用 3cm 的 C15 混凝土，无靠背。现需编制施工图预算（风险费用不计）试根据以上条件完成下列分部分项工程量清单综合单价计算表中有关内容（表 5-16、表 5-17）：

【解】

工程量清单综合单价计算表 **表 5-16**

单位及专业工程名称：某城市道路工程　　　　第1页　共1页

序号	编码	名称	计量单位	数量	综合单价（元）							合计（元）
					人工费	材料费	机械费	管理费	利润	风险费用	小计	
1	040204001001	25×25×5.5 人行道板铺设 2cmM7.5 水泥砂浆粘贴 10cmC15	m²	970	11.62	36.86	1.16	3.13	1.85		54.63	52991.1
	2-195	10cmC15 混凝土基础	100m²	9.7	388.28	1706.82	91.73	117.6	69.6		2374.03	23028.09
	2-199	人行道板安砌 M7.5 水泥砂浆	100m²	9.7	710.6	1979.22	15.64	177.93	105.3		2988.69	28990.29
	2-2	人行道碾压整形	100m²	10.5	58.48		7.92	16.27	9.63		92.3	969.15
合计												52991.1

工程量清单综合单价计算表 **表 5-17**

单位及专业工程名称：某城市道路工程　　　　第1页　共1页

序号	编码	名称	计量单位	数量	综合单价（元）							合计（元）
					人工费	材料费	机械费	管理费	利润	风险费用	小计	
1	040204003001	C20 预制混凝土侧石安砌 37×15×100 3cmC15 混凝土垫层	m	200	3.52	13.39	0	0.86	0.51	0	18.29	3658
	2-208	预制混凝土侧石安砌 37×15×100	100m	2	328.78	1267.95	0	80.55	47.67	0	1724.95	3449.9
	2-205 换	人工铺装 C15 混凝土垫层	m³	0.9	52.02	158.16	0	12.74	7.54	0	230.46	207.41
合计												3658

【例 5-10】 清单组价：某城市高架路工程，需路上打 Φ800 回旋钻孔灌注桩 100 根。该工程原地面标高+0.15m，设计桩顶标高−1.10m，设计桩底标高−40.15m，入岩深度 1.2m，采用 C25 商品混凝土，设计加灌长度为 1m，空转部分由于高差较小不进行回填处理。现需编制施工图预算（钢护筒高度按 1.5m/只考虑，凿桩后废料就近堆放，不考虑外运，综合单价中风险费用不计），试根据以上条件完成分部分项工程量清单综合单价计算表 5-18 中有关内容（结果保留两位小数，π 取 3.1416）。

【解】

工程量清单综合单价计算表 表 5-18

单位及专业工程名称：某城市高架工程 第 1 页 共 1 页

序号	编码	名称	计量单位	数量	综合单价（元）							合计（元）
					人工费	材料费	机械费	管理费	利润	风险费用	小计	
1	040301007001	φ800C25（40）钻孔灌注桩成孔深度量衡0.3m，入岩1.2m	m	3905	51.63	209.21	67.01	29.07	17.2	0	374.13	1460977.65
	3-106	钻孔灌注桩埋设钢护筒路上 φ≤800mm	10m	15	532.44	78.31	43.32	141.06	83.49	0	878.62	13179.3
	3-120	回旋钻机钻孔桩径 φ800mm 以内	$10m^3$	202.57	735.42	130	1166.4	465.95	275.76	0	2773.53	561833.97
	3-124	回旋钻机钻孔入岩增加桩径 φ800mm 以内	$10m^3$	6.032	3937.88	1.44	4011.43	1947.58	1152.65	0	11050.98	66659.51
	3-136	泥浆池建造拆除	$10m^3$	202.57	13.6	16.62	0.18	3.38	2	0	35.78	7247.95
	3-140	C25 回旋钻孔灌注桩商品混凝土	$10m^3$	201.314	78.2	3904.43	0	19.16	11.34	0	4013.13	807899.25
	3-514	凿除钻孔灌注桩顶钢筋混凝土	$10m^3$	5.027	481.1	12.48	102.86	143.07	84.67	0	824.18	4143.15
合计												1460977.65

【例 5-11】 该工程按规定应进行工程量清单招标，咨询单位 A 编制的工程量清单见表5-19。

分部分项工程量清单表 表 5-19

工程名称：城市某排水工程

序号	项目编码	项目名称	计量单位	工程数量
1	040501002001	*DN*500 钢筋混凝土管道铺设，O 型胶圈接口，平均埋深 2.51m，10cmC10（40）混凝土垫层，135°C20（40）钢筋混凝土基础	m	135
2	040504001001	1100×1100 非定型砖砌落底方型检查井，M7.5 水泥砂浆砌筑，平均井深 2.99m，10cmC15（40）混凝土垫层 C20（40）钢筋混凝土底板，1∶2 水泥砂浆内外抹灰，C20（40）钢筋混凝土预制顶板及井座，直径 700 铸铁井盖	座	4
	……	……	……	……

施工单位B根据所提供的施工图及工程量清单结合实际情况，编制了施工组织设计及有关报价方案，现将有关编制情况摘要如下：

(1) 混凝土采用现拌混凝土，钢筋混凝土管道铺设采用人工下管；

(2) 管道按设计要求需做闭水试验；

(3) 井座、顶板采用现场就近预制，预制损耗按图5-6所示工程量的1%考虑；

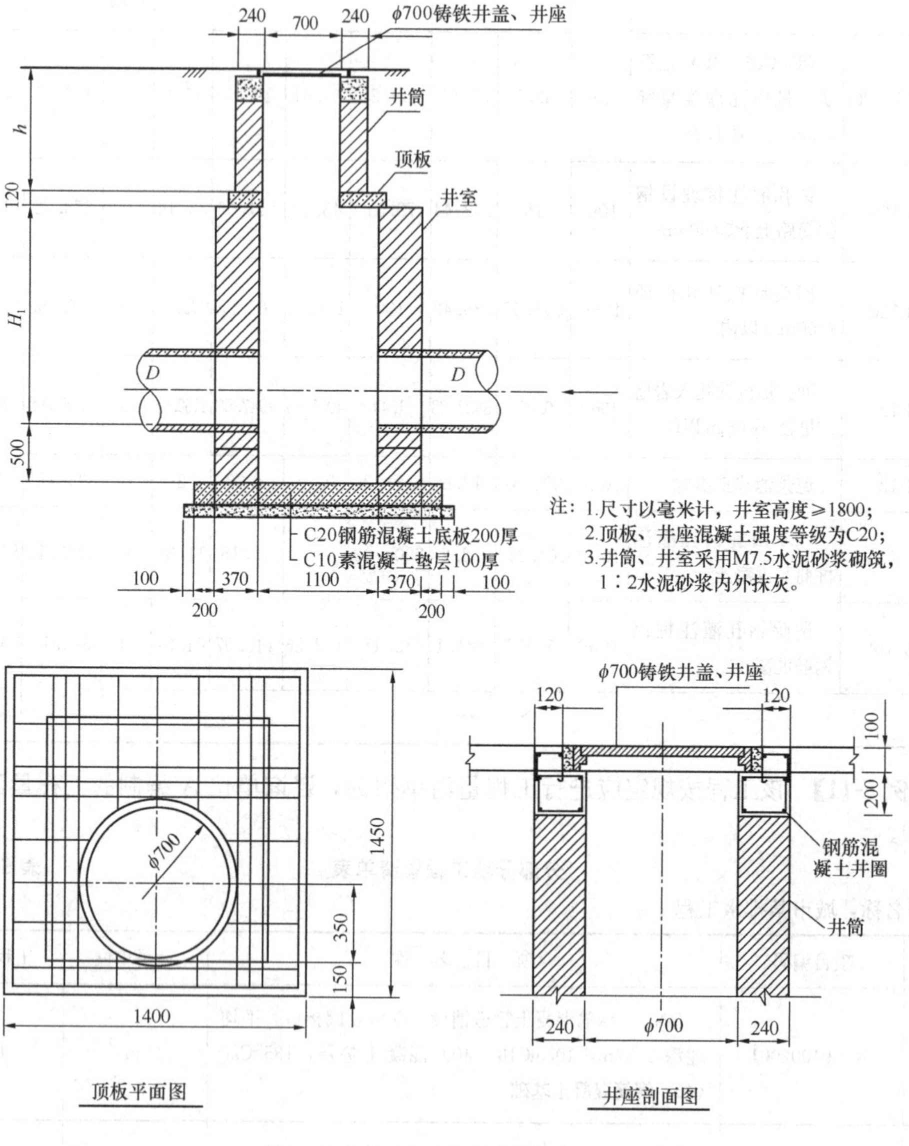

图5-6 检查井图

(4) 报价依据采用03版市政定额及施工取费定额；

(5) 综合单价中企业管理费和利润按取费定额相应子目费率的弹性区间中值计取，风险费用按直接工程费的2%确定；

(6) 计算时工料机单价均采用定额基价，其中铸铁井盖单价为 280 元/套；π 取 3.1416。

试根据以上条件，请你补充编制完成该工程量清单报价表的有关内容，并提供工程量计算书。

【解】

井基本数据 **表 5-20**

单位：m

序号	井号	井径（mm×mm）	设计井盖平均标高	管内底标高	井深	井室高度	井筒高度
1	Y1	1100×1100	1.8	−0.890	3.19	1.8	0.97
2	Y2	1100×1100	1.8	−0.800	3.10	1.8	0.88
3	Y3	1100×1100	1.8	−0.680	2.98	1.8	0.76
4	Y4	1100×1100	1.8	−0.510	2.81	1.8	0.59
小计						7.2	3.2

注：1. 井深（流槽）＝设计井盖平均标高－管内底标高＋t（管壁厚）＋0.02（坐浆厚度）；

2. 井室高度：按设计要求最小深度确定；

3. 井筒高度＝井深－井室高度－井室盖板厚－混凝土井圈厚；

4. 单位未注明的均为米。

工程量计算书

混凝土管道项目：

*DN*500 钢筋混凝土管道铺设 135°（人工下管）：135－3.3＝131.7m

O 型胶圈接口：30 个

*DN*500 管道闭水试验：135m

C10(40)非定型管道混凝土垫层：(0.88＋0.1×3)×0.1×131.7＝14.22m^3

C20(40)非定型管道钢筋混凝土平基：0.88×0.06×131.7＝6.95m^3

C20(40)非定型管道钢筋混凝土管座：[(0.229＋0.78/2)×0.44－135/360×3.1416×(0.61/2)^2]×131.7＝21.44m^3

检查井部分：

C15 混凝土垫层：2.44×2.44×0.1×4＝2.38m^3

C20 钢筋混凝土底板：2.24×2.24×0.2×4＝4.01m^3

M7.5 水泥砂浆砖砌矩形井室：7.2×1.47×4×0.37＝15.66m^3

M7.5 水泥砂浆砖砌圆形井筒：3.2×0.94×3.1416×0.24＝2.27m^3

C20 预制钢筋混凝土顶板制作：(1.45×1.4－3.1416×0.35^2)×0.12×4×1.01＝0.80m^3

C20 预制钢筋混凝土顶板安装：(1.45×1.4－3.1416×0.35^2)×0.12×4＝0.79m^3

C20 预制钢筋混凝土井座制作：(3.1416×0.94×0.2×0.24+3.1416×1.06×0.12×0.1)×4×1.01=0.73m^2

C20 预制钢筋混凝土井座安装：(3.1416×0.94×0.2×0.24+3.1416×1.06×0.12×0.1)×4=0.73m^3

井内侧 1∶2 水泥砂浆抹灰：7.2×1.1×4+3.2×3.1416×0.7=38.72m^2

井外侧 1∶2 水泥砂浆抹灰：7.2×1.84×4+3.2×3.1416×1.18=64.85m^2

铸铁井盖安装：4 套

工程量清单综合单价计算表 **表 5-21**

单位及专业工程名称：城市某排水工程 第 1 页 共 1 页

序号	编码	名称	计量单位	数量	综合单价（元）							合计（元）
					人工费	材料费	机械费	管理费	利润	风险费用	小计	
1	040501002001	*DN*500 钢筋混凝土管道铺设，O 型胶圈接口，平均埋 2.51m，10cmC（10）40 混凝土垫层，135℃（20）40 钢筋混凝土基础	m	135	32.35	149.3	3.18	8.7	5.15	1.35	200.03	27004.05
	6-100	*DN*500 钢筋混凝土管道铺设，135。（人工下管）	100m	1.317	683.67	9292	0	167.5	99.13	25.98	10268.28	13523.32
	6-289	O 型胶圈接口 *DN*500	10 个口	3	61.88	152.9	0	15.16	8.97	2.35	241.26	723.78
	6-324	*DN*500 管道闭水试验	100m	1.35	86.56	118.79	0	21.21	12.55	3.29	242.4	327.24
	6-636	C（10）40 非定型管道混凝土垫层	10m^3	1.422	454.89	1437.61	61.6	126.54	74.89	19.63	2175.16	3093.08
	6-647 换	C（20）40 非定型管道钢筋混凝土平基	10m^3	0.695	787.2	1779.74	120.21	222.32	131.57	34.48	3075.52	2137.49
	6-653 换	C（20）40 非定型管道钢筋混凝土管座	10m^3	2.144	918.88	1873.73	120.21	254.58	150.67	39.49	3357.56	7198.61
合计												27004.05

表 5-22

工程量清单综合单价计算表

单位及专业工程名称：某城市排水工程　　　　第1页　共1页

序号	编码	名称	计量单位	数量	综合单价（元）							合计（元）
					人工费	材料费	机械费	管理费	利润	风险费用	小计	
1	040504001001	1100×1100 非定型砖砌落底方型检查井，M7.5 水泥砂浆砌筑，平均井 2.99m，10cmC15（40）混凝土垫层，C20（40）钢筋混凝土底板，1∶2 水泥砂浆内外抹灰，C20（40）钢筋混凝土预制顶板及井座，直径 700 铸铁井盖	座	4	531.29	1280.73	46.38	141.53	83.76	34.65	2118.34	8473.36
	6-603	C15 混凝土垫层	$10m^3$	0.238	699.42	1519.74	115.31	199.61	118.14	48.88	2701.1	642.86
	6-603	C20 混凝土底板	$10m^3$	0.401	699.42	1519.74	115.31	199.61	118.14	48.88	2701.1	1083.14
	6-605	M7.5 水泥砂浆砖砌矩形井室	$10m^3$	1.566	353.06	1858.48	27.84	93.32	55.23	22.85	2410.78	3775.28
	6-604	M7.5 水泥砂浆砖砌圆形井室	$10m^3$	0.227	469.87	1906.89	39.13	124.71	73.81	30.54	2644.95	600.4
	6-697	C20 预制钢筋混凝土顶板制板	$10m^3$	0.08	958.15	1928.56	119.91	264.12	156.32	64.68	3491.74	279.34
	6-708	C20 预制钢筋混凝土顶板安装	$10m^3$	0.079	467.91	246.46	178.31	158.32	93.7	38.77	1183.47	93.49
	6-623	C20 预制钢筋混凝土井座制作	$10m^3$	0.073	942.9	1766.71	115.03	259.19	153.4	63.48	3300.71	240.95
	6-631	C20 预制钢筋混凝土井座安装	$10m^3$	0.073	146.94	10.52	0	36	21.31	8.82	223.59	16.32
	6-611	井内侧 1∶2 水泥砂浆抹灰	$100m^2$	0.3872	730.76	459.37	26.34	185.49	109.78	45.43	1557.17	602.94
	6-611	井外侧 1∶2 水泥砂浆抹灰	$100m^2$	0.6485	730.76	459.37	26.34	185.49	109.78	45.43	1557.17	1009.82
	6-626	铸铁井盖安装	10 套	0.4	171.62	73.21	0	42.05	24.88	10.3	322.06	128.82
合计												8473.36

思考题与习题

一、简答题

1. 什么是工程量清单？什么是工程量清单计价？两者有何区别？
2. 工程量清单由哪几部分组成？
3. 如何编制工程量清单？
4. 试述工程量清单计价的基本程序。
5. 工程量清单计价文件主要由哪几部分组成？
6. 工程量清单计价时，编制说明应写明哪些内容？
7. 清单项目的项目编码由几位数字组成？可分为几级编码？
8. 清单项目的项目名称应如何确定？
9. 工程量清单计价时，是否可根据工程实际情况调整招标文件中的分部分项工程量清单与计价表？
10. 工程量清单计价时，是否可根据工程实际情况调整招标文件中的措施项目清单与计价表？
11. 分部分项工程量清单与计价表与工程量清单综合单价计算表之间有何联系？
12. 综合单价的基本计算步骤是什么？
13. 市政工程计价模式有哪两种？分别采用什么计算方法？
14. 清单计价费用由哪几部分组成？
15. 工程量清单计价模式与定额计价模式有何区别？
16. 什么是工料单价？什么是综合单价？其单价的组成内容有何区别？

二、计算题

某城市主干道工程，按正常的施工组织设计、正常的施工工期并结合市场价格计算出各部分费用见表5-23，试按综合单价法编制招标控制价，并将计算结果填入表5-23内。

招标控制价 **表5-23**

序号	费用项目	计算方法	金额/万元
一	工程量清单分部分项工程费	Σ(分部分项工程量×综合单价)	1100
	1. 人工费+机械费	Σ分部分项(人工费+机械费)	300
二	措施项目费		
	(一) 施工技术措施项目清单费	Σ(技术措施项目工程量×综合单价)	250
	2. 人工费+机械费	Σ技术措施项目(人工费+机械费)	80
	(二) 施工组织措施项目费	Σ[(1+2)×施工组织措施费率]	
	3. 安全文明施工费		
	4. 检验试验费		
	5. 冬季、雨季施工增加费		
	6. 夜间施工增加费		
	7. 已完工程及设备保护费		
	8. 二次搬运费		
	9. 行车、行人干扰增加费		

续表

序号	费用项目	计算方法	金额/万元
	10. 提前竣工费		
	11. 其他施工组织措施表		
三	其他项目费		0
四	规费		
	12. 工程排污费、社会保障费、住房公积金		
	13. 民工工伤保险费		
	14. 危险作业意外伤害保险费		
五	税金		
六	建设工程造价	一+二+三+四+五	

第六章　通用项目计量与计价

本章学习要点

通用项目定额说明、工程量计算规则、定额套用及换算；土石方工程定额计量与计价、土石方工程清单项目工程量计算规则及计算方法；土石方工程；清单计量与计价。

第一节　通用项目工程计量

《通用册》包括土石方工程、打拔工具桩、围堰工程、支撑工程、拆除工程、脚手架及其他工程、护坡挡土墙。

一、土石方工程

（一）说明

（1）干、湿土的划分首先以地质勘察资料为准，含水率≥25%为湿土，或以地下常水位为准，常水位以上为干土，以下为湿土。挖运湿土时，人工和机械乘以系数1.18，干、湿土工程量分别计算，但机械运湿土时不得乘1.18系数。采用井点降水的土方应按干土计算。

【例6-1】 人工挖沟槽，三类湿土，深5m，确定套用的定额子目及基价。

【解】 [1-10]H　　基价=2032×1.18=2397.76元/100m³

【例6-2】 人力基坑挖淤泥，坑深4.3m，确定套用的定额子目及基价。

【解】 [1-35]+[1-36]+[1-37]　基价=2530+994+481=4005元/100m³

【例6-3】 人工挖淤泥，挖深6m，深度超过1.5m部分工程量，确定套用的定额子目及基价。

【解】 [1-35]H　基价=2530+994+481×2=4486元/100m³

（2）人工夯实土堤、机械夯实土堤执行本章人工填土夯实平地、机械填土夯实平地子目。

（3）挖土机在垫板上作业，人工和机械乘以系数1.25，搭拆垫板的人工、材料和辅机摊销费按每1000m³增加176元计算。

【例6-4】 正铲挖掘机三类湿土（垫板上作业），确定套用的定额子目及基价。

【解】 [1-57]H　基价=2458×1.18×1.25+230.00=3855.55元/1000m³

（4）推土机推土的平均土层厚度小于30cm时，其推土机台班乘以系数1.25。

（5）在支撑下挖土，按实挖体积人工乘以系数1.43，机械乘以系数1.20。先开挖后支撑的不属支撑下挖土。

【例6-5】 人工挖沟槽一、二类干土（带挡土板）H=4m，确定套用的定额子目及基价。

【解】 [1-5]H　　基价=1148.00×1.43=1641.64元/100m³

(6) 挖密实的钢渣，按挖四类土人工乘以系数 2.50，机械乘以系数 1.50。

(7) 本定额不包括现场障碍物清理，障碍物清理费用另行计算。弃土、石方的场地占用费按当地有关规定处理。

(8) 砾石含量在 30%以上密实性土按四类土乘以系数 1.43。

(9) 挖土深度超过 1.5m 应计算人工垂直运输土方，超过部分工程量按垂直深度每 1m 折合成水平距离 7m 增加工日，深度按全高计算。

(10) 一侧弃土时，乘以系数 1.13。

【例 6-6】 人工挖沟槽，三类湿土，深 5m，一侧抛弃土，确定套用的定额子目及基价。

【解】 [1-10] H 基价＝2032×1.18×1.13＝2709.47 元/100m^3

(11) 槽坑一侧填土时，乘以系数 1.13。

(12) 人工凿沟槽石方乘以系数 1.4，凿基坑石方乘以系数 1.8。

(二) 工程量计算规则

(1) 土、石方体积均以天然密实体积（自然方）计算，回填土按碾压夯实后的体积（实方）计算。土方体积换算见表 6-1。

土方体积换算表 **表 6-1**

虚方体积	天然密实度体积	夯实后体积	松填体积
1.00	0.77	0.67	0.83
1.30	1.00	0.87	1.08
1.50	1.15	1.00	1.25
1.20	0.92	0.80	1.00

一个单位的天然密实度体积折合 1.30 个单位虚方体积，折合为 0.87 个夯实后体积，折算为 1.08 个松散填土面积。

一个单位夯实后体积折算为 1.50 个单位虚方体积，折合为 1.15 个单位天然密实度体积，折算为 1.25 个单位松散填土体积。

一个单位松填体积折算为 1.20 个单位虚方体积，折合为 0.92 个单位天然密实度体积，折算为 0.80 个单位夯实后体积。

【例 6-7】 某土方工程：设计挖土数量为 1800m^3，填土数量为 500m^3，挖、填土考虑现场平衡。试计算其土方外运量。

【解】 填土数量为 500m^3，查"土方体积换算表"得夯实后体积：天然密实度体积＝1：1.15，填土所需天然密实方体积为 500×1.15＝575m^3，故其土方外运量为 1800－575＝1225m^3。

【例 6-8】 某路基工程，已知挖土 2800m^3，其中可利用 2200m^3，填土 4000m^3，现场填、挖平衡，试计算余土外运量及填缺土方数量。

【解】 1) 余土外运数量：2800－2200＝600m^3（自然方）

2) 填缺土方量：4000×1.15－2200＝2400m^3（自然方）

【例 6-9】 某段沟槽长 30m，宽 2.45m，平均深 3m，矩形截面，无井。槽内铺设 ϕ1000 钢筋混凝土平口管，管壁厚 0.1m，管下混凝土基座为 0.4364m^3/m，基座下碎石垫层 0.22m^3/m。试计算沟槽填土压实的工程量。

【解】 沟槽体积＝30×2.45×3＝220.5m^3

碎石垫层体积＝0.22×30＝6.6m^3

混凝土基座体积＝0.4364×30＝13.092m^3

ϕ1000 管子外形体积＝π×(1＋0.1×2)^2/4×30＝33.93m^3

沟槽填土压实工程量为 220.5－6.6－13.092－33.93＝166.878m^3

(2) 土方工程量按图纸尺寸计算，修建机械上下坡的便道土方量并入土方工程量内。石方工程量按图纸尺寸加允许超挖量。开挖坡面每侧允许超挖量：松、次坚石 20cm，普、特坚石 15cm。人工凿石不得计算超挖量。

(3) 夯实土堤按设计断面计算。清理土堤基础按设计规定以水平投影面积计算，清理厚度为 30cm 内，废土运距按 30m 计算。

(4) 人工挖土堤台阶工程量，按挖前的堤坡斜面积计算，运土应另行计算。

(5) 人工铺草皮工程量以实际铺设的面积计算，花格铺草皮中的空格部分不扣除。花格铺草皮，设计草皮面积与定额不符时可以调整草皮数量，人工按草皮增加比例增加，其余不调整。

(6) 定额中所有填土（包括松填、夯填、碾压）均是按就近 5m 内取土考虑的，超过 5m 按以下办法计算：①就地取余松土或堆积土回填者，除按填方定额执行外，另按运土方定额计算土方费用；②外购土者，应按实计算土方费用。

(7) 除有特殊工艺要求的管道节点开挖土石方工程量按实计算外，其他管道接口作业坑和沿线各种井室所需增加开挖的土石方工程量按沟槽全部土石方量的 2.5%计算。管沟回填土应扣除各种管道、基础、垫层和构筑物所占的体积。

(8) 挖土放坡和沟、槽底加宽应按图纸尺寸计算，如施工组织设计未明确的，可按表 6-2、表 6-3 计算。

放坡系数 **表 6-2**

土壤类别	放坡起点深度超过（m）	机械开挖			人工开挖
		在沟槽坑底作业	在沟槽坑边上作业	沿沟槽方向作业	
一、二类土	1.2	1∶0.33	1∶0.75	1∶0.33	1∶0.50
三类土	1.5	1∶0.25	1∶0.50	1∶0.25	1∶0.33
四类土	2.0	1∶0.10	1∶0.33	1∶0.10	1∶0.25

管沟底部每侧工作面宽度 **表 6-3**

管道结构宽（mm）	混凝土管道基础 90°	混凝土管道基础＞90°	金属管道	构筑物	
				无防潮层	有防潮层
500 以内	400	400	300		
1000 以内	500	500	400	400	600
2500 以内	600	500	400		

管道结构宽：无管座按管道外径计算，有管座按管道基础外缘（不包括各类垫层）计算，构筑物按基础外缘计算，如设挡土板则每侧增加 100mm。

（9）土石方运距应以挖土重心至填土重心或弃土重心最近距离计算，挖土重心、填土重心、弃土重心按施工组织设计确定。如遇下列情况应增加运距：

1）人力及人力车运土、石方上坡坡度在 15%以上，推土机重车上坡坡度大于 5%，斜道运距按斜道长度乘以如下系数（表 6-4）。

【例 6-10】 推土机推土方上坡斜长距离为 20m，坡度为 12%，该推土机推土运距为多少？

【解】 推土机推土运距＝20×2＝40m

【例 6-11】 履带式推土机推土上坡，已知 A 点标高为 15.24m，B 点标高为 11.94m，两点水平距离 40m，试计算该推土机运距。

【解】 A、B 两点高差 h_{ab}＝15.24－11.94＝3.3m

坡度 i＝3.3/40×100%＝8.25%

斜道长度＝ $(40^2+3.3^2)^{\frac{1}{2}}$＝40.14m

则斜道运距＝40.14×1.75＝70.25m

推土机、人力及人力车系数 **表 6-4**

项　目	推 土 机				人力及人力车
坡度（%）	5～10	15 以内	20 以内	25 以内	15 以上
系　数	1.75	2	2.25	2.5	5

【例 6-12】 人力（双轮）车运湿土，斜道长 300m，坡度 20%，确定套用的定额子目及基价。

【解】 斜道运距＝300×5＝1500m

[1-30]H＋[1-31]H×29　基价＝(461＋91×29)×1.13＝3658.6 元/100m^3

2）采用人力垂直运输土、石方，垂直深度每米折合水平运距 7m 计算。

【例 6-13】 人力垂直运输土方深度 3m，另加水平距离 5m，试计算其运距。

【解】 人力运土运距＝3×7＋5＝26m

【例 6-14】 人力挖淤泥基坑，坑深 4.3m，确定套用的定额子目及基价。

【解】 [1-50]＋[1-51]＋[1-52]H 基价＝2409＋746＋360＝3515 元/100m^3

（10）沟槽、基坑、平整场地和一般土石方的划分：底宽 7m 以内，底长大于底宽 3 倍以上按沟槽计算；底长小于底宽 3 倍以内按基坑计算，其中基坑底面积在 150m^2 以内执行基坑定额。厚度在 30cm 以内就地挖、填土按平整场地计算。超过上述范围的土、石方按挖土方和石方计算。

【例 6-15】 某长方形建筑物，长 25m，宽 15m，试计算其人工平整场地的工程量。

【解】 平整场地工程量按建筑物外墙外边线每边各增加 2m 来计算面积。

解法一：$S_{平}=S_{底}+2L_{外}+16$＝[25×15＋2×(25×2＋15×2)＋16]m^2＝551.00m^2

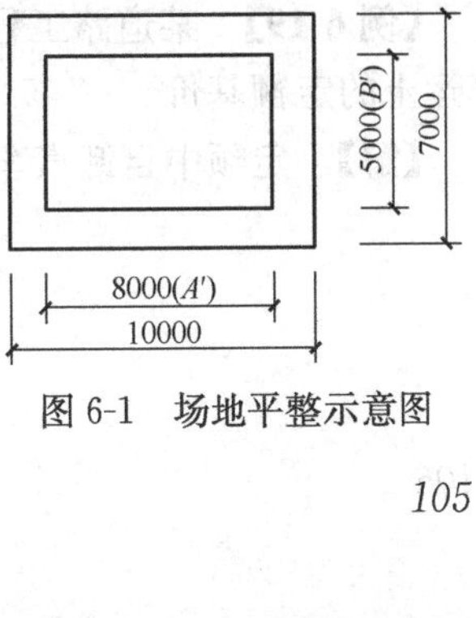

图 6-1　场地平整示意图

【例 6-16】 某建筑物底面为封闭的环“口”形，尺寸如图 6-1 所示，试计算其平整场地的工程量。

【解】 $S_{平} = S_{底} + 2L_{外}$(封闭环的内周边长 $A' \geqslant 4m, B' \geqslant 4m$)

$= [10 \times 7 - 8 \times 5 + 2 \times (10 + 7 + 8 + 5) \times 2]m^2$

$= 150.00m^2$

(11) 机械挖沟槽、基坑土方中如需人工辅助开挖（包括切边、修整底边），机械挖土按实挖土方量计算，人工挖土土方量按实套相应定额乘以系数 1.50。

【例 6-17】 某排水工程沟槽开挖，采用机械开挖（沿沟槽方向），人工清底。土壤类别为三类，原地面平均标高 3.80m，设计槽坑底平均标高为 1.60m，设计槽坑底宽（含工作面）为 1.8m，沟槽全长 1km，机械挖土挖至基底标高以上 20cm 处，其余为人工开挖。试分别计算该工程机械及人工土方数量。

【解】 该工程土方开挖深度为 2.2m，土质类别为三类，需放坡，查定额得放坡系数为 0.25。

土石方总量 $V_{总} = (1.8 + 0.25 \times 2.2) \times 2.2 \times 1000 \times 1.025 = 5299m^3$

其中 人工辅助开挖量 $V_{人工} = (1.8 + 0.25 \times 0.2) \times 0.2 \times 1000 \times 1.025 = 379m^3$

机械土方量 $V_{机械} = 5299 - 379 = 4920m^3$

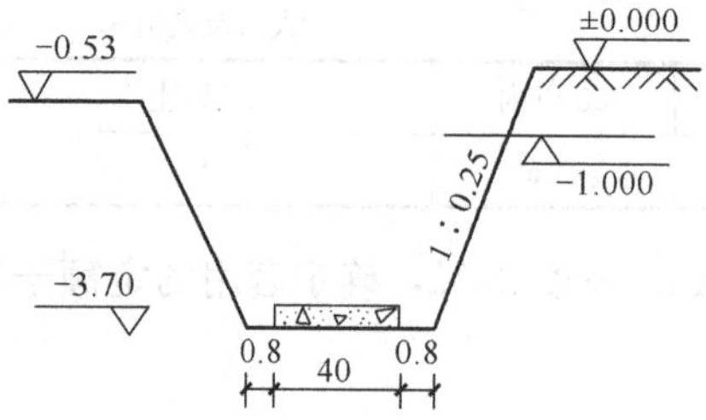

图 6-2 基坑示意图（单位：m）

【例 6-18】 一基础底部尺寸为 30m×40m，埋深为−3.70m，如图 6-2 所示，基坑底部尺寸每边比基础底部放宽 0.8m，原地面线平均标高为−0.530m，地下水位为−1.500m，已知−8.000m 以上为黏质粉土，−8.000m 以下为不透水黏土层，基坑开挖为四面放坡，边坡坡度为 1∶0.25。采用轻型井点降水，试计算该基础的挖土方工程量。

$$V = \Big\{[40 + 2 \times 0.8 + 0.25 \times (3.7 - 0.53)] \times [30 + 2 \times 0.8 + 0.25 \times (3.7 - 0.53)] \times (3.7 - 0.53) + \frac{1}{3} \times 0.25^2 \times (3.7 - 0.53)^3\Big\} m^3$$

$= 4353.70m^3$

说明：采用井点降水的土方应按干土计算。

(12) 自卸汽车运土、运石碴的运距如与定额不一致时，可按 km 为单位通过插入法进行计算。但如实际运距超过定额所列最大运距时，应另行计算。

【例 6-19】 某道路工程需土方外运，运距为 6km，采用 12t 自卸汽车。试计算自卸汽车运土的定额基价。

【解】 定额中自卸汽车运土运距分别为 5km 和 7km，应采用插入法进行计算。

定额基价 $= [1 - 68] + [1 - 69] \times 5$

$= 5269 + 1264 \times 5$

$= 11589$ 元 $/1000m^3$

（13）人工装上汽车运土时，汽车运土定额乘以系数 1.10。

（14）挖土交接处产生的重复工程量不扣除。此处的挖土交接指不同沟槽管道十字或斜向交叉。但遇不同管道因走向相同，在施工过程中采用联合沟槽开挖的（图 6-3 所示），土石方工程量应根据实际情况，按实计算。

（15）如在同一断面内遇有数类土壤，其放坡系数可按各类土占全部深度的百分比加权计算。

【例 6-20】 如图 6-4 所示，试计算放坡系数。

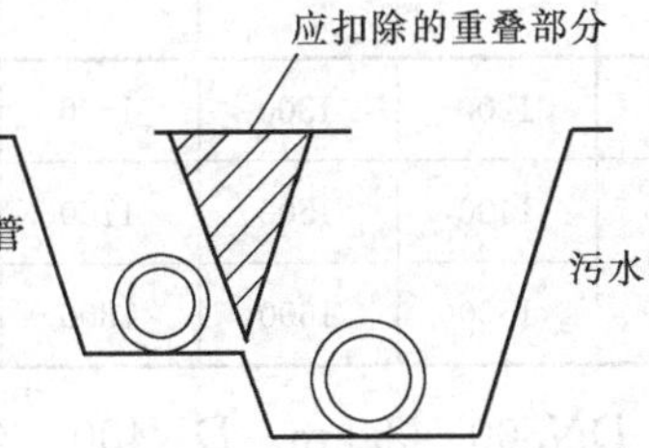

图 6-3　采用联合沟槽开挖图

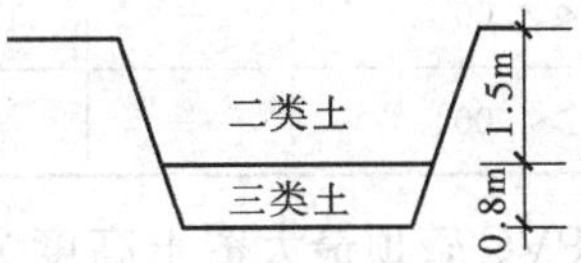

图 6-4　例图

【解】

$$K=\left[\frac{1.5}{2.3}\times 0.5+\frac{0.8}{2.3}\times 0.33\right]=0.44$$

【例 6-21】 某沟槽开挖时，土质有二类土、三类土和四类土，沟槽长 200m，沟槽断面如图 6-5 所示，试计算其人工挖土工程量。

【解】

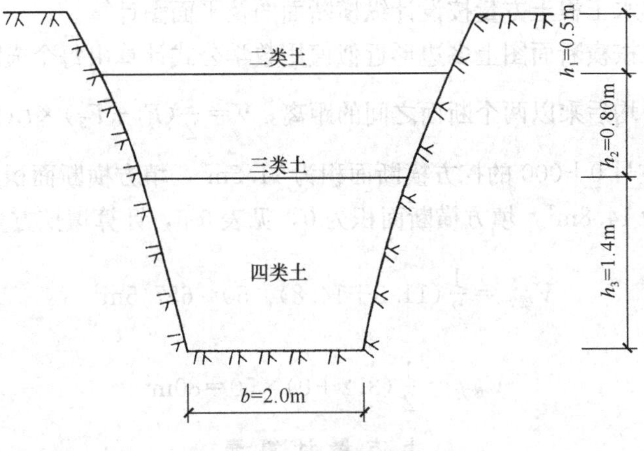

图 6-5　沟槽断面图

二类土放坡系数：$k_1=0.5$

三类土放坡系数：$k_2=0.33$

四类土放坡系数：$k_3=0.25$

则其综合放坡系数：$k=\dfrac{k_1h_1+k_2h_2+k_3h_3}{\sum h}=\dfrac{0.5\times 0.5+0.33\times 0.8+0.25\times 1.4}{0.5+0.8+1.4}$

$= 0.32$

$$V=(b+kh)hl$$
$$=[1.5+0.32\times(0.5+0.8+1.4)]\times(0.5+0.8+1.4)\times200\text{m}^3$$
$$=1276.56\text{m}^3$$

(16) UPVC管道铺设沟槽开挖底宽度，若设计中有规定的按设计规定计算，设计未明确的按下列规定计算：无支撑沟槽开挖，工作面按管道结构宽每侧加30cm计算；有支撑沟槽开挖，按表6-5计算。

有支撑沟槽开挖计算表 **表6-5**

管径（mm） 深度（m）	DN150	DN225	DN300	DN400	DN500	DN600	DN800	DN1000
≤3.00	800	900	1000	1100	1200	1300	1500	1700
≤4.00	—	1100	1200	1300	1400	1500	1700	1900
>4.00	—	—	—	1400	1500	1600	1800	2000

UPVC管顶最大覆土高度为：DN225～3.0m；DN300～3.5m；DN400～4.0m。无支撑沟槽开挖时，槽底净宽$B=D_{外}+600$。

(17) 沟槽回填工程量m^3，见公式：

$$V_{回填}=V_{挖}\times1.025-V_{应扣}$$

式中$V_{应扣}$指各种管道、基础、垫层与构筑物所占的体积。

（三）土石方工程量的计算

1. 道路、排水工程土石方量计算

一般道路、排水工程土方量按设计纵横断面图及平面图计算。

(1) 公式法：按横断面图上多边形近似值用数学公式计算出每个横断面的面积，再将相邻两个横断面平均后乘以两个断面之间的距离，$V=\frac{1}{2}(F_1+F_2)\times L$(表6-6)

【例6-22】 桩号0+000的挖方横断面积为11.5m²，填方横断面积为3.2m²；0+050的挖方横断面积为14.8m²，填方横断面积为0，见表6-6，计算填挖方量。

【解】

$$V_{挖方}=\frac{1}{2}(11.5+14.8)\times50=657.5\text{m}^3$$

$$V_{填方}=\frac{1}{2}(3.2+0)\times50=80\text{m}^3$$

土方量计算表 **表6-6**

桩号	土方面积（m²）		平均面积（m²）		距离（m）	土方量（m³）	
	挖方	填方	挖方	填方		挖方	填方
0+000	11.5	3.2					
0+050	14.8		13.15	1.60	50	657.5	80
0+090	8.2	6.1	11.50	3.05	40	460	122
0+135	13.4		10.80	3.05	45	486	137.25
合计						1603.5	339.25

(2) 积距法：此种方法计算迅速，常为工程技术人员广泛采用，如图 6-6 所示，先将挖方面积分为若干个宽度 L 相等的三角形或梯形，用二脚规量取各三角形、梯形的平均高度的累计值，将累计值乘以宽度 1，即得本断面的总面积。如果断面图画在坐标纸上，比例为 1∶100，二脚规量取的累计高度在长尺上一量，长尺上的读数，就是本断面的面积。如图 6-6 所示，ab 至 h 的高度为 6.3cm，它的面积就是 6.3cm^2。如果该图的比例为1∶200，1cm 见方的格子面积为 4cm^2，那么高度为 6.3cm 时，它的面积为 25.2cm^2＝6.3×4。

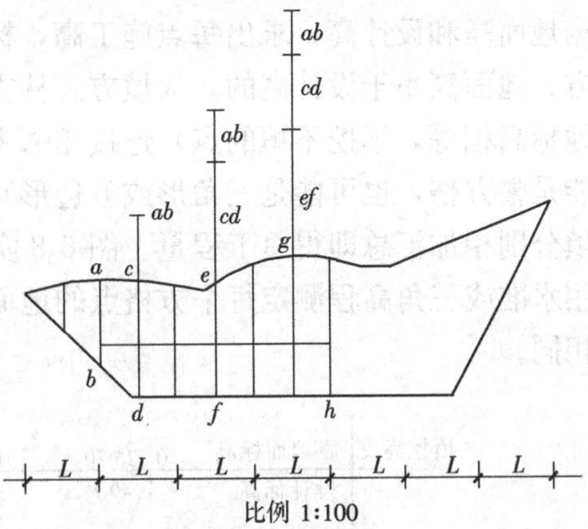

图 6-6　积距法

$$A=(ab+cd+ef+hg+\cdots\cdots)\times L=\text{积距}\times L$$

式中　A——断面面积，m^2；

L——横断面所分划的等距宽度。

计算方法：先用二脚规量取 ab 长，随即移至 c 点，向上方量距等于 ab 长，固定上方的一脚，将在 c 点的小脚移至 d 点，即得 $ab+cd$ 长，用此法将整个断面量完，最后累计所得长度即为该断面之积距，并乘以 L 即为面积。

(3) 计算道路路基（路槽）时，路基（路槽）宽度按设计要求计算，如设计无要求时，按道路结构宽度每边加宽 40cm 考虑。

(4) 在排水工程上面接着做道路工程，挖方、填方不能重复计算或漏算，如图 6-7 所示。

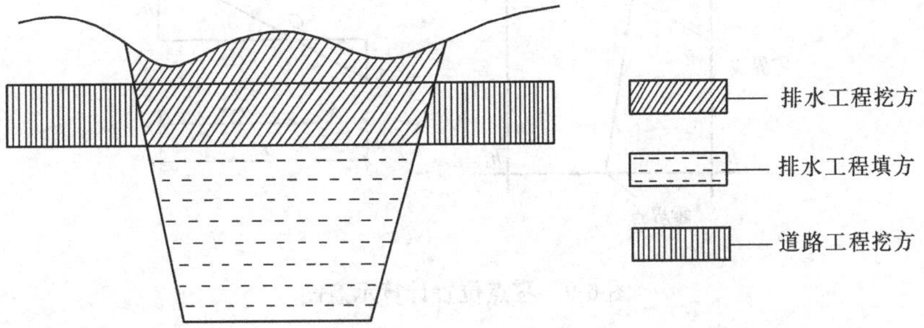

图 6-7　排水工程与道路工程挖、填方工程量示意图

2. 广场及大面积场地平整或挖填方的计算

大面积挖填方一般采用方格网法计算，根据地形起伏情况或精度要求，可选择适当的方格网，有 5m×5m、10m×10m、20m×20m、50m×50m、100m×100m 的方格，方格分得小，计算的准确性就高，方格分得大，计算的准确性就差些。方格网法即可用实测，也可在图上进行。

在图上进行，就是用施工区域已有 1∶500 或 1∶1000 近期测定的比较准确的地形图，选择适当的方格按比例绘制到地形图上，按等高线求算每方格点地面高程（此过程相当于实测过程），然后按坐标关系将设计标高套到方格网上，也算出每方格点的设计高程，根据地面高和设计高，求出每点施工高，标出正负，以示挖填。地面高大于设计高的，为挖方；地面高小于设计高的，为填方。从方格点和方格边上找出挖填零点（即地面标高同设地标高相等，不挖不填的点）连接相邻零点，绘出开挖零点，据此用几何方法按每格（可能是整方格，也可能是三角形或五边形）所围面积乘以各角点的平均高得每格体积，按挖填分别相加汇总即得总工程量。图 6-8 实测方格网的区别在于按坐标在现场放出方格网，用水准或三角高程测定每个方格点的地面高程，其余步骤均与上法（在地形图上定格网）相同。

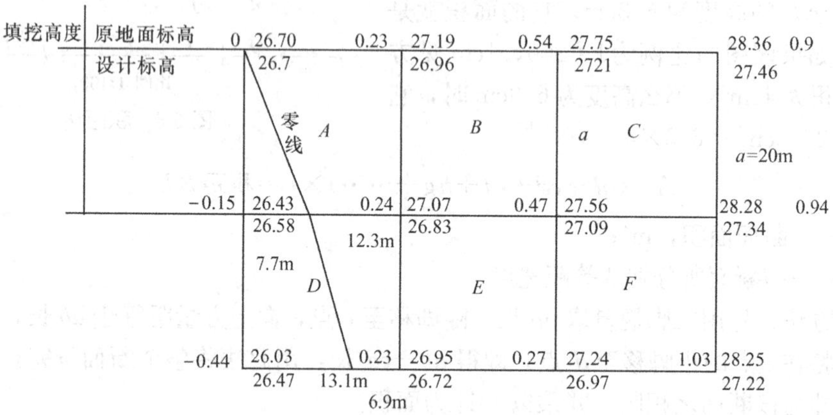

图 6-8　场地方格网图

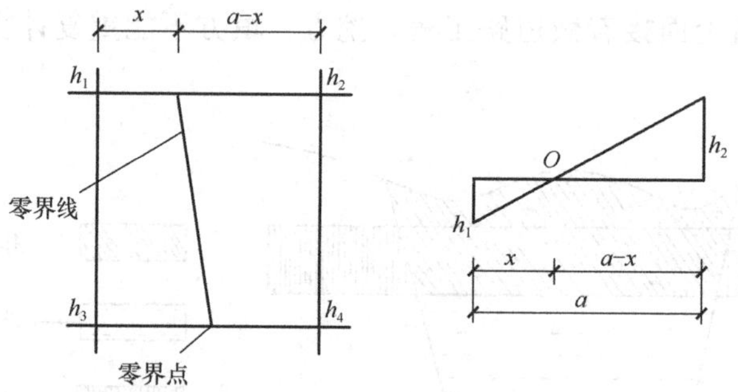

图 6-9　零点位置计算示意图

计算零点边长公式，如图 6-9 所示。

$$x=\frac{ah_1}{h_1+h_2} \tag{6-1}$$

式中　x——角点至零点的距离（m）；

h_1、h_2——相邻两角点的施工高度（m）的绝对值；

a——方格网的边长。

计算方格挖填工程量，见表 6-7。

【例 6-23】 计算某工程挖填土方工程量。方格网 20×20，见图 6-8。

常用方格网点计算公式 **表 6-7**

项　目	图　　式	计算公式
一点填方或挖方（三角形）	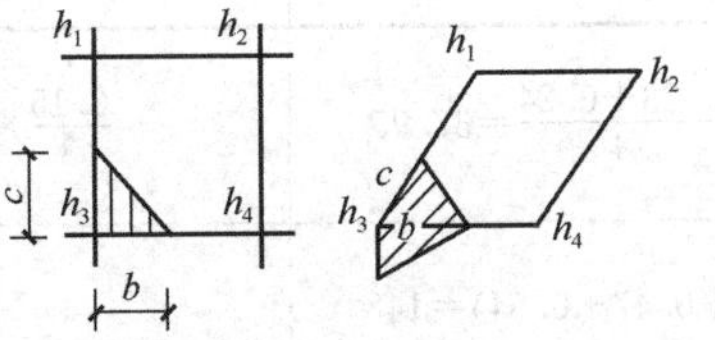	$V=\frac{1}{2}bc\frac{\sum h}{3}=\frac{bch_3}{6}$ 当 $b=c=a$ 时，$V=\frac{a^2h_3}{6}$
二点填方或挖方（梯形）	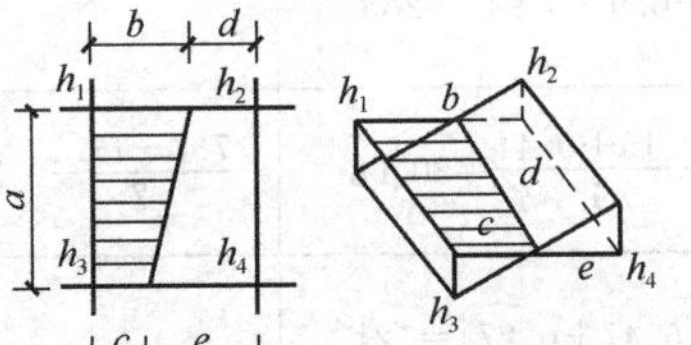	$V_-=\frac{b+c}{2}a\frac{\sum h}{4}=\frac{a}{8}(b+c)(h_1+h_3)$ $V_+=\frac{d+e}{2}a\frac{\sum h}{4}=\frac{a}{8}(d+e)(h_2+h_4)$
三点填方或挖方（五角形）	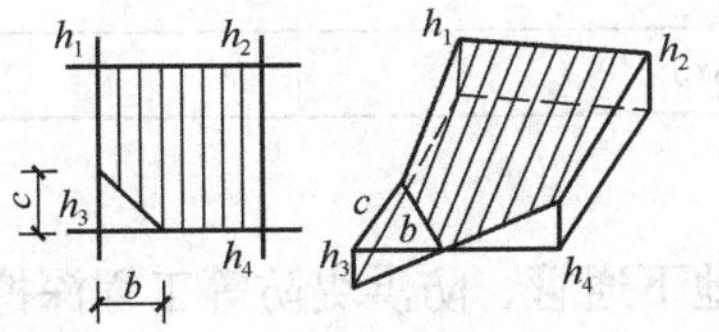	$V=\left(a^2-\frac{bc}{2}\right)\frac{\sum h}{5}$ $=\left(a^2-\frac{bc}{2}\right)\frac{h_1+h_2+h_4}{5}$
四点填方或挖方（正方形）	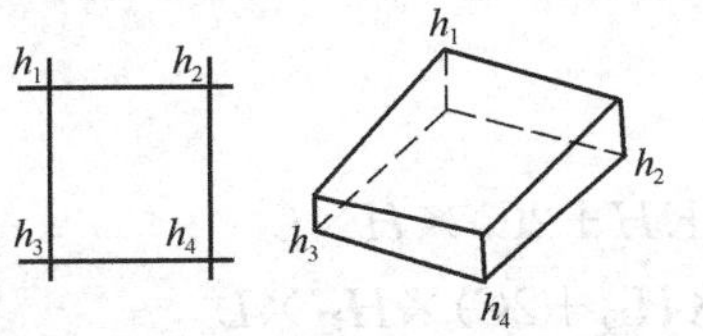	$V=\frac{a^2}{4}\sum h=\frac{a^2}{4}(h_1+h_2+h_3+h_4)$

注：1. a——方格网的边长（m）；b、c——零点到一角的边长（m）；h_1、h_2、h_3、h_4——方格网四角点的施工高程（m），用绝对值代入；$\sum h$——填方或挖方施工高程的总和（m），用绝对值代入；V——挖方或填方体积（m^3）。

2. 本表公式是按各计算图形底面积乘以平均施工高程而得出的。

【解】

(1) 计算零点位置

方格 A：$h_1=-0.15$　$h_2=0.24$　$a=20$ 代入式（6-4）$x=\frac{20\times0.15}{0.15+0.24}=7.7\text{m}$

$$a-x=20-7.7=12.3\text{m}$$

方格 D：$x=\frac{20\times0.44}{0.44+0.23}=13.1\text{m}$

$$a-x=20-13.1=6.9\text{m}$$

将各零点标示图上，并将零点线连接起来。

（2）计算土方量（表 6-8）

方格网土方量计算法 **表 6-8**

方格编号	底面图形及位置	挖方(m^3)	填方(m^3)
A	三角形(填) 梯形(挖)	$\frac{20+12.3}{2}\times20\times\frac{0.23+0.24}{4}=37.95$	$\frac{0.15}{3}\times\frac{20\times7.7}{2}=3.85$
B	正方形	$\frac{20^2}{4}(0.23+0.24+0.47+0.54)=148$	
C	正方形	$\frac{20^2}{4}(0.54+0.47+0.9+0.94)=285$	
D	梯　形	$\frac{12.3+6.9}{2}\times20\times\frac{0.15+0.44}{4}=30.68$	$\frac{7.7+13.1}{2}\times20\times\frac{0.15+0.44}{4}=30.68$
E	正方形	$\frac{20^2}{4}(0.24+0.23+0.47+0.27)=121$	
F	正方形	$\frac{20^2}{4}(0.47+0.27+0.94+1.03)=271$	
	小　　计	885	34.53

3. 结构工程土石方计算

结构工程：如泵站、水厂、桥涵、地下通管、防洪堤防等工程深挖土方时，应有较完整的地质资料。深度、放坡系数、底部尺寸按设计图纸注明尺寸和要求开挖，如设计图未明确，按经设计单位、建设单位（甲方）审定后的施工组织设计计算。因施工方案不同，土方的工程量及工作量也有较大差异。

地槽坑挖土体积公式：

（1）地槽：
$$V=(B+KH+2C)\times H\times L$$

有湿土时：
$$V_{湿}=(B+KH_{湿}+2C)\times H_{湿}\times L$$
$$V_{干}=V-V_{湿} \quad (6\text{-}2)$$

（2）地坑：（方形）
$$V=(B+KH+2C)\times(L+KH+2C)\times H+\frac{K^2H^3}{3}$$

（圆形）
$$V=\frac{\pi H}{3}[(R+C)^2+(R+C)\times(R+C+KH)+(R+C+KH)^2] \quad (6\text{-}3)$$

式中 V——挖土体积，m^3；

B——槽坑底宽度，m；

R——坑底半径，m；

L——槽坑长度，m；

K——放坡系数；

C——工作面宽度，m；

H——槽坑深度，m。

二、打拔工具桩

（一）说明

（1）打拔桩土质类别根据《全国市政工程统一劳动定额》划分为甲、乙、丙三级土。定额仅列甲、乙两级土的打拔工具桩项目，如遇丙级土时，按乙级土的人工及机械乘以 1.43。

（2）定额中所指的水上作业，是以距岸线 1.5m 以外或者水深在 2m 以上的打拔桩。距岸线 1.5m 以内时，水深在 1m 以内者，按陆上作业考虑。如水深在 1m 以上 2m 以内者，其工程量则按水、陆各 50%计算。岸线指施工期间最高水位时，水面与河岸的相交线。

（3）打拔工具桩均以直桩为准，如遇打斜桩（包括俯打、仰打）按相应定额人工、机械乘以系数 1.35。

【例 6-24】 陆上柴油打桩机打圆木桩（斜桩）；乙级土，桩长 5m，确定定额编号及基价。

【解】 [1-172]H　基价＝3869＋(1158.12＋1132.82)×(1.35－1)＝4672 元/10m³

【例 6-25】 水上卷扬机打拔圆木桩（斜桩），6m 长，乙类土，确定定额编号及基价。

【解】 打桩[1-154]H　基价＝3253＋(993.73＋812.21)×(1.35－1)＝3885.08 元/10m³

拔桩[1-158]H　基价＝1461＋(888.38＋572.18)×(1.35－1)＝1972.20 元/10m³

【例 6-26】 水上卷扬机疏打槽型钢板斜桩，桩长 9m，乙级土，确定定额编号及基价。

【解】 [1-162]H　基价＝2381＋535.35×(1.35×1.05－1)＋765.5×0.35＝2872 元

（4）简易打桩架、简易拔桩架均按木制考虑，并包括卷扬机。

（5）圆木桩按疏打计算；钢制桩按密打计算；如钢板桩需疏打时，按相应定额人工乘以 1.05 的系数。

（6）打拔桩架 90°调面及超运距移动已综合考虑。

（7）水上打拔工具桩按两艘驳船捆扎成船台作业，驳船捆扎和拆除费用按第三册《桥涵工程》相应定额执行。

（8）导桩及导桩夹木的制作、安装、拆除，已包括在相应定额中。

（9）拔桩后如需桩孔回填的，应按实际回填材料及其数量进行计算。如实际需用砂填充，拔圆木桩每 10m³ 增加中粗砂 7.29m³，人工 2.8 工日；拔槽型钢板桩每 10t 增加中粗砂 1.63m³，人工 0.63 工日。

（10）本册定额中，圆木和槽钢为摊销材料，其摊销次数及损耗系数分别为 15 次、1.053 和 50 次、1.064。如使用租赁的钢板桩，则按租赁费计算，计算公式为：

钢板桩使用费＝(钢板桩使用量＋损耗量)×使用天数×钢板桩使用费标准(元/t·天)　(6-4)

考虑到钢板桩在实际施工中为可周转材料，故钢板桩使用量应为实际投入量，而非定额用量。钢板桩的实际投入量及使用天数应根据现场签证或施工记录进行确定。

（11）钢板桩和木桩的防腐费用等，已包括在其他材料费用中。

（二）工程量计算规则

（1）圆木桩：按设计桩长 L（检尺长）和圆木桩小头直径 D（检尺经）查《木材、立木材积速算表》，计算圆木桩体积。

（2）凡打断、打弯的桩，均需拔除重打，但不重复计算工程量。

（3）竖、拆打拔桩架次数，按施工组织设计规定计算。如无规定时按打桩的进行方向：双排桩每 100 延长米、单排桩每 200 延长米计算一次，不足一次者均各计算一次。

(4) 打拔桩土质类别的划分，见打拔桩土质类别划分表。

三、围堰工程

(一) 说明

(1) 围堰工程 50m 范围以内取土、砂、砂砾，均不计土方和砂、砂砾的材料价格。取 50m 范围以外的土方、砂、砂砾，应计算土方和砂、砂砾材料的挖、运或外购费用，应另行处理，可按商品价格计价，也可按相应的挖、运、填土项目定额执行但应扣除定额中土方现场挖运的人工：55.5 工日/100m^3 黏土。定额括号中所列黏土数量为取自然土方数量，结算中可按取土的实际情况调整。

【例 6-27】 编织袋围堰（黏土外购 20 元/m^3）人工每 100m^3 黏土 55.5 工日，确定定额编号及基价。

【解】 [1-182]H 基价＝6847＋93×20－93×0.555×43＝6488 元/100m^3

(2) 围堰定额中的各种木桩、钢桩均按水上打拔工具桩的相应定额执行，数量按实计算。定额括号中所列打拔工具桩数量仅供参考。

(3) 编织袋围堰定额中如使用麻袋装土围筑，应按麻袋的规格、单价换算，但人工、机械和其他材料消耗量按定额规定执行。

(4) 围堰施工中若未使用驳船，而是搭设了栈桥，则应扣除定额中驳船费用而套用相应的脚手架子目。

(5) 各种围堰定额均是按正常情况考虑的，如遇潮汛、洪汛，每过一次潮汛、洪汛，除执行围堰定额外，还应根据实际情况增加养护费用。

(6) 定额围堰尺寸的取定：

1) 土草围堰的堰顶宽为 1～2m，堰高为 4m 以内；

2) 土石混合围堰的堰顶宽为 2m，堰高为 6m 以内；

3) 圆木桩混合围堰的堰顶宽为 2～2.5m，堰高为 5m 以内；

4) 钢桩混合围堰的堰顶宽为 2.5～3m，堰高为 6m 以内；

5) 钢板桩混合围堰的堰顶宽为 2.5～3m，堰高为 6m 以内；

6) 竹笼围堰竹笼间黏土填心的宽度为 2～2.5m，堰高为 5m 以内；

7) 木笼围堰的堰顶宽度为 2.4m，堰高为 4m 以内。

(7) 筑岛填心子目是指在围堰围成的区域内填土、砂及砂砾石。

(8) 双层竹笼围堰竹笼间黏土填心宽度超过 2.5m，则超出部分可套筑岛填心子目。

(9) 施工围堰的尺寸按有关设计施工规范确定。堰内坡脚至堰内基坑边缘距离根据河床土质及基坑深度而定，但不得小于 1m。

(二) 工程量计算规则

(1) 围堰工程分别采用立方米和延长米计量。

(2) 用立方米计算的围堰工程按围堰的施工断面乘以围堰中心线的长度。

(3) 以延长米计算的围堰工程按围堰中心线的长度计算。

(4) 围堰高度按施工期内的最高临水面加 0.5m 计算（图 6-10）。

$H_1 = 5.00 - 2.00 + 0.5 = 3.500\text{m}$

如有淤泥 0.5m

则堰高应为 $H_2 = 3.5 + 0.5 = 4.00\text{m}$

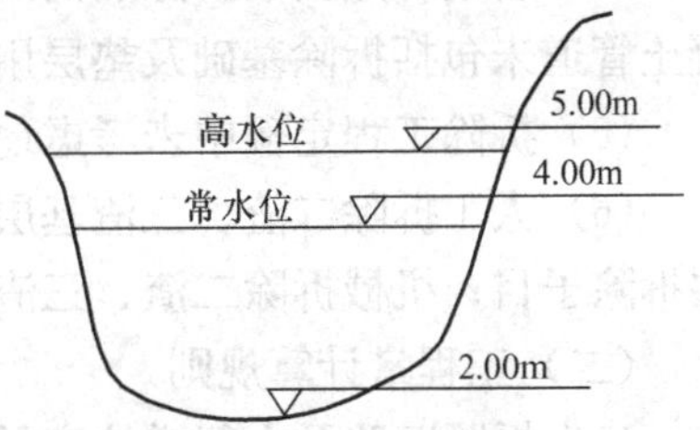

图 6-10 围堰高计算

四、支撑工程

（一）说明

（1）本章定额适用于沟槽、基坑、工作坑及检查井的支撑。

（2）挡土板间距不同时，不做调整。

（3）除槽钢挡土板外，本章定额均按横板、竖撑计算，如采用竖板、横撑时，其人工工日乘以系数 1.2。

（4）定额中挡土板支撑按槽坑两侧同时支撑挡土板考虑，支撑面积为两侧挡土板面积之和，支撑宽度为 4.1m 以内。如槽坑宽度超过 4.1m 时，其两侧均按一侧支挡土板考虑。按槽坑一侧支撑挡土板面积计算时，工日数乘以系数 1.33，除挡土板外，其他材料乘以系数 2。

【例 6-28】 某工程沟槽采用一侧密支撑木挡土板，其支撑高度为 1.5m，长度 40m，计算挡土板工程量。

【解】 其单面支撑挡土板工程量为 $1.5 \times 40 = 60\text{m}^2$

【例 6-29】 沟槽开挖，宽 4.5m，采用木挡土板（密撑、木支撑）竖板横撑，确定定额编号及基价。

【解】 [1-203] H 基价＝1532＋689.72×（1.2×1.33－1）＋（826.25－0.395×1000）＝2374 元/100m^2

或基价＝689.72×1.2×1.33＋826.25×2－0.395×1000＝2358 元/100m^2

（5）放坡开挖不得再计算挡土板，如遇上层放坡、下层支撑则按实际支撑面积计算。

（6）钢桩挡土板中的槽钢桩设计以“吨”为单位，按第二章“打、拔工具桩”相应定额执行。

（7）如采用井字支撑时，按疏撑乘以系数 0.61。

【例 6-30】（井字形）木挡土板，钢支撑，一侧支挡土板，确定定额编号及基价。

【解】 [1-204]H 基价＝[1230＋524.6×(1.33－1)＋(688.99－1000×0.395)

×(2－1)＋16.1]×0.61＝1045.06 元/100m^2

（二）工程量计算规则

支撑工程按施工组织设计确定的支撑面积以“平方米”计算。

五、拆除工程

（一）说明

（1）本章定额拆除均不包括挖土方，挖土方按本册第一章有关子目执行。

（2）机械拆除项目中包括人工配合作业。

（3）拆除后的旧料应整理干净就近堆放整齐。如需运至指定地点回收利用，则另行计算运费和回收价值。

（4）管道拆除要求拆除后的旧管保持基本完好，破坏性拆除不得套用本定额。拆除混凝土管道未包括拆除基础及垫层用工。基础及垫层拆除按本章相应定额执行。

（5）拆除工程定额中未考虑地下水因素，若发生则另行计算。

（6）人工拆除二渣、三渣基层应根据材料组成情况套无骨料多合土或有骨料多合土基层拆除子目；机械拆除二渣、三渣基层执行机械拆除混凝土类面层（无筋）子目。

（二）工程量计算规则

（1）拆除旧路及人行道按实际拆除面积以"平方米"计算。

（2）拆除侧、平石及各类管道按长度以"米"计算。

（3）拆除构筑物及障碍物按其实体体积以"立方米"计算。

（4）伐树、挖树蔸按实挖数以"棵"计算。

（5）路面凿毛、路面铣刨按施工组织设计的面积以"平方米"计算。铣刨路面厚度＞5cm须分层铣刨。

六、脚手架及其他工程

（一）说明

（1）脚手架定额中竹、钢管脚手架已包括斜道及拐弯平分的搭设。砌筑物高度超过1.2m可计算脚手架搭拆费用。桥梁支架套用第三册《桥涵工程》中"桥梁支架"部分相应子目。

仓面脚手不包括斜道，若发生则另按建筑工程预算定额中脚手架斜道计算；但实用井字架或吊扒杆转运施工材料时，不再计算斜道费用。对无筋或单层布筋的基础和垫层不计算仓面脚手费。

（2）混凝土小型构件是指单件体积在 $0.04m^3$ 以内，重量在 100kg 以内的各类小型构件。

（3）小型构件、半成品均指现场预制或拌制，不适用于按成品价购入，如预制人行道板、商品混凝土等。

（4）湿土排水费用按所挖湿土方量套定额进行计算，抽水工程量按所需的排水量进行计算。湿土排水定额包括了沟槽、基坑土方开挖期间的所有排水，抽水定额适用于池塘、河道、围堰等排水项目。

（5）抽水定额适用于池塘、河道、围堰等排水项目。

（6）井点降水项目适用于地下水位较高的粉砂土、砂质粉土、黏质粉土或淤泥质夹薄层砂性土的地层。如采用其他降水方法如深井降水、集水井排水等，施工单位可自行补充。

（7）井点降水：轻型井点、喷射井点、大口径井点的采用由施工组织设计确定。一般情况下，降水深度 6m 以内采用轻型井点，6m 以上 30m 以内采用相应的喷射井点，特殊情况下可选用大口径井点。井点使用时间按施工组织设计确定。喷射井点定额包括两根观察孔制作。喷射井管包括了内管和外管。井点材料使用摊销量中已包括井点拆除时的材料损耗量。

井点间距根据地质和降水要求由施工组织设计确定，一般轻型井点管间距为 1.2m，喷射井点管间距为 2.5m，大口径井点管间距为 10m。

（8）井点降水过程中，如需提供资料，则水位监测和资料整理费用另计。

(9) 井点降水成孔过程中产生的泥水处理及挖沟排水工作应另行计算。遇有天然水源可用时，不计水费。

(10) 井点降水必须保证连续供电，在电源无保证的情况下，使用备用电源的费用另计。

(二) 工程量计算规则

(1) 脚手架工程量按墙面水平边线长度乘以墙面砌筑高度以“平方米”计算。柱形砌体按图示柱结构外围周长另加 3.6m 乘以砌筑高度以“平方米”计算。浇筑混凝土用仓面脚手按仓面的水平面积以“平方米”计算。

(2) 小型构件、半成品运输距离按预制、加工场地取料中心至施工现场堆放使用中心的距离计算。

(3) 桥涵工程、排水工程等册部分定额子目中已考虑了半成品场内运输距离 150m，实际运距超过时，按超出部分套用要增减子目。

(4) 湿土排水工程量按所挖湿土方量进行计算，抽水工程量按所需或实际的排水量进行计算。

(5) 轻型井点 50 根为一套；喷射井点 30 根为一套；大口径井点以 10 根为一套。井点使用定额单位为（套·天），一天系按 24 小时计算。除轻型井点外，累计根数不足一套者按一套计算；轻型井点尾数 25 根以内的按 0.5 套，超过 25 根的按一套计算。井管的安装、拆除以“根”计算。井点使用天数按施工组织设计规定或现场签证认可的使用天数确定，编制标底时可参考表 6-9 计算。

(6) 彩钢板施工护栏定额子目分基础及护栏，按其垂直投影面积以“平方米”计算。定额中彩钢板摊销按 5 次考虑，护栏基础为单面水泥砂浆粉刷。

排水管道采用轻型井点降水使用周期　　**表 6-9**

管径（mm 以内）	开槽埋管（天/套）	管径（mm 以内）	开槽埋管（天/套）
ϕ600	10	ϕ1500	16
ϕ800	12	ϕ1800	18
ϕ1000	13	ϕ2000	20
ϕ1200	14		

注：UPVC 管开槽埋管，按上表使用量乘以 0.7 系数计算。

【例 6-31】 轻型井点总管长度为 288m，求井点管套数。

【解】 288÷60=4.8 套，取 5 套。

【例 6-32】 开槽埋管 $D_1=1200$、$L_1=130$m

$D_2=1000$、$L_2=170$m

$D_3=800$、$L_3=80$m　求井点管套天数。

【解】 $\sum L=L_1+L_2+L_3=130+170+80=380$m

井点根数：380÷1.2=317 根，

井点使用：317 根/50 根=6.3 套，

取 7 套或 380m/60m=6.3 套，

井点使用套天计算：

D_3=800　80/60=1.3 套，1.3 套×12=15.6 套天，

D_2=1000　170/60=2.8 套，2.8 套×13=36.4 套天，

D_1=1200　7−1.3−2.8=2.9 套，2.9 套×14=40.6 套天

Σ=92.6 套天。

按 93 套天计算。

七、护坡、挡土墙

（一）说明

（1）本章适用于市政工程道路、城市内河的护坡和挡土墙工程。

（2）石笼以钢筋和钢丝制作，每个体积按 0.5m^3 计算，设计的石笼体积或制作材料不同时，可按实调整。

（3）挡土墙工程需搭脚手架的执行脚手架定额。

（4）块石如需冲洗时（利用旧料），每立方米块石增加人工 0.24 工日，水 0.5m^3。

（5）护坡、挡土墙的基础、钢筋可套用第三册《桥涵工程》相应子目。

（二）工程量计算规则

（1）抛石工程量按设计断面以“立方米”计算。

（2）块石护底、护坡按不同平面厚度以“立方米”计算。

（3）相应项目计算，块石护脚在自然地面以下砌筑时，不计算脚手架费用。

（4）浆砌料石、预制块的体积按设计断面以“立方米”计算。

（5）浆砌台阶以设计断面的实砌体积计算。

（6）砂石滤沟按设计尺寸以“立方米”计算。

（7）伸缩缝按缝宽以实际铺设的平方面积计算。

【例 6-33】 如图 6-11 所示见表 6-10、表 6-11 试计算挡土墙各部位结构的工程量、挡土墙基坑挖方量及余土外运量。

【解】

1. 挡土墙各部位结构工程量

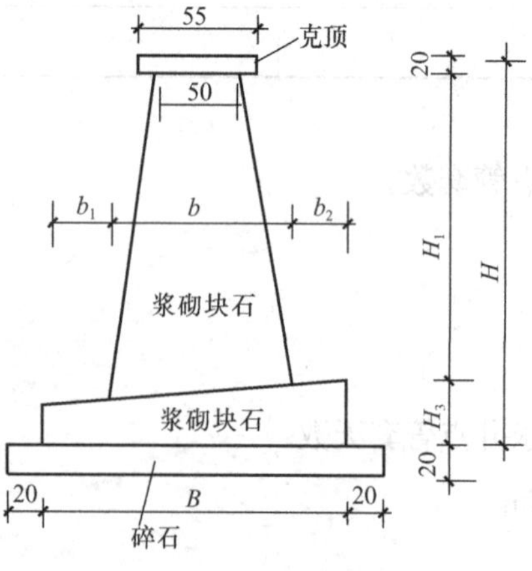

图 6-11　挡土墙

挡土墙基本数据 1　　表 6-10

H	100	150	200	250
b_1	0	15	20	30
b_2	6	13	17	21
b	77	89	106	127
B	83	117	143	173
H_1	63	90	130	167
H_2	0	25	30	48
H_3	17	40	50	63

挡土墙基本数据 2 **表 6-11**

挡墙设置桩号	墙高 (H) m	平均墙高 m	间距 (L) m	断面积 (A)
3+224	1.5	1.5	16	1.5×16=24
240	1.5	1.25	20	1.25×20=25
260	1.0	1.75	20	1.75×20=35
280	2.5	2.5	20	2.5×20=50
300	2.5	2.5	15	2.5×15=37.5
3+315	2.5			
∑: L=91m A=171.5m²				
3+319	1.0	1.0	21	21
340	1.0	1.5	20	30
360	2.0	1.75	15.79	27.63
375.79	1.5	1.25	23.15	28.94
398.94	1.0	1.0	11.06	11.06
410	1.0			

$$\sum:L=91\text{m}$$
$$A=118.63\text{m}^2$$

$$挡土墙平均高度\ \overline{H}=\frac{\sum A}{\sum L}=\frac{171.5+118.63}{91+91}=1.6\text{m}$$

(1) 碎石垫层：$H=1.6$m 用插入法计算 $B=(1.43-1.17)/5\times1+1.17=1.22$m

垫层体积$=(1.22+0.4)\times0.2\times182=58.97\text{m}^3$

(2) 浆砌块石基础：内插法 $H_2=0.26$m　$H_3=0.42$m

$(0.26+0.42)/2\times1.22\times182=75.49\text{m}^3$

(3) 墙身：$H_1=0.98$m　$b_1=0.16$m　$b_2=0.138$m

$(0.5+0.92)/2\times0.98\times182=126.64\text{m}^3$

(4) 克顶：$0.55\times0.2\times182=20\text{m}^3$

(5) 水泥砂浆勾缝（挡墙侧面积——暴露部分）

平均高 1m 的挡墙长度：21+11.06=32.1m

平均高 1.25m 的挡墙长度：　43.2m

平均高 1.5m 的挡墙长度：　36m

平均高 1.75m 的挡墙长度：　35.8m

平均高 2.5m 的挡墙长度：　35m

勾缝：$\Sigma=0.63\times31.06+0.9\times36+1.67\times35+0.77\times43.2+1.1\times35.8=183\text{m}^2$

(6) 沉降缝计算　$\overline{H}=1.6$m

$b_1=16$cm，$b_2=14$cm，$b=92$cm，$B=122$cm，$H_1=98$cm，$H_2=26$cm，$H_3=42$cm

每条沉降缝断面积：$(0.26+0.42)/2\times1.22$(基)$+(0.5+0.92)/2\times0.98$(墙)$+0.55$

$\times 0.2$(顶)$=1.22m^2$

每 15m 设一条沉降缝$(91/15-1)\times 2=10$ 条

沉降缝面积：$1.22\times 10=12.2m^2$

2. 基坑挖方量

$$V=\frac{H}{6}[ab+(a+c)(b+d)+cd]$$

挖土方深度$=(H_3+H_2)/2+0.2=(0.26+0.42)/2+0.2=0.54m$

按二类土：$K=0.5$，工作面 0.5m，排水沟 0.25m

$$b=B+0.5\times 2+0.25\times 2=2.72m$$

$$a=182+0.5\times 2+0.25\times 2=183.5m$$

$$c=a+2KH=183.5+2\times 0.5\times 0.54=184.04m$$

$$d=b+2KH=2.72+2\times 0.5\times 0.54=3.26m$$

$$V=\frac{0.54}{6}[183.5\times 2.72+(183.5+184.04)\times(2.72+3.26)+184.04\times 3.26]=296.73m^3$$

3. 余土外运

碎石垫层+浆砌块石基础$=58.97+75.49=134.46m^3$

回填土$=296.73-134.46=162.27m^3$

分段计算法：

(1) 碎石垫层：

$$(0.83+0.4)\times 0.2\times 32.1=7.9m^3$$

$$(1.17+0.4)\times 0.2\times 36=11.3m^3$$

$$(1.73+0.4)\times 0.2\times 35=14.91m^3$$

$$(1+0.4)\times 0.2\times 43.2=12.1m^3$$

$$(1.3+0.4)\times 0.2\times 35.8=12.17m^3$$

$$\Sigma=58.4m^3(58.97m^3)$$

(2) 浆砌块石基础：

$$(H_2+H_3)/2\times B\times L$$

$$(0+0.17)/2\times 0.83\times 32.1=2.26m^3$$

$$(0.25+0.4)/2\times 1.17\times 36=13.69m^3$$

$$(0.48+0.63)/2\times 1.73\times 35=33.61m^3$$

$$(0.13+0.29)/2\times 1.0\times 43.2=9.07m^3$$

$$(0.28+0.45)/2\times 1.3\times 35.8=16.99m^3$$

$$\Sigma=75.62m^3(75.49m^3)$$

(3) 墙身(克顶$+b$)$\times H_1 \times L$：

$$(0.5+0.77)/2\times 0.63\times 32.1=12.84\text{m}^3$$

$$(0.5+0.89)/2\times 0.9\times 36=22.52\text{m}^3$$

$$(0.5+1.22)/2\times 1.67\times 35=50.27\text{m}^3$$

$$(0.5+0.83)/2\times 0.765\times 43.2=21.98\text{m}^3$$

$$(0.5+0.975)/2\times 1.1\times 35.8=29.04\text{m}^3$$

$$\Sigma=136.65\text{m}^3(126.64\text{m}^3)$$

第二节　土石方工程清单项目设置及清单编制

一、土石方工程清单项目设置及清单项目适用范围

1. 土石方工程清单项目设置

《市政工程工程量计算规范》GB 50857—2013 附录 A 土石方工程中，设置了 4 个小节共 10 个清单项目：挖一般土方、挖沟槽土方、挖基坑土方、暗挖土方、挖淤泥流砂、挖一般石方、挖沟槽石方、挖基坑石方、回填方、余方弃置。

2. 清单项目适用范围

(1) 挖沟槽、基坑、一般土（石）方清单项目的适用范围如下所述。

① 底宽 7m 以内、底长大于底宽 3 倍以上应按挖沟槽土（石）方计算。

② 底长小于底宽 3 倍以下，底面积在 150m^2 以内应按挖基坑土（石）方计算。

③ 超过以上范围，应按挖一般土（石）方计算。

(2) 暗挖土方清单项目适用于在土质隧道、地铁中除用盾构掘进和竖井挖土方外的其他方法挖洞内土方。

(3) 填方清单项目适用于各种不同的填筑材料的填方。

二、土石方工程清单项目工程量计算规则

1. 挖一般土（石）方

工程量计算规则按设计图示开挖线以体积计算，即按原地面线与设计图示开挖线之间的体积计算。

常见的市政道路工程、大面积场地的挖方通常属于挖一般土（石）方，道路工程一般挖土（石）方工程量可采用横截面法进行计算，大面积场地挖方工程量可采用方格网法进行计算。

(1) 横截面法

常见的市政道路工程路基横截面形式有填方路基、挖方路基、半填半挖路基和不填不挖路基，如图 6-12 所示。

根据路基横截面图（道路逐桩横断面图）可以计算每个截面处的挖方面积，取两邻截面挖方面积的平均值乘以相邻截面之间的中心线长度计算相邻两截面间的挖方工程量，合计可得整条道路的挖方工程量。

$$V=\Sigma\frac{(F_i+F_j)}{2}\times L_{ij} \tag{6-5}$$

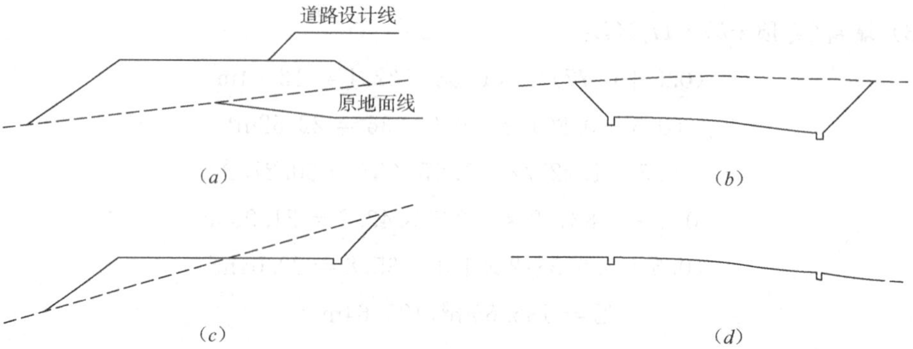

图 6-12　路基横截面形式

(*a*) 路堤（填方路基）；(*b*) 路堑（挖方路基）；(*c*) 半填半挖路基；(*d*) 不填不挖路基

式中　V——道路挖方总体积；

F_i、F_j——道路相邻两截面的挖方面积；

L_{ij}——道路相邻两截面的中心线长度。

横截面法又称为积距法。在计算时，通常可利用道路工程逐桩横断面图或土方计算表进行土（石）方工程量的计算。

(2) 方格网法

方格网法计算挖（填）方量的步骤如下。

1) 根据场地大小，将场地划分为10m×10m或20m×20m的方格网。将各方格网及方格网各角点分别加以编号。方格网编号可标注在中间；角点编号标注在角点左下方。

2) 在方格网各角点右上方标注原地面标高、在方格网各角点右下方标注设计路基标高，并计算方格网各角点的施工高度，并将其标注在角点左上方。

$$施工高度 = 原地面标高 - 设计路基(开挖线)标高$$

计算结果为正数需挖方；计算结果为负数需填方。

3) 计算确定每个方格网各条边零点的位置，并将相邻两边的零点连接得到零点线，将各方格网挖方、填方区域进行划分。

零点：施工高度为0的点，即方格网边上不填不挖的点。

4) 计算各方格网挖方或填方的体积。

$$V = F \times H \tag{6-6}$$

式中　V——各方格网挖方或填方的体积；

F——各方格网挖方或填方部分的底面积；

H——各方格网挖方或填方部分的平均挖深或填高。

5) 合计各方格网挖方或填方的体积，可得到整个场地的挖方或填方工程量。

2. 挖沟槽土（石）方

工程量计算规则按设计图示尺寸以基础垫层底面积乘以挖土深度（原地面平均标高至沟槽底平均标高的高度）以体积计算。

常见的市政排水管道工程的挖方一般属于挖沟槽土（石）方，工程量计算时，根据管道管径大小、管道基础形式、挖土深度将管道划分成若干管段，分段计算挖方量并合计，如图6-13所示。

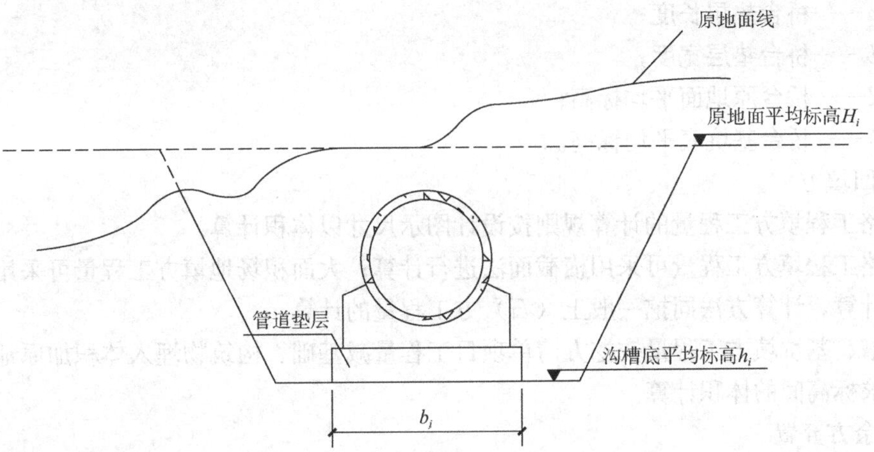

图 6-13　沟槽挖方示意图

$$V = \sum l_i \times b_i \times (H_i - h_i) \tag{6-7}$$

式中　V——沟槽挖方体积（清单工程量）；

l_i——各管段管道垫层长度，取各管段管道中心线的长度；

b_i——各管段管道垫层宽度；

H_i——各管段范围内原地面平均标高；

h_i——各管段范围内沟槽底平均标高。

由于管道沟槽挖方计算时管道垫层长度按管道中心线的长度计算，所以排水管道中各种井的井位处挖方清单工程量计算时，需扣除与管道挖方重叠部分的土方量。

3. 挖基坑土（石）方

工程量计算规则按设计图示尺寸以基础垫层底面积乘以挖土深度（原地面平均标高至基坑底平均标高的高度）以体积计算。

常见的市政桥梁工程的挖方一般属于挖基坑土（石）方，如图 6-14 所示。

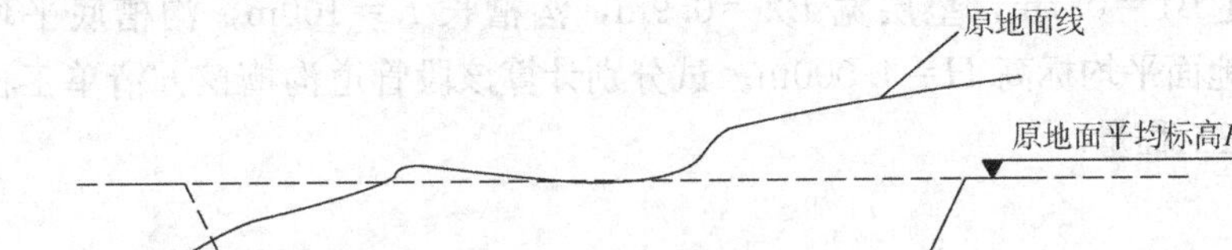

图 6-14　基坑挖方示意图

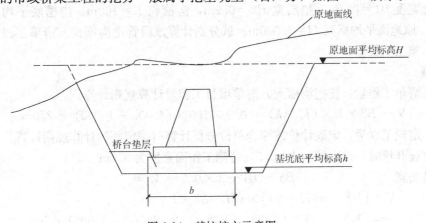

$$V = a \times b \times (H - h) \tag{6-8}$$

式中　V——基坑挖方体积；

a——桥台垫层长度；

b——桥台垫层宽度；

H——桥台原地面平均标高；

h——桥台基坑底平均标高。

4. 回填方

道路工程填方工程量的计算规则按设计图示尺寸以体积计算。

道路工程填方工程量可采用横截面法进行计算；大面积场地填方工程量可采用方格网法进行计算，计算方法同挖一般土（石）方工程量的计算。

沟槽、基坑填方工程量按挖方清单项目工程量减基础、构筑物埋入体积加原地面线至设计要求标高间的体积计算。

5. 余方弃置

工程量按挖方清单项目工程量减利用回填方体积（正数）计算。

土石方工程量的计算按照计价方法、计价阶段、计价目的的不同，可分为土石方清单工程量、定额（报价）工程量、施工工程量。

（1）清单工程量

清单工程量按照《建设工程工程量清单计价规范》清单工程量计算规则计算，计算的范围以设计图样为依据，用于工程量清单编制和计价。

（2）定额工程量

定额工程量按《市政工程预算定额》规定的工程量计算规则计算，以设计图样为基础，结合施工方法、定额规定进行计算，用于定额计价及清单计价中综合单价分析计算。

（3）施工工程量

施工工程量根据施工组织设计确定的施工方法、技术措施，按实际的范围、尺寸及相关的影响因素计算，用于清单计价综合单价的分析。挖方时的临时支撑围护、安全所需的放坡和工作面所需的加宽部分的挖方，在综合单价中一并考虑。

【例 6-34】 某段 D500 钢筋混凝土管道沟槽（放坡）支护开挖如图 6-15 所示，已知混凝土基础宽度 $B1=0.7$m，垫层宽 $B2=0.9$m，沟槽长 $L=100$m，沟槽底平均标高 $h=1.000$m，原地面平均标高 $H=4.000$m。试分别计算该段管道沟槽挖方清单工程量、定额工程量、施工工程量。

【解】

（1）清单工程量：按挖沟槽土方清单项目工程量计算规则计算。

$$V=B2\times L\times(H-h)=0.9\times100\times(4.000-1.000)=270\text{m}^3$$

（2）定额工程量：定额计价或综合单价分析计算时按定额的计算规则计算。

当放坡开挖时，设边坡为 1∶0.5，每侧工作面宽度为 0.5m

沟槽底宽 $B3=B1+2\times0.5=1.7$m

$$\begin{aligned}V&=[B3+m(H-h)]\times(H-h)\times L\\&=[1.7+0.5\times(4.000-1.000)]\times(4.000-1.000)\times100\\&=960\text{m}^3\end{aligned}$$

当支护开挖时，沟槽底宽 $B4=B1+2\times0.5+0.2=1.9$m

$$V=B4\times(H-h)\times L=1.9\times(4.000-1.000)\times100=570\text{m}^3$$

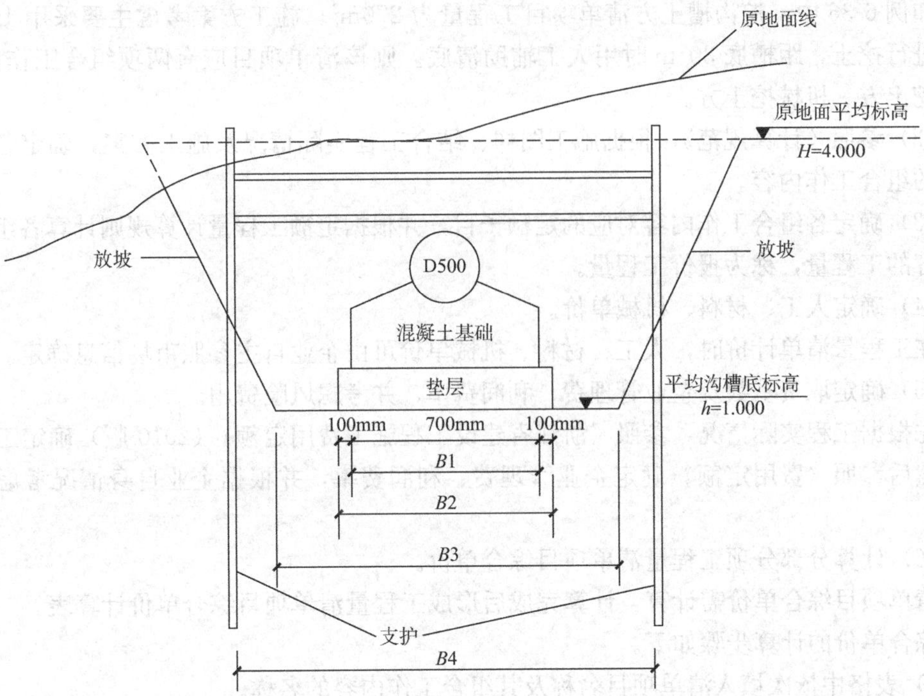

图 6-15　管道沟槽放坡（支护）开挖示意图

（3）施工工程量：根据工程实际情况、施工方案确定的开挖方法、工作面宽度计算。根据现场实际情况，采用支护开挖，两侧工作面宽度为 0.45m，则

$$V=(0.7+2\times0.45)\times(4.000-1.000)\times100=480\text{m}^3$$

从例 6-36 可以看出：如果同一个施工项目的清单工程量计算规则与定额工程量计算规则不同，计算得到该项目的清单工程量与定额工程量是不同的。在计算项目工程量之前，应先区分清楚是计算清单工程量，还是计算定额工程量，然后按照相应的计算规则进行计算。

第三节　土石方工程清单计价

土石方工程量清单计价的程序为分部分项工程量清单计价→措施项目清单计价→其他项目清单计价→工程合价。

一、分部分项工程量清单计价

分部分项工程量清单计价应根据招标文件中分部分项工程量清单进行。由于分部分项工程量清单是不可调整的闭口清单，分部分项工程量清单与计价表中各清单项目的项目名称、项目编码、工程数量必须与分部分项工程量清单完全一致。

分部分项工程量清单计价的关键是确定分部分项工程量清单项目的综合单价。

分部分项工程量清单计价的步骤如下所述。

（1）确定施工方案。

施工方案是确定各个清单项目的组合工作内容的依据之一。

如例 6-36 中，挖沟槽土方清单项目工程量为 $270m^3$，施工方案考虑主要采用 $1m^3$ 挖掘机进行挖土，距槽底 30cm 时用人工辅助清底。则该清单项目应有两项组合工作内容：人工挖土方、机械挖土方。

（2）参照《计算规范》，根据施工图样、结合工程实际情况及施工方案，确定各清单项目的组合工作内容。

（3）确定各组合工作内容对应的定额子目，并根据定额工程量计算规则计算各组合工作内容的工程量，称为报价工程量。

（4）确定人工、材料、机械单价。

在工程量清单计价时，人工、材料、机械单价可由企业自主参照市场信息确定。

（5）确定取费基数及企业管理费、利润费率，并考虑风险费用。

先根据工程实际情况，参照《浙江省建设工程施工费用定额》（2010 版）确定工程类别，然后参照《费用定额》确定企业管理费、利润费率，并根据企业自身情况考虑风险费用。

（6）计算分部分项工程量清单项目综合单价。

清单项目综合单价需计算，计算完成后形成工程量清单项目综合单价计算表。

综合单价的计算步骤如下。

1）表格中依次填入清单项目名称及其组合工作内容的名称。

2）在清单项目行填入：清单项目编码、清单计量单位、清单工程量。

3）在各组合工作内容行填入：组合工作内容对应的定额子目、定额计量单位、报价工程量；1 个规定定额计量单位的人工费、材料费、机械费。

如果直接套用定额，1 个规定定额计量单位的人工费、材料费、机械费就等于定额子目基价中的人工费、材料费、机械费；如果是换算套用定额，则应对定额子目基价中的人工费、材料费、机械费进行换算。

4）计算各组合工作内容 1 个规定定额计量单位的企业管理费、利润、风险费用，并填写在相应的表格位置。

5）合计清单项目各组合工作内容的人工费，除以清单工程量，计算出 1 个规定计量单位清单项目的人工费。

各组合工作内容的人工费等于该组合工作内容 1 个定额计量单位的人工费乘以其工程量。

6）按同样的方法计算出 1 个规定计量单位清单项目的材料费、机械使用费、企业管理费、利润、风险费用。

7）合计 1 个规定计量单位清单项目的人工费、材料费、机械使用费以及企业管理费、利润、风险费用，即为该清单项目的综合单价。

（7）分部分项工程量清单费用计算。

分部分项工程量清单项目综合单价计算完成后，可进行分部分项工程量清单费用的计算，形成分部分项工程量清单与计价表。

$$\begin{aligned}\text{分部分项工程量清单项目费} &= \Sigma\text{分部分项工程量清单项目合价}\\ &= \Sigma(\text{分部分项工程量清单项目的工程数量}\\ &\quad \times\text{综合单价})\end{aligned} \tag{6-9}$$

二、措施项目清单计价

措施项目清单计价应根据招标文件提供的措施项目清单进行。由于措施项目清单是可调整的清单，所以在措施项目清单计价时，企业可根据工程实际情况、施工方案等增列措施项目。

措施项目清单计价分为施工组织措施项目计价和施工技术措施项目计价。

1. 施工技术措施项目计价

由于措施项目清单只列项，没有提供施工技术措施项目的工程量，故需计算措施项目工程量及其综合单价后，才能进行措施项目清单计价。

施工技术措施清单项目工程量计算及其综合单价的计算确定，是措施项目清单计价的关键。

施工技术措施项目清单计价的步骤如下。

(1) 参照措施项目清单，根据工程实际情况及施工方案，确定施工技术措施清单项目。

如上例中施工方案考虑道路挖方主要采用挖掘机施工、人工辅助开挖，填方采用压路机碾压密实，水泥混凝土路面浇筑时采用钢模板。所以，该道路工程施工时，施工技术措施项目有挖掘机、压路机等大型机械进出场及安拆、混凝土模板（包括模板安、拆及模板回库维修费、场外运费）。

需注意的是，施工技术措施清单项目的计量单位一般为“项”、工程数量为“1”。

(2) 参照《计算规范》，结合施工方案，确定施工技术措施清单项目所包含的工程内容及其对应的定额子目，按定额计算规则计算施工技术措施项目的报价工程量。

如例 6-36 中挖掘机、压路机进出场按施工方案各考虑 1 个台次，混凝土模板按定额计算规则计算模板与路面混凝土的接触面积。

(3) 确定人工、材料、机械单价。

人工、材料、机械单价可由企业自主参照市场信息确定。

(4) 确定企业管理费、利润费率，并考虑风险费用。

先确定工程类别，然后参照《费用定额》确定企业管理费、利润费率，并根据企业自身情况考虑风险费用。

(5) 计算施工技术措施清单项目综合单价。

施工技术措施清单项目综合单价计算方法与分部分项工程量清单项目综合单价计算方法相同。

计算完成后形成措施项目清单综合单价计算表。

(6) 合计施工技术措施清单项目费用。

$$\begin{aligned}\text{施工技术措施清单项目费} &= \Sigma\text{施工技术措施清单项目合价}\\ &= \Sigma(\text{施工技术措施清单项目的工程数量} \times \text{综合单价}) \quad (6\text{-}10)\end{aligned}$$

计算完成后形成施工技术措施项目清单与计价表。

2. 施工组织措施项目计价

施工组织措施项目计价步骤如下。

(1) 计算取费基数。

取费基数＝分部分项工程量清单项目费中的人工费＋分部分项工程量清单项目费中的

机械费＋施工技术措施项目清单费中的人工费＋施工技术措施项目清单费中的机械费。

（2）根据工程实际情况、参照《费用定额》确定各项施工组织措施的费率。

（3）计算各项组织措施费用、合计。

$$施工组织措施清单项目费 = \Sigma 各项施工组织措施费 = \Sigma(取费基数 \times 各项施工组织措施费费率) \quad (6\text{-}11)$$

计算完成后，形成施工组织措施项目清单与计价表。

3. 措施项目清单计价

合计施工技术措施清单项目费用、施工组织措施清单项目费用，形成措施项目清单计价表。

三、其他项目清单计价

其他项目清单与计价表中各项费用按如下计算或填写：

（1）表中暂列金额应按招标人提供的暂列金额明细表的数额填写。

（2）表中专业工程暂估价金额应按招标人提供的专业工程暂估价表的数额填写。

（3）表中总承包服务费金额应按总承包服务费计价表中的合计金额填写。

（4）表中计日工金额应按计日工表中的合计金额填写。

（5）计日工表。

① 表头的工程名称以及表中的序号、名称、计量单位、数量应按业主提供的计日工表的相应内容填写。

② 表中的综合单价参照分部分项工程量清单项目综合单价的计算方法确定。

③ 表中合价＝数量×综合单价。

四、工程合价

按《费用定额》规定的费用计算程序计算规费、税金，并计算工程造价。

（1）规费＝取费基数×费率 （6-12）

规费的取费基数与施工组织措施费的取费基数相同。

规费费率根据工程情况按照《费用定额》规定计取。

（2）税金＝（分部分项工程量清单项目费＋措施项目清单费＋其他项目清单费＋规费）×费率 （6-13）

税金费率根据《费用定额》规定计取。

（3）工程造价＝分部分项工程量清单项目费＋措施项目清单费＋其他项目清单费＋规费＋税金 （6-14）

第四节　土石方工程定额计量与计价及工程量清单计量与计价实例

土石方工程通常是市政道路、排水、桥涵工程的组成部分，土石方计量与计价实际上是道路、排水、桥涵等市政工程计量与计价的一部分。因而，土石方工程计量与计价必须结合具体的工程项目予以考虑。

本节以道路工程土石方为例，分别介绍定额计价模式、工程量清单计价模式下土石方工程的计量与计价。

【例 6-35】 某市 HCDL 道路土方工程，起讫桩号为 1＋540～1＋840，设计路基宽度为 30m，该路段内有填方，也有挖方，土方计算见表 6-11。土质为三类土，余方要求外运至 5km 处的弃置点，填方密实度要求达到 95％。试分别按定额计价模式、清单计价模式进行该道路土方工程计量与计价（表 6-12）。

土方计算表 **表 6-12**

桩　号	距离/m	填土			挖土		
		断面积/m^2	平均断面积/m^2	体积/m^3	断面积/m^2	平均断面积/m^2	体积/m^3
1＋540		0.017			24.509		
	20		0.026	0.520		26.977	539.540
1＋560		0.035			29.444		
	20		0.033	0.660		30.583	611.660
1＋580		0.031			31.721		
	20		0.495	9.890		30.489	609.780
1＋600		0.958			29.256		
	20		1.311	26.210		27.996	559.920
1＋620		1.663			26.735		
	20		1.756	35.110		25.399	507.980
1＋640		1.848			24.062		
	20		2.283	45.650		23.116	462.320
1＋660		2.717			22.169		
	20		1.195	43.900		22.013	440.260
1＋680		1.673			21.857		
	20		0.942	18.840		23.070	461.400
1＋700		0.211			24.383		
	20		0.108	2.160		25.206	504.120
1＋720		0.005			26.128		
	20		0.003	0.060		27.267	545.340
1＋740		0.000			28.406		
	20		0.000	0.000		29.985	599.700
1＋760		0.000			31.563		
	20		0.000	0.000		33.312	666.240
1＋780		0.000			35.061		
	20		0.000	0.000		36.738	734.760
1＋800		0.000			38.414		
	20		0.000	0.000		37.665	753.300
1＋820		0.000			36.916		
	20		0.006	0.120		35.539	710.780
1＋840		0.011			34.162		
合　计		183.120			8707.100		

一、定额计价模式下土方工程计量与计价

1. 确定施工方案

（1）挖土：主要采用挖掘机挖土并装车，机械作业不到的地方用人工开挖，人工挖方量按总挖方量的 5％考虑；用机动车翻斗车运土进行场地土方平衡，由土方计算表可知土方平衡场内运距在 300m 内。

（2）填土：采用内燃压路机碾压密实，每层厚度不超过 30cm，并分层检验密实度，保证每层密实度≥95％。

（3）余方弃置：采用自卸汽车运土，运距 5km。人工所挖土方如需外运，用人工将土方装至自卸汽车。

2. 人材机单价及管理费、利润费率的取定

（1）例 6-35 中的工程按《浙江省市政工程预算定额》（2010 版）进行综合单价分析，人工、材料、机械台班单价按定额单价取定。

（2）管理费按人工费＋机械费的 20％计取，利润按人工费＋机械费的 15％计取。

（3）民工工伤保险费、危险作业意外伤害保险费暂不考虑。

3. 分部分项工程项目计量与计价

(1) 分部分项工程项目计量，即计算分部分项工程项目的工程量。

根据表 6-11 可知：挖方为 8707.10m³、填方为 183.12m³，经场地土方平衡后，有多余土方须外运，余方为 8707.10－183.12×1.15≈8496.51 (m³)。根据施工方案，工程量计算方法见表 6-13。

分部分项工程项目工程量计算表　　表 6-13

序　号	分部分项工程项目	工程量计算式
1	人工挖土方（三类土）	8707.10×5%≈435.36 (m³)
2	机动翻斗车运土（运距 300m 内）	183.12×1.15≈210.59 (m³)
3	人工装汽车土方	435.36－210.59＝224.77 (m³)
4	自卸车运土（运距 5km 内，人工装土）	435.36－210.59＝224.77 (m³)
5	机械挖土并装车（三类土）	8707.10×95%＝8271.75 (m³)
6	自卸车运土（运距 5km）	8707.10×95%＝8271.75 (m³)
7	填土（压路机碾压密实）	183.12m³

(2) 分部分项工程项目计价，即计算直接工程费。

根据《浙江省市政工程预算定额》(2010 版)，先确定各分部分项工程对应的定额子目编号，再确定其工料单价，然后计算直接工程费。

$$直接工程费 = \Sigma(分部分项工程量 \times 工料单价) \quad (6\text{-}15)$$

例 6-35 的直接工程费计算方法见表 6-14。

市政工程预算书　　表 6-14

工程名称：某市 HCDL 道路土方工程　　第 1 页　共 1 页

序号	编　号	名　称	单　位	数　量	单价/元	人工费/元	材料费/元	机械费/元	合价/元
1	1-2	人工挖土方（三类土）	100m³	4.354	682	2967.69	0.00	0.00	2967.69
2	1-32＋1-33	机动翻斗车运土（运距 300m 内）	100m³	2.106	1367	761.53	0.00	2119.10	2880.63
3	1-34	人工装汽车土方	100m³	2.248	451	1014.30	0.00	0.00	1014.30
4	1-68H＋1-69×4	自卸车运土（运距 5km 内，人工装土）	1000m³	0.225	10825	0.00	7.97	2427.47	2435.44
5	1-60	机械挖土并装车（三类土）	1000m³	8.272	3812	1588.22	0.00	29945.30	31533.52
6	1-68＋1-69×4	自卸车运土（运距 5km）	1000m³	8.272	10325	0.00	292.83	85105.73	85398.56
7	1-82	填土（压路机碾压密实）	1000m³	0.183	2350	35.14	2.70	392.25	430.09
		合计				6366.88	303.50	119989.85	126660.23

4. 施工技术措施项目计量与计价

(1) 施工技术措施项目计量，即计算施工技术措施项目的工程量。

例 6-35 中的土方工程挖土主要采用挖掘机进行，填方密实采用压路机进行，施工技术措施主要考虑大型机械进出场及安、拆。工程量如下。

$1m^3$ 以内挖掘机场外运输：1 台次

压路机场外运输：1 台次

(2) 施工技术措施项目计价，即计算施工技术措施费。

根据《浙江省市政工程预算定额》(2010 版)，先确定施工技术措施项目对应的定额子目编号，再确定其工料单价，然后计算施工技术措施费。

$$施工技术措施费 = \Sigma(技术措施项目工程量 \times 工料单价) \quad (6\text{-}16)$$

例 6-35 中的施工技术措施费计算方法见表 6-15。

市政工程预算书 **表 6-15**

工程名称：某市 HCDL 道路土方工程 第 1 页 共 1 页

序号	编 号	名 称	单位	数量	单价/元	人工费/元	材料费/元	机械费/元	合价/元
1		技术措施							
2	3001	$1m^3$ 以内挖掘机场外运输	台次	1	2954.58	516	1115.31	1323.27	2954.58
3	3010	压路机场外运输	台次	1	2560.33	215	1022.06	1323.27	2560.33
4									
5									
		合计				731	2137.37	2646.54	5514.91

5. 计算施工组织措施费

$$施工组织措施费 = \Sigma(取费基数 \times 各项施工组织措施费率) \quad (6\text{-}17)$$

例 6-35 中的取费基数计算如下：

$$取费基数 = 6366.88 + 119989.85 + 731 + 2646.54 = 129734.27 元$$

注：取费基数是预算定额分部分项工程费中的人工费、机械费之和。包括直接工程费中的人工费、机械费与施工技术措施费中的人工费、机械费。

例 6-35 的各项施工组织措施费费率按《费用定额》(2010 版) 规定的费率范围的中值确定。

例 6-35 的施工组织措施费计算表 6-16。

措施项目费计算表 **表 6-16**

序 号	项目名称	单 位	计算式	金额/元
1	安全文明施工费	项	129734.27×4.46%	5786.15
2	检验试验费	项	129734.27×1.23%	1595.73
3	夜间施工增加费	项	129734.27×0.03%	38.92
4	已完工程及设备保护费	项	129734.27×0.04%	51.89
5	行车、行人干扰增加费	项	129734.27×2.50%	3243.36
6	合计	项	(1+2+3+4+5)	10716.05

6. 计算企业管理费、利润

$$企业管理费 = 取费基数 \times 管理费费率 \quad (6\text{-}18)$$

$$利润 = 取费基数 \times 利润费率 \tag{6-19}$$

$$综合费用 = 取费基数 \times (管理费费率 + 利润率) \tag{6-20}$$

例 6-35 中，管理费按人工费＋机械费的 20％计取，利润按人工费＋机械费的 15％计取，取费基数为直接工程费中的人工费、机械费与施工技术措施费中的人工费、机械费之和。本例取费基数计算如下：

$$取费基数 = 6366.88 + 119989.85 + 731 + 2646.54 = 129734.27 元$$

$$企业管理费 = 129734.27 \times 20\% \approx 25946.85 元$$

$$利润 = 129734.27 \times 15\% \approx 19460 元$$

7. 计算规费、税金，并计算工程造价

$$规费 = 取费基数 \times 相应费率 \tag{6-21}$$

$$税金 = (直接工程费 + 施工技术措施费 + 施工组织措施费 + 企业管理费 + 利润 + 规费) \times 相应费率 \tag{6-22}$$

$$工程造价 = 直接工程费 + 施工技术措施费 + 施工组织措施费 + 企业管理费 + 利润 + 规费 + 税金 \tag{6-23}$$

例 6-35 中的工程造价计算见表 6-17。

工程费用计算程序表 **表 6-17**

序　号	费用名称	费用计算表达式	金额/元
一	直接工程费	Σ(分部分项工程量×工料单价)	126660.23
	1. 人工费		6366.88
	2. 机械费		119989.85
二	施工技术措施费	Σ(措施项目工程量×工料单价)	5514.91
	3. 人工费		731
	4. 机械费		2646.54
三	施工组织措施费	Σ[(1＋2＋3＋4)×相应费率]	10716.05
四	企业管理费	(1＋2＋3＋4)×相应费率	25946.85
五	利润	(1＋2＋3＋4)×相应费率	19460
六	规费	(一＋二＋三＋四)×相应费率	9470.60
七	税金	(一＋二＋三＋四＋五)×相应费率	7074.18
八	建设工程总造价	(一＋二＋三＋四＋五＋六)	204842.82

二、工程量清单计价模式下土方工程计量与计价

1. 工程量清单编制

根据道路土方计算表可知：挖方为 8707.10m^3、填方为 183.12m^3，经场地土方平衡后，有多余土方需外运，余方为 8707.10－183.12×1.15≈8496.51（m^3）。可知有 3 个分部分项清单项目：挖一般土方、填方、余方弃置。

（1）分部分项工程量清单与计价表

例 6-35 的道路土方工程分部分项工程量清单与计价表见表 6-18。

分部分项工程量清单与计价表 表 6-18

单位及专业工程名称：某市 HCDL 道路土方工程 第 1 页 共 1 页

序号	项目编码	项目名称	项目特征	计量单位	工程量	综合单价/元	合价/元	其中/元		备 注
								人工费	机械费	
1	040101001001	挖一般土方	三类土	m^3	8707.10					
2	040103001001	回填方	密实度 95%	m^3	183.12					
3	040103002001	余方弃置	运距 5km	m^3	8496.51					
本页小计										
合计										

(2) 措施项目清单与计价表

例 6-35 土方工程挖土主要采用挖掘机进行，填方密实采用压路机进行，技术措施主要考虑大型机械进出场。

1) 组织措施项目清单见表 6-19。

措施项目清单与计价表（一） 表 6-19

单位及专业工程名称：某市 HCDL 道路土方工程 第 1 页 共 1 页

序 号	项目名称	计算基础	费率/%	金额/元
1	安全文明施工费	人工费+机械费		
2	检验试验费	人工费+机械费		
3	夜间施工增加费	人工费+机械费		
4	已完工程及设备保护费	人工费+机械费		
5	行车、行人干扰增加费	人工费+机械费		
合计				

2) 技术措施项目清单见表 6-20。

措施项目清单与计价表（二） 表 6-20

单位及专业工程名称：某市 HCDL 道路土方工程 第 1 页 共 1 页

序号	项目编码	项目名称	项目特征	计量单位	工程量	综合单价/元	合价/元	其中/元		备注
								人工费	机械费	
1	041106001001	大型机械进出场		项	1					
本页小计										
合计										

(3) 其他项目清单与计价表以及相关明细表格

例 6-35 的其他项目暂不考虑，其他项目清单与计价表以及相关明细表格按空白表格形式编制。

2. 工程量清单计价

工程量清单计价关键是分析确定各清单项目综合单价，首先要确定施工方案，从而确定各清单项目的组合工作内容，并按照各工作内容对应的定额计算规则计算报价工程量，再根据工程类别和《费用定额》确定管理费、利润的费率，确定人工、材料、机械台班单价，最后计算各清单项目的综合单价。然后根据《费用定额》的费用计算程序计算分部分项工程量清单项目费、措施项目清单费、其他项目清单费、规费、税金，最后合计得到工程造价。

（1）施工方案

1）挖土：主要采用挖掘机挖土并装车，机械作业不到的地方用人工开挖，人工挖方量按总挖方量的5%考虑；用机动翻斗车运土进行场地土方平衡，由土方计算表可知土方平衡场内运距在300m内。

2）填土：采用内燃压路机碾压密实，每层厚度不超过30cm，并分层检验密实度，保证每层密实度≥95%。

3）余方弃置：采用自卸汽车运土，运距5km；人工所挖土方如需外运，用人工将土方装至自卸汽车。

（2）人材机单价及管理费、利润费率的取定

1）本工程按《浙江省市政工程预算定额》（2010版）进行综合单价分析，人工、材料、机械台班单价按定额单价取定。

2）管理费按人工费＋机械费的20%计取，利润按人工费＋机械费的15%计取。

3）民工工伤保险费、危险作业意外伤害保险费暂不考虑。

（3）清单项目细化分解

根据施工方案、施工图样等确定各清单项目的组合工作内容，并确定对应的定额子目，见表6-21。

（4）计算各组合工作内容的报价工程量

按照相应的定额计算规则计算各组合工作内容的工程量，即报价工程量，见表6-21。

清单项目组合工作内容及其报价工程量表　　表6-21

清单项目	组合工作内容	定额子目	报价工程量
挖一般土方（三类土）	人工挖土方（三类土）	1—2	8707.10×0.05≈435.36（m^3）
	挖掘机挖土并装车（三类土）	1—60	8707.10×0.95≈8271.75（m^3）
填方	机动翻斗车运土（运距300m内）	1—32＋1—33	183.12×1.15≈210.59（m^3）
	填土压路机碾压密实	1—82	183.12m^3
余方弃置（运距5km）	人工装汽车土方	1—34	435.36—210.59＝224.77（m^3）
	自卸车运土（运距5km内，人工装土）	1—68H＋1—69×4	435.36—210.59＝224.77（m^3）
余方弃置（运距5km）	自卸车运土（运距5km）	1—68＋1—69×4	8707.10×95%＝8271.75（m^3）
大型机械进出场及安、拆	1m^3以内挖掘机场外运输	3001	1台次
	压路机场外运输	3010	1台次

（5）计算分部分项清单各清单项目的综合单价

填表计算分部分项工程量清单各清单项目的综合单价，见表6-22。

如清单项目挖一般土方（三类土）综合单价组成中的各项费用计算如下：

$$人工费＝(681.60×4.354＋192.00×8.272)/8707.1≈0.52元$$

材料费 $=(0.00\times4.354+0.00\times8.272)/8707.1\approx0.00$ 元

机械费 $=(0.00\times4.354+3620.07\times8.272)/8707.1\approx3.44$ 元

企业管理费 $=(136.32\times4.354+762.41\times8.272)/8707.1\approx0.79$ 元

利润 $=(102.24\times4.354+571.81\times8.272)/8707.1\approx0.59$ 元

风险费用 $=0.00$

综合单价 $=0.52+0.00+3.44+0.79+0.59+0.00=5.34$ 元/m^3

工程量清单综合单价计算表 表 6-22

单位及专业工程名称：某市 HCDL 道路土方工程 第 1 页 共 1 页

序号	编号	名称	计量单位	数量	综合单价/元							合计/元
					人工费	材料费	机械费	管理费	利润	风险费用	小计	
1	040101001001	挖一般土方（三类土）	m^3	8707.1	0.52	0.00	3.44	0.79	0.59	0.00	5.34	46496
	1-2	人工挖土方三类土	$100m^3$	4.354	681.60	0.00	0.00	136.32	102.24	0.00	920.16	4006
	1-60	挖掘机挖三类土装车	$1000m^3$	8.272	192.00	0.00	3620.07	762.41	571.81	0.00	5146.29	42569
2	040103001001	回填方	m^3	183.12	4.35	0.01	13.72	3.61	2.71	0.00	24.40	4468
	1-82	内燃压路机填土碾压	$1000m^3$	0.183	192.00	14.75	2143.41	467.08	350.31	0.00	3167.55	580
	1-32	机动翻斗车运土运距200m内	$100m^3$	2.106	361.60	0.00	876.75	247.67	185.75	0.00	1671.77	3521
	1-33	机动翻斗车运土3000m内每增加200m	$100m^3$	2.106	0.00	0.00	129.48	25.90	19.42	0.00	174.80	368
3	040103002001	余方弃置（运距5km）	m^3	8496.51	0.12	0.04	10.30	2.08	1.56	0.00	14.10	119801
	1-34	人工装汽车运土方	$100m^3$	2.248	451.20	0.00	0.00	90.24	67.68	0.00	609.12	1369
	1-68H	自卸汽车运土运距1km以内	$1000m^3$	0.225	0.00	35.40	5736.22	1147.24	860.43	0.00	7779.29	1749
	1-69×j4	自卸汽车运土运距每增加1km	$1000m^3$	0.225	0.00	0.00	5055.05	1011.01	758.26	0.00	6824.32	1534
	1-68	自卸汽车运土运距1km以内	$1000m^3$	8.272	0.00	35.40	5233.30	1046.66	785.00	0.00	7100.36	58732
	1-69×4	自卸汽车运土运距每增加1km	$1000m^3$	8.272	0.00	0.00	5055.05	1011.01	758.26	0.00	6824.32	56449
	合计											170765

（6）计算分部分项工程量清单项目费

填表计算分部分项工程量清单项目费，见表 6-23。

分部分项工程量清单与计价表 **表 6-23**

单位及专业工程名称：某市 HCDL 道路土方工程 第 1 页 共 1 页

序号	项目编码	项目名称	项目特征	计量单位	工程量	综合单价/元	合价/元	其中/元	
								人工费	机械费
1	040101001001	挖一般土方	三类土	m^3	8707.1	5.34	46496	4528	29952
2	040103001001	回填方		m^3	183.12	24.40	4468	797	2512
3	040103002001	余方弃置	运距 5km	m^3	8496.51	14.10	119801	1020	87514
	本页小计						170765	6345	119978
	合计						170765	6345	119978

1）表中“项目编码”、“项目名称”、“计量单位”、“工程数量”与“分部分项工程量清单”完全一致。

2）分部分项清单项目的综合单价根据分部分项工程量清单综合单价计算表填写。

3）分部分项工程量清单项目合价＝分部分项工程量清单项目的工程数量×综合单价 （6-24）

4）分部分项工程量清单项目费＝Σ分部分项工程量清单项目合价＝Σ（分部分项工程量清单项目的工程数量×综合单价） （6-25）

（7）填表计算措施项目清单费

1）计算施工技术措施项目清单费。

施工技术措施项目清单费＝Σ（措施项目清单技术措施项目的工程数量×综合单价） （6-26）

施工技术措施项目综合单价的计算方法与分部分项工程量清单项目综合单价的计算方法相同。

例 6-35 中，施工技术措施考虑大型机械进出场，主要是 $1m^3$ 以内的履带式挖掘机 1 个台次、压路机 1 个台次，其综合单价计算见表 6-24。

施工技术措施项目清单费见表 6-25。

措施项目清单综合单价计算表 **表 6-24**

单位及专业工程名称：某市 HCDL 道路土方工程 第 1 页 共 1 页

序号	编 号	名 称	计量单位	数量	综合单价/元							合计/元
					人工费	材料费	机械费	管理费	利润	风险费用	小计	
1	041106001001	特、大型机械进出场费	项	1	731.00	2137.37	2646.52	675.50	506.63	0.00	6697.02	6697
	土 3001	履带式挖掘机 $1m^3$ 以内场外运输费用	台班	1000	516.00	1115.31	1323.26	367.85	275.89	0.00	3598.31	3598

续表

序号	编　号	名　称	计量单位	数量	综合单价/元							合计/元
					人工费	材料费	机械费	管理费	利润	风险费用	小计	
	土 3010	压路机场外运输费用	台班	1000	215.00	1022.06	1323.26	307.65	230.74	0.00	3098.71	3099
	合计											6697

措施项目清单与计价表（一）　　　　表 6-25

单位及专业工程名称：某市 HCDL 道路土方工程　　　　第 1 页　共 1 页

序号	项目编码	项目名称	项目特征	计量单位	工程量	综合单价/元	合价/元	其中/元		备注
								人工费	机械费	
1	041106001001	特、大型机械进出场费		项	1	6697.02	6697	731	2647	
	本页小计						6697	731	2647	
	合计						6697	731	2647	

2）计算施工组织措施项目清单费。

各项施工组织措施项目费用 = 取费基数 × 施工组织措施费率　　(6-27)

施工组织措施项目清单费 = Σ(取费基数 × 各项施工组织措施费率)　　(6-28)

取费基数为分部分项清单项目中的人工费、机械费与施工技术措施项目中的人工费、机械费之和。例 6-2 中各项施工组织措施费费率按《费用定额》规定的费率范围的中值确定。

施工组织措施费计算见表 6-26。

措施项目清单与计价表（二）　　　　表 6-26

单位及专业工程名称：某市 HCDL 道路土方工程　　　　第 1 页　共 1 页

序　号	项目名称	计算基数	费率/%	金额/元
1	安全文明施工费	人工+机械	4.46	5785
2	建设工程检验试验费	人工+机械	1.23	1595
3	其他组织措施费			3334
3.1	冬期、雨期施工增加费	人工+机械	0	0
3.2	夜间施工增加费	人工+机械	0.03	39
3.3	已完工程及设备保护费	人工+机械	0.04	52
3.4	二次搬运费	人工+机械	0	0
3.5	行车、行人干扰增加费	人工+机械	2.5	3243
合计				10714

3）计算措施项目清单费。

措施项目清单费 = 施工技术措施项目清单费 + 施工组织措施项目清单费　(6-29)

(8) 计算其他项目清单费

例 6-37 中，其他项目暂不考虑，故其他项目清单费为 0 元。

(9) 计算规费、税金，并计算工程造价

$$规费 = 取费基数 \times 费率 \tag{6-30}$$

$$税金 =(分部分项工程量清单项目费 + 措施项目清单费 + 其他项目清单费 + 规费) \times 规费 \tag{6-31}$$

$$工程造价 = 分部分项工程量清单项目费 + 措施项目清单费 + 其他项目清单费 + 规费 + 税金 \tag{6-32}$$

例 6-37 的土方工程造价计算见表 6-27。

工程项目投标报价计算表 **表 6-27**

单位及专业工程名称：某市 HCDL 道路土方工程　　第 1 页　共 1 页

序　号	费用名称	计算公式	金额/元
1	分部分项工程		170765
2	措施项目		17411
2.1	施工技术措施项目		6697
2.2	施工组织措施项目		10714
其中	安全文明施工费		5785
	建设工程检验试验费		1595
	其他措施项目费		3334
3	其他项目费		0
3.1	暂列金额		0
3.2	暂估价		0
3.3	计日工		0
3.4	总承包服务费		0
4	规费		9468
5	税金	(1+2+3+4)×3.577%	7070
	合计	1+2+3+4+5	204714

思 考 题 与 习 题

一、简答题

1. 在套用定额时，如何区分沟槽、基坑、平整场地、一般土石方？
2. 挖、运湿土应该如何套用定额？
3. 如送桩高度超过 4m，套用定额时如何调整？
4. 采用井点降水的土方是按干土计算，还是按湿土计算？
5. 打拔工具桩时，水上作业与陆上作业是如何区分的？
6. 某管道沟槽开挖时采用钢板桩支撑，挖土方时应该如何套用定额？
7. 打拔工具桩时，竖、拆打拔桩架的次数如何计算？

8. 打拔工具桩时，土质级别如何划分？与“土石方工程”中土壤的分类有何不同？

9. 如槽坑宽度超过 4.1m，其挡土板支撑如何套用定额？

10. 什么是混凝土小型构件？

11. 某基坑挖土时采用轻型井点降水，其工程量包括哪些内容？如何确定？

12. 彩钢板施工护栏工程量包括哪些内容？如何确定？

13. 《计价规范》中，市政土石方工程设置了哪几个清单项目？

14. 清单项目中的挖沟槽土方、挖基坑土方、挖一般土方应如何区分？

15. 挖一般土方清单项目的工程量计算方法有哪些？

16. 挖一般土方清单项目与挖土方定额子目的工程量计算规则相同吗？

17. 挖沟槽（基坑）土方清单项目的工程量计算规则与挖沟槽（基坑）土方定额子目的工程量计算规则相同吗？

18. 定额计价模式下土石方工程的计量与清单计价模式下土石方工程的计量有什么区别？

19. 定额计价模式下土石方工程的计价与清单计价模式下土石方工程的计价有什么区别？

二、计算题

1. 已知某沟槽长 800m、宽 2.50m，原地面标高为 4.300m，沟槽底标高为 1.200m，地下常水位标高为 3.300m。试计算沟槽开挖时干土、湿土的工程量。

2. 某道路路基工程，已知挖土 2500m^3，其中可利用 2000m^3，需填土用 4000m^3，现场挖、填平衡。试计算余土外运量，填土缺方量。

3. 已知某桥梁基础长 10m、宽 4m，原地面标高为 6.800m，基础底标高为 0.000m，拟采用垂直开挖、板桩支撑。试计算基础施工时的挖方工程量。

4. 某土方工程采用 90kW 履带式推土机推土上坡，已知斜道坡度为 8%，斜道水平距离为 40m，推土厚度为 2m，宽度为 40m，土质为二类土。试求该工程人工、机械总用量，并确定该工程套用的定额子目及编号。

5. 某管道沟槽开挖时采用钢制挡土板竖板、横撑（密排、钢支撑），已知沟槽长 211m、宽 2m，挖深为 3m。试计算该支撑工程人工、钢挡土板的总用量。

6. 某柱形砌体，截面尺寸为 1.0m×0.8m，砌筑高度为 2.8m，砌筑时采用单排钢管脚手架。试计算脚手架工程量，并确定套用的定额子目及编号。

7. W1～W6 污水管道采用开槽埋管，已知 W1～W3 管径为 *D*500，W3～W6 管径为 *D*600，管道均采用钢筋混凝土管、135°钢筋混凝土条形基础，沟槽开挖时设单排轻型井点降水。试计算该轻型井点的安装、拆除及使用的工程量。

8. 已知 Y2～Y3～Y4 段雨水管道，管径为 *D*500，采用钢筋混凝土承插管、135°钢筋混凝土条形基础，基础结构如图 6-16 所示。该段管道沟槽采用大开挖施工，边坡为 1∶0.5，已知 Y2 处原地面标高为 4.000m，沟槽底标高为 1.500m；Y3 处原地面标高为 3.800m，沟槽底标高为 1.410m；Y4 处原地面标高为 3.900m，沟槽底标高为 1.300m；Y1～Y3 管段长 30m，Y3～Y4 管段长 35m，试计算：

（1）该管道沟槽开挖的定额工程量；

（2）该管道沟槽开挖的清单工程量。

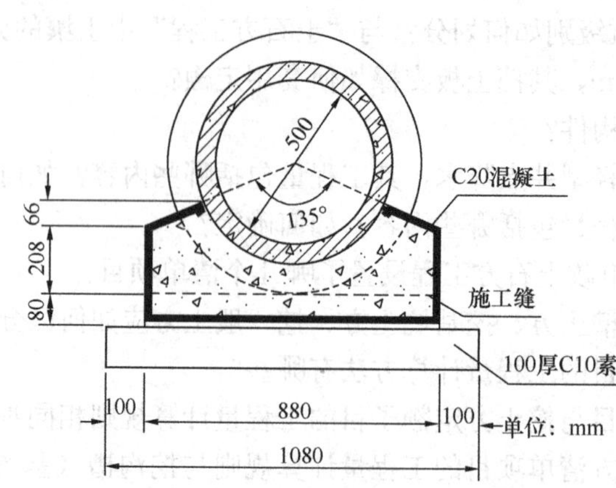
500
135°
C20混凝土
66
208
80
施工缝
100厚C10素混凝土垫层
100
880
100
单位：mm
1080

图 6-16　管道基础图

第七章　道路工程计量与计价

本章学习要点

道路工程项目定额说明与工程量计算规则、定额套用及换算；道路工程定额计量与计价；道路工程清单项目工程量计算规则及计算方法；道路工程清单计量与计价。

第一节　道路工程预算定额应用

说明

本定额是市政工程预算定额的第二册。包括：路床（槽）整形、道路基层、道路面层、人行道侧平石及其他，共四章220个子目。适用于市政新建、改建、扩建工程，不适用于城市基础设施中的大、中、小修及养护工程。

(1) 定额中施工用水均考虑以自来水为供水来源，如采用其他水源，允许调整换算。

(2) 半成品、材料其规格、重量和配合比与定额不同时可以调整换算，但人工、机械消耗量不变。

(3) 定额中使用的半成品材料（除沥青混凝土、商品混凝土等采用成品价购入的以外）均不包括其运至施工作业地所需的运费，计算时，套用第一册《通用项目》相关定额。

(4) 道路工程中如遇到土石方工程、拆除工程、挡土墙及护坡工程等可套用第一册《通用项目》相关定额。

(5) 定额中的工序、人工、机械、材料等均系综合取定。

(6) 定额的多合土项目按现场拌合考虑，部分多合土项目考虑了厂拌。

(7) 定额凡使用石灰的子目，均不包括消解石灰的工作内容。编制预算中，应先计算出石灰总用量，然后套用消解石灰子目。

(8) 道路工程中的排水项目，可按《排水工程》相应定额执行。

一、路床（槽）整形

(一) 说明

(1) 本章包括路床（槽）整形、路基盲沟、基础弹软处理、铺筑垫层料等计30个子目。

(2) 路床（槽）整形项目的内容，包括平均厚度10cm以内的人工挖高填低、整平路床，使之形成设计要求的纵横坡度，并应经压路机碾压密实。

(3) 边沟成型，综合考虑了边沟挖土的土类和边沟两侧边坡培整面积所需的挖土、培土、修整边坡及余土抛出沟外的全过程所需人工。边坡所出余土弃运路基50m以外。

(4) 混凝土滤管盲沟定额中不含滤管外滤层材料。

(5) 土工布铺设定额子目按铺设形式分平铺和斜铺两种情况，定额中未考虑块石、钢筋锚固因素，如实际发生可按实计算有关费用。定额中土工布按针缝计算，如采用搭接，土工布含量乘系数 1.05。土工布按 300g/m 取定，如实际规格为 150、200、400g/m 时，定额人工分别乘以 0.7、0.8、1.2 系数。

(6) 道路工程路床（槽）碾压按设计道路基层宽度加加宽值计算。加宽值在无明确规定时按底层两侧各加 25cm 计算，人行道碾压加宽按一侧计算。“无明确规定”指无设计注明或经批准的施工组织设计中无明确规定。

（二）工程量计算规则

(1) 道路工程路床（槽）碾压宽度应按设计道路底层宽度加加宽值计算，加宽值无明确规定时按底层两侧各加 25cm 计算，人行道碾压加宽按一侧计算。

(2) 路床（槽）整形项目的内容，包括平均厚 10cm 以内的人工挖高填低平整路床。并用重型压路机碾压密实。路床碾压检验（一般叫整车行道路基，指平侧石基础面积和道路基层面积之和）。人行道整形碾压（一般叫整人行道路基）。

(3) 整理土路肩、绿化带套用平整场地子目，一般套人工平整场地。

(4) 在道路土方工程完成后均计算一次整理路床工程量面积：

道路基层面积＋平侧石＋人行道铺装面积。车行道宽度包括平石宽、人行道宽度包括侧石宽。

【例 7-1】 如图 7-1 所示，计算整理路床工程量（沥青路面长 100m）：

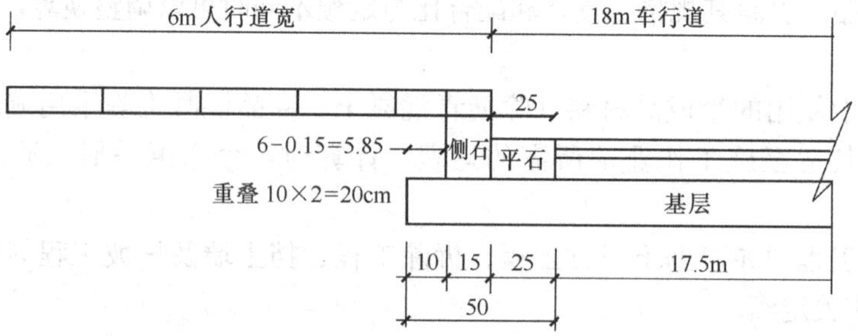

图 7-1 道路横断面图

【解】 路床整型

$$[17.5+(0.5+0.25)\times2]\times100=1900m^2$$

路床人行道整形

$$(6+0.25)\times2\times100=1250m^2$$

道路工程路基填筑应按填筑体积以“立方米”计算。

二、道路基层

（一）说明

(1) 内容包括各种级配的多合土基层计 90 个子目。

(2) 厂拌道路基层如采用沥青混凝土摊铺机摊铺，可套用厂拌粉煤灰三渣基层（沥青混凝土摊铺机摊铺）定额子目，材料换算，其他不变。

(3) 增加了水泥稳定碎石砂基层、水泥稳定碎石基层 5%、6%水泥含量的定额子目。定额中水泥稳定基层采用现场搅拌、人工摊铺、压路机碾压。

(4) 混合料基层多层次铺筑时，其基础顶层需进行养生，养生期按 7 天考虑，其用水量已综合在顶层多合土养生定额内，使用时不得重复计算用水量。养生面积按基层顶面积计算。

(5) 各种材料的底基层材料消耗中不包括水的使用量，当作为面层封顶时如需加水碾压，加水量可另行计算。

(6) 多合土基层中各种材料是按常用的配合比编制的，当设计配合比与定额不符时，有关的材料消耗量可以调整，但人工和机械台班的消耗不得调整。

(7) 基层混合料中的石灰均为生石灰的消耗量，土为松方用量。

(8) 道路基层定额中设有“每增减”的子目，适用于压实厚度 20cm 以内，压实厚度在 20cm 以上的应按两层结构层铺筑。

【例 7-2】 某道路基层设计为现拌 5%水泥稳定碎石砂基层，设计厚度为 36cm，试套用定额。

【解】 根据道路基层压实厚度在 20cm 以上的应按两层结构层铺筑。

套定额　　　　　　　　[2－128]×2－[2－129]×4

基价　　　　　　　　3065×2－147×4＝5542 元/100m²

【例 7-3】 若上例中道路结构层改为 36cm 厚三渣基层，采用厂拌粉煤灰三渣，用沥青摊铺机铺筑。试套用定额。

【解】 沥青摊铺机摊铺厂拌粉煤灰三渣子目分 20cm 和每减 1cm 两项，应按两层结构层铺筑。

套定额　　　　　　　　[2－49]×2－[2－50]×4

基价　　　　　　　　1939×2－91×4＝3514 元/100m²

(二) 工程量计算规则

(1) 道路路基面积按设计道路基层图示尺寸以“平方米”计算。

(2) 道路工程多合土养生面积计算，按设计基层的顶层面积计算。

(3) 道路基层计算不扣除各种井所占的面积。

三、道路面层

(一) 说明

(1) 内容包括简易路面、沥青表面处治、沥青混凝土路面及水泥混凝土路面等 74 个子目。

(2) 黑色碎石路面所需要的面层熟料实行定点搅拌时，其运至作业面所需的运费不包括在该项目中，需另行计算。

【例 7-4】 某道路水泥混凝土路面面层厚度分别为 17cm 和 23cm，试确定定额编号及基价。

【解】 根据定额子目套用时按路面厚度就近考虑及按每增子目套用的原则，具体套用如下：

1) 17cm 厚度路面：套［2-193］厚度 20cm 子目，另套减［2-194］×3。

基价＝5571－259×3＝4794 元/100m²

2) 23cm 厚度路面：套［2-193］厚度 20cm 子目，另套增［2-194］×3。

基价＝5571＋259×3＝6348 元/100m²

（3）粗、中粒式沥青混凝土路面在发生厚度“增减 0.5cm”时，定额子目按“每增减 1cm”子目减半套用。

【例 7-5】 机械摊铺某道路工程中粒式沥青混凝土路面，面层厚度 5.5cm，试确定定额编号及基价。

【解】 根据粗、中粒式沥青混凝土路面在发生厚度“增减 0.5cm”时，定额子目按“每增减 1cm”子目减半套用的原则，定额套用如下：

5.5cm 中粒式沥青混凝土路面：套[2-184]＋[2-186]×0.5。

$$基价=3509+687\times0.5=3852.5\ 元/100m^2$$

（4）水泥混凝土路面，综合考虑了前台的运输工具不同所影响的工效及有筋无筋等不同的工效。水泥混凝土路面中未包括钢筋。施工中无论有无钢筋及出料机具如何，使用本定额均不得换算。水泥混凝土路面钢筋单列子目，如设计混凝土路面有筋时，可套用水泥混凝土路面钢筋制作项目。

（5）水泥混凝土路面定额按现场搅拌机搅拌和商品混凝土分别套用定额。

（6）喷洒沥青油料定额中，分别列有石油沥青和乳化沥青两种油料，应根据设计要求套用相应项目。如果设计喷油量不同，沥青油料含量换算。

（7）水泥混凝土路面定额中未考虑路面刻防滑槽及路面锯缝机锯缝子目，如实际发生，套用本章相应定额。

【例 7-6】 现浇水泥混凝土路面，厚度 23cm，混凝土抗折强度 5.0MPa，试确定定额编号及基价。

【解】 [2-193]H＋8[2-194]H　基价＝5571＋259×8＋(242.55－219.25)×(20.3＋1.015×8)＝8291 元

【例 7-7】 现浇自拌混凝土路面 4.5MPa，厚 19cm，采用企口形式，试确定定额编号及基价。

【解】 [2-193]H＋[2-194]H　基价＝5571＋259＋(964.93＋28.38)×0.01＋(20.3－1.015)×(228.78－219.75)＝5496 元/100m²

（二）工程量计算规则

（1）水泥混凝土路面以平口为准，如设计为企口时，混凝土路面浇筑定额人工乘以系数 1.01。

（2）道路工程沥青混凝土、水泥混凝土及其他类型路面工程量以设计长乘以设计宽以“平方米”计算（包括转弯面积），带平石的面层应扣除平石面积，不扣除各类井所占面积。

（3）伸缩缝以面积为计量单位。此面积为缝的断面积，即设计缝长×设计缝深。

（4）锯缝机锯缝按设计图示尺寸以“延长米”计算。

（5）水泥混凝土路面模板工程量根据施工实际情况，按与混凝土接触面积以“平方米”计算。

（6）转角路口面积计算，如图 7-2 所示。

当道路直交时，每个转角的路口面积＝$0.2146R^2$；

当道路斜交时，每个转角的路口面积＝$R^2\left(\tan\frac{\alpha}{2}-0.00873\alpha\right)$。

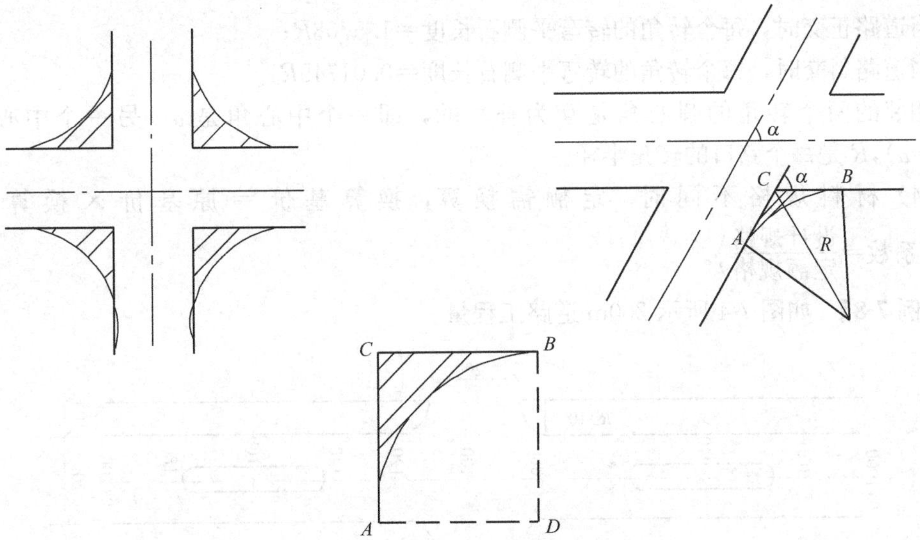

图 7-2　转角路口面积计算

相邻的两个转角的圆心角是互为补角的，即一个中心角是 α，另一个中心角是 $(180-\alpha)$，R 是每个路口的转角半径。

四、人行道及其他

（一）说明

（1）内容包括人行道基础、人行道板、草坪砖、侧平石安砌、砌筑树池等 35 个子目。

（2）人行道板安砌项目中人行道板如采用异型板，其定额人工乘以系数 1.1。

（3）本章所采用的人行道板、侧平石、花岗石等砌料及垫层配合比、厚度如与设计不同时，可按设计要求进行调整，但人工、机械不变。

（4）如现场浇筑侧、平石，套用现浇侧、平石子目。

（5）定额中侧石高度大于 40cm 的异型侧石按高侧石子目套用。

（6）预制成品侧石安砌中，如其弧形转弯处为现场浇筑，则套用现浇侧石子目。

（7）现场预制侧平石制作定额套用第三册《桥涵工程》相应定额子目。

（8）石材面层安砌定额中板材厚度按 4cm 以内编制，如设计厚度在 6cm 以内时，定额人工乘以系数 1.2。

（二）工程量计算规则

（1）人行道板、草坪砖、花岗石板、广场砖铺设按设计图示尺寸以“平方米”计算，不扣除各种检查井、雨水井等所占面积，但应扣除侧石、树池等所占的面积。

（2）侧平石安砌、砌筑树池等项目按设计长度以“延长米”计算，不扣除侧向进水口长度；现浇侧石项目按“立方米”计算。

（3）转角转弯平侧石长度计算，如图 7-3

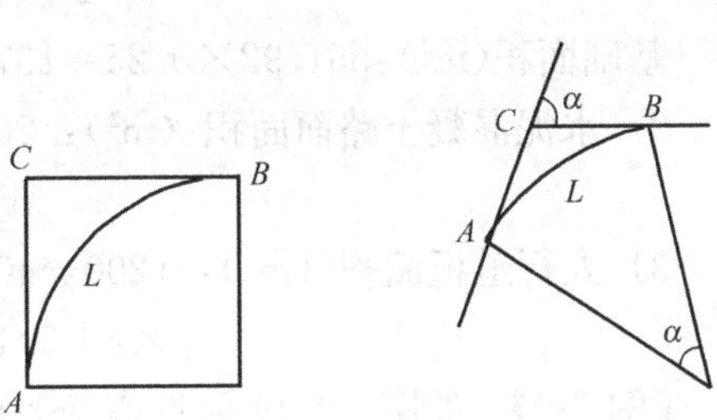

图 7-3　转角转弯平侧石长度计算

所示。

当道路正交时，每个转角的转弯平侧石长度＝1.5708R；

当道路斜交时，每个转角的转弯平侧石长度＝0.01745R_α。

相邻的两个转角的圆心角是互为补角的，即一个中心角是 α，另一个中心角是 $(180-\alpha)$，R 是每个路口的转角半径。

(4) 材料规格不同时，定额需换算，换算基价 = 原基价 × 换算系数 $\left(换算系数=\dfrac{设计规格}{定额规格}\right)$。 (7-1)

【例 7-8】 如图 7-4 所示 200m 道路工程量。

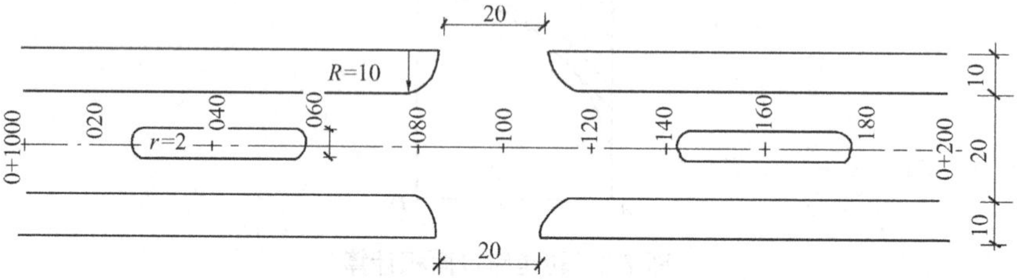

平面示意图，路口转角半径 R=10m，分隔带半径 r=2m

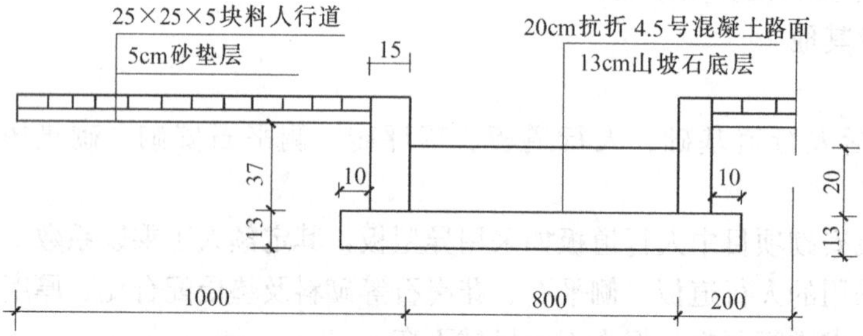

有分隔带段水泥混凝土路面结构，单位：厘米

图 7-4 道路平面图与横断面图

求：1) 侧石长度、基础面积；

2) 水泥混凝土路面面积；

3) 块件人行道板面积（包括分隔带上铺筑面积）。

【解】 1) 侧石长度 (m)：(200－40)×2＋3.14×10×2＋(40－4)×4＋3.14×2×2×2＝551.92m

基础面积(m^2)：551.92×0.25＝137.98m^2

2) 水泥混凝土路面面积 (m^2)：200×20－(36×4＋3.14×2^2)×2＋20×10×2＋0.2146×10^2×4＝4172.72m^2

3) 人行道板面积 (m^2)：(200－40)×(10－0.15)×2＋3.14×9.85^2＋(40－4)×3.7×2＋3.14×1.85^2×2＝3744.54m^2

【例 7-9】 如图 7-5 所示见表 7-1 计算水泥混凝土道路土方工程、路面工程和辅助项目。

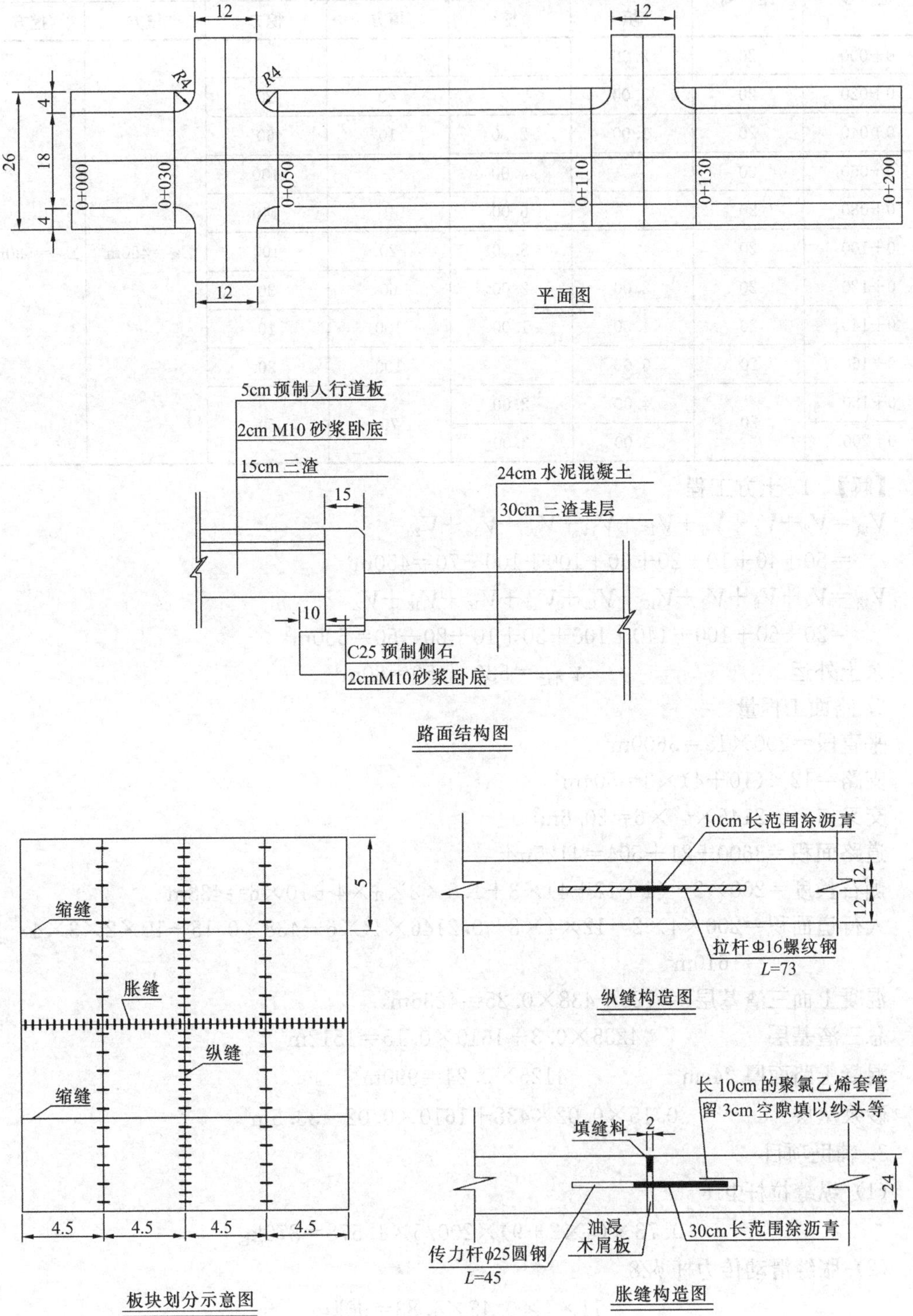

12
R4
R4
12
26
4
18
4
0+000
0+030
0+050
0+110
0+130
0+200
12
平面图
5cm 预制人行道板
2cm M10 砂浆卧底
15cm 三渣
24cm 水泥混凝土
30cm 三渣基层
15
10
C25 预制侧石
2cmM10砂浆卧底
路面结构图
5
缩缝
胀缝
纵缝
缩缝
4.5
4.5
4.5
4.5
板块划分示意图
10cm 长范围涂沥青
12
12
拉杆Φ16螺纹钢
L=73
纵缝构造图
长 10cm 的聚氯乙烯套管
留 3cm 空隙填以纱头等
填缝料
2
24
油浸
木屑板
30cm长范围涂沥青
传力杆φ25圆钢
L=45
胀缝构造图

图 7-5　水泥混凝土道路工程图

水泥混凝土道路土方工程、路面工程和辅助项目计算表 表 7-1

桩　号	距　离	面积（m^2）		土方（m^3）		累计土方（m^3）	
		填	挖	填方	挖方	填方	挖方
0+000	20	2.00		50			
0+020	20	3.00		40	20		
0+040	20	1.00	2.00	10	60		
0+060	20		4.00		100		
0+080	20		6.00		140		
0+100	20		8.00	20	100	$\Sigma_{填}=450m^3$	$\Sigma_{挖}=530m^3$
0+120	20	2.00	2.00	60	30		
0+140	20	4.00	1.00	100	10		
0+160	20	6.00		100	20		
0+180	20	4.00	2.00	70	50		
0+200		3.00	3.00				

【解】 1. 土方工程

$V_{填}=V_2+V_4+V_6+V_{12}+V_{14}+V_{16}+V_{18}+V_{20}$

$=50+40+10+20+60+100+100+70=450m^3$

$V_{挖}=V_4+V_6+V_8+V_{10}+V_{12}+V_{14}+V_{16}+V_{18}+V_{20}$

$=20+60+100+140+100+30+10+20+50=530m^3$

余土外运　　$V_{外运}=530-450=80m^3$

2. 路面工程量

平直段$=200\times18=3600m^2$

支路$=12\times(10+4)\times3=504m^2$

交叉口$=0.2146\times4^2\times6=20.6m^2$

道路面积$=3600+21+504=4125m^2$

侧石长度$=200\times2-(4+12+4)\times3+1.5\times2\times\pi\times4+10\times6=438m$

人行道面积$=200\times4\times2-12\times4\times3-0.2146\times4^2\times6-438\times0.15+10\times2\times3\times4$
$=1610m^2$

混凝土面三渣基层$=4125+438\times0.25=4235m^2$

总三渣基层　　$4235\times0.3+1610\times0.15=1512m^3$

混凝土路面厚 24cm　　$4125\times0.24=990m^3$

砂浆垫层　　$0.15\times0.02\times438+1610\times0.02=33.5m^3$

3. 辅助项目

（1）纵缝拉杆Φ16

$0.73\times(5\times2+9)\times200/5\times1.578=876kg$

（2）胀缝滑动传力杆 $\phi28$

$11\times4\times0.45\times4.83=96kg$

（3）长 10cm 小套子

$11\times4=44$ 只

(4) 传力杆涂沥青

$$(2\pi\times0.028/2\times0.25+\pi\times0.014^2)\times44=1m^2$$

(5) 胀缝预制沥青浸木板

$$S=0.16\times4.5\times4=2.9m^2$$

(6) 缩缝

$$(100/5-1)\times2\times18=684m$$

(7) 沥青玛瑞脂填缝

胀缝： $0.04\times0.02\times18=0.014m^3$

缩缝： $684\times0.05\times0.005=0.17m^3$

(8) 纵缝涂沥青

$$200\times0.24\times3=144m^2$$

【例 7-10】 某城市干道宽为 32m，长为 1990m，其中机动车道宽为 12m，非机动车道共宽 7m，人行道各宽 4m，树池前后间距为 5m，路基加宽值为 30cm，道路横断面图、道路结构图如图 7-6、图 7-7 所示，试计算道路的工程量。

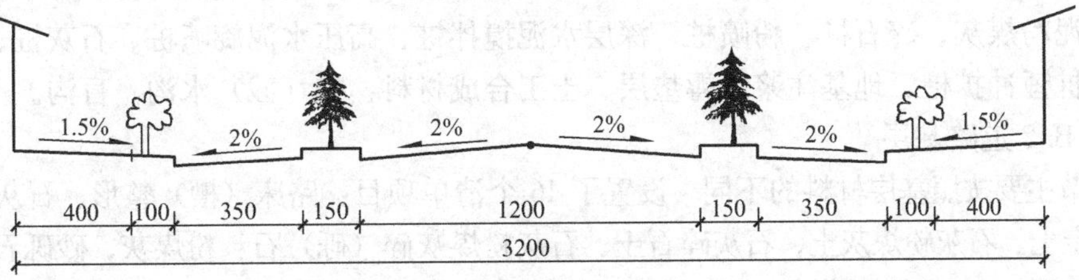

图 7-6 道路横断面图（单位：cm）

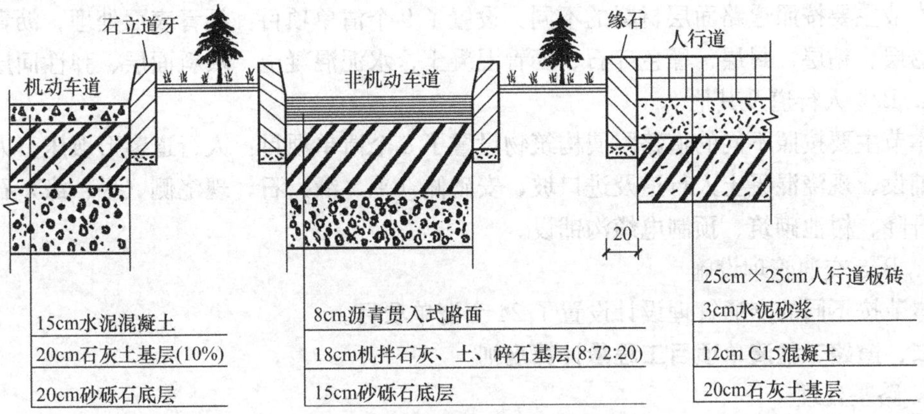

图 7-7 道路结构图（单位：cm）

【解】 (1) 砂砾石底层的面积：$1990\times(12+3.5\times2)m^2=37810.00m^2$

(2) 石灰土基层面积：$1990\times(12+2\times4+0.6)m^2=40994.00m^2$

(3) 水泥混凝土面积：$1990\times12m^2=23880.00m^2$

(4) 机拌碎石、土、石灰基层(20：72：8)面积：$1990\times2\times3.5m^2=13930.00m^2$

(5) 沥青贯入式路面面积：$1990\times2\times3.5m^2=13930.00m^2$

(6) 混凝土面积：$1990\times2\times(4+0.3)m^2=17114.00m^2$

(7) 水泥砂浆的体积：$1990\times2\times(4+0.3)\times0.03m^3=513.42m^3$

(8) 人行道板的面积：$1990\times2\times4m^2=15920.00m^2$

(9) 石立道牙的长度：$1990\times6m=11940.00m$

(10) 缘石长度：$1990\times2m=3980.00m$

(11) 树池个数：(1990/5+1)×4 个=1596 个

第二节　道路工程清单项目及清单编制

一、道路工程清单项目设置

《市政工程工程量计算规范》GB 50857—2013 附录 B 道路工程中，设置了 5 个小节 80 个清单项目，本节的设置基本是按照道路工程施工的先后顺序编排的。

1. B.1 路基处理

本节主要按照路基处理方式的不同，设置了 23 个清单项目：预压地基、强夯地基、振冲密实、掺石灰、掺干土、掺石、抛石挤淤、袋装砂井、塑料排水板、振冲桩、砂石桩、水泥粉煤灰、碎石桩、粉喷桩、深层水泥搅拌桩、高压水泥旋喷桩、石灰桩、灰土挤密桩、桩锤冲扩桩、地基注浆、褥垫层、土工合成材料、排（截）水沟、盲沟。

2. B.2 道路基层

本节主要按照基层材料的不同，设置了 16 个清单项目：路床（槽）整形、石灰稳定土、水泥稳定土、石灰粉煤灰土、石灰碎石土、石灰粉煤灰碎（砾）石、粉煤灰、砂砾石、卵石、碎石、块石、山皮石、粉煤灰三渣、水泥稳定碎（砾）石、沥青稳定碎石、矿渣。

3. B.3 道路面层

本节主要按照道路面层材料的不同，设置了 9 个清单项目：沥青表面处理、沥青贯入式、透层、粘层、封层、黑色碎石、沥青混凝土、水泥混凝土、块料面层、弹性面层。

4. B.4 人行道及其他

本节主要按照不同的道路附属构筑物设置了 8 个清单项目：人行道整形碾压、人行道块料铺设、现浇混凝土人行道及进口坡、安砌侧（平、缘）石，现浇侧（平、缘）石、检查井升降、树池砌筑、预制电缆沟铺设。

5. B.5 交通管理设施

本节按不同的交通管理设计设置了 24 个清单项目。

二、道路工程清单项目工程量计算规则

1. 路基处理

工程量计算规则

路基处理方法不同，清单项目工程量计算规则及工程量计量单位不同。

强夯土方、土工布、路床（槽）整形：按设计图示尺寸以面积计算，计量单位为 m^2。

掺石灰、掺干土、掺石、抛石挤淤：按设计图示尺寸以体积计算，计量单位为 m^3。

袋装砂井、塑料排水板、石灰砂桩、碎石桩、喷粉桩、深层搅拌桩、排（截）水沟、盲沟：按设计图示以长度计算。

注意事项：

路床整形是指道路车行道路床的整形、碾压，不包括人行道部分，工程量按设计道路底基层图示尺

寸以面积计算，不扣除各种井所占面积。路床宽度按设计道路面层另增两侧加宽值，加宽值按设计图样计算；路床长度等于道路中线长度，按道路平面图中的桩号计算。

无交叉口路段按下列公式计算：

路床整形面积＝路床宽度×道路中线长度　(7-1)

交叉口路段按平面交叉的设计图样计算面积，具体方法参阅后述道路面层工程量的计算方法。

【例 7-11】 某道路工程采用水泥混凝土路面，现施工 K0＋000～K0＋200 段，道路平面图、横断面图如图 7-8 所示，试计算其路床整形清单工程量。

【解】 路床宽度＝14＋2×(0.2＋0.1＋0.4)＝15.4m

路床长度＝200m

路床整形面积＝15.4×200＝3080m^2

【例 7-12】 某道路工程采用水泥混凝土路面，现施工 K0＋000～K0＋200 段，道路平面图、横断面图如图 7-8 所示，试计算其路床整形定额工程量。

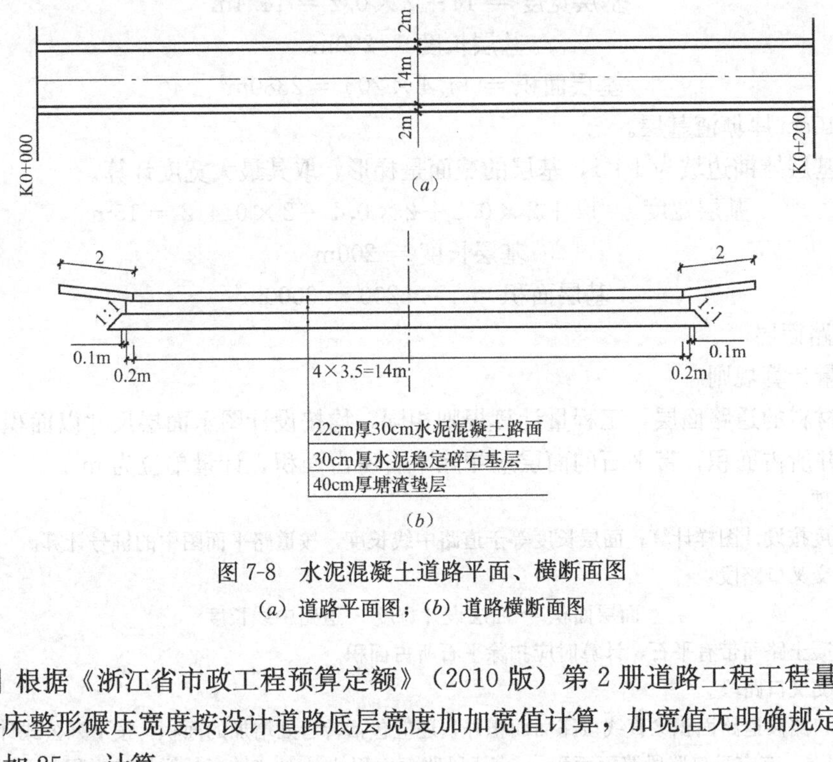

图 7-8　水泥混凝土道路平面、横断面图

(*a*) 道路平面图；(*b*) 道路横断面图

【解】 根据《浙江省市政工程预算定额》（2010 版）第 2 册道路工程工程量计算规则规定，路床整形碾压宽度按设计道路底层宽度加加宽值计算，加宽值无明确规定时，按底层两侧各加 25cm 计算。

路床宽度＝[14＋2×(0.2＋0.1＋0.4)]＋2×0.25＝15.9m

路床长度＝200m

路床整形面积＝15.9×200＝3180m^2

注意事项：

由于路床整形项目清单工程量计算规则与定额工程量计算规则不同，其清单工程量与定额工程量是不同的。

2. 道路基层

工程量计算规则

不同材料的道路基层，工程量计算规则相同，均按设计图示基层尺寸以面积计算，不扣除各种井所占面积，计量单位为 m^2。如设计截面为梯形时，按其截面平均宽度计算面积，并在项目特征中对截面参数加以描述。

注意事项：

基层宽度按设计道路面层另增两侧加宽值，加宽值按设计图样计算；基层长度等于道路中线长度，按道路平面图中的桩号计算。

无交叉口路段按下列公式计算：

$$基层面积 = 基层宽度 \times 道路中线长度 \tag{7-3}$$

交叉口路段按平面交叉的设计图样计算面积。

【例 7-13】 某道路工程采用水泥混凝土路面，现施工 K0＋000～K0＋200 段，道路平面图、横断面图如图 7-8 所示，试计算其基层清单工程量。

【解】 本例有两层基层，基层材料、厚度不同，需分别计算其工程量。

（1）30cm 厚水泥稳定碎石基层。

$$基层宽度 = 14 + 2 \times 0.2 = 14.4\text{m}$$

$$基层长度 = 200\text{m}$$

$$基层面积 = 14.4 \times 200 = 2880\text{m}^2$$

（2）40cm 厚塘渣基层。

塘渣基层摊铺边坡为 1∶1，基层的截面是梯形，取其最大宽度计算。

$$基层宽度 = 14 + 2 \times 0.2 + 2 \times 0.1 + 2 \times 0.4/2 = 15\text{m}$$

$$基层长度 = 200\text{m}$$

$$基层面积 = 15 \times 200 = 3000\text{m}^2$$

3. 道路面层

工程量计算规则

不同材料的道路面层，工程量计算规则相同，均按设计图示面层尺寸以面积计算，不扣除各种井所占面积，带平石的面层应扣除平石所占面积，计量单位为 m^2。

注意事项：

面层宽度按设计图样计算；面层长度等于道路中线长度，按道路平面图中的桩号计算。

(1) 无交叉口路段：

$$面层面积 = 面层设计宽度 \times 道路中线长度 \tag{7-4}$$

沥青混凝土路面带有平石，计算时应扣除平石所占面积。

(2) 有交叉口路段。

有交叉口路段道路面积除直线段路面面积外，还应包括转弯处增加的面积，按下列公式计算。

$$有交叉口路段路面面积 = 直线段路面面积 + 交叉口转弯处增加的面积 \tag{7-5}$$

直线段路面计算方法同无交叉口路段。

交叉口转弯处增加的面积，一般交叉口两侧计算至转弯圆弧的切点处，如图 7-9 中的阴影所示。

① 道路正交时，交叉口 1 个转弯处增加的面积计算公式如下。

$$S = R^2 - \frac{\pi}{4}R^2 \approx 0.2146R^2 \tag{7-6}$$

当交叉口 4 个转弯处半径相同时，交叉口转弯处增加的总面积：

$$F = 4S \approx 4 \times 0.2146R^2 = 0.8584R^2 \tag{7-7}$$

② 道路斜交时，转弯处增加的面积计算公式如下：

$$半径为 R_1 处转弯增加面积 S_1 = R_1^2\left(\tan\frac{\alpha}{2} - \frac{\alpha\pi}{360°}\right) \tag{7-8}$$

半径为 R_2 处转弯增加面积 $S_2 = R_2^2\left(\tan\frac{180°-\alpha}{2} - \frac{(180°-\alpha)\pi}{360°}\right)$ (7-9)

公式中 α 为道路斜交的角度，单位以度（°）计。

交叉口 4 个转弯处增加的总面积：

$$F = 2(S_1 + S_2) \tag{7-10}$$

【例 7-14】 某道路工程采用水泥混凝土路面，现施工 K0＋000～K0＋200 段，道路平面图、横断面图如图 7-9 所示，试计算其面层清单工程量。

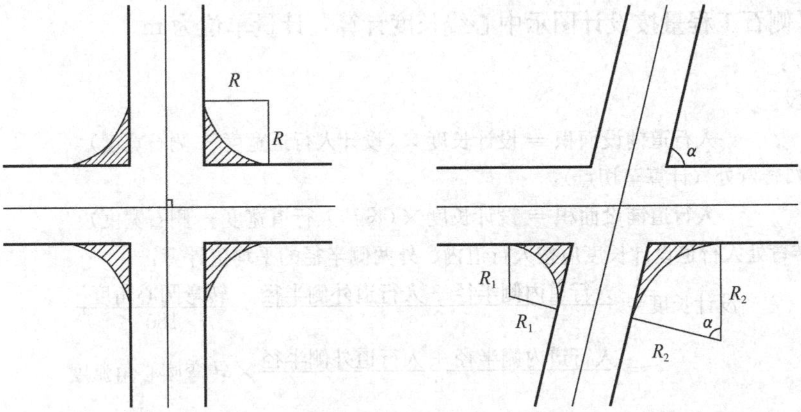

图 7-9　交叉口转弯处增加面积示意图

【解】 面层宽度＝14m

面层长度＝200m

面层面积＝14×200＝2800m²

【例 7-15】 某道路工程采用沥青混凝土路面，现施工 K0＋000～K0＋200 段，道路平面图、横断面图如图 7-10 所示，试计算其面层清单工程量。

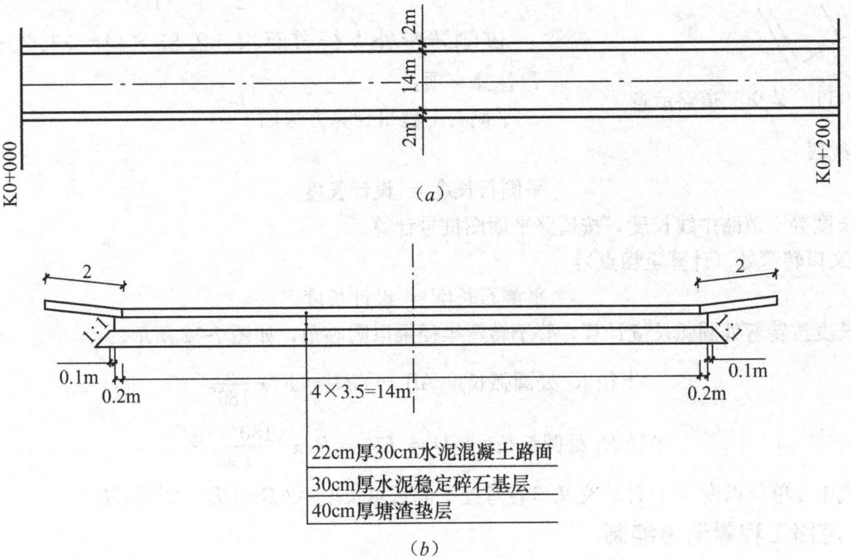

图 7-10　沥青混凝土道路平面、横断面图

(a) 道路平面图；(b) 道路横断面图

【解】 面层宽度＝14－0.5×2＝13m

面层长度＝200m

面层面积＝13×200＝2600m^2

4. 人行道、平侧石及其他

工程量计算规则

（1）人行道工程量按设计图示尺寸以面积计算，不扣除各种井所占面积，但应扣除侧石、树池所占面积，计量单位为m^2。

（2）平侧石工程量按设计图示中心线长度计算，计量单位为m。

注意事项：

① 直线段：

$$\text{人行道铺设面积} = \text{设计长度} \times (\text{设计人行道宽度} - \text{侧石宽度}) \tag{7-11}$$

② 交叉口转弯处（计算至切点）：

$$\text{人行道铺设面积} = \text{设计长度} \times (\text{设计人行道宽度} - \text{侧石宽度}) \tag{7-12}$$

交叉口转弯处人行道设计长度应按人行道内、外两侧半径的平均值计算：

$$\text{设计长度} = \frac{\text{人行道内侧半径} + \text{人行道外侧半径}}{2} \times \frac{\text{转弯圆心角度}}{180^\circ}\pi$$
$$= \frac{\text{人行道内侧半径} + \text{人行道外侧半径}}{2} \times \text{转弯圆心角弧度} \tag{7-13}$$

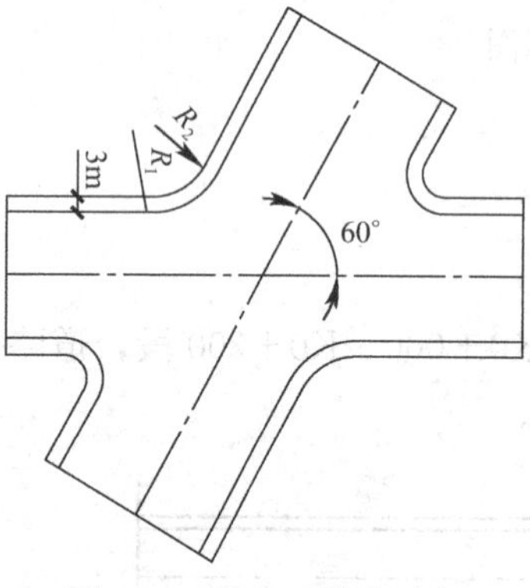

图 7-11 某交叉道路示意

【例 7-16】 某交叉道路，如图 7-11 所示，两条道路斜交，交角为 60°，已知交叉口一侧人行道外侧半径 R_1＝12m，人行道内侧半径 R_2＝9m，人行道宽 3m，侧石宽 15cm，试计算交叉口转弯处该侧人行道面积。

【解】 该侧转弯处人行道实际铺设宽度＝3－0.15＝2.85m

$$\text{人行道设计长度} = \frac{(12+9)}{2} \times \frac{60^\circ}{180^\circ}\pi \approx 11.00\text{m}$$

该侧转弯处人行道面积＝2.85×11＝31.35m^2

注意事项：

平侧石工程量计算方法如下：

① 直线段：

$$\text{平侧石长度} = \text{设计长度} \tag{7-14}$$

设计长度等于道路中线长度，按道路平面图桩号计算。

② 交叉口转弯处（计算至切点）：

$$\text{平侧石长度} = \text{设计长度} \tag{7-15}$$

设计长度按转弯处圆弧长度计算，等于转弯半径乘以圆心角，如图 7-12 所示。

$$\text{半径 } R_1 \text{ 处圆弧长度 } AB = GH = R_1\pi\frac{\alpha}{180^\circ}$$

$$\text{半径 } R_2 \text{ 处圆弧长度 } CD = EF = R_2\pi\frac{(180^\circ - \alpha)}{180^\circ}$$

上两式中 α 单位以度（°）计，交叉口转弯处平侧石总长度＝$AB+CD+EF+GH$。

三、道路工程量清单编制

道路工程量清单编制按照《计价规范》规定的工程量清单统一格式进行编制，主要是分部分项工程量清单、措施项目清单、其他项目清单这三大清单的编制。

1. 分部分项工程量清单的编制

道路工程分部分项工程量清单应根据《市政工程工程量计算规范》附录B规定的统一的项目编码、项目名称、计量单位、工程量计算规则进行编制。

分部分项工程量清单编制的步骤如下：清单项目列项、编码→清单项目工程量计算→分部分项工程量清单编制。

(1) 清单项目列项、编码

应依据《计价规范》附录中规定的清单项目及其编码，根据招标文件的要求，结合施工图设计文件、施工现场等条件进行道路工程清单项目列项、编码。

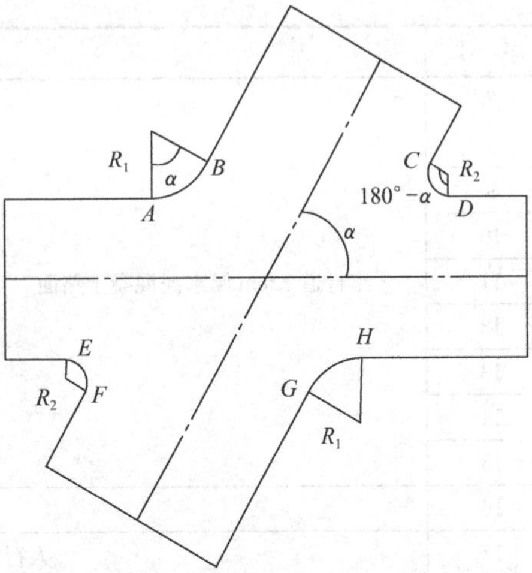

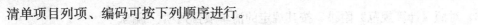

图7-12　交叉口转弯处平侧石长度计算

清单项目列项、编码可按下列顺序进行。

1）明确道路工程的招标范围及其他相关内容。

2）审读图样、列出施工项目。

道路工程施工图样主要有道路平面图、道路纵断面图、道路标准横断面图、道路逐桩横断面图、道路结构图、交叉口设计图、附属工程（挡墙、涵洞等）结构设计图等。

编制分部分项工程量清单，必须认真阅读全套施工图样，了解工程的总体情况，明确各部分的工程构造，并结合工程施工方法，按照工程的施工工序，逐个列出工程施工项目。

如某道路工程，根据施工图样可知车行道结构层采用22cm厚的水泥混凝土路面+35cm厚6%水泥稳定碎石，水泥混凝土路面设纵缝、伸（胀）缝、缩缝，纵缝设拉杆、伸缝设传力杆，伸缩缝均采用沥青玛蹄脂嵌缝；人行道结构层采用25cm×25cm×5cm人行道预制块+2cm厚M10水泥砂浆+15cm 5%水泥稳定碎石，工程总挖方量为8000m³，填方量为3500m³。

由于工程总挖方量大于总填方量，所以有多余土方需外运，该工程外运距离为10km。

注意事项：

上述道路工程的基本施工工序为：土石方工程（挖方、填方、余方外运）→车行道路床整形→车行道水泥稳定层→车行道水泥混凝土路面→人行道路床整形→人性道水泥稳定层→人行道预制块铺设。

由于施工规范要求水泥稳定层一次摊铺碾压施工厚度不得超过20cm，所以35cm厚水泥稳定层分两层摊铺、碾压密实，第一层厚20cm、第二层厚15cm。

根据工程的施工工序、施工方法列出工程施工项目表见表7-2。

施工项目表　　　　表7-2

序　号	施工项目	
1	挖方	
2	填方	
3	余方外运（10km）	
4	车行道路床整形	
5	车行道6%水泥稳定碎石层	第一层：20cm厚
6		第二层：15cm厚

续表

序　号	施工项目		
7	车行道 22cm 厚水泥混凝土路面	模板安、拆	
8		钢筋制作安装	纵缝拉杆
9			伸缝传力杆
10		浇筑水泥混凝土	
11		伸缝嵌缝	
12		缩缝锯缝	
13		缩缝嵌缝	
14		混凝土路面刻防滑槽	
15		混凝土路面养生	
16	人行道路床整形		
17	人行道 15cm 厚 5%水泥稳定碎石层		
18	人行道预制块铺设（2cm 厚 M10 水泥砂浆垫层）		

3）对照《计算规范》附录，按其规定的清单项目列项、编码。

根据列出的施工项目表，对照《计算规范》附录各清单项目的工程内容，确定清单项目的项目名称、项目编码。这是正确编制分部分项工程量清单的关键。

下列的清单项目、编码见表 7-3。

清单项目 **表 7-3**

序号	清单项目名称	项目编码	备　注
1	挖一般土方	040101001001	表 7-2 第 1 项施工项目
2	填方	040103001001	表 7-2 第 2 项施工项目
3	余方弃置（运距 10km）	040103002001	表 7-2 第 3 项施工项目
4	路床整形	040202001001	表 7-2 第 4 项施工项目
5	35cm 6%水泥稳定碎石基层	040202015001	表 7-2 第 5、6 项施工项目
6	现浇构件钢筋（传力杆、拉杆）	040901001001	表 7-2 第 8、9 项施工项目
7	22cm 厚水泥混凝土面层	040203007001	表 7-2 第 7、10、11、12、13、14、15 项施工项目
8	人行道整形碾压	040204001001	表 7-2 第 16 项施工项目
9	25cm×25cm×5cm 人行道预制块铺设（2cm M10 水泥砂浆垫层、15cm 厚 5%水泥稳定碎石基础）	040204001001	表 7-2 第 17、18 项施工项目

在进行清单项目列项编码时，应注意以下几点。

① 施工项目与清单项目不是一一对应的：有的清单项目就是施工项目，有的清单项目包括几个施工项目，这主要根据《计算规范》中规定的清单项目所包含的“工程内容”。

如“22cm 厚水泥混凝土面层”清单项目，根据《计算规范》规定其“工程内容”包括：模板制作安装、拆除、混凝土浇筑、拉毛或压痕、伸缝、缩缝、锯缝、嵌缝、路面养生，所以这个清单项目就包括了表 7-2 中第 7、10、11、12、13、14、15 项施工项目。

表 7-2 第 7 项“模板安、拆”不包含在“水泥混凝土面层”清单项目的“工程内容”中，它属于施工技术措施项目，技术措施项目名称为“混凝土、钢筋混凝土模板及支架”。

又如“25cm×25cm×5cm人行道预制块铺设”清单项目，根据《计算规范》规定其“工程内容”包括整形碾压、垫层、基础铺筑、块料铺设，所以这个清单项目包括了表7-2中第16、17、18项施工项目。

② 清单项目名称应按《计算规范》中的项目名称（可称为基本名称），结合实际工程的项目特征综合确定，形成具体的项目名称。

如上例中“人行道块料铺设”为基本名称，项目特征包括材质、尺寸、垫层材料品种、厚度、强度、图形。结合工程实际情况，具体的项目名称为“25cm×25cm×5cm人行道预制块铺设（2cm M10水泥砂浆垫层、15cm厚5%水泥稳定碎石基础）”。

③ 清单项目编码由12位数字组成，第1～9位项目编码根据项目“基本名称”按《计价规范》统一编制，第10～12位项目编码由清单编制人根据“项目特征”由001起按顺序编制。

如果清单项目的“基本名称”相同，则1～9位项目编码相同；如果清单项目的某一个“项目特征”不同，则具体的清单项目名称就不同，清单项目第10～12位项目编码也不同。

一个完整的道路工程分部分项工程量清单，一般包括《市政工程工程量计算规范》附录A土石方工程、B道路工程中的有关清单项目，还可能包括厂钢筋工程中的有关清单项目。如果是改建道路工程，还应包括K拆除工程中的有关清单项目。如果道路工程包括挡墙等工作内容，还应包括C桥涵护岸工程中的有关清单项目。

（2）清单项目工程量计算

清单项目列项后，根据施工图样，按照清单项目的工程量计算规则、计算方法计算各清单项目的工程量。

清单项目工程量计算时，要注意计量单位。

（3）编制分部分项工程量清单

按照分部分项工程量清单的统一格式，编制分部分项工程量清单与计价表。

2. 措施项目清单的编制

措施项目清单的编制应根据工程招标文件、施工设计图样、施工方法确定施工措施项目，包括施工组织措施项目、施工技术措施项目，并按照《计价规范》规定的统一格式编制。

措施项目清单编制的步骤如下：施工组织措施项目列项→施工技术措施项目列项→措施项目清单编制。

（1）施工组织措施项目列项

施工组织措施项目主要有安全文明施工费、检验试验费、夜间施工增加费、提前竣工增加费、材料二次搬运费、冬雨期施工费、行车行人干扰增加费、已完工程及设备保护费等。

（2）施工技术措施项目列项

施工技术措施项目主要有大型机械设备进出场及安拆、混凝土、钢筋混凝土模板及支架、脚手架、施工排水、降水、围堰、现场施工围栏、便道、便桥等。

（3）编制措施项目清单

按照《计价规范》规定的统一的格式，编制措施项目清单与计价表（一）、（二）。

1）施工组织措施项目主要根据招标文件的要求、工程实际情况确定列项。其中“安全文明施工费”、“检验试验费”必需计取；其他组织措施项目根据工程具体情况确定。如工程施工现场场地狭窄需发生二次搬运时，需列项；如工程现场宽敞，不需发生二次搬运，就不需列项。夜间施工增加费与提前竣工增加费不能同时计取。

2）施工技术措施项目主要根据施工图样、施工方法确定列项。每个工程的施工内容、施工方法不同，采取的施工技术措施项目也不相同。

3）编制措施项目清单时，只需要列项，不需要计算相关措施项目的工程量。

3. 其他项目清单及其包括项目对应的明细表

其他项目清单中的项目应根据拟建工程的具体情况列项，按《计价规范》规定的统一格式编制。

(1) 暂列金额：如需发生，将其项目名称、暂定金额填写在暂列金额明细表，并汇总至其他项目清单与计价汇总表。如不需发生，暂列金额明细表为空白表格。

(2) 材料暂估价：如需发生，将其材料名称、规格、型号、计量单位、单价填写在材料暂估价表。如不需发生，材料暂估价表为空白表格。

(3) 专业工程暂估价：如需发生，将其工程名称、工程内容、金额填写在专业工程暂估价表，并汇总至其他项目清单与计价汇总表。如不需发生，专业工程暂估价表为空白表格。

(4) 计日工：如需发生，将其人工、材料、机械的单位和暂定数量填写在计日工表。如不需发生，计日工表为空白表格。

对分项单位价值较高项目的工程量计算结果除钢材（以 t 为计量单位）、木材（以 m^3 方计量单位）取三位小数外，一般项目水泥、混凝土可取小数点后两位或一位，对分项价值低项如土方、人行道板等可取整数。

在计算工程量时，要注意将计算所得的工程量中的计量单位（米、平方米、立方米或千克等）按照预算定额的计算单位（100m、$100m^2$、$100m^3$ 或 10m、$10m^2$、$10m^3$ 或吨）进行调整，使其相同。

工程量计算完毕后必须进行自我检查复核，检查其列项、单位、计算式、数据等有无遗漏或错误。如发现错误，应及时更正。

(5) 工程量计算顺序

一般有以下几种：

1）按施工顺序计算：即按工程施工顺序先后计算工程量。

2）按顺时针方向计算：即先从图纸的左上角开始，按顺时针方向依次进行计算到右上角。

3）按“先横后直”计算：即在图纸上按“先横后直”、从上到下、从左到右顺序进行计算。

第三节　道路工程计量与计价编制实例

一、施工方法

（一）道路工程概况

1.1　杭州市某快速路工程施工桩号 K8＋120～K10＋320。道路长 2200m，宽 60m。由道路、排水、桥梁三部分组成，道路工程：工程范围内机动车与非机动车道均采用沥青混凝土路面，三渣基层，塘渣垫层。人行道采用预制人行道板铺面，三渣基层。

1.2　机动车道、非机动车道路拱采用1.5%的直线型横坡；人行道采用向内1.5%的直线型横坡。

1.3　填河塘路基处理：抽水清淤至河塘底，挖除淤泥50cm换填级配碎石，上铺土工布，再填粉煤灰（掺石灰），上铺30cm水泥土至路床。

（二）施工方案

1. 路基施工

1.1　路基施工程序

施工准备→测量放样→表层杂物清理→开挖排水沟→土路基碾压→环刀测试密实度→报监理工程师审批→路基分层填筑碾压→灌砂法测试密实度→报监理工程师审批→基层施工准备。

1.2　路基工程施工要点

1.2.1　填方路基所选用的土方严禁使用含建筑垃圾的杂填土和淤泥质土，土质应均匀。在杭州下沙地区的粉砂土比较多，因地制宜大量采用粉砂土。

1.2.2　回填时分层填筑，逐段碾压成型。碾压时，严格控制土方的含水量。

1.2.3　特别是在沟槽或桥台基础开挖后的回填土上进行路基填筑时，必须保证每层回填土的压实度达到规范或设计要求。桥梁桥台台背4m范围内填土采用加筋水泥土和粉煤灰回填。

1.2.4　路基施工时应做好排水工作，尽量避开雨天施工。在路基两侧开挖排水边沟和集水坑，及时排除地表积水，并每隔50m开挖排水横沟，与边沟连通，降低地下水位。

1.2.5　路基施工时，每层土方填筑压实后，表面应设置2%～4%的横坡，以便地表水能及时排入边沟内，避免填土长期受水浸泡而影响工程质量。

1.2.6　路基处在农田上时，应先用推土机推除表层30cm耕植土，利用纵、横向排水沟降低地下水位，使土基含水量接近最佳含水量，再用压路机进行碾压密实，直至地表无明显轮迹，经环刀法取样测试压实度合格，然后再进行上层路基的填筑。

当路基处地农居宅地上时，应先将地表建筑垃圾清理干净，尽量挖尽原建筑物下的钢筋混凝土圈梁基础及地下室等老混凝土构筑物。

2. 碎石垫层施工

设计碎石垫层厚为15cm，一次摊铺成型。最大粒径应控制在4cm以内，摊铺前应在土基顶面进行放样，测设高程基准点，确保垫层的宽度与厚度符合要求。要控制顶面横坡和平整度。碾压采用14t振动压路机。垫层成型后，按部颁标准要求用灌砂法进行压实度检测，合格后才可进入下道工序的施工。

3. 三渣层施工

本工程路面基层为粉煤灰三渣稳定层。

3.1　45cm和35cm厚的三渣稳定层分两次摊铺。三渣稳定层采用厂拌，拟集中在拌合楼拌合，用汽车分运至施工现场摊铺。

摊铺过程中要严格控制好粉煤灰三渣稳定层基层面标高，按“宁高勿低，宁刮勿补”的原则进行，碾压时要掌握好松铺系数和最佳含水率，一般正常情况下三渣稳定层松铺系数为1.25（按摊铺下层的试验结果为准）。

3.2　材料要求

粉煤灰三渣稳定层所用的材料必须满足规范要求。

采用的碎石应洁净、坚硬，有菱角，级配连续。最大粒径不大于 40cm，压碎值小于 30%，含泥量小于 3%，针状颗粒含量小于 15%。

拌制用的石灰中严禁含有未消解颗粒。

3.3 拌合、运输

采用在拌合楼集中拌合的方式，拌合机的拌合能力为 160t/h，采用自动计量系统，碎石分仓堆放，输送带输送，自卸车运输。

运到施工现场的三渣混合料应拌合均匀，色泽调和一致。碎石最大粒径不大于 4cm，大于 2cm 的灰块不得超过 10%

拌合时含水量要比试验含水量略高，具体数据以现场试验为准，主要是抵消料在运输和摊铺过程中的水量损失。

3.4 摊铺、碾压

在摊铺前对塘渣垫层的质量进行复验，符合要求后，方可进行摊铺。摊铺以机械为主，人工配合。设一小组专门在机械后，及时消除粗集料带起蜂窝，并及时补充细料，平整。

3.5 摊铺后的混合料必须在 2 小时内碾压完毕，采用振动式压路机压实，道路边缘及井周边用小型震动碾压或人工夯实。

碾压时要先静后振，先边后中，轮迹重叠 30cm。碾压遍数根据现场实际情况确定。

严禁在刚压实或正在碾压的路段上进行车辆转弯、调头、急刹车等，以保证基层质量。混合料的碾压时间在接近最佳含水量时进行为好，气温高时，要避开中午摊铺。

3.6 养护

三渣水泥稳定层在碾压成型后，应注意早期养护，以利其强度得到正常发展，在施工后 7 天内，基层要采用覆盖麻袋湿治养护，保持表面湿润，每天至少洒水 2 次，不得使其表面发白。养护期间严禁一切车辆通行。

4. 沥青混凝土面层施工

4.1 施工顺序：测量放样→整修清理基层→洒透层油→沥青混凝土混合料拌合→摊铺→碾压→测弯沉→ 验收。

4.2 施工准备

原材料取样试验，配合比设计，采购原材料，修整基层并清扫，洒透层油，放样，沥青混凝土施工机械进场和维护保养等。

4.3 沥青混合料的拌制、运输

沥青混合料在我公司的沥青混凝土拌合站集中拌制，汽车运送。混合料试拌后应取样进行马歇尔稳定度试验，验证设计沥青用量是否合适，必要时可进行调整。拌合后的沥青混合料应均匀一致，无花白、无粗细料分离和结团成块等现象，出厂温度宜控制在 130～160℃之间，运输到摊铺地点的沥青混合料温度不宜低于 130℃。

4.4 沥青混凝土的摊铺、碾压

沥青混凝土混合料宜采用全路幅摊铺，如采用分路幅摊铺时，接缝应紧密、拉直，并宜设置样桩控制厚度。本工程沥青混凝土面层机动车道结构为 7cm 粗粒式，5cm 中粒式，3cm 细粒式三层。非机动车道结构为 7cm 粗粒式，3cm 细粒式二层。如分层施工间隔时间较长，铺摊铺上层前应对下层进行清扫，并宜浇洒沥青。沥青混凝土混合料摊铺温度不低于100℃。

碾压时压路机自路边向路中，三轮式压路机每次重叠宜为后轮宽1/2，双轮式压路机每次重叠为30cm，不得在新铺沥青混合料上转向、调头、左右移动位置或突然刹车和从碾压完毕的路段进出。

初压时，用10t双轮压路机或14t振动压路机（关闭振动装置静压）压2遍，初压后检查平整度、路拱，必要时予以修整。初压温度应控制在100～120℃。

复压时用10～12t三轮压路机，14t振动压路机或相应的轮胎压路机进行。宜碾压4～6遍至稳定和无明显轮迹。

终压时用6～8t双轮压路机碾压或用14t振动压路机（静压）碾压2～4遍。

开始碾压的温度，石油沥青混合料应为100～120℃，碾压终了温度不低于70℃。

碾压后的路面未冷却前，压路机或其他车辆不得在其路上停放，并防止矿料、杂物、油料等下落在新铺的路面上。使其表面平整密实，不应有泛油、松散、裂缝、粗细料集中等现象。面层与缘石及其他构筑物应接顺，不得有积水。

4.5　施工缝应紧密平整、直顺，符合下列要求：线型要直顺，后幅（或段）施工前，应对前幅（或段）边缘涂刷粘层油。再摊铺新料，接端部需整齐，否则需修理。

4.6　沥青面层施工质量标准

沥青面层施工的控制，严格按部颁《市政道路工程质量检验评定标准》CJJ 1—90和《沥青路面施工及验收规范》GB 50092—96执行。

5. 平侧石施工

平侧石则由资质较好的预制厂商提供，该厂商事先须征得业主或监理认可，平侧石运送到施工现场前必须对该半成品进行质量验收，尺寸、平整度偏差不符合设计要求或出现气孔、露石、脱皮、缺角、少棱等缺陷的产品，严禁进入现场。

按设计线型放样，派熟练的工人安砌平侧石，做到线型直顺、曲线圆滑；顶面平整无错牙，勾缝饱满严密，整洁坚实。雨水口处安砌时，应与雨水口施工配合，做到安砌牢固，接缝严密，砂浆卧底饱满，位置准确。道路交叉口圆弧段实施时要确保线型圆滑、流畅、美观。

6. 雨水口施工

按道路设计边线及支管位置，定出雨水口中心线桩使雨水口长边必须重合道路边线（弯道部分除外）。如核对雨水口位置有误时以支管为准，平行于路边修正位置。并挖至设计深度。槽底要仔细夯实，排水浇筑混凝土基础，槽底为松软土应进行处理，然后砌筑井墙壁。

检查井每砌高30cm应将墙外沟槽及时回填夯实，支管与井壁处应满卧砂浆，抹面平整光滑。井砌筑严格按规定要求施工，井底抹出向雨水支管集水的泛水坡，铸铁盖板施工时，按设计线型、标高定位放样铺设。

7. 人行道

为确保人行道的质量，人行道土路基压实度及混凝土层的施工必须符合设计及规范要求实施，局部软土地基需换填土或相应处理。

人行道板铺砌必须平整稳定，坐浆应饱满，不得有翘动现象。人行道面与其他构筑物应按顺序，不得有积水现象。人行道板纵向、横向顺直，圆弧段按弧线铺设，允许偏差应符合规范要求。

二、工程量清单计价法

工程量计算书

单位工程(专业)：某城市道路工程-道路工程　　　　第1页　共3页

序号	项目编号	项目名称	单位	计算式	数量
		1. 道路部分			
1	040101001001	挖一般土方 1. 土壤类别：一、二类土 2. 挖土深度：2m内	m^3	道路：V=69.77+25.01+33.79+38.15+23.14+20.79+22.34+50.56+72.15+44.5+60.22	454.68
	1-56	挖掘机挖土不装车一、二类土	m^3	Q	454.68
2	040103001001	回填方 1. 密实度要求：0～0.8m内压实度98% 2. 填方材料品种：符合填土要求的土方 3. 填方粒径要求：最大粒径小于15cm 4. 填方来源、运距：本桩利用	m^3	V=284.84+347.41+389.85+798.15+1397.69+1358.58+1281.04+1639.55+2588.61+2583.42+2535.37	15203.91
	1-86	机械平地填土夯实	m^3	Q	15203.91
3	040103002001	缺方内运　运距：10km	m^3	V=15203.91−454.68×1.15	14681.03
	1-68换	自卸汽车运土方　运距10km内	m^3	Q	14681.03
4	040202001001	路床(槽)整形 1. 部位：道路 2. 范围：施工图范围内	m^2	快车道：(12.5+0.25+0.35)×(260−20)×2+慢车道：(8+0.25×2)×(260−20)×2	10368.00
	2-1	路床碾压检验	m^2	Q	10368.00
5	040202013001	山皮石基层 1. 石料规格：塘渣 2. 厚度：30cm	m^2	快车道：(12.5+0.25+0.35)×(260−20)×2	6288.00
	2-101换	人机配合铺装塘碴底层厚度25cm	m^2	Q	6288.00
6	040202013002	山皮石基层 1. 石料规格：塘渣 2. 厚度：20cm	m^2	慢车道：(8+0.25×2)×(260−20)×2	4080.00
	2-100	人机配合铺装塘碴底层　厚度20cm	m^2	Q	4080.00
7	040202014001	粉煤灰三渣 1. 配合比：粉煤灰：石灰：碎石=32：8：62 2. 厚度：35cm	m^2	快车道：(12.5+0.25+0.35)×(260−20)×2	6288.00
	2-47	粉煤灰三渣基层厂拌厚20cm	m^2	Q	6288.00
	2-47换	厂拌粉煤灰三渣基层铺筑　厚度15cm	m^2	Q	6288.00
	2-51	洒水车洒水	m^2	Q	6288.00
8	040202014002	粉煤灰三渣 1. 配合比：粉煤灰：石灰：碎石=32：8：62 2. 厚度：30cm	m^2	慢车道：(8+0.25×2)×(260−20)×2	4080.00
	2-47	粉煤灰三渣基层　厂拌　厚20cm	m^2	Q	4080.00
	2-47换	厂拌粉煤灰三渣基层铺筑　厚度10cm	m^2	Q	4080.00
	2-51	洒水车洒水	m^2	Q	4080.00

编制人：　　　　编制单位：　　　　编制时间：

工程量计算书

单位工程(专业)：某城市道路工程-道路工程　　　　第2页　共3页

序号	项目编号	项目名称	单位	计算式	数量
9	040202014003	粉煤灰三渣 1. 配合比：粉煤灰：石灰：碎石＝32：8：62 2. 厚度：15cm	m^2	人行道：1200－240×(0.15＋0.55)×2	864.00
	2-47 换	厂拌粉煤灰三渣基层铺筑　厚度 15cm	m^2	Q	864.00
	2-51	洒水车洒水	m^2	Q	864.00
10	040203006001	沥青混凝土 1. 沥青品种：进口沥青 2. 沥青混凝土种类：细粒式沥青混凝土 3. 石料粒径：石料最大粒径 AC13 4. 厚度：3cm	m^2	快车道：(12.5－0.5×2)×(260－20)×2＋慢车道：(8－0.5×2)×(260－20)×2	8880.00
	2-191	机械摊铺细粒式沥青混凝土路面　厚度 3cm	m^2	Q	8880.00
11	040203006002	沥青混凝土 1. 沥青品种：进口沥青 2. 沥青混凝土种类：中粒式沥青混凝土 3. 石料粒径：石料最大粒径 AC20 4. 厚度：5cm	m^2	快车道：(12.5－0.5×2)×(260－20)×2	5520.00
	2-184	机械摊铺中粒式沥青混凝土路面　厚度 5cm	m^2	Q	5520.00
12	040203006003	沥青混凝土 1. 沥青品种：进口沥青 2. 沥青混凝土种类：粗粒式沥青混凝土 3. 石料粒径：石料最大粒径 AC25 4. 厚度：7cm	m^2	快车道：(12.5－0.5×2)×(260－20)×2＋慢车道：(8－0.5×2)×(260－20)×2	8880.00
	2-175 换	机械摊铺粗粒式沥青混凝土路面　厚 7cm	m^2	Q	8880.00
13	040203003001	透层、粘层　材料品种：乳化沥青	m^2	快车道：(12.5－0.5×2)×(260－20)×2＋慢车道：(8－0.5×2)×(260－20)×2	8880.00
	2-148	半刚性基层乳化沥青　透层	m^2	Q	8880.00
		2. 人行道部分			
14	040204001001	人行道整形　碾压 1. 部位：人行道 2. 范围：施工图范围内	m^2	人行道：1200－240×(0.15＋0.55)×2	864.00
	2-2	人行道整形碾压	m^2	Q	864.00
15	040204002001	人行道块料铺设 1. 块料品种、规格：5cm 厚人行道板 2. 基础、垫层：材料品种、厚度：3cmM10 砂浆卧底＋10cm 厚 C15 混凝土垫层 3. 图形：直线、弧形等	m^2	人行道：1200－240×(0.15＋0.55)×2	864.00
	2-211	现拌混凝土人行道基础　厚度 10cm	m^2	Q	864.00
	2-215 换	人行道板安砌　砂浆垫层　厚度 2cm 水泥砂浆 M10.0	m^2	Q	864.00

编制人：　　　　编制单位：　　　　编制时间：

工程量计算书

单位工程(专业)：某城市道路工程-道路工程　　　　第3页　共3页

序号	项目编号	项目名称	单位	计算式	数量
16	040204004001	安砌侧石 1. 材料品种、规格：C25 预制侧石，15cm×37cm×100cm 2. 基础、垫层：材料品种、厚度：2cmM10 砂浆卧底	m	$L=(260-20)\times 6$	1440.00
	2-227	人工铺装侧平石砂浆粘结层	m^3	$Q\times 0.15\times 0.02$	4.32
	2-228	混凝土侧石安砌	m	Q	1440.00
17	040204004002	安砌侧石 1. 材料品种、规格：C25 预制侧石，15cm×50cm×100cm 2. 基础、垫层：材料品种、厚度：2cmM10 砂浆卧底，C20 混凝土	m	$L=(260-20)\times 2$	480.00
	2-227	人工铺装侧平石砂浆粘结层	m^3	$Q\times 0.15\times 0.02$	1.44
	2-228 换	混凝土侧石安砌道路侧石 15×50×100	m	Q	480.00
	2-225	人工铺装侧平石混凝土垫层	m^3	$0.1\times 0.15\times Q$	7.20
18	040204004003	安砌平石 1. 材料品种、规格：C30 预制平石，12cm×50cm×50cm 2. 基础、垫层：材料品种、厚度：3cmM10 砂浆卧底	m	$L=(260-20)\times 8$	1920.00
	2-227	人工铺装侧平石砂浆粘结层	m^3	$Q\times 0.5\times 0.03$	28.80
	2-230	混凝土平石安砌	m	Q	1920.00
		3. 措施部分			
19	041106001001	大型机械设备进出场及安拆	台·次	1	1
	3001	履带式挖掘机 $1m^3$ 以内　场外运输费用	台次	1	1
	3003	履带式推土机 90kW 以内场外运输费用	台次	1	1
	3010	压路机　场外运输费用	台次	1	1
20	041102001001	垫层模板	m^2	$240\times 0.35\times 2\times 2+240\times 0.2\times 2\times 2+240\times 0.15\times 2$	600
	6-1044	现浇混凝土基础垫层木模	m^2	600	600

编制人：　　　　编制单位：　　　　编制时间：

专业工程招标控制价计算程序表

单位工程(专业)：某城市道路工程-道路工程　　　　单位：元

序号	汇总内容	费用计算表达式	金额(元)
一	分部分项工程	表-07	3047051
1	其中定额人工费	表-07	143386
2	其中人工价差	表-07	124474
3	其中定额机械费	表-07	351243
4	其中机械费价差	表-07	40891
二	措施项目		90526
5	施工组织措施项目费	表-10	55782
5.1	安全文明施工费	表-10	38127
6	施工技术措施项目费	表-11	34744
6.1	其中定额人工费	表-11	4157
6.2	其中人工价差	表-11	3581
6.3	其中定额机械费	表-11	4204
6.4	其中机械费价差	表-11	435
三	其他项目	表-14	
四	规费	7+8	41480
7	排污费、社保费、公积金	[1+3+6.1+6.3]×7.3%	36718
8	农民工工伤保险费	[一+二+7]×0.15%	4761
五	危险作业意外伤害保险费		
六	税金	[一+二+三+四+五]×3.577%	113715
招标控制价合计=一+二+三+四+五+六			3292771

表-02

分部分项工程量清单与计价表

单位工程(专业)：某城市道路工程-道路工程　　　　第1页　共3页

序号	项目编码	项目名称	项目特征	计量单位	工程量	综合单价(元)	合价(元)	其中(元)				备注
								定额人工费	人工费价差	定额机械费	机械费价差	
		1. 道路部分					2803115	116572	101400	349878	40381	
1	040101001001	挖一般土方	1. 土壤类别：一、二类土 2. 挖土深度：2m内	m^3	454.68	3.02	1373.13	86.39	77.30	877.53	40.92	
2	040103001001	回填方	1. 密实度要求：0～0.8m内压实度98% 2. 填方材料品种：符合填土要求的土方 3. 填方粒径要求：最大粒径小于15cm 4. 填方来源、运距：本桩利用	m^3	15203.91	9.19	139723.93	51693.29	45155.61	20373.24	760.20	
3	040103002001	缺方内运	运距：10km	m^3	14681.03	23.77	348968.08			243264.67	30830.16	
4	040202001001	路床(槽)整形	1. 部位：道路 2. 范围：施工图范围内	m^2	10368.00	1.71	17729.28	1451.52	1244.16	10471.68	933.12	
5	040202013001	山皮石基层	1. 石料规格：塘渣 2. 厚度：30cm	m^2	6288.00	24.60	154684.80	2640.96	2263.68	8614.56	817.44	
6	040202013002	山皮石基层	1. 石料规格：塘渣 2. 厚度：20cm	m^2	4080.00	16.87	68829.60	1509.60	1305.60	4406.40	448.80	
7	040202014001	粉煤灰三渣	1. 配合比：粉煤灰：石灰：碎石=32：8：62 2. 厚度：35cm	m^2	6288.00	49.01	308174.88	30371.04	26346.72	7922.88	817.44	
8	040202014002	粉煤灰三渣	1. 配合比：粉煤灰：石灰：碎石=32：8：62 2. 厚度：30cm	m^2	4080.00	42.65	174012.00	17666.40	15463.20	4936.80	530.40	
9	040202014003	粉煤灰三渣	1. 配合比：粉煤灰：石灰：碎石=32：8：62 2. 厚度：15cm	m^2	864.00	21.52	18593.28	1883.52	1650.24	587.52	69.12	
10	040203006001	沥青混凝土	1. 沥青品种：进口沥青 2. 沥青混凝土种类：细粒式沥青混凝土 3. 石料粒径：石料最大粒径AC13 4. 厚度：3cm	m^2	8880.00	44.02	390897.60	2930.40	2486.40	13142.40	1420.80	
		本页小计					1622987	110233	95993	314598	36668	

表-07

分部分项工程量清单与计价表

单位工程(专业)：某城市道路工程-道路工程　　　　第2页　共3页

序号	项目编码	项目名称	项目特征	计量单位	工程量	综合单价（元）	合价（元）	其中(元)				备注
								定额人工费	人工费价差	定额机械费	机械费价差	
11	040203006002	沥青混凝土	1. 沥青品种：进口沥青 2. 沥青混凝土种类：中粒式沥青混凝土 3. 石料粒径：石料最大粒径 AC20 4. 厚度：5cm	m^2	5520.00	66.66	367963.20	1987.20	1766.40	9439.20	1048.80	
12	040203006003	沥青混凝土	1. 沥青品种：进口沥青 2. 沥青混凝土种类：粗粒式沥青混凝土 3. 石料粒径：石料最大粒径 AC25 4. 厚度：7cm	m^2	8880.00	86.66	769540.80	4173.60	3552.00	24775.20	2575.20	
13	040203003001	透层、粘层	材料　品种：乳化沥青	m^2	8880.00	4.80	42624.00	177.60	88.80	1065.60	88.80	
		2. 人行道部分					243936	26815	23074	1365	510	
14	040204001001	人行道整形碾压	1. 部位：人行道 2. 范围：施工图范围内	m^2	864.00	1.60	1382.40	578.88	492.48	95.04	17.28	
15	040204002001	人行道块料铺设	1. 块料品种、规格：5cm厚人行道板 2. 基础、垫层：材料　品种、厚度：3cm M10砂浆卧底+10cm厚C15混凝土垫层 3. 图形：直线、弧形等	m^2	864.00	112.15	96897.60	11586.24	9961.92	1270.08	492.48	
16	040204004001	安砌侧石	1. 材料品种、规格：C25预制侧石，15cm×37cm×100cm 2. 基础、垫层：材料　品种、厚度：2cm M10砂浆卧底	m	1440.00	38.64	55641.60	6249.60	5371.20			
17	040204004002	安砌侧石	1. 材料品种、规格：C25预制侧石，15cm×50cm×100cm 2. 基础、垫层：材料　品种、厚度：2cm M10砂浆卧底，C20混凝土	m	480.00	46.41	22276.80	2505.60	2160.00			
18	040204004003	安砌平石	1. 材料品种、规格：C30预制平石，12cm×50cm×50cm 2. 基础、垫层：材料　品种、厚度：3cm M10砂浆卧底	m	1920.00	35.28	67737.60	5894.40	5088.00			
本页小计							1424064	33153	28481	36645	4223	

表-07

分部分项工程量清单与计价表

单位工程(专业)：某城市道路工程-道路工程　　　　第 3 页　共 3 页

序号	项目编码	项目名称	项目特征	计量单位	工程量	综合单价（元）	合价（元）	其中(元)				备注
								定额人工费	人工费价差	定额机械费	机械费价差	
			合计				3047051	143386	124474	351243	40891	

表-07

工程量清单综合单价计算表

单位工程(专业)：某城市道路工程-道路工程　　　　第 1 页　共 5 页

序号	编号	名称	计量单位	数量	综合单价(元)									合计（元）
					定额人工费	人工费价差	材料费	定额机械费	机械费价差	管理费	利润	风险费用	小计	
		1. 道路部分												
1	040101001001	挖一般土方 1. 土壤类别：一、二类土 2. 挖土深度：2m 内	m^3	454.68	0.19	0.17		1.93	0.09	0.39	0.25		3.02	1373
	1-56	挖掘机挖土不装车一、二类土	m^3	454.68	0.19	0.17		1.93	0.09	0.39	0.25		3.02	1373
2	040103001001	回填方 1. 密实度要求：0～0.8m 内压实度 98% 2. 填方材料品种：符合填土要求的土方 3. 填方粒径要求：最大粒径小于 15cm 4. 填方来源、运距：本桩利用	m^3	15203.91	3.40	2.97		1.34	0.05	0.86	0.57		9.19	139724
	1-86	机械平地填土夯实	m^3	15203.91	3.40	2.97		1.34	0.05	0.86	0.57		9.19	139724
3	040103002001	缺方内运 运距：10km	m^3	14681.03		0.00	0.09	16.57	2.10	3.02	1.99		23.77	348968
	1-68 换	自卸汽车运土方　运距 10km 内	m^3	14681.03		0.00	0.09	16.57	2.10	3.02	1.99		23.77	348968

表-08

工程量清单综合单价计算表

单位工程(专业)：某城市道路工程-道路工程　　　　第2页　共5页

序号	编号	名称	计量单位	数量	综合单价(元)									合计(元)
					定额人工费	人工费价差	材料费	定额机械费	机械费价差	管理费	利润	风险费用	小计	
4	040202001001	路床(槽)整形 1. 部位：道路 2. 范围：施工图范围内	m^2	10368.00	0.14	0.12		1.01	0.09	0.21	0.14		1.71	17729
	2-1	路床碾压检验	m^2	10368	0.14	0.12		1.01	0.09	0.21	0.14		1.71	17729
5	040202013001	山皮石基层 1. 石料规格：塘渣 2. 厚度：30cm	m^2	6288.00	0.42	0.36	21.78	1.37	0.13	0.33	0.21		24.60	154685
	2-101换	人机配合铺装塘渣底层　厚度25cm	m^2	6288	0.42	0.36	21.78	1.37	0.13	0.33	0.21		24.60	154685
6	040202013002	山皮石基层 1. 石料规格：塘渣 2. 厚度：20cm	m^2	4080.00	0.37	0.32	14.56	1.08	0.11	0.26	0.17		16.87	68830
	2-100	人机配合铺装塘渣底层　厚度20cm	m^2	4080	0.37	0.32	14.56	1.08	0.11	0.26	0.17		16.87	68830
7	040202014001	粉煤灰三渣 1. 配合比：粉煤灰：石灰：碎石＝32：8：62 2. 厚度：35cm	m^2	6288.00	4.83	4.19	36.76	1.26	0.13	1.11	0.73		49.01	308175
	2-47	粉煤灰三渣基层厂　拌厚20cm	m^2	6288	2.65	2.28	20.95	0.58	0.05	0.59	0.39		27.49	172857
	2-47换	厂拌粉煤灰三渣基层铺筑　厚度15cm	m^2	6288	2.15	1.88	15.70	0.53	0.05	0.49	0.32		21.12	132803
	2-51	洒水车洒水	m^2	6288	0.03	0.03	0.11	0.15	0.03	0.03	0.02		0.40	2515
8	040202014002	粉煤灰三渣 1. 配合比：粉煤灰：石灰：碎石＝32：8：62 2. 厚度：30cm	m^2	4080.00	4.33	3.79	31.51	1.21	0.13	1.01	0.67		42.65	174012
	2-47	粉煤灰三渣基层厂　拌厚20cm	m^2	4080	2.65	2.28	20.95	0.58	0.05	0.59	0.39		27.49	112159
	2-47换	厂拌粉煤灰三渣基层铺筑　厚度10cm	m^2	4080	1.65	1.48	10.45	0.48	0.05	0.39	0.26		14.76	60221
	2-51	洒水车洒水	m^2	4080	0.03	0.03	0.11	0.15	0.03	0.03	0.02		0.40	1632

表-08

工程量清单综合单价计算表

单位工程(专业)：某城市道路工程-道路工程　　　　第 3 页　共 5 页

序号	编号	名称	计量单位	数量	综合单价(元)									合计(元)
					定额人工费	人工费价差	材料费	定额机械费	机械费价差	管理费	利润	风险费用	小计	
9	040202014003	粉煤灰三渣 1. 配合比：粉煤灰：石灰：碎石＝32：8：62 2. 厚度：15cm	m^2	864.00	2.18	1.91	15.81	0.68	0.08	0.52	0.34		21.52	18593
	2-47 换	厂拌粉煤灰三渣基层铺筑　厚度 15cm	m^2	864	2.15	1.88	15.70	0.53	0.05	0.49	0.32		21.12	18248
	2-51	洒水车洒水	m^2	864	0.03	0.03	0.11	0.15	0.03	0.03	0.02		0.40	346
10	040203006001	沥青混凝土 1. 沥青品种：进口沥青 2. 沥青混凝土种类：细粒式沥青混凝土 3. 石料粒径：石料最大粒径 AC13 4. 厚度：3cm	m^2	8880.00	0.33	0.28	41.22	1.48	0.16	0.33	0.22		44.02	390898
	2-191	机械摊铺细粒式沥青混凝土路面　厚度 3cm	m^2	8880	0.33	0.28	41.22	1.48	0.16	0.33	0.22		44.02	390898
11	040203006002	沥青混凝土 1. 沥青品种：进口沥青 2. 沥青混凝土种类：中粒式沥青混凝土 3. 石料粒径：石料最大粒径 AC20 4. 厚度：5cm	m^2	5520.00	0.36	0.32	63.45	1.71	0.19	0.38	0.25		66.66	367963
	2-184	机械摊铺中粒式沥青混凝土路面　厚度 5cm	m^2	5520	0.36	0.32	63.45	1.71	0.19	0.38	0.25		66.66	367963
12	040203006003	沥青混凝土 1. 沥青品种：进口沥青 2. 沥青混凝土种类：粗粒式沥青混凝土 3. 石料粒径：石料最大粒径 AC25 4. 厚度：7cm	m^2	8880.00	0.47	0.40	81.73	2.79	0.29	0.59	0.39		86.66	769541
	2-175 换	机械摊铺粗粒式沥青混凝土路面　厚度 7cm	m^2	8880	0.47	0.40	81.73	2.79	0.29	0.59	0.39		86.66	769541

表-08

工程量清单综合单价计算表

单位工程(专业)：某城市道路工程-道路工程 第4页 共5页

序号	编号	名称	计量单位	数量	综合单价(元)									合计(元)
					定额人工费	人工费价差	材料费	定额机械费	机械费价差	管理费	利润	风险费用	小计	
13	040203003001	透层、粘层 材料品种：乳化沥青	m^2	8880.00	0.02	0.01	4.59	0.12	0.01	0.03	0.02		4.80	42624
	2-148	半刚性基层乳化沥青 透层	m^2	8880	0.02	0.01	4.59	0.12	0.01	0.03	0.02		4.80	42624
		2. 人行道部分												
14	040204001001	人行道整形 碾压 1. 部位：人行道 2. 范围：施工图范围内	m^2	864.00	0.67	0.57		0.11	0.02	0.14	0.09		1.60	1382
	2-2	人行道整形碾压	m^2	864	0.67	0.57		0.11	0.02	0.14	0.09		1.60	1382
15	040204002001	人行道块料 铺设 1. 块料品种、规格：5cm厚人行道板 2. 基础、垫层：材料品种、厚度：3cm M10砂浆卧底+10cm厚C15混凝土垫层 3. 图形：直线、弧形等	m^2	864.00	13.41	11.53	80.68	1.47	0.57	2.71	1.78		112.15	96898
	2-211	现拌混凝土人行道基础 厚度10cm	m^2	864	4.42	3.80	27.64	1.27	0.43	1.04	0.68		39.28	33938
	2-215换	人行道板安砌砂浆垫层厚度2cm～水泥砂浆M10.0	m^2	864	8.99	7.73	53.04	0.20	0.14	1.67	1.10		72.87	62960
16	040204004001	安砌侧石 1. 材料品种、规格：C25预制侧石，15cm×37cm×100cm 2. 基础、垫层：材料 品种、厚度：2cmM10砂浆卧底	m	1440.00	4.34	3.73	29.26		0.00	0.79	0.52		38.64	55642
	2-227	人工铺装侧平石砂浆粘结层	m^3	4.32	58.82	50.62	206.29		0.00	10.71	7.06		333.50	1441
	2-228	混凝土侧石安砌	m	1440	4.16	3.58	28.64		0.00	0.76	0.50		37.64	54202

表-08

工程量清单综合单价计算表

单位工程(专业)：某城市道路工程-道路工程　　　　第 5 页　共 5 页

序号	编号	名称	计量单位	数量	综合单价(元)									合计(元)
					定额人工费	人工费价差	材料费	定额机械费	机械费价差	管理费	利润	风险费用	小计	
17	040204004002	安砌侧石 1. 材料品种、规格：C25 预制侧石，15cm×50cm×100cm 2. 基础、垫层：材料品种、厚度：2cmM10 砂浆卧底，C20 混凝土	m	480.00	5.22	4.50	35.11		0.00	0.95	0.63		46.41	22277
	2-227	人工铺装侧平石砂浆粘结层	m^3	1.44	58.82	50.62	206.29		0.00	10.71	7.06		333.50	480
	2-228 换	混凝土侧石安砌～道路侧石 15×50×100	m	480	4.16	3.58	30.67		0.00	0.76	0.50		39.67	19042
	2-225	人工铺装侧平石混凝土垫层	m^3	7.2	59.21	50.95	254.51		0.00	10.78	7.11		382.56	2754
18	040204004003	安砌平石 1. 材料品种、规格：C30 预制平石，12cm×50cm×50cm 2. 基础、垫层：材料品种、厚度：3cm M10 砂浆卧底	m	1920.00	3.07	2.65	28.63		0.00	0.56	0.37		35.28	67738
	2-227	人工铺装侧平石砂浆粘结层	m^3	28.8	58.82	50.62	206.29		0.00	10.71	7.06		333.50	9605
	2-230	混凝土平石安砌	m	1920	2.19	1.89	25.54		0.00	0.40	0.26		30.28	58138
合计														3047051

表-08

工程量清单综合单价工料机分析表

单位工程(专业)：某城市道路工程-道路工程

项目编号		040101001001	项目名称	挖一般土方		计量单位	m^3
项目特征	1. 土壤类别：一、二类土 2. 挖土深度：2m内					综合单价	3.02
清单综合单价组成明细							
序号	名称及规格		单位	(1)数量	金额(元)		
					市场价		合价 1×(2+3)
					(2)定额单价	(3)价差	
1	人工	一类人工	工日	0.00480	40.00	35.00	0.36
		小计(定额人工费、价差及合价合计)			0.19	0.17	0.36
2	材料						
		小计					
3	机械	履带式推土机 90kW	台班	0.00017	705.64	45.26	0.13
		履带式单斗挖掘机(液压)$1m^3$	台班	0.00168	1078.38	45.82	1.89
		小计(定额机械费、价差及合价合计)			1.93	0.08	2.02
4	企业管理费		(定额人工费+定额机械费)×0%				0.39
5	利润		(定额人工费+定额机械费)×0%				0.25
6	风险费用		(1+2+3+4+5)×0%				
7	综合单价(4+5+6+7)		1+2+3+4+5+6				3.02

表-09

工程量清单综合单价工料机分析表

单位工程(专业)：某城市道路工程-道路工程　　　　第2页　共18页

项目编号		040103001001	项目名称	回填方		计量单位	m³
项目特征	1. 密实度要求：0～0.8m内压实度98% 2. 填方材料品种：符合填土要求的土方					综合单价	9.19
清单综合单价组成明细							
序号	名称及规格		单位	(1)数量	金额(元)		
					市场价		合价 1×(2+3)
					(2)定额单价	(3)价差	
1	人工	一类人工	工日	0.08488	40.00	35.00	6.37
		小计(定额人工费、价差及合价合计)			3.40	2.97	6.37
2	材料						
		小计					
3	机械	电动夯实机 20～62N·m	台班	0.06140	21.79	0.76	1.39
		小计(定额机械费、价差及合价合计)			1.34	0.05	1.39
4	企业管理费		(定额人工费+定额机械费)×0%				0.86
5	利润		(定额人工费+定额机械费)×0%				0.57
6	风险费用		(1+2+3+4+5)×0%				
7	综合单价(4+5+6+7)		1+2+3+4+5+6				9.19

表-09

工程量清单综合单价工料机分析表

单位工程(专业)：某城市道路工程-道路工程　　　　第 3 页　共 18 页

项目编号	040103002001		项目名称	缺方内运		计量单位	m³
项目特征	运距：10km					综合单价	23.77
清单综合单价组成明细							
序号	名称及规格		单位	(1)数量	金额(元)		
					市场价		合价 1×(2+3)
					(2)定额单价	(3)价差	
1	人工				0.00		
		小计(定额人工费、价差及合价合计)			0.00		
2	材料	水	m³	0.01200	7.28		0.09
		小计					0.09
3	机械	洒水汽车 4000L	台班	0.00060	383.06	57.67	0.26
		自卸汽车 12t	台班	0.02540	644.78	80.52	18.42
		小计(定额机械费、价差及合价合计)			16.61	2.08	18.69
4	企业管理费		(定额人工费+定额机械费)×0%				3.02
5	利润		(定额人工费+定额机械费)×0%				1.99
6	风险费用		(1+2+3+4+5)×0%				
7	综合单价(4+5+6+7)		1+2+3+4+5+6				23.77

表-09

工程量清单综合单价工料机分析表

单位工程(专业)：某城市道路工程-道路工程　　　　第 4 页　共 18 页

项目编号		040202001001	项目名称		路床(槽)整形	计量单位	m^2
项目特征	1. 部位：道路 2. 范围：施工图范围内					综合单价	1.71
清单综合单价组成明细							
序号	名称及规格		单位	(1)数量	金额(元) 市场价 (2)定额单价	金额(元) 市场价 (3)价差	合价 1×(2+3)
1	人工	二类人工	工日	0.00324	43.00	37.00	0.26
		小计(定额人工费、价差及合价合计)			0.14	0.12	0.26
2	材料						
		小计					
3	机械	内燃光轮压路机 12t	台班	0.00128	382.68	41.49	0.54
		履带式推土机 75kW	台班	0.00090	576.52	44.56	0.56
		小计(定额机械费、价差及合价合计)			1.01	0.09	1.10
4	企业管理费		(定额人工费+定额机械费)×0%				0.21
5	利润		(定额人工费+定额机械费)×0%				0.14
6	风险费用		(1+2+3+4+5)×0%				
7	综合单价(4+5+6+7)		1+2+3+4+5+6				1.71

表-09

工程量清单综合单价工料机分析表

单位工程(专业)：某城市道路工程-道路工程

<table>
<tr><td colspan="2">项目编号</td><td>040202013001</td><td>项目名称</td><td colspan="2">山皮石基层</td><td>计量单位</td><td>m^2</td></tr>
<tr><td>项目特征</td><td colspan="5">1. 石料规格：塘渣
2. 厚度：30cm</td><td>综合单价</td><td>24.6</td></tr>
<tr><td colspan="8">清单综合单价组成明细</td></tr>
<tr><td rowspan="3">序号</td><td colspan="2" rowspan="3">名称及规格</td><td rowspan="3">单位</td><td rowspan="3">(1)数量</td><td colspan="3">金额(元)</td></tr>
<tr><td colspan="2">市场价</td><td rowspan="2">合价
1×(2+3)</td></tr>
<tr><td>(2)定额单价</td><td>(3)价差</td></tr>
<tr><td rowspan="2">1</td><td rowspan="2">人工</td><td>二类人工</td><td>工日</td><td>0.00975</td><td>43.00</td><td>37.00</td><td>0.78</td></tr>
<tr><td colspan="3">小计(定额人工费、价差及合价合计)</td><td>0.42</td><td>0.36</td><td>0.78</td></tr>
<tr><td rowspan="4">2</td><td rowspan="4">材料</td><td>其他材料费</td><td>元</td><td>0.03780</td><td colspan="2">1.00</td><td>0.04</td></tr>
<tr><td>水</td><td>m^3</td><td>0.04110</td><td colspan="2">7.28</td><td>0.30</td></tr>
<tr><td>塘渣</td><td>t</td><td>0.61261</td><td colspan="2">35.00</td><td>21.44</td></tr>
<tr><td colspan="5">小计</td><td>21.78</td></tr>
<tr><td rowspan="4">3</td><td rowspan="4">机械</td><td>内燃光轮压路机 15t</td><td>台班</td><td>0.00145</td><td>478.82</td><td>43.01</td><td>0.76</td></tr>
<tr><td>平地机 90kW</td><td>台班</td><td>0.00127</td><td>459.55</td><td>41.96</td><td>0.64</td></tr>
<tr><td>内燃光轮压路机 8t</td><td>台班</td><td>0.00033</td><td>268.33</td><td>39.77</td><td>0.10</td></tr>
<tr><td colspan="3">小计(定额机械费、价差及合价合计)</td><td>1.37</td><td>0.13</td><td>1.50</td></tr>
<tr><td>4</td><td colspan="2">企业管理费</td><td colspan="4">(定额人工费+定额机械费)×0%</td><td>0.33</td></tr>
<tr><td>5</td><td colspan="2">利润</td><td colspan="4">(定额人工费+定额机械费)×0%</td><td>0.21</td></tr>
<tr><td>6</td><td colspan="2">风险费用</td><td colspan="4">(1+2+3+4+5)×0%</td><td></td></tr>
<tr><td>7</td><td colspan="2">综合单价(4+5+6+7)</td><td colspan="4">1+2+3+4+5+6</td><td>24.60</td></tr>
</table>

表-09

工程量清单综合单价工料机分析表

单位工程(专业)：某城市道路工程-道路工程　　　　第6页　共18页

项目编号		040202013002		项目名称	山皮石基层		计量单位	m^2
项目特征	1. 石料规格：塘渣 2. 厚度：20cm						综合单价	16.87
清单综合单价组成明细								
序号		名称及规格		单位	(1)数量	金额(元)		
						市场价		合价
						(2)定额单价	(3)价差	1×(2+3)
1	人工	二类人工		工日	0.00865	43.00	37.00	0.69
		小计(定额人工费、价差及合价合计)				0.37	0.32	0.69
2	材料	塘渣		t	0.40840	35.00		14.29
		水		m^3	0.03290	7.28		0.24
		其他材料费		元	0.03030	1.00		0.03
		小计						14.56
3	机械	内燃光轮压路机 8t		台班	0.00033	268.33	39.77	0.10
		内燃光轮压路机 15t		台班	0.00105	478.82	43.01	0.55
		平地机 90kW		台班	0.00107	459.55	41.96	0.54
		小计(定额机械费、价差及合价合计)				1.08	0.10	1.19
4	企业管理费			(定额人工费＋定额机械费)×0%				0.26
5	利润			(定额人工费＋定额机械费)×0%				0.17
6	风险费用			(1＋2＋3＋4＋5)×0%				
7	综合单价(4＋5＋6＋7)			1＋2＋3＋4＋5＋6				16.87

表-09

工程量清单综合单价工料机分析表

单位工程(专业)：某城市道路工程-道路工程　　　　第7页　共18页

项目编号		040202014001	项目名称	粉煤灰三渣	计量单位	m²
项目特征	1. 配合比：粉煤灰：石灰：碎石=32：8：62 2. 厚度：35cm				综合单价	49.01

清单综合单价组成明细							
序号		名称及规格	单位	(1)数量	金额(元) 市场价 (2)定额单价	(3)价差	合价 1×(2+3)
1	人工	二类人工	工日	0.11275	43.00	37.00	9.02
		小计(定额人工费、价差及合价合计)			4.85	4.17	9.02
2	材料	水	m³	0.12510	7.28		0.91
		其他材料费	元	0.14920	1.00		0.15
		厂拌粉煤灰三渣	m³	0.35700	100.00		35.70
		小计					36.76
3	机械	洒水汽车 4000L	台班	0.00040	383.06	57.67	0.18
		内燃光轮压路机 15t	台班	0.00121	478.82	43.01	0.63
		内燃光轮压路机 12t	台班	0.00134	382.68	41.49	0.57
		小计(定额机械费、价差及合价合计)			1.25	0.13	1.38
4	企业管理费		(定额人工费+定额机械费)×0%				1.11
5	利润		(定额人工费+定额机械费)×0%				0.73
6	风险费用		(1+2+3+4+5)×0%				
7	综合单价(4+5+6+7)		1+2+3+4+5+6				49.01

表-09

工程量清单综合单价工料机分析表

单位工程(专业)：某城市道路工程-道路工程　　　　第 8 页　共 18 页

项目编号		040202014002	项目名称	粉煤灰三渣		计量单位	m²
项目特征	1. 配合比：粉煤灰：石灰：碎石＝32：8：62 2. 厚度：30cm					综合单价	42.65
清单综合单价组成明细							
序号	名称及规格		单位	(1)数量	金额(元) 市场价 (2)定额单价	(3)价差	合价 1×(2+3)
1	人工	二类人工	工日	0.10150	43.00	37.00	8.12
		小计(定额人工费、价差及合价合计)			4.36	3.76	8.12
2	材料	厂拌粉煤灰三渣	m³	0.30600	100.00		30.60
		水	m³	0.10910	7.28		0.79
		其他材料费	元	0.12770	1.00		0.13
		小计					31.52
3	机械	内燃光轮压路机 12t	台班	0.00124	382.68	41.49	0.53
		内燃光轮压路机 15t	台班	0.00116	478.82	43.01	0.61
		洒水汽车 4000L	台班	0.00040	383.06	57.67	0.18
		小计(定额机械费、价差及合价合计)			1.18	0.12	1.31
4	企业管理费		(定额人工费＋定额机械费)×0%				1.01
5	利润		(定额人工费＋定额机械费)×0%				0.67
6	风险费用		(1＋2＋3＋4＋5)×0%				
7	综合单价(4＋5＋6＋7)		1＋2＋3＋4＋5＋6				42.65

表-09

工程量清单综合单价工料机分析表

单位工程(专业)：某城市道路工程-道路工程　　　　第 9 页　共 18 页

项目编号		040202014003	项目名称	粉煤灰三渣		计量单位	m^2
项目特征	1. 配合比：粉煤灰：石灰：碎石＝32：8：62 2. 厚度：15cm					综合单价	21.52
清单综合单价组成明细							
序号	名称及规格		单位	(1)数量	金额(元) 市场价 (2)定额单价	(3)价差	合价 1×(2+3)
1	人工	二类人工	工日	0.05110	43.00	37.00	4.09
		小计(定额人工费、价差及合价合计)			2.20	1.89	4.09
2	材料	水	m^3	0.06190	7.28		0.45
		其他材料费	元	0.06390	1.00		0.06
		厂拌粉煤灰三渣	m^3	0.15300	100.00		15.30
		小计					15.81
3	机械	洒水汽车 4000L	台班	0.00040	383.06	57.67	0.18
		内燃光轮压路机 15t	台班	0.00058	478.82	43.01	0.30
		内燃光轮压路机 12t	台班	0.00062	382.68	41.49	0.26
		小计(定额机械费、价差及合价合计)			0.67	0.07	0.74
4	企业管理费		(定额人工费＋定额机械费)×0%				0.52
5	利润		(定额人工费＋定额机械费)×0%				0.34
6	风险费用		(1＋2＋3＋4＋5)×0%				
7	综合单价(4＋5＋6＋7)		1＋2＋3＋4＋5＋6				21.52

表-09

工程量清单综合单价工料机分析表

单位工程(专业)：某城市道路工程-道路工程　　　　第 10 页　共 18 页

<table>
<tr><td colspan="2">项目编号</td><td>040203006001</td><td>项目名称</td><td colspan="2">沥青混凝土</td><td>计量单位</td><td>m²</td></tr>
<tr><td>项目特征</td><td colspan="5">1. 沥青品种：进口沥青
2. 沥青混凝土种类：细粒式沥青混凝土</td><td>综合单价</td><td>44.02</td></tr>
<tr><td colspan="8">清单综合单价组成明细</td></tr>
<tr><td rowspan="3">序号</td><td rowspan="3" colspan="2">名称及规格</td><td rowspan="3">单位</td><td rowspan="3">(1)数量</td><td colspan="3">金额(元)</td></tr>
<tr><td colspan="2">市场价</td><td rowspan="2">合价
1×(2+3)</td></tr>
<tr><td>(2)定额单价</td><td>(3)价差</td></tr>
<tr><td rowspan="2">1</td><td rowspan="2">人工</td><td>二类人工</td><td>工日</td><td>0.00760</td><td>43.00</td><td>37.00</td><td>0.61</td></tr>
<tr><td colspan="3">小计(定额人工费、价差及合价合计)</td><td>0.33</td><td>0.28</td><td>0.61</td></tr>
<tr><td rowspan="4">2</td><td rowspan="4">材料</td><td>细粒式沥青商品混凝土</td><td>m³</td><td>0.03030</td><td colspan="2">1350.00</td><td>40.91</td></tr>
<tr><td>柴油</td><td>kg</td><td>0.03000</td><td colspan="2">7.79</td><td>0.23</td></tr>
<tr><td>其他材料费</td><td>元</td><td>0.07890</td><td colspan="2">1.00</td><td>0.08</td></tr>
<tr><td colspan="5">小计</td><td>41.22</td></tr>
<tr><td rowspan="4">3</td><td rowspan="4">机械</td><td>内燃光轮压路机 8t</td><td>台班</td><td>0.00130</td><td>268.33</td><td>39.77</td><td>0.40</td></tr>
<tr><td>内燃光轮压路机 15t</td><td>台班</td><td>0.00130</td><td>478.82</td><td>43.01</td><td>0.68</td></tr>
<tr><td>沥青混凝土摊铺机 8t</td><td>台班</td><td>0.00065</td><td>789.95</td><td>79.60</td><td>0.57</td></tr>
<tr><td colspan="3">小计(定额机械费、价差及合价合计)</td><td>1.48</td><td>0.16</td><td>1.64</td></tr>
<tr><td>4</td><td colspan="2">企业管理费</td><td colspan="4">(定额人工费＋定额机械费)×0%</td><td>0.33</td></tr>
<tr><td>5</td><td colspan="2">利润</td><td colspan="4">(定额人工费＋定额机械费)×0%</td><td>0.22</td></tr>
<tr><td>6</td><td colspan="2">风险费用</td><td colspan="4">(1＋2＋3＋4＋5)×0%</td><td></td></tr>
<tr><td>7</td><td colspan="2">综合单价(4＋5＋6＋7)</td><td colspan="4">1＋2＋3＋4＋5＋6</td><td>44.02</td></tr>
</table>

表-09

工程量清单综合单价工料机分析表

单位工程(专业)：某城市道路工程-道路工程　　　　第11页　共18页

项目编号		040203006002	项目名称	沥青混凝土		计量单位	m²
项目特征	1. 沥青品种：进口沥青 2. 沥青混凝土种类：中粒式沥青混凝土					综合单价	66.66
清单综合单价组成明细							
序号	名称及规格		单位	(1)数量	金额(元) 市场价 (2)定额单价	(3)价差	合价 1×(2+3)
1	人工	二类人工	工日	0.00847	43.00	37.00	0.68
		小计(定额人工费、价差及合价合计)			0.36	0.31	0.68
2	材料	中粒式沥青商品混凝土	m³	0.05050	1250.00		63.13
		柴油	kg	0.02500	7.79		0.19
		其他材料费	元	0.12720	1.00		0.13
		小计					63.45
3	机械	内燃光轮压路机 8t	台班	0.00150	268.33	39.77	0.46
		内燃光轮压路机 15t	台班	0.00150	478.82	43.01	0.78
		沥青混凝土摊铺机 8t	台班	0.00075	789.95	79.60	0.65
		小计(定额机械费、价差及合价合计)			1.71	0.18	1.90
4	企业管理费		(定额人工费+定额机械费)×0%				0.38
5	利润		(定额人工费+定额机械费)×0%				0.25
6	风险费用		(1+2+3+4+5)×0%				
7	综合单价(4+5+6+7)		1+2+3+4+5+6				66.66

表-09

工程量清单综合单价工料机分析表

单位工程(专业)：某城市道路工程-道路工程　　　　第12页　共18页

<table>
<tr><td>项目编号</td><td colspan="2">040203006003</td><td>项目名称</td><td colspan="2">沥青混凝土</td><td>计量单位</td><td>m²</td></tr>
<tr><td>项目特征</td><td colspan="5">1. 沥青品种：进口沥青
2. 沥青混凝土种类：粗粒式沥青混凝土</td><td>综合单价</td><td>86.66</td></tr>
<tr><td colspan="8">清单综合单价组成明细</td></tr>
<tr><td rowspan="3">序号</td><td rowspan="3" colspan="2">名称及规格</td><td rowspan="3">单位</td><td rowspan="3">(1)数量</td><td colspan="3">金额(元)</td></tr>
<tr><td colspan="2">市场价</td><td rowspan="2">合价
1×(2+3)</td></tr>
<tr><td>(2)定额单价</td><td>(3)价差</td></tr>
<tr><td rowspan="2">1</td><td rowspan="2">人工</td><td>二类人工</td><td>工日</td><td>0.01095</td><td>43.00</td><td>37.00</td><td>0.88</td></tr>
<tr><td colspan="3">小计(定额人工费、价差及合价合计)</td><td>0.47</td><td>0.41</td><td>0.88</td></tr>
<tr><td rowspan="4">2</td><td rowspan="4">材料</td><td>柴油</td><td>kg</td><td>0.03300</td><td colspan="2">7.79</td><td>0.26</td></tr>
<tr><td>其他材料费</td><td>元</td><td>0.16540</td><td colspan="2">1.00</td><td>0.17</td></tr>
<tr><td>粗粒式沥青商品混凝土</td><td>m³</td><td>0.07070</td><td colspan="2">1150.00</td><td>81.31</td></tr>
<tr><td colspan="5">小计</td><td>81.73</td></tr>
<tr><td rowspan="4">3</td><td rowspan="4">机械</td><td>内燃光轮压路机 15t</td><td>台班</td><td>0.00181</td><td>478.82</td><td>43.01</td><td>0.94</td></tr>
<tr><td>沥青混凝土摊铺机 8t</td><td>台班</td><td>0.00181</td><td>789.95</td><td>79.60</td><td>1.57</td></tr>
<tr><td>内燃光轮压路机 8t</td><td>台班</td><td>0.00181</td><td>268.33</td><td>39.77</td><td>0.56</td></tr>
<tr><td colspan="3">小计(定额机械费、价差及合价合计)</td><td>2.78</td><td>0.29</td><td>3.08</td></tr>
<tr><td>4</td><td colspan="2">企业管理费</td><td colspan="4">(定额人工费＋定额机械费)×0%</td><td>0.59</td></tr>
<tr><td>5</td><td colspan="2">利润</td><td colspan="4">(定额人工费＋定额机械费)×0%</td><td>0.39</td></tr>
<tr><td>6</td><td colspan="2">风险费用</td><td colspan="4">(1＋2＋3＋4＋5)×0%</td><td></td></tr>
<tr><td>7</td><td colspan="2">综合单价(4＋5＋6＋7)</td><td colspan="4">1＋2＋3＋4＋5＋6</td><td>86.66</td></tr>
</table>

表-09

工程量清单综合单价工料机分析表

单位工程(专业)：某城市道路工程-道路工程　　　　第13页　共18页

项目编号	040203003001	项目名称	透层、粘层	计量单位	m²
项目特征	材料品种：乳化沥青			综合单价	4.8

清单综合单价组成明细							
序号	名称及规格		单位	(1)数量	金额(元)		
					市场价		合价
					(2)定额单价	(3)价差	1×(2+3)
1	人工	二类人工	工日	0.00036	43.00	37.00	0.03
		小计(定额人工费、价差及合价合计)			0.02	0.01	0.03
2	材料	乳化沥青	kg	0.93000	4.90		4.56
		石屑	t	0.00043	43.00		0.02
		其他材料费	元	0.01210	1.00		0.01
		小计					4.59
3	机械	汽车式沥青喷洒机 4000L	台班	0.00014	620.48	58.55	0.10
		其他机械费	元	0.03600	1.00		0.04
		小计(定额机械费、价差及合价合计)			0.12	0.01	0.13
4	企业管理费		(定额人工费+定额机械费)×0%				0.03
5	利润		(定额人工费+定额机械费)×0%				0.02
6	风险费用		(1+2+3+4+5)×0%				
7	综合单价(4+5+6+7)		1+2+3+4+5+6				4.80

表-09

工程量清单综合单价工料机分析表

单位工程(专业)：某城市道路工程-道路工程　　　　第14页　共18页

项目编号		040204001001	项目名称	人行道整形　碾压		计量单位	m²
项目特征	1. 部位：人行道 2. 范围：施工图范围内					综合单价	1.6
清单综合单价组成明细							
序号		名称及规格	单位	(1)数量	金额(元) 市场价 (2)定额单价	(3)价差	合价 1×(2+3)
1	人工	二类人工	工日	0.01550	43.00	37.00	1.24
		小计(定额人工费、价差及合价合计)			0.67	0.57	1.24
2	材料						
		小计					
3	机械	内燃光轮压路机 12t	台班	0.00030	382.68	41.49	0.13
		小计(定额机械费、价差及合价合计)			0.11	0.01	0.13
4	企业管理费		(定额人工费+定额机械费)×0%				0.14
5	利润		(定额人工费+定额机械费)×0%				0.09
6	风险费用		(1+2+3+4+5)×0%				
7	综合单价(4+5+6+7)		1+2+3+4+5+6				1.60

表-09

工程量清单综合单价工料机分析表

单位工程(专业)：某城市道路工程-道路工程 第15页 共18页

项目编号		040204002001	项目名称	人行道块料铺设	计量单位		m²
项目特征	1. 块料品种、规格：5cm厚人行道板 2. 基础、垫层：材料 品种、厚度：3cm M10砂浆卧底+10cm厚C15混凝土垫层				综合单价		112.15
清单综合单价组成明细							
序号		名称及规格	单位	(1)数量	金额(元) 市场价 (2)定额单价	(3)价差	合价 1×(2+3)
1	人工	二类人工	工日	0.31180	43.00	37.00	24.94
		小计(定额人工费、价差及合价合计)			13.41	11.54	24.94
2	材料	黄砂(净砂)综合	t	0.14085	80.00		11.27
		其他材料费	元	0.09850	1.00		0.10
		水	m³	0.16781	7.28		1.22
		养护毯	m²	0.42000	3.30		1.39
		水泥42.5	kg	28.13500	0.35		9.85
		人行道板250×250×50	m²	1.03000	45.00		46.35
		碎石综合	t	0.12221	86.00		10.51
		小计					80.68
3	机械	机动翻斗车1t	台班	0.00807	109.73	37.84	1.19
		灰浆搅拌机200L	台班	0.00350	58.57	37.40	0.34
		混凝土振捣器平板式BLL	台班	0.00333	17.56	0.18	0.06
		双锥反转出料混凝土搅拌机350L	台班	0.00333	96.72	39.00	0.45
		小计(定额机械费、价差及合价合计)			1.47	0.57	2.04
4	企业管理费		(定额人工费+定额机械费)×0%				2.71
5	利润		(定额人工费+定额机械费)×0%				1.78
6	风险费用		(1+2+3+4+5)×0%				
7	综合单价(4+5+6+7)		1+2+3+4+5+6				112.15

表-09

工程量清单综合单价工料机分析表

单位工程(专业)：某城市道路工程-道路工程　　　　第 16 页　共 18 页

<table>
<tr><td colspan="2">项目编号</td><td>040204004001</td><td>项目名称</td><td colspan="2">安砌侧石</td><td>计量单位</td><td>m</td></tr>
<tr><td>项目特征</td><td colspan="5">1. 材料品种、规格：C25 预制侧石，15cm×37cm×100cm
2. 基础、垫层：材料　品种、厚度：2cmM10 砂浆卧底</td><td>综合单价</td><td>38.64</td></tr>
<tr><td colspan="8">清单综合单价组成明细</td></tr>
<tr><td rowspan="3">序号</td><td rowspan="3" colspan="2">名称及规格</td><td rowspan="3">单位</td><td rowspan="3">(1)数量</td><td colspan="3">金额(元)</td></tr>
<tr><td colspan="2">市场价</td><td rowspan="2">合价
1×(2+3)</td></tr>
<tr><td>(2)定额单价</td><td>(3)价差</td></tr>
<tr><td rowspan="2">1</td><td rowspan="2">人工</td><td>二类人工</td><td>工日</td><td>0.10080</td><td>43.00</td><td>37.00</td><td>8.06</td></tr>
<tr><td colspan="3">小计(定额人工费、价差及合价合计)</td><td>4.33</td><td>3.73</td><td>8.06</td></tr>
<tr><td rowspan="6">2</td><td rowspan="6">材料</td><td>其他材料费</td><td>元</td><td>0.06508</td><td colspan="2">1.00</td><td>0.07</td></tr>
<tr><td>水</td><td>m³</td><td>0.00164</td><td colspan="2">7.28</td><td>0.01</td></tr>
<tr><td>水泥 42.5</td><td>kg</td><td>0.91050</td><td colspan="2">0.35</td><td>0.32</td></tr>
<tr><td>道路侧石 370×150×1000</td><td>m</td><td>1.01500</td><td colspan="2">28.00</td><td>28.42</td></tr>
<tr><td>黄砂(净砂)综合</td><td>t</td><td>0.00556</td><td colspan="2">80.00</td><td>0.44</td></tr>
<tr><td colspan="5">小计</td><td>29.26</td></tr>
<tr><td rowspan="2">3</td><td rowspan="2">机械</td><td></td><td></td><td></td><td>0.00</td><td></td><td></td></tr>
<tr><td colspan="3">小计(定额机械费、价差及合价合计)</td><td>0.00</td><td></td><td></td></tr>
<tr><td>4</td><td colspan="2">企业管理费</td><td colspan="4">(定额人工费+定额机械费)×0%</td><td>0.79</td></tr>
<tr><td>5</td><td colspan="2">利润</td><td colspan="4">(定额人工费+定额机械费)×0%</td><td>0.52</td></tr>
<tr><td>6</td><td colspan="2">风险费用</td><td colspan="4">(1+2+3+4+5)×0%</td><td></td></tr>
<tr><td>7</td><td colspan="2">综合单价(4+5+6+7)</td><td colspan="4">1+2+3+4+5+6</td><td>38.64</td></tr>
</table>

表-09

工程量清单综合单价工料机分析表

单位工程(专业)：某城市道路工程-道路工程 第17页 共18页

项目编号		040204004002	项目名称	安砌侧石		计量单位	m
项目特征	1. 材料品种、规格：C25预制侧石，15cm×50cm×100cm 2. 基础、垫层：材料 品种、厚度：2cmM10砂浆卧底，C20混凝土					综合单价	46.41
清单综合单价组成明细							
序号	名称及规格		单位	(1)数量	金额(元) 市场价 (2)定额单价	(3)价差	合价 1×(2+3)
1	人工	二类人工	工日	0.12146	43.00	37.00	9.72
		小计(定额人工费、价差及合价合计)			5.22	4.49	9.72
2	材料	碎石综合	t	0.01833	86.00		1.58
		其他材料费	元	0.07603	1.00		0.08
		水	m^3	0.00738	7.28		0.05
		黄砂(净砂)综合	t	0.01946	80.00		1.56
		水泥 42.5	kg	3.98595	0.35		1.40
		道路侧石 15×50×100	m	1.01500	30.00		30.45
		小计					35.11
3	机械				0.00		
		小计(定额机械费、价差及合价合计)			0.00		
4	企业管理费		(定额人工费+定额机械费)×0%				0.95
5	利润		(定额人工费+定额机械费)×0%				0.63
6	风险费用		(1+2+3+4+5)×0%				
7	综合单价(4+5+6+7)		1+2+3+4+5+6				46.41

表-09

工程量清单综合单价工料机分析表

单位工程(专业)：某城市道路工程-道路工程　　　　第18页　共18页

项目编号		040204004003	项目名称	安砌平石		计量单位	m
项目特征	1. 材料品种、规格：C30预制平石，12cm×50cm×50cm 2. 基础、垫层：材料品种、厚度：3cmM10砂浆卧底					综合单价	35.28
清单综合单价组成明细							
序号		名称及规格	单位	(1)数量	金额(元)		
					市场价		合价
					(2)定额单价	(3)价差	1×(2+3)
1	人工	二类人工	工日	0.07152	43.00	37.00	5.72
		小计(定额人工费、价差及合价合计)			3.08	2.65	5.72
2	材料	混凝土平石 500×500×120	m	1.01500	25.00		25.38
		水泥 42.5	kg	3.50160	0.35		1.23
		黄砂(净砂)综合	t	0.02371	80.00		1.90
		水	m^3	0.00726	7.28		0.05
		其他材料费	元	0.08310	1.00		0.08
		小计					28.63
3	机械				0.00		
		小计(定额机械费、价差及合价合计)			0.00		
4	企业管理费		(定额人工费+定额机械费)×0%				0.56
5	利润		(定额人工费+定额机械费)×0%				0.37
6	风险费用		(1+2+3+4+5)×0%				
7	综合单价(4+5+6+7)		1+2+3+4+5+6				35.28

表-09

施工组织措施项目清单与计价表

单位工程(专业)：某城市道路工程-道路工程　　　　第1页　共1页

序号	项目名称	计算基础	费率(%)	金额(元)
1	安全文明施工费	定额人工费＋定额机械费	7.58	38127
2	其他组织措施费			17655
3	夜间施工增加费	定额人工费＋定额机械费	0.03	151
4	二次搬运费	定额人工费＋定额机械费	0.71	3571
5	冬雨季施工增加费	定额人工费＋定额机械费	0.19	956
6	行车、行人干扰增加费	定额人工费＋定额机械费	2.5	12575
7	已完工程及设备保护费	定额人工费＋定额机械费	0.04	201
8	提前竣工增加费	定额人工费＋定额机械费		
9	工程定位复测费	定额人工费＋定额机械费	0.04	201
10	特殊地区增加费	定额人工费＋定额机械费		
	合计			55782

表-10

施工技术措施项目清单与计价表

单位工程(专业)：某城市道路工程-道路工程　　　　第1页　共1页

序号	项目编码	项目名称	项目特征	计量单位	工程量	综合单价(元)	合价(元)	其中(元)				备注
								定额人工费	人工费价差	定额机械费	机械费价差	
		0411 措施项目					34744	4157	3581	4204	435	
1	041106001001	大型机械设备进出场及安拆		台·次	1	10864.32	10864	989.00	851.00	3969.81	405.33	
2	041102001001	垫层模板		m^2	600.00	39.80	23880	3168.00	2730.00	234.00	30.00	
本页小计							34744	4157	3581	4204	435	
合计							34744	4157	3581	4204	435	

表-11

措施项目清单综合单价计算表

单位工程(专业)：某城市道路工程-道路工程　　　　第1页　共1页

序号	编号	名称	计量单位	数量	综合单价(元)									合计(元)
					定额人工费	人工费价差	材料费	定额机械费	机械费价差	管理费	利润	风险费用	小计	
		0411 措施项目												
1	041106001001	大型机械设备进出场及安拆	台·次	1	989.00	851	3151.62	3969.81	405.33	902.51	595.05		10864.32	10864
	3001	履带式挖掘机 $1m^3$ 以内场外运输费用	台次	1	516.00	444	1273.85	1323.27	135.11	334.75	220.71		4247.69	4248
	3003	履带式推土机 90kW 以内场外运输费用	台次	1	258.00	222	770.17	1323.27	135.11	287.79	189.75		3186.09	3186
	3010	压路机场外运输费用	台次	1	215.00	185	1107.60	1323.27	135.11	279.97	184.59		3430.54	3431
2	041102001001	垫层模板	m^2	600	5.28	4.55	27.82	0.39	0.05	1.03	0.68		39.80	23880
	6-1044	现浇混凝土基础垫层木模	m^2	600	5.28	4.55	27.82	0.39	0.05	1.03	0.68		39.80	23880
合计														34744

表-12

措施项目清单综合单价工料机分析表

单位工程(专业)：某城市道路工程-道路工程　　　　第1页　共2页

项目编号		041106001001	项目名称	大型机械设备进出场及安拆		计量单位	台·次
项目特征						综合单价	10864.32
清单综合单价组成明细							
序号	名称及规格		单位	(1)数量	金额(元)		
					市场价		合价
					(2)定额单价	(3)价差	1×(2+3)
1	人工	二类人工	工日	23.00000	43.00	37.00	1840.00
		小计(定额人工费、价差及合价合计)			989.00	851.00	1840.00
2	材料	枕木	m^3	0.24000	2000.00		480.00
		镀锌铁丝	kg	12.00000	7.00		84.00
		草袋	个	30.00000	2.54		76.20
		架线	次	1.40000	450.00		630.00
		回程费 25%	元	1873.35000	1.00		1873.35
		橡胶板 δ2	m^2	0.78000	10.33		8.06
		小计					3151.61
3	机械	汽车式起重机 5t	台班	3.00000	330.22	53.08	1149.88
		平板拖车组 40t	台班	3.00000	993.05	82.03	3225.25
		小计(定额机械费、价差及合价合计)			3969.80	405.33	4375.13
4	企业管理费		(定额人工费+定额机械费)×0%				902.51
5	利润		(定额人工费+定额机械费)×0%				595.05
6	风险费用		(1+2+3+4+5)×0%				
7	综合单价(4+5+6+7)		1+2+3+4+5+6				10864.32

表-13

措施项目清单综合单价工料机分析表

单位工程(专业)：某城市道路工程-道路工程　　　　第 2 页　共 2 页

项目编号		041102001001	项目名称	垫层模板		计量单位	m²
项目特征						综合单价	39.8
清单综合单价组成明细							
序号	名称及规格		单位	(1)数量	金额(元)		
					市场价		合价
					(2)定额单价	(3)价差	1×(2+3)
1	人工	二类人工	工日	0.12288	43.00	37.00	9.83
		小计(定额人工费、价差及合价合计)			5.28	4.55	9.83
2	材料	镀锌铁丝 22#	kg	0.00180	7.00		0.01
		水泥 42.5	kg	0.05544	0.35		0.02
		黄砂(净砂)综合	t	0.00014	80.00		0.01
		水	m^3	0.00004	7.28		0.00
		圆钉	kg	0.19730	7.50		1.48
		木模板	m^3	0.01445	1800.00		26.01
		脱模剂	kg	0.10000	2.83		0.28
		小计					27.82
3	机械	载货汽车 5t	台班	0.00110	317.14	41.51	0.39
		木工圆锯机 ϕ500	台班	0.00160	25.38	1.10	0.04
		小计(定额机械费、价差及合价合计)			0.39	0.05	0.44
4	企业管理费		(定额人工费+定额机械费)×0%				1.03
5	利润		(定额人工费+定额机械费)×0%				0.68
6	风险费用		(1+2+3+4+5)×0%				
7	综合单价(4+5+6+7)		1+2+3+4+5+6				39.80

表-13

工程人工费汇总表

单位工程(专业)：某城市道路工程-道路工程　　　　第1页　共1页

序号	编码	人工	单位	数量	单价（元）	合价（元）
1	0000001	一类人工	工日	1292.69	75.00	96951.78
2	0000011	二类人工	工日	2232.40	80.00	178592.13
合计						275544

表-16

工程材料费汇总表

单位工程(专业)：某城市道路工程-道路工程　　　　第1页　共2页

序号	编码	材料名称	规格型号	单位	数量	单价（元）	合价（元）
1	0201031	橡胶板	δ2	m^2	0.78	10.33	8.06
2	0233011	草袋		个	30.00	2.54	76.20
3	0351001	圆钉		kg	118.38	7.50	887.85
4	0357101	镀锌铁丝		kg	12.00	7.00	84.00
5	0357109	镀锌铁丝	22#	kg	1.08	7.00	7.56
6	0401031	水泥	42.5	kg	34289.35	0.35	12001.27
7	0403043	黄砂（净砂）	综合	t	184.64	80.00	14771.12
8	0405001	碎石	综合	t	114.38	86.00	9837.09
9	0405081	石屑		t	3.82	43.00	164.19
10	0407001	塘渣		t	5518.38	35.00	193143.17
11	0407071	厂拌粉煤灰三渣		m^3	3625.49	100.00	362548.80
12	0433071	细粒式沥青商品混凝土		m^3	269.06	1350.00	363236.40
13	0433072	中粒式沥青商品混凝土		m^3	278.76	1250.00	348450.00
14	0433073	粗粒式沥青商品混凝土		m^3	627.82	1150.00	721988.40
15	0503041	枕木		m^3	0.24	2000.00	480.00

表-17

工程材料费汇总表

单位工程(专业)：某城市道路工程-道路工程

序号	编码	材料名称	规格型号	单位	数量	单价（元）	合价（元）
16	1043011	养护毯		m^2	362.88	3.30	1197.50
17	1155031	乳化沥青		kg	8258.40	4.90	40466.16
18	1201011	柴油		kg	697.44	7.79	5433.06
19	1233041	脱模剂		kg	60.00	2.83	169.80
20	3115001	水		m^3	2018.93	7.28	14697.80
21	3201021	木模板		m^3	8.67	1800.00	15606.00
22	3305061	人行道板	250×250×50	m^2	889.92	45.00	40046.40
23	3307001	混凝土平石	500×500×120	m	1948.80	25.00	48720.00
24	3307011	道路侧石	370×150×1000	m	1461.60	28.00	40924.80
25	3307011	道路侧石	15×50×100	m	487.20	30.00	14616.00
26	6000001	其他材料费		元	5229.55	1.00	5229.55
27	8001021	水泥砂浆	M7.5	m^3	35.25	200.38	7063.78
28	8001031	水泥砂浆	M10.0	m^3	27.48	207.38	5697.92
29	8001061	水泥砂浆	1∶2	m^3	0.07	259.72	18.70
30	8001081	水泥砂浆	1∶3	m^3	2.11	226.27	477.89
31	8021201	现浇现拌混凝土	C15（40）	m^3	95.00	248.59	23617.46
32	C0000003	架线		次	1.40	450.00	630.00
33	C0000004	回程费	25%	元	1873.35	1.00	1873.35
合计							2294170

表-17

工程机械台班费汇总表

单位工程(专业)：某城市道路工程-道路工程　　　　第1页　共1页

序号	编码	机械设备名称	单位	数量	单价（元）	合价（元）
1	6000041	其他机械费	元	319.68	1.00	319.68
2	9901002	履带式推土机 75kW	台班	9.33	621.08	5795.38
3	9901003	履带式推土机 90kW	台班	0.08	750.90	58.04
4	9901020	平地机 90kW	台班	12.35	501.51	6194.33
5	9901043	履带式单斗挖掘机（液压）$1m^3$	台班	0.76	1124.20	858.74
6	9901056	内燃光轮压路机 8t	台班	39.32	308.10	12114.01
7	9901057	内燃光轮压路机 12t	台班	27.55	424.17	11686.39
8	9901058	内燃光轮压路机 15t	台班	62.14	521.84	32427.31
9	9901068	电动夯实机 20～62N・m	台班	933.52	22.56	21057.90
10	9901079	汽车式沥青喷洒机 4000L	台班	1.24	679.02	844.16
11	9901083	沥青混凝土摊铺机 8t	台班	25.98	869.55	22595.14
12	9903017	汽车式起重机 5t	台班	3.00	383.29	1149.88
13	9904005	载货汽车 5t	台班	0.66	358.65	236.71
14	9904017	自卸汽车 12t	台班	372.90	725.31	270465.22
15	9904024	平板拖车组 40t	台班	3.00	1075.08	3225.25
16	9904030	机动翻斗车 1t	台班	6.97	147.58	1028.98
17	9904034	洒水汽车 4000L	台班	13.30	440.73	5862.30
18	9906006	双锥反转出料混凝土搅拌机 350L	台班	2.88	135.72	390.47
19	9906016	灰浆搅拌机 200L	台班	3.02	95.96	290.20
20	9907012	木工圆锯机 ϕ500	台班	0.96	26.49	25.43
21	9913032	混凝土振捣器平板式 BLL	台班	2.88	17.75	51.06
22	9999991	折旧费（机械）	元	74548.39	1.00	74548.39
23	9999992	大修理费（机械）	元	12909.28	1.00	12909.28
24	9999993	经常修理费（机械）	元	40719.61	1.00	40719.61
25	9999994	安拆费及场外运费（机械）	元	2048.09	1.00	2048.09
26	9999995	其他费用（机械）	元	13562.88	1.00	13562.88
27	J0000011	人工（机械）	工日	986.38	80.00	78910.24
28	J1201011	柴油（机械）	kg	23974.27	6.49	155593.03
29	J1201021	汽油（机械）	kg	507.24	7.79	3951.37
30	J3115031	电（机械）	kW・h	15682.23	0.90	14114.01
合计						793033

表-18

三、工料单价计价法

工程量计算书

单位及专业工程名称：某城市道路工程-道路工程 第1页 共2页

序号	项目编号	项目名称	单位	数量	计算式
1	1-56	挖掘机挖土不装车一、二类土	m^3	454.680	道路：V＝69.77＋25.01＋33.79＋38.15＋23.14＋20.79＋22.34＋50.56＋72.15＋44.5＋60.22
2	1-86	机械平地填土夯实	m^3	15203.910	V＝284.84＋347.41＋389.85＋798.15＋1397.69＋1358.58＋1281.04＋1639.55＋2588.61＋2583.42＋2535.37
3	1-68换	自卸汽车运土方 运距10km内	m^3	14681.030	V＝15203.91－454.68×1.15
4	2-1	路床碾压检验	m^2	10368.000	快车道：(12.5＋0.25＋0.35)×(260－20)×2＋慢车道：(8＋0.25×2)×(260－20)×2
5	2-101	人机配合铺装塘渣底层 厚度25cm	m^2	6288.000	快车道：(12.5＋0.25＋0.35)×(260－20)×2
6	2-100	人机配合铺装塘渣底层 厚度20cm	m^2	4080.000	慢车道：(8＋0.25×2)×(260－20)×2
7	2-47换	厂拌粉煤灰三渣基层铺筑配合比：粉煤灰：石灰：碎石＝32：8：62 厚度35cm	m^2	6288.000	快车道：(12.5＋0.25＋0.35)×(260－20)×2
8	2-47换	厂拌粉煤灰三渣基层铺筑粉煤灰：石灰：碎石＝32：8：62 厚度30cm	m^2	4080.000	慢车道：(8＋0.25×2)×(260－20)×2
9	2-47换	厂拌粉煤灰三渣基层铺筑配合比：粉煤灰：石灰：碎石＝32：8：62 厚度15cm	m^2	864.000	人行道：1200－240×(0.15＋0.55)×2
10	2-51	洒水车洒水	m^2	11232.000	快车道：(12.5＋0.25＋0.35)×(260－20)×2＋慢车道：(8＋0.25×2)×(260－20)×2＋人行道：1200－240×(0.15＋0.55)×2
11	2-191	机械摊铺细粒式沥青混凝土AC13路面 厚度3cm	m^2	8880.000	快车道：(12.5－0.5×2)×(260－20)×2＋慢车道：(8－0.5×2)×(260－20)×2
12	2-184	机械摊铺中粒式沥青混凝土AC20路面 厚度5cm	m^2	5520.000	快车道：(12.5－0.5×2)×(260－20)×2

工程量计算书

单位及专业工程名称：某城市道路工程-道路工程　　　　　　　　　　　第2页　共2页

序号	项目编号	项目名称	单位	数量	计算式
13	2-175换	机械摊铺粗粒式沥青混凝土AC25路面　厚度7cm	m^2	8880.000	快车道：(12.5－0.5×2)×(260－20)×2＋慢车道：(8－0.5×2)×(260－20)×2
14	2-148	半刚性基层乳化沥青　透层	m^2	8880.000	快车道：(12.5－0.5×2)×(260－20)×2＋慢车道：(8－0.5×2)×(260－20)×2
15	2-2	人行道整形碾压	m^2	864.000	人行道：1200－240×(0.15＋0.55)×2
16	2-211	现拌混凝土人行道基础　厚度10cm	m^2	864.000	人行道：1200－240×(0.15＋0.55)×2
17	2-215换	人行道板安砌　砂浆垫层　厚度2cm水泥砂浆M10.0	m^2	864.000	人行道：1200－240×(0.15＋0.55)×2
18	2-228换	混凝土侧石安砌C25预制侧石，15cm×37cm×100cm	m	1440.000	L＝(260－20)×6
19	2-228换	混凝土侧石安砌C25预制侧石，15cm×50cm×100cm	m	480.000	L＝(260－20)×2
20	2-225	人工铺装侧平石混凝土垫层	m^3	7.200	0.1×0.15×480
21	2-230	混凝土平石安砌C30预制平石，12cm×50cm×50cm	m	1920.000	L＝(260－20)×8
22	2-227	人工铺装侧平石砂浆粘结层	m^3	34.560	(1440＋480)×0.15×0.02＋1920×0.5×0.03
23	3001	履带式挖掘机1m^3以内　场外运输费用	台次	1.000	1
24	3003	履带式推土机90kW以内　场外运输费用	台次	1.000	1
25	3010	压路机　场外运输费用	台次	1.000	1
26	6-1044	现浇混凝土基础垫层木模	m^2	600.000	240×0.35×2×2＋240×0.2×2×2＋240×0.15×2

专业工程招标控制计算程序表

单位工程(专业)：某城市道路工程(道路工程)　　　　第1页　共1页

序号	费用名称	计算方法	金额(元)
一	直接费	1+2+3+4+5	2887669
1	其中定额人工费	表-11	140278
2	其中人工价差	表-11	121456
3	其中材料费	表-12	2232992
4	其中定额机械费	表-13	352348
5	其中机械费价差	表-13	40594
二	施工组织措施费	6+7+8+9+10+11+12+13+14	36701
6	安全文明施工费	(1+4)×6.44%	31725
7	工程定位复测费	(1+4)×0.04%	197
8	冬雨期施工增加费	(1+4)×0.19%	936
9	夜间施工增加费	(1+4)×0.03%	148
10	已完工程及设备保护费	(1+4)×0.04%	197
11	二次搬运费	(1+4)×0.71%	3498
12	行车、行人干扰增加费	(1+4)×	0
13	提前竣工增加费	(1+4)×	0
14	特殊地区增加费	(1+4)×	0
三	企业管理费	(1+4)×18.2%	89658
四	利润	(1+4)×12%	59115
五	规费	15+16	40625
15	排污费、社保费、公积金	(1+4)×7.3%	35962
16	民工工伤保险费	(一+二+三+四+15)×0.15%	4664
六	危险作业意外伤害保险费		0
七	总承包服务费		0
八	风险费	(一+二+三+四+五+六+七)×	0
九	暂列金额		0
十	税金	(一+二+三+四+五+六+七+八+九)×3.577%	111379
十一	造价下浮	(一+二+三+四+五+六+七+八+九+十)×	0
十二	建设工程造价	一+二+三+四+五+六+七+八+九+十一十一	3225147

表-02

分部分项工程费计算表

单位工程(专业)：某城市道路工程（道路工程）　　　　第1页　共2页

序号	编号	名　称	单位	数量	单价（元）	合价（元）
		1. 道路部分		1.000	2621924.86	2621924.86
1	1-56	挖掘机挖土不装车一、二类土	m^3	454.680	2.38	1080.46
2	1-86	机械平地填土夯实	m^3	15203.910	7.75	117845.99
3	1-68 换	自卸汽车运土方　运距10km内	m^3	14681.030	18.77	275629.95
4	2-1	路床碾压检验	m^2	10368.000	1.36	14111.97
5	2-101	人机配合铺装塘渣底层　厚度25cm	m^2	6288.000	20.48	128778.94
6	2-100	人机配合铺装塘渣底层　厚度20cm	m^2	4080.000	16.44	67083.48
7	2-47 换	厂拌粉煤灰三渣基层铺筑配合比：粉煤灰：石灰：碎石＝32：8：62 厚度35cm	m^2	6288.000	45.13	283783.88
8	2-47 换	厂拌粉煤灰三渣基层铺筑粉煤灰：石灰：碎石＝32：8：62 厚度30cm	m^2	4080.000	38.92	158812.10
9	2-47 换	厂拌粉煤灰三渣基层铺筑配合比：粉煤灰：石灰：碎石＝32：8：62 厚度15cm	m^2	864.000	20.31	17543.58
10	2-51	洒水车洒水	m^2	11232.000	0.34	3812.22
11	2-191	机械摊铺细粒式沥青混凝土AC13路面　厚度3cm	m^2	8880.000	43.47	386011.18
12	2-184	机械摊铺中粒式沥青混凝土AC20路面　厚度5cm	m^2	5520.000	66.02	364439.34
13	2-175 换	机械摊铺粗粒式沥青混凝土AC25路面　厚度7cm	m^2	8880.000	85.68	760834.37
14	2-148	半刚性基层乳化沥青　透层	m^2	8880.000	4.75	42157.38
		2. 人行道部分		1.000	233526.90	233526.90
15	2-2	人行道整形碾压	m^2	864.000	1.37	1181.31
16	2-211	现拌混凝土人行道基础　厚度10cm	m^2	864.000	37.56	32454.87
17	2-215 换	人行道板安砌砂浆垫层　厚度2cm水泥砂浆M10.0	m^2	864.000	67.90	58666.39
18	2-228 换	混凝土侧石安砌C25预制侧石，15cm×37cm×100cm	m	1440.000	36.38	52383.59
19	2-228 换	混凝土侧石安砌C25预制侧石，15cm×50cm×100cm	m	480.000	38.41	18435.60
20	2-225	人工铺装侧平石混凝土垫层	m^3	7.200	364.67	2625.62
21	2-230	混凝土平石安砌C30预制平石，12cm×50cm×50cm	m	1920.000	29.62	56867.92
22	2-227	人工铺装侧平石砂浆粘结层	m^3	34.560	315.73	10911.60
		3. 措施项目		1.000	32217.02	32217.02
23	3001	履带式挖掘机1m^3以内　场外运输费用	台次	1.000	3692.22	3692.22
24	3003	履带式推土机90kW以内　场外运输费用	台次	1.000	2708.54	2708.54
25	3010	压路机　场外运输费用	台次	1.000	2965.97	2965.97
		本页小计				2864818.49

表-07

分部分项工程费计算表

单位工程(专业)：某城市道路工程（道路工程）　　　　第2页　共2页

序号	编号	名　称	单位	数量	单价（元）	合价（元）
26	6-1044	现浇混凝土基础垫层木模	m²	600.000	38.08	22850.28
		本页小计				22850.28
		合计				2887668.78

表-07

分部分项工程费计算表

单位工程(专业)：某城市道路工程（道路工程）　　　　第1页　共2页

序号	编号	名　称	单位	数量	单价（元）	合价（元）	合价组成		
							人工费	材料费	机械费
		1. 道路部分		1.000	2621924.86	2621924.86	204110.39	2031379.59	386434.87
1	1-56	挖掘机挖土不装车一、二类土	m³	454.680	2.38	1080.46	163.68	0.00	916.78
2	1-86	机械平地填土夯实	m³	15203.910	7.75	117845.99	96788.09	0.00	21057.90
3	1-68换	自卸汽车运土方运距10km内	m³	14681.030	18.77	275629.95	0.00	1282.53	274347.42
4	2-1	路床碾压检验	m²	10368.000	1.36	14111.97	2687.39	0.00	11424.58
5	2-101	人机配合铺装塘渣底层　厚度25cm	m²	6288.000	20.48	128778.94	4904.64	114472.15	9402.16
6	2-100	人机配合铺装塘渣底层　厚度20cm	m²	4080.000	16.44	67083.48	2823.36	59420.35	4839.77
7	2-47换	厂拌粉煤灰三渣基层铺筑配合比：粉煤灰：石灰：碎石＝32：8：62　厚度35cm	m²	6288.000	45.13	283783.88	47990.02	230513.90	5279.96
8	2-47换	厂拌粉煤灰三渣基层铺筑粉煤灰：石灰：碎石＝32：8：62　厚度30cm	m²	4080.000	38.92	158812.10	27466.56	128199.13	3146.41
9	2-47换	厂拌粉煤灰三渣基层铺筑配合比：粉煤灰：石灰：碎石＝32：8：62　厚度15cm	m²	864.000	20.31	17543.58	3483.65	13571.21	488.72
10	2-51	洒水车洒水	m²	11232.000	0.34	3812.22	628.99	1203.13	1980.10
11	2-191	机械摊铺细粒式沥青混凝土AC13路面厚度3cm	m²	8880.000	43.47	386011.18	5399.04	366012.29	14599.86

表-07-1

分部分项工程费计算表

单位工程(专业)：某城市道路工程（道路工程） 第1页 共2页

序号	编号	名称	单位	数量	单价（元）	合价（元）	合价组成		
							人工费	材料费	机械费
12	2-184	机械摊铺中粒式沥青混凝土 AC20 路面 厚度 5cm	m^2	5520.000	66.02	364439.34	3740.35	350227.16	10471.83
13	2-175 换	机械摊铺粗粒式沥青混凝土 AC25 路面 厚度 7cm	m^2	8880.000	85.68	760834.37	7778.88	725739.93	27315.55
14	2-148	半刚性基层乳化沥青 透层	m^2	8880.000	4.75	42157.38	255.74	40737.80	1163.84
		2. 人行道部分		1.000	233526.90	233526.90	49885.09	181771.16	1870.65
15	2-2	人行道整形碾压	m^2	864.000	1.37	1181.31	1071.36	0.00	109.95
16	2-211	现拌混凝土人行道基础 厚度10cm	m^2	864.000	37.56	32454.87	7105.54	23878.83	1470.51
17	2-215 换	人行道板安砌砂浆垫层 厚度 2cm～水泥砂浆 M10.0	m^2	864.000	67.90	58666.39	14446.08	43930.12	290.20
18	2-228 换	混凝土侧石安砌 C25 预制侧石，15cm×37cm×100cm	m	1440.000	36.38	52383.59	11139.84	41243.75	0.00
19	2-228 换	混凝土侧石安砌 C25 预制侧石，15cm×50cm×100cm	m	480.000	38.41	18435.60	3713.28	14722.32	0.00
20	2-225	人工铺装侧平石混凝土垫层	m^3	7.200	364.67	2625.62	793.15	1832.47	0.00
21	2-230	混凝土平石安砌 C30 预制平石，12cm×50cm×50cm	m	1920.000	29.62	56867.92	7833.60	49034.32	0.00
22	2-227	人工铺装侧平石砂浆粘结层	m^3	34.560	315.73	10911.60	3782.25	7129.36	0.00
		3. 措施项目		1.000	32217.02	32217.02	7738.24	19841.51	4637.26
23	3001	履带式挖掘机 $1m^3$ 以内场外运输费用	台次	1.000	3692.22	3692.22	960.00	1273.84	1458.38
24	3003	履带式推土机 90kW 以内 场外运输费用	台次	1.000	2708.54	2708.54	480.00	770.17	1458.38
25	3010	压路机场外运输费用	台次	1.000	2965.97	2965.97	400.00	1107.59	1458.38
26	6-1044	现浇混凝土基础垫层木模	m^2	600.000	38.08	22850.28	5898.24	16689.91	262.13
		合计				2887668.78	261733.73	2232992.26	392942.79

表-07-1

工程人工费汇总表

单位工程(专业)：某城市道路工程（道路工程）　　第1页　共1页

序号	编码	人工	单位	数量	定额价（元）	市场价（元）	定额合价（元）	市场合价（元）	差价合计（元）
1	0000001	一类人工	工日	1292.69	40	75.00	51707.61	96951.78	45244.16
2	0000011	二类人工	工日	2059.77	43	80.00	88570.30	164781.95	76211.65
合计							140278	261734	121456

表-11

工程材料费汇总表

单位工程(专业)：某城市道路工程（道路工程）　　第1页　共1页

序号	编码	材料名称	规格型号	单位	数量	单价（元）	合价（元）
1	0201031	橡胶板	δ2	m^2	0.78	10.33	8.06
2	0233011	草袋		个	30.00	2.54	76.20
3	0351001	圆钉		kg	118.38	7.50	887.85
4	0357101	镀锌铁丝		kg	12.00	7.00	84.00
5	0357109	镀锌铁丝	22#	kg	1.08	7.00	7.56
6	0401031	水泥	42.5	kg	32091.34	0.35	11231.97
7	0403043	黄砂（净砂）	综合	t	170.76	80.00	13661.12
8	0405001	碎石	综合	t	114.38	86.00	9837.09
9	0405081	石屑		t	3.82	43.00	164.19
10	0407001	塘渣		t	4876.36	35.00	170672.56
11	0407071	厂拌粉煤灰三渣		m^3	3625.49	100.00	362548.80
12	0433071	细粒式沥青商品混凝土		m^3	269.06	1350.00	363236.40
13	0433072	中粒式沥青商品混凝土		m^3	278.76	1250.00	348450.00
14	0433073	粗粒式沥青商品混凝土		m^3	627.82	1150.00	721988.40
15	0503041	枕木		m^3	0.24	2000.00	480.00
16	1043011	养护毯		m^2	362.88	3.30	1197.50
17	1155031	乳化沥青		kg	8258.40	4.90	40466.16
18	1201011	柴油		kg	697.44	7.79	5433.06
19	1233041	脱模剂		kg	60.00	2.83	169.80
20	3115001	水		m^3	2024.48	7.28	14738.18
21	3201021	木模板		m^3	8.67	1800.00	15606.00
22	3305061	人行道板	250×250×50	m^2	889.92	45.00	40046.40
23	3307001	混凝土平石	500×500×120	m	1948.80	25.00	48720.00
24	3307011	道路侧石	15×37×100cm	m	1461.60	28.00	40924.80
25	3307011	道路侧石	15×50×100cm	m	487.20	30.00	14616.00
26	6000001	其他材料费		元	5236.80	1.00	5236.80
27	8001021	水泥砂浆	M7.5	m^3	35.25	200.38	7063.78
28	8001031	水泥砂浆	M10.0	m^3	18.32	207.38	3798.61
29	8001061	水泥砂浆	1∶2	m^3	0.07	259.72	18.70
30	8001081	水泥砂浆	1∶3	m^3	2.11	226.27	477.89
31	8021201	现浇现拌混凝土	C15（40）	m^3	95.00	248.59	23617.46
32	C0000003	架线		次	1.40	450.00	630.00
33	C0000004	回程费	25%	元	1873.35	1.00	1873.35
合计							2267969

表-12

工程机械台班费汇总表

单位工程(专业)：某城市道路工程（道路工程）　　第1页　共2页

序号	编码	机械设备名称	规格型号	单位	数量	定额价(元)	市场价(元)	定额合价(元)	市场合价(元)	差价合计(元)
1	6000041	其他机械费		元	319.68	1.00	1.00	319.68	319.68	0.00
2	9901002	履带式推土机	75kW	台班	9.33	576.52	621.08	5379.59	5795.38	415.79
3	9901003	履带式推土机	90kW	台班	0.08	705.64	750.90	54.54	58.04	3.50
4	9901020	平地机	90kW	台班	12.35	459.55	501.51	5676.05	6194.33	518.28
5	9901043	履带式单斗挖掘机（液压）	$1m^3$	台班	0.76	1078.38	1124.20	823.74	858.74	35.00
6	9901056	内燃光轮压路机	8t	台班	39.32	268.33	308.10	10550.30	12114.01	1563.71
7	9901057	内燃光轮压路机	12t	台班	24.23	382.68	424.17	9273.59	10279.09	1005.50
8	9901058	内燃光轮压路机	15t	台班	57.68	478.82	521.84	27619.74	30100.84	2481.10
9	9901068	电动夯实机	20～62N·m	台班	933.52	21.79	22.56	20345.07	21057.90	712.84
10	9901079	汽车式沥青喷洒机	4000L	台班	1.24	620.48	679.02	771.38	844.16	72.79
11	9901083	沥青混凝土摊铺机	8t	台班	25.98	789.95	869.55	20526.64	22595.14	2068.50
12	9903017	汽车式起重机	5t	台班	3.00	330.22	383.29	990.65	1149.88	159.23
13	9904005	载货汽车	5t	台班	0.66	317.14	358.65	209.31	236.71	27.39
14	9904017	自卸汽车	12t	台班	372.90	644.78	725.31	240438.49	270465.22	30026.73
15	9904024	平板拖车组	40t	台班	3.00	993.05	1075.08	2979.15	3225.25	246.10
16	9904030	机动翻斗车	1t	台班	6.97	109.73	147.58	765.11	1028.98	263.87
17	9904034	洒水汽车	4000L	台班	13.30	383.06	440.73	5095.18	5862.30	767.12
18	9906006	双锥反转出料混凝土搅拌机	350L	台班	2.88	96.72	135.72	278.26	390.47	112.21
19	9906016	灰浆搅拌机	200L	台班	3.02	58.57	95.96	177.11	290.20	113.09
20	9907012	木工圆锯机	ϕ500	台班	0.96	25.38	26.49	24.37	25.43	1.06
21	9913032	混凝土振捣器	平板式BLL	台班	2.88	17.56	17.75	50.53	51.06	0.53

表-13-1

工程机械台班费汇总表

单位工程(专业)：某城市道路工程（道路工程）　　　　第2页　共2页

序号	编码	机械设备名称	规格型号	单位	数量	定额价（元）	市场价（元）	定额合价（元）	市场合价（元）	差价合计（元）
22	9999991	折旧费（机械）		元	73957.33	1.00	1.00	73957.33	73957.33	0.00
23	9999992	大修理费（机械）		元	12769.87	1.00	1.00	12769.87	12769.87	0.00
24	9999993	经常修理费（机械）		元	40272.08	1.00	1.00	40272.08	40272.08	0.00
25	9999994	安拆费及场外运费（机械）		元	2048.09	1.00	1.00	2048.09	2048.09	0.00
26	9999995	其他费用（机械）		元	13562.88	1.00	1.00	13562.88	13562.88	0.00
27	J0000011	人工（机械）		工日	978.60	43.00	80.00	42079.88	78288.16	36208.27
28	J1201011	柴油（机械）		kg	23676.32	6.35	6.49	150344.66	153659.35	3314.69
29	J1201021	汽油（机械）		kg	507.24	7.10	7.79	3601.37	3951.37	349.99
30	J3115031	电（机械）		kW·h	15682.23	0.85	0.90	13392.62	14114.01	721.38
合计								704377.25	785565.91	81188.66

表-13-1

机械人工、燃料动力费价格表

单位工程(专业)：某城市道路工程（道路工程）　　　　第1页　共1页

序号	编码	名称	规格型号	单位	数量	单价（元）
1	J0000011	人工（机械）		工日	978.602	80.00
2	J1201011	柴油（机械）		kg	23676.32	6.49
3	J1201021	汽油（机械）		kg	507.24	7.79
4	J3115031	电（机械）		kW·h	15682.231	0.90

表-14

道路工程说明

一、设计依据

1. 杭州市七格污水处理厂工程建设指挥部委托我院工程设计合同。

2. 关于德胜路（红普路—下沙高教一号路）初步设计的批复。（杭建设发（2003）258 号，2003.4.24）。

3. 杭州市建设委员会公文处理简复。(杭建计简复（2002）181 号)。

二、主要设计资料

1.《城市道路设计规范》CJJ 37—90。

2.《城市道路和建筑物无障碍设计规范》JGJ 50—2001。

三、道路设计调整内容

1. 与初步设计相比，道路路宽由初设 50m 增加到 60m，道路分幅也作了一定的调整（详见标准横断面）。

2. 因道路路宽和路幅的调整且要与已设计道路标高接顺，道路纵断也做了相应的调整。

3. 本标段与初步设计相比在桩号k8+260 处增加一座跨径 20m 的桥梁。

四、道路设计标准

1. 道路设计等级：城市快速路，设计车速：80km/h，辅道设计车速：40km/h。

2. 沥青路面设计年限 15 年，路面结构设计标准轴载 100kN。交通等级：重型。

五、道路路面结构设计

快车道：3cm（细粒式沥青混凝土）+5cm（中粒式沥青混凝土）+7cm（粗粒式沥青混凝土）+35cm（粉煤灰三渣）+30cm（塘渣垫层）=80cm。

辅　道：3cm（细粒式沥青混凝土）+7cm（粗粒式沥青混凝土）+30cm（粉煤灰三渣）+20cm（塘渣垫层）=60cm。

人行道：5cm(预制人行道板)+2cm(水泥砂浆)+15cm(粉煤灰三渣)=22cm。

六、路基工程

设计德胜路大部分路段为拆迁建筑、现状农田及池塘，要求对路基进行处理。

1. 对于现状农田路段，路基施工前需先清除表层耕植土，层厚约为 30cm，然后分层回填至路基顶面。

2. 对于淤泥质填土和池塘等不良地质的路段，应先抽干水，要求完全清淤，然后用塘渣进行换填处理，分层回填至路基顶面，如遇淤泥层较厚，则根据实际情况，待施工时再明确处理方案。

3. 对于沿线桥梁桥台台背 5m 范围内填土应采用砂碎石回填。

七、施工注意事项

1. 本标段设计起点桩号为K8+120,终点桩号为K10+320。

2. 与本次设计道路相交的经一路、经二路、经三路、经四路均不开口（平面图中用虚线表示）。

3. 道路平面图中表示的桥梁、箱涵位置、尺寸及结构以桥梁、箱涵图为准。

4. 公交车站位置设在辅道上，采用非港湾式停靠站，具体位置由公交公司和其他部门协商确定。

5. 道路两侧挡墙基础如遇池塘，则先清淤，用塘渣回填至周围现状地面标高，然后在其上砌筑挡墙至路面高度。

6. 道路填土应分层回填，采用重型压路机碾压，每层夯实厚度不大于30cm，路槽下 0~0.8m 范围压实度为 98%，0.8m 以下压实度为 93%。保证土基回弹模量≥25MPa，再铺基层，严禁用生活垃圾和淤质土及有机质土回填。

7. 施工前应进行各项室内指标试验（包括侧石抗压强度等），满足要求后才能进行施工。

8. 路基填方及路面结构施工时应严格按有关规范及验收标准执行，合格后可进行下一道工序施工。

八、工程质量验收标准

道路工程质量验收和评定按《市政道路工程质量检验评定标准》CJJ 1—90 进行。

道路说明

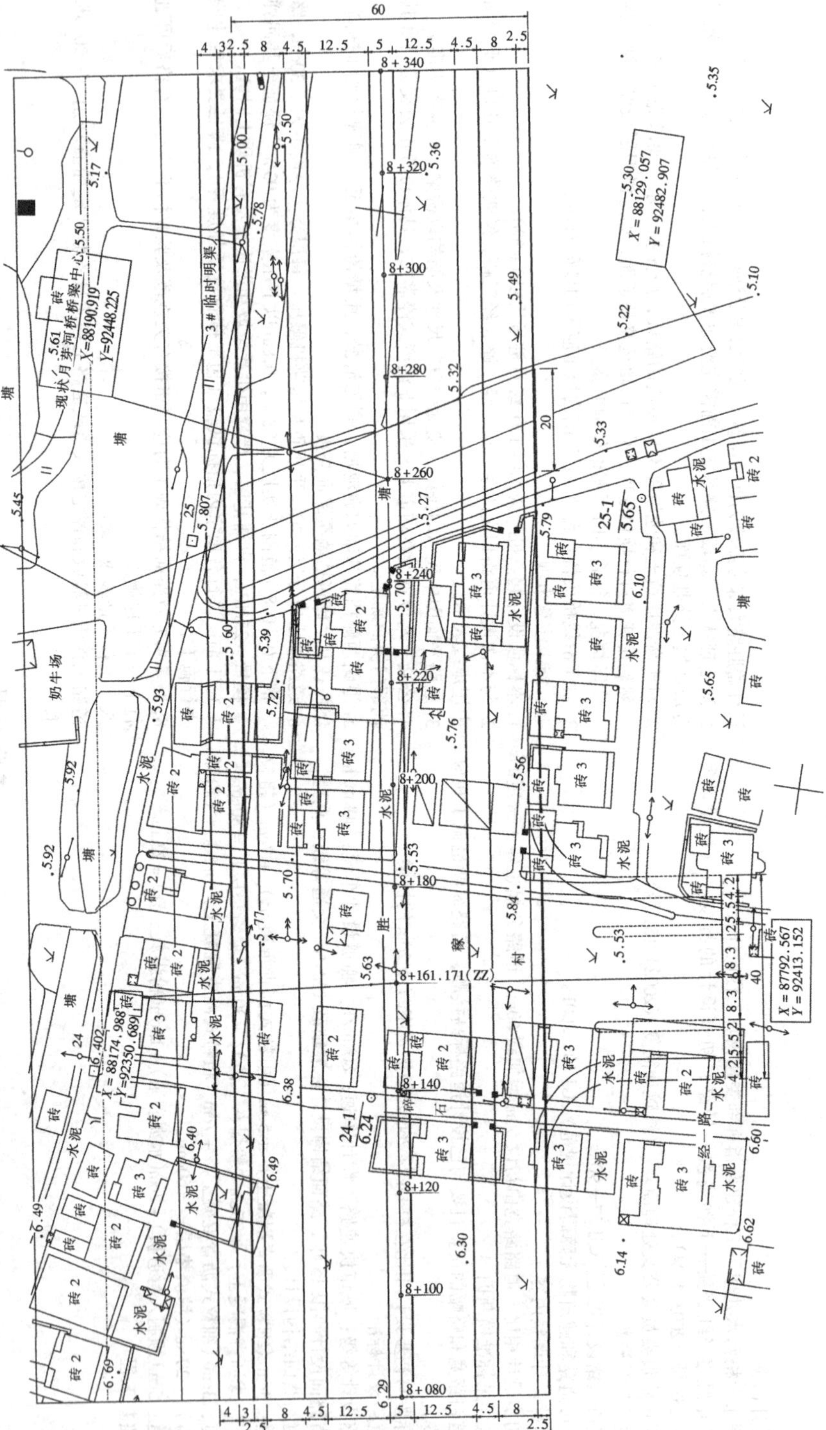
60
4 3 2.5 8 4.5 12.5 5 12.5 4.5 8 2.5
8+340
8+320
8+300
8+280
8+260
8+240
8+220
8+200
8+180
8+161.171(ZZ)
8+140
8+120
8+100
8+080
X=88246.614
Y=92417.001
现状月荸河桥梁中心
X=88190.919
Y=92448.225
3#临时明渠
X=88129.057
Y=92482.907
X=88174.988
Y=92350.689
X=87792.567
Y=92413.152
奶牛场
塘
砖
水泥
胜
稼
村
碎石
经一路
20
40
25
24
24-1
25-1

道路平面图

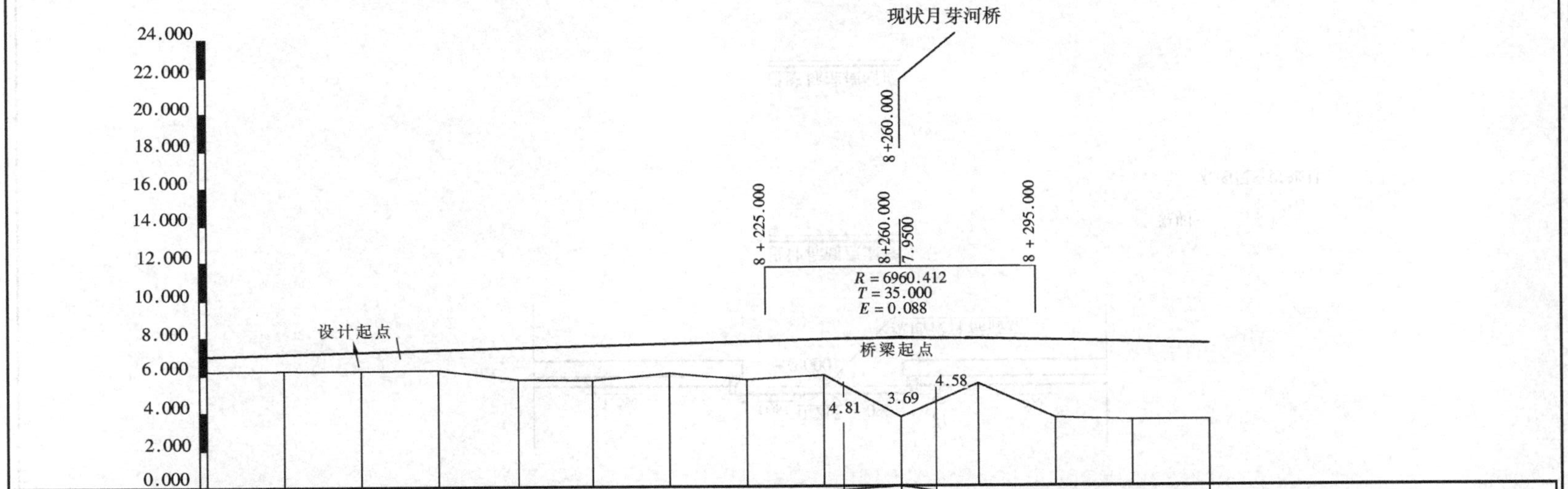

设计中心路线 坡度及距离	
8+080.000 ~ 8+260.000	0.506% 180.000
8+260.000 ~ 8+340.000	-0.500% 80.000

桩号	路面标高	路基标高	原地面标高	填(+)挖(-)高
8+080.000	7.040	6.240	6.220	0.020
				挡墙 1.42
8+100.000	7.141	6.341	6.240	0.101
				1.501
8+120.000	7.242	6.442	6.230	0.212
				1.612
8+140.000	7.343	6.543	6.250	0.293
				1.386
8+160.000	7.444	6.644	5.759	0.885
				2.285
8+180.000	7.545	6.745	5.700	1.045
				2.745
8+200.000	7.647	6.847	6.060	0.787
				2.187
8+220.000	7.748	6.948	5.710	1.238
				2.638
8+240.000	7.833	7.033	5.930	1.103
	7.848			2.503
8+260.000	7.862	7.062	3.690	3.372
				4.772
8+280.000	7.834	7.034	5.460	1.574
				2.974
8+300.000	7.750	6.950	3.630	3.320
				4.72
8+320.000	7.650	6.850	3.500	3.350
				4.75
8+340.000	7.550	6.750	3.500	3.250
				4.65

直线曲线交叉口	
8 + 080.000 ~ 8+161.171	直线 L = 81.171
8+161.171 ~ 8+340.000	直线 L = 178.829

道路纵断面图

说明：

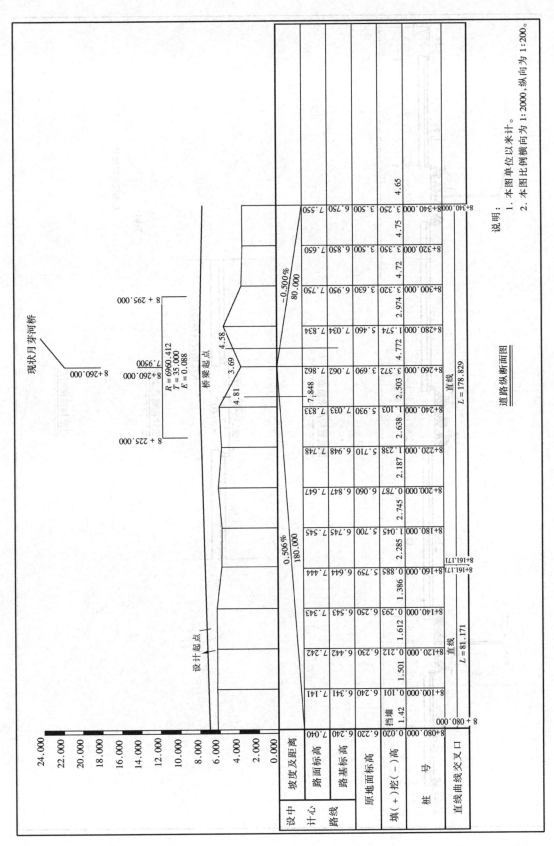

1. 本图单位以米计。
2. 本图比例横向为 1:2000，纵向为 1:200。

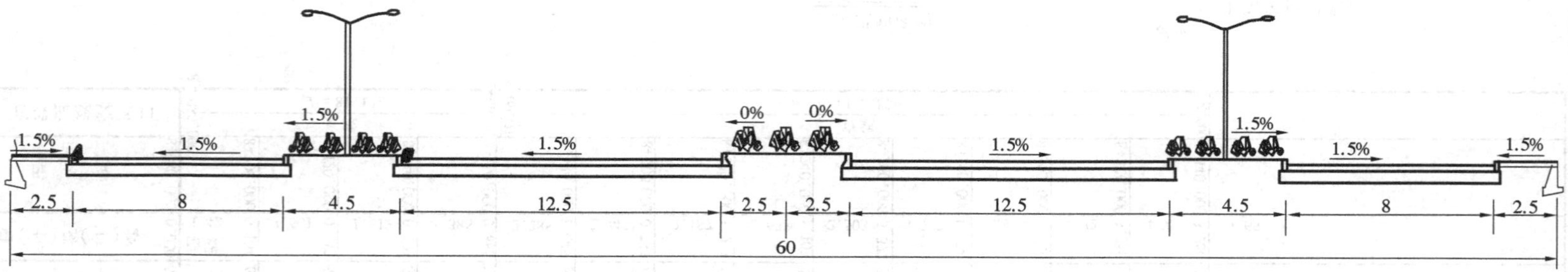

德胜路标准横断面

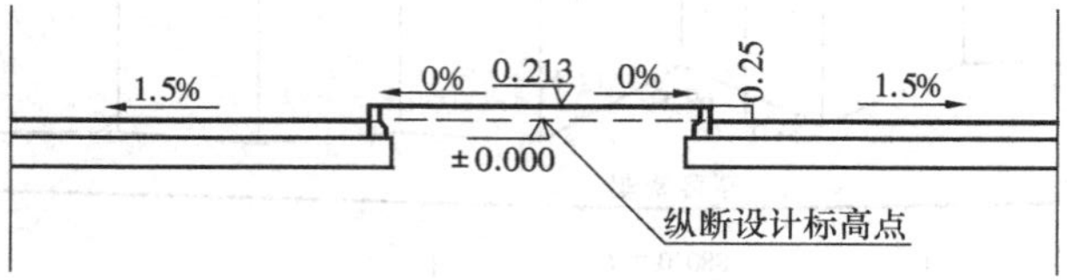

设计标高点大样

说明：

本图尺寸以米计。

道路标准横断面

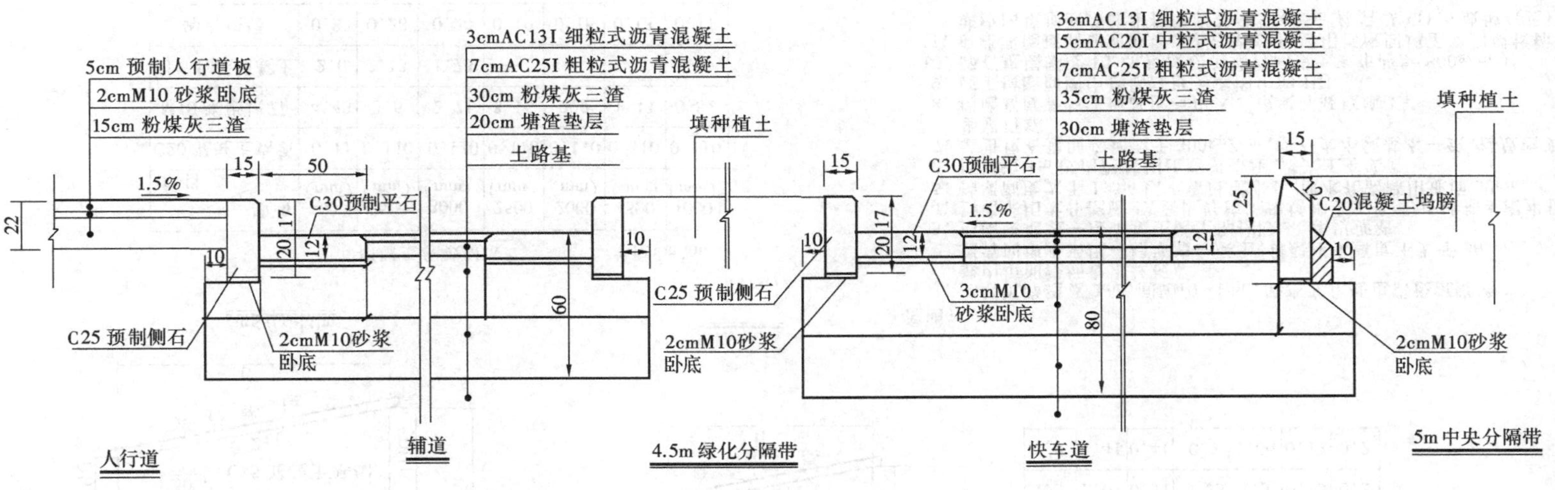

说明：

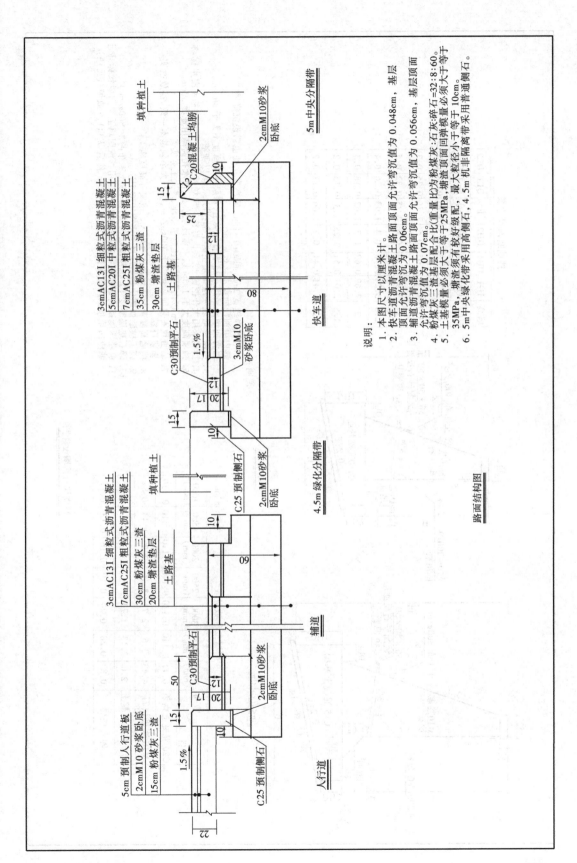

1. 本图尺寸以厘米计。
2. 快车道沥青混凝土路面顶面允许弯沉值为 0.048cm，基层顶面允许弯沉为 0.06cm。
3. 辅道沥青混凝土路面顶面允许弯沉值为 0.056cm，基层顶面允许弯沉值为 0.07cm。
4. 粉煤灰三渣基层配合比(重量比)为粉煤灰:石灰:碎石=32:8:60。
5. 土基模量必须大于等于25MPa，塘渣顶面回弹模量必须大于等于35MPa，塘渣须有较好级配，最大粒径小于等于 10cm。
6. 5m中央绿化带采用高侧石，4.5m 机非隔离带采用普通侧石。

路面结构图

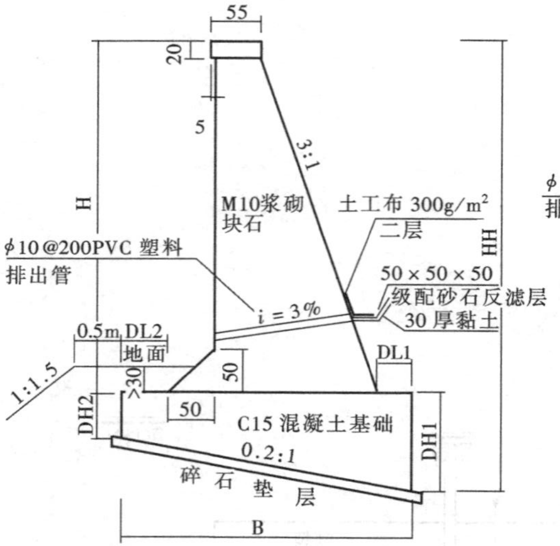

3m<H<4.0m

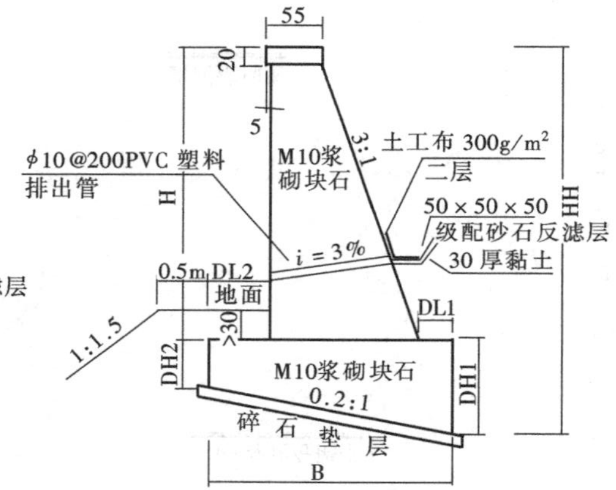

H<3m

挡墙断面尺寸表

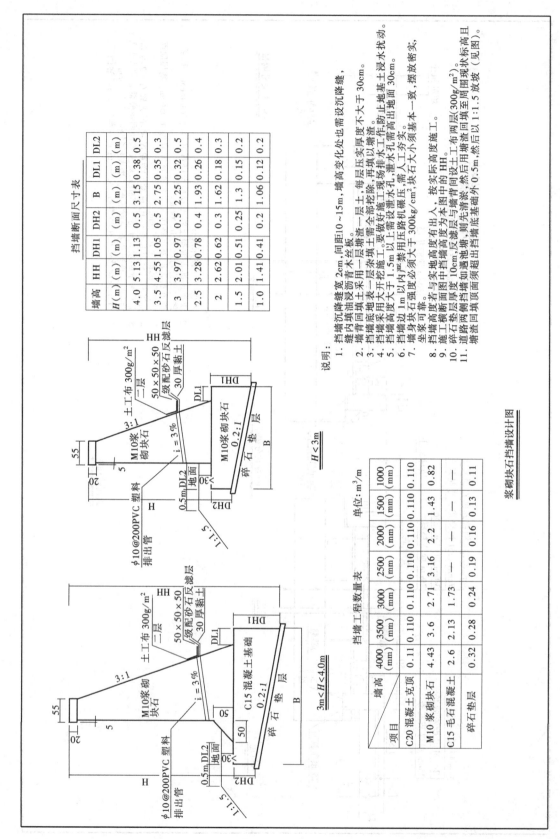

墙高	HH	DH1	DH2	B	DL1	DL2
H(m)	(m)	(m)	(m)	(m)	(m)	(m)
4.0	5.13	1.13	0.5	3.15	0.38	0.5
3.5	4.55	1.05	0.5	2.75	0.35	0.3
3	3.97	0.97	0.5	2.25	0.32	0.5
2.5	3.28	0.78	0.4	1.93	0.26	0.4
2	2.62	0.62	0.3	1.62	0.18	0.3
1.5	2.01	0.51	0.25	1.3	0.15	0.2
1.0	1.41	0.41	0.2	1.06	0.12	0.2

挡墙工程数量表　　单位：m³/m

项目＼墙高	4000(mm)	3500(mm)	3000(mm)	2500(mm)	2000(mm)	1500(mm)	1000(mm)
C20 混凝土克顶	0.11	0.110	0.110	0.110	0.110	0.110	0.110
M10 浆砌块石	4.43	3.6	2.71	3.16	2.2	1.43	0.82
C15 毛石混凝土	2.6	2.13	1.73	—	—	—	—
碎石垫层	0.32	0.28	0.24	0.19	0.16	0.13	0.11

说明：

1. 挡墙沉降缝宽 2cm，间距10～15m，墙高变化处也需设沉降缝，缝内填油浸沥青木丝板。
2. 墙背回填土采用一层塘渣一层土，每层压实厚度不大于 30cm。
3. 挡墙底地表一层杂填土需全部挖除，再填以塘渣。
4. 挡墙采用大开挖施工。要做好施工现场排水工作，防止地基土浸水扰动。
5. 挡墙高度大于 1.5m 以上需设泄水孔，泄水孔需高出地面 30cm。
6. 挡墙边 1m 以内严禁用压路机碾压，需人工夯实。
7. 墙身块石强度必须大于 300kg/cm²，块石大小须基本一致，摆放密实，坐浆可靠。
8. 挡墙高度若与实地高度有出入，按实际高度施工。
9. 施工横断面图中挡墙高度为本图中的 HH。
10. 碎石垫层厚度 10cm，反滤层与墙背间设土工布两层(300g/m²)。
11. 道路两侧挡墙如遇池塘，则先清淤，然后用塘渣回填至周围现状标高且塘渣回填顶面须超出挡墙底基础外 0.5m，然后以 1:1.5 放坡（见图）。

浆砌块石挡墙设计图

1
3

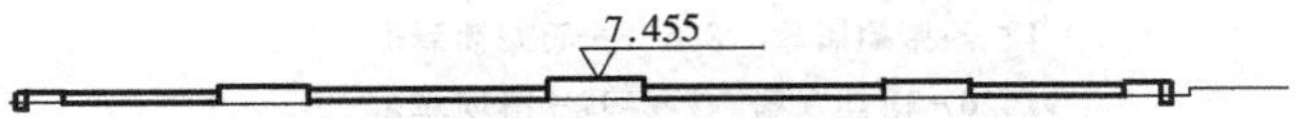

桩号：8 + 120.000
路中心填方高度 = 1.225
左　宽 = 30.000　右　宽 = 30.000
填方面积 = 19.425　挖方面积 = 0.715
左挡墙高度 = 0.998　右挡墙高度 = 1.174
左挡墙面积 = 0.539　右挡墙面积 = 0.636

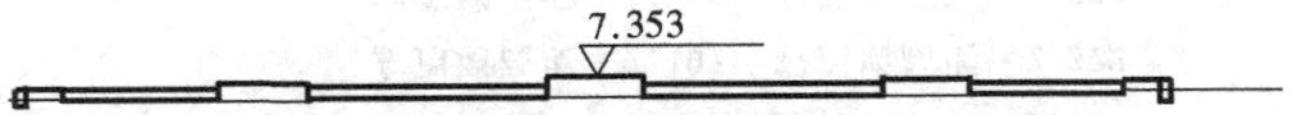

桩号：8 + 100.000
路中心填方高度 = 1.113
左　宽 = 30.000　右　宽 = 30.000
填方面积 = 15.316　挖方面积 = 1.786
左挡墙高度 = 1.079　右挡墙高度 = 1.073
左挡墙面积 = 0.583　右挡墙面积 = 0.580

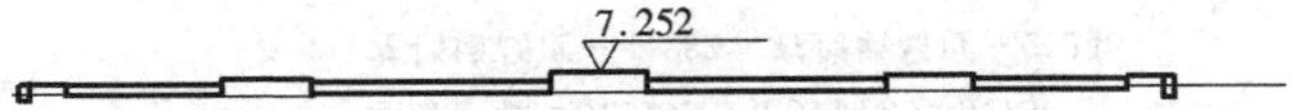

桩号：8 + 080.000
路中心填方高度 = 1.032
左　宽 = 30.000　右　宽 = 30.000
填方面积 = 13.168　挖方面积 = 5.191
左挡墙高度 = 0.948　右挡墙高度 = 0.948
左挡墙面积 = 0.512　右挡墙面积 = 0.512

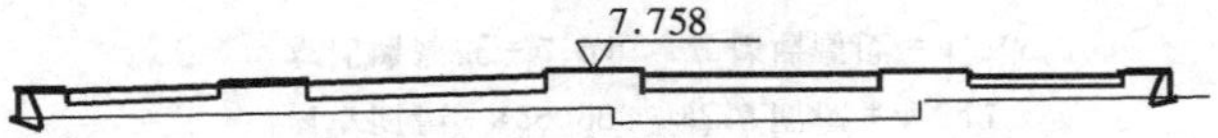

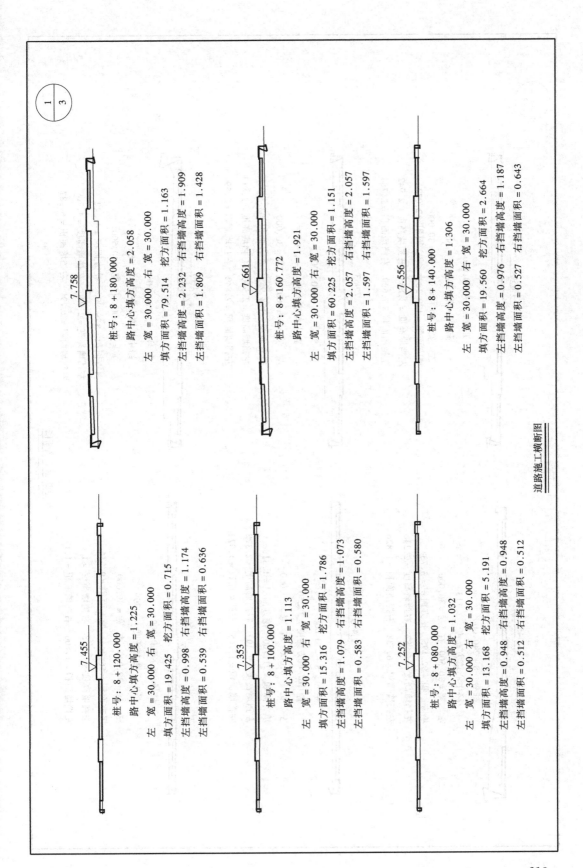

桩号：8 + 180.000
路中心填方高度 = 2.058
左　宽 = 30.000　右　宽 = 30.000
填方面积 = 79.514　挖方面积 = 1.163
左挡墙高度 = 2.232　右挡墙高度 = 1.909
左挡墙面积 = 1.809　右挡墙面积 = 1.428

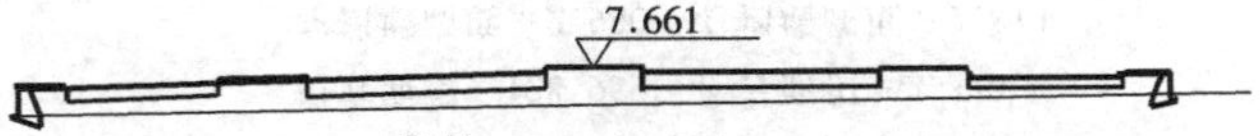

桩号：8 + 160.772
路中心填方高度 = 1.921
左　宽 = 30.000　右　宽 = 30.000
填方面积 = 60.225　挖方面积 = 1.151
左挡墙高度 = 2.057　右挡墙高度 = 2.057
左挡墙面积 = 1.597　右挡墙面积 = 1.597

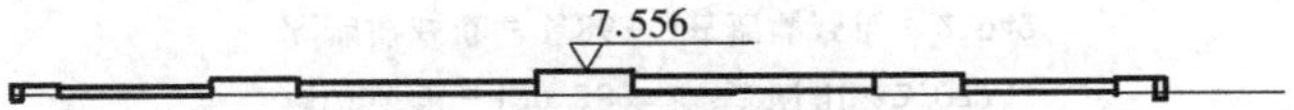

桩号：8 + 140.000
路中心填方高度 = 1.306
左　宽 = 30.000　右　宽 = 30.000
填方面积 = 19.560　挖方面积 = 2.664
左挡墙高度 = 0.976　右挡墙高度 = 1.187
左挡墙面积 = 0.527　右挡墙面积 = 0.643

道路施工横断图

2/3

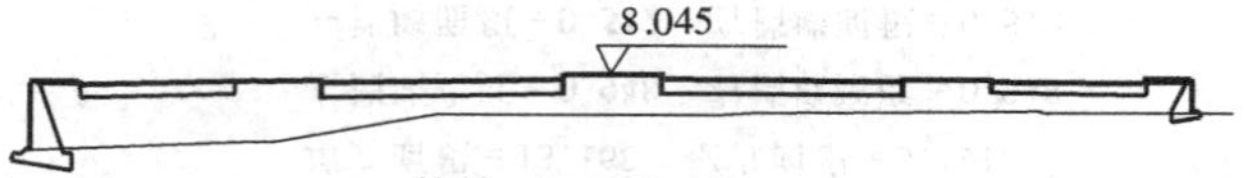

桩号：8 + 240.000

路中心填方高度 = 2.115

左　宽 = 30.500　右　宽 = 30.000

填方面积 = 92.195　挖方面积 = 3.738

左挡墙高度 = 4.883　右挡墙高度 = 2.246

左挡墙面积 = 6.538　右挡墙面积 = 1.826

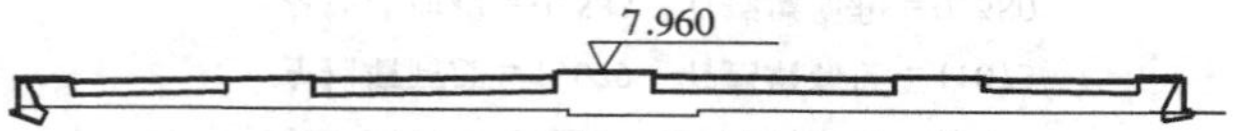

桩号：8 + 220.000

路中心填方高度 = 2.250

左　宽 = 30.000　右　宽 = 30.000

填方面积 = 71.760　挖方面积 = 1.318

左挡墙高度 = 2.197　右挡墙高度 = 2.322

左挡墙面积 = 1.765　右挡墙面积 = 1.922

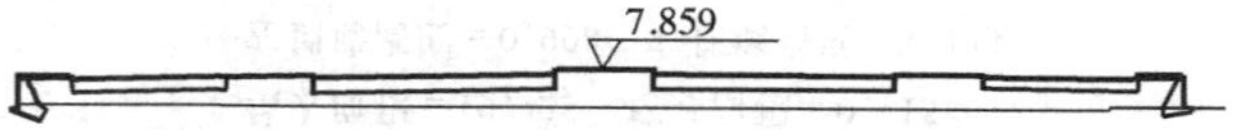

桩号：8 + 200.000

路中心填方高度 = 1.799

左　宽 = 30.000　右　宽 = 30.000

填方面积 = 56.344　挖方面积 = 0.916

左挡墙高度 = 1.978　右挡墙高度 = 1.671

左挡墙面积 = 1.506　右挡墙面积 = 1.174

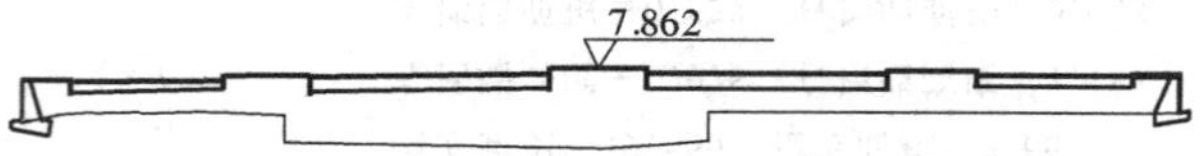

桩号：8 + 320.000

路中心填方高度 = 4.362

左　宽 = 30.000　右　宽 = 30.000

填方面积 = 129.383　挖方面积 = 2.077

左挡墙高度 = 2.865　右挡墙高度 = 2.942

左挡墙面积 = 2.669　右挡墙面积 = 2.784

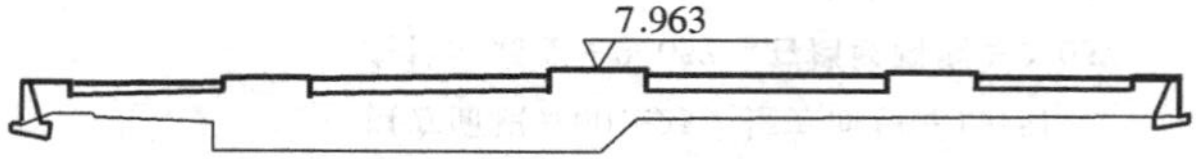

桩号：8 + 300.000

路中心填方高度 = 4.333

左　宽 = 30.000　右　宽 = 30.000

填方面积 = 128.959　挖方面积 = 2.373

左挡墙高度 = 2.980　右挡墙高度 = 2.814

左挡墙面积 = 2.842　右挡墙面积 = 2.594

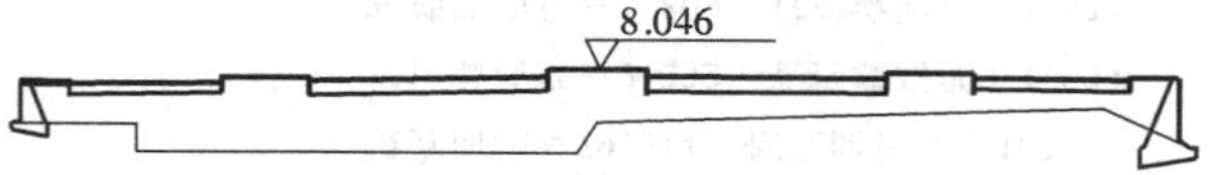

桩号：8 + 280.000

路中心填方高度 = 2.586

左　宽 = 30.000　右　宽 = 30.500

填方面积 = 129.902　挖方面积 = 4.842

左挡墙高度 = 2.946　右挡墙高度 = 4.769

左挡墙面积 = 2.791　右挡墙面积 = 6.287

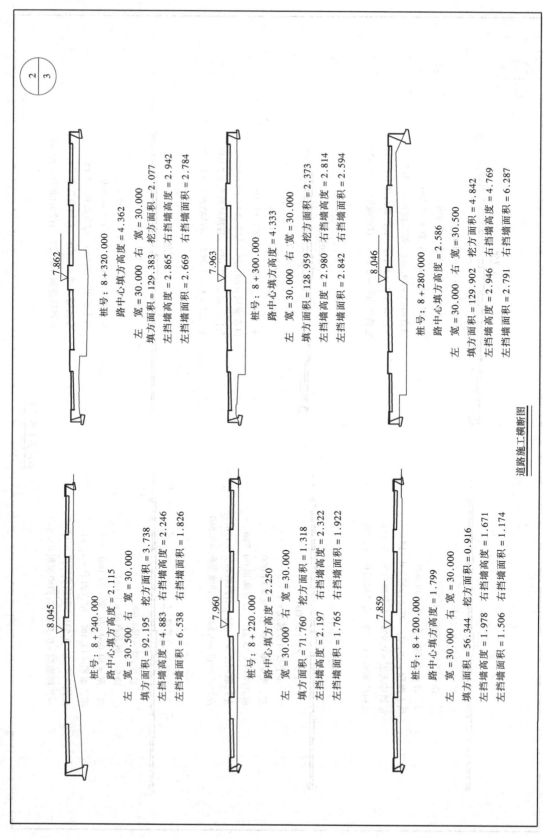

道路施工横断图

3/3

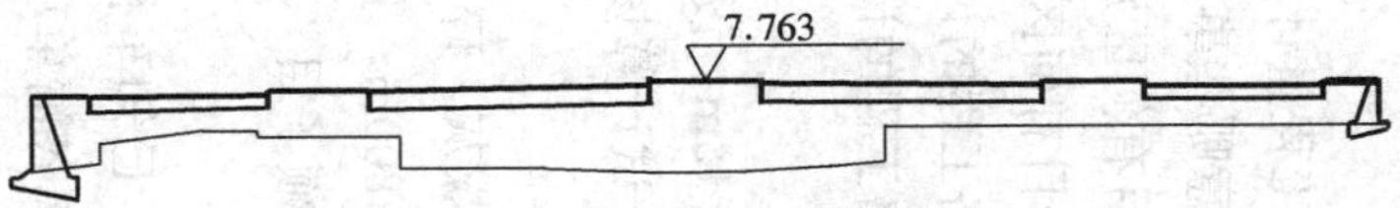

桩号：8+340.000

路中心填方高度=4.262

左　宽=30.500　右　宽=30.000

填方面积=124.154　挖方面积=3.945

左挡墙高度=4.776　右挡墙高度=2.609

左挡墙面积=6.303　右挡墙面积=2.303

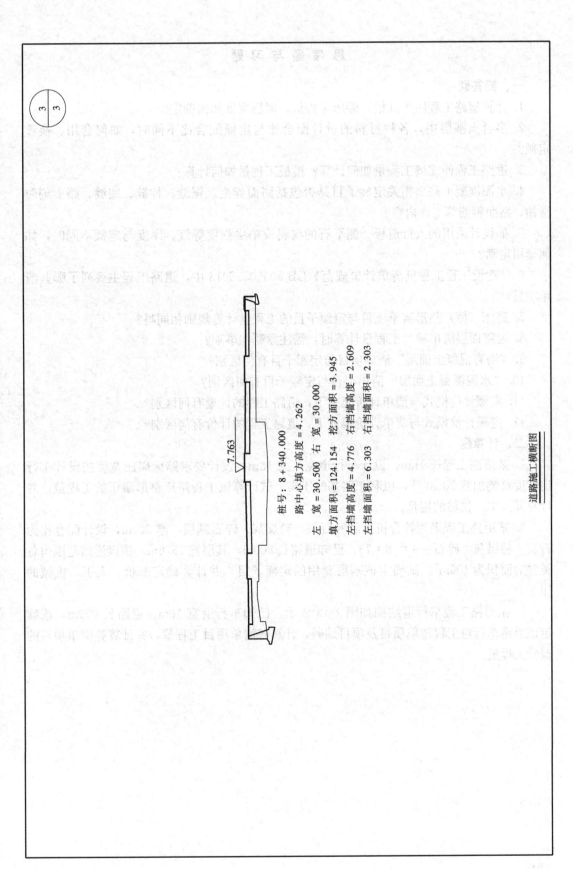

道路施工横断图

思考题与习题

一、简答题

1. 计算道路工程路床（槽）碾压工程量，碾压宽度如何确定？

2. 多合土基层中，各种材料的设计配合比与定额配合比不同时，如何套用、换算定额？

3. 道路工程伸缩缝工程量如何计算？模板工程量如何计算？

4. 水泥混凝土路面相关定额子目是否包括路面养生、锯缝、伸缝、缩缝、路面刻防滑槽、路面钢筋等工作内容？

5. 如设计采用的人行道板、侧平石的砌料或垫层强度等级、厚度与定额不同时，如何套用定额？

6.《建设工程工程量清单计价规范》GB 50500—2013 中，道路工程主要列了哪些清单项目？

7. 路床（槽）整形清单项目与定额子目的工程量计算规则相同吗？

8. 道路面层清单项目工程量计算时，需注意哪些事项？

9. “沥青混凝土面层”清单项目与定额子目有何区别？

10. “水泥混凝土面层”清单项目与定额子目有何区别？

11. 定额计价模式与清单计价模式下，道路工程的计量有何区别？

12. 定额计价模式与清单计价模式下，道路工程的计价有何区别？

二、计算题

1. 某道路工程长 1km，设计车行道宽度为 18m，设计要求路床碾压宽度按设计车行道宽度每侧加宽 30cm 计，以利于路基的压实。试计算该工程路床整形碾压的工程量，并计算其人工、机械的用量。

2. 某道路工程采用拌合机拌制的石灰、粉煤灰、碎石基层，厚 20cm，设计配合比为石灰：粉煤灰：碎石＝9：18：73，已知道路长 800m，其层宽 15.6m，该段道路范围内各类井的面积为 $100m^2$。试确定该基层套用的定额子目，并计算确定基价、人工、机械的用量。

3. 某道路工程车行道结构如图 7-13 所示，已知车行道宽 16m，道路长 600m，该确定该道路车行道工程清单项目及项目编码，计算各清单项目工程量，并计算各清单项目的报价工程量。

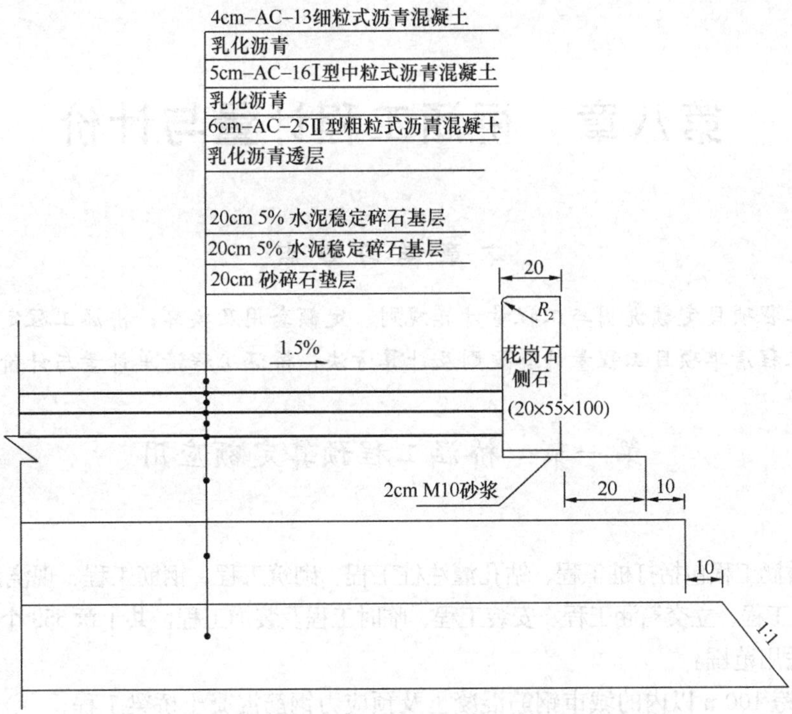

图 7-13　某道路工程车行道结构示意图

第八章　桥涵工程计量与计价

本 章 学 习 要 点

桥涵工程项目定额说明与工程量计算规则、定额套用及换算；桥涵工程定额计量与计价；桥涵工程清单项目工程量计算规则及计算方法；桥涵工程清单计量与计价。

第一节　桥涵工程预算定额应用

说明

(1) 桥涵工程包括打桩工程、钻孔灌注桩工程、砌筑工程、钢筋工程、现浇混凝土工程、预制混凝土工程、立交箱涵工程、安装工程、临时工程及装饰工程，共十章559个子目。

(2) 适用范围：

1) 单跨100m以内的城市钢筋混凝土及预应力钢筋混凝土桥梁工程；

2) 单跨5m以内的各种板涵、拱涵工程。圆管涵套用第六册《排水工程》定额，其中管道铺设及基础项目人工、机械费乘以1.25系数；

3) 穿越城市道路及铁路的立交箱涵工程。

(3) 本册定额有关说明：

1) 预制混凝土及钢筋混凝土构件均属现场预制，不适用于独立核算、执行产品出厂价格的构件厂所生产的构配件。

2) 本册定额中提升高度按原地面标高至梁底标高8m为界，若超过8m时，应考虑超高因素（悬浇箱梁除外）。

A. 现浇混凝土项目按提升高度不同将全桥划分为若干段，以超高段承台顶面以上混凝土（不含泵送混凝土）、模板、钢筋的工程量，按表8-1调整相应定额中起重机械的规格及人工、起重机台班的消耗量分段计算；

B. 陆上安装梁可按表8-1调整相应定额中的人工及起重机台班的消耗量，但起重机械的规格不作调整；

现浇混凝土、陆上安装梁的人工及起重机台班的消耗量　　表8-1

项　目	现浇混凝土			陆上安装梁	
	人　工	5t履带式电动起重机		人　工	起重机械
提升高度 H (m)	消耗量系数	消耗量系数	规格调整为	消耗量系数	消耗量系数
$H\leqslant15$	1.02	1.02	15t履带式起重机	1.10	1.10
$H\leqslant22$	1.05	1.05	25t履带式起重机	1.25	1.25
$H>22$	1.10	1.10	40t履带式起重机	1.50	1.50

C. 本册定额河道水深取定为 3m；

D. 本册定额中均未包括各类操作脚手架，发生时按《通用项目》相应定额执行；

E. 本册定额未包括预制构件的场外运输。

一、打桩工程

（一）说明

（1）本章定额内容包括打木制桩、打钢筋混凝土桩、打钢管桩、送桩、接桩等项目共 11 节 104 个子目。

（2）定额中土质类别均按甲级土考虑。

（3）本章定额均为打直桩，如打斜桩（包括俯打、仰打）斜率在 1：6 以内时，人工乘以 1.33，机械乘以 1.43。

（4）本章定额均考虑在已搭置的支架平台上操作，但不包括支架平台，其支架平台的搭设与拆除应按本册第九章有关项目计算。

（5）陆上打桩采用履带式柴油打桩机时，不计陆上工作平台费，可计 20cm 碎石垫层，面积按陆上工作平台面积计算。

（6）船上打桩定额按两艘船只拼搭、捆绑考虑。

（7）打板桩定额中，均已包括打、拔导向桩内容，不得重复计算。

（8）陆上、支架上、船上打桩定额中均未包括运桩。

（9）本章定额打基础圆木桩不同于第一册《通用项目》的打木制工具桩。

（10）送桩定额按送 4m 为界，如实际超过 4m 时，按相应定额乘以下列调整系数：

1）送桩 5m 以内乘以 1.2 系数；

2）送桩 6m 以内乘以 1.5 系数；

3）送桩 7m 以内乘以 2.0 系数；

4）送桩 7m 以上，以调整后 7m 为基础、每超过 1m 递增 0.75 系数。

（11）打桩工程机械配备，均按桩长及截面综合考虑。

（12）打桩机械的安拆、场外运输费用按机械台班费用定额有关规定计算。

（13）如设计要求需凿除桩顶时，可套用本册第九章“临时工程”有关子目。

（14）打桩定额中已考虑了 150m 运桩距离。

（15）打木桩的桩靴未包括在定额内，由于桩径断面不一，无法单独编制，发生时可套用本册铁件制作安装定额。

（16）打钢管桩定额中不包括接桩费用，如发生接桩，按实际接头数量套用钢管桩接桩定额。

（17）打钢管桩送桩，按打桩定额人工、机械数量乘以 1.9 系数计算。

（二）工程量计算规则

1. 打桩

（1）钢筋混凝土方桩、板桩按桩长度（包括桩尖长度）乘以桩横断面面积计算；

（2）钢筋混凝土管桩按桩长度（包括桩尖长度）乘以桩横断面面积，减去空心部分体积计算；

（3）钢管桩按成品桩考虑，按设计长度（设计桩顶至桩底标高）乘以管径乘以壁厚以“吨”计算。

计算公式　　　　　$\omega=(D-\delta)\times\delta\times0.0246\times L/1000$　　　　(8-1)

式中　ω——钢管桩重量，t；

D——钢管桩直径，mm；

δ——钢管桩壁厚，mm；

L——钢管桩长度，m。

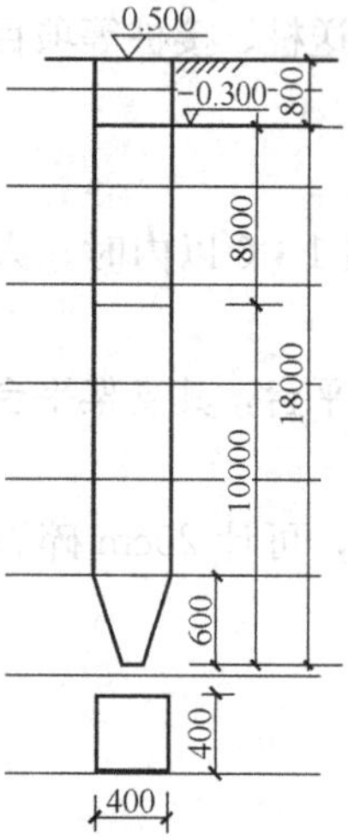

图 8-1　钢筋混凝土方桩

2. 焊接桩型钢用量可按实际调整

3. 送桩

(1) 陆上打桩时，以原地面平均标高增加 1m 为界线，界线以下至设计桩顶标高之间的打桩实体积为送桩工程量；

(2) 支架上打桩时，以当地施工期间的最高潮水位增加 0.5m 为界线，界线以下至设计桩顶标高之间的打桩实体积为送桩工程量；

(3) 船上打桩时，以当地施工期间的平均水位增加 1m 为界线，界线以下至设计桩顶标高之间的打桩实体积为送桩工程量。

【例 8-1】 如图 8-1 所示，自然地坪标高 0.5m，桩顶标高 −0.3m，设计桩长 18m（包括桩尖）。桥台基础共有 20 根 C30 预制钢筋混凝土方桩，采用焊接接桩，试计算打桩、接桩与送桩的直接工程费

【解】 (1) 打桩：$V=0.4\times0.4\times18\times20=57.6m^3$

套定额［3-16］　基价＝1607 元/$10m^3$

直接工程费＝1607×57.6＝9256 元

(2) 接桩：$n=20$ 个

套定额［3-55］　基价＝252 元/个

直接工程费＝252×20＝5040 元

(3) 送桩：$V=0.4\times0.4\times(0.5+0.3+1)\times20=5.76m^3$

套定额［3-74］　基价＝4758/$10m^3$

直接工程费＝4758×5.76＝2741 元

二、钻孔灌注桩工程

（一）说明

(1) 本章定额包括埋设护筒，人工挖孔、卷扬机带冲抓锥、冲击钻机、回旋钻机四种成孔方式及灌注混凝土等项目共 7 节 38 个子目。

(2) 本章定额适用于桥涵工程钻孔灌注桩基础工程。

(3) 本章定额中涉及的各类土（岩石）层鉴别标准如下：

1) 砂、黏土层：粒径在 2～20mm 的颗粒质量不超过总质量 50％的土层，包括黏土、粉质黏土、粉土、粉砂、细砂、中砂、粗砂、砾砂；

2) 碎、卵石层：粒径在 2～20mm 的颗粒质量超过总质量 50％的土层，包括角砾、圆砾及在 20～200mm 的碎石、卵石、块石、漂石，此外亦包括软石及强风化岩；

3) 岩石层：除软石及强风化岩以外的各类坚石，包括次坚石、普坚石和特坚石。

(4) 埋设钢护筒定额中钢护筒按摊销量计算。若在深水作业，钢护筒无法拔出时，可

按钢护筒实际用量（或参考表 8-2 重量）减去定额数量一次增列计算。

钢护筒实际用量表 **表 8-2**

桩径（mm）	600	800	1000	1200	1500
每米护筒重量（kg/m）	120.28	155.06	184.87	285.93	345.09

（5）回旋钻机成孔定额按桩径划分子目，定额已综合考虑了穿越砂、黏土层和碎卵石层及强风化岩层的因素。如设计要求进入岩石层时，套用相应定额计算入岩增加费。

（6）卷扬机带冲抓（击）锥冲孔定额按桩长及不同土（岩石）层划分子目。

（7）桩孔空钻部分回填根据施工组织设计要求套用相应定额。填土者套用第一册《通用项目》土石方工程松填土定额，填碎石者套用本册第五章碎石垫层定额乘以系数 0.7。

（8）钻孔桩灌注混凝土定额均已包括混凝土灌注充盈量。

（9）定额中未包括：钻机场外运输、截除余桩、废泥浆处理及外运，其费用可套用相应定额和说明另行计算。

（10）定额中不包括在钻孔中遇到障碍必须清除的工作，发生时另行计算。

（11）套用回旋钻机钻孔、卷扬机带冲抓锥冲孔、卷扬机带冲击锥冲孔定额时，若工程量小于 150m^3，打桩定额的人工及机械乘以系数 1.25。

（12）本定额所列桩基础施工机械的规格、型号按常规施工工艺和方法所用机械取定。

（13）人工探桩位等因素已综合考虑在各类桩基定额内，不另行计算。

（14）桩基础工前场地平整、压实地表、地下障碍物处理等，定额均未考虑，发生时可另行计算。

（15）定额中未涉及土（岩石）层的子目，已综合考虑了各类土（岩石）层因素。

（16）人工挖桩孔：①挖桩孔按深 10m 以内取定；②土质分为Ⅰ、Ⅱ、Ⅲ、Ⅳ类土，孔径不分大小。

（二）工程量计算规则

（1）钻孔桩成孔工程量按成孔长度乘以设计桩截面积以“立方米”计算。成孔长度：陆上时，为原地面至设计桩底的长度；水上时，为水平面至设计桩底的长度减去水深。入岩工程量按实际入岩数量以“立方米”计算。

【例 8-2】 某桥采用现场灌注混凝土桩共 65 根，如图 8-2 所示，用柴油打桩机打孔，钢管外径 500mm，桩深 10m，采用扩大桩复打一次。计算灌注混凝土桩的工程量。

【解】 $V=\frac{1}{4}\times 3.14\times 0.5^2\times 10\times 65\times 2m^3=255.1\dot{3}m^3$

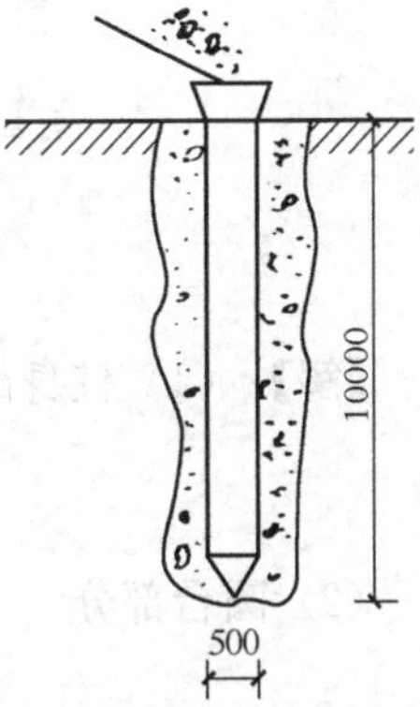

图 8-2 灌注混凝土桩

说明：桩采用复打时，定额工程量乘以复打次数。

【例 8-3】 水上回旋转机钻孔，桩径 ϕ800，成孔工程是 150m^3，试确定定额编号及基价。

【解】 ［3-120］H 基价＝1813＋(634.68＋1001.47)×(1.25×1.2－1)＝2631.08 元/10m^3

（2）卷扬机带冲抓（击）锥冲孔工程量按进入各类土层、岩石层的成孔长度乘以设计桩截面积以“立方米”计算。

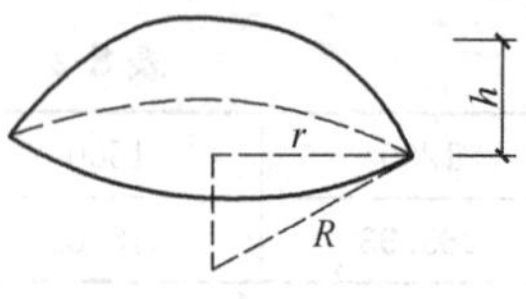

图 8-3 球冠示意图

(3) 人工挖桩孔土方工程量按护壁外缘包围的面积乘以深度计算。

人工挖孔桩土方应按图示桩断面积乘以设计桩孔中心线深度计算。

挖孔桩的底部一般是球冠体（图 8-3)。

球冠体的体积计算公式为：

$$V = \pi h^2\left(R-\frac{h}{3}\right)$$

由于施工图中一般只标注 r 的尺寸，无 R 尺寸，所以需变换一下求 R 的公式：

已知：$r^2 = R^2-(R-h)^2$

故：$r^2 = 2Rh-h^2$

$\therefore \quad R = \dfrac{r^2+h^2}{2h}$

【例 8-4】 根据图 8-4 中的有关数据和上述计算公式，计算挖孔桩土方工程量。

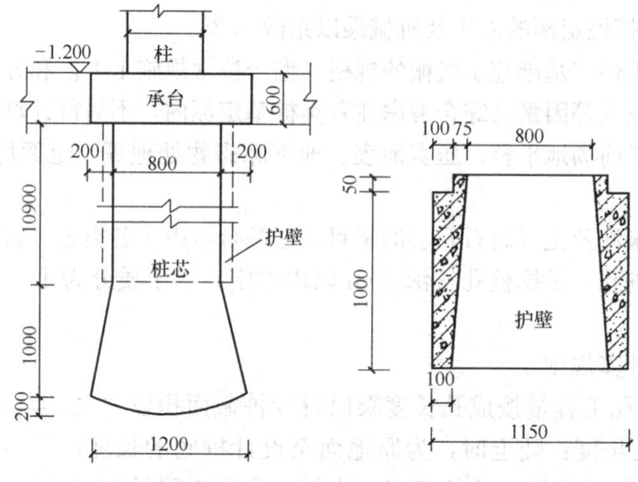

图 8-4 挖孔桩示意图

【解】 (1) 桩身部分

$$V = 3.1416\times\left(\frac{1.15}{2}\right)^2\times 10.90 = 11.32\text{m}^3$$

(2) 圆台部分

$$V = \frac{1}{3}\pi h(r^2+R^2+rR)$$

$$= \frac{1}{3}\times 3.1416\times 1.0\times\left[\left(\frac{0.80}{2}\right)^2+\left(\frac{1.20}{2}\right)^2+\frac{0.80}{2}\times\frac{1.20}{2}\right]$$

$$= 1.047\times(0.16+0.36+0.24)$$

$$= 1.047\times 0.76 = 0.80\text{m}^3$$

(3) 球冠部分

$$R=\frac{\left(\frac{1.20}{2}\right)^2+(0.2)^2}{2\times0.2}=\frac{0.40}{0.4}=1.0\text{m}$$

$$V=\pi h^2\left(R-\frac{h}{3}\right)=3.1416\times(0.20)^2\times\left(1.0-\frac{0.20}{3}\right)=0.12\text{m}^3$$

∴ 挖孔桩体积＝11.32＋0.80＋0.12＝12.24m^3

【例 8-5】 某工程挖孔灌注桩工程，如图 8-5 所示，D＝820mm，$\frac{1}{4}$砖护壁，C20 混凝土桩芯，桩深 27m，现场搅拌，求单桩工程量。

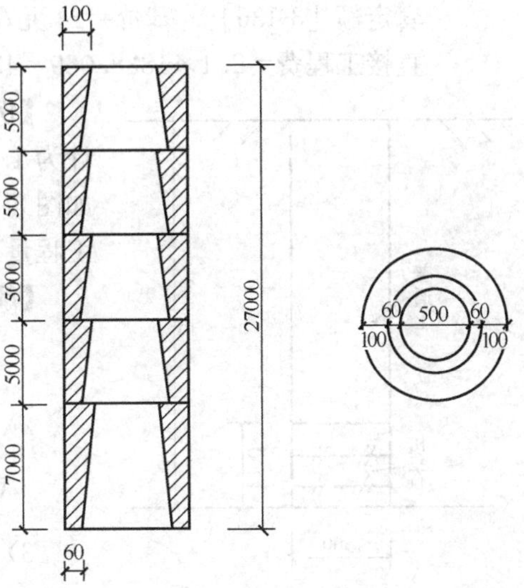

图 8-5 挖孔灌注桩

【解】 挖孔灌注 C20 桩桩芯：

$$V_1=\frac{1}{3}\pi(R^2+r^2+Rr)h$$

$$=\left[\frac{1}{3}\times3.142\times5\times(0.31^2+0.35^2+0.31\times0.35)\times4+\frac{1}{3}\times3.142\times7\times(0.31^2+0.35^2+0.31\times0.35)\right]\text{m}^3$$

$$=(6.85+2.40)\text{m}^3$$

$$=9.25\text{m}^3$$

红砖护壁：$V_2=V-V_1=\left(\frac{1}{4}\times3.142\times0.82^2\times27-9.25\right)\text{m}^3=5.01\text{m}^3$

(4) 钻孔灌注桩混凝土工程量按桩长乘以设计桩截面积计算，桩长＝设计桩长＋设计加灌长度。设计未规定加灌长度时，加灌长度按 0.5D 计算。

(5) 桩孔回填土工程量按加灌长度顶面至自然地坪的长度乘以桩孔截面积计算。

(6) 泥浆池建造和拆除工程量按成（冲）孔工程量以“立方米”计算。

(7) 钻孔灌注桩如需搭设工作平台，按临时工程有关项目计算。

(8) 钻孔灌注桩钢筋笼按设计图纸计算，套用钢筋工程有关项目。

(9) 钻孔灌注桩需使用预埋铁件时，套钢筋工程有关项目。

【例 8-6】 回旋转机水上钻孔，桩径 900mm，试套用定额

【解】 [3-128] H 基价＝1405＋(442.04＋814.84)×1.2＝2913 元/100m^3

【例 8-7】 某桥梁基础有直径 1500mm 钻孔混凝土（C25）灌注桩 18 根。自然地坪标高－0.5m，桩顶标高－2.80m，桩底标高－58m。试计算埋设钢护筒、成孔、成桩、泥浆池建拆直接工程费

【解】 (1) 埋设钢护筒：L＝1×18＝18m

套定额 [3-114] 基价＝1149 元/10m

直接工程费＝114.9×18＝2068 元

(2) 成孔：$V=\frac{1}{4}\times\pi\times1.5^2\times57.5\times18=1828.069\text{m}^3$

套定额 [3-123] 基价＝1119 元/10m^3

直接工程费＝111.9×1828.069＝204561 元

(3) 成桩：$V=\frac{1}{4}\times\pi\times1.5^2\times(55.2+0.5\times1.5)\times18=1778.79m^3$

套定额［3-139］　基价＝2834 元/$10m^3$

直接工程费＝283.4×1778.79＝504109 元

(4) 泥浆池建拆：$V=1828.069m^3$

套定额［3-136］　基价＝24 元/$10m^3$

直接工程费＝2.4×1828.069＝4387 元

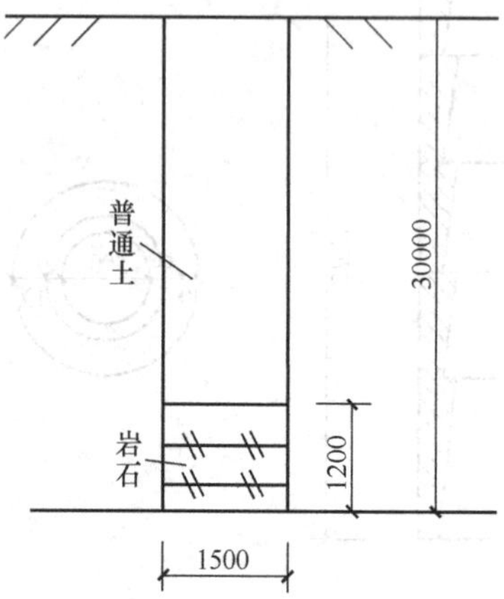

图 8-6　某钻孔灌注桩

【例 8-8】 某钻孔灌注桩，桩高 $h=30m$，桩径设计为 1.5m，地质条件上部为普通土，下部要求入岩，如图 8-6 所示，试计算该桩的成孔工程量、灌注混凝土工程量、入岩增加量及泥浆运输工程量。

【解】 1）钻扎桩成孔工程量：

$$V_1=30\times\left(\frac{1.5}{2}\right)^2\times\pi m^3=52.99m^2$$

2）灌注混凝土工程量：

$$V_2=(30+0.5)\times\left(\frac{1.5}{2}\right)^2\times\pi=53.9m^3$$

3）入岩增加量：

$$V_3=1.2\times\left(\frac{1.5}{2}\right)^2\times\pi m^2=2.12m^3$$

4）泥浆运输工程量：

$$V_4=30\times\left(\frac{1.5}{2}\right)^2\times\pi m^2=52.99m^3$$

【例 8-9】 某桥梁重力式桥台，台身采用 M10 水泥砂浆砌块石，台帽采用 M10 水泥砂浆料石，如图 8-7 所示，基础及勾缝不计，共两个台座，长度 12m，试计算台身及台帽工程量并套用定额。

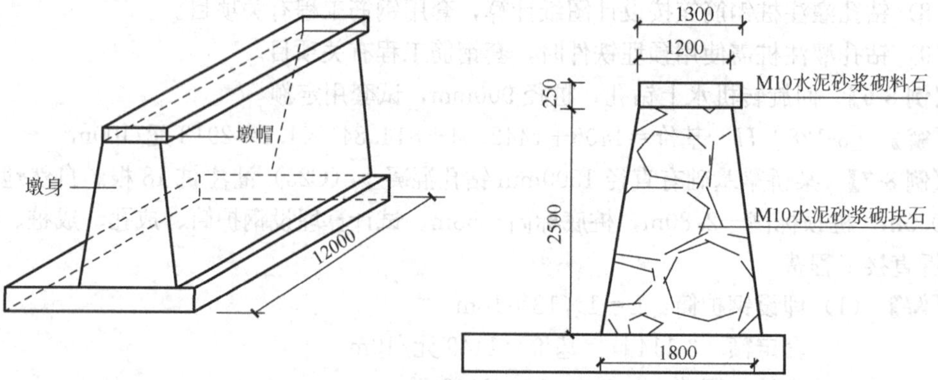

图 8-7　某桥梁重力式桥台

【解】 1）墩身工程量：(1.8+1.2)÷2×2.5×12×2＝$90m^3$

套［3-153］换　基价＝2266＋3.67×(174.77－168.17)＝2290 元/$10m^3$

直接工程费＝90×229＝20610 元

2）墩帽工程量：1.3×0.25×12×2＝7.8m^3

套［3-159］换　基价＝3248＋0.92×(174.77－168.17)＝3254 元/$10m^3$

直接工程费＝7.8×325.4＝2538 元

三、砌筑工程

（一）说明

（1）本章定额包括浆砌块石、料石、混凝土预制块和砖砌体等项目共 5 节 21 个子目。

（2）本章定额适用于砌筑高度在 8m 以内的桥涵砌筑工程。本章定额未列的砌筑项目，可按第一册《通用项目》相应定额。

（3）砌筑定额中未包括垫层、拱背和台背的填充项目，如发生上述项目，可套用有关定额。

（4）拱圈底模定额中不包括拱盔和支架，可按本册临时工程相应定额执行。

（5）定额中调制砂浆，均按砂浆拌合机拌合。

（6）干砌块石、勾缝套用第一册《通用项目》相应定额。

（二）工程量计算规则

（1）砌筑工程量按设计砌体尺寸以“立方米”体积计算，嵌入砌体中的钢管、沉降缝、伸缩缝以及单孔面积在 0.3m^2 以内的预留孔所占体积不予扣除。

（2）拱圈底模工程量按模板接触砌体的面积计算。

【例 8-9】 M10 水泥砂浆砌筑混凝土预制块墩台，试套用定额编号及基价。

【解】 ［3-162］H　基价＝3386＋(174.77－168.17)×0.92＝3392.07 元/$10m^3$

四、钢筋工程

（一）说明

（1）本章定额包括桥涵工程各种钢筋、高强钢丝、钢绞线、预埋铁件及声测管、钢梁的制作安装等项目共 6 节 32 个子目。

（2）定额中钢筋按圆钢及螺纹钢两种分别，圆钢采用 HPB235 钢，螺纹钢采用 HRB385，钢板均按 A3 钢计，预应力筋采用Ⅳ级钢、钢绞线和高强钢丝。因设计要求采用钢材与定额不符时，可以调整。

（3）因束道长度不等，故定额中未列锚具数量，但已包括锚具安装的人工费。

（4）压浆管道定额中的钢管、波纹管均已包括套管及三通管安装费用，但未包括三通管费用，可另行计算。

（5）本章定额中钢绞线按 ϕ15.24mm 考虑。

（6）本章先张法预应力钢筋及钢绞线的定额中已将张拉设备综合考虑，但人工时效未列入定额内。

（7）本章后张法预应力张拉时未包括张拉脚手架，发生时另行计算。

（8）预应力钢筋制作安装定额中所列预应力筋的品种、规格如与设计要求不同时可以调整。先张法预应力筋的制作安装定额未包括张拉分座摊销，可另行计算。

（9）普通钢筋的定额损耗统一调整为 2%，有关钢筋工程量计算规则，设计无规定时可参照本省建筑工程预算定额有关规定执行。

（二）工程量计算规则

（1）钢筋按设计数量套用相应定额计算（损耗量已包括在定额中）。

（2）T形梁连接钢板项目按设计图纸，以“吨”为单位计算。

（3）锚具工程量按设计用量计算。

（4）管道压浆不扣除钢筋体积。

（5）理论质量计算：

$$钢筋单位质量=0.00617\times d^2$$

式中：d 以 mm 为单位，钢筋单位质量单位为 kg/m。

如：$\phi12$ 质量$=0.00617\times12^2=0.888$kg/m

$$钢板单位质量=7.85\times厚度$$

式中：厚度以 mm 为单位，钢板单位质量单位为 kg/m^2。

如：1.5mm 厚钢板质量$=7.85\times1.5=11.775$kg/m^2

其他金属材料理论重量查五金手册。

（6）钢筋计算：

1）直钢筋、弯钢筋、分布筋计算，如图 8-8 所示。

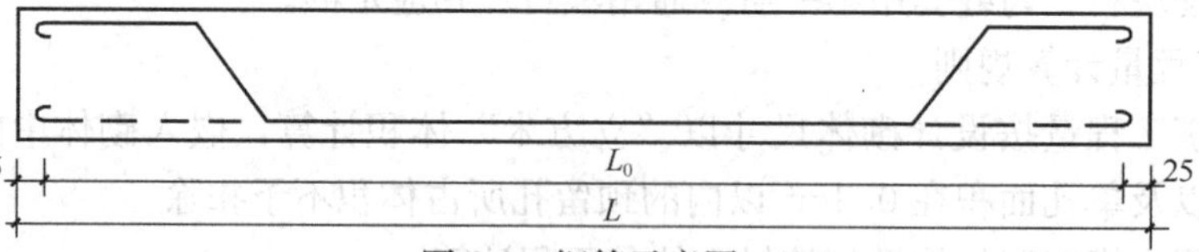

图 8-8　钢筋示意图

A. 直钢筋长度计算＝构件长度－保护层厚度＋搭接长度

$$L_0=L-2\times0.025+n_1\cdot35d$$

B. 弯钢筋长度计算＝构件长度－保护层厚度＋弯钩长度＋搭接长度

a）⊂____ 半圆弯钩长度$=6.25d$/个弯钩　$L_0=L-2\times0.025+2\times6.25d+n_1\cdot35d$

b）∟____ 直弯钩长度$=3d$/个弯钩　$L_0=L-2\times0.025+2\times3d+n_1\cdot35d$

c）∠____ 斜弯钩长度$=4.9d$/个弯钩　$L_0=L-2\times0.025+2\times4.9d+n_1\cdot35d$

C. 分布筋根数＝配筋长度÷间距＋1

$$L_0=L-2\times0.025+2\times6.25d+n_1\cdot35d$$

式中　L_0——钢筋长；

L——构件长；

d——钢筋直径；

n_1——搭接个数（单根钢筋连续长度超过 8m 设一个搭接）。

【例 8-10】 某钢筋混凝土预制板长 3.85m，宽 0.65m，厚 0.1m，保护层为 2.5cm。如图8-9所示，计算钢筋数工程量。

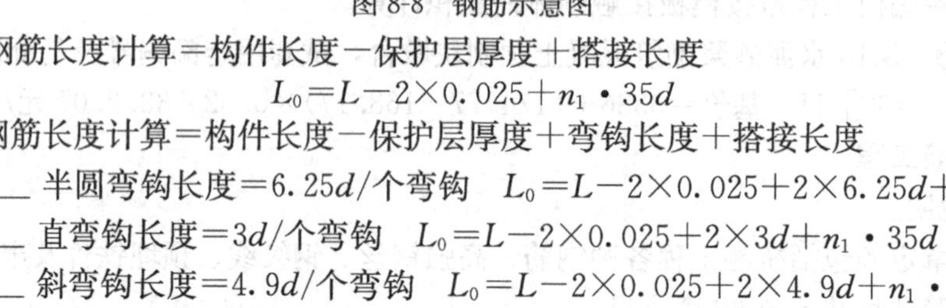

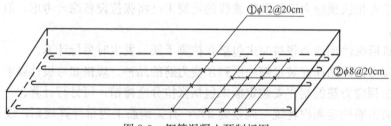

图 8-9　钢筋混凝土预制板图

【解】 ①$\phi12$：$(3.85-0.025\times2+0.012\times6.25\times2)\times\left(\frac{0.65-0.025\times2}{0.2}+1\right)\times0.00617\times12^2$

$=3.95\times4\times0.888=14.03$kg

②$\phi8$：$(0.65-0.025\times2)\times\left(\frac{3.85-0.025\times2}{0.2}+1\right)\times0.00617\times8^2$

$=0.6\times20\times0.395=4.74$kg

钢筋合计=14.03+4.74=18.77kg

2）弯起筋计算。

$$L_0^1=L_0+0.4\times n_2\times H_i$$

L_0——直筋长；

L_0^1——弯起筋长；

n_2——弯起筋个数；

H_i——梁高或板高。

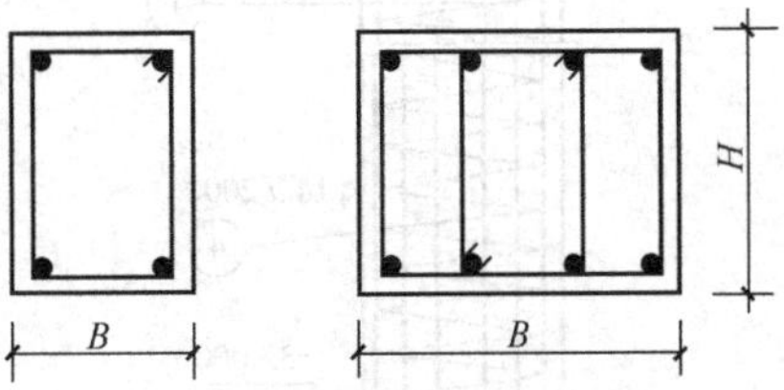

图 8-10 箍筋计算图

3）箍筋计算（图 8-10）：

①双肢箍筋长度 $L_1=2\cdot(B+H)$

四肢箍筋长度 $L_2=4H+2.7B$

箍筋单根长度=断面周长（不考虑延伸率、保护层厚）

$$\text{箍筋个数}=\frac{\text{配筋范围长度}}{\text{间距}}+1$$

B——梁宽或板宽。

②螺旋箍筋净长$=\frac{H}{h}\times\sqrt{[\pi\times(D-2b-d)]^2+h^2}$，如图 8-11 所示。

H——螺旋箍筋高度（深度）；

h——螺距；

D——圆直径；

b——保护层厚。

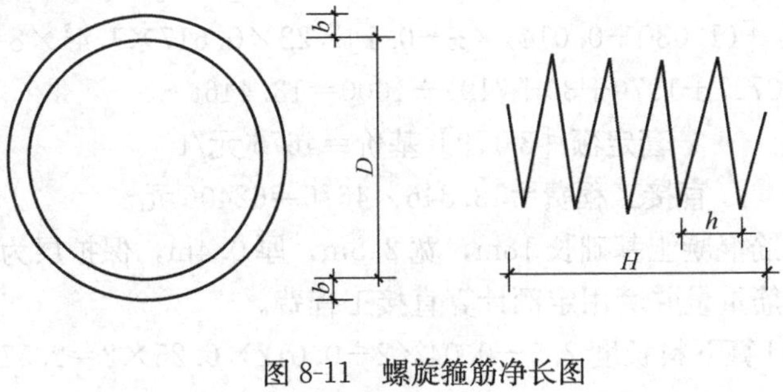

图 8-11 螺旋箍筋净长图

【例 8-11】 某桥梁共 8 根桩基，桩基直径为 1m，桩长 50m，其中下部 7m 为无筋，钢筋伸入承台 0.8m。桩主筋保护层为 6cm，具体详图 8-12，试计算钢筋工程量并套用定额。

【解】 1 号钢筋设计长度：33+10+0.8=43.8m，搭接个数 43.8÷8−1=4.475，取 5 个

计算长度：$43.8+5\times10\times0.022=44.9$m

1 号钢筋总质量：$44.9\times10\times0.617\times2.2^2\times8=10727$kg

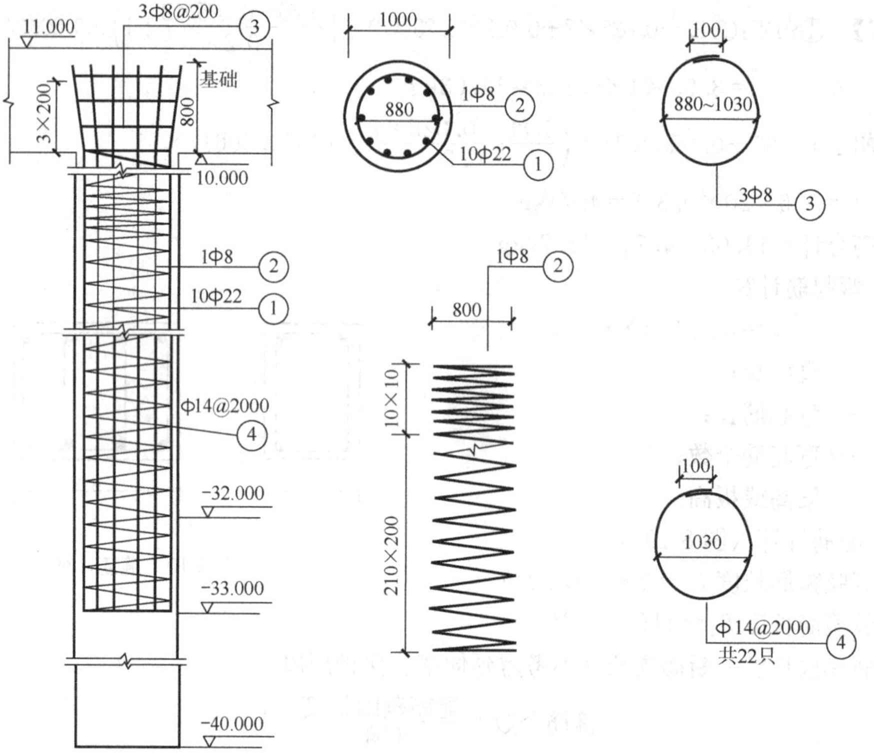

图 8-12 某桥梁桩基

2 号钢筋计算长度：加密区下料长$=\sqrt{[(0.88+0.008)\times\pi]^2+0.1^2}\times10=27.91$m

非收口段料长$=\sqrt{[(0.88+0.008)\times\pi]^2+0.2^2}\times210=587.35$m

上下水平段长：$\pi\times(1-2\times0.06+0.008)\times1.5\times2=8.37$m

2 号钢筋总质量：$(27.91+587.35+8.37)\times0.617\times0.8^2\times8=1970$kg

3 号钢筋总质量：$[(0.88+1.03+0.008\times2)\div2\times\pi+0.1]\times3\times0.617\times0.8^2\times8=30$kg

4 号钢筋总质量：$[(1.030+0.014)\times\pi+0.1]\times22\times0.617\times1.4^2\times8=719$kg

钢筋总用量：$(10727+1970+30+719)\div1000=13.446$t

套定额［3-179］基价＝4676 元/t

直接工程费$=13.346\times4676=62406$元

【例 8-12】 某钢筋混凝土基础长 18m，宽 2.5m，厚 0.4m，保护层为 4cm。如图 8-13 所示，计算该基础钢筋重量并套用定额计算直接工程费。

【解】 1 号钢筋计算下料长度 $2.5-0.04\times2+0.012\times6.25\times2=2.57$m

1 号钢筋根数$\left(\dfrac{18-0.04\times2}{0.18}+1\right)=100.56$，取 101 根

1 号筋总质量：$2.57\times101\times0.617\times1.2^2=231$kg

2 号钢筋计算下料长度 $18-0.04\times2+2\times0.02\times35=19.32$m（$18\div8=2.23$，取 2 个接头）

2 号钢筋根数$\left(\dfrac{2.5-0.04\times2}{0.18}+1\right)=14.44$，取 15 根

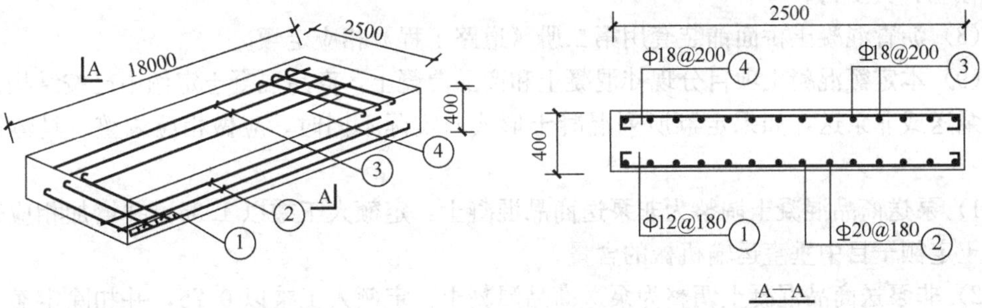

图 8-13 某钢筋混凝土基础

2 号钢筋总质量：$19.32\times15\times0.617\times2^2=715\text{kg}$

3 号钢筋计算下料长度 $18-0.04\times2+2\times0.018\times35=19.18\text{m}$

3 号钢筋根数$\left(\dfrac{2.5-0.04\times2}{0.2}+1\right)=13.1$，取 14 根

3 号钢筋总质量：$19.18\times14\times0.617\times1.8^2=537\text{kg}$

4 号钢筋计算下料长度 $2.5-0.04\times2+0.01\times6.25\times2=2.545\text{m}$

4 号钢筋根数$\left(\dfrac{18-0.04\times2}{0.2}+1\right)=90.6$，取 91 根

4 号钢筋总质量：$2.545\times91\times0.617\times1^2=143\text{kg}$

双层钢筋支撑按上层最小直径取 $\phi10$ 钢筋，下料长 $2\times0.4+1=1.8$ (m)，支撑个数 $2.5\times18=45$ (只)

支撑钢筋钢筋质量：$45\times1.8\times0.617\times1^2=50\text{kg}$

圆钢汇总：$(231+143+50)\div1000=0.424\text{t}$

螺纹钢汇总：$(715+537)\div1000=1.252\text{t}$

圆钢套定额［3-177］ 基价＝4518 元/t

直接工程费＝0.424×4518＝1916 元

螺纹钢套定额 3-178 基价＝4346 元/t

直接工程费＝1.252×4346＝5441 元

五、现浇混凝土工程

(一) 说明

(1) 本章定额包括基础、墩、台、柱、梁、桥面、接缝等项目共 14 节 114 个子目。

(2) 本章定额适用于桥涵工程现浇各种混凝土构筑物。

(3) 本章定额中均未包括预埋铁件，如设计要求预埋铁件时，可按设计用量套钢筋工程有关项目。

(4) 承台模板定额分有底模和无底模两种，应视不同的施工方法套用相应定额。有底模承台指承台脱离地面，需铺设底模施工的承台；无底模承台指承台直接依附在地面或基础上，不需要铺设底模。

(5) 定额中混凝土按常用强度等级列出，如设计要求不同时可以换算。

(6) 本章定额中防撞护栏采用定型钢模，其他模板均按工具式钢模、木模取定。

(7) 现浇梁、板等模板定额中已包括铺筑底模，但未包括支架，实际发生时套用“临时工程”有关子目。

（8）沥青混凝土桥面铺装套用第二册《道路工程》相应定额。

（9）本定额混凝土项目分现拌混凝土和商品混凝土，商品混凝土定额中已按结构部位取定泵送或非泵送，如果定额所列混凝土形式与实际不同时，应做相应调整。具体调整方法：

1）泵送商品混凝土调整为非泵送商品混凝土：定额人工乘以 1.35，并增加相应普通混凝土定额子目中垂直运输机械的含量；

2）非泵送商品混凝土调整为泵送商品混凝土：定额人工乘以 0.75，并扣除定额子目中垂直运输机械的含量。

（10）混凝土定额子目中混凝土与模板分列。计算模板工程量时，按与混凝土的接触面积计算。

（11）本章定额中嵌石混凝土的块石含量是按 15%计取，如与设计不符时，可按表 8-3换算，但人工、机械不再调整。

嵌石混凝土的块石含量换算表 **表 8-3**

块 石 掺 量	（%）	10	15	20	25
每立方米混凝土块石掺量	（m^3）	0.254	0.381	0.61	0.635

注：1. 块石掺量另加损耗率，块石损耗为 2%；

2. 混凝土用量扣除嵌石百分数后，乘以损耗率 1.5%。

（12）本章定额中混凝土运输均采用 1t 机动翻斗车，并已包括了 150m 水平运输距离。

（13）本章定额中基础、墩、台身、挡墙选用工具式钢模板，防撞栏杆选用定型钢模，其他定额全部选用木模板，使用钢模板时也已经考虑了 15%的木模作镶嵌用。如实际施工中，建设单位要求采用定型模板或大模板时，可以进行调整换算。

（14）本章定额中混凝土及模板的垂直运输选用 5t 电动履带式吊车，提升高度超过 8m 时，按册说明有关规定计算。

【例 8-13】 某桥为整体式连续板梁桥，桥长为 30m，如图 8-14 所示，计算其工程量。

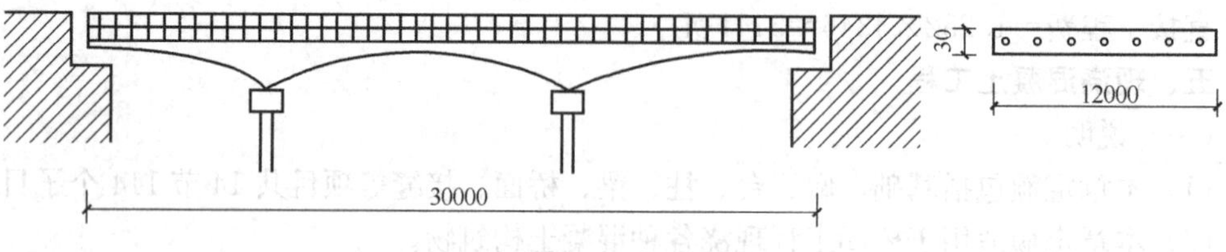

图 8-14 连续板梁桥

【解】 $V=30\times12\times0.03m^3=10.80m^3$

（二）工程量计算规则

（1）混凝土工程量按设计尺寸以实体积计算（不包括空心板、梁的空心体积不扣除钢筋、钢丝、铁件、预留压浆孔道和螺栓所占的体积）。

【例 8-14】 某混凝土空心板梁，如图 8-15 所示，现浇混凝土施工，板内设一直径为 67cm 的圆孔，截面形式和相关尺寸在图中已标注，求该空心板梁混凝土工程量。

【解】 空心板梁混凝土工程量：

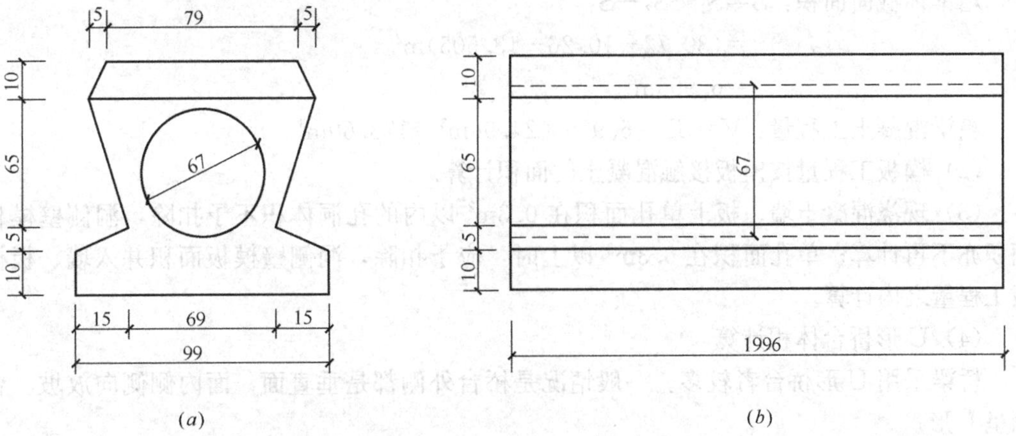

图 8-15　混凝土空心板梁示意图（单位：cm）

（*a*）横截面图；（*b*）侧立面图

空心板梁横截面面积：

$$S=\left[(0.79+0.89)\times 0.1/2+(0.89+0.69)\times 0.65/2+(0.69+0.99)\times 0.05/2+0.99\times 0.1-\frac{\pi\times 0.67^2}{4}\right]m^2$$

$$=(0.084+0.514+0.042+0.099-0.352)m^2$$

$$=0.387m^2$$

工程量：$V=SL=0.387\times 19.96m^3=7.72m^3$

【例 8-15】 某现浇混凝土箱形梁，单箱室，如图 8-16 所示，梁长 24.96m，梁高 2.4m，梁上顶面宽 12.8m，下顶面宽 7.6m，其他的尺寸如图中标注，求该箱梁混凝土工程量。

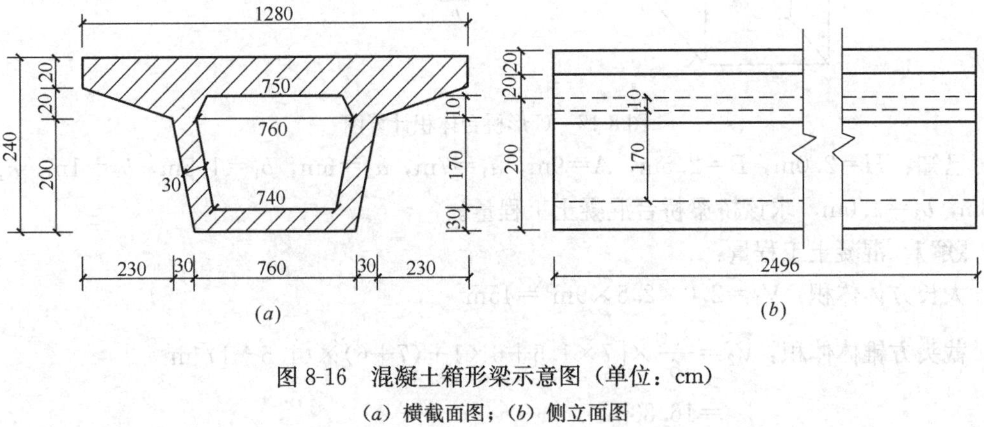

图 8-16　混凝土箱形梁示意图（单位：cm）

（*a*）横截面图；（*b*）侧立面图

【解】 大矩形面积：$S_1=12.8\times 2.4m^2=30.72m^2$

两翼下空心面积：$S_2=\left[0.2\times 2.3+2\times\frac{(2.3+2.6)\times 2}{2}\right]m^2=10.26m^2$

箱梁箱室面积：$S_3=\left(\frac{7.5+7.6}{2}\times 0.1+\frac{7.4+7.6}{2}\times 1.7\right)m^2$

$$=13.505m^2$$

箱梁横截面面积：$S=S_1-S_2-S_3$

$=(30.72-10.26-13.505)m^2$

$=6.955m^2$

箱梁混凝土工程量：$V=SL=6.955\times24.96m^3=173.60m^3$

(2) 模板工程量按模板接触混凝土的面积计算。

(3) 现浇混凝土墙、板上单孔面积在 $0.3m^2$ 以内的孔洞体积不予扣除，洞侧壁模板面积亦不再计算；单孔面积在 $0.3m^2$ 以上时，应予扣除，洞侧壁模板面积并入墙、板模板工程量之内计算。

(4) U 形桥台体积计算

桥梁采用 U 形桥台者较多。一般情况是桥台外侧都是垂直面，面内侧侧向放坡。台帽呈 L 形。

长方体体积： $V_1=ABH$

截头方锥体体积：$V_2=\frac{H}{6}[a_1b_1+a_2b_2+(a_2+b_1)(a_1+b_2)]$

台帽以上部体积：$V_3=Ab_3h_1$

桥台体积：$V=V_1-V_2-V_3$

【例 8-16】 某桥梁桥台如图 8-17 所示，该桥台为 U 形桥台，与桥台台帽为一体，现场浇筑施工。

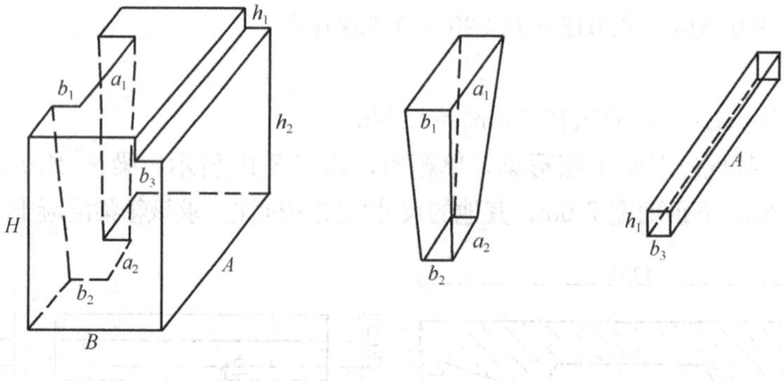

图 8-17 U 形桥台体积计算图

已知：$H=2.0m$，$B=2.5m$，$A=9m$，$a_1=7m$，$a_2=6m$，$b_1=1.5m$，$b_2=1m$，$h_1=0.8m$，$b_3=1.0m$，求该桥梁桥台混凝土工程量。

【解】 混凝土工程量：

大长方体体积：$V_1=2.0\times2.5\times9m^3=45m^3$

截头方锥体体积：$V_2=\frac{2.0}{6}\times[7\times1.5+6\times1+(7+6)\times(1.5+1)]m^3$

$=16.33m^3$

台帽处的长方体体积：$V_3=0.8\times1\times9m^3=7.2m^3$

桥台体积：$V=V_1-V_2-V_3$

$=(45-16.33-7.2)m^3$

$=21.47m^3$

即桥台混凝土工程量为 $21.47m^3$。

【例 8-17】 C30 现捣钢筋混凝土无底模桥梁承台，试确定定额编号及基价。

【解】 [3-215] H 基价$=2704+(216.47-192.94)\times10.15=2942.83$ 元/$10m^3$

模板（3-217） 基价$=245$ 元/$10m^2$

【例 8-18】 现浇人行道立柱，C25 泵送混凝土，试确定定额编号及基价。

【解】 [3-302] H 基价$=3630+510.84\times(0.75-1)+(317-303)\times10.15=3644.39$ 元/$10m^3$

【例 8-19】 非泵送 C30（20）商品混凝土现浇轻型桥台，试确定定额编号及基价。

【解】 [3-226] H 基价$=3235+(319-299)\times10.15+181.03\times0.35+144.71\times1.06=3655$ 元

【例 8-20】 某桥梁采用埋置式桥台，其具体尺寸如图 8-18 所示，计算该桥台的工程量。

【解】 $V_1=\frac{1}{3}\times3.5\times(0.5^2+2^2+2\times0.5)\times2m^3$

$=\frac{1}{3}\times3.5\times5.25\times2m^3=12.25m^3$

$V_2=5\times20\times(10+2+2)m^3=1400.00m^3$

$V_3=5\times20\times(0.5+2)m^3=250.00m^3$

$V_4=\frac{1}{2}\times(5+6)\times10\times20m^3$

$=1100.00m^3$

$V_5=12\times20\times4m^3=960.00m^3$

$V=V_1+V_2+V_3+V_4+V_5$

$=(12.25+1400+250+1100+960)m^3$

$=3722.25m^3$

六、预制混凝土工程

（一）说明

（1）本章定额包括预制桩、柱、板、梁及小型构件等项目共 10 节 54 个子目。

（2）本章定额适用于桥涵工程现场制作的预制构件。

（3）本章定额不包括地模、胎模费用，需要时可按本册“临时工程”有关子目计算。

（4）本章定额中均未包括预埋铁件，如设计需求预埋铁件时，可按设计用量套用本册“钢筋工程”有关子目。

（5）预制构件场内运输定额适用于陆上运输，构件场外运输则参照本省建筑工程预算定额执行。

（6）本章定额中混凝土与模板分别列项。

（7）本章定额中除拱构件及小型构件外，均按 5t 履带式吊车垂直提升混凝土。

（8）预制构件的模板工程量计算必须从构件受力及实际施工情况出发，选择合理的施工方法来确定。

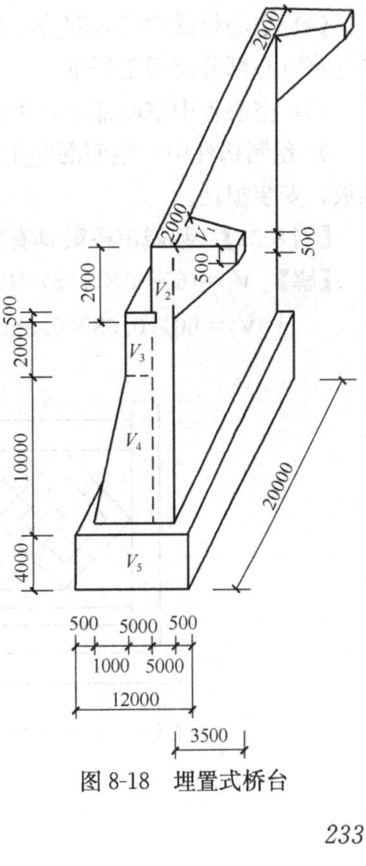

图 8-18 埋置式桥台

（9）预应力混凝土构件及T型梁、I型梁等构件可计侧模、底模；非预应力混凝土构件（T型梁、I型梁除外）只计侧模，不计底模；空心板可计内模，空心板梁不计内模（采用橡胶囊）；栏杆及其他构件不按接触面积计算，按预制时的平面投影面积（不扣除空心面积）计算。

（10）预制构件场内运输按构件重量及运输距离计算，实际运距不足100m按100m计算。

（二）工程量计算规则

1. 混凝土工程量计算

（1）预制桩工程量按桩长度（包括桩尖长度）乘以桩横断面面积计算。

（2）预制空心构件按设计图尺寸扣除空心体积，以实体积计算。空心板梁的堵头板体积不计入工程量内，其消耗量已在定额中考虑。

（3）预制空心板梁，凡采用橡胶囊做内模的，考虑其压缩变形因素，可增加混凝土数量，当梁长在16m以内时，可按设计计算体积增加7%，若梁长大于16m时，则按增加9%计算。如设计图已注明考虑橡胶囊变形时，不得再增加计算。

（4）预应力混凝土构件的封锚混凝土数量并入构件混凝土工程量计算。

2. 模板工程量计算

（1）预制构件中预应力混凝土构件及T形梁、I形梁、双曲拱、桁架拱等构件均按模板接触混凝土的面积（包括侧模、底模）计算。

（2）灯柱、端柱、栏杆等小型构件按平面投影面积计算。

（3）预制构件中非预应力构件按模板接触混凝土的面积计算，不包括胎、地模。

（4）空心板梁中空心部分，本定额均采用橡胶囊抽拔、其摊销量已包括在定额中，不再计算空心部分模板工程量。

（5）空心板中空心部分，可按模板接触混凝土的面积计算工程量。

3. 预制构件中的钢筋混凝土桩、梁及小型构件，可按混凝土基价的2%计算其运输、堆放、安装损耗。

【例8-21】 某城市桥梁具有双菱形花纹的栏杆图样，如图8-19所示，计算其工程量。

【解】 $V_1=(60+2\times0.05)\times0.1\times0.1\text{m}^3=0.60\text{m}^3$

$V_2=60\times0.08\times0.9\text{m}^3=4.32\text{m}^3$

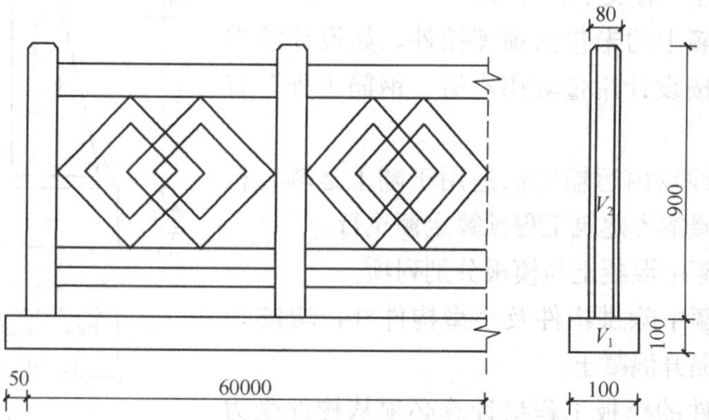

图8-19 双菱形花纹栏杆

$V=V_1+V_2=(0.6+4.32)\text{m}^3=4.92\text{m}^3$

【例 8-22】 某桥梁工程采用预制钢筋混凝土箱梁，箱梁结构如图 8-20 所示，已知每根梁长 16m，该桥总长 64m，桥面总宽 26.0m，为双向六车道，试计算该工程的预制箱梁混凝土工程量、桥板工程量。

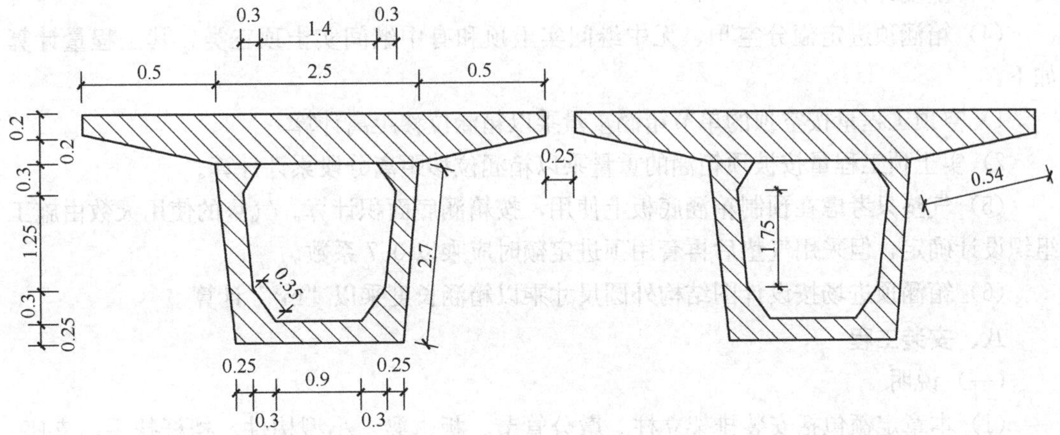

图 8-20　箱梁结构示意图（单位：m）

【解】 由于桥面总宽 26.0m，每两根箱梁之间有 0.25m 的砂浆勾缝，则在桥梁横断面上共需箱梁 $3.5x+(x-1)\times0.25=26$，$x=7$ 根。桥梁总长 64m，每根梁长 16m，则在纵断面上需 4 根，所以该工程所需预制箱梁共 28 根。

1）预制混凝土工程量：

$$V=\left[(3.5+2.5)\times\frac{1}{2}\times0.4+(2.5+2.0)\times\frac{1}{2}\times2.1-(1.5+2.0)\times\frac{1}{2}\times1.85+4\times\frac{1}{2}\times0.3\times0.3\right]\times16\times28\text{m}^3$$

$$=1284.64\text{m}^3$$

2）预制箱梁的模板工程量：

$$S=(3.5+2.0+2.7\times2+0.54\times2+0.2\times2+0.9+1.4+0.35\times4+1.75\times2)\times16\times28\text{m}^2$$

$$=8771.84\text{m}^2$$

七、立交箱涵工程

（一）说明

（1）本章定额包括箱涵制作、顶进、箱涵内挖土等项目共 7 节 43 个子目。

（2）本章定额适用于穿越城市道路及铁路的立交箱涵顶进工程及现浇箱涵工程。

（3）本章定额顶进土质按Ⅰ、Ⅱ类土考虑，若实际土质与定额不同时，可进行调整。

（4）定额中未包括箱涵顶进的后靠背设施等，其发生费用可另行计算。

（5）定额中未包括深基坑开挖、支撑及排水的工作内容。如发生可套用有关定额计算。

（6）立交桥引道的结构及路面铺筑工程，根据施工方法套用有关定额计算。

（二）工程量计算规则

（1）箱涵滑板下的肋楞，其工程量并入滑板内计算。

（2）箱涵混凝土工程量，不扣除单孔面积 $0.3m^3$ 以下的预留孔洞所占体积。

（3）顶柱、中继间护套及挖土支架均属专用周转性金属构件，定额中已按摊销量计列，不得重复计算。

（4）箱涵顶进定额分空顶、无中继间实土顶和有中继间实土顶三类，其工程量计算如下：

1）空顶工程量按空顶的单节箱涵重量乘以箱涵位移距离计算。

2）实土顶工程量按被顶箱涵的重量乘以箱涵位移距离分段累计计算。

（5）气垫只考虑在预制箱涵底板上使用，按箱涵底面积计算。气垫的使用天数由施工组织设计确定，但采用气垫后再套用顶进定额时应乘以 0.7 系数。

（6）箱涵顶进场按设计图结构外圆尺寸乘以箱涵长度乘以“m^3”计算

八、安装工程

（一）说明

（1）本章定额包括安装排架立柱、墩分管节、板、梁、小型构件、档杆扶手、支座、伸缩缝等项目共 13 节 92 个子目。

（2）本章定额适用于桥涵工程混凝土构件的安装等项目。

（3）小型构件安装已包括 150m 场内运输，其他构件均未包括场内运输。

（4）安装预制构件定额中，均未包括脚手架，如需要用脚手架时，可套用《通用项目》相应定额项目。

（5）安装预制构件，应根据施工现场具体情况，采用合理的施工方法，套用相应定额。

（6）除安装梁分陆上、水上安装外，其他构件安装均未考虑船上吊装，发生时可增加船只费用。

（7）水上安装板梁、下梁、工形梁，均包括搭、拆木垛，组装、拆卸船排在内，但不包括船排压舱。

（8）安装预制构件按构件混凝土实体积计算，不包括空心部分。

（9）预留槽混凝土采用钢纤维混凝土，定额中钢纤维用量按水泥用量的 1% 考虑，如设计用量与定额量不同，应按设计用量调整。

（二）工程量计算规则

（1）本章定额安装预制构件以“立方米”为计量单位的，均按构件混凝土实体积（不包括空心部分）计算。

（2）驳船未包括进出场费，发生时应另行计算。

【例 8-23】 起重机安装 T 型梁（起重机 $L \leqslant 20m$，陆上安装），试确定定额编号及基价。

【解】 ［3-447］H　基价＝463 元/$10m^3$

【例 8-24】 陆上扒杆安装 C30 预制混凝土 T 型梁，梁长 20m，提升高度 10m，试确定定额编号及基价。

【解】 ［3-445］H　基价＝1657＋435.16×0.1＋936.56×0.1＝1794 元

九、临时工程

（一）说明

（1）本章定额内容包括桩基础支架平台、木垛、支架的搭拆，打桩机械、船排、万能杆件的组拆，挂篮的安拆和推移，胎地模的筑拆及桩顶混凝土凿除等项目共 9 节 31 个子目。

（2）本章定额支架平台适用于陆上、支架上打桩及钻孔灌注桩。支架平台分陆上平台与水上平台两类，其划分范围如下：

1）水上支架平台：凡河道原有河岸线、向陆地延伸 2.5m 范围，均可套用水上支架平台。

2）陆上支架平台：除水上支架平台范围以外的陆地部分，均属陆上支架平台，但不包括坑洼地段，如坑洼地段平均水深超过 2m 的部分，可套用水上支架平台；平均水深在 1～2m 时，按水上支架平台和陆上支架平台各取 50％计算；如平均水深在 1m 以内时，按陆上工作平台计算。

（3）桥涵拱盔、支架均不包括底模及地基加固在内。

（4）组装、拆卸船排定额中未包括压舱费用。压舱材料取定为大石块，并按船排总吨位的 30％计取（包括装、卸在内 150m 的二次运输费）。

（5）打桩机械锤重的选择（表 8-4）。

注：钻孔灌注桩工作平台按孔径 $\phi\leqslant1000$，套用锤重 1800kg 打桩工作平台，$\phi>1000$，套用锤重 2500kg 打桩工作平台。

（6）搭、拆水上工作平台定额中，已综合考虑了组装、拆卸船排及组装、拆卸打拔桩架工作内容，不得重复计算。

打桩机械锤重的选择表 **表 8-4**

桩类别	桩长度（m）	桩截面积 S（m^2）或管径 ϕ（mm）	柴油桩机锤重（kg）
钢筋混凝土方桩及板桩	$L\leqslant8$	$S\leqslant0.05$	600
	$L\leqslant8$	$0.05<S\leqslant0.105$	1200
	$8<L\leqslant16$	$0.105<S\leqslant0.125$	1800
钢筋混凝土方桩及板桩	$16<L\leqslant24$	$0.125<S\leqslant0.160$	2500
	$24<L\leqslant28$	$0.160<S\leqslant0.225$	4000
	$28<L\leqslant32$	$0.225<S\leqslant0.250$	5000
	$32<L\leqslant40$	$0.250<S\leqslant0.300$	7000
钢筋混凝土管桩	$L\leqslant25$	$\phi400$	2500
	$L\leqslant25$	$\phi550$	4000
	$L\leqslant25$	$\phi600$	5000
	$L\leqslant50$	$\phi600$	7000
	$L\leqslant25$	$\phi800$	5000
	$L\leqslant50$	$\phi800$	7000
	$L\leqslant25$	$\phi1000$	7000
	$L\leqslant50$	$\phi1000$	8000

(7) 满堂式钢管支架，组装、拆卸万能杆件定额未含使用费，其使用费单价（t·天）按当地实际价格确定，支架使用天数按施工组织设计计算。

(8) 水上安装挂篮需浮吊配合时应另行计算。

(9) 本章定额中的桥梁支架，均不包括底模及地基加固在内。

(10) 满堂式钢管支架，按施工组织设计计算工程量，如无明确规定，按每立方米空间体积重量为50kg计算（包括扣件等）。

(11) 桥涵支架体积为结构底至原地面（水上支架为水上支架平台顶面）平均高乘以纵向距离再乘以（桥宽+2m）计算。

(12) 现浇盖梁支架体积为盖梁底至承台顶面高度乘以长度（盖梁长+1m）再乘以（盖梁宽+1m）计算。

(13) 挂篮适用于悬臂施工的桥梁工程，其重量按设计要求确定，定额分为安装、拆除、推移。推移工程量按挂篮重量乘以推移距离以t·m计算。挂篮按3次摊销计算，并考虑30%残值。挂篮发生场外运输可另行计算。

(14) 地模定额中，砖地模厚度为75cm，混凝土地模定额中未包括毛砂垫层发生时按第六册《排水工程》相应定额执行。

（二）工程量计算规则

1. 搭拆打桩工作平台面积计算（图8-21）

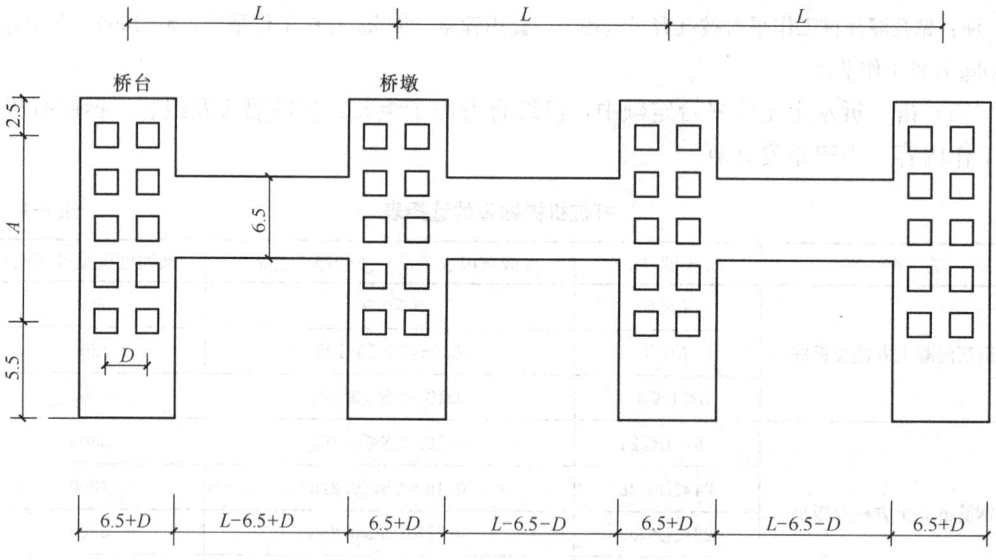

图8-21 工作平台面积计算示意图

(1) 桥梁打桩 $F=N_1F_1+N_2F_2$

每座桥台（桥墩） $F_1=(5.5+A+2.5)\times(6.5+D)$

每条通道 $F_2=6.5\times[L-(6.5+D)]$

(2) 钻孔灌注桩 $F=N_1F_1+N_2F_2$

每座桥台（桥墩） $F_1=(A+6.5)\times(6.5+D)$

每条通道 $F_2=6.5\times[L-(6.5+D)]$

上述公式中　F——工作平台总面积；

F_1——每座桥台（桥墩）工作平台面积；

F_2——桥台至桥墩间或桥墩至桥墩间通道工作平台面积；

N_1——桥台和桥墩总数量；

N_2——通道总数量；

D——两排桩之间距离（m）；

L——桥梁跨径或护岸的第一根桩中心至最后一根桩中心之间的距离（m）；

A——桥台（桥墩）每排桩的第一根桩中心至最后一根桩中心之间的距离（m）。

【例 8-25】 某三跨简支梁桥，桥跨结构为 10m＋13m＋10m，均采用 40cm×40cm 打入桩基础，其中 0 号台、3 号台采用单排桩 11 根，桩距为 140cm，1 号墩、2 号墩采用双排平行桩，每排 9 根，桩距 150cm，排距 150cm。试求该打桩工程搭拆工作平台的总面积。

【解】 按工程量计算规则第 1）条可知

（1）0 号台、3 号台每座工作平台面积：

$$A = 1.40\times(11-1) = 14\text{m}\quad D = 0$$

$$F = (5.5+14+2.5)\times(6.5+0) = 143\text{m}^2$$

（2）1 号墩、2 号墩每座工作平台面积：

$$A = 1.5\times(9-1) = 12\text{m}\quad D = 1.5\text{m}$$

$$F = (5.5+12+2.5)\times(6.5+1.5) = 160\text{m}^2$$

（3）通道平台面积：

0～1 号、2～3 号每条通道平台：

$$F = 6.5\times[10-6.5/2-(6.5+1.5)/2] = 17.875\text{m}^2$$

1～2 号通道平台：

$$F = 6.5\times[13-(6.5+1.5)] = 32.5\text{m}^2$$

（4）全桥搭拆工作平台总面积：

$$F = 143\times2+160\times2+17.875\times2+32.5 = 674.25\text{m}^2$$

2. 凡台与墩或墩与墩之间不能连续施工时（如不能断航、断交通或拆迁工作不能配合），每个墩、台可计一次组装、拆卸柴油打桩架及设备运输费

3. 桥涵拱盔、支架空间体积计算

（1）桥涵拱盔体积按起拱线以上弓形侧面积乘以（桥宽＋2m）计算；

（2）桥涵支架体积为结构底至原地面（水上支架为水上支架平台顶面）平均标高乘以纵向距离再乘以（桥宽＋2m）计算。

【例 8-26】 如图 8-22 所示计算拱盔和支架工程量

【解】 拱盔：$\dfrac{\pi\times1.5^2}{2}\times(6+2)=28.27\text{m}^3$

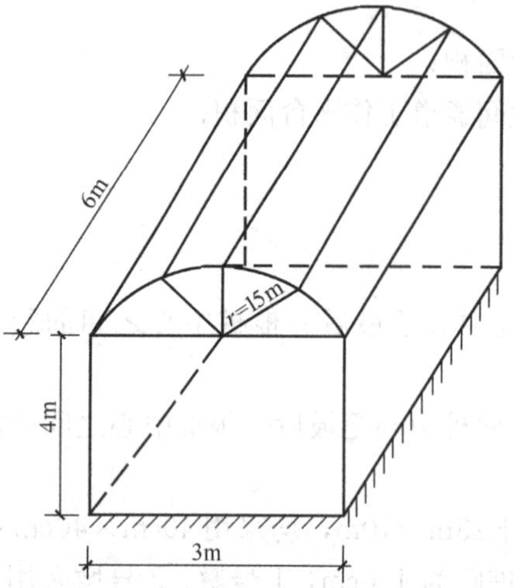

图 8-22　例图

注：图中尺寸均为 m，桩中心距为 D，通道宽 6.5m。

支架：$3\times4\times6=72m^3$

十、装饰工程

（一）说明

（1）本章定额包括砂浆抹面、水刷石、剁斧石、拉毛、水磨石、镶贴面层、涂料、油漆等项目共 8 节 45 个子目。

（2）本章定额适用于桥、涵构筑物的装饰项目。

（3）现浇盖支架体积为盖梁底至承分顶面高度乘以长度（盖梁长＋1m）再乘以宽度（盖梁宽＋1m）计算，并扣除主柱所占体积。

（4）支架堆载预压工程量按施工组状设计要求计算，设计无要求时，按支架承载的梁体设计重量乘以系数 1.1 计算。

（5）镶贴面层定额中，贴面材料与定额不同时，可以调整换算，但人工与机械台班消耗量不变。

（6）水质涂料不分面层类别，均按本定额计算，由于涂料种类繁多，如采用其他涂料时，可以调整换算。

（7）水泥白石子浆抹灰定额，均未包括颜料费用，如设计需要颜料调制时，应增加颜料费用。

（8）油漆定额按手工操作计取，如采用喷漆时，应另行计算。定额中油漆种类与实际不同时，可以调整换算。

（9）定额中均未包括施工脚手架，发生时可按第一册《通用项目》相应定额执行。

（二）工程量计算规则

本章定额除金属面油漆以“吨”计算外，其余项目均按装饰面积计算。

【例 8-27】 墙面水刷石饰面，水泥白石子浆 1∶1，墙高 3.8m，试确定定额编号及基价。

【解】 ［3-554］H　基价$=1749+(311.42-258.23)\times1.025=1803.52$ 元/100m²

【例 8-28】 桥侧面贴瓷砖（108×108×5；0.32 元/块），试确定定额编号及基价。

【解】 ［3-567］H　基价$=4521+\left(\dfrac{152\times152}{108\times108}\times320-380\right)\times4.56=5505.3$ 元/100m²

【例 8-29】 栏杆白水泥砂浆抹面，换 1∶2 水泥砂浆中的普通水泥为白水泥，试确定定额编号及基价。

【解】 ［3-553］H　基价$=1439+462\times1.025\times(0.6-0.33)=1567$ 元/100m²

【例 8-30】 如图 8-23 所示，为某桥梁的防撞栏杆，其中横栏采用直径为 20mm 的钢筋，竖栏直径为 40mm 的钢

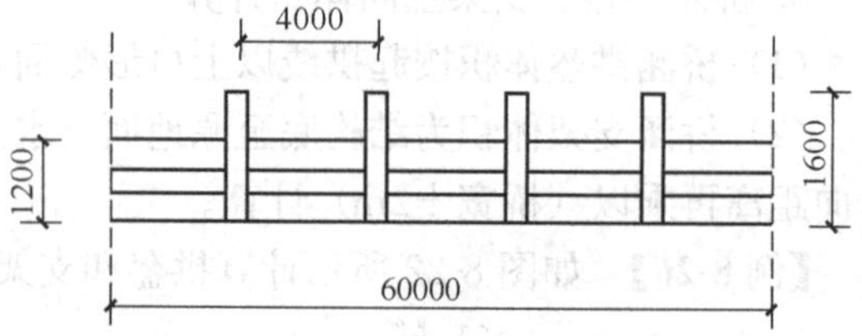

图 8-23　防撞栏杆

筋，布设桥梁两边。为使桥梁更美观，将栏杆用油漆刷为白色，假设 1m² 需 3kg 油漆，计算油漆工程量。

【解】

$$S_{横栏}=60\times4\times\pi\times0.02\text{m}^2=15.08\text{m}^2$$

$$S_{竖栏}=\left(\frac{60}{4}+1\right)\times1.6\times\pi\times0.04\text{m}^2=3.22\text{m}^2$$

$$S=(S_{横}+S_{竖})\times2=18.30\times2\text{m}^2=36.60\text{m}^2$$

$$m=3\times36.60\text{kg}=109.80\text{kg}=0.110\text{t}$$

【例 8-31】 为了增加城市的美观，对某城市桥梁进行桥梁装饰，如图 8-24 所示，其行车道采用水泥砂浆抹面，人行道采用水磨石饰面，护栏采用镶贴面层，计算各种饰料的工程量。

【解】

水泥砂浆工程量：$S_1=7\times60\text{m}^2=420.00\text{m}^2$

水磨石饰面工程量：$S_2=(2\times1\times60+4\times1\times0.15+2\times0.15\times60)\text{m}^2$

$=138.6\text{m}^2$

镶贴面层工程量：$S_3=[2\times1.2\times60+2\times0.1\times60+4\times0.1\times(1.2+0.15)]\text{m}^2$

$=(144+12+0.54)\text{m}^2$

$=156.54\text{m}^2$

【例 8-32】 某城市 20m 的桥梁，其栏杆如图 8-25 所示，板厚 30mm，其中，栏板的花纹部分和柱子采用拉毛，剩余部分用剁斧石饰面（不包括地衣伏），计算剁斧石饰面和拉毛的工程量（一面栏杆共 9 个柱子，中间 8 块带有相同的棱形花纹的栏板，两边各有一块带半圆花纹的栏板）。

【解】 拉毛工程量：

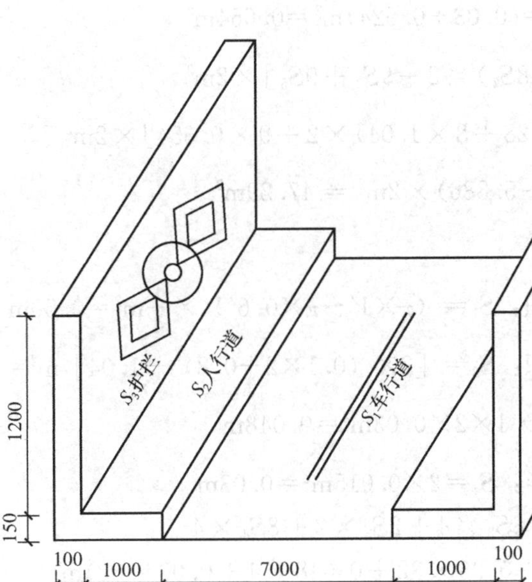

图 8-24 桥梁装饰

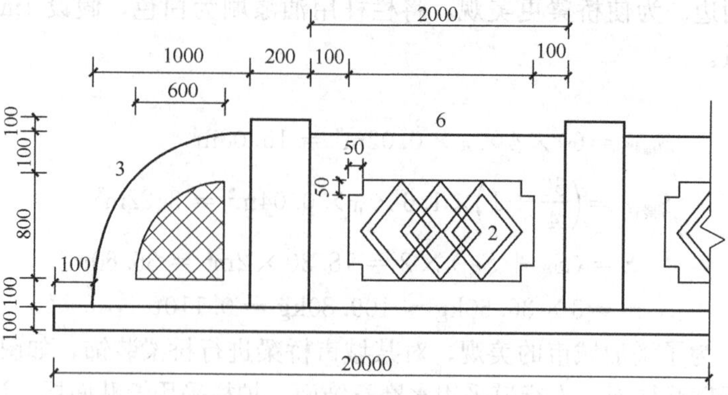

图 8-25　桥梁栏杆

半圆花纹：$S_1=\frac{1}{4}\times\pi\times0.6^2\text{m}^2=0.28\text{m}^2$

棱形花纹矩形：$S_2=[(2-2\times0.1)\times0.8-4\times(0.05\times0.05)]\text{m}^2=1.04\text{m}^2$

柱子$\begin{cases}\text{顶面：}S_3=\pi\times0.1^2\text{m}^2=0.03\text{m}^2\\ \text{侧面：如图 8-26 所示：}\sin\theta_1=\dfrac{\frac{0.030}{2}}{\frac{0.2}{2}}=0.15\\ \theta_1=\arcsin0.15\end{cases}$

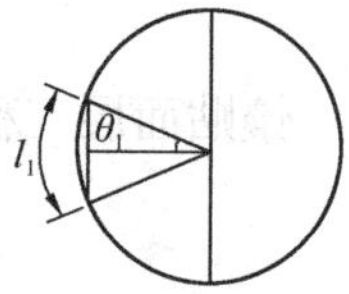

图 8-26　柱子侧面计算简图

$l_1=2\pi r\cdot\frac{2\theta_1}{360}=\frac{\pi}{180}\times0.2\times\arcsin0.15\text{m}=0.03\text{m}$

$S_4=[\pi\times0.2\times(0.1\times2+0.1+0.8)-0.03\times(0.1\times3+0.8)\times2]\text{m}^2$

$=(0.69-0.066)\text{m}^2=0.624\text{m}^2$

柱子的面积：$S_5=S_3+S_4=(0.03+0.624)\text{m}^2=0.654\text{m}^2$

$$\begin{aligned}S&=[(2S_1+8S_2)\times2+9S_3+9S_5]\times2\text{m}^2\\&=[(2\times0.28+8\times1.04)\times2+9\times0.654]\times2\text{m}^2\\&=(17.76+5.886)\times2\text{m}^2=47.29\text{m}^2\end{aligned}$$

剁斧石饰面工程量：

半圆形栏板除图案外的面积：$S_1=(\pi\times1^2-\pi\times0.6^2)\times\frac{1}{4}\text{m}^2=0.50\text{m}^2$

一块矩形板除图案外的面积：$S_2=[2\times(0.1\times2+0.8)-1.04]\text{m}^2=0.96\text{m}^2$

半圆上表面积：$S_3=\frac{1}{4}\times\pi\times1\times2\times0.03\text{m}^2=0.048\text{m}^2$

一块棱形图案上表面积一半：$S_4=2\times0.015\text{m}^2=0.03\text{m}^2$

$$\begin{aligned}S&=2S_1\times4+8S_2\times4+2S_3\times2+8S_4\times4\\&=(0.5\times8+0.96\times32+0.048\times4+0.03\times32)\text{m}^2\\&=35.87\text{m}^2\end{aligned}$$

第二节 桥涵工程清单项目及清单编制

一、桥梁工程清单项目设置

《市政工程工程量计算规范》GB 50857—2013 附录 C 桥涵工程中，设置了 9 个小节、86 个清单项目。

1. C.1 桩基

本节根据不同的桩基形式设置了 12 个清单项目：预制钢筋混凝土方桩、预制钢筋混凝土管桩、钢管桩、泥浆护壁成孔灌注桩、沉管灌注桩、干作业成孔灌注桩、挖孔桩土（石）方、人工挖孔灌注桩、钻孔压浆桩、灌注桩后注浆、截桩头、声测管。

2. C.2 基坑与边坡支护

本节根据不同的基坑围护及边坡支护形式设置了 8 个清单项目：圆木桩、预制钢筋混凝土板桩、地下连续墙、咬合灌注桩、型钢水泥土搅拌墙、锚杆（索）、土钉、喷射混凝土。

3. C.3 现浇混凝土构件

本节根据现浇混凝土桥梁的不同结构部位设置了 25 个清单项目：混凝土垫层、混凝土基础、混凝土承台、混凝土墩（台）帽、混凝土墩（台）身、混凝土支撑梁及横梁、混凝土墩（台）盖梁、混凝土拱桥拱座、混凝土拱桥拱肋、混凝土拱上构件、混凝土箱梁、混凝土连续板、混凝土板梁、混凝土板拱、混凝土挡墙墙身、混凝土挡墙压顶、混凝土楼梯、混凝土防撞护栏、桥面铺装、混凝土桥头搭板、混凝土搭板枕梁、混凝土桥塔身、混凝土连系梁、混凝土其他构件、钢管拱混凝土。

4. C.4 预制混凝土

本节根据预制混凝土桥梁的不同结构、部位设置了 5 个清单项目：预制混凝土梁、预制混凝土立柱、预制混凝土板、预制混凝土挡土墙墙身、预制混凝土其他构件。

5. C.5 砌筑

本节按砌筑的方式、部位不同设置了 5 个清单项目：垫层、干砌块料、浆砌块料、砖砌体、护坡。

6. C.6 立交箱涵

本节主要按立交箱涵施工顺序设置了 7 个清单项目：透水管、滑板、箱涵底板、箱涵侧墙、箱涵顶板、箱涵顶进、箱涵接缝。

7. C.7 钢结构

本节主要按钢结构的不同部位设置了 9 个清单项目：钢箱梁、钢板梁、钢桁梁、钢拱、劲性钢结构、钢结构叠合梁、其他钢构件、悬（斜拉）索、钢拉杆。

8. C.8 装饰

本节主要按不同的装饰材料设置了 5 个清单项目：水泥砂浆抹面、剁斧石饰面、镶贴面层、涂料、油漆。

9. C.9 其他

本节主要是桥梁栏杆、支座、伸缩缝、泄水管等附属结构，共设置了 10 个清单项目：金属栏杆、石质栏杆、混凝土栏杆、橡胶支座、钢支座、盆式支座、桥梁伸缩装置、隔声屏障、桥面排（泄）水管，防水层。

除箱涵顶进土方外，顶进工作坑等土方应按附录 A 土石方工程中相关清单项目编码列项。台帽、台盖梁均应包括耳墙、背墙。桥涵护岸工程半成品的场内运输应在相应的清单项目内列项。

除上述清单项目以外，一个完整的桥梁工程分部分项工程量清单一般还包括《计价规范》附录 A. 1 土石方工程、J. 1 钢筋工程中的有关清单项目，如果是改建桥梁工程，还应包括 K. 1 拆除工程中的有关清单项目。

J. 1 钢筋工程中的清单项目主要有预埋铁件、现浇构件钢筋、预制构件钢筋、先张法预应力钢筋、后张法预应力钢筋、型钢。桥梁工程中应用普遍的是非预应力钢筋、预应力钢筋。

D. 8 拆除工程中的清单项目主要有拆除混凝土结构。

二、桥梁工程清单项目工程量计算规则

本节重点介绍 C. 1、C. 3、C. 4、C. 5、C. 8、C. 9 中常见的桥梁工程清单项目的计算规则及计算方法。

1. 桩基

根据桩基的施工方法不同，桥梁桩基可分为两大类：打入桩、灌注桩。

1）打入桩

打入桩根据桩身材料可分圆木桩、钢筋混凝土板桩、钢筋混凝土方桩（管桩）、钢管桩等。桥梁工程较常用的是钢筋混凝土方桩。

工程量计算规则

钢筋混凝土板桩：按设计图示桩长（包括桩尖）乘以桩的断面面积以体积计算，计量单位为 m^3。

$$\text{钢筋混凝土板桩清单工程量} = \text{桩长} \times \text{桩断面面积} \tag{8-2}$$

$$\text{其他桩清单工程量} = \text{桩长} \tag{8-3}$$

其他桩：按设计图示以桩长（包括桩尖）计算，计量单位为 m。

在计算工程量时，要根据具体工程的施工图样，结合桩基清单项目的项目特征，划分不同的清单项目，分类计算其工程量。

如“钢筋混凝土方桩（管桩）”项目特征有 5 点，需结合工程实际加以区别。

① 形式：是钢筋混凝土方桩还是钢筋混凝土管桩。

② 混凝土强度等级、石料最大粒径：桩身强度等级、混凝土配合比中石料的最大粒径是否相同。

③ 断面尺寸：桩的断面尺寸是否相同。

④ 斜率：是直桩还是斜桩，如果都是斜桩，斜率是否相同。

⑤ 部位：是桥墩打桩，还是桥台打桩。

如果上述 5 个项目特征有 1 个不同，就应是 1 个不同的具体的清单项目，其钢筋混凝土方桩的工程量应分别计算。

【例 8-33】 某单跨小型桥梁，采用轻型桥台、钢筋混凝土方桩基础，桥梁桩基础如图 8-32 所示，试计算桩基清单工程量。

【解】 根据图 8-27 可知，该桥梁两侧桥台下均采用 C30 钢筋混凝土方桩，均为直桩。但两侧桥台下方桩截面尺寸不同，即有 1 个项目特征不同，所以该桥梁工程桩基有 2 个清单项目，应分别计算其工程量。

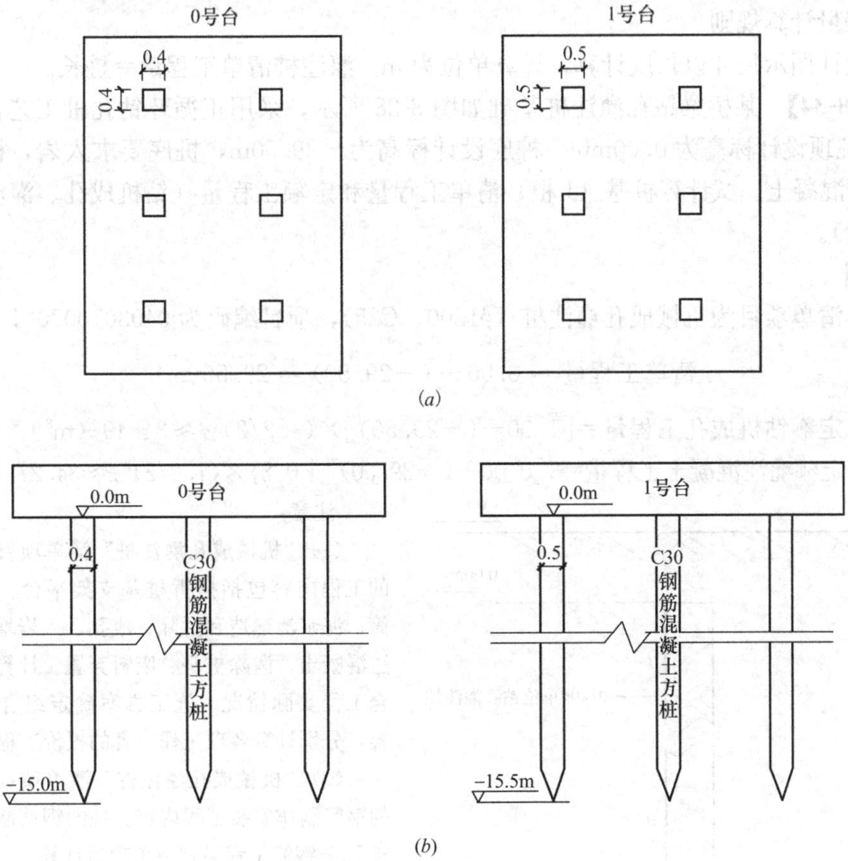

图 8-27　桥梁桩基础图

(*a*) 桩基平面图（单位：m）；(*b*) 横剖面图（单位：m）

(1) C30 钢筋混凝土方桩（400mm×400mm），项目编码：040301001001

$$清单工程量 = 15 \times 6 = 90(m)$$

(2) C30 钢筋混凝土方桩（500mm×500mm），项目编码：040301001002

$$清单工程量 = 15.5 \times 6 = 93(m)$$

注意：

(1) 打入桩清单项目包括以下工程内容：搭拆桩基础支架平台、打桩、送桩、接桩、凿除桩头、桩的场内运输等，但不包括桩机竖拆（水上桩基平台除外）、桩机进出场，桩机竖拆、桩机进出场列入施工技术措施项目计算；也不包括桩的钢筋制作安装、模板工程，桩的钢筋制作安装按 D.7 钢筋工程另列清单项目计算，桩基模板列入施工技术措施项目计算。

(2) 本节所列的各种桩均指作为桥梁基础的永久桩，是桥梁结构的一个组成部分，不是临时的工具桩。《浙江省市政工程预算定额》(2010 版)《通用项目》册中的“打拔工具桩”，均指临时的工具桩，不是永久桩，要注意两者的区别。

2）灌注桩

根据成孔方式的不同，分为钢管成孔灌注桩、挖孔灌注桩、机械成孔灌注桩。

工程量计算规则

按设计图示尺寸以长度计算，计算单位为 m。灌注桩清单工程量=桩长。

【例 8-34】 某桥梁钻孔灌注桩基础如图 8-28 所示，采用正循环钻孔桩工艺，桩径为 1.2m，桩顶设计标高为 0.00mm，桩底设计标高为－29.50m，桩底要求入岩，桩身采用 C25 钢筋混凝土。试计算桩基（1 根）清单工程量和定额工程量（钻机成孔、灌注混凝土的工程量）。

【解】

（1）清单项目为机械成孔灌注桩（ϕ1200、C25），项目编码为 040301007001

$$清单工程量 = 0.00-(-29.50) = 29.50(m)$$

（2）定额钻机成孔工程量=$[1.00-(-29.50)]\times(1.2/2)^2\pi\approx34.49$（$m^3$）

（3）定额灌注混凝土工程量=$\{[0.00-(-29.50)]+0.8\}\times(1.2/2)^2\pi\approx34.27$（$m^3$）

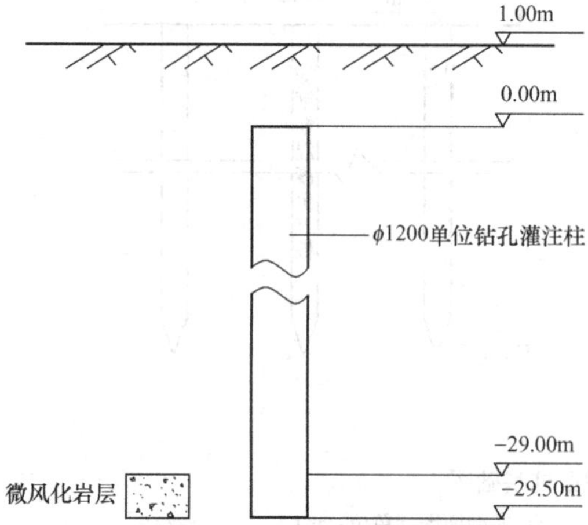

图 8-28　某桥梁钻孔灌注桩基础图

注意：

（1）“机械成孔灌注桩”清单项目可能发生的工程内容包括搭拆桩基支架平台、埋设钢护筒、泥浆池建造和拆除、成孔、入岩增加费、灌注混凝土、凿除桩头、废料弃置。计算时，应结合工程实际情况、施工方案确定组合的工程内容，分别计算各项工作内容的报价工程量。

（2）“机械成孔灌注桩”清单项目不包括桩的钢筋制作安装工程内容。桩的钢筋制作安装应按 D.7 钢筋工程另列清单项目计算。

（3）灌注桩清单工程量计算规则与定额计算规则不相同。

2. 现浇混凝土

工程量计算规则

现浇混凝土防撞护栏：按设计图示尺寸以长度计算，计算单位为 m；

$$现浇混凝土防撞护栏清单工程量 = 设计图示长度 \tag{8-4}$$

现浇混凝土桥面铺装：按设计图示尺寸以面积计算，计量单位为 m^2；

$$现浇混凝土桥面铺装清单工程量 = 设计图示长度\times宽度 \tag{8-5}$$

其他现浇混凝土结构：按设计图示尺寸以体积计算，计量单位为 m^3。

$$其他现浇混凝土结构清单工程量 = 设计图示长度\times宽度\times厚度(高度) \tag{8-6}$$

注意：

（1）桥梁现浇混凝土清单项目应区别现浇混凝土的结构部位、混凝土强度等级、碎石的最大粒径，划分设置不同的清单项目，并分别计算工程量。

（2）现浇混凝土清单项目包括的工程内容主要有混凝土浇筑、养生，不包括混凝土结构的钢筋制作安装、模板工程。钢筋制作安装按《计算规范》J.1 钢筋工程另列清单项目计算，现浇混凝土结构的模板列入施工措施项目计算。

3. 预制混凝土

工程量计算规则

按设计图示尺寸以体积计算，计算单位为 m^3。

$$\text{预制混凝土结构清单工程量} = \text{设计图示长度} \times \text{宽度} \times \text{厚度(高度)} \tag{8-7}$$

注意：

(1) 桥梁预制混凝土清单项目应区别预制混凝土的结构部位、混凝土强度等级、碎石的最大粒径、预应力、非预应力、形状尺寸，划分设置不同的清单项目，并分别计算工程量。

(2) 预制混凝土清单项目包括的工程内容主要有混凝土浇筑、养生，构件场内运输、安装、构件连接，不包括混凝土结构的钢筋制作安装、模板工程。

钢筋制作安装按《计算规范》J.1钢筋工程另列清单项目计算，预制混凝土结构的模板列入施工措施项目计算。

4. 砌筑

工程量计算规则

按设计图示尺寸以体积计算，计量单位为 m^3。

$$\text{砌筑结构清单工程量} = \text{设计图示长度} \times \text{宽度} \times \text{厚度(高度)} \tag{8-8}$$

注意：

砌筑清单项目应区别砌筑的结构部位、材料品种、规格、砂浆强度等项目特征，划分设置不同的具体清单项目，并分别计算工程量。

5. 钢筋

工程量计算规则

按设计图示尺寸以质量计算，计量单位 t。

$$\text{钢筋清单工程量} = \text{设计图示长度} \times \text{每米重量} \tag{8-9}$$

注意：

钢筋清单项目应先区别非预应力钢筋、预应力钢筋，其中预应力钢筋还应区别先张法预应力钢筋、后张法预应力钢筋；其次以部位、规格、材质等项目特征划分不同的具体清单项目，并分别计算工程量。

如某桥梁下部墩台均为现浇钢筋混凝土结构，配置的钢筋规格有 $\phi8$、$\phi10$、$\phi12$、$\phi16$、$\phi22$，上部采用预制钢筋混凝土梁板，配置的钢筋规格有 $\phi8$、$\phi10$、$\phi12$、$\phi16$、$\phi22$。则该桥梁墩台、梁板工程中，均采用非预应钢筋，根据钢筋应用部位分成现浇混凝土钢筋，预制混凝土钢筋；根据钢筋规格分成 $\phi10$ 以内、$\phi10$ 以外：根据钢筋材质分成圆钢、螺纹钢，所以，具体的钢筋清单项目有 4 个：现浇混凝土非预应力钢筋（圆钢）040701002001、现浇混凝土非预应力钢筋（螺纹钢）040701002002、预制混凝土非预应力钢筋（圆钢）040701002003、预制混凝土非预应力钢筋（螺纹钢）040701002004，这些清单项目应分别计算工程量。

6. 其他

(1) 装饰清单项目工程量按设计图示尺寸以面积计算，计量单位为 m^2。

(2) 金属栏杆清单项目工程量按设计图示尺寸以质量计算，计量单位为 t。

(3) 橡胶支座、钢支座、盆式支座清单项目工程量按设计图示数量计算，计量单位为个。

(4) 油毛毡支座、隔声屏障、防水层清单项目工程量按设计图示尺寸以面积计算，计量单位为 m^2。

(5) 桥梁伸缩缝、桥面泄水管清单项目工程量按设计图示尺寸以长度计算，计量单位为 m。

(6) 钢桥维修设备清单项目工程量按设计图示数量计算，计量单位为套。

三、桥涵工程量清单编制

桥涵工程量清单编制按照《计算规范》规定的工程量清单统一格式进行编制，主要是分部分项工程量清单、措施项目清单、其他项目清单这三大清单的编制。

1. 分部分项工程量清单的编制

桥涵工程分部分项工程量清单应根据《计算规范》附录 C 规定的统一的项目编码、项目名称、计量单位、工程量计算规则进行编制。

分部分项工程量清单编制的步骤如下：清单项目列项、编码→清单项目工程量计算→分部分项工程量清单编制。

(1) 清单项目列项、编码

应依据《计算规范》附录 C 中规定的清单项目及其编码，根据招标文件的要求，结合施工图设计文件、施工现场等条件进行桥涵工程清单项目列项、编码。

清单项目列项、编码可按下列顺序进行。

1) 主要明确桥涵工程的招标范围及其他相关内容。

2) 审读图样、列出施工项目。

编制分部分项工程量清单，必须认真阅读全套施工图样，了解工程的总体情况，明确各部分的工程构造，并结合工程施工方法，按照工程的施工工序，逐个列出工程施工项目。

某桥梁基础采用钻孔灌注桩，下部结构采用现浇钢筋混凝土承台、台身、台帽，上部为预制预应力钢筋混凝土梁板。

根据工程的总体情况，该桥梁工程的施工工序为钻孔灌注桩基础→桥台基坑开挖→承台碎石、混凝土垫层→现浇钢筋混凝土承台→现浇钢筋混凝土台身→现浇钢筋混凝土侧墙→现浇钢筋混凝土台帽→台背回填土方→梁板预制、安装→桥面系及附属工程。

桥梁基础钻孔灌注桩施工时需搭设陆上支架平台，搭设泥浆池、埋设钢护筒、桩机就位并钻进成孔、钢筋笼制作安装、钻孔桩混凝土的灌注、拆除泥浆池、泥浆外运、拆除桩基支架平台、桩机移位、桥台基坑开挖、凿除桩头混凝土、桩的检测。桥台基坑开挖时，地下水位较高，土质主要是砂性土，所以考虑采用井点降水。基坑开挖主要采用挖掘机挖土，人工辅助清底，土方就近堆放。

根据上述工程的施工工序、施工方法，可列出桥梁钻孔灌注桩基础及桥台开挖施工时的工程施工项目表，见表 8-5。

3) 对照《计算规范》附录 C，按其规定的清单项目列项、编码。

根据列出的施工项目表，对照《计算规范》附录 C 各清单项目的工程内容，确定清单项目的项目名称、项目编码。这是正确编制分部分项工程量清单的关键。

施工项目表 **表 8-5**

<table>
<tr><th>序 号</th><th colspan="2">施工项目</th></tr>
<tr><td>1</td><td colspan="2">搭、拆桩基支架平台</td></tr>
<tr><td>2</td><td colspan="2">搭拆泥浆池</td></tr>
<tr><td>3</td><td colspan="2">埋设钢护筒</td></tr>
<tr><td>4</td><td colspan="2">钻进成孔</td></tr>
<tr><td>5</td><td colspan="2">钻孔桩钢筋笼制作安装</td></tr>
<tr><td>6</td><td colspan="2">混凝土灌注</td></tr>
<tr><td>7</td><td colspan="2">泥浆外运</td></tr>
<tr><td>8</td><td colspan="2">凿除桩头</td></tr>
<tr><td>9</td><td colspan="2">井点降水</td></tr>
<tr><td>10</td><td rowspan="2">基坑开挖</td><td>挖掘机挖土</td></tr>
<tr><td>11</td><td>人工辅助挖土</td></tr>
<tr><td>12</td><td colspan="2">桩机进出场及竖拆</td></tr>
</table>

上例的清单项目、编码见表 8-6。

清单项目表 **表 8-6**

序 号	清单项目名称	项目编码	备 注
1	机械成孔灌注桩（ϕ1200mm、C25 混凝土）	040301007001	表 8-5 第 1、2、3、4、6、7、8 项施工项目
2	非预应力钢筋（钻孔桩钢筋笼）	040701002001	表 8-5 第 5 项施工项目
3	挖基坑土方（一、二类土）	040101003001	表 8-5 第 9、10 项施工项目

在进行清单项目列项编码时，应注意以下几点。

① 施工项目与分部分项工程量清单项目不是一一对应的。通常一个分部分项工程量清单项目可包括几个施工项目，这主要根据《计算规范》中规定的清单项目所包含的工程内容。

如“机械成孔灌注桩（ϕ1000mm、C25 混凝土）”清单项目，《计算规范》规定其工程内容包括：搭拆桩基础支架平台、埋设钢护筒、钻机成孔、泥浆池建造和拆除、灌注混凝土、凿除桩头、泥浆等废料外运弃置，所以这个清单项目就包括了表 8-5 中第 1、2、3、4、6、7、8 项施工项目。

“机械成孔灌注桩（ϕ1000mm、C25 混凝土）”清单项目不包括钢筋笼的制作安装。这个施工工作项目是按附录 D. 7 另列的“非预应力钢筋（钻孔桩钢筋笼）”清单项目。

② 有的施工项目不属于分部分项工程量清单项目，而属于措施清单项目。

如表 8-5 中第 9、12 项施工项目，是施工技术措施项目，属于措施清单项目，不属于分部分项工程量清单项目。

③ 清单项目名称应按《计算规范》中的项目名称（可称为基本名称），结合实际工程的项目特征综合确定，形成具体的项目名称。

如上例中“机械成孔灌注桩”为基本名称，项目特征为桩径、深度、岩石类别、混凝土强度等级、石类最大粒径。结合工程实际情况，具体的项目名称为“机械成孔灌注桩（ϕ1000mm、C25 混凝土）”。

④ 清单项目编码由 12 位数字组成，第 1～9 位项目编码根据项目基本名称按《计算规范》统一编制，第 10～12 位项目编码由清单编制人根据项目特征由 001 起按顺序编制。

⑤ 一个完整的桥梁工程分部分项工程量清单，一般包括《计算规范》附录A土石方工程、附录C桥涵工程中的有关清单项目，还可能包括附录J钢筋工程中的有关清单项目。如果是改建工程，还应包括附录K拆除工程中的有关清单项目。

(2) 清单项目工程量计算

清单项目列项后，根据施工图样，按照清单项目的工程量计算规则、计算方法计算各清单项目的工程量。清单项目工程量计算时，要注意计量单位。

(3) 编制分部分项工程量清单

按照分部分项工程量清单的统一格式，编制分部分项工程量清单与计价表。

2. 措施项目清单的编制

措施项目清单的编制应根据工程招标文件、施工设计图样、施工方法确定施工措施项目，包括施工组织措施项目、施工技术措施项目，并按照《计价规范》规定的统一格式编制。

措施项目清单编制的步骤如下：施工组织措施项目列项→施工技术措施项目列项→措施项目清单编制。

(1) 施工组织措施项目列项

施工组织措施项目主要有安全文明施工费、检验试验费、夜间施工增加费、提前竣工增加费、材料二次搬运费、冬季、雨季施工费、行车行人干扰增加费、已完工程及设备保护费等。

(2) 施工技术措施项目列项

施工技术措施项目主要有大型机械设备进出场及安拆、混凝土、钢筋混凝土模板及支架、脚手架、施工排水、降水、围堰、现场施工围栏、便道、便桥等。施工技术措施项目主要根据施工图样、施工方法确定列项。

如上例桥梁桩基础施工中，井点降水、钻孔灌注桩桩机竖拆均为施工技术措施项目。

(3) 编制措施项目清单

按照《计价规范》规定的统一的格式，编制措施项目清单与计价表。

编制措施项目清单时，只需要列项，不需要计算相关措施项目的工程量。

3. 其他项目清单的编制

其他项目清单中的项目应根据拟建工程的具体情况列项，按《计算规范》规定的统一格式编制。

第三节 桥梁工程计量与计价编制实例

一、施工方法

(一) 桥梁工程概况

本工程在K8+260跨越现状月牙河时有桥梁一座，上部结构采用20m跨径的预应力空心板简支梁，下部结构采用重力式桥台，钻孔灌注桩基础。桥梁与道路中线斜交70°。

(二) 施工方案

1. 钻孔灌注桩

桥梁共有钻孔桩48根，根据工期要求及公司的设备状况和施工经验，计划月牙河桥安排3台钻机，钻孔桩施工时所需的泥浆池设置在河岸上。所需的临时堆场及钢筋加工场地按照施工平面布置图布置。也可根据施工进度及场地条件设置于道路路基上空地。当每侧的钻孔桩完成后，钻孔所需的临时设施即予拆除。

其施工工艺流程为：平整场地→桩位放样→埋设护筒→钻机就位→钻孔→成孔检查→清孔→安放钢筋笼→安放导管→二次清孔→灌注水下混凝土→拔除护筒→成桩检测。

1.1 测量定位

测量选用 SET2CII 智能型全站仪定位，工程测量基准点用混凝土浇筑固定或设在固定建筑物上，并安装防护标志，防止重车碾压和重物碰撞而产生移位；基准方位安设在视线范围内的不产生变形的物体上，或设点浇混凝土保护。

在测定桩位前，先复核桥位主基点，闭合测量，符合误差要求后，再定桩位。

测定桩位三次，在挖埋护筒前测量一次并做好十字交叉保桩，在埋设护筒后复测一次，并做好桩位标志。然后用水准仪测量护筒顶标高，钻机平台标高，做好测量记录；第三次测量检查，在钻机开钻前进行，并检查钻机是否对准桩心位置。

1.2 埋设护筒

本工程采用 3～5mm 钢板卷制而成的钢护筒。为增加刚度防止变形，在护筒上、下端和中部的外侧各焊一道加劲肋。护筒内径大于设计桩径 20cm。

为方便拆卸，在钢护筒内侧涂润滑油，当混凝土初凝具有一定强度时，就及时拆卸护筒。

当地下水位在地面以下超过 1m 时，可采用常规挖埋法。当桩位在河边，需筑坝围堰，护筒宜采用长的钢护筒。

通过定位的控制桩放样，把钻孔的中心位置标于坑底。再把护筒吊放进坑内，找出护筒的圆心位置，使护筒中心与钻孔中心位置重合。同时用水平尺或垂球检查，校验护筒并使之竖直。此后即在护筒周围对称、均匀地回填最佳含水量的黏土，分层夯实。夯填时要防止护筒偏斜。

护筒顶端至少高出地面 30cm。护筒一般长约 1.5m，特殊地段如若遇回填土中块石较多或位于老房屋基础，则考虑护筒加长。将护筒内块石清理干净。护筒平面位置的偏差一般不得大于 5cm，倾斜度的偏差不得大于 1%。

1.3 钻机就位

钻机利用自身钢轨或滚筒自行就位，并利用千斤顶使钻机平台保持水平后，检查钻机顶部吊滑轮中心、钻盘中心和钻孔中心是否在同一铅垂线上。钻机就位时，钻盘中心与桩位偏差不得大于 20mm。

1.4 泥浆制备

钻孔泥浆以造浆为主，根据地质情况，下沙多为粉沙土，在钻孔前先自备膨胀土。控制钻孔时泥浆比重在 1.5～1.6 左右，根据实际情况可予以适当调整。泥浆池与沉淀池设在一起，泥浆池用机械在道路红线与道路边线之间开挖，每个泥浆池平面尺寸为 15m×6m。对于落在现有房屋基础的泥浆池，应先将泥浆池范围回填土挖掉，在夯实基础上浇筑 5cm 细石混凝土，以防泥浆渗溢。

正循环钻孔时，钻孔排出的泥浆通过流槽流在附近集浆坑内，利用泥浆泵提升至泥浆池中，沉淀后利用泥浆泵抽至主钻杆内循环使用。

1.5 成孔

根据本工程地质特点及具体情况，采用正循环回旋钻孔成孔工艺。钻头一般选用三

（四）翼带腰箍钻头。钻孔前检查各部件是否正确方可钻进。

施工中开钻宜轻压慢转，正常钻进时钻进速度控制在 6m/h 以内，临近终孔前放慢速度以便及时排出钻渣，减少孔内沉渣。

在钻进过程中注意以下几个问题：

1.5.1　开始钻进时，进尺适当控制，在护筒刃脚处应低挡慢速钻进，钻至刃脚下 1m 后，可按土质以正常速度钻进。

1.5.2　在黏土中钻进，宜中等钻速、大泵量、稀泥浆钻进。

1.5.3　在粉砂土中，宜轻压、低档、慢速、大泵量、稠泥浆钻进。

1.5.4　在块石、粉质黏土夹卵、砾石层中钻进时，宜采用低挡、慢速、优质泥浆、大泵量或两级钻进的方法钻进。

在钻进过程中，应检查钻孔直径和竖直度。并随时填好钻进记录表。开钻前应配制足够数量的泥浆，钻进过程中若泥浆损耗、漏失，应予补充，并按泥浆检查规定，按时检查泥浆指标，遇土层变化应增加检查次数，并适当调整泥浆指标。在钻进时遇到坍孔、钻孔偏斜、掉钻落物、扩孔和缩孔、糊钻、卡钻、钻杆折断、钻孔漏浆应及时分析原因，采取相应措施处理。

为防止相邻桩串孔或影响邻桩的成桩质量，要求同一桥台相邻桩位施工待相邻孔灌混凝土 24 小时后方可开钻。终孔后即测定孔深，并用探孔器检查孔径，符合要求后方可提孔。

钻进中须用检孔器检孔，检孔器用钢筋笼做成，其外径等于设计孔径，长度等于孔径的 4～6 倍，每次更换钻锥前，都必须检孔。

1.6　清孔

清孔是钻孔灌注桩施工重要的一道工序，清孔质量的好坏直接影响水下混凝土灌注、桩质量与承载力的大小。为了保证清孔质量，采用二次清孔，即在保证泥浆性能的同时，必须做到终孔后清孔一次和灌注桩前清孔一次。为保证清孔后沉渣满足设计要求，在钻进将至终孔深度时，减缓钻进速度，为清孔的进行，做好必要的前期准备，使土层颗粒充分化分散，第一次清孔利用成孔结束后不提钻慢转清孔，调制性能好的泥浆替换孔内稠泥浆与钻渣，以泥浆性能参数控制。第二次清孔是在下好钢筋笼和导管后进行，利用导管进行清孔，清孔时经常上下窜动导管，以便能将孔底周围虚土清除干净。最终沉渣达到设计规范要求，及时灌注混凝土。钻进、终孔、清孔过程要做好详细的施工纪录。

1.7　钢筋笼制造及安装

钢筋笼应按设计图纸制作，并对钢筋原材料抽样送检，原材料抽样频率为各种型号每 60t 取一组试验（同一批次不足 60t 的按 60t 计），对焊接头每 200 个、搭接焊接头每 300 个取一组进行试验。

钢筋笼集中加工制作，钢筋笼较长，由于运输条件及起吊高度等因素限制，需要分节制造。

各分节钢筋笼主筋接头必须错开，错开数量与长度以及钢筋笼接长主筋采用方法等均应符合设计要求及《公路桥涵施工技术规范》的有关规定。分节制造的钢筋笼要顺直，不得弯曲。箍筋焊接应牢固、间距均匀。

为保证钢筋笼在桩身混凝土中的保护层，钢筋笼主筋上应绑扎混凝土垫块或焊接钢筋、扁铁，每周圈不少于 4 块（道），上下层混凝土垫块间距不大于 4m，钢筋笼每隔 2～2.5m 设置撑筋，以防止钢筋笼在运输及吊装时变形。

用吊车或钻架将钢筋笼垂直吊放入孔，下沉至设计标高后设置四根 Φ16 吊筋，固定好钢筋笼，防止在灌注混凝土过程中钢筋笼上浮。

1.8　灌注水下混凝土

采用垂直提升导管法，导管采用 Φ250mm 钢管，游轮丝扣连接，导管要根据孔深预先组拼成整根，导管下段由长节导管组成，上段拆除部位由短节导管组成。整根导管要顺直不弯曲，导管在使用前必须进行水密性试验。试验合格后方可投入使用。然后拆开成数节做好标志，在指定位置堆放整齐。导管下放时做好分节排序记录，下放过程中避免碰撞钢筋笼，导管下口至孔底距离控制在 25～40cm 范围内。

混凝土采用商品混凝土，混凝土等级为 C25，坍落度控制在 18～20cm 左右。

根据计算及类似工程经验，初灌量为 $4m^3$ 左右，本工程选用容积为 $6.0m^3$ 的混凝土运输车和容积为 $1.0m^3$ 的混凝土灌浆斗，连续倾倒入孔。灌注混凝土过程应连续不断快速进行，并经常用测深锤探测钻孔内混凝土面位置，及时拔拆导管调整导管埋深，使之保持在 2～6m 之间，并尽可能缩短提升及拆除导管的时间。

当混凝土面接近钢筋骨架时，宜使导管保持稍大的埋深，并放慢灌注速度，以减小混凝土的冲击力，避免钢筋笼上浮。混凝土面进入钢筋骨架一定深度后，适当提升导管，使钢筋骨架在导管下口有一定的埋深。

灌注桩的桩顶高程按设计规定，高出一倍直径以上。在灌注混凝土过程中及时按照有关规范要求制作试块及养护。混凝土灌注完成后应及时拔出护筒。混凝土灌注过程中要做好记录。

2. 桥台

2.1　桥台基础

桥台基础施工工艺流程为：基坑放样→基坑开挖→井点降水→凿除桩头→垫层浇筑→承台放样→绑扎钢筋→立模支撑→混凝土浇筑→拆模养护→回填基坑→拆除井点。

桥台基础承台深度为 2m 左右，视情况进行支护或放坡，开挖方式采用机械开挖，人工配合修坡、清底，承台基底四周各留出 50cm 以上工作面。基坑四周设排水沟及集水井，用水泵排出积水。

桥台基础的降水措施采用以下方式：一般情况在基础的靠河岸一侧冲设一排井点，必要时基础四周全部冲设井点。

基底验收合格后铺筑浇筑 10cm 厚的垫层混凝土，待素混凝土达到一定强度后，按桥台基础施工图进行测量定位，然后按设计图纸绑扎钢筋，绑扎钢筋时要注意同钻孔桩钢筋的连接，同时预埋台身插筋。

立模：模板采用大型竹胶板，内用方木支撑，外设拉杆，拉杆采用 Φ10 钢筋，模板与垫层接触面用砂浆封堵。

混凝土浇筑：桥台基础采用商品混凝土，等级为 C25，坍落度为 4～6cm，最大粒径为 40mm，混凝土浇筑时要分层浇筑，层厚控制在 30cm 左右，混凝土下料用溜槽。并用插入式振动棒振捣密实，混凝土应连续浇筑，在浇筑过程中要派专职木工观察模板情况，发现问题及时处理，混凝土施工时要做好混凝土浇筑记录以及按规范要求制作试块。

混凝土浇筑完成后，表面抹平，达一定强度后即可拆模，同时覆盖草袋，浇水湿润养护 7 天以上，冬期施工时，用薄膜覆盖保温，以达到养护效果。

2.2 桥台台身施工

本工程桥台台身模板采用竹胶板，槽钢及钢管支撑。

2.2.1 立模

立侧模前先将桥台基础混凝土凿毛清洗干净，后用吊车将加工好的侧模吊放在桥台基础顶面上，利用搭设钢管支架进行支撑和固定，利用对拉螺杆进行拉紧，用木档作为内支撑。上油验收后进入下一道工序浇筑混凝土。

为防止桥台台身混凝土外观色泽不均匀，模板拼装前必须将模板表面的混凝土及垃圾清理干净，并均匀涂上层脱模油。台身侧模板用 5mm 厚钢板制作，外加 6 号槽钢做纵肋和横肋，立模时用 22 号槽钢或方木做立档。

2.2.2 混凝土浇筑及拆模

台身模板、钢筋经质检无误后，即可浇筑混凝土，台身混凝土强度等级为 C25，要求商品混凝土坍落度 6～8cm，石子最大粒径 25mm，混凝土下料可采用溜槽或泵送，用插入式振动器振捣。混凝土从中间向两翼浇筑，混凝土分层浇筑，每层厚度为 30cm。振捣必须密实，以免漏振。浇筑混凝土时要派专职木工值班进行检查，发现漏浆、跑模等马上采取措施调整。当混凝土达到一定强度后先拆侧模，混凝土应及时养护，保证养护期 7 天以上。

吊机拆模时要注意混凝土成品保护，及时做好混凝土浇筑记录，及时制作混凝土试块。

2.3 桥台台帽施工

本工程桥台台帽模板拟采用竹胶板，槽钢及钢管支撑。

2.3.1 立模扎钢筋

立侧模前先将桥台台身混凝土凿毛清洗干净，然后绑扎钢筋，钢筋由人工从预制场搬运至各绑扎点，绑扎按常规规范要求。绑扎钢筋时应注意设好各种预埋件，如支座下钢板螺栓预埋孔等。最后用吊车将加工好的模板吊放在桥台台身上，利用搭设钢管支架进行支撑和固定，利用对拉螺杆进行拉紧，用木档作为内支撑。上油验收后进入下一道工序浇筑混凝土。

为防止桥台台帽混凝土外观色泽不均匀，模板拼装前必须将表面的混凝土及垃圾清理干净，并均匀涂上层脱模油。台帽侧模板用 1.8cm 厚竹胶板制作，外加 10×5 方木做纵肋，横肋用钢管。

2.3.2 混凝土浇筑及拆模

台帽模板、钢筋经质检无误后，即可浇筑混凝土，台帽混凝土强度等级为 C30，要求坍落度 6～8cm，最大粒径 25mm，采用泵送混凝土，用插入式振动器振捣。混凝土从中间向两翼浇筑，混凝土分层浇筑，每层厚度为 30cm。振捣必须密实，以免漏振。浇筑混凝土时要派专职木工、钢筋工值班进行检查，发现漏浆及钢筋、预埋件移位马上采取措施调整。当混凝土达到一定强度后先拆侧模，混凝土应及时养护，保证养护期 7 天以上。

吊机拆模时要注意混凝土成品保护，及时做好混凝土浇筑记录，及时制作混凝土试块。

3. 支座施工

本工程主要为板式橡胶支座。

一般要求：

(1) 桥台支座位置处的混凝土平面应平整清洁。

(2) 认真检查桥台顶标高。对于平整度不足之处，应用环氧水泥浆找平。

(3) 板式橡胶支座采用环氧树脂或采用水泥砂浆坐浆，将支座粘结在结构物上。

(4) 在浇筑混凝土时，注意不要搅动支座。

(5) 橡胶支座与下部结构之间必须接触紧密，不得出现空隙。

(6) 橡胶支座应水平安装。

4. 梁板预制

4.1 预制场布置及台座

本座桥共有57块预应力钢筋混凝土梁板，4块边板，53块中板。预制场设在桥后道路边线与红线范围的拆迁空地上。预应力梁板台座8只。

台座结构处理方式为：若台座位于农田上，需先清除表土，重新回填50cm塘渣，两端1/4梁长部位为80cm塘渣，分层压实，密度达93%以上，使地基承载力达到足够强度。

模板预制梁板采用专门加工的分片拼装式钢模，每片长度约2～3m左右，它具有足够的刚度和稳定性，钢板厚度为5mm，外楞采用角钢和型钢组合而成，可多次周转使用，节省拆装，修配的劳动力和时间，使梁板外形美观、整洁。

空心梁板内芯模采用定制的木芯模，20m梁板2套。

4.2 钢筋制作（及预埋波纹管）

钢筋制作可在钢筋加工棚内加工，制作完成后可在台座上绑扎成型，绑扎底板筋及侧立筋的同时应埋设好波纹管（预应力梁板），波纹管按设计位置用井字钢筋架准确定位。

4.3 浇混凝土及顶层钢筋

混凝土采用商品混凝土直接下料。采用敞开式二次浇筑成型工艺，第一次浇筑底板混凝土，然后人工安放芯模，并加以固定，绑扎顶层钢筋，接着浇筑顶层混凝土。浇顶层混凝土应注意设置吊筋（或预留吊装槽口）及其他预埋筋。

浇筑时严禁振动棒碰撞波纹管，为防止芯模“上浮”，采取槽钢及木楔块顶压芯模方法，以确保空心板顶板厚度。

混凝土浇筑顺序由梁的一端顺序浇至另一端。在将返另一端时，为避免空心板梁产生接缝明显现象，改以另一端相反方向投料，而在埋设端4～5m外合拢。分段浇筑长度取4～6m，此时在前一段初凝前开始浇筑下段混凝土，以保证浇筑连续性。段与段之间的接缝为斜向，上下层接缝错开，以保证混凝土浇筑的整体性。分层厚度不宜超过30cm，随时检查锚固钢板等预埋构件位置。

在梁板浇筑完后1～2小时，先用草袋、薄膜等覆盖混凝土表面。待木芯模拆除后。夏季施工，洒水养护，内模蓄水养护；高温季节夜间也洒水2～4次，冬期施工时，则用草袋、薄膜覆盖加以养护。

4.4 施加预应力

张拉机具采用YCP250千斤顶，配备ZB4/500型电动油泵。

待梁板混凝土达到设计张拉强度后，即可穿钢绞线，为防止钢绞线划破波纹管内壁，穿束时，束端头套钢丝网套或束帽，用铁丝或钢丝绳人工带动钢绞线，每根钢绞线两端均应编号以便张拉。

所用锚具均应符合设计要求和施工规范要求，并在使用前通过检验获得监理工程师批准，张拉所用千斤顶和压力表均应通过校验标定，并按规范要求和监理工程师指示定期送检，进行校核。

4.5 梁板的张拉

1. 张拉程序及操作方法

清除锚垫板上的水泥浆，锚头平面必须与钢束、管道相垂直，锚孔中心要对准管道中心，将钢绞线清理、套入锚具，塞好夹片，用油漆做一标记以便测量钢绞线的伸长值。张拉时千斤顶、锚具钢绞线应处于同一轴线上。

各束张拉步骤为：

0→初始应力（10%σ_k）→100%σ_k（持荷 5 分钟）→锚固。

初始张拉：两端同时张拉到 10%的控制应力。

张拉：两端分级加载张拉，当张拉力接近控制应力时，两端同时张拉直到控制应力的 100%，并持荷 5 分钟。逐级加载后应测量钢绞线的伸长量，张拉时用对讲机与两端联系，互报油表读数和钢绞线伸长量，尽量使两端接近平衡。(伸长量计算后附)。

锚固：千斤顶回油到零，两端同时退去工具锚，卸下千斤顶。张拉结束。

张拉时要认真做好张拉记录，并在张拉结束后 24 小时内报监理工程师。

2. 施加预应力时质量及安全设施

张拉时，如出现滑束、断束或锚具损坏，应立即停止作业，进行检查，并做详细记录。

4.6 压浆及封端

4.6.1 准备工作

孔道压浆是为了保护预应力钢筋不致锈蚀并通过水泥浆对预应力钢筋和孔道壁混凝土的粘结以形成梁体结构的整体性，从而改善锚具的受力状况，减轻锚具对于应力的负担。因此，孔道压浆要求密实饱满，并要求在张拉后尽早进行。

水泥浆压浆前应做好下列准备工作。

封锚：锚塞周围的钢绞线间隙用环氧砂浆或模花和水泥浆填塞，以免漏浆而损失灌注压力。

冲洗孔道：孔道在压浆前应用压力水冲洗，冲洗后用空压机吹去孔内积水，保护孔道润湿，使水泥浆与孔壁结合良好。

采用活塞式压浆泵，工作压力 1.5MPa。压浆时采用加工的带阀门的压浆嘴，压浆后用阀门孔道封闭以保证孔内水泥浆有足够的压力。

水泥浆采用硅酸盐水泥，水泥的强度等级采用 42.5。水泥浆用小型灰浆拌合机拌制，每批只拌制供三小时压浆用的水泥浆。

拌好的水泥浆在通过 2.5mm×2.5mm 的细筛后，存放于储浆桶内供压注使用。储料桶内的水泥浆在使用前仍应进行低速搅拌，以防止流动度的损失。

4.6.2 孔道压浆

板孔道压浆可采用一次压注法，其操作如下：

(1) 在孔道两端各安装压浆嘴一只，先认真检查其阀门是否阻塞，然后对压装设备进行安装检查。

(2) 打开两端压浆嘴阀门，由一端压入水泥浆，其压力控制在0.4～0.5MPa。当另一端由出水至出稀再出浓浆时，关闭出浆口阀门，使水泥浆在压力状态下凝结，以保证压浆饱满密实。

压浆时如输浆管道较长，适当增大压浆压力。如发现孔道堵塞，则必须改由另一端进浆补压。

4.6.3 压浆注意事项

(1) 压浆的顺序为：先压下层孔道，后压上层孔道。在冲洗孔道时如发现串孔，则应两孔同时压注。

(2) 每个孔道的压浆作业必须一次完成，不得中途停顿。如因故障而使压浆作业停断，而停顿时间又超过20分钟的，则须用清水将输浆管和已灌入孔道内的水泥浆全部冲去，然后再重压浆。

(3) 水泥浆从拌制到压入孔道内的间隔时间不超过1小时，在此期间，应不断地搅拌水泥浆。

(4) 输浆管的长度最多不得超过40m，当输浆管的长度超过30m时，应提高压力0.1～0.2MPa，以补偿输浆压力的损失。

(5) 压浆后三天内，应保证构件温度不低于5℃，如气温过低，则应采取保护措施以防冻害。当气温高于34℃时，压浆宜在夜间进行。

(6) 每班应制作7.07cm×7.07cm×7.07cm立方试件三组，标准养护28d，检查抗压强度作为水泥浆质量的评定依据，在试件强度达20MPa时方可移梁。

(7) 压浆工人应戴防护眼镜，以免灰浆喷出射伤眼睛。

(8) 应做好压浆记录，包括灌浆日期、作业时间、温度、灰浆的比例和所有的掺加剂，灰浆数量，压浆压力以及压浆过程中所发生的异常情况等，并在压浆后三天内抄送监理工程师。

4.6.4 封端

孔道压浆后应立即将梁端水泥浆冲洗干净，同时清除支承垫板，锚具及端面混凝土表面的污垢，并将端面混凝土凿毛，以备浇筑梁端混凝土。

封端混凝土的灌注程序如下：

(1) 按设计绑扎端部钢筋网。为固定钢筋网的位置可将部分箍盘筋点焊。

(2) 妥善固定封锚端板，以避免在灌注时模板走动而影响梁长。立模后，校核梁体全长，严格控制梁体长度。

(3) 拌合封端混凝土时，其配合比及强度要求与梁体混凝土相同。

(4) 灌注封端混凝土时，仔细操作并认真插捣，使锚具处的混凝土密实。

(5) 静置12小时后，带模浇水养护。脱模后仍应继续流水养护。

4.7 梁板出坑、移位

本工程梁板出坑、堆放直接用2台25～50t汽吊采用两端吊的方法出坑。堆放的支承位置应与设计规定的吊点位置一致，并须支承牢固。一般最多堆放2层。并使上下衬垫位置处于同一竖直线。最重的梁板为 22m 的边板，重为 32t。

5. 梁板架设

本工程所有的梁板架设采用贝雷桁架双导法架设。

5.1 双导梁架桥机的组拼

安装贝雷桁架双导梁架桥机由导梁、起重行车、导梁顶纵移导轨、桥面纵移、横移系统组成。导梁分左右两组，每组导梁由两排贝雷桁架组拼而成。导梁由承重、平衡、引导三部分组成。承重部分设在导梁中部，导梁顶面铺设轨道，以供起重行车吊梁行走；平衡部分在导梁后端，两组导梁间设置水平剪刀撑和横撑，每组导梁各设置 4 道Φ 8 钢丝绳风索锚固于地面，以加强导梁的整体性和稳定性；引导部分设在导梁前端，最前端设翘梁，以利导梁推进时与前方滚筒的搭接，引导部分设置绞车，以作为牵引起重行车之用。起重行车由横梁，一台起重车和两台四轮小车组成，安装在导梁上由卷扬机牵引导梁顶轨道进行纵移，行车上挂链滑车供起吊梁板用。双导梁起吊机的横梁由 2 根 50 号工字钢焊拼而成。

5.2 梁板架设过程

(1) 梁板的水平运输

梁板的水平运输为地面水平运输，水平运输采用 815ST 大型平板车，运输过程中，梁板设置 2 道支撑托架，以确保梁板运输过程中稳定。

(2) 桥面的垂直起吊

在桥头台后搭设两个双排贝雷桁架墩架，两墩架间净距 2m，两贝雷桁架的横梁（用 4 排贝雷桁架组成）为承重部分，用大型平板车拖的梁板运至起吊处，然后用葫芦垂直起吊 50cm，专人统一指挥。

(3) 梁板桥面的纵向牵引

当梁板垂直起吊一定高度后，即进行梁板的纵向牵引。梁板的纵向牵引包括导梁顶轨道牵引及已吊装好的桥面轨道牵引两部分。

梁板纵移由架桥机导梁顶轨道牵引来完成，通过铁轨用平车、卷扬机分级传递、水平牵引梁板至架桥机孔下，由架桥机垂直起吊，纵向牵引至落架孔。

(4) 梁板横移，落架就位

先把行车轮制定，安装上钢稳托架，然后把梁落在横向滚移设备上，利用走板滚筒横移，牵引工具使用链滑车，链滑车的千斤绳子系在（紧插走）在桁梁上弦杆的锚栓孔。移梁的千斤绳子挂在梁板上。再把预制梁和导梁都横移到规定位置，利用手拉葫芦落梁就位，落梁时，四组手拉葫芦应区分先后，轮流交替作用。逐步使梁下落，至接近上桁梁横梁，再利用横移至规定位置后，使梁就位。

5.3 导梁安装的注意要点

(1) 导梁必须有足够的刚度和稳定度，并能满足起吊要求；

(2) 导梁的架设高度必须具有安装构件的高度；

(3) 预制构件的起吊，纵向移动、落低，横向移动及就位等，均须统一指挥、协调一致，并按预定施工顺利妥善进行；

(4) 构件安排中，应随时注意构件移动时与就位后的临时固定（撑固），防止倾倒。

5.4 梁板安装的质量控制要点

(1) 混凝土强度不低于设计对安装所要求的强度，安装后构件不得有硬伤、掉角和裂纹等缺陷。

(2) 外露铁件必须做防锈处理。

(3) 梁板安装必须平衡，支点必须接触严密，稳固。

6. 桥面系施工

本工程桥面系包括绞缝、桥面连续、桥头搭板、铺装层、伸缩缝、安装栏杆等全部作业。

6.1 绞缝混凝土浇筑

在吊装完一跨梁板或一座桥后，要将梁板进行校正，然后再焊接绞缝处的钢筋，浇筑C40细石混凝土。混凝土掺入水泥用量0.01%的铝粉作为膨胀剂和早强剂，以确保混凝土连接密实。梁板绞缝混凝土应在吊装完成后1个月内完成。浇筑前，一定要将绞缝处的杂物污垢清理干净。

6.2 桥面连续施工

桥面连续施工时，用Φ28钢筋将相邻梁板按照施工图预埋好，再浇桥面铺装层混凝土，注意预埋油浸木条，桥面连续主要采用Φ28连续筋，Φ28连杆钢筋涂两道防锈漆，连杆中间包纤维布二层和胶带二层。

6.3 水泥混凝土铺装层施工

水泥混凝土铺装层粗骨粒料径不大于25mm，混凝土坍落度1.0～2.5cm。绞缝工作完成后，即对梁板顶面进行清理，人行道侧石内侧弹墨线及在梁顶面设置混凝土块以控制铺装层混凝土标高，然后绑扎桥面铺装钢筋网片，桥面角隅处附加钢筋，并对梁顶混凝土面浇水养护，以防产生裂缝，伸缩缝范围内先在梁板端头处横顶放一层彩条布，以防止混凝土浇在伸缩缝内，浇筑水泥混凝土铺装层时，最好采用泵送商品混凝土，浇筑顺序按下坡向上坡进行。混凝土面层必须大面平整和表面粗糙，路拱符合设计要求。预留好伸缩装置安装缝预留区。

6.4 桥面沥青铺装层

桥面铺装采用3cm细粒式沥青混凝土，沥青混凝土施工同路面沥青混凝土工程。

6.5 伸缩缝施工

待沥青混凝土铺装完成后，在桥面伸缩缝处按设计伸缩缝混凝土锚固区宽度弹两道墨线，用混凝土切割机沿墨线切割铺好的沥青，然后清理缝区。

根据两边沥青面的高程，安装、焊接伸缩缝型钢，校核平整度和标高，宽度应按当时气温进行调整。型钢焊接成型后，用泡沫塞好伸缩缝空隙，然后浇筑锚固区混凝土，混凝土振捣必须密实，钢筋密集的地方必须人工配合振捣，收浆后尽快养护，以免出现收缩裂缝。混凝土达到规定强度后，清理伸缩缝内泡沫，安装伸缩缝橡胶板。

6.6 栏杆

安装栏杆顺序为：测量放样→桥面栏杆处凿毛清洗→浇筑下横梁混凝土→安装栏杆，因本工程桥梁栏杆形式不同，这里不再分开叙述。

二、清单计价法

工程量计算书

单位工程(专业)：某某桥梁工程-桥梁工程　　　　第1页　共3页

序号	项目编号	项目名称	单位	计　算　式	数　量
		0401 土石方工程			
1	040101003001	挖基坑土方 1. 土壤类别：一、二类土 2. 挖土深度：4m 内	m^3	1924.96+(8.52+10.7)×1.09/2×61×1.025	2579.90
	1-59	挖掘机挖土装车一、二类土	m^3	Q	2579.90
2	040103001001	回填方　填方材料品种：台背回填砂砾	m^3	(0.5+6.62)×6.12/2×61×1.025×2	2724.49
	6-291	塘渣沟槽回填	m^3	Q	2724.49
3	040301004002	泥浆护壁　成孔灌注桩(1)桩径 D1000mm(2)灌注混凝土 C25(3)工作平台搭拆(4)护筒埋设	m	2400.000	2400.00
	3-517	搭、拆桩基础陆上支架平台锤重 2500kg	m^2	(58.96+6.5)×(6.5+3)×2+6.5×(20-(6.5+3))×1	1311.99
	3-108	钻孔灌注桩陆上埋设钢护筒φ≤1200	m	24×2×2	96.00
	3-128	回旋钻孔机成孔　桩径φ 1000mm 以内	m^3	3.1415×0.5^2×(3.69+49.1)×48	1990.08
	3-144	泥浆池建造、拆除	m^3	3.1415×0.5^2×(3.69+49.1)×48	1990.08
	3-145	泥浆运输　运距 5km 以内	m^3	3.1415×0.5^2×(3.69+49.1)×48	1990.08
	3-149	钻孔灌注混凝土　回旋钻孔	m^3	3.1415×0.5^2×(50+0.5×1)×48	1903.75
	3-547	凿除预制混凝土桩顶钢筋混凝土	m^3	3.1415×0.5^2×0.5×48	18.85
4	040303001001	片石垫层 30cm 片石垫层	m^3	64.915×5×0.3×2	194.75
	6-224	井垫层(块石)	m^3	Q	194.75
5	040303001002	混凝土垫层 10cmC10 混凝土垫层	m^3	64.915×5×0.1×2	64.92
	3-208 换	C10 混凝土垫层	m^3	Q	64.92
6	040303003001	混凝土承台　混凝土强度等级：C25	m^3	64.915×5×1.5×2	973.73
	3-215 换	C25 混凝土承台	m^3	Q	973.73
7	040303005001	混凝土墩(台)身 1. 部位：台身 2. 混凝土强度等级：C25	m^3	835.7+36	871.70
	3-228 换	C25 混凝土浇筑实体式桥台	m^3	Q	871.70
8	040303007001	混凝土墩(台)盖梁 1. 部位：台盖梁 2. 混凝土强度等级：C30	m^3	140.200	140.20
	3-249	C30 混凝土浇筑台盖梁	m^3	Q	140.20
9	040303001003	混凝土地模　混凝土强度等级：C20 混凝土地模	m^2	440.000	440.00

编制人：　　　　编制单位：　　　　编制时间：

工程量计算书

单位工程(专业)：某某桥梁工程-桥梁工程

序号	项目编号	项目名称	单位	计算式	数量
	3-208 换	C20 混凝土垫层	m^3	$Q\times0.1$	44.00
10	040304001001	预制混凝土梁 1. 部位：板梁 2. 混凝土强度等级：C50	m^3	$10.6\times4+9.47\times53$	544.31
	3-343 换	C50 预制混凝土空心板梁(预应力)～现浇现拌混凝土 C50(40)52.5 级水泥	m^3	Q	544.31
	3-371	预制构件场内运输　构件重 40t 以内　运距 100m	m^3	Q	544.31
	3-437	起重机陆上安装板梁起重机 $L\leqslant16$m	m^3	Q	544.31
11	040303024001	混凝土　其他构件 1. 名称、部位：板梁间灌缝 2. 混凝土强度等级：C40	m^3	$0.41\times27\times2$	22.14
	3-288 换	C40 板梁间灌缝	m^3	Q	22.14
12	040303019002	桥面铺装 1. 混凝土强度等级：C40 2. 厚度：8cm	m^2	20×60.5	1210.00
	3-314	C40 混凝土桥面基层铺装	m^3	$Q\times0.08$	96.80
	2-205	水泥混凝土路面养护毯养护	m^2	Q	1210.00
13	040303019001	桥面铺装 1. 混凝土强度等级：C40 2. 沥青品种：进口沥青 3. 沥青混凝土种类：细粒式沥青混凝土 4. 厚度：4cm	m^2	$8\times20\times2+12.5\times20\times2+4.5\times20\times2$	1000.00
	2-191 换	机械摊铺细粒式沥青混凝土路面　厚 4cm	m^2	Q	1000.00
14	040303020001	混凝土　桥头搭板　混凝土强度等级：C30	m^3	$15.32\times8+15.32\times4$	183.84
	3-318 换	C30 混凝土桥头搭板	m^3	Q	183.84
15	040303021001	混凝土　搭板枕梁　混凝土强度等级：C30	m^3	$1.02\times8+1.02\times4$	12.24
	3-222 换	C30 混凝土浇筑横梁	m^3	Q	12.24
16	040303023001	混凝土　连系梁　混凝土强度等级：C25	m^3	14.400	14.40
	3-222 换	C25 混凝土浇筑横梁	m^3	Q	14.40
17	040304005001	预制混凝土　其他构件 1. 部位：人行道板 2. 混凝土强度等级：C25	m^3	7.460	7.46
	3-358	C25 预制混凝土人行道、锚锭板	m^3	Q	7.46
	1-308	汽车运输小型构件，人力装卸　运距 1km	m^3	Q	7.46
	3-479	小型构件人行道板安装	m^3	Q	7.46
18	040303019003	人行道铺装 1. 混凝土强度等级：细石 C30 混凝土 2. 厚度：3cm	m^2	$2.45\times20\times2$	98.00

编制人：　　　　编制单位：　　　　编制时间：

工程量计算书

单位工程(专业)：某某桥梁工程-桥梁工程　　　　第3页　共3页

序号	项目编号	项目名称	单位	计算式	数量
	3-316换	C30混凝土桥面面层铺装～现浇现拌混凝土C30(16)	m^3	Q×0.03	2.94
	2-205	水泥混凝土路面养护毯养护	m^2	Q	98.00
19	040309002001	石质栏杆　材料品种、规格：青石栏杆	m	24.654×2	49.31
		青石栏杆	m	Q	49.31
20	040309004001	橡胶支座　材质：板式橡胶支座	个	4×57×2	456
	3-491	板式橡胶支座安装	cm^3	25×25×3.14/4×4.2×Q	939645.00
21	040309007001	桥梁伸缩　装置　材料品种：SFP伸缩峰	m	129.800	129.80
	3-503	梳型钢伸缩缝安装	m	Q	129.80
22	040901004001	钢筋笼 1. 钢筋种类：螺纹钢综合 2. 钢筋规格：综合	t	(1712.1+214.9+33.9)×48/1000	94.123
	3-179	钻孔桩钢筋笼制作、安装	t	Q	94.123
23	040901001001	现浇构件　钢筋　钢筋种类：圆钢综合	t	(37.7×54+2567×2+28.4×8+28.4×4+8780.6)/1000	16.291
	3-177	现浇混凝土圆钢制作、安装	t	Q	16.291
24	040901001002	现浇构件　钢筋　钢筋种类：螺纹钢综合	t	(30.4×54+15109.2×2+1309.5×2+(660.6+347.6+667.7+350.9+217.4)×8+(816+429.3+850.6+447.9+260.4)×4+242.9×8+242.9×4)/1000	66.564
	3-178	现浇混凝土螺纹钢制作、安装	t	Q	66.564
25	040901002001	预制构件钢筋　钢筋种类：圆钢综合	t	(474.1×53+461.7×4)/1000	26.974
	3-175	预制混凝土圆钢制作、安装	t	Q	26.974
26	040901002002	预制构件　钢筋　钢筋种类：螺纹钢综合	t	(193.8×53+208.9×4)/1000+41.73×53/1000+52.85×4/1000+112.66×57/1000	19.952
	3-176	预制混凝土螺纹钢制作、安装	t	Q	19.952
27	040901006001	后张法预应力钢筋(钢丝束、钢绞线)1. 部位：板梁 2. 预应力筋种类：钢绞线 3. 描具种类、规格：YM15-4 4. 压浆管材质、规格：φ50	t	370.49×57/1000	21.118
	3-187	后张法预应力钢筋制作、安装锥形锚	t	Q	21.118
	3-202	波纹管压浆管道安装	m	78.84×57	4493.88
	3-203	压浆	m^3	3.14×(0.056/2)^2×4493.88	11.06
		YM15-4	套	8×57	456

注：本桥梁的模板工程暂未计入。

编制人：　　　　编制单位：　　　　编制时间：

专业工程招标控制价计算程序表

单位工程（专业）：某某桥梁工程-桥梁工程　　　　单位：元

序号	汇 总 内 容	费用计算表达式	金额（元）
一	分部分项工程	表-07	4852794
1	其中定额人工费	表-07	573289
2	其中人工价差	表-07	494658
3	其中定额机械费	表-07	461317
4	其中机械费价差	表-07	89254
二	措施项目		134103
5	施工组织措施项目费	表-10	90715
5.1	安全文明施工费	表-10	80048
6	施工技术措施项目费	表-11	43389
6.1	其中定额人工费	表-11	6635
6.2	其中人工价差	表-11	5709
6.3	其中定额机械费	表-11	14808
6.4	其中机械费价差	表-11	1156
三	其他项目	表-14	
四	规费	7+8	84688
7	排污费、社保费、公积金	[1+3+6.1+6.3] ×7.3%	77092
8	农民工工伤保险费	[一+二+7] ×0.15%	7596
五	危险作业意外伤害保险费		
六	税金	[一+二+三+四+五] ×3.577%	181411
招标控制价合计=一+二+三+四+五+六			5252995

表-02

分部分项工程量清单与计价表

单位工程(专业)：某某桥梁工程-桥梁工程　　　　第 1 页　共 2 页

序号	项目编码	项目名称	项目特征	计量单位	工程量	综合单价(元)	合价(元)	其中(元)				备注
								定额人工费	人工费价差	定额机械费	机械费价差	
		0401 土石方工程					4852794	573289	494658	461317	89254	
1	040101003001	挖基坑土方	1. 土壤类别：一、二类土 2. 挖土深度：4m 内	m^3	2579.90	4.70	12125.53	490.18	438.58	7868.70	386.99	
2	040103001001	回填方	填方材料品种：台背回填砂砾	m^3	2724.49	102.08	278115.94	36426.43	31358.88	2206.84	54.49	
3	040301004002	泥浆护壁　成孔灌注桩	(1)桩径 D1000mm(2)灌注混凝土 C25(3)工作平台搭拆(4)护筒埋设	m	2400.00	719.58	1726992.00	223968.00	192696.00	305496.00	56712.00	
4	040303001001	片石垫层	30cm 片石垫层	m^3	194.75	239.83	46706.89	5887.29	5065.45	292.13	11.69	
5	040303001002	混凝土垫层	10cmC10 混凝土垫层	m^3	64.92	383.80	24916.30	2769.49	2382.56	1639.88	538.84	
6	040303003001	混凝土承台	混凝土强度等级：C25	m^3	973.73	426.54	415334.79	44051.55	37897.57	25200.13	8325.39	
7	040303005001	混凝土墩(台)身	1. 部位：台身 2. 混凝土强度等级：C25	m^3	871.70	449.53	391855.30	47716.86	41057.07	25061.38	8106.81	
8	040303007001	混凝土墩(台)盖梁	1. 部位：台盖梁 2. 混凝土强度等级：C30	m^3	140.20	464.93	65183.19	7933.92	6826.34	4033.55	1305.26	
9	040303001003	混凝土地模	混凝土强度等级：C20 混凝土地模	m^2	440.00	40.20	17688.00	1878.80	1614.80	1113.20	365.20	
10	040304001001	预制　混凝土梁	1. 部位：板梁 2. 混凝土强度等级：C50	m^3	544.31	633.97	345076.21	43044.03	37034.85	30252.75	5835.00	
11	040303024001	混凝土　其他构件	1. 名称、部位：板梁间灌缝 2. 混凝土强度等级：C40	m^3	22.14	641.24	14197.05	1629.95	1402.35	398.74	144.80	
12	040303019002	桥面铺装	1. 混凝土强度等级：C40 2. 厚度：8cm	m^2	1210.00	40.44	48932.40	5154.60	4428.60	1669.80	592.90	
13	040303019001	桥面铺装	1. 混凝土强度等级：C40 2. 沥青品种：进口沥青 3. 沥青混凝土种类：细粒式沥青混凝土 4. 厚度：4cm	m^2	1000.00	59.30	59300.00	430.00	380.00	2220.00	240.00	
			本页小计				3446424	421381	362583	407453	82619	

表-07

分部分项工程量清单与计价表

单位工程(专业)：某某桥梁工程-桥梁工程　　　　第 2 页　共 2 页

序号	项目编码	项目名称	项目特征	计量单位	工程量	综合单价（元）	合价（元）	其中(元)				备注
								定额人工费	人工费价差	定额机械费	机械费价差	
14	040303020001	混凝土 桥头搭板	混凝土强度等级：C30	m^3	183.84	441.70	81202.13	9897.95	8515.47	3235.58	1121.42	
15	040303021001	混凝土 搭板枕梁	混凝土强度等级：C30	m^3	12.24	445.99	5458.92	600.00	516.28	316.77	104.65	
16	040303023001	混凝土 连系梁	混凝土强度等级：C25	m^3	14.40	437.63	6301.87	705.89	607.39	372.67	123.12	
17	040304005001	预制混凝土 其他构件	1. 部位：人行道板 2. 混凝土强度等级：C25	m^3	7.46	775.17	5782.77	1293.41	1112.88	418.58	83.93	
18	040303019003	人行道铺装	1. 混凝土强度等级：细石C30混凝土 2. 厚度：3cm	m^2	98.00	18.08	1771.84	217.56	188.16	52.92	17.64	
19	040309002001	石质栏杆	材料品种、规格：青石栏杆	m	49.31	1200.00	59172.00					
20	040309004001	橡胶支座	材质：板式橡胶支座	个	456	185.45	84565.20	9398.16	9393.60			
21	040309007001	桥梁伸缩 装置	材料品种：SFP 伸缩峰	m	129.80	969.19	125800.86	4543.00	3909.58	4069.23	199.89	
22	040901004001	钢筋笼	1. 钢筋种类：螺纹钢综合 2. 钢筋规格：综合	t	94.123	3802.15	357869.76	39258.70	33780.74	29820.05	2770.98	
23	040901001001	现浇构件 钢筋	钢筋种类：圆钢综合	t	16.291	3772.00	61449.65	8167.98	7028.26	768.94	209.50	
24	040901001002	现浇构件 钢筋	钢筋种类：螺纹钢综合	t	66.564	3253.40	216559.32	23212.86	19973.86	5622.66	694.26	
25	040901002001	预制构件 钢筋	钢筋种类：圆钢综合	t	26.974	3857.96	104064.61	14347.74	12345.73	1526.73	364.42	
26	040901002002	预制构件 钢筋	钢筋种类：螺纹钢综合	t	19.952	3220.63	64258.01	6743.38	5802.44	1631.87	192.14	
27	040901006001	后张法预应力钢筋（钢丝束、钢绞线）	1. 部位：板梁 2. 预应力筋种类：钢绞线 3. 描具种类、规格：YM15-4 4. 压浆管材质、规格：$\phi50$	t	21.118	10991.25	232113.22	33521.02	28900.19	6027.71	753.07	
本页小计							1406370	151908	132075	53864	6635	
合　计							4852794	573289	494658	461317	89254	

表-07

工程量清单综合单价计算表

单位工程(专业)：某某桥梁工程-桥梁工程　　　　第1页　共5页

序号	编号	名　称	计量单位	数量	综合单价(元)									合计(元)
					定额人工费	人工费价差	材料费	定额机械费	机械费价差	管理费	利润	风险费用	小计	
		0401 土石方工程												
1	040101003001	挖基坑土方 1. 土壤类别：一、二类土 2. 挖土深度：4m 内	m^3	2579.90	0.19	0.17		3.05	0.15	0.78	0.36		4.70	12126
	1-59	挖掘机挖土装车一、二类土	m^3	2579.9	0.19	0.17		3.05	0.15	0.78	0.36		4.70	12126
2	040103001001	回填方 填方材料品种：台背回填砂砾	m^3	2724.49	13.37	11.51	71.40	0.81	0.02	3.41	1.56		102.08	278116
	6-291	塘渣沟槽回填	m^3	2724.49	13.37	11.51	71.40	0.81	0.02	3.41	1.56		102.08	278116
3	040301004002	泥浆护壁　成孔灌注桩 (1)桩径 *DN*1000mm(2)灌注混凝土 C25(3)工作平台搭拆(4)护筒埋设	m	2400.00	93.32	80.29	317.73	127.29	23.63	53.06	24.26		719.58	1726992
	3-517	搭、拆桩基础陆上支架平台锤重 2500kg	m^2	1311.99	15.88	13.66	4.76		0.00	3.82	1.75		39.87	52309
	3-108	钻孔灌注桩陆上埋设钢护筒φ≤1200mm	m	96	103.37	88.95	18.68	7.81	2.15	26.74	12.23		259.93	24953
	3-128	回旋钻孔机成孔　桩径φ1000mm 以内	m^3	1990.077	44.20	38.04	26.64	81.48	12.03	30.23	13.82		246.44	490435
	3-144	泥浆池建造、拆除	m^3	1990.077	1.55	1.33	3.09	0.02	0.02	0.38	0.17		6.56	13055
	3-145	泥浆运输　运距 5km 以内	m^3	1990.077	19.18	16.50		43.95	6.98	15.18	6.94		108.73	216381
	3-149	钻孔灌注混凝土　回旋钻孔	m^3	1903.749	32.25	27.75	365.23	28.65	9.78	14.65	6.70		485.01	923337
	3-547	凿除预制混凝土桩顶钢筋混凝土	m^3	18.849	137.56	118.36	2.50	28.94	1.08	40.04	18.32		346.80	6537
4	040303001001	片石垫层 30cm 片石垫层	m^3	194.75	30.23	26.01	170.91	1.50	0.06	7.63	3.49		239.83	46707
	6-224	井垫层(块石)	m^3	194.75	30.23	26.01	170.91	1.50	0.06	7.63	3.49		239.83	46707

表-08

工程量清单综合单价计算表

单位工程(专业)：某某桥梁工程-桥梁工程

序号	编号	名称	计量单位	数量	综合单价(元)									合计(元)
					定额人工费	人工费价差	材料费	定额机械费	机械费价差	管理费	利润	风险费用	小计	
5	040303001002	混凝土垫层 10cmC10 混凝土垫层	m^3	64.92	42.66	36.70	247.08	25.26	8.30	16.33	7.47		383.80	24916
	3-208 换	C10 混凝土垫层	m^3	64.92	42.66	36.70	247.08	25.26	8.30	16.33	7.47		383.80	24916
6	040303003001	混凝土承台 混凝土强度等级：C25	m^3	973.73	45.24	38.92	283.03	25.88	8.55	17.10	7.82		426.54	415335
	3-215 换	C25 混凝土承台	m^3	973.73	45.24	38.92	283.03	25.88	8.55	17.10	7.82		426.54	415335
7	040303005001	混凝土墩(台)身 1. 部位：台身 2. 混凝土强度等级：C25	m^3	871.70	54.74	47.10	280.38	28.75	9.30	20.08	9.18		449.53	391855
	3-228 换	C25 混凝土浇筑实体式桥台	m^3	871.7	54.74	47.10	280.38	28.75	9.30	20.08	9.18		449.53	391855
8	040303007001	混凝土墩(台)盖梁 1. 部位：台盖梁 2. 混凝土强度等级：C30	m^3	140.20	56.59	48.69	291.65	28.77	9.31	20.53	9.39		464.93	65183
	3-249	C30 混凝土浇筑台盖梁	m^3	140.2	56.59	48.69	291.65	28.77	9.31	20.53	9.39		464.93	65183
9	040303001003	混凝土地模 混凝土强度等级：C20	m^2	440.00	4.27	3.67	26.52	2.53	0.83	1.63	0.75		40.20	17688
	3-208 换	C20 混凝土垫层	m^3	44	42.66	36.70	265.21	25.26	8.30	16.33	7.47		401.93	17685
10	040304001001	预制混凝土梁 1. 部位：板梁 2. 混凝土强度等级：C50	m^3	544.31	79.08	68.04	373.35	55.58	10.72	32.38	14.82		633.97	345076
	3-343 换	C50 预制混凝土空心板梁(预应力)～现浇现拌混凝土 C50(40)52.5 级水泥	m^3	544.31	57.84	49.76	350.33	30.33	9.41	21.20	9.70		528.57	287706
	3-371	预制构件场内运输构件重 40t 以内 运距 100m	m^3	544.31	16.81	14.47	23.02	1.42	0.36	4.38	2.01		62.47	34003
	3-437	起重机陆上安装板梁起重机 $L\leqslant16m$	m^3	544.31	4.43	3.81		23.83	0.95	6.80	3.11		42.93	23367

表-08

工程量清单综合单价计算表

单位工程(专业)：某某桥梁工程-桥梁工程　　　　第3页　共5页

序号	编号	名称	计量单位	数量	综合单价(元)									合计(元)
					定额人工费	人工费价差	材料费	定额机械费	机械费价差	管理费	利润	风险费用	小计	
11	040303024001	混凝土其他构件 1. 名称、部位：板梁间灌缝 2. 混凝土强度等级：C40	m^3	22.14	73.62	63.34	447.61	18.01	6.54	22.04	10.08		641.24	14197
	3-288 换	C40 板梁间灌缝	m^3	22.14	73.62	63.34	447.61	18.01	6.54	22.04	10.08		641.24	14197
12	040303019002	桥面铺装 1. 混凝土强度等级：C40 2. 厚度：8cm	m^2	1210.00	4.26	3.66	28.68	1.38	0.49	1.35	0.62		40.44	48932
	3-314	C40 混凝土桥面基层铺装	m^3	96.8	47.86	41.18	323.06	17.31	6.10	15.67	7.17		458.35	44368
	2-205	水泥混凝土路面养护毯养护	m^2	1210	0.43	0.37	2.84		0.00	0.10	0.05		3.79	4586
13	040303019001	桥面铺装 1. 混凝土强度等级：C40 2. 沥青品种：进口沥青 3. 沥青混凝土种类：细粒式沥青混凝土 4. 厚度：4cm	m^2	1000.00	0.43	0.38	55.10	2.22	0.24	0.64	0.29		59.30	59300
	2-191 换	机械摊铺细粒式沥青混凝土路面　厚 4cm	m^2	1000	0.43	0.38	55.10	2.22	0.24	0.64	0.29		59.30	59300
14	040303020001	混凝土桥头搭板 混凝土强度等级：C30	m^3	183.84	53.84	46.32	292.80	17.60	6.10	17.18	7.86		441.70	81202
	3-318 换	C30 混凝土桥头搭板	m^3	183.84	53.84	46.32	292.80	17.60	6.10	17.18	7.86		441.70	81202
15	040303021001	混凝土搭板枕梁 混凝土强度等级：C30	m^3	12.24	49.02	42.18	294.11	25.88	8.55	18.01	8.24		445.99	5459
	3-222 换	C30 混凝土浇筑横梁	m^3	12.24	49.02	42.18	294.11	25.88	8.55	18.01	8.24		445.99	5459
16	040303023001	混凝土连系梁 混凝土强度等级：C25	m^3	14.40	49.02	42.18	285.75	25.88	8.55	18.01	8.24		437.63	6302
	3-222 换	C25 混凝土浇筑横梁	m^3	14.4	49.02	42.18	285.75	25.88	8.55	18.01	8.24		437.63	6302

表-08

工程量清单综合单价计算表

单位工程(专业)：某某桥梁工程-桥梁工程

序号	编号	名　称	计量单位	数量	综合单价(元)									合计(元)
					定额人工费	人工费价差	材料费	定额机械费	机械费价差	管理费	利润	风险费用	小计	
17	040304005001	预制混凝土其他构件 1. 部位：人行道板 2. 混凝土强度等级：C25	m^3	7.46	173.38	149.18	304.80	56.11	11.25	55.20	25.25		775.17	5783
	3-358	C25 预制混凝土人行道、锚锭板	m^3	7.46	98.26	84.54	304.80	20.27	6.56	28.51	13.04		555.98	4148
	1-308	汽车运输小型构件，人力装卸　运距 1km	m^3	7.46	20.21	17.39		35.84	4.69	13.48	6.17		97.78	729
	3-479	小型构件人行道板安装	m^3	7.46	54.91	47.25			0.00	13.21	6.04		121.41	906
18	040303019003	人行道铺装 1. 混凝土强度等级：细石 C30 混凝土 2. 厚度：3cm	m^2	98.00	2.22	1.92	12.25	0.54	0.18	0.66	0.31		18.08	1772
	3-316 换	C30 混凝土桥面面层铺装～现浇现拌混凝土 C30(16)	m^3	2.94	59.81	51.47	313.65	17.87	6.10	18.68	8.54		476.12	1400
	2-205	水泥混凝土路面养护毯养护	m^2	98	0.43	0.37	2.84		0.00	0.10	0.05		3.79	371
19	040309002001	石质栏杆 材料品种、规格：青石栏杆	m	49.31		0.00	1200.00		0.00				1200.00	59172
		青石栏杆	m	49.31		0.00	1200.00		0.00				1200.00	59172
20	040309004001	橡胶支座 材质：板式橡胶支座	个	456	20.61	20.60	144.24		0.00				185.45	84565
	3-491	板式橡胶支座安装	cm^3	939645	0.01	0.01	0.07		0.00				0.09	84568
21	040309007001	桥梁伸缩装置 材料品种：SFP 伸缩峰	m	129.80	35.00	30.12	847.92	31.35	1.54	15.96	7.30		969.19	125801
	3-503	梳型钢伸缩缝安装	m	129.8	35.00	30.12	47.92	31.35	1.54	15.96	7.30		169.19	21961
	3021031	SFP 伸缩缝	m	129.8		0.00	800.00		0.00				800.00	103840

表-08

工程量清单综合单价计算表

单位工程(专业)：某某桥梁工程-桥梁工程 第5页 共5页

序号	编号	名称	计量单位	数量	综合单价(元)									合计(元)
					定额人工费	人工费价差	材料费	定额机械费	机械费价差	管理费	利润	风险费用	小计	
22	040901004001	钢筋笼 1. 钢筋种类：螺纹钢综合 2. 钢筋规格：综合	t	94.123	417.10	358.90	2422.65	316.82	29.44	176.51	80.73		3802.15	357870
	3-179	钻孔桩钢筋笼制作、安装	t	94.123	417.10	358.90	2422.65	316.82	29.44	176.51	80.73		3802.15	357870
23	040901001001	现浇构件钢筋 钢筋种类：圆钢综合	t	16.291	501.38	431.42	2586.87	47.20	12.86	131.93	60.34		3772.00	61450
	3-177	现浇混凝土圆钢制作、安装	t	16.291	501.38	431.42	2586.87	47.20	12.86	131.93	60.34		3772.00	61450
24	040901001002	现浇构件钢筋 钢筋种类：螺纹钢综合	t	66.564	348.73	300.07	2357.87	84.47	10.43	104.18	47.65		3253.40	216559
	3-178	现浇混凝土螺纹钢制作、安装	t	66.564	348.73	300.07	2357.87	84.47	10.43	104.18	47.65		3253.40	216559
25	040901002001	预制构件钢筋 钢筋种类：圆钢综合	t	26.974	531.91	457.69	2591.97	56.60	13.51	141.54	64.74		3857.96	104065
	3-175	预制混凝土圆钢制作、安装	t	26.974	531.91	457.69	2591.97	56.60	13.51	141.54	64.74		3857.96	104065
26	040901002002	预制构件钢筋 钢筋种类：螺纹钢综合	t	19.952	337.98	290.82	2353.29	81.79	9.63	100.95	46.17		3220.63	64258
	3-176	预制混凝土螺纹钢制作、安装	t	19.952	337.98	290.82	2353.29	81.79	9.63	100.95	46.17		3220.63	64258
27	040901006001	后张法预应力钢筋(钢丝束、钢绞线) 1. 部位：板梁 2. 预应力筋种类：钢绞线 3. 锚具种类、规格：YM15-4 4. 压浆管材质、规格：ϕ50	t	21.118	1587.32	1368.51	7059.16	285.43	35.66	449.95	205.22		10991.25	232113
	3-187	后张法预应力钢筋制作、安装锥形锚	t	21.118	899.99	774.41	4013.64	197.43	8.84	263.93	120.72		6278.96	132599
	3-202	波纹管压浆管道安装	m	4493.88	2.67	2.31	10.51		0.00	0.64	0.29		16.42	73790
	3-203	压浆	m^3	11.063	227.47	195.73	472.63	167.98	51.20	95.11	43.50		1253.62	13869
		YM15-4	套	456		0.00	26.00		0.00				26.00	11856
合计														4852794

表-08

工程量清单综合单价工料机分析表

单位工程(专业)：某某桥梁工程-桥梁工程　　　　第 1 页　共 27 页

项目编号	040101003001	项目名称	挖基坑土方	计量单位	m^3
项目特征	1. 土壤类别：一、二类土 2. 挖土深度：4m 内			综合单价	4.7

清单综合单价组成明细							
序号		名称及规格	单位	(1)数量	金额(元)		
					市场价		合价 1×(2+3)
					(2)定额单价	(3)价差	
1	人工	一类人工	工日	0.00480	40.00	35.00	0.36
		小计(定额人工费、价差及合价合计)			0.19	0.17	0.36
2	材料						
		小计					
3	机械	履带式推土机 90kW	台班	0.00136	705.64	45.26	1.02
		履带式单斗挖掘机(液压)$1m^3$	台班	0.00194	1078.38	45.82	2.18
		小计(定额机械费、价差及合价合计)			3.05	0.15	3.20
4	企业管理费		(定额人工费+定额机械费)×0%				0.78
5	利润		(定额人工费+定额机械费)×0%				0.36
6	风险费用		(1+2+3+4+5)×0%				
7	综合单价(4+5+6+7)		1+2+3+4+5+6				4.70

表-09

工程量清单综合单价工料机分析表

单位工程(专业)：某某桥梁工程-桥梁工程　　　　　　　　第 2 页　共 27 页

项目编号		040103001001		项目名称	回填方		计量单位	m^3
项目特征	填方材料品种：台背回填砂砾						综合单价	102.08
清单综合单价组成明细								
序号	名称及规格			单位	(1)数量	金额(元)		
						市场价		合价 1×(2+3)
						(2)定额单价	(3)价差	
1	人工	二类人工		工日	0.31100	43.00	37.00	24.88
		小计(定额人工费、价差及合价合计)				13.37	11.51	24.88
2	材料	塘渣		t	2.04000	35.00		71.40
		小计						71.40
3	机械	电动夯实机 20～62N·m		台班	0.03700	21.79	0.76	0.83
		小计(定额机械费、价差及合价合计)				0.81	0.03	0.83
4	企业管理费			(定额人工费＋定额机械费)×0％				3.41
5	利润			(定额人工费＋定额机械费)×0％				1.56
6	风险费用			(1＋2＋3＋4＋5)×0％				
7	综合单价(4＋5＋6＋7)			1＋2＋3＋4＋5＋6				102.08

表-09

工程量清单综合单价工料机分析表

单位工程(专业)：某某桥梁工程-桥梁工程　　　　　　第3页　共27页

项目编号		040301004002	项目名称	泥浆护壁　成孔灌注桩		计量单位	m
项目特征	1. 桩径 D1000mm 2. 灌注混凝土 C25 3. 工作平台搭拆 4. 护筒埋设					综合单价	719.58
清单综合单价组成明细							
序号	名称及规格		单位	(1)数量	金额(元) 市场价 (2)定额单价	(3)价差	合价 1×(2+3)
1	人工	二类人工	工日	2.17018	43.00	37.00	173.61
		小计(定额人工费、价差及合价合计)			93.32	80.30	173.61
2	材料	黄砂(净砂)综合	t	0.63741	80.00		50.99
		风镐凿子	根	0.00471	4.16		0.02
		其他材料费	元	1.86503	1.00		1.87
		六角带帽螺栓	kg	0.03252	6.34		0.21
		导管	kg	0.30143	2.30		0.69
		水	m^3	2.43339	7.28		17.72
		碎石综合	t	1.18984	86.00		102.33
		石灰膏	m^3	0.00019	350.00		0.07
		水泥 42.5	kg	378.16615	0.35		132.36
		混凝土实心砖 240×115×53	千块	0.00415	530.00		2.20
		黏土	m^3	0.03980	25.00		1.00
		垫木	m^3	0.00415	1200.00		4.98
		钢护筒	t	0.00024	3000.00		0.72
		扒钉	kg	0.02597	3.96		0.10
		枋木	m^3	0.00278	900.00		2.50
		小计					317.73
3	机械	双锥反转出料混凝土搅拌机 350L	台班	0.06068	96.72	39.00	8.24
		电动空气压缩机 $1m^3/min$	台班	0.00455	49.99	1.85	0.24
		机动翻斗车 1t	台班	0.09852	109.73	37.84	14.54
		履带式电动起重机 5t	台班	0.04396	144.71	39.76	8.11
		泥浆运输车 5t	台班	0.09287	320.98	58.62	35.25
		泥浆泵 ϕ100	台班	0.13806	210.52	10.79	30.55
		灰浆搅拌机 200L	台班	0.00033	58.57	37.40	0.03
		转盘钻孔机 ϕ1500	台班	0.10655	423.60	82.77	53.95
		小计(定额机械费、价差及合价合计)			127.30	23.62	150.92
4	企业管理费		(定额人工费+定额机械费)×0%				53.06
5	利润		(定额人工费+定额机械费)×0%				24.26
6	风险费用		(1+2+3+4+5)×0%				
7	综合单价(4+5+6+7)		1+2+3+4+5+6				719.58

表-09

工程量清单综合单价工料机分析表

单位工程(专业)：某某桥梁工程-桥梁工程　　　　　　　　

<table>
<tr><td>项目编号</td><td colspan="3">040303001001</td><td>项目名称</td><td colspan="2">片石垫层</td><td>计量单位</td><td>m³</td></tr>
<tr><td>项目特征</td><td colspan="6">30cm片石垫层</td><td>综合单价</td><td>239.83</td></tr>
<tr><td colspan="9">清单综合单价组成明细</td></tr>
<tr><td rowspan="3">序号</td><td colspan="2" rowspan="3">名称及规格</td><td rowspan="3">单位</td><td rowspan="3">(1)数量</td><td colspan="3">金额(元)</td></tr>
<tr><td colspan="2">市场价</td><td rowspan="2">合价
1×(2+3)</td></tr>
<tr><td>(2)定额单价</td><td>(3)价差</td></tr>
<tr><td rowspan="2">1</td><td rowspan="2">人工</td><td>二类人工</td><td>工日</td><td>0.70300</td><td>43.00</td><td>37.00</td><td>56.24</td></tr>
<tr><td colspan="3">小计(定额人工费、价差及合价合计)</td><td>30.23</td><td>26.01</td><td>56.24</td></tr>
<tr><td rowspan="3">2</td><td rowspan="3">材料</td><td>其他材料费</td><td>元</td><td>1.17800</td><td colspan="2">1.00</td><td>1.18</td></tr>
<tr><td>块石</td><td>t</td><td>2.12160</td><td colspan="2">80.00</td><td>169.73</td></tr>
<tr><td colspan="5">小计</td><td>170.91</td></tr>
<tr><td rowspan="2">3</td><td rowspan="2">机械</td><td>电动夯实机 20～62N·m</td><td>台班</td><td>0.06900</td><td>21.79</td><td>0.76</td><td>1.56</td></tr>
<tr><td colspan="3">小计(定额机械费、价差及合价合计)</td><td>1.50</td><td>0.05</td><td>1.56</td></tr>
<tr><td>4</td><td colspan="2">企业管理费</td><td colspan="4">(定额人工费+定额机械费)×0%</td><td>7.63</td></tr>
<tr><td>5</td><td colspan="2">利润</td><td colspan="4">(定额人工费+定额机械费)×0%</td><td>3.49</td></tr>
<tr><td>6</td><td colspan="2">风险费用</td><td colspan="4">(1+2+3+4+5)×0%</td><td></td></tr>
<tr><td>7</td><td colspan="2">综合单价(4+5+6+7)</td><td colspan="4">1+2+3+4+5+6</td><td>239.83</td></tr>
</table>

表-09

工程量清单综合单价工料机分析表

单位工程(专业)：某某桥梁工程-桥梁工程　　　　第5页　共27页

<table>
<tr><td>项目编号</td><td colspan="2">040303001002</td><td>项目名称</td><td colspan="2">混凝土垫层</td><td>计量单位</td><td>m³</td></tr>
<tr><td>项目特征</td><td colspan="5">10cmC10 混凝土垫层</td><td>综合单价</td><td>383.8</td></tr>
<tr><td colspan="8">清单综合单价组成明细</td></tr>
<tr><td rowspan="3">序号</td><td colspan="2" rowspan="3">名称及规格</td><td rowspan="3">单位</td><td rowspan="3">(1)数量</td><td colspan="3">金额(元)</td></tr>
<tr><td colspan="2">市场价</td><td rowspan="2">合价
1×(2+3)</td></tr>
<tr><td>(2)定额单价</td><td>(3)价差</td></tr>
<tr><td rowspan="2">1</td><td rowspan="2">人工</td><td>二类人工</td><td>工日</td><td>0.99200</td><td>43.00</td><td>37.00</td><td>79.36</td></tr>
<tr><td colspan="3">小计(定额人工费、价差及合价合计)</td><td>42.66</td><td>36.70</td><td>79.36</td></tr>
<tr><td rowspan="5">2</td><td rowspan="5">材料</td><td>黄砂(净砂)综合</td><td>t</td><td>1.00384</td><td colspan="2">80.00</td><td>80.31</td></tr>
<tr><td>碎石综合</td><td>t</td><td>1.21902</td><td colspan="2">86.00</td><td>104.84</td></tr>
<tr><td>水</td><td>m³</td><td>0.60270</td><td colspan="2">7.28</td><td>4.39</td></tr>
<tr><td>水泥 42.5</td><td>kg</td><td>164.43000</td><td colspan="2">0.35</td><td>57.55</td></tr>
<tr><td colspan="5">小计</td><td>247.08</td></tr>
<tr><td rowspan="5">3</td><td rowspan="5">机械</td><td>双锥反转出料混凝土搅拌机 350L</td><td>台班</td><td>0.05300</td><td>96.72</td><td>39.00</td><td>7.19</td></tr>
<tr><td>履带式电动起重机 5t</td><td>台班</td><td>0.04900</td><td>144.71</td><td>39.76</td><td>9.04</td></tr>
<tr><td>混凝土振捣器平板式 BLL</td><td>台班</td><td>0.03660</td><td>17.56</td><td>0.18</td><td>0.65</td></tr>
<tr><td>机动翻斗车 1t</td><td>台班</td><td>0.11300</td><td>109.73</td><td>37.84</td><td>16.68</td></tr>
<tr><td colspan="3">小计(定额机械费、价差及合价合计)</td><td>25.26</td><td>8.30</td><td>33.56</td></tr>
<tr><td>4</td><td colspan="2">企业管理费</td><td colspan="4">(定额人工费+定额机械费)×0%</td><td>16.33</td></tr>
<tr><td>5</td><td colspan="2">利润</td><td colspan="4">(定额人工费+定额机械费)×0%</td><td>7.47</td></tr>
<tr><td>6</td><td colspan="2">风险费用</td><td colspan="4">(1+2+3+4+5)×0%</td><td></td></tr>
<tr><td>7</td><td colspan="2">综合单价(4+5+6+7)</td><td colspan="4">1+2+3+4+5+6</td><td>383.80</td></tr>
</table>

表-09

工程量清单综合单价工料机分析表

单位工程(专业)：某某桥梁工程-桥梁工程　　　　　　　　　　第 6 页　共 27 页

项目编号	040303003001			项目名称	混凝土承台		计量单位	m³
项目特征	混凝土强度等级：C25						综合单价	426.54
清单综合单价组成明细								
序号	名称及规格		单位	(1)数量	金额(元)			
					市场价		合价 1×(2+3)	
					(2)定额单价	(3)价差		
1	人工	二类人工	工日	1.05200	43.00	37.00	84.16	
		小计(定额人工费、价差及合价合计)			45.24	38.92	84.16	
2	材料	水泥 42.5	kg	304.50000	0.35		106.58	
		黄砂(净砂)综合	t	0.75821	80.00		60.66	
		草袋	个	0.82800	2.54		2.10	
		碎石综合	t	1.26672	86.00		108.94	
		水	m³	0.65370	7.28		4.76	
		小计					283.03	
3	机械	履带式电动起重机 5t	台班	0.05500	144.71	39.76	10.15	
		双锥反转出料混凝土搅拌机 350L	台班	0.05300	96.72	39.00	7.19	
		机动翻斗车 1t	台班	0.11300	109.73	37.84	16.68	
		混凝土振捣器插入式	台班	0.08240	4.83	0.18	0.41	
		小计(定额机械费、价差及合价合计)			25.88	8.55	34.43	
4	企业管理费		(定额人工费+定额机械费)×0%				17.10	
5	利润		(定额人工费+定额机械费)×0%				7.82	
6	风险费用		(1+2+3+4+5)×0%					
7	综合单价(4+5+6+7)		1+2+3+4+5+6				426.54	

表-09

工程量清单综合单价工料机分析表

单位工程(专业)：某某桥梁工程-桥梁工程　　　　　　　　　　第7页　共27页

项目编号		040303005001		项目名称	混凝土墩(台)身		计量单位	m³
项目特征	1. 部位：台身 2. 混凝土强度等级：C25						综合单价	449.53
清单综合单价组成明细								
序号		名称及规格		单位	(1)数量	金额(元) 市场价 (2)定额单价	(3)价差	合价 1×(2+3)
1	人工	二类人工		工日	1.27300	43.00	37.00	101.84
		小计(定额人工费、价差及合价合计)				54.74	47.10	101.84
2	材料	水泥 42.5		kg	304.50000	0.35		106.58
		水		m³	0.51970	7.28		3.78
		草袋		个	0.16800	2.54		0.43
		碎石综合		t	1.26672	86.00		108.94
		黄砂(净砂)综合		t	0.75821	80.00		60.66
		小计						280.38
3	机械	履带式电动起重机 5t		台班	0.07400	144.71	39.76	13.65
		混凝土振捣器插入式		台班	0.10580	4.83	0.18	0.53
		机动翻斗车 1t		台班	0.11300	109.73	37.84	16.68
		双锥反转出料混凝土搅拌机 350L		台班	0.05300	96.72	39.00	7.19
		小计(定额机械费、价差及合价合计)				28.75	9.31	38.05
4	企业管理费			(定额人工费+定额机械费)×0%				20.08
5	利润			(定额人工费+定额机械费)×0%				9.18
6	风险费用			(1+2+3+4+5)×0%				
7	综合单价(4+5+6+7)			1+2+3+4+5+6				449.53

表-09

工程量清单综合单价工料机分析表

单位工程(专业)：某某桥梁工程-桥梁工程　　　　　　　　　　第8页　共27页

项目编号		040303007001	项目名称	混凝土墩(台)盖梁		计量单位	m^3
项目特征	1. 部位：台盖梁 2. 混凝土强度等级：C30					综合单价	464.93
清单综合单价组成明细							
序号		名称及规格	单位	(1)数量	金额(元)		
					市场价		合价 1×(2+3)
					(2)定额单价	(3)价差	
1	人工	二类人工	工日	1.31600	43.00	37.00	105.28
		小计(定额人工费、价差及合价合计)			56.59	48.69	105.28
2	材料	草袋	个	0.67900	2.54		1.72
		碎石综合	t	1.24744	86.00		107.28
		黄砂(净砂)综合	t	0.70137	80.00		56.11
		水泥42.5	kg	346.11500	0.35		121.14
		水	m^3	0.74170	7.28		5.40
		小计					291.65
3	机械	双锥反转出料混凝土搅拌机350L	台班	0.05300	96.72	39.00	7.19
		机动翻斗车1t	台班	0.11300	109.73	37.84	16.68
		履带式电动起重机5t	台班	0.07400	144.71	39.76	13.65
		混凝土振捣器插入式	台班	0.11110	4.83	0.18	0.56
		小计(定额机械费、价差及合价合计)			28.77	9.31	38.08
4	企业管理费		(定额人工费+定额机械费)×0%				20.53
5	利润		(定额人工费+定额机械费)×0%				9.39
6	风险费用		(1+2+3+4+5)×0%				
7	综合单价(4+5+6+7)		1+2+3+4+5+6				464.93

表-09

工程量清单综合单价工料机分析表

单位工程(专业)：某某桥梁工程-桥梁工程　　　　第 9 页　共 27 页

项目编号		040303001003	项目名称	混凝土地模		计量单位	m²
项目特征		混凝土强度等级：C20 混凝土地模				综合单价	40.2
清单综合单价组成明细							
序号		名称及规格	单位	(1)数量	金额(元) 市场价 (2)定额单价	(3)价差	合价 1×(2+3)
1	人工	二类人工	工日	0.09920	43.00	37.00	7.94
		小计(定额人工费、价差及合价合计)			4.27	3.67	7.94
3	材料	水	m^3	0.06027	7.28		0.44
		碎石综合	t	0.12424	86.00		10.68
		水泥 42.5	kg	24.96900	0.35		8.74
		黄砂(净砂)综合	t	0.08323	80.00		6.66
		小计					26.52
3	机械	双锥反转出料混凝土搅拌机 350L	台班	0.00530	96.72	39.00	0.72
		机动翻斗车 1t	台班	0.01130	109.73	37.84	1.67
		混凝土振捣器平板式 BLL	台班	0.00366	17.56	0.18	0.06
		履带式电动起重机 5t	台班	0.00490	144.71	39.76	0.90
		小计(定额机械费、价差及合价合计)			2.53	0.83	3.36
4	企业管理费		(定额人工费+定额机械费)×0%				1.63
5	利润		(定额人工费+定额机械费)×0%				0.75
6	风险费用		(1+2+3+4+5)×0%				
7	综合单价(4+5+6+7)		1+2+3+4+5+6				40.20

表-09

工程量清单综合单价工料机分析表

单位工程(专业)：某某桥梁工程-桥梁工程　　　　　　　　　　　　　　　　　　第10页　共27页

项目编号	040304001001		项目名称	预制　混凝土梁		计量单位	m^3
项目特征	1. 部位：板梁 2. 混凝土强度等级：C50					综合单价	633.97
清单综合单价组成明细							
序号	名称及规格		单位	(1)数量	金额(元)		
					市场价		合价 1×(2+3)
					(2)定额单价	(3)价差	
1	人工	二类人工	工日	1.83900	43.00	37.00	147.12
		小计(定额人工费、价差及合价合计)			79.08	68.04	147.12
2	材料	水泥52.5	kg	436.45000	0.40		174.58
		黄砂(净砂)综合	t	0.61880	80.00		49.50
		碎石综合	t	1.25397	86.00		107.84
		草袋	个	1.49800	2.54		3.80
		水	m^3	1.92196	7.28		13.99
		枕木	m^3	0.00960	2000.00		19.20
		板方材	m^3	0.00140	1800.00		2.52
		焊接钢管	kg	0.14350	4.00		0.57
		水泥42.5	kg	1.72200	0.35		0.60
		扒钉	kg	0.06830	3.96		0.27
		其他材料费	元	0.45400	1.00		0.45
		小计					373.34
3	机械	机动翻斗车1t	台班	0.11300	109.73	37.84	16.68
		履带式电动起重机5t	台班	0.06400	144.71	39.76	11.81
		混凝土振捣器平板式BLL	台班	0.06450	17.56	0.18	1.14
		混凝土振捣器插入式	台班	0.25790	4.83	0.18	1.29
		电动卷扬机单筒慢速100kN	台班	0.00910	155.53	40.36	1.78
		汽车式起重机50t	台班	0.01170	2036.37	81.27	24.78
		双锥反转出料混凝土搅拌机350L	台班	0.06500	96.72	39.00	8.82
		小计(定额机械费、价差及合价合计)			55.57	10.73	66.30
4	企业管理费		(定额人工费+定额机械费)×0%				32.38
5	利润		(定额人工费+定额机械费)×0%				14.82
6	风险费用		(1+2+3+4+5)×0%				
7	综合单价(4+5+6+7)		1+2+3+4+5+6				633.97

表-09

工程量清单综合单价工料机分析表

单位工程(专业)：某某桥梁工程-桥梁工程　　　　第11页　共27页

项目编号	040303024001	项目名称	混凝土　其他构件	计量单位	m^3
项目特征	1. 名称、部位：板梁间灌缝 2. 混凝土强度等级：C40			综合单价	641.24

清单综合单价组成明细

序号		名称及规格	单位	(1)数量	金额(元) 市场价 (2)定额单价	(3)价差	合价 1×(2+3)
1	人工	二类人工	工日	1.71200	43.00	37.00	136.96
		小计(定额人工费、价差及合价合计)			73.62	63.34	136.96
2	材料	水泥 42.5	kg	448.63000	0.35		157.02
		黄砂(净砂)综合	t	0.60900	80.00		48.72
		碎石综合	t	1.23729	86.00		106.41
		木模板	m^3	0.02320	1800.00		41.76
		镀锌铁丝 8～12＃	kg	10.71600	7.50		80.37
		草袋	个	2.49600	2.54		6.34
		水	m^3	0.96070	7.28		6.99
		小计					447.61
3	机械	机动翻斗车 1t	台班	0.11300	109.73	37.84	16.68
		双锥反转出料混凝土搅拌机 350L	台班	0.05800	96.72	39.00	7.87
		小计(定额机械费、价差及合价合计)			18.01	6.54	24.55

序号	项目	计算式	合价
4	企业管理费	(定额人工费＋定额机械费)×0％	22.04
5	利润	(定额人工费＋定额机械费)×0％	10.08
6	风险费用	(1＋2＋3＋4＋5)×0％	
7	综合单价(4＋5＋6＋7)	1＋2＋3＋4＋5＋6	641.24

表-09

工程量清单综合单价工料机分析表

单位工程(专业)：某某桥梁工程-桥梁工程　　　　第12页　共27页

<table>
<tr><td>项目编号</td><td colspan="2">040303019002</td><td>项目名称</td><td colspan="2">桥面铺装</td><td>计量单位</td><td>m^2</td></tr>
<tr><td>项目特征</td><td colspan="5">1. 混凝土强度等级：C40
2. 厚度：8cm</td><td>综合单价</td><td>40.44</td></tr>
<tr><td colspan="8">清单综合单价组成明细</td></tr>
<tr><td rowspan="3">序号</td><td rowspan="3" colspan="2">名称及规格</td><td rowspan="3">单位</td><td rowspan="3">(1)数量</td><td colspan="3">金额(元)</td></tr>
<tr><td colspan="2">市场价</td><td rowspan="2">合价
1×(2+3)</td></tr>
<tr><td>(2)定额单价</td><td>(3)价差</td></tr>
<tr><td rowspan="2">1</td><td rowspan="2">人工</td><td>二类人工</td><td>工日</td><td>0.09904</td><td>43.00</td><td>37.00</td><td>7.92</td></tr>
<tr><td colspan="3">小计(定额人工费、价差及合价合计)</td><td>4.26</td><td>3.66</td><td>7.92</td></tr>
<tr><td rowspan="7">2</td><td rowspan="7">材料</td><td>碎石综合</td><td>t</td><td>0.09898</td><td colspan="2">86.00</td><td>8.51</td></tr>
<tr><td>其他材料费</td><td>元</td><td>0.07400</td><td colspan="2">1.00</td><td>0.07</td></tr>
<tr><td>水泥 42.5</td><td>kg</td><td>35.89040</td><td colspan="2">0.35</td><td>12.56</td></tr>
<tr><td>黄砂(净砂)综合</td><td>t</td><td>0.04872</td><td colspan="2">80.00</td><td>3.90</td></tr>
<tr><td>养护毯</td><td>m^2</td><td>0.55000</td><td colspan="2">3.30</td><td>1.82</td></tr>
<tr><td>水</td><td>m^3</td><td>0.25062</td><td colspan="2">7.28</td><td>1.82</td></tr>
<tr><td colspan="5">小计</td><td>28.69</td></tr>
<tr><td rowspan="4">3</td><td rowspan="4">机械</td><td>机动翻斗车 1t</td><td>台班</td><td>0.00806</td><td>109.73</td><td>37.84</td><td>1.19</td></tr>
<tr><td>双锥反转出料混凝土搅拌机 350L</td><td>台班</td><td>0.00466</td><td>96.72</td><td>39.00</td><td>0.63</td></tr>
<tr><td>混凝土振捣器平板式 BLL</td><td>台班</td><td>0.00280</td><td>17.56</td><td>0.18</td><td>0.05</td></tr>
<tr><td colspan="3">小计(定额机械费、价差及合价合计)</td><td>1.39</td><td>0.49</td><td>1.87</td></tr>
<tr><td>4</td><td colspan="2">企业管理费</td><td colspan="4">(定额人工费+定额机械费)×0%</td><td>1.35</td></tr>
<tr><td>5</td><td colspan="2">利润</td><td colspan="4">(定额人工费+定额机械费)×0%</td><td>0.62</td></tr>
<tr><td>6</td><td colspan="2">风险费用</td><td colspan="4">(1+2+3+4+5)×0%</td><td></td></tr>
<tr><td>7</td><td colspan="2">综合单价(4+5+6+7)</td><td colspan="4">1+2+3+4+5+6</td><td>40.44</td></tr>
</table>

表-09

工程量清单综合单价工料机分析表

单位工程(专业)：某某桥梁工程-桥梁工程 第13页 共27页

项目编号		040303019001		项目名称	桥面铺装		计量单位	m²
项目特征		1. 混凝土强度等级：C40 2. 沥青品种：进口沥青					综合单价	59.3
清单综合单价组成明细								
序号		名称及规格	单位	(1)数量	金额(元)			
					市场价			合价 1×(2+3)
					(2)定额单价	(3)价差		
1	人工	二类人工	工日	0.01006	43.00	37.00		0.80
		小计(定额人工费、价差及合价合计)			0.43	0.37		0.80
2	材料	柴油	kg	0.04000	7.79			0.31
		细粒式沥青商品混凝土	m³	0.04050	1350.00			54.68
		其他材料费	元	0.10570	1.00			0.11
		小计						55.09
3	机械	内燃光轮压路机 15t	台班	0.00196	478.82	43.01		1.02
		内燃光轮压路机 8t	台班	0.00196	268.33	39.77		0.60
		沥青混凝土摊铺机 8t	台班	0.00097	789.95	79.60		0.84
		小计(定额机械费、价差及合价合计)			2.23	0.24		2.47
4	企业管理费		(定额人工费+定额机械费)×0%					0.64
5	利润		(定额人工费+定额机械费)×0%					0.29
6	风险费用		(1+2+3+4+5)×0%					
7	综合单价(4+5+6+7)		1+2+3+4+5+6					59.30

表-09

工程量清单综合单价工料机分析表

单位工程(专业)：某某桥梁工程-桥梁工程 **第 14 页 共 27 页**

项目编号	040303020001		项目名称	混凝土 桥头搭板	计量单位	m^3
项目特征	混凝土强度等级：C30				综合单价	441.7
清单综合单价组成明细						
序号	名称及规格		单位	(1)数量	金额(元)	
					市场价		合价 1×(2+3)
					(2)定额单价	(3)价差	
1	人工	二类人工	工日	1.25200	43.00	37.00	100.16
		小计(定额人工费、价差及合价合计)			53.84	46.32	100.16
2	材料	碎石综合	t	1.24744	86.00		107.28
		其他材料费	元	0.75000	1.00		0.75
		水	m^3	1.03270	7.28		7.52
		黄砂(净砂)综合	t	0.70137	80.00		56.11
		水泥 42.5	kg	346.11500	0.35		121.14
		小计					292.80
3	机械	机动翻斗车 1t	台班	0.10080	109.73	37.84	14.88
		混凝土振捣器插入式	台班	0.06600	4.83	0.18	0.33
		混凝土振捣器平板式 BLL	台班	0.03300	17.56	0.18	0.59
		双锥反转出料混凝土搅拌机 350L	台班	0.05830	96.72	39.00	7.91
		小计(定额机械费、价差及合价合计)			17.60	6.11	23.70
4	企业管理费		(定额人工费+定额机械费)×0%				17.18
5	利润		(定额人工费+定额机械费)×0%				7.86
6	风险费用		(1+2+3+4+5)×0%				
7	综合单价(4+5+6+7)		1+2+3+4+5+6				441.70

表-09

工程量清单综合单价工料机分析表

单位工程(专业)：某某桥梁工程-桥梁工程　　　　第15页　共27页

项目编号		040303021001	项目名称	混凝土　搭板枕梁	计量单位		m³
项目特征		混凝土强度等级：C30			综合单价		445.99
清单综合单价组成明细							
序号		名称及规格	单位	(1)数量	金额(元)		
					市场价		合价 1×(2+3)
					(2)定额单价	(3)价差	
1	人工	二类人工	工日	1.14000	43.00	37.00	91.20
		小计(定额人工费、价差及合价合计)			49.02	42.18	91.20
2	材料	水	m^3	0.94170	7.28		6.86
		草袋	个	1.07300	2.54		2.73
		碎石综合	t	1.24744	86.00		107.28
		黄砂(净砂)综合	t	0.70137	80.00		56.11
		水泥42.5	kg	346.11500	0.35		121.14
		小计					294.11
3	机械	机动翻斗车1t	台班	0.11300	109.73	37.84	16.68
		双锥反转出料混凝土搅拌机350L	台班	0.05300	96.72	39.00	7.19
		履带式电动起重机5t	台班	0.05500	144.71	39.76	10.15
		混凝土振捣器插入式	台班	0.08240	4.83	0.18	0.41
		小计(定额机械费、价差及合价合计)			25.88	8.55	34.43
4	企业管理费		(定额人工费+定额机械费)×0%				18.01
5	利润		(定额人工费+定额机械费)×0%				8.24
6	风险费用		(1+2+3+4+5)×0%				
7	综合单价(4+5+6+7)		1+2+3+4+5+6				445.99

表-09

工程量清单综合单价工料机分析表

单位工程(专业)：某某桥梁工程-桥梁工程　　　　第16页　共27页

<table>
<tr><td>项目编号</td><td colspan="2">040303023001</td><td>项目名称</td><td>混凝土　连系梁</td><td colspan="2">计量单位</td><td>m^3</td></tr>
<tr><td>项目特征</td><td colspan="5">混凝土强度等级：C25</td><td>综合单价</td><td>437.63</td></tr>
<tr><td colspan="8">清单综合单价组成明细</td></tr>
<tr><td rowspan="3">序号</td><td colspan="2" rowspan="3">名称及规格</td><td rowspan="3">单位</td><td rowspan="3">(1)数量</td><td colspan="3">金额(元)</td></tr>
<tr><td colspan="2">市场价</td><td rowspan="2">合价
1×(2+3)</td></tr>
<tr><td>(2)定额单价</td><td>(3)价差</td></tr>
<tr><td rowspan="2">1</td><td rowspan="2">人工</td><td>二类人工</td><td>工日</td><td>1.14000</td><td>43.00</td><td>37.00</td><td>91.20</td></tr>
<tr><td colspan="3">小计(定额人工费、价差及合价合计)</td><td>49.02</td><td>42.18</td><td>91.20</td></tr>
<tr><td rowspan="6">2</td><td rowspan="6">材料</td><td>黄砂(净砂)综合</td><td>t</td><td>0.75821</td><td colspan="2">80.00</td><td>60.66</td></tr>
<tr><td>碎石综合</td><td>t</td><td>1.26672</td><td colspan="2">86.00</td><td>108.94</td></tr>
<tr><td>草袋</td><td>个</td><td>1.07300</td><td colspan="2">2.54</td><td>2.73</td></tr>
<tr><td>水</td><td>m^3</td><td>0.94170</td><td colspan="2">7.28</td><td>6.86</td></tr>
<tr><td>水泥 42.5</td><td>kg</td><td>304.50000</td><td colspan="2">0.35</td><td>106.58</td></tr>
<tr><td colspan="5">小计</td><td>285.75</td></tr>
<tr><td rowspan="5">3</td><td rowspan="5">机械</td><td>混凝土振捣器插入式</td><td>台班</td><td>0.08240</td><td>4.83</td><td>0.18</td><td>0.41</td></tr>
<tr><td>履带式电动起重机 5t</td><td>台班</td><td>0.05500</td><td>144.71</td><td>39.76</td><td>10.15</td></tr>
<tr><td>机动翻斗车 1t</td><td>台班</td><td>0.11300</td><td>109.73</td><td>37.84</td><td>16.68</td></tr>
<tr><td>双锥反转出料混凝土搅拌机 350L</td><td>台班</td><td>0.05300</td><td>96.72</td><td>39.00</td><td>7.19</td></tr>
<tr><td colspan="3">小计(定额机械费、价差及合价合计)</td><td>25.88</td><td>8.55</td><td>34.43</td></tr>
<tr><td>4</td><td colspan="2">企业管理费</td><td colspan="4">(定额人工费+定额机械费)×0%</td><td>18.01</td></tr>
<tr><td>5</td><td colspan="2">利润</td><td colspan="4">(定额人工费+定额机械费)×0%</td><td>8.24</td></tr>
<tr><td>6</td><td colspan="2">风险费用</td><td colspan="4">(1+2+3+4+5)×0%</td><td></td></tr>
<tr><td>7</td><td colspan="2">综合单价(4+5+6+7)</td><td colspan="4">1+2+3+4+5+6</td><td>437.63</td></tr>
</table>

表-09

工程量清单综合单价工料机分析表

单位工程(专业)：某某桥梁工程-桥梁工程　　　　　　　　　　　　　　　　第 17 页　共 27 页

<table>
<tr><td colspan="2">项目编号</td><td colspan="2">040304005001</td><td>项目名称</td><td colspan="2">预制混凝土　其他构件</td><td>计量单位</td><td>m³</td></tr>
<tr><td colspan="2">项目特征</td><td colspan="5">1. 部位：人行道板
2. 混凝土强度等级：C25</td><td>综合单价</td><td>775.17</td></tr>
<tr><td colspan="9">清单综合单价组成明细</td></tr>
<tr><td rowspan="3">序号</td><td colspan="2" rowspan="3">名称及规格</td><td rowspan="3">单位</td><td rowspan="3">(1)数量</td><td colspan="4">金额(元)</td></tr>
<tr><td colspan="3">市场价</td><td rowspan="2">合价
1×(2+3)</td></tr>
<tr><td colspan="2">(2)定额单价</td><td>(3)价差</td></tr>
<tr><td rowspan="2">1</td><td rowspan="2">人工</td><td>二类人工</td><td>工日</td><td>4.03200</td><td colspan="2">43.00</td><td>37.00</td><td>322.56</td></tr>
<tr><td colspan="3">小计(定额人工费、价差及合价合计)</td><td colspan="2">173.38</td><td>149.18</td><td>322.56</td></tr>
<tr><td rowspan="6">2</td><td rowspan="6">材料</td><td>水泥 42.5</td><td>kg</td><td>304.50000</td><td colspan="3">0.35</td><td>106.58</td></tr>
<tr><td>黄砂(净砂)综合</td><td>t</td><td>0.75821</td><td colspan="3">80.00</td><td>60.66</td></tr>
<tr><td>碎石综合</td><td>t</td><td>1.26672</td><td colspan="3">86.00</td><td>108.94</td></tr>
<tr><td>草袋</td><td>个</td><td>5.02600</td><td colspan="3">2.54</td><td>12.77</td></tr>
<tr><td>水</td><td>m³</td><td>2.17870</td><td colspan="3">7.28</td><td>15.86</td></tr>
<tr><td colspan="6">小计</td><td>304.80</td></tr>
<tr><td rowspan="5">3</td><td rowspan="5">机械</td><td>载货汽车 5t</td><td>台班</td><td>0.11300</td><td colspan="2">317.14</td><td>41.51</td><td>40.53</td></tr>
<tr><td>机动翻斗车 1t</td><td>台班</td><td>0.11300</td><td colspan="2">109.73</td><td>37.84</td><td>16.68</td></tr>
<tr><td>双锥反转出料混凝土搅拌机 350L</td><td>台班</td><td>0.05800</td><td colspan="2">96.72</td><td>39.00</td><td>7.87</td></tr>
<tr><td>混凝土振捣器平板式 BLL</td><td>台班</td><td>0.12870</td><td colspan="2">17.56</td><td>0.18</td><td>2.28</td></tr>
<tr><td colspan="3">小计(定额机械费、价差及合价合计)</td><td colspan="2">56.11</td><td>11.25</td><td>67.36</td></tr>
<tr><td>4</td><td colspan="2">企业管理费</td><td colspan="5">(定额人工费+定额机械费)×0%</td><td>55.20</td></tr>
<tr><td>5</td><td colspan="2">利润</td><td colspan="5">(定额人工费+定额机械费)×0%</td><td>25.25</td></tr>
<tr><td>6</td><td colspan="2">风险费用</td><td colspan="5">(1+2+3+4+5)×0%</td><td></td></tr>
<tr><td>7</td><td colspan="2">综合单价(4+5+6+7)</td><td colspan="5">1+2+3+4+5+6</td><td>775.17</td></tr>
</table>

表-09

工程量清单综合单价工料机分析表

单位工程(专业)：某某桥梁工程-桥梁工程　　　　第18页　共27页

<table>
<tr><td>项目编号</td><td colspan="2">040303019003</td><td>项目名称</td><td colspan="2">人行道铺装</td><td>计量单位</td><td>m²</td></tr>
<tr><td>项目
特征</td><td colspan="5">1. 混凝土强度等级：细石 C30 混凝土
2. 厚度：3cm</td><td>综合单价</td><td>18.08</td></tr>
<tr><td colspan="8">清单综合单价组成明细</td></tr>
<tr><td rowspan="3">序号</td><td rowspan="3" colspan="2">名称及规格</td><td rowspan="3">单位</td><td rowspan="3">(1)数量</td><td colspan="3">金额(元)</td></tr>
<tr><td colspan="2">市场价</td><td rowspan="2">合价
1×(2+3)</td></tr>
<tr><td>(2)定额单价</td><td>(3)价差</td></tr>
<tr><td rowspan="2">1</td><td rowspan="2">人工</td><td>二类人工</td><td>工日</td><td>0.05173</td><td>43.00</td><td>37.00</td><td>4.14</td></tr>
<tr><td colspan="3">小计(定额人工费、价差及合价合计)</td><td>2.22</td><td>1.91</td><td>4.14</td></tr>
<tr><td rowspan="7">2</td><td rowspan="7">材料</td><td>水</td><td>m³</td><td>0.19155</td><td colspan="2">7.28</td><td>1.39</td></tr>
<tr><td>黄砂(净砂)综合</td><td>t</td><td>0.01994</td><td colspan="2">80.00</td><td>1.60</td></tr>
<tr><td>碎石综合</td><td>t</td><td>0.03541</td><td colspan="2">86.00</td><td>3.05</td></tr>
<tr><td>养护毯</td><td>m²</td><td>0.55000</td><td colspan="2">3.30</td><td>1.82</td></tr>
<tr><td>水泥 42.5</td><td>kg</td><td>12.42360</td><td colspan="2">0.35</td><td>4.35</td></tr>
<tr><td>其他材料费</td><td>元</td><td>0.05100</td><td colspan="2">1.00</td><td>0.05</td></tr>
<tr><td colspan="5">小计</td><td>12.25</td></tr>
<tr><td rowspan="4">3</td><td rowspan="4">机械</td><td>混凝土振捣器平板式 BLL</td><td>台班</td><td>0.00200</td><td>17.56</td><td>0.18</td><td>0.04</td></tr>
<tr><td>双锥反转出料混凝土搅拌机 350L</td><td>台班</td><td>0.00175</td><td>96.72</td><td>39.00</td><td>0.24</td></tr>
<tr><td>机动翻斗车 1t</td><td>台班</td><td>0.00302</td><td>109.73</td><td>37.84</td><td>0.45</td></tr>
<tr><td colspan="3">小计(定额机械费、价差及合价合计)</td><td>0.54</td><td>0.18</td><td>0.72</td></tr>
<tr><td>4</td><td colspan="2">企业管理费</td><td colspan="4">(定额人工费+定额机械费)×0%</td><td>0.66</td></tr>
<tr><td>5</td><td colspan="2">利润</td><td colspan="4">(定额人工费+定额机械费)×0%</td><td>0.31</td></tr>
<tr><td>6</td><td colspan="2">风险费用</td><td colspan="4">(1+2+3+4+5)×0%</td><td></td></tr>
<tr><td>7</td><td colspan="2">综合单价(4+5+6+7)</td><td colspan="4">1+2+3+4+5+6</td><td>18.08</td></tr>
</table>

表-09

工程量清单综合单价工料机分析表

单位工程(专业)：某某桥梁工程-桥梁工程　　第 19 页　共 27 页

<table>
<tr><td>项目编号</td><td colspan="2">040309002001</td><td>项目名称</td><td colspan="2">石质栏杆</td><td>计量单位</td><td>m</td></tr>
<tr><td>项目特征</td><td colspan="5">材料品种、规格：青石栏杆</td><td>综合单价</td><td>1200</td></tr>
<tr><td colspan="8">清单综合单价组成明细</td></tr>
<tr><td rowspan="3">序号</td><td rowspan="3" colspan="2">名称及规格</td><td rowspan="3">单位</td><td rowspan="3">(1)数量</td><td colspan="3">金额(元)</td></tr>
<tr><td colspan="2">市场价</td><td rowspan="2">合价
1×(2+3)</td></tr>
<tr><td>(2)定额单价</td><td>(3)价差</td></tr>
<tr><td rowspan="2">1</td><td rowspan="2">人工</td><td></td><td></td><td></td><td>0.00</td><td></td><td></td></tr>
<tr><td colspan="3">小计(定额人工费、价差及合价合计)</td><td>0.00</td><td></td><td></td></tr>
<tr><td rowspan="2">2</td><td rowspan="2">材料</td><td></td><td></td><td></td><td></td><td></td><td></td></tr>
<tr><td colspan="5">小计</td><td></td></tr>
<tr><td rowspan="2">3</td><td rowspan="2">机械</td><td></td><td></td><td></td><td>0.00</td><td></td><td></td></tr>
<tr><td colspan="3">小计(定额机械费、价差及合价合计)</td><td>0.00</td><td></td><td></td></tr>
<tr><td>4</td><td colspan="2">企业管理费</td><td colspan="4">(定额人工费+定额机械费)×0%</td><td></td></tr>
<tr><td>5</td><td colspan="2">利润</td><td colspan="4">(定额人工费+定额机械费)×0%</td><td></td></tr>
<tr><td>6</td><td colspan="2">风险费用</td><td colspan="4">(1+2+3+4+5)×0%</td><td></td></tr>
<tr><td>7</td><td colspan="2">综合单价(4+5+6+7)</td><td colspan="4">1+2+3+4+5+6</td><td>1200.00</td></tr>
</table>

表-09

工程量清单综合单价工料机分析表

单位工程(专业)：某某桥梁工程-桥梁工程　　第20页　共27页

项目编号	040309004001		项目名称	橡胶支座		计量单位	$100cm^3$
项目特征	材质：板式橡胶支座					综合单价	185.45
清单综合单价组成明细							
序号	名称及规格		单位	(1)数量	金额(元)		
					市场价		合价 1×(2+3)
					(2)定额单价	(3)价差	
1	人工	二类人工	工日	0.41213	43.00	37.00	32.97
		小计(定额人工费、价差及合价合计)			17.72	15.25	32.97
2	材料	板式橡胶支座	$100cm^3$	20.60625	6.80		140.12
		小计					140.12
3	机械				0.00		
		小计(定额机械费、价差及合价合计)			0.00		
4	企业管理费		(定额人工费+定额机械费)×0%				
5	利润		(定额人工费+定额机械费)×0%				
6	风险费用		(1+2+3+4+5)×0%				
7	综合单价(4+5+6+7)		1+2+3+4+5+6				185.45

表-09

工程量清单综合单价工料机分析表

单位工程(专业)：某某桥梁工程-桥梁工程　　　　第 21 页　共 27 页

项目编号		040309007001	项目名称	桥梁伸缩　装置		计量单位	m
项目特征	材料品种：SFP 伸缩缝					综合单价	969.19
清单综合单价组成明细							
序号	名称及规格		单位	(1)数量	金额(元)		
					市场价		合价 1×(2+3)
					(2)定额单价	(3)价差	
1	人工	二类人工	工日	0.81400	43.00	37.00	65.12
		小计(定额人工费、价差及合价合计)			35.00	30.12	65.12
2	材料	石油沥青	kg	5.00000	5.00		25.00
		SFP 伸缩缝	m	1.00000	800.00		800.00
		电焊条	kg	2.65800	7.00		18.61
		圆钢(综合)	t	0.00070	2471.00		1.73
		沥青砂	t	0.00470	550.00		2.59
		小计					847.92
3	机械	交流弧焊机 32kV·A	台班	0.34700	90.34	4.44	32.89
		小计(定额机械费、价差及合价合计)			31.35	1.54	32.89
4	企业管理费		(定额人工费+定额机械费)×0%				15.96
5	利润		(定额人工费+定额机械费)×0%				7.30
6	风险费用		(1+2+3+4+5)×0%				
7	综合单价(4+5+6+7)		1+2+3+4+5+6				969.19

表-09

工程量清单综合单价工料机分析表

单位工程(专业)：某某桥梁工程-桥梁工程　　　　　　　　　　

项目编号	040901004001		项目名称	钢筋笼		计量单位	t
项目特征	1. 钢筋种类：螺纹钢综合 2. 钢筋规格：综合					综合单价	3802.15
清单综合单价组成明细							
序号	名称及规格		单位	(1)数量	金额(元) 市场价 (2)定额单价	(3)价差	合价 1×(2+3)
1	人工	二类人工	工日	9.70000	43.00	37.00	776.00
		小计(定额人工费、价差及合价合计)			417.10	358.90	776.00
2	材料	圆钢(综合)	t	0.17000	2471.00		420.07
		螺纹钢Ⅱ级综合	t	0.85000	2229.00		1894.65
		镀锌铁丝 18～22#	kg	1.80000	7.50		13.50
		电焊条	kg	13.49000	7.00		94.43
		小计					2422.65
3	机械	交流弧焊机 32kV·A	台班	2.78000	90.34	4.44	263.49
		钢筋弯曲机 ϕ40	台班	0.44000	20.95	0.59	9.48
		钢筋切断机 ϕ40	台班	0.44000	38.82	1.48	17.73
		电动卷扬机单筒慢速 50kN	台班	0.42000	93.75	38.55	55.56
		小计(定额机械费、价差及合价合计)			316.82	29.44	346.26
4	企业管理费		(定额人工费+定额机械费)×0%				176.51
5	利润		(定额人工费+定额机械费)×0%				80.73
6	风险费用		(1+2+3+4+5)×0%				
7	综合单价(4+5+6+7)		1+2+3+4+5+6				3802.15

表-09

工程量清单综合单价工料机分析表

单位工程(专业)：某某桥梁工程-桥梁工程　　　　　　　　　　　　

<table>
<tr><td colspan="2">项目编号</td><td>040901001001</td><td>项目名称</td><td>现浇构件　钢筋</td><td colspan="2">计量单位</td><td>t</td></tr>
<tr><td colspan="2">项目特征</td><td colspan="4">钢筋种类：圆钢综合</td><td>综合单价</td><td>3772</td></tr>
<tr><td colspan="8">清单综合单价组成明细</td></tr>
<tr><td rowspan="3">序号</td><td rowspan="3" colspan="2">名称及规格</td><td rowspan="3">单位</td><td rowspan="3">(1)数量</td><td colspan="3">金额(元)</td></tr>
<tr><td colspan="2">市场价</td><td rowspan="2">合价
1×(2+3)</td></tr>
<tr><td>(2)定额单价</td><td>(3)价差</td></tr>
<tr><td rowspan="2">1</td><td rowspan="2">人工</td><td>二类人工</td><td>工日</td><td>11.66000</td><td>43.00</td><td>37.00</td><td>932.80</td></tr>
<tr><td colspan="3">小计(定额人工费、价差及合价合计)</td><td>501.38</td><td>431.42</td><td>932.80</td></tr>
<tr><td rowspan="3">2</td><td rowspan="3">材料</td><td>镀锌铁丝 18～22 号</td><td>kg</td><td>8.86000</td><td colspan="2">7.50</td><td>66.45</td></tr>
<tr><td>圆钢(综合)</td><td>t</td><td>1.02000</td><td colspan="2">2471.00</td><td>2520.42</td></tr>
<tr><td colspan="5">小计</td><td>2586.87</td></tr>
<tr><td rowspan="4">3</td><td rowspan="4">机械</td><td>钢筋弯曲机 $\phi40$</td><td>台班</td><td>0.58000</td><td>20.95</td><td>0.59</td><td>12.49</td></tr>
<tr><td>钢筋切断机 $\phi40$</td><td>台班</td><td>0.13000</td><td>38.82</td><td>1.48</td><td>5.24</td></tr>
<tr><td>电动卷扬机单筒慢速 50kN</td><td>台班</td><td>0.32000</td><td>93.75</td><td>38.55</td><td>42.33</td></tr>
<tr><td colspan="3">小计(定额机械费、价差及合价合计)</td><td>47.20</td><td>12.87</td><td>60.06</td></tr>
<tr><td>4</td><td colspan="2">企业管理费</td><td colspan="4">(定额人工费+定额机械费)×0%</td><td>131.93</td></tr>
<tr><td>5</td><td colspan="2">利润</td><td colspan="4">(定额人工费+定额机械费)×0%</td><td>60.34</td></tr>
<tr><td>6</td><td colspan="2">风险费用</td><td colspan="4">(1+2+3+4+5)×0%</td><td></td></tr>
<tr><td>7</td><td colspan="2">综合单价(4+5+6+7)</td><td colspan="4">1+2+3+4+5+6</td><td>3772.00</td></tr>
</table>

表-09

工程量清单综合单价工料机分析表

单位工程(专业)：某某桥梁工程-桥梁工程　　　　　　　　　　　　　　　　　第 24 页　共 27 页

项目编号		040901001002		项目名称	现浇构件　钢筋		计量单位	t
项目特征		钢筋种类：螺纹钢综合					综合单价	3253.4
清单综合单价组成明细								
序号		名称及规格		单位	(1)数量	金额(元)		
						市场价		合价 1×(2+3)
						(2)定额单价	(3)价差	
1	人工	二类人工		工日	8.11000	43.00	37.00	648.80
		小计(定额人工费、价差及合价合计)				348.73	300.07	648.80
2	材料	螺纹钢Ⅱ级综合		t	1.02000	2229.00		2273.58
		镀锌铁丝 18～22＃		kg	2.95000	7.50		22.13
		电焊条		kg	8.88000	7.00		62.16
		小计						2357.87
3	机械	交流弧焊机 32kV・A		台班	0.51000	90.34	4.44	48.34
		钢筋切断机 ϕ40		台班	0.10000	38.82	1.48	4.03
		对焊机 75kV・A		台班	0.10000	123.05	5.65	12.87
		电动卷扬机单筒慢速 50kN		台班	0.19000	93.75	38.55	25.14
		钢筋弯曲机 ϕ40		台班	0.21000	20.95	0.59	4.52
		小计(定额机械费、价差及合价合计)				84.47	10.42	94.90
4	企业管理费			(定额人工费＋定额机械费)×0％				104.18
5	利润			(定额人工费＋定额机械费)×0％				47.65
6	风险费用			(1＋2＋3＋4＋5)×0％				
7	综合单价(4＋5＋6＋7)			1＋2＋3＋4＋5＋6				3253.40

表-09

工程量清单综合单价工料机分析表

单位工程(专业)：某某桥梁工程-桥梁工程

项目编号	040901002001	项目名称	预制构件 钢筋	计量单位	t
项目特征	钢筋种类：圆钢综合			综合单价	3857.96

序号		名称及规格	单位	(1)数量	金额(元)		
					市场价		合价
					(2)定额单价	(3)价差	1×(2+3)
清单综合单价组成明细							
1	人工	二类人工	工日	12.37000	43.00	37.00	989.60
		小计(定额人工费、价差及合价合计)			531.91	457.69	989.60
2	材料	镀锌铁丝 18～22#	kg	9.54000	7.50		71.55
		圆钢(综合)	t	1.02000	2471.00		2520.42
		小计					2591.97
3	机械	钢筋切断机 ϕ40	台班	0.17000	38.82	1.48	6.85
		电动卷扬机单筒慢速 50kN	台班	0.33000	93.75	38.55	43.66
		钢筋弯曲机 ϕ40	台班	0.91000	20.95	0.59	19.60
		小计(定额机械费、价差及合价合计)			56.60	13.51	70.11
4	企业管理费		(定额人工费+定额机械费)×0%				141.54
5	利润		(定额人工费+定额机械费)×0%				64.74
6	风险费用		(1+2+3+4+5)×0%				
7	综合单价(4+5+6+7)		1+2+3+4+5+6				3857.96

表-09

工程量清单综合单价工料机分析表

单位工程(专业)：某某桥梁工程-桥梁工程　　　　

<table>
<tr><td>项目编号</td><td colspan="2">040901002002</td><td>项目名称</td><td colspan="2">预制构件　钢筋</td><td>计量单位</td><td>t</td></tr>
<tr><td>项目特征</td><td colspan="6">钢筋种类：螺纹钢综合</td><td>综合单价</td><td>3220.63</td></tr>
<tr><td colspan="9">清单综合单价组成明细</td></tr>
<tr><td rowspan="3">序号</td><td colspan="2" rowspan="3">名称及规格</td><td rowspan="3">单位</td><td rowspan="3">(1)数量</td><td colspan="3">金额(元)</td></tr>
<tr><td colspan="2">市场价</td><td rowspan="2">合价
1×(2+3)</td></tr>
<tr><td>(2)定额单价</td><td>(3)价差</td></tr>
<tr><td rowspan="2">1</td><td rowspan="2">人工</td><td>二类人工</td><td>工日</td><td>7.86000</td><td>43.00</td><td>37.00</td><td>628.80</td></tr>
<tr><td colspan="3">小计(定额人工费、价差及合价合计)</td><td>337.98</td><td>290.82</td><td>628.80</td></tr>
<tr><td rowspan="4">2</td><td rowspan="4">材料</td><td>螺纹钢Ⅱ级综合</td><td>t</td><td>1.02000</td><td colspan="2">2229.00</td><td>2273.58</td></tr>
<tr><td>镀锌铁丝 18～22＃</td><td>kg</td><td>2.90000</td><td colspan="2">7.50</td><td>21.75</td></tr>
<tr><td>电焊条</td><td>kg</td><td>8.28000</td><td colspan="2">7.00</td><td>57.96</td></tr>
<tr><td colspan="5">小计</td><td>2353.29</td></tr>
<tr><td rowspan="6">3</td><td rowspan="6">机械</td><td>钢筋切断机 φ40</td><td>台班</td><td>0.09000</td><td>38.82</td><td>1.48</td><td>3.63</td></tr>
<tr><td>钢筋弯曲机 φ40</td><td>台班</td><td>0.19000</td><td>20.95</td><td>0.59</td><td>4.09</td></tr>
<tr><td>交流弧焊机 32kV・A</td><td>台班</td><td>0.51000</td><td>90.34</td><td>4.44</td><td>48.34</td></tr>
<tr><td>对焊机 75kV・A</td><td>台班</td><td>0.10000</td><td>123.05</td><td>5.65</td><td>12.87</td></tr>
<tr><td>电动卷扬机单筒慢速 50kN</td><td>台班</td><td>0.17000</td><td>93.75</td><td>38.55</td><td>22.49</td></tr>
<tr><td colspan="3">小计(定额机械费、价差及合价合计)</td><td>81.79</td><td>9.63</td><td>91.42</td></tr>
<tr><td>4</td><td colspan="2">企业管理费</td><td colspan="4">(定额人工费＋定额机械费)×0％</td><td>100.95</td></tr>
<tr><td>5</td><td colspan="2">利润</td><td colspan="4">(定额人工费＋定额机械费)×0％</td><td>46.17</td></tr>
<tr><td>6</td><td colspan="2">风险费用</td><td colspan="4">(1＋2＋3＋4＋5)×0％</td><td></td></tr>
<tr><td>7</td><td colspan="2">综合单价(4＋5＋6＋7)</td><td colspan="4">1＋2＋3＋4＋5＋6</td><td>3220.63</td></tr>
</table>

表-09

工程量清单综合单价工料机分析表

单位工程(专业)：某某桥梁工程-桥梁工程 **第27页 共27页**

项目编号	040901006001	项目名称	后张法预应力钢筋（钢丝束、钢绞线）	计量单位	t
项目特征	1. 部位：板梁 2. 预应力筋种类：钢绞线			综合单价	10991.25

清单综合单价组成明细

序号		名称及规格	单位	(1)数量	金额(元) 市场价 (2)定额单价	(3)价差	合价 1×(2+3)
1	人工	二类人工	工日	36.93728	43.00	37.00	2954.98
		小计(定额人工费、价差及合价合计)			1588.30	1366.68	2954.98
2	材料	圆钢(综合)	t	0.02100	2471.00		51.89
		水泥 42.5	kg	694.16554	0.35		242.96
		水	m^3	0.63649	7.28		4.63
		氧气	m^3	0.34000	5.89		2.00
		钢绞线	t	1.04000	3800.00		3952.00
		镀锌铁丝 18～22#	kg	0.77000	7.50		5.78
		其他材料费	元	16.10885	1.00		16.11
		波纹管 ϕ50	m	229.48197	9.68		2221.39
		乙炔气	m^3	0.11000	17.90		1.97
		小计					6498.72
3	机械	预应力钢筋拉伸机 900kN	台班	1.18000	44.18	1.34	53.71
		高压油泵 50MPa	台班	1.18000	123.14	6.15	152.56
		液压注浆泵 HYB50/50-1 型	台班	0.35308	80.93	0.72	28.83
		灰浆搅拌机 200L	台班	0.35308	58.57	37.40	33.88
		机动翻斗车 1t	台班	0.35308	109.73	37.84	52.11
		小计(定额机械费、价差及合价合计)			285.43	35.66	321.09
4	企业管理费		(定额人工费+定额机械费)×0%				449.95
5	利润		(定额人工费+定额机械费)×0%				205.22
6	风险费用		(1+2+3+4+5)×0%				
7	综合单价(4+5+6+7)		1+2+3+4+5+6				10991.25

表-09

施工组织措施项目清单与计价表

单位工程(专业)：某某桥梁工程-桥梁工程　　　　　　　　　　第1页　共1页

序号	项目名称	计算基础	费率(%)	金额(元)
1	安全文明施工费	定额人工费+定额机械费	7.58	80048
2	其他组织措施费			10666
3	夜间施工增加费	定额人工费+定额机械费	0.03	317
4	二次搬运费	定额人工费+定额机械费	0.71	7498
5	冬雨季施工增加费	定额人工费+定额机械费	0.19	2006
6	行车、行人干扰增加费	定额人工费+定额机械费		
7	已完工程及设备保护费	定额人工费+定额机械费	0.04	422
8	提前竣工增加费	定额人工费+定额机械费		
9	工程定位复测费	定额人工费+定额机械费	0.04	422
10	特殊地区增加费	定额人工费+定额机械费		
合计				90715

表-10

施工技术措施项目清单与计价表

单位工程(专业)：某某桥梁工程-桥梁工程　　　　第1页　共1页

序号	项目编码	项目名称	项目特征	计量单位	工程量	综合单价(元)	合价(元)	其中(元)				备注
								定额人工费	人工费价差	定额机械费	机械费价差	
		0411 措施项目					43389	6635	5709	14808	1156	
1	041107002001	排水、降水		昼夜	1	24473.30	24473	4785.50	4118.00	7762.50	437.95	
2	041106001001	大型机械设备进出场及安拆		台·次	1	18915.39	18915	1849.00	1591.00	7045.79	718.07	
本页小计							43389	6635	5709	14808	1156	
合　计							43389	6635	5709	14808	1156	

表-11

措施项目清单综合单价计算表

单位工程(专业)：某某桥梁工程-桥梁工程　　　　第1页　共1页

序号	编号	名　称	计量单位	数量	综合单价(元)									合计(元)
					定额人工费	人工费价差	材料费	定额机械费	机械费价差	管理费	利润	风险费用	小计	
		0411 措施项目												
1	041107002001	排水、降水	昼夜	1	4785.50	4118	2970.90	7762.50	437.950000000001	3017.85	1380.60		24473.30	24473
	1-323	轻型井点安装	根	25	39.67	34.14	71.78	29.47	1.45	16.63	7.61		200.75	5019
	1-324	轻型井点拆除	根	25	14.15	12.18		15.19	4.18	7.06	3.23		55.99	1400
	1-325	轻型井点使用	套·天	40	86.00	74	29.41	166.15	7.43000000000001	60.64	27.74		451.37	18055
2	041106001001	大型机械设备进出场及安拆	台·次	1	1849.00	1591	4593.91	7045.79	718.07	2139.19	978.43		18915.39	18915
	3027	转盘钻孔机　场外运输费用	台次	1	215.00	185	567.85	1556.52	176.38	426.05	194.87		3321.67	3322
	3025	混凝土搅拌站　场外运输费用	台次	1	1118.00	962	2749.09	4166.00	406.58	1270.80	581.24		11253.71	11254
	3001	履带式挖掘机 $1m^3$ 以内　场外运输费用	台次	1	516.00	444	1276.97	1323.27	135.11	442.34	202.32		4340.01	4340
合　计														43389

表-12

措施项目清单综合单价工料机分析表

单位工程(专业)：某某桥梁工程-桥梁工程　　　　第1页　共2页

项目编号	041107002001		项目名称	排水、降水		计量单位	昼夜
项目特征						综合单价	24473.3
清单综合单价组成明细							
序号	名称及规格		单位	(1)数量	金额(元)		
					市场价		合价 1×(2+3)
					(2)定额单价	(3)价差	
1	人工	二类人工	工日	111.29300	43.00	37.00	8903.44
		小计(定额人工费、价差及合价合计)			4785.60	4117.84	8903.44
2	材料	轻型井点总管 ϕ100	m	1.62750	72.29		117.65
		轻型井点井管 ϕ40	m	33.75000	30.77		1038.49
		黄砂(毛砂)综合	t	11.80000	65.00		767.00
		橡胶管 D50	m	4.25000	12.55		53.34
		水	m^3	127.15000	7.28		925.65
		其他材料费	元	68.87500	1.00		68.88
		小计					2971.00
3	机械	电动多级离心清水泵扬程 180m 以下	台班	1.42500	400.58	19.62	598.78
		污水泵 ϕ100	台班	1.42500	116.51	5.75	174.22
		履带式电动起重机 5t	台班	2.62500	144.71	39.76	484.24
		射流井点泵最大抽吸深度 9.50m	台班	120.00000	55.38	2.48	6943.26
		小计(定额机械费、价差及合价合计)			7762.73	437.77	8200.50
4	企业管理费		(定额人工费+定额机械费)×0%				3017.85
5	利润		(定额人工费+定额机械费)×0%				1380.60
6	风险费用		(1+2+3+4+5)×0%				
7	综合单价(4+5+6+7)		1+2+3+4+5+6				24473.30

表-13

措施项目清单综合单价工料机分析表

单位工程(专业)：某某桥梁工程-桥梁工程　　　　第2页　共2页

项目编号		041106001001	项目名称	大型机械设备进出场及安拆		计量单位	台·次
项目特征						综合单价	18915.39
清单综合单价组成明细							
序号		名称及规格	单位	(1)数量	金额(元) 市场价 (2)定额单价	(3)价差	合价 1×(2+3)
1	人工	二类人工	工日	43.00000	43.00	37.00	3440.00
		小计(定额人工费、价差及合价合计)			1849.00	1591.00	3440.00
2	材料	镀锌铁丝	kg	12.00000	7.50		90.00
		草袋	个	25.00000	2.54		63.50
		回程费25%	元	1279.22000	1.00		1279.22
		回程费40%	元	2686.19200	1.00		2686.19
		枕木	m^3	0.08000	2000.00		160.00
		架线	次	0.70000	450.00		315.00
		小计					4593.91
3	机械	汽车式起重机5t	台班	2.00000	330.22	53.08	766.59
		载货汽车8t	台班	3.00000	380.09	41.97	1266.17
		平板拖车组30t	台班	1.00000	846.22	81.33	927.55
		汽车式起重机20t	台班	2.00000	976.37	79.38	2111.50
		载货汽车15t	台班	2.00000	726.54	81.94	1616.97
		平板拖车组40t	台班	1.00000	993.05	82.03	1075.08
		小计(定额机械费、价差及合价合计)			7045.79	718.07	7763.85
4	企业管理费		(定额人工费+定额机械费)×0%				2139.19
5	利润		(定额人工费+定额机械费)×0%				978.43
6	风险费用		(1+2+3+4+5)×0%				
7	综合单价(4+5+6+7)		1+2+3+4+5+6				18915.39

表-13

工程人工费汇总表

单位工程(专业)：某某桥梁工程-桥梁工程　　　　第1页　共1页

序号	编码	人工	单位	数量	单价(元)	合价(元)
1	0000001	一类人工	工日	12.38	75.00	928.76
2	0000011	二类人工	工日	13444.91	80.00	1075592.79
合计						1076522

表-16

工程材料费汇总表

单位工程(专业)：某某桥梁工程-桥梁工程　　　　第1页　共2页

序号	编码	材料名称	规格型号	单位	数量	单价(元)	合价(元)
1	0101001	螺纹钢	Ⅱ级综合	t	168.25	2229.00	375031.19
2	0107001	钢绞线		t	21.96	3800.00	83458.34
3	0109001	圆钢	(综合)	t	60.67	2471.00	149904.57
4	0207071	板式橡胶支座		$100cm^3$	9396.45	6.80	63895.86
5	0233011	草袋		个	2009.61	2.54	5104.40
6	0305432	六角带帽螺栓		kg	78.05	6.34	494.86
7	0341011	电焊条		kg	2371.02	7.00	16597.13
8	0351091	扒钉		kg	99.50	3.96	394.00
9	0357101	镀锌铁丝		kg	12.00	7.50	90.00
10	0357112	镀锌铁丝	8～12#	kg	237.25	7.50	1779.39
11	0357113	镀锌铁丝	18～22#	kg	841.58	7.50	6311.83
12	0361111	钢护筒		t	0.58	3000.00	1728.00
13	0401031	水泥	42.5	kg	1684415.54	0.35	589545.44
14	0401051	水泥	52.5	kg	237564.10	0.40	95025.64
15	0403043	黄砂(净砂)	综合	t	3694.43	80.00	295554.60
16	0403045	黄砂(毛砂)	综合	t	11.80	65.00	767.00
17	0403141	沥青砂		t	0.61	550.00	335.53
18	0405001	碎石	综合	t	6607.43	86.00	568238.98
19	0407001	塘渣		t	5557.96	35.00	194528.59
20	0409035	石灰膏		m^3	0.46	350.00	160.20
21	0409043	黏土		m^3	95.52	25.00	2388.09
22	0411001	块石		t	413.18	80.00	33054.53
23	0413091	混凝土实心砖	240×115×53	千块	9.95	530.00	5273.71
24	0433071	细粒式沥青商品混凝土		m^3	40.50	1350.00	54675.00
25	0503041	枕木		m^3	5.31	2000.00	10610.75
26	0503361	垫木		m^3	9.95	1200.00	11940.46

表-17

工程材料费汇总表

单位工程(专业)：某某桥梁工程-桥梁工程　　　　第2页　共2页

序号	编码	材料名称	规格型号	单位	数量	单价(元)	合价(元)
27	1043011	养护毯		m^2	719.40	3.30	2374.02
28	1155001	石油沥青		kg	649.00	5.00	3245.00
29	1201011	柴油		kg	40.00	7.79	311.60
30	1237001	氧气		m^3	7.18	5.89	42.29
31	1237061	乙炔气		m^3	2.32	17.90	41.58
32	1401251	焊接钢管		kg	78.11	4.00	312.43
33	1437071	橡胶管	D50	m	4.25	12.55	53.34
34	1457061	轻型井点井管	ϕ40	m	33.75	30.77	1038.49
35	1457071	轻型井点总管	ϕ100	m	1.63	72.29	117.65
36	1457141	导管		kg	723.42	2.30	1663.88
37	1541161	波纹管	ϕ50	m	4846.20	9.68	46911.22
38	3115001	水		m^3	8860.53	7.28	64504.65
39	3201021	木模板		m^3	0.51	1800.00	924.57
40	3209351	板方材		m^3	0.76	1800.00	1371.66
41	3209361	枋木		m^3	6.66	900.00	5998.42
42	3239031	风镐凿子		根	11.31	4.16	47.05
43	6000001	其他材料费		元	5699.79	1.00	5699.79
44	8001121	纯水泥浆		m^3	11.62	443.88	5156.16
45	8005011	混合砂浆	M5.0	m^3	3.98	221.03	879.75
46	8021031	现浇现拌混凝土	C30(16)	m^3	2.98	296.78	885.63
47	8021191	现浇现拌混凝土	C10(40)	m^3	65.89	240.42	15841.95
48	8021211	现浇现拌混凝土	C20(40)	m^3	48.47	258.27	12518.60
49	8021221	现浇现拌混凝土	C25(40)	m^3	1895.30	273.40	518171.81
50	8021231	现浇现拌混凝土	C30(40)	m^3	341.32	281.63	96128.64
51	8021251	现浇现拌混凝土	C40(40)	m^3	120.72	308.84	37284.96
52	8021271	现浇现拌混凝土	C50(40) 52.5级水泥	m^3	552.47	327.15	180743.41
53	8021561	钻孔桩混凝土(水下混凝土)	C25(40)	m^3	2284.50	301.48	688740.75
54	C0000003	架线		次	0.70	450.00	315.00
55	C0000004	回程费	25%	元	1279.22	1.00	1279.22
56	C0000006	回程费	40%	元	2686.19	1.00	2686.19
57	3021031	SFP伸缩缝		m	129.80	800.00	103840.00
合计							4366018

表-17

工程机械台班费汇总表

单位工程(专业)：某某桥梁工程-桥梁工程

序号	编码	机械设备名称	单位	数量	单价(元)	合价(元)
1	9901003	履带式推土机 90kW	台班	3.51	750.90	2634.67
2	9901043	履带式单斗挖掘机(液压)1m³	台班	5.01	1124.20	5626.64
3	9901056	内燃光轮压路机 8t	台班	1.96	308.10	603.88
4	9901058	内燃光轮压路机 15t	台班	1.96	521.84	1022.80
5	9901068	电动夯实机 20～62N·m	台班	114.24	22.56	2577.06
6	9901083	沥青混凝土摊铺机 8t	台班	0.97	869.55	843.47
7	9902030	转盘钻孔机 ϕ1500	台班	255.72	506.37	129491.75
8	9903002	履带式电动起重机 5t	台班	278.21	184.47	51322.64
9	9903017	汽车式起重机 5t	台班	2.00	383.29	766.59
10	9903021	汽车式起重机 20t	台班	2.00	1055.75	2111.50
11	9903025	汽车式起重机 50t	台班	6.37	2117.64	13486.02
12	9904005	载货汽车 5t	台班	0.84	358.65	302.33
13	9904007	载货汽车 8t	台班	3.00	422.06	1266.17
14	9904010	载货汽车 15t	台班	2.00	808.49	1616.97
15	9904023	平板拖车组 30t	台班	1.00	927.55	927.55
16	9904024	平板拖车组 40t	台班	1.00	1075.08	1075.08
17	9904030	机动翻斗车 1t	台班	577.03	147.58	85156.81
18	9905010	电动卷扬机单筒慢速 50kN	台班	69.69	132.29	9218.90
19	9905012	电动卷扬机单筒慢速 100kN	台班	4.95	195.88	970.25
20	9906006	双锥反转出料混凝土搅拌机 350L	台班	311.69	135.72	42301.60
21	9906016	灰浆搅拌机 200L	台班	8.25	95.96	791.93
22	9907002	钢筋切断机 ϕ40	台班	56.57	40.29	2279.37
23	9907003	钢筋弯曲机 ϕ40	台班	93.18	21.54	2006.75
24	9907008	预应力钢筋拉伸机 900kN	台班	24.92	45.52	1134.28
25	9908014	电动多级离心清水泵扬程 180m 以下	台班	1.43	420.20	598.78
26	9908020	污水泵 ϕ100	台班	1.43	122.26	174.22
27	9908024	泥浆泵 ϕ100	台班	331.35	221.31	73331.77

表-18

工程机械台班费汇总表

单位工程(专业)：某某桥梁工程-桥梁工程　　　　第2页　共2页

序号	编码	机械设备名称	单位	数量	单价(元)	合价(元)
28	9908036	高压油泵 50MPa	台班	24.92	129.29	3221.72
29	9908042	射流井点泵最大抽吸深度 9.50m	台班	120.00	57.86	6943.26
30	9909002	交流弧焊机 32kV·A	台班	350.83	94.78	33252.06
31	9909010	对焊机 75kV·A	台班	8.65	128.70	1113.47
32	9910012	电动空气压缩机 $1m^3/min$	台班	10.91	51.84	565.77
33	9911038	液压注浆泵 HYB50/50-1 型	台班	7.46	81.65	608.79
34	9913032	混凝土振捣器平板式 BLL	台班	49.71	17.75	882.11
35	9913033	混凝土振捣器插入式	台班	342.74	5.01	1718.74
36	9913043	泥浆运输车 5t	台班	222.89	379.61	84610.46
37	9999991	折旧费(机械)	元	78664.72	1.00	78664.72
38	9999992	大修理费(机械)	元	10270.11	1.00	10270.11
39	9999993	经常修理费(机械)	元	28714.48	1.00	28714.48
40	9999994	安拆费及场外运费(机械)	元	7339.25	1.00	7339.25
41	9999995	其他费用(机械)	元	953.54	1.00	953.54
42	J0000011	人工(机械)	工日	2029.12	80.00	162329.28
43	J1201011	柴油(机械)	kg	4927.97	6.49	31982.49
44	J1201021	汽油(机械)	kg	7031.93	7.79	54778.74
45	J3115031	电(机械)	kW·h	212803.90	0.90	191523.51
合计						1133112

表-18

机械人工、燃料动力费价格表

单位工程(专业)：某某桥梁工程-桥梁工程　　　　第1页　共1页

序号	编码	名　称	规格型号	单位	数量	单价(元)
1	J0000011	人工(机械)		工日	2029.116	80.00
2	J1201011	柴油(机械)		kg	4927.97	6.49
3	J1201021	汽油(机械)		kg	7031.93	7.79
4	J3115031	电(机械)		kW·h	212803.903	0.90

表-19

三、工料单价法

工程量计算书

单位及专业工程名称：某某桥梁工程-桥梁工程　　　　第1页　共3页

序号	项目编号	项目名称	单位	数量	计算式
1	1-59	挖掘机挖土装车一、二类土	m^3	2579.903	1924.96+(8.52+10.7)×1.09/2×61×1.025
2	6-291	台背回填砂砾	m^3	2724.489	(0.5+6.62)×6.12/2×61×1.025×2
3	3-517	搭、拆桩基础陆上支架平台　锤重2500kg	m^2	1311.990	(58.96+6.5)×(6.5+3)×2+6.5×(20-(6.5+3))×1
4	3-108	钻孔灌注桩陆上埋设钢护筒$\phi \leqslant 1200$	m	96.000	24×2×2
5	3-128换	回旋钻孔机成孔桩径ϕ1000mm以内水上钻孔	m^3	1990.077	$3.1415\times0.5^2\times(3.69+49.1)\times48$
6	3-144	泥浆池建造、拆除	m^3	1990.077	$3.1415\times0.5^2\times(3.69+49.1)\times48$
7	3-145	泥浆运输　运距5km以内	m^3	1990.077	$3.1415\times0.5^2\times(3.69+49.1)\times48$
8	3-149	钻孔灌注混凝土　回旋钻孔	m^3	1903.749	$3.1415\times0.5^2\times(50+0.5\times1)\times48$
9	3-547	凿除预制混凝土桩顶钢筋混凝土	m^3	18.849	$3.1415\times0.5^2\times0.5\times48$
10	6-224	铺设片石垫层	m^3	194.745	64.915×5×0.3×2
11	3-208换	C10混凝土垫层	m^3	64.915	64.915×5×0.1×2
12	3-215换	C25混凝土基础	m^3	973.725	64.915×5×1.5×2
13	3-228换	C25混凝土台身	m^3	835.700	835.7
14	3-228换	C25混凝土侧墙	m^3	36.000	36
15	3-249	C30混凝土台帽	m^3	140.200	140.2
16	3-208换	C20混凝土地模	m^3	44.000	440×0.1

工程量计算书

单位及专业工程名称：某某桥梁工程-桥梁工程　　　　　　　　　　第2页　共3页

序号	项目编号	项目名称	单位	数量	计算式
17	3-343换	C50预制混凝土空心板梁（预应力）～现浇现拌混凝土C50(20)52.5级水泥	m^3	544.310	10.6×4+9.47×53
18	3-371	预制构件场内运输　构件重40t以内　运距100m	m^3	544.310	10.6×4+9.47×53
19	3-437	起重机陆上安装板梁起重机 $L\leqslant16m$	m^3	544.310	10.6×4+9.47×53
20	3-288换	C40板梁间灌缝	m^3	22.140	0.41×27×2
21	3-314	C40混凝土桥面基层铺装	m^3	96.800	20×60.5×0.08
22	2-205	水泥混凝土路面养护毯养护	m^2	1210.000	20×60.5
23	2-191换	机械摊铺细粒式沥青混凝土路面厚4cm	m^2	1000.000	8×20×2+12.5×20×2+4.5×20×2
24	3-318换	C30混凝土桥头搭板	m^3	183.840	15.32×8+15.32×4
25	3-222换	C30混凝土枕梁	m^3	12.240	1.02×8+1.02×4
26	3-222换	地梁C25	m^3	14.400	14.4
27	3-358	C25预制混凝土人行道板	m^3	7.460	7.46
28	1-308	汽车运输小型构件，人力装卸　运距1km	m^3	7.460	7.46
29	3-479	小型构件人行道板安装	m^3	7.460	7.46
30	3-316换	细石C30混凝土人行道厚3cm	m^3	2.940	2.45×20×2×0.03
31	2-205	水泥混凝土路面养护毯养护	m^2	98.000	2.45×20×2
32		青石栏杆	m	49.308	24.654×2
33	3-491	板式橡胶支座安装	cm^3	939645.000	4×57×2×(25×25×3.14/4×4.2)
34	3-503	SFP伸缩缝安装	m	129.800	129.8
35	3-179	钻孔桩钢筋笼制作、安装	t	94.123	(1712.1+214.9+33.9)×48/1000
36	3-177	现浇混凝土圆钢制作、安装	t	16.291	(37.7×54+2567×2+28.4×8+28.4×4+8780.6)/1000
37	3-178	现浇混凝土螺纹钢制作、安装	t	66.564	(30.4×54+15109.2×2+1309.5×2+(660.6+347.6+667.7+350.9+217.4)×8+(816+429.3+850.6+447.9+260.4)×4+242.9×8+242.9×4)/1000
38	3-175	预制混凝土圆钢制作、安装	t	26.974	(474.1×53+461.7×4)/1000

工程量计算书

单位及专业工程名称：某某桥梁工程-桥梁工程　　第3页　共3页

序号	项目编号	项目名称	单位	数量	计算式
39	3-176	预制混凝土螺纹钢制作、安装	t	19.952	(193.8×53+208.9×4)/1000+41.73×53/1000+52.85×4/1000+112.66×57/1000
40	3-187	后张法预应力钢筋制作、安装锥形锚	t	21.118	370.49×57/1000
41	3-202	波纹管压浆管道安装	m	4493.880	78.84×57
42	3-203	压浆	m^3	11.068	3.1415×(0.056/2)^2×4493.88
43		YM15-4	套	456.000	8×57
44	1-323	轻型井点安装	根	25.000	25
45	1-324	轻型井点拆除	根	25.000	25
46	1-325	轻型井点使用	套·天	40.000	40
47	3027	转盘钻孔机　场外运输费用	台次	1.000	1
48	3025	混凝土搅拌站　场外运输费用	台次	1.000	1
49	3001	履带式挖掘机 $1m^3$ 以内　场外运输费用	台次	1.000	1

注：本桥梁的模板工程暂未计入。

专业工程招标控制计算程序表

单位工程(专业)：某某桥梁工程(桥梁工程)　　第1页　共1页

序号	费用名称	计算方法	金额(元)
一	直接费	1+2+3+4+5	4602783
1	其中定额人工费	表-11	596221
2	其中人工价差	表-11	513035
3	其中材料费	表-12	2890443
4	其中定额机械费	表-13	508581
5	其中机械费价差	表-13	94504
二	施工组织措施费	6+7+8+9+10+11+12+13+14	94902
6	安全文明施工费	(1+4)×7.58%	83744
7	工程定位复测费	(1+4)×0.04%	442
8	冬雨季施工增加费	(1+4)×0.19%	2099
9	夜间施工增加费	(1+4)×0.03%	331
10	已完工程及设备保护费	(1+4)×0.04%	442
11	二次搬运费	(1+4)×0.71%	7844
12	行车、行人干扰增加费	(1+4)×0	0
13	提前竣工增加费	(1+4)×0	0
14	特殊地区增加费	(1+4)×0	0
三	企业管理费	(1+4)×24.05%	265705
四	利润	(1+4)×11%	121528
五	规费	15+16	88399
15	排污费、社保费、公积金	(1+4)×7.3%	80651
16	民工工伤保险费	(一+二+三+四+15)×0.15%	7748
六	危险作业意外伤害保险费		0
七	总承包服务费		0
八	风险费	(一+二+三+四+五+六+七)×0	0
九	暂列金额		0
十	税金	(一+二+三+四+五+六+七+八+九)×3.577%	185050
十一	造价下浮	(一+二+三+四+五+六+七+八+九+十)×0	0
十二	建设工程造价	一+二+三+四+五+六+七+八+九+十-十一	5358367

表-02

分部分项工程费计算表

单位工程(专业)：某某桥梁工程(桥梁工程)　　　　第1页　共2页

序号	编号	名　称	单位	数量	单价(元)	合价(元)
		1. 桥梁工程		1.000	4566986.84	4566986.84
1	1-59	挖掘机挖土装车一、二类土	m^3	2579.903	3.53	9116.95
2	6-291	台背回填砂砾	m^3	2724.489	97.11	264587.77
3	3-517	搭、拆桩基础陆上支架平台锤重2500kg	m^2	1311.990	34.30	45006.64
4	3-108	钻孔灌注桩陆上埋设钢护筒 $\phi \leqslant 1200$	m	96.000	220.96	21212.12
5	3-128换	回旋钻孔机成孔　桩径 ϕ1000mm 以内～水上钻孔	m^3	1990.077	237.53	472712.21
6	3-144	泥浆池建造、拆除	m^3	1990.077	6.01	11961.27
7	3-145	泥浆运输　运距5km以内	m^3	1990.077	86.61	172352.80
8	3-149	钻孔灌注混凝土　回旋钻孔	m^3	1903.749	463.56	882502.99
9	3-547	凿除预制混凝土桩顶钢筋混凝土	m^3	18.849	288.43	5436.65
10	6-224	铺设片石垫层	m^3	194.745	228.70	44538.66
11	3-208换	C10混凝土垫层	m^3	64.915	359.90	23363.09
12	3-215换	C25混凝土基础	m^3	973.725	401.52	390974.42
13	3-228换	C25混凝土台身	m^3	835.700	420.17	351140.17
14	3-228换	C25混凝土侧墙	m^3	36.000	420.17	15126.30
15	3-249	C30混凝土台帽	m^3	140.200	434.92	60975.10
16	3-208换	C20混凝土地模	m^3	44.000	378.03	16633.26
17	3-343换	C50预制混凝土空心板梁(预应力)～现浇现拌混凝土C50(20)52.5级水泥	m^3	544.310	511.41	278363.35
18	3-371	预制构件场内运输　构件重40t以内运距100m	m^3	544.310	60.28	32811.55
19	3-437	起重机陆上安装板梁起重机 $L \leqslant 16m$	m^3	544.310	32.93	17924.85
20	3-288换	C40板梁间灌缝	m^3	22.140	609.02	13483.77
21	3-314	C40混凝土桥面基层铺装	m^3	96.800	435.43	42149.35
22	2-205	水泥混凝土路面养护毯养护	m^2	1210.000	3.64	4404.64
23	2-191换	机械摊铺细粒式沥青混凝土路面厚4cm	m^2	1000.000	58.34	58344.59
24	3-318换	C30混凝土桥头搭板	m^3	183.840	416.58	76583.42
25	3-222换	C30混凝土枕梁	m^3	12.240	419.64	5136.43
26	3-222换	地梁C25	m^3	14.400	411.28	5922.48
27	3-358	C25预制混凝土人行道板	m^3	7.460	514.33	3836.92
28	1-308	汽车运输小型构件，人力装卸　运距1km	m^3	7.460	77.62	579.03
29	3-479	小型构件人行道板安装	m^3	7.460	102.16	762.11
30	3-316换	细石C30混凝土人行道厚3cm	m^3	2.940	433.45	1274.34
		本页小计				3329217.24

表-07

分部分项工程费计算表

单位工程(专业)：某某桥梁工程(桥梁工程)　　　　第2页　共2页

序号	编号	名　称	单位	数量	单价(元)	合价(元)
31	2-205	水泥混凝土路面养护毯养护	m^2	98.000	3.64	356.74
32		青石栏杆	m	49.308	1200.00	59169.60
33	3-491	板式橡胶支座安装	cm^3	939645.000	0.08	78930.18
34	3-503	SFP 伸缩缝安装	m	129.800	945.93	122781.73
35	3-179	钻孔桩钢筋笼制作、安装	t	94.123	3544.91	333658.57
36	3-177	现浇混凝土圆钢制作、安装	t	16.291	3579.73	58318.15
37	3-178	现浇混凝土螺纹钢制作、安装	t	66.564	3101.56	206452.99
38	3-175	预制混凝土圆钢制作、安装	t	26.974	3651.68	98500.65
39	3-176	预制混凝土螺纹钢制作、安装	t	19.952	3073.51	61321.73
40	3-187	后张法预应力钢筋制作、安装锥形锚	t	21.118	5894.31	124475.56
41	3-202	波纹管压浆管道安装	m	4493.880	15.49	69612.95
42	3-203	压浆	m^3	11.068	1114.44	12334.75
43		YM15-4	套	456.000	26.00	11856.00
		措施项目		1.000	35796.08	35796.08
44	1-323	轻型井点安装	根	25.000	176.51	4412.85
45	1-324	轻型井点拆除	根	25.000	45.70	1142.40
46	1-325	轻型井点使用	套・天	40.000	362.99	14519.68
47	3027	转盘钻孔机　场外运输费用	台次	1.000	2685.37	2685.37
48	3025	混凝土搅拌站　场外运输费用	台次	1.000	9350.46	9350.46
49	3001	履带式挖掘机 $1m^3$ 以内场外运输费用	台次	1.000	3685.31	3685.31
		本页小计				1273565.68
		合　计				4602782.92

表-07

工程人工费汇总表

单位工程(专业)：某某桥梁工程(桥梁工程)　　　　第1页　共1页

序号	编码	人工	单位	数量	定额价(元)	市场价(元)	定额合价(元)	市场合价(元)	差价合计(元)
1	0000001	一类人工	工日	12.38	40	75.00	495.34	928.77	433.42
2	0000011	二类人工	工日	13854.09	43	80.00	595725.75	1108326.97	512601.23
		合计					596221	1109256	513035

表-11

工程材料费汇总表

单位工程(专业)：某某桥梁工程(桥梁工程)　　　　第1页　共2页

序号	编码	材料名称	规格型号	单位	数量	单价(元)	合价(元)
1	0101001	螺纹钢	Ⅱ级综合	t	168.25	2229.00	375031.36
2	0107001	钢绞线		t	21.96	3800.00	83458.06
3	0109001	圆钢	(综合)	t	60.67	2471.00	149905.41
4	0207071	板式橡胶支座		$100cm^3$	9396.45	6.80	63895.86
5	0233011	草袋		个	2009.60	2.54	5104.39
6	0305432	六角带帽螺栓		kg	78.05	6.34	494.86
7	0341011	电焊条		kg	2371.02	7.00	16597.14
8	0351091	扒钉		kg	99.50	3.96	394.00
9	0357101	镀锌铁丝		kg	12.00	7.50	90.00
10	0357112	镀锌铁丝	8～12#	kg	237.25	7.50	1779.39
11	0357113	镀锌铁丝	18～22#	kg	841.58	7.50	6311.85
12	0361111	钢护筒		t	0.58	3000.00	1728.00
13	0401031	水泥	42.5	kg	1684220.26	0.35	589477.09
14	0401051	水泥	52.5	kg	264082.88	0.40	105633.15
15	0403043	黄砂(净砂)	综合	t	3682.38	80.00	294590.14
16	0403045	黄砂(毛砂)	综合	t	11.80	65.00	767.00
17	0403141	沥青砂		t	0.61	550.00	335.53
18	0405001	碎石	综合	t	6582.20	86.00	566069.26
19	0407001	塘渣		t	5557.96	35.00	194528.54
20	0409035	石灰膏		m^3	0.46	350.00	160.20
21	0409043	黏土		m^3	95.52	25.00	2388.09
22	0411001	块石		t	413.17	80.00	33053.68
23	0413091	混凝土实心砖	240×115×53	千块	9.95	530.00	5273.71
24	0433071	细粒式沥青商品混凝土		m^3	40.50	1350.00	54675.00
25	0503041	枕木		m^3	5.31	2000.00	10610.75
26	0503361	垫木		m^3	9.95	1200.00	11940.46
27	1043011	养护毯		m^2	719.40	3.30	2374.02
28	1155001	石油沥青		kg	649.00	5.00	3245.00

表-12

工程材料费汇总表

单位工程(专业)：某某桥梁工程(桥梁工程)　　　　　　　　第2页　共2页

序号	编码	材料名称	规格型号	单位	数量	单价（元）	合价（元）
29	1201011	柴油		kg	40.00	7.79	311.60
30	1237001	氧气		m^3	7.18	5.89	42.29
31	1237061	乙炔气		m^3	2.32	17.90	41.58
32	1401251	焊接钢管		kg	78.11	4.00	312.43
33	1437071	橡胶管	D50	m	4.25	12.55	53.34
34	1457061	轻型井点井管	ϕ40	m	33.75	30.77	1038.49
35	1457071	轻型井点总管	ϕ100	m	1.63	72.29	117.65
36	1457141	导管		kg	723.42	2.30	1663.88
37	1541161	波纹管	ϕ50	m	4846.20	9.68	46911.22
38	3115001	水		m^3	8871.47	7.28	64584.34
39	3201021	木模板		m^3	0.51	1800.00	924.57
40	3209351	板方材		m^3	0.76	4800.00	3657.76
41	3209361	枋木		m^3	6.66	900.00	5998.42
42	3239031	风镐凿子		根	11.31	4.16	47.05
43	6000001	其他材料费		元	5699.78	1.00	5699.78
44	8001121	纯水泥浆		m^3	11.62	443.88	5158.62
45	8005011	混合砂浆	M5.0	m^3	3.98	221.03	879.75
46	8021181	现浇现拌混凝土	C50(20) 52.5级水泥	m^3	552.47	340.78	188273.42
47	8021191	现浇现拌混凝土	C10(40)	m^3	65.89	240.42	15840.73
48	8021211	现浇现拌混凝土	C20(40)	m^3	48.47	258.27	12518.60
49	8021221	现浇现拌混凝土	C25(40)	m^3	1895.29	273.40	518170.42
50	8021231	现浇现拌混凝土	C30(40)	m^3	344.31	281.63	96969.06
51	8021251	现浇现拌混凝土	C40(40)	m^3	120.72	308.84	37284.96
52	8021561	钻孔桩混凝土(水下混凝土)	C25(40)	m^3	2284.50	301.48	688740.75
53	C0000003	架线		次	0.70	450.00	315.00
54	C0000004	回程费	25%	元	1274.14	1.00	1274.14
55	C0000006	回程费	40%	元	2671.56	1.00	2671.56
56	3021031	SFP伸缩缝		m	129.80	800.00	103840.00
		合计					4383253

表-12

工程机械台班费汇总表

单位工程(专业)：某某桥梁工程(桥梁工程)　　　　　　　　　第1页　共2页

序号	编码	机械设备名称	规格型号	单位	数量	定额价(元)	市场价(元)	定额合价(元)	市场合价(元)	差价合计(元)
1	9901003	履带式推土机	90kW	台班	3.51	705.64	742.64	2475.86	2605.68	129.82
2	9901043	履带式单斗挖掘机(液压)	1m³	台班	5.01	1078.38	1115.38	5397.32	5582.50	185.19
3	9901056	内燃光轮压路机	8t	台班	1.96	268.33	305.33	525.93	598.45	72.52
4	9901058	内燃光轮压路机	15t	台班	1.96	478.82	515.82	938.49	1011.01	72.52
5	9901068	电动夯实机	20~62N·m	台班	114.24	21.79	22.56	2489.81	2577.05	87.24
6	9901083	沥青混凝土摊铺机	8t	台班	0.97	789.95	863.95	766.25	838.03	71.78
7	9902030	转盘钻孔机	ϕ1500	台班	306.87	423.60	506.37	129989.52	155390.10	25400.58
8	9903002	履带式电动起重机	5t	台班	278.21	144.71	184.47	40260.92	51322.55	11061.63
9	9903017	汽车式起重机	5t	台班	2.00	330.22	383.29	660.43	766.59	106.15
10	9903021	汽车式起重机	20t	台班	2.00	976.37	1050.37	1952.74	2100.74	148.00
11	9903025	汽车式起重机	50t	台班	6.37	2036.37	2110.37	12968.47	13439.73	471.26
12	9904005	载货汽车	5t	台班	0.84	317.14	354.14	267.34	298.53	31.19
13	9904007	载货汽车	8t	台班	3.00	380.09	417.09	1140.26	1251.26	111.00
14	9904010	载货汽车	15t	台班	2.00	726.54	800.54	1453.08	1601.08	148.00
15	9904023	平板拖车组	30t	台班	1.00	846.22	920.22	846.22	920.22	74.00
16	9904024	平板拖车组	40t	台班	1.00	993.05	1067.05	993.05	1067.05	74.00
17	9904030	机动翻斗车	1t	台班	577.04	109.73	146.73	63319.72	84670.03	21350.32
18	9905010	电动卷扬机	单筒慢速50kN	台班	69.69	93.75	132.29	6532.86	9218.93	2686.06
19	9905012	电动卷扬机	单筒慢速100kN	台班	4.95	155.53	195.88	770.35	970.25	199.90
20	9906006	双锥反转出料混凝土搅拌机	350L	台班	311.69	96.72	135.72	30145.06	42301.53	12156.47
21	9906016	灰浆搅拌机	200L	台班	8.26	58.57	95.96	483.54	792.28	308.74
22	9907002	钢筋切断机	ϕ40	台班	56.57	38.82	40.29	2195.84	2279.37	83.53
23	9907003	钢筋弯曲机	ϕ40	台班	93.18	20.95	21.54	1951.90	2006.76	54.86
24	9907008	预应力钢筋拉伸机	900kN	台班	24.92	44.18	45.52	1100.85	1134.27	33.43
25	9908014	电动多级离心清水泵	扬程180m以下	台班	1.43	400.58	420.20	570.82	598.78	27.96

表-13-1

工程机械台班费汇总表

单位工程(专业)：某某桥梁工程(桥梁工程)　　　　第2页　共2页

序号	编码	机械设备名称	规格型号	单位	数量	定额价(元)	市场价(元)	定额合价(元)	市场合价(元)	差价合计(元)
26	9908020	污水泵	ϕ100	台班	1.43	116.51	122.26	166.02	174.22	8.19
27	9908024	泥浆泵	ϕ100	台班	382.49	210.52	221.31	80523.14	84650.85	4127.71
28	9908036	高压油泵	50MPa	台班	24.92	123.14	129.29	3068.43	3221.71	153.28
29	9908042	射流井点泵	最大抽吸深度9.50m	台班	120.00	55.38	57.86	6646.00	6943.26	297.25
30	9909002	交流弧焊机	32kV·A	台班	350.83	90.34	94.78	31694.30	33252.10	1557.80
31	9909010	对焊机	75kV·A	台班	8.65	123.05	128.70	1064.56	1113.47	48.91
32	9910012	电动空气压缩机	$1m^3$/min	台班	10.91	49.99	51.84	545.54	565.77	20.23
33	9911038	液压注浆泵	HYB50/50-1型	台班	7.46	80.93	81.65	603.72	609.08	5.36
34	9913032	混凝土振捣器	平板式BLL	台班	49.71	17.56	17.75	872.96	882.11	9.15
35	9913033	混凝土振捣器	插入式	台班	342.74	4.83	5.01	1655.68	1718.74	63.06
36	9913043	泥浆运输车	5t	台班	222.89	320.98	379.61	71543.70	84610.46	13066.76
37	9999991	折旧费(机械)		元	86034.51	1.00	1.00	86034.51	86034.51	0.00
38	9999992	大修理费(机械)		元	10897.46	1.00	1.00	10897.46	10897.46	0.00
39	9999993	经常修理费(机械)		元	30064.76	1.00	1.00	30064.76	30064.76	0.00
40	9999994	安拆费及场外运费(机械)		元	7448.70	1.00	1.00	7448.70	7448.70	0.00
41	9999995	其他费用(机械)		元	953.54	1.00	1.00	953.54	953.54	0.00
42	J0000011	人工(机械)		工日	2131.41	43.00	80.00	91650.68	170512.89	78862.21
43	J1201011	柴油(机械)		kg	4927.98	6.35	6.35	31292.68	31292.68	0.00
44	J1201021	汽油(机械)		kg	2031.93	7.10	7.79	49926.71	54778.74	4852.03
45	J3115031	电(机械)		kW·h	234556.96	0.85	0.90	200311.64	211101.27	10789.62
合计								1017161.35	1206169.08	189007.73

表-13-1

机械人工、燃料动力费价格表

单位工程(专业)：某某桥梁工程(桥梁工程)　　　　第1页　共1页

序号	编码	名　称	规格型号	单位	数量	单价(元)
1	J0000011	人工(机械)		工日	2131.411	80.00
2	J1201011	柴油(机械)		kg	4927.98	6.35
3	J1201021	汽油(机械)		kg	7031.93	7.79
4	J3115031	电(机械)		kW·h	234556.961	0.90

表-14

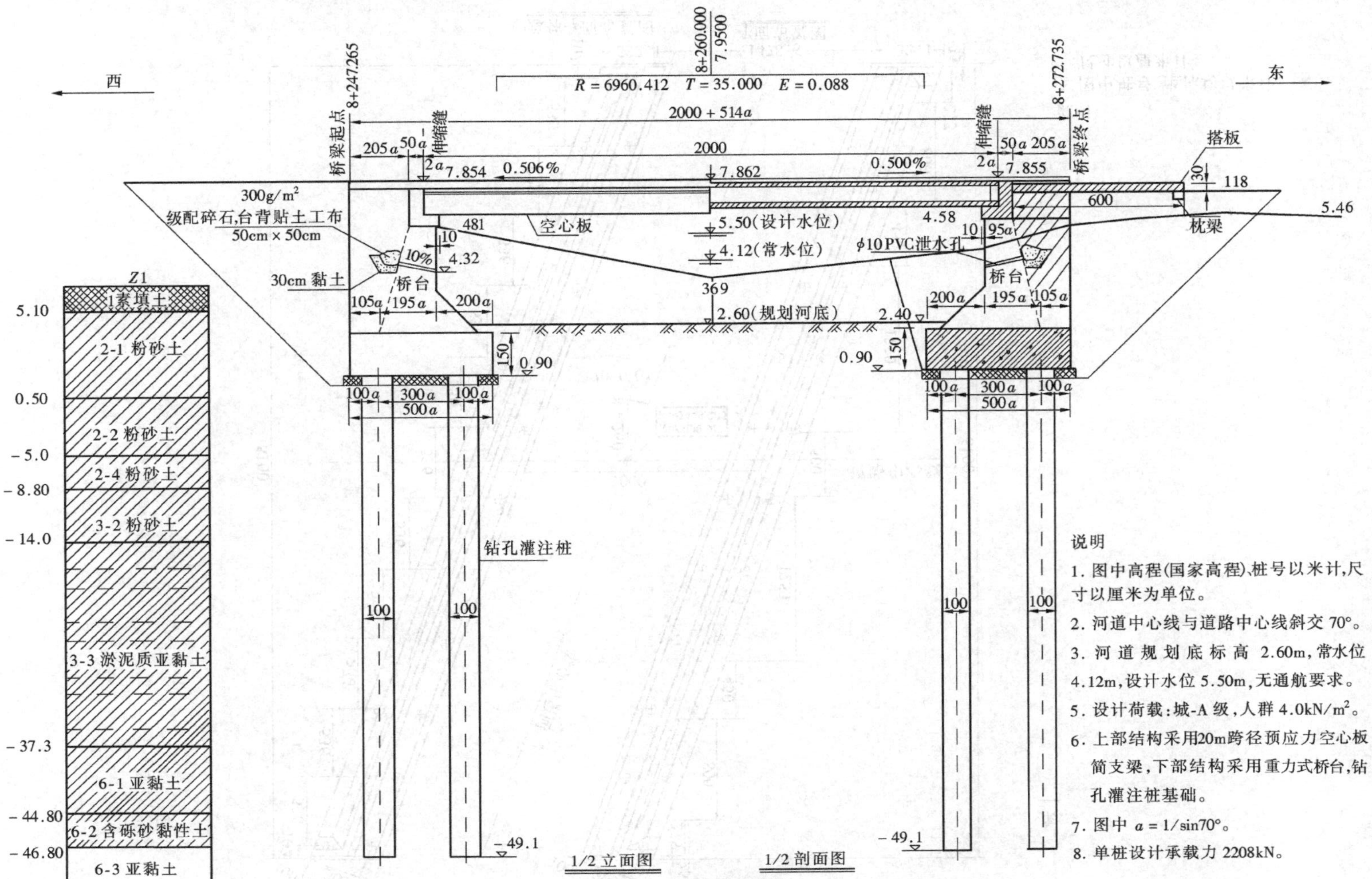

总体布置立面图

说明

1. 图中高程(国家高程)、桩号以米计,尺寸以厘米为单位。
2. 河道中心线与道路中心线斜交 70°。
3. 河道规划底标高 2.60m,常水位 4.12m,设计水位 5.50m,无通航要求。
4. 设计荷载:城-A 级,人群 4.0kN/m²。
5. 上部结构采用20m跨径预应力空心板简支梁,下部结构采用重力式桥台,钻孔灌注桩基础。
6. 图中 $a = 1/\sin 70°$。
7. 单桩设计承载力 2208kN。

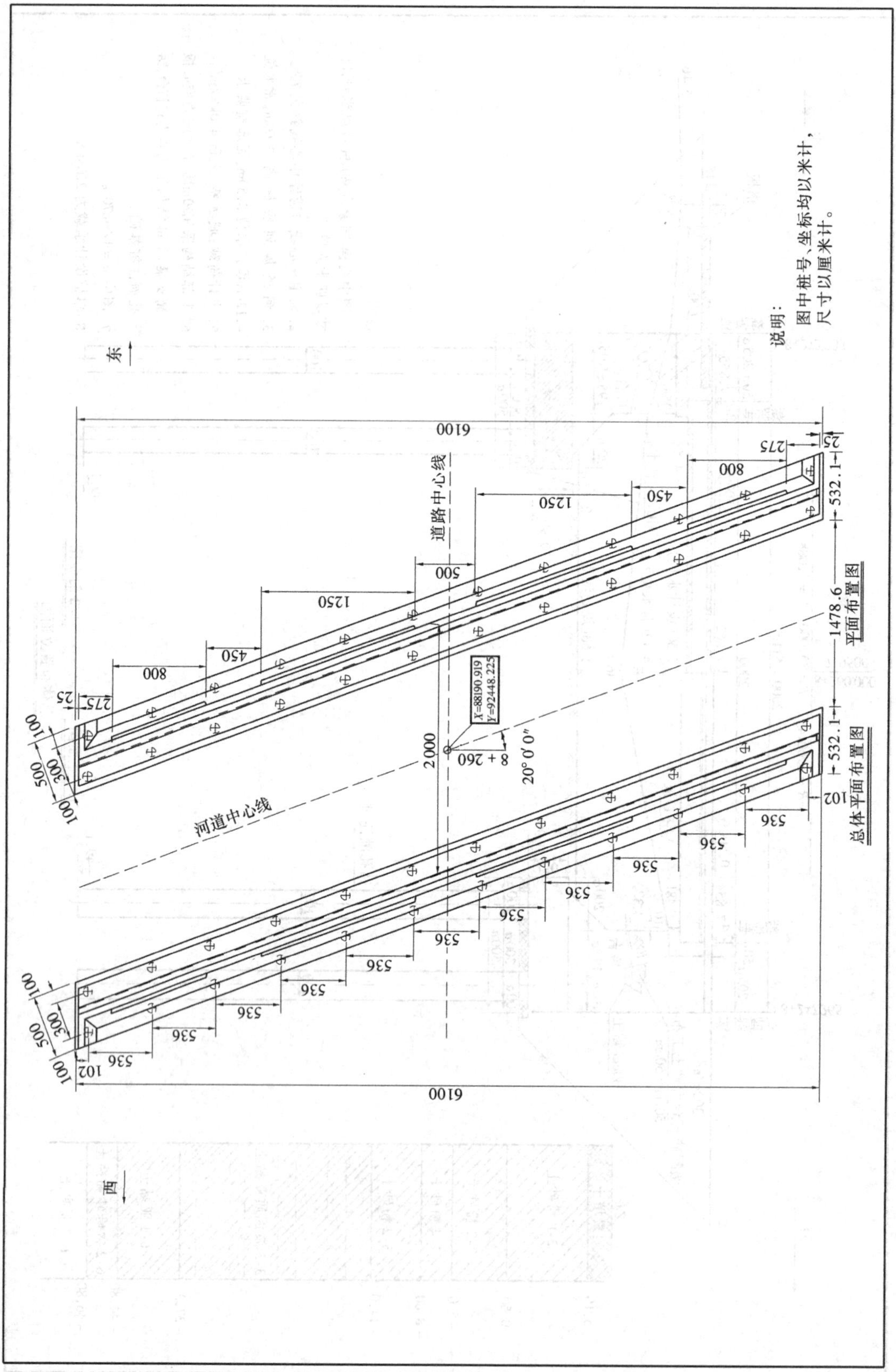
东
西
道路中心线
河道中心线
X=88190.919
Y=92448.225
8 + 260
20°0′0″
2000
6100
1478.6
532.1
800
450
1250
500
275
25
536
102
100
300
500
平面布置图
总体平面布置图
说明：
图中桩号、坐标均以米计，
尺寸以厘米计。

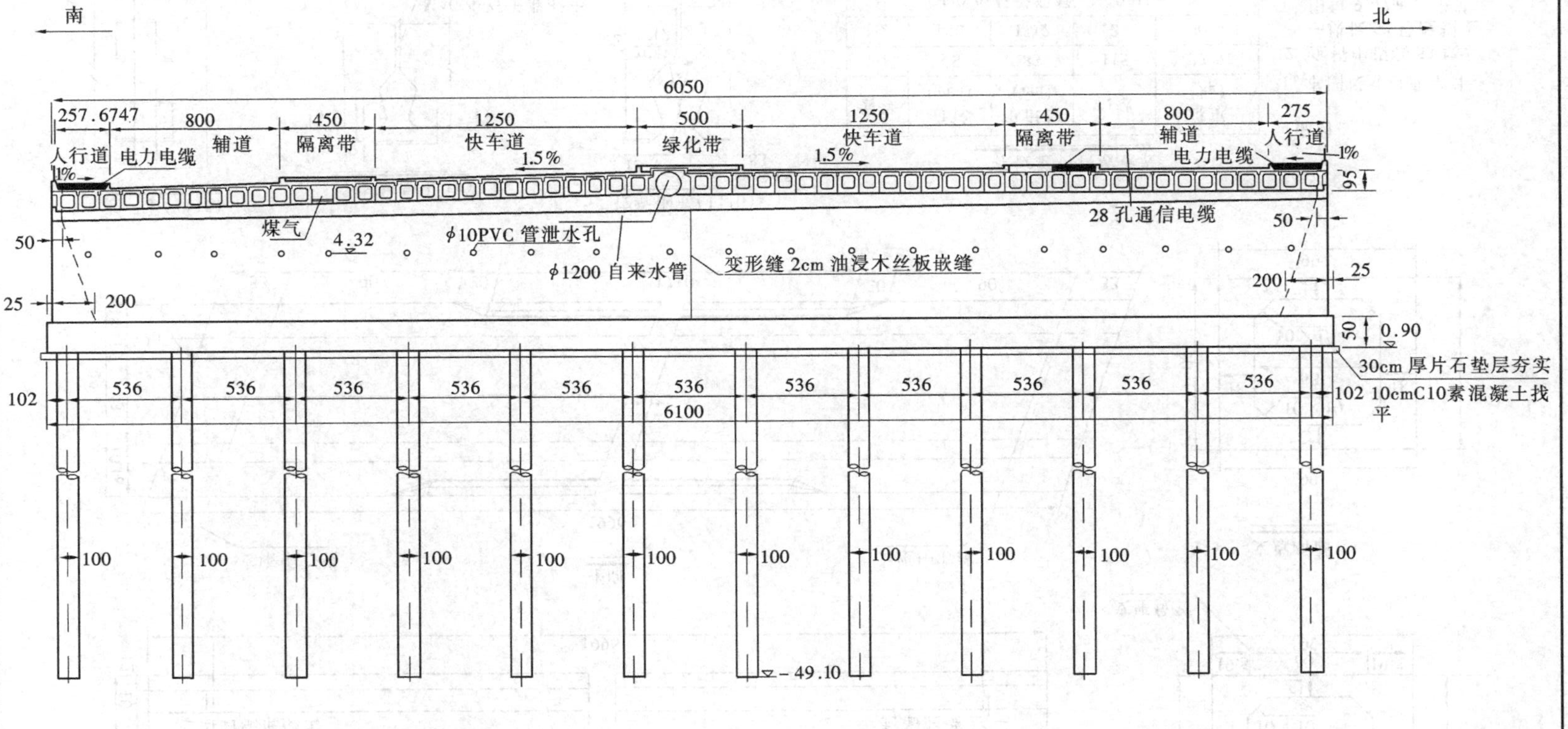

立面图(正)

说明：
图中标高以米计，尺寸以厘米为单位。

桥台横断面图

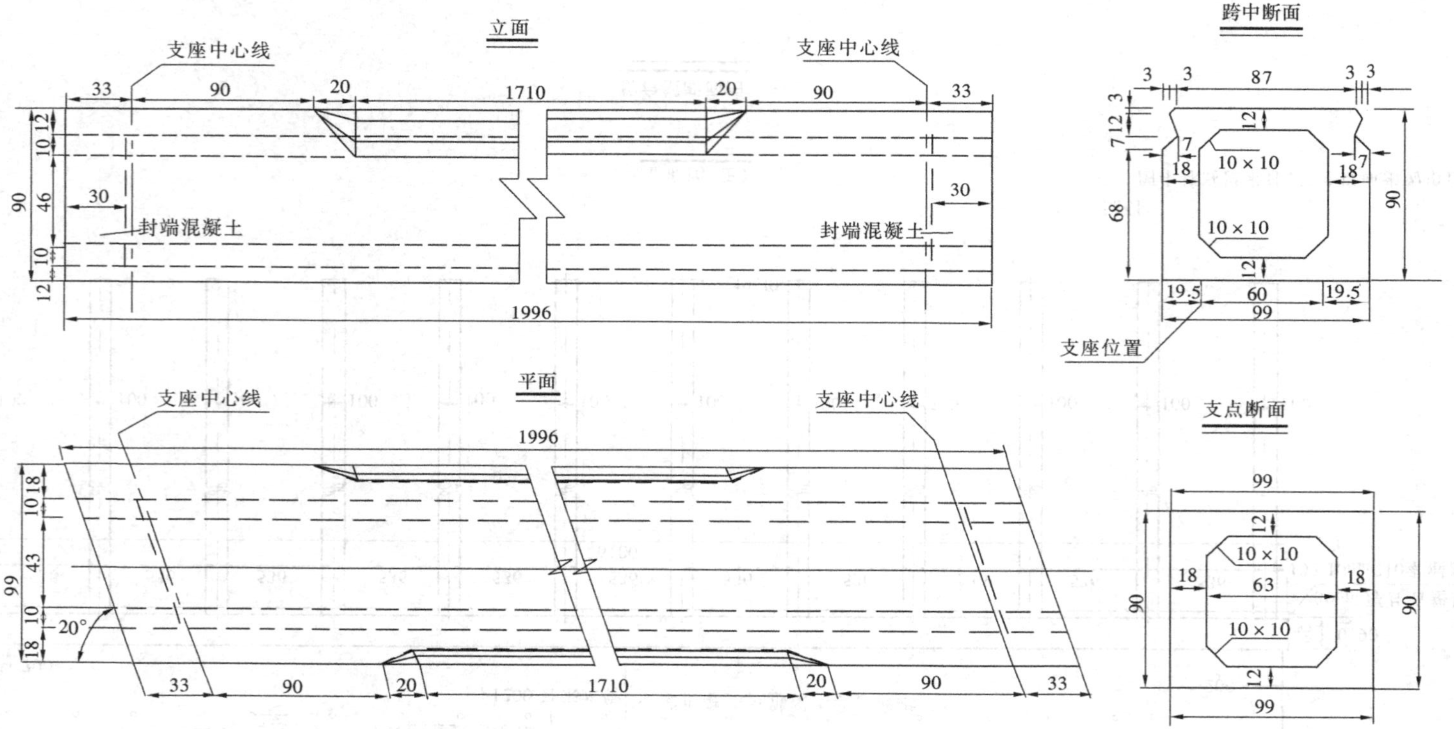

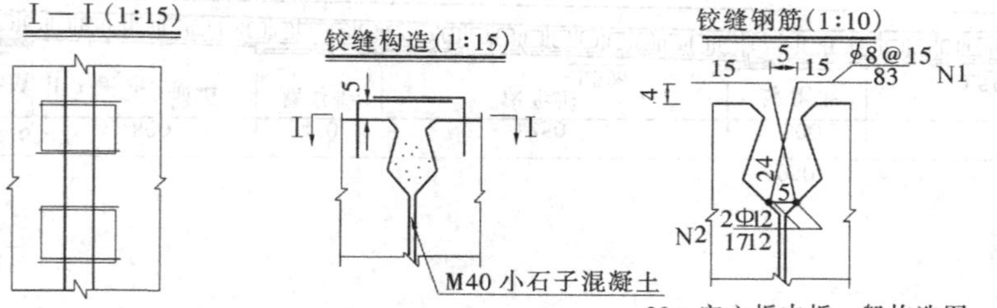

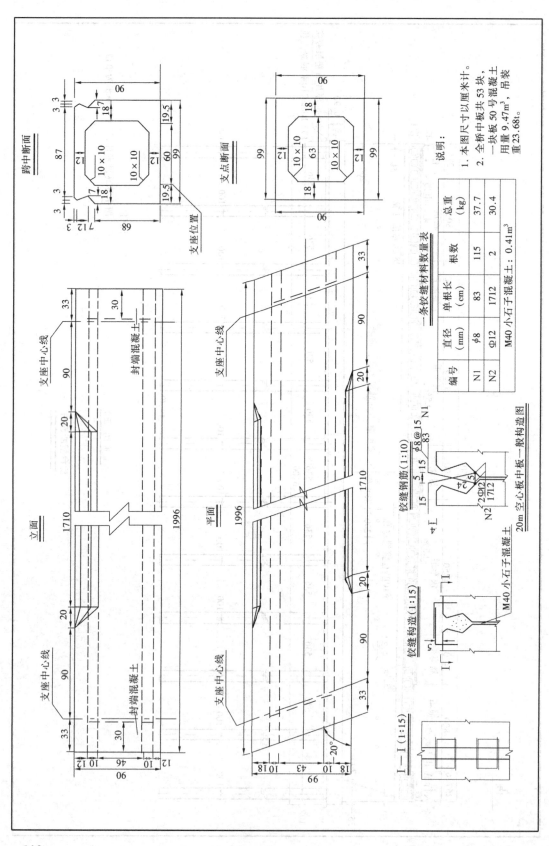

20m 空心板中板一般构造图

一条铰缝材料数量表

编号	直径 (mm)	单根长 (cm)	根数	总重 (kg)
N1	ϕ8	83	115	37.7
N2	Φ12	1712	2	30.4
M40 小石子混凝土：$0.41m^3$				

说明：

1. 本图尺寸以厘米计。
2. 全桥中板共 53 块，一块板 50 号混凝土用量 $9.47m^3$，吊装重23.68t。

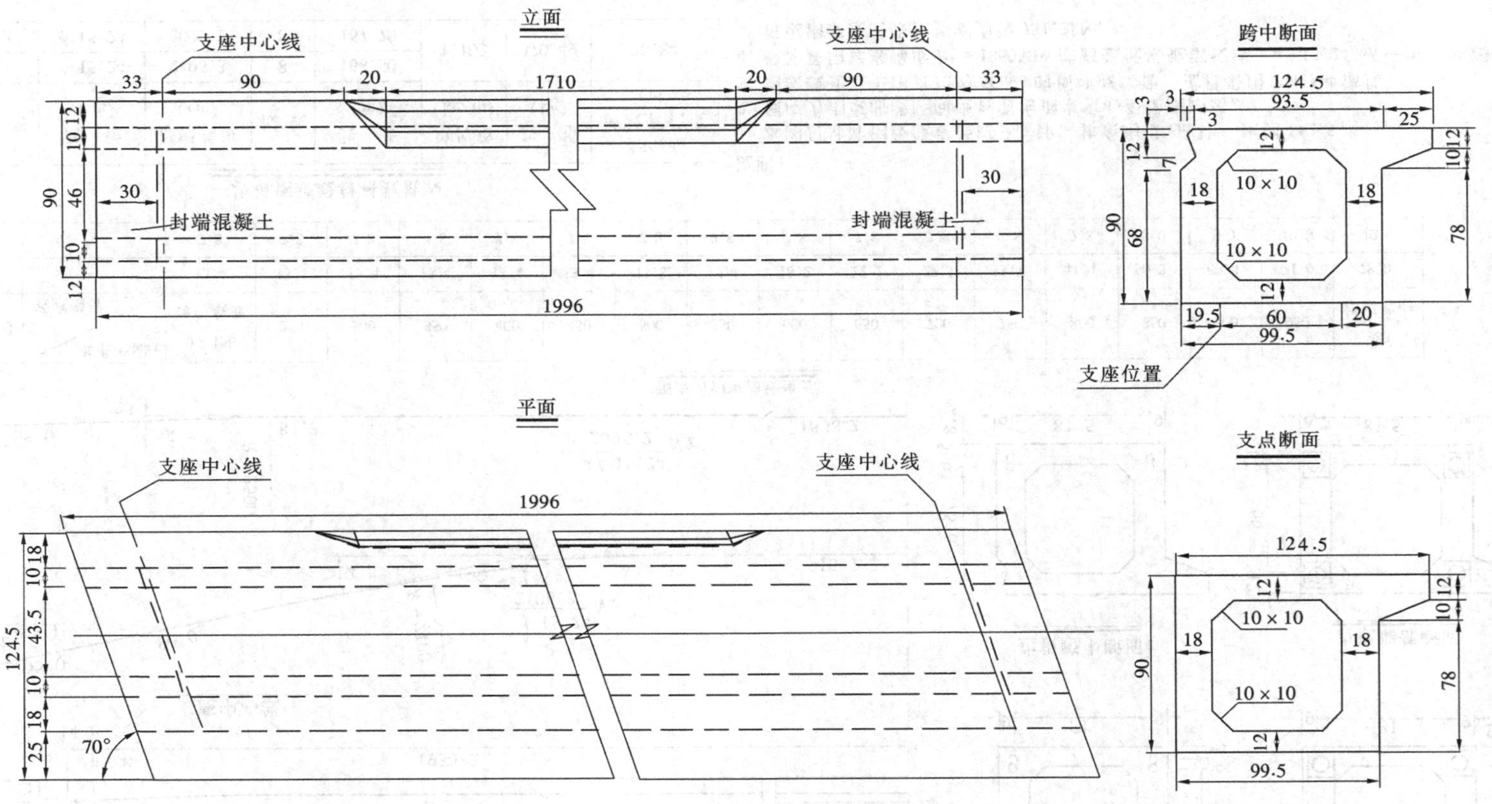

20m 空心板边板一般构造图

说明：
1. 本图尺寸以厘米计。
2. 全桥边板共 4 块，一块板 50 号混凝土用量 10.6 m^3，吊装重 26.5t。

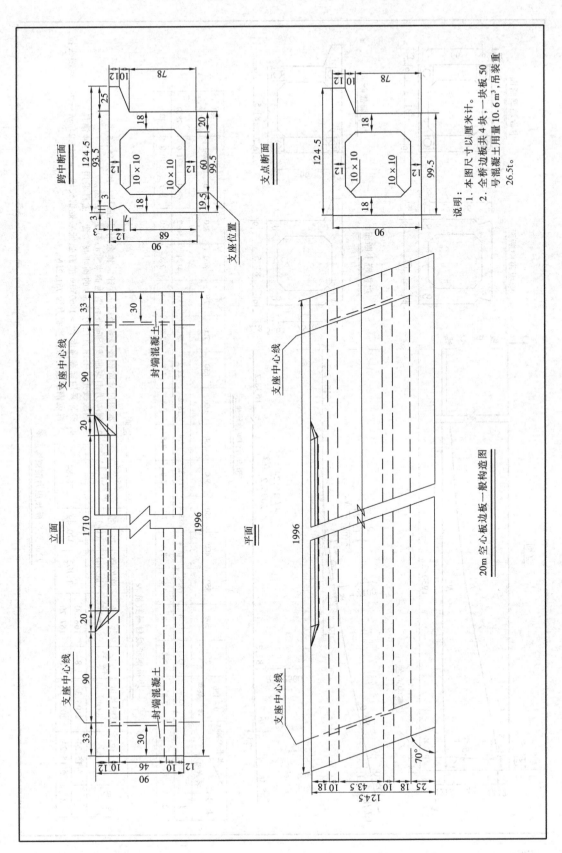

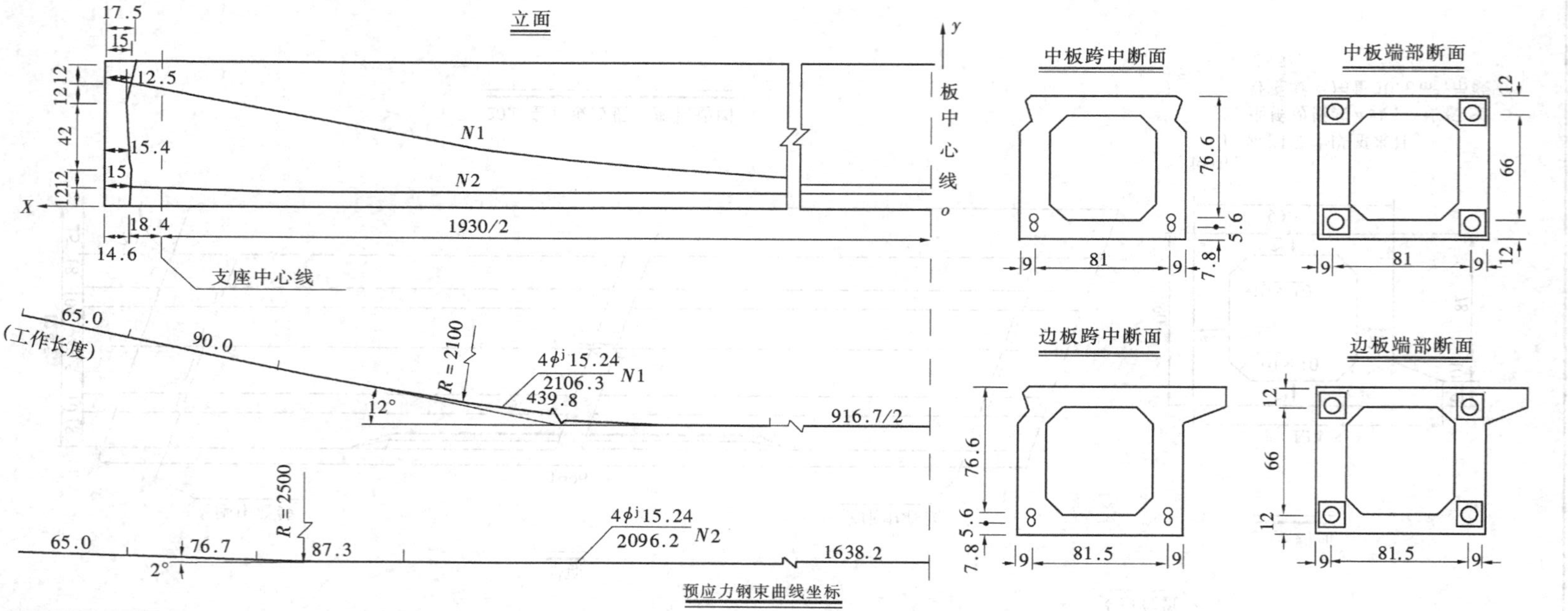

预应力钢束曲线坐标

束号	水平坐标 x / 竖直坐标	0~150 跨中截面	250	300	350	400	450	500	550	600	650	700	750	800	850	900	950	983 锚固截面
1	y	13.4	13.4	13.4	13.4	13.4	13.4	13.8	15.4	18.2	22.2	27.3	33.7	41.4	50.2	60.4	71.0	78.0
2	y	7.8	7.8	7.8	7.8	7.8	7.8	7.8	7.8	7.8	7.8	7.8	7.8	7.8	8.0	9.1	10.8	12.0

一块板钢绞线材料数量表

束号	直径 (mm)	每根长度 (cm)	根数	共长 (m)	单位重 (kg/m)	共重 (kg)	ϕ56mm 波纹管长度 (m)
1	ϕ^j15.24	2106.3	8	168.50	1.102	370.49	78.84
2	ϕ^j15.24	2096.2	8	167.70			

说明：

1. 本图尺寸除钢绞线直径以 mm 计，其余均以 cm 计，比例 1:2.5。
2. 预应力钢束曲线竖向坐标值为钢束重心至梁底距离。
3. 钢绞线孔道采用直径为 56mm 的预埋波纹管，锚具采用 YM15-4 锚具。
4. 设计采用标准强度 R_y^b = 1860MPa 的高强低松弛钢绞线，4ϕ^j15.24mm 一束，两端张拉，每束钢绞线的张拉控制力为 781.2kN。

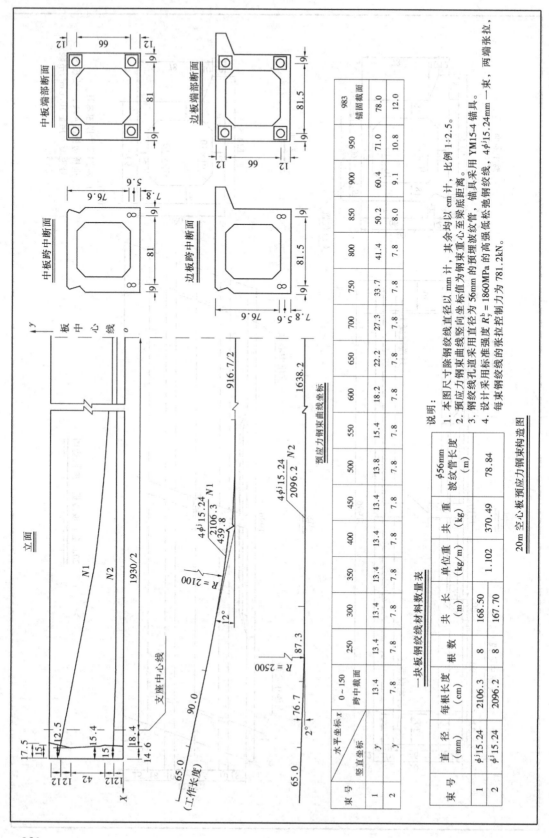

20m 空心板预应力钢束构造图

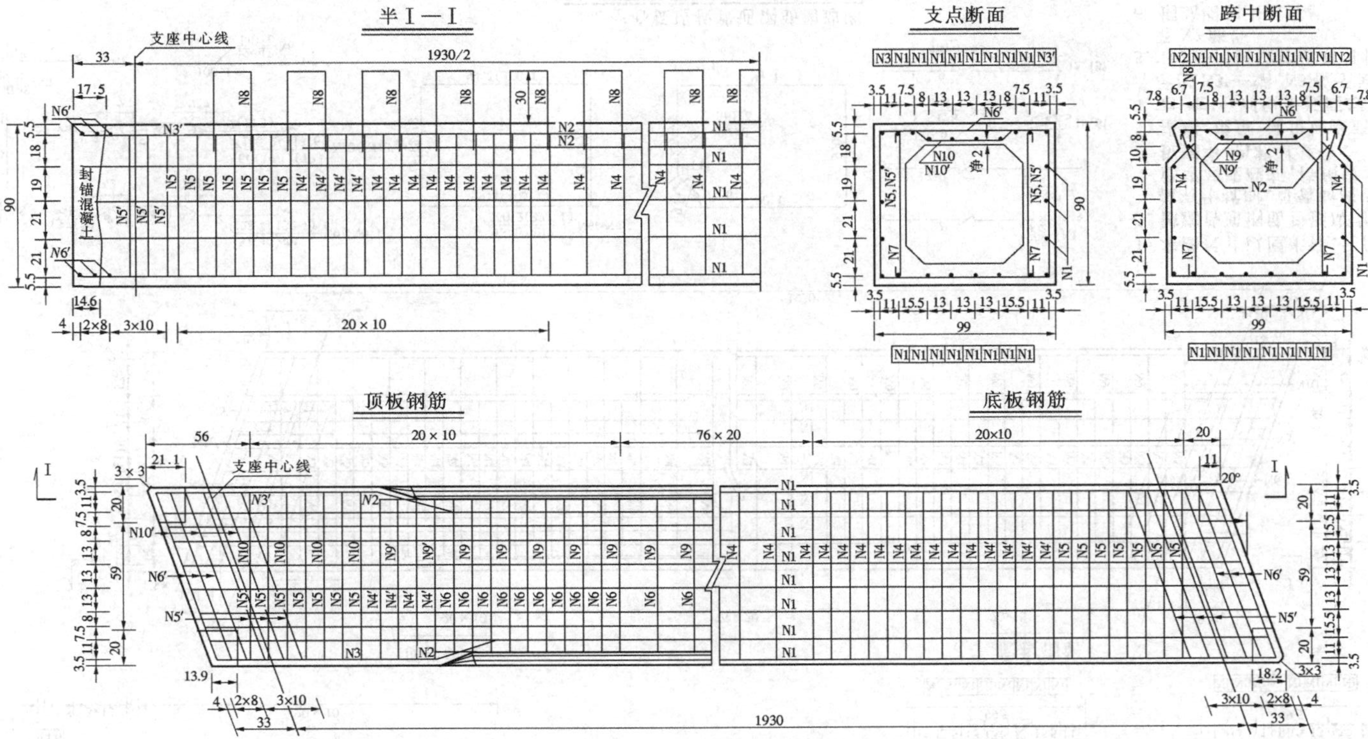

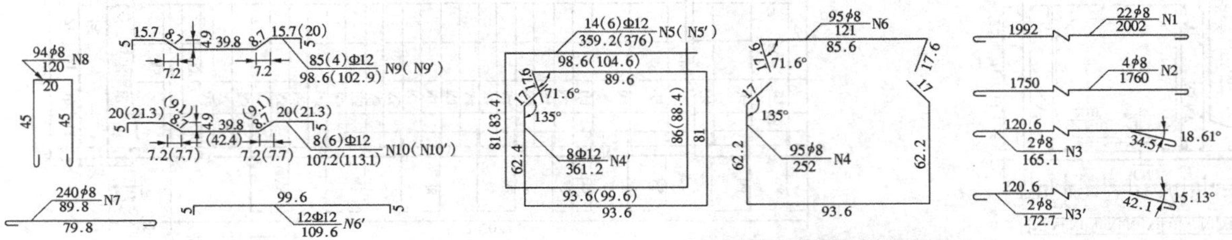

20m空心板中板普通钢筋构造图

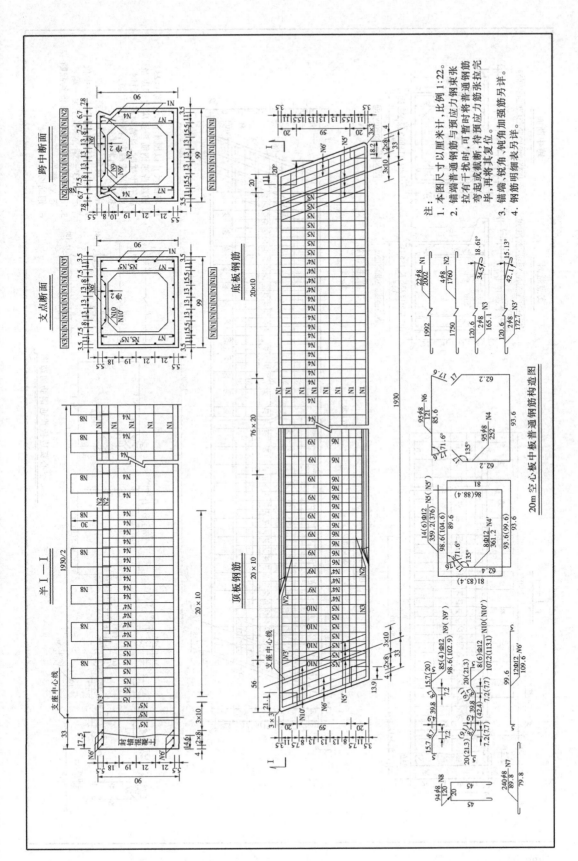

注：
1. 本图尺寸以厘米计，比例 1:22。
2. 锚端普通钢筋与预应力钢束张拉有干扰时，可暂时将普通钢筋弯起或截断，待预应力筋张拉完毕，再将其复位。
3. 锚端、锐角、钝角加强筋另详。
4. 钢筋明细表另详。

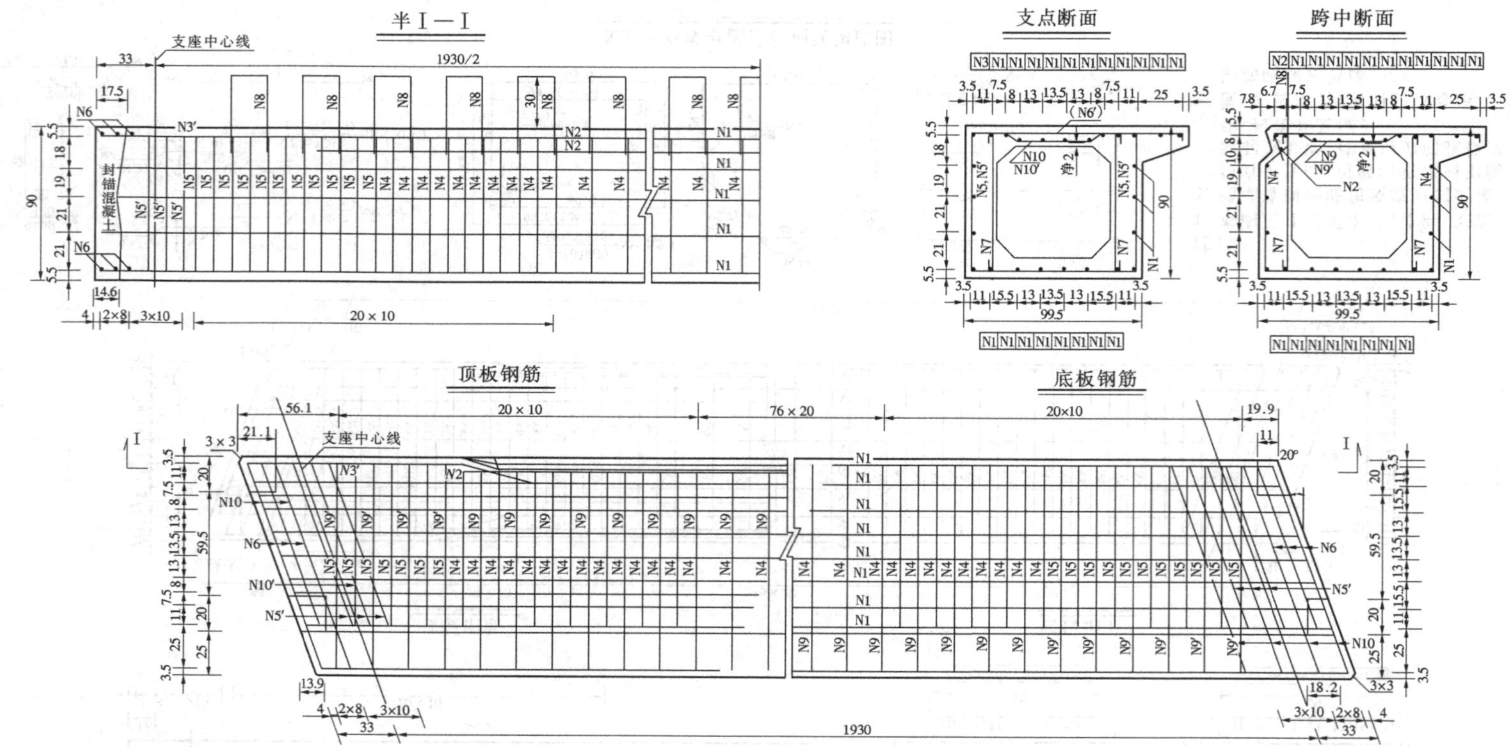

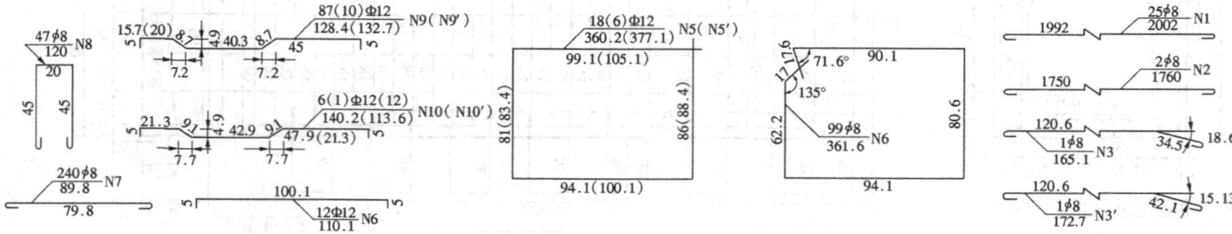

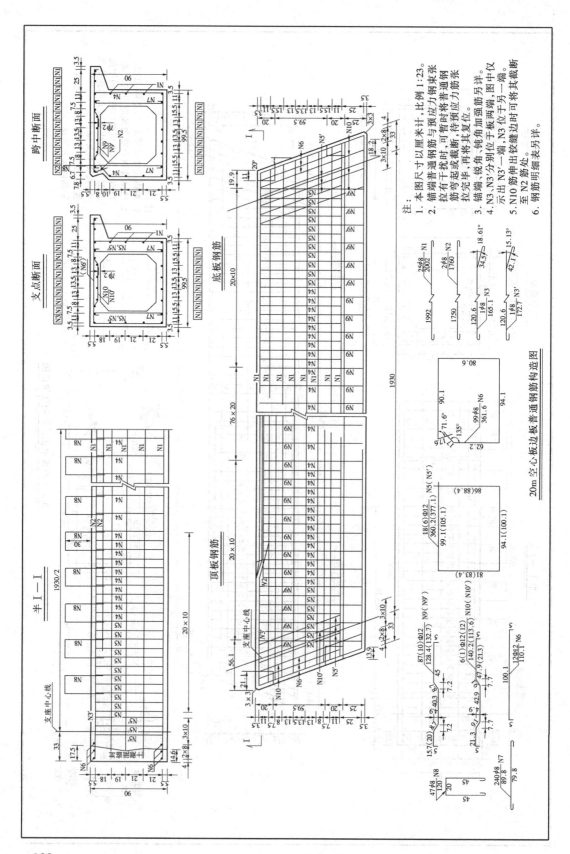

20m空心板边板普通钢筋构造图

注：

1. 本图尺寸以厘米计，比例 1:23。
2. 锚端普通钢筋与预应力钢束张拉有干扰时，可暂时将普通钢筋弯起或截断，待预应力筋张拉完毕，再将其复位。
3. 锚端、锐角、钝角加强筋另详。
4. N3、N3′分别位于板两端，图中仅示出 N3′一端，N3 位于另一端。
5. N10 筋伸出铰缝边时可将其截断至 N2 筋处。
6. 钢筋明细表另详。

一块空心板普通钢筋明细表

斜交角 20° 挑臂 25cm 变截面							
类别	编号	直径（mm）	长度（cm）	根数（根）	共长（m）	共重（kg）	合计
中板	1	φ8	2002.0	22	440.44	174.0	钢筋：（kg） φ8：474.1 Φ 12：193.8 混凝土：（m^3） 50 号：9.47 20 号：0.24
	2	φ8	1760.0	4	70.40	27.8	
	3	φ8	165.1	2	3.30	1.3	
	3′	φ8	172.7	2	3.45	1.4	
	4	φ8	252.0	95	239.40	94.6	
	4′	Φ 12	361.2	8	28.90	25.7	
	5	Φ 12	359.2	14	50.29	44.7	
	5′	Φ 12	376.0	6	22.56	20.0	
	6	φ8	121.0	95	114.95	45.4	
	6′	Φ 12	109.6	12	13.15	11.7	
	7	φ8	89.8	240	215.52	85.1	
	8	φ8	120.0	94	112.80	44.6	
	9	Φ 12	98.6	85	83.83	74.4	
	9′	Φ 12	102.9	4	4.12	3.7	
	10	Φ 12	107.2	8	8.58	7.6	
	10′	Φ 12	113.1	6	6.79	6.0	
边板	1	φ8	2002.0	25	500.5	197.7	钢筋：（kg） φ8：461.7 Φ 12：208.9 混凝土：（m^3） 50 号：10.60 20 号：0.24
	2	φ8	1760.0	2	35.20	13.9	
	3	φ8	165.1	1	1.65	0.7	
	3′	φ8	172.7	1	1.73	0.7	
	4	φ8	361.6	99	357.98	141.4	
	5	Φ 12	360.2	18	64.84	57.6	
	5′	Φ 12	377.1	6	22.62	20.1	
	6	Φ 12	110.1	12	13.22	11.7	
	7	φ8	89.8	240	215.52	85.1	
	8	φ8	120.0	47	56.40	22.3	
	9	Φ 12	128.4	87	111.72	99.2	
	9′	Φ 12	132.7	10	13.27	11.8	
	10	Φ 12	140.2	6	8.41	7.5	
	10′	Φ 12	113.6	1	1.14	1.0	

注：20 号混凝土为空心板封端混凝土。

20m 空心板普通钢筋材料表

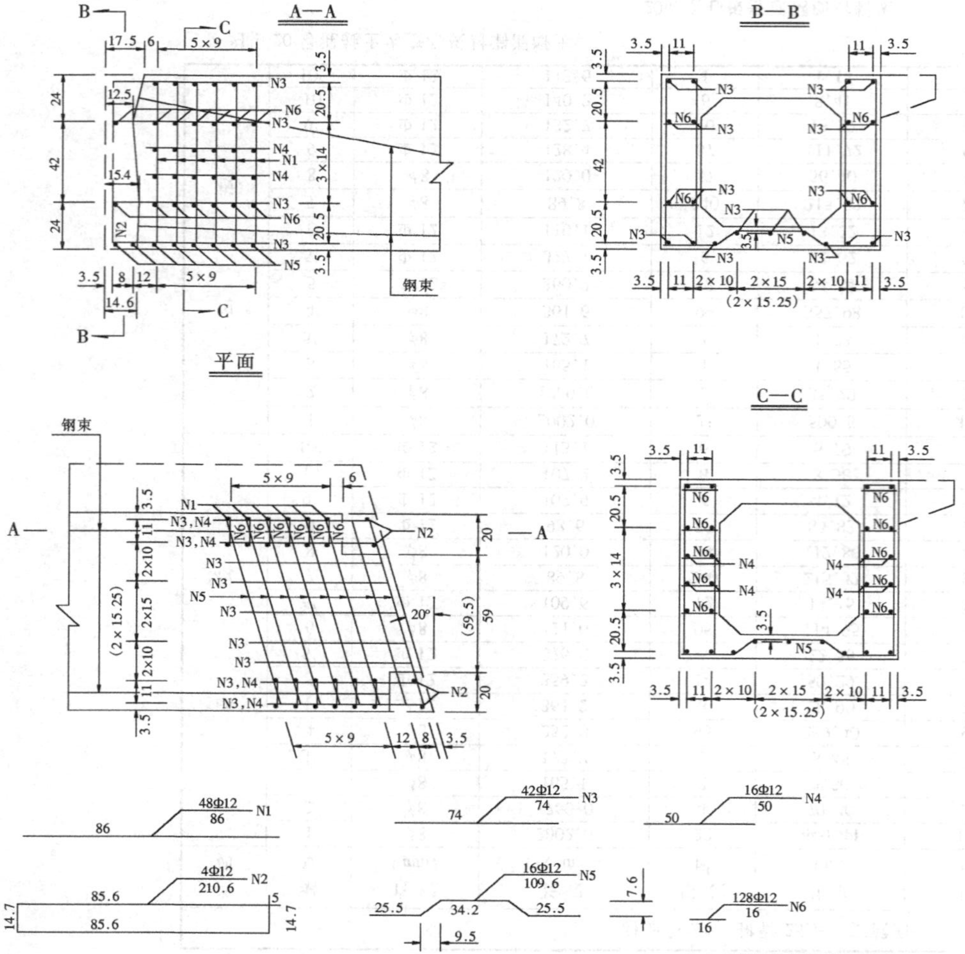

20m空心板锚端钢筋构造图

一块板锚端钢筋明细表

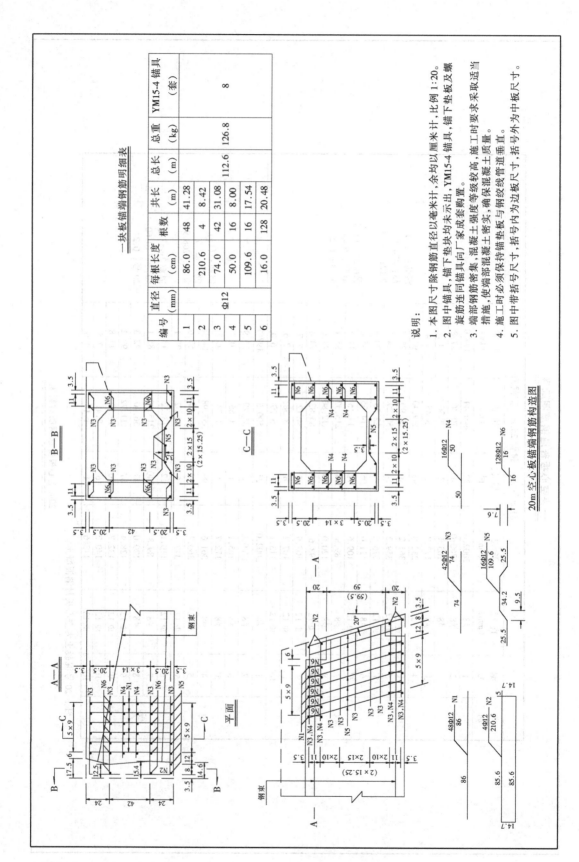

编号	直径（mm）	每根长度（cm）	根数	共长（m）	总长（m）	总重（kg）	YM15-4 锚具（套）
1	Φ12	86.0	48	41.28	112.6	126.8	8
2		210.6	4	8.42			
3		74.0	42	31.08			
4		50.0	16	8.00			
5		109.6	16	17.54			
6		16.0	128	20.48			

说明：

1. 本图尺寸除钢筋直径以毫米计，余均以厘米计，比例 1:20。
2. 图中锚具，锚下垫块均未示出，YM15-4 锚具，锚下垫板及螺旋筋连同锚具向厂家成套购置。
3. 端部钢筋密集，混凝土强度等级较高，施工时要求采取适当措施，使端部混凝土密实，确保混凝土质量。
4. 施工时必须保持锚垫板与钢绞线管道垂直。
5. 图中带括号尺寸，括号内为边板尺寸，括号外为中板尺寸。

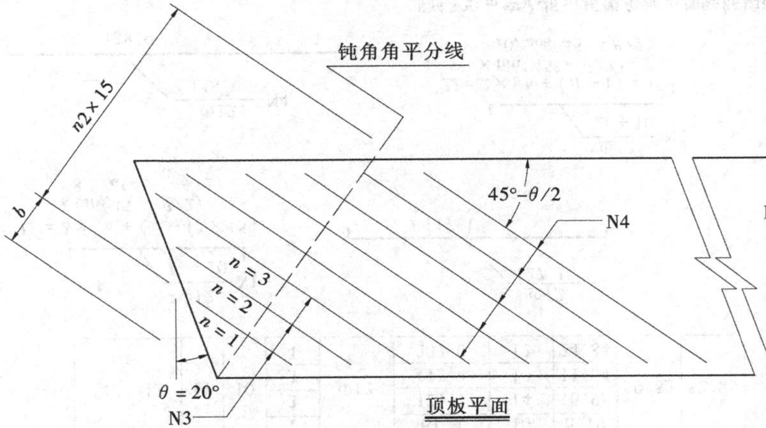

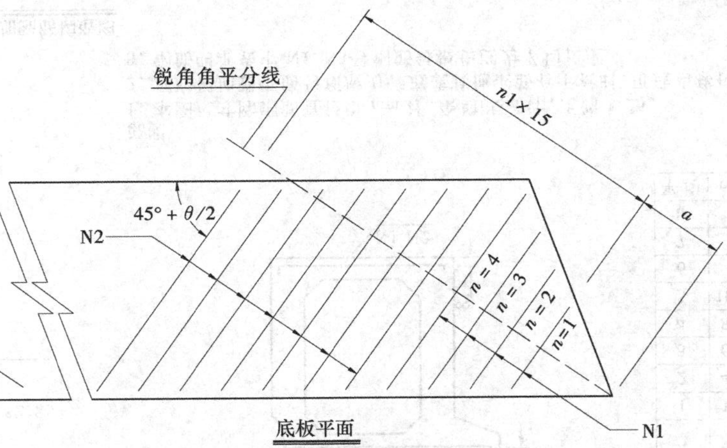

一块中板加强钢筋明细表

斜度 θ (度)	a (cm)	b (cm)	n1	n2	编号	直径 (mm)	每根长度 (cm)	根数	共长 (m)	总长 (m)	总重 (kg)
20	14	13	11	8	1	Φ12	61.9	10	6.19	47.00	41.73
					2		121.1	14	16.95		
					3		94.0	8	7.52		
					4		163.4	10	16.34		

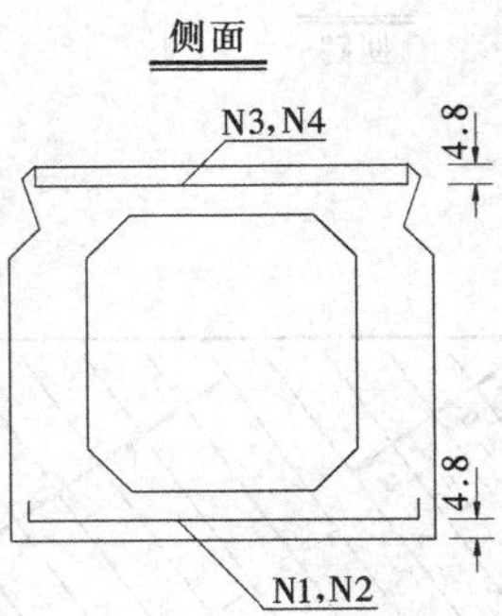

N1, N3钢筋长度表

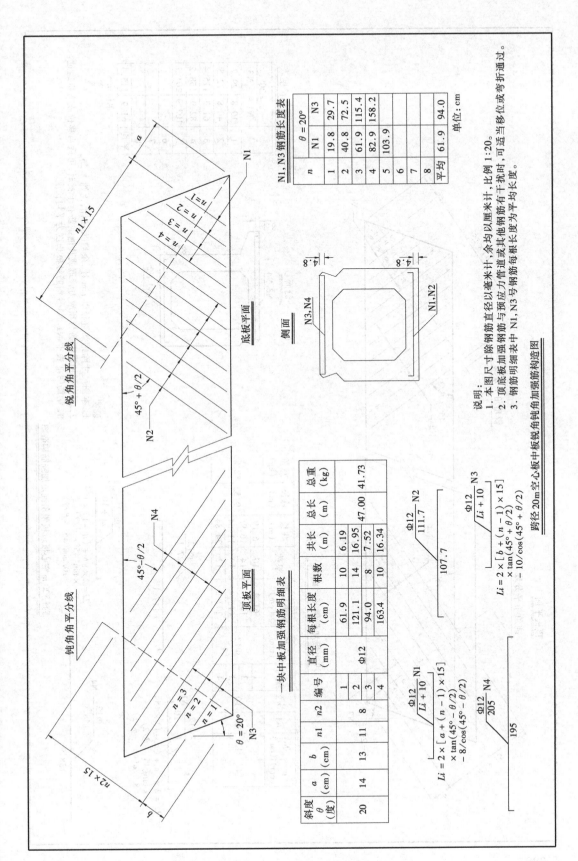

n	θ = 20° N1	θ = 20° N3
1	19.8	29.7
2	40.8	72.5
3	61.9	115.4
4	82.9	158.2
5	103.9	
6		
7		
8		
平均	61.9	94.0

单位：cm

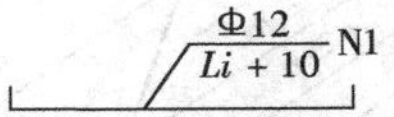

$Li = 2\times[a + (n-1)\times 15]\times\tan(45°-\theta/2) - 8/\cos(45°-\theta/2)$

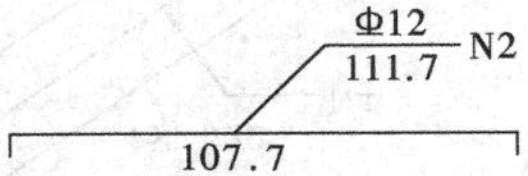

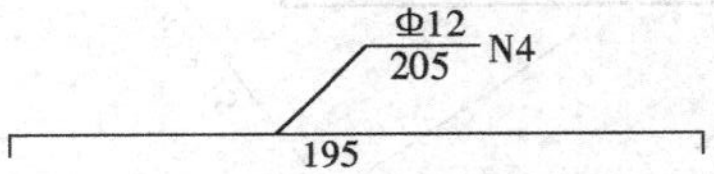

Φ12 $Li + 10$ N3

$Li = 2\times[b + (n-1)\times 15]\times\tan(45°+\theta/2) - 10/\cos(45°+\theta/2)$

说明：

1. 本图尺寸除钢筋直径以毫米计，余均以厘米计，比例 1:20。
2. 顶底板加强钢筋与预应力管道或其他钢筋有干扰时，可适当移位或弯折通过。
3. 钢筋明细表中 N1, N3 号钢筋每根长度为平均长度。

跨径20m空心板中板锐角钝角加强筋构造图

顶板平面　　　　　　　　　　　　底板平面

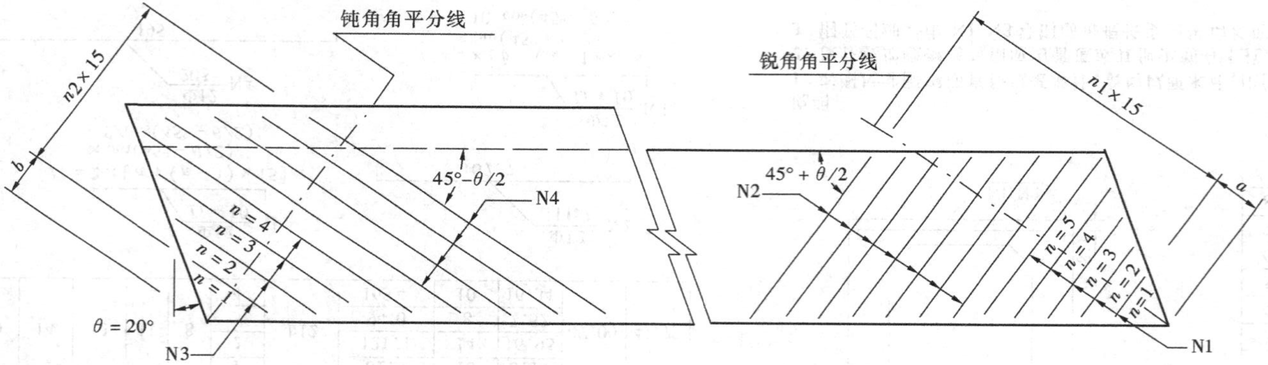

一块边板加强钢筋明细表

a (cm)	b (cm)	n1	n2	编号	直径 (mm)	每根长度 (cm)	根数	共长 (m)	总长 (m)	总重 (kg)
14	13	11	10	1	Φ12	61.9	10	6.19	59.52	52.85
				2		121.1	14	16.95		
				3		115.4	10	11.54		
				4		207.0	12	24.84		

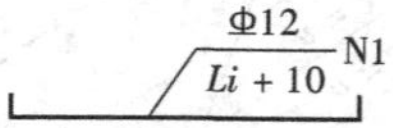

$Li = 2\times[a+(n-1)\times 15]\times\tan(45^\circ-\theta/2)-8/\cos(45^\circ-\theta/2)$

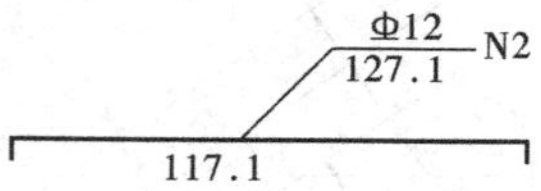

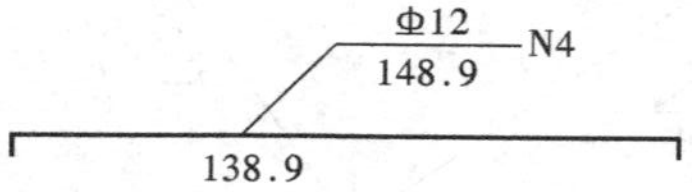

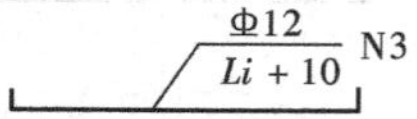

$Li = 2\times[b+(n-1)\times 15]\times\tan(45^\circ+\theta/2)-10/\cos(45^\circ+\theta/2)$

侧面

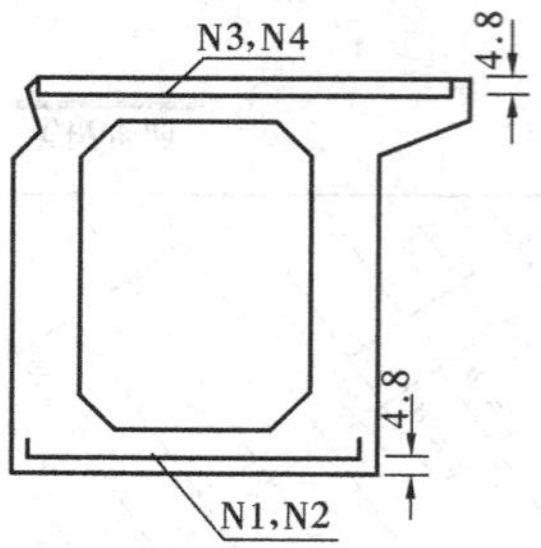

N1, N3 钢筋长度表

n	θ = 20° N1	θ = 20° N3
1	19.8	29.7
2	40.8	72.5
3	61.9	115.4
4	82.9	158.2
5	103.9	201.1
6		
7		
8		
平均	61.9	115.4

单位:cm

说明:
1. 本图尺寸除钢筋直径以 mm 计,余均以cm 计,比例 1:25。
2. 顶底板加强钢筋与预应力管道或其他钢筋有干扰时,可适当移位或弯折通过。
3. 钢筋明细表中 N1, N3 号钢筋每根长度为平均长度。

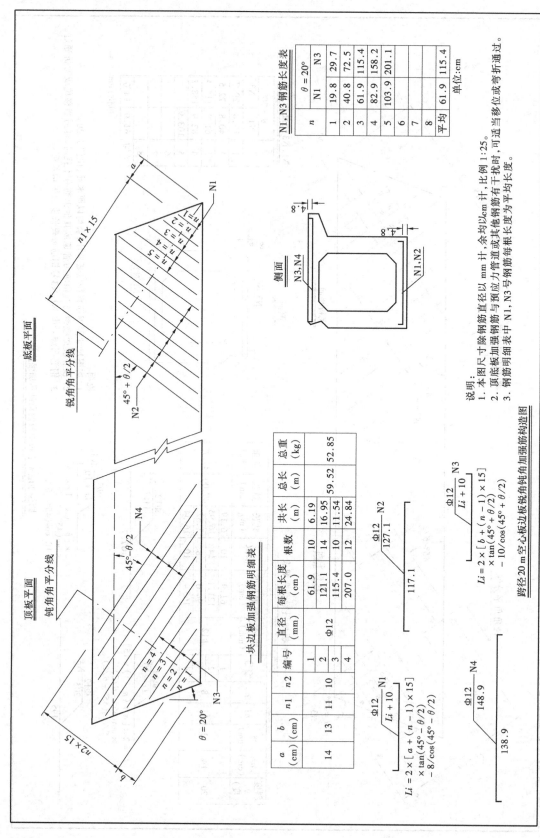

跨径20 m空心板边板锐角钝角加强筋构造图

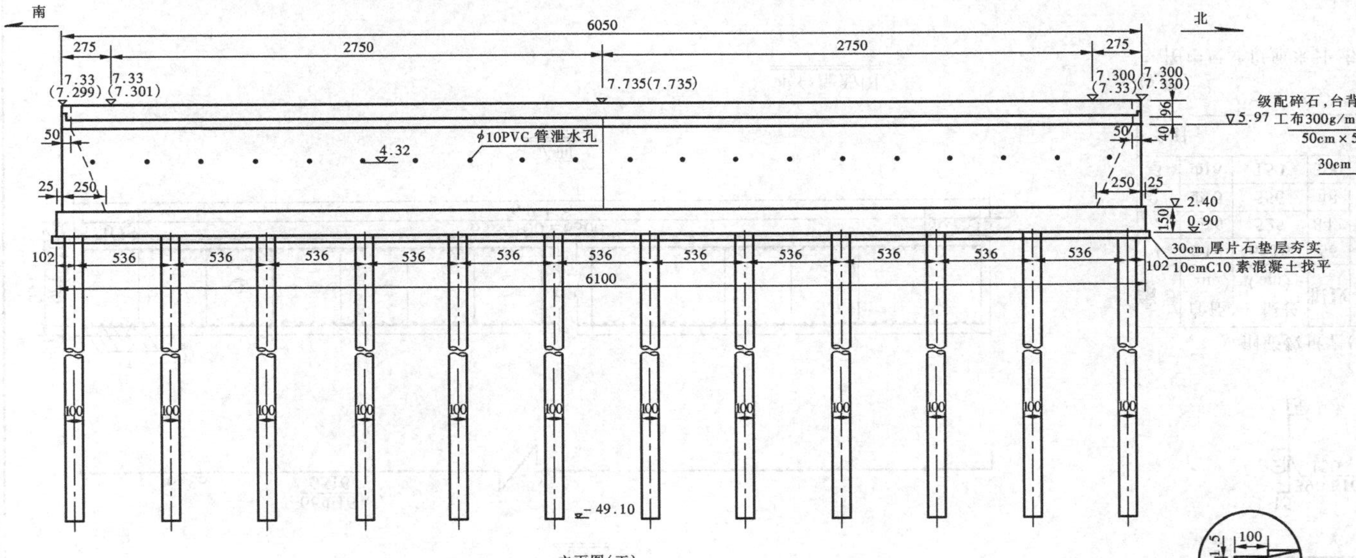

立面图(正)

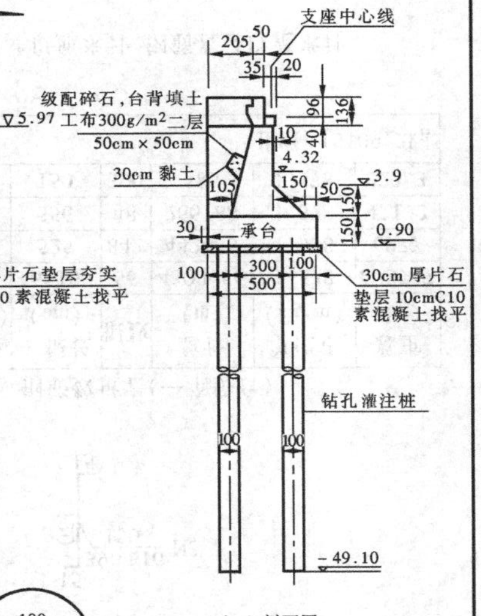

A-A 剖面图

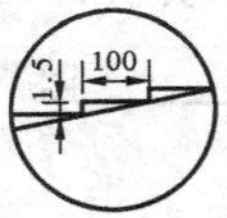

垫块大样

桥台主要工程数量(全桥)

分项 \ 材料	混凝土(m^3)	
	标号	数量
台　帽	C30	140.2
台　身	C25	835.7
侧　墙	C25	36.0
基　础	C25	1035.0
ϕ100 钻孔灌注桩	C25	1885.0
片石垫层		220.1

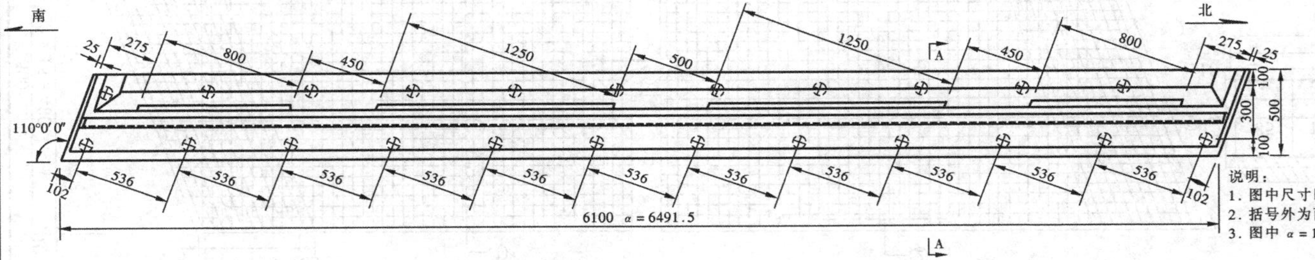

平面图

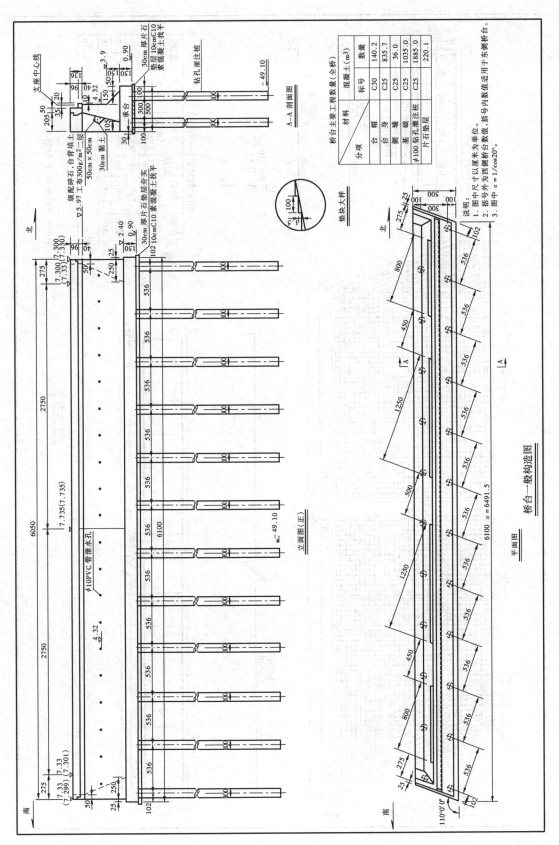

说明:
1. 图中尺寸以厘米为单位。
2. 括号外为西侧桥台数值,括号内数值适用于东侧桥台。
3. 图中 $\alpha=1/\cos20°$。

桥台一般构造图

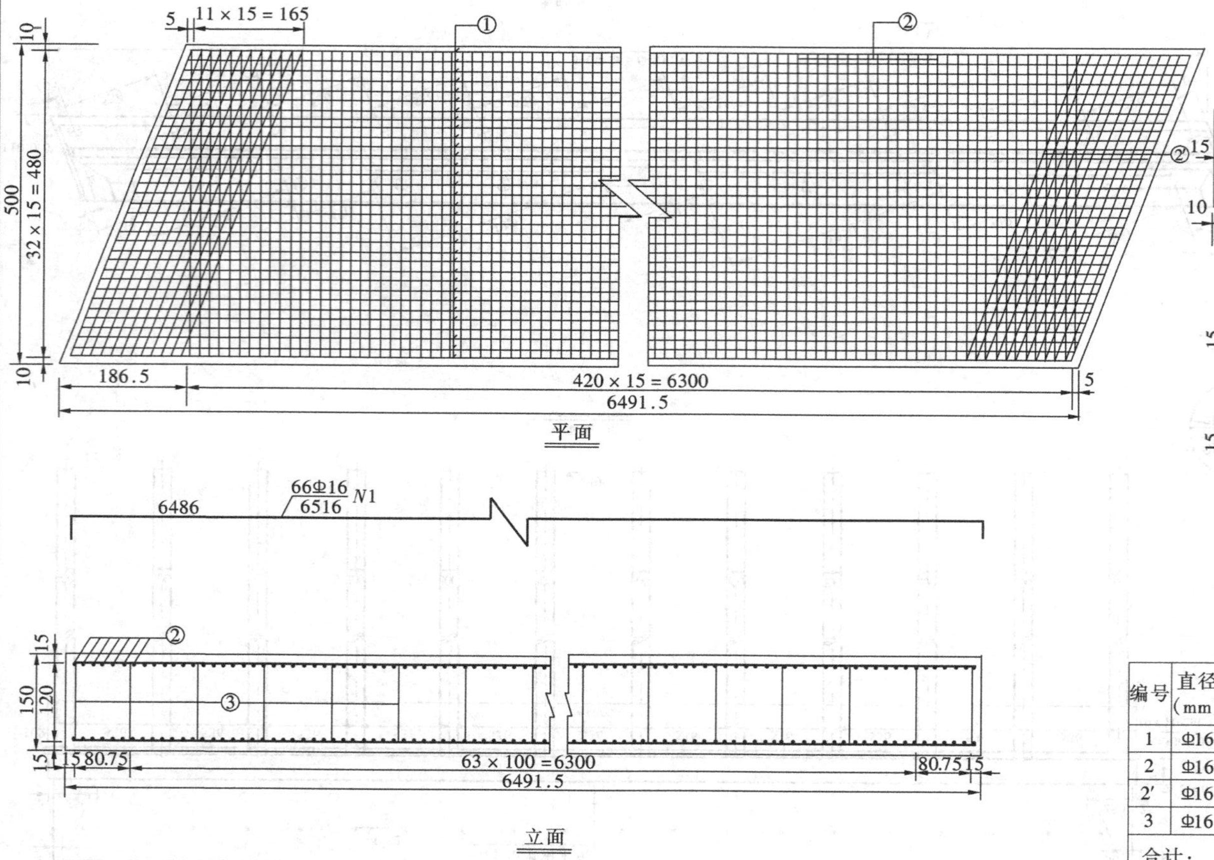

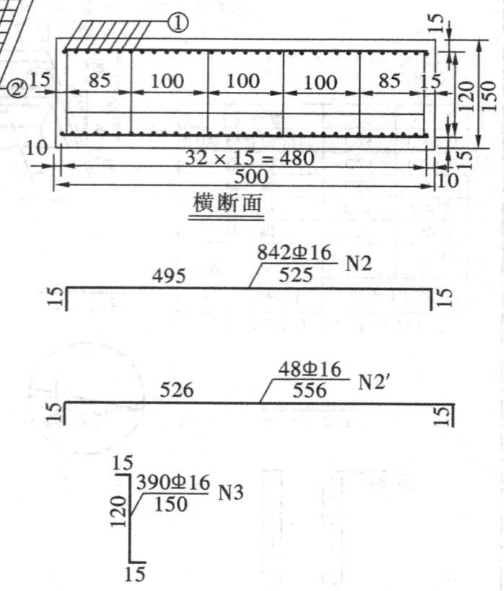

承台配筋图

钢筋数量表(一个桥台)

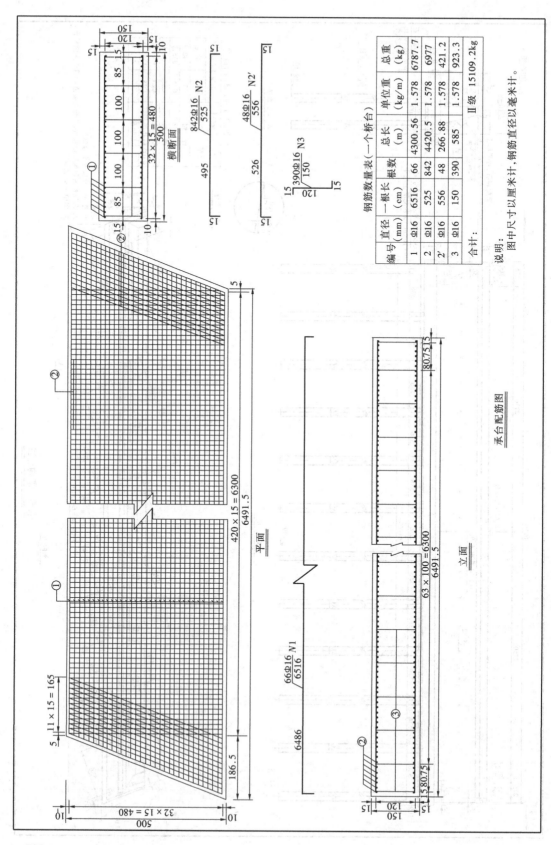

编号	直径(mm)	一根长(cm)	根数	总长(m)	单位重(kg/m)	总重(kg)
1	Φ16	6516	66	4300.56	1.578	6787.7
2	Φ16	525	842	4420.5	1.578	6977
2′	Φ16	556	48	266.88	1.578	421.2
3	Φ16	150	390	585	1.578	923.3
合计:					Ⅱ级	15109.2kg

说明:

图中尺寸以厘米计,钢筋直径以毫米计。

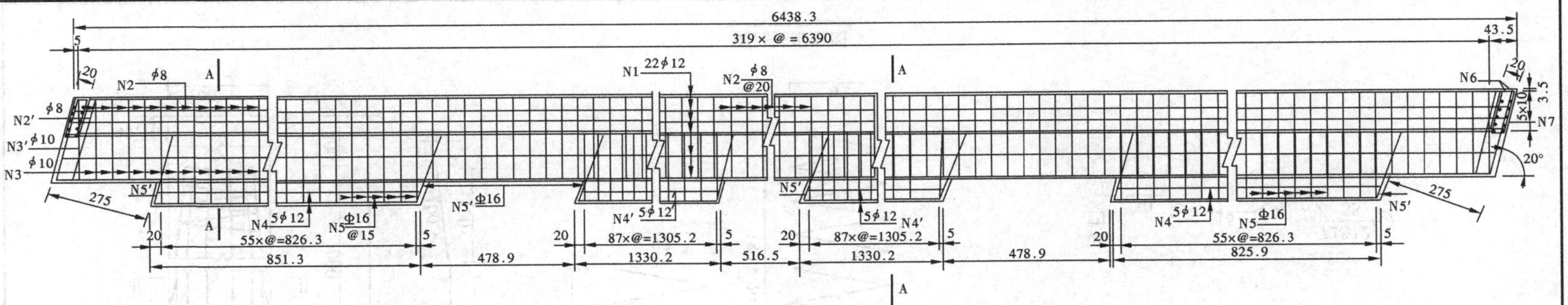

平面

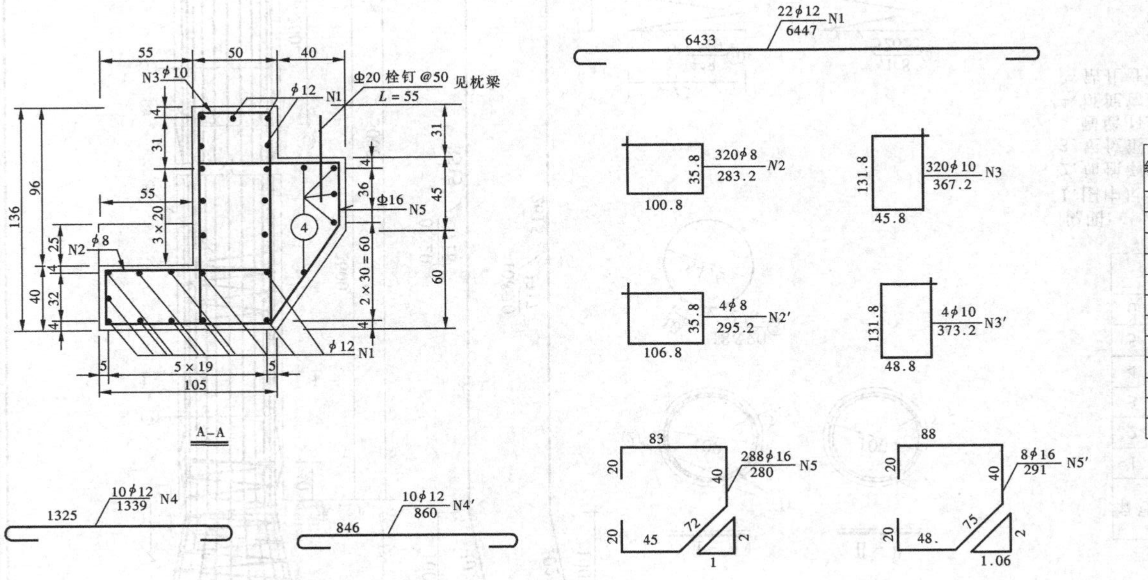

A–A

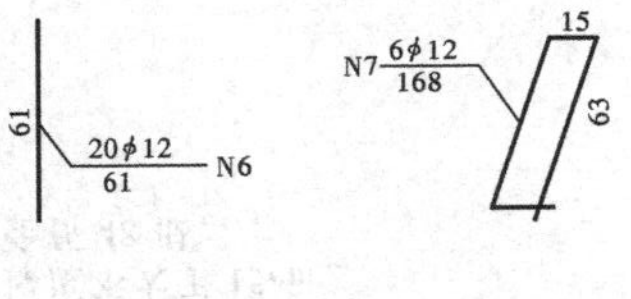

钢筋数量表(一个桥台)

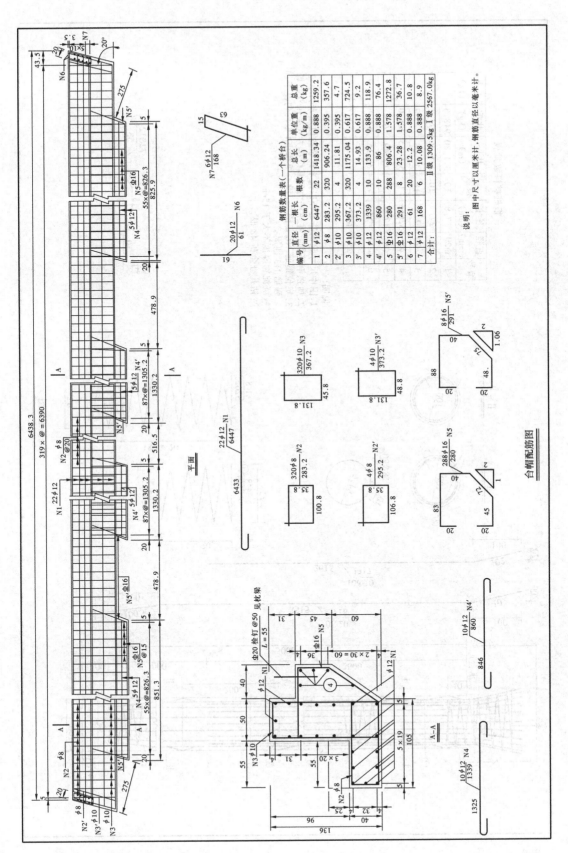

编号	直径(mm)	一根长(cm)	根数	总长(m)	单位重(kg/m)	总重(kg)
1	ϕ12	6447	22	1418.34	0.888	1259.2
2	ϕ8	283.2	320	906.24	0.395	357.6
2′	ϕ10	295.2	4	11.81	0.395	4.7
3	ϕ10	367.2	320	1175.04	0.617	724.5
3′	ϕ10	373.2	4	14.93	0.617	9.2
4	ϕ12	1339	10	133.9	0.888	118.9
4′	ϕ12	860	10	86	0.888	76.4
5	Φ16	280	288	806.4	1.578	1272.8
5′	Φ16	291	8	23.28	1.578	36.7
6	ϕ12	61	20	12.2	0.888	10.8
7	ϕ12	168	6	10.08	0.888	8.9
合计:				Ⅱ级 1309.5kg	Ⅰ级 2567.0kg	

说明:

图中尺寸以厘米计,钢筋直径以毫米计。

台帽配筋图

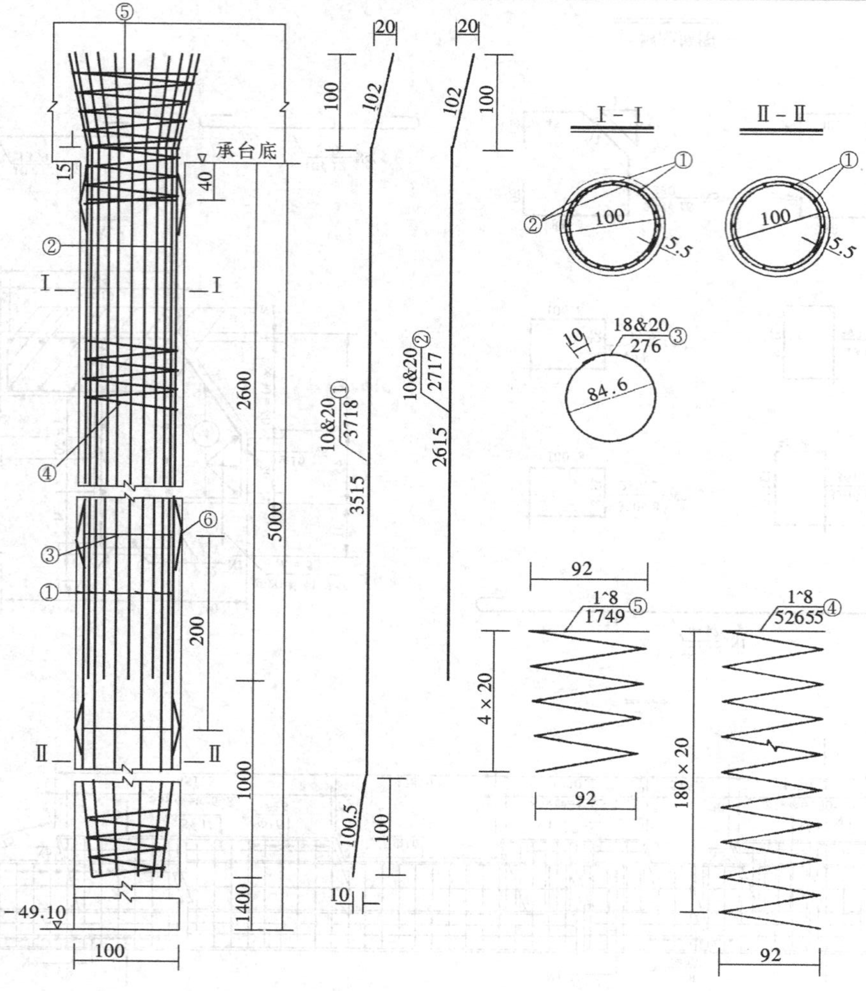

灌注桩配筋图

一根桩材料数量表

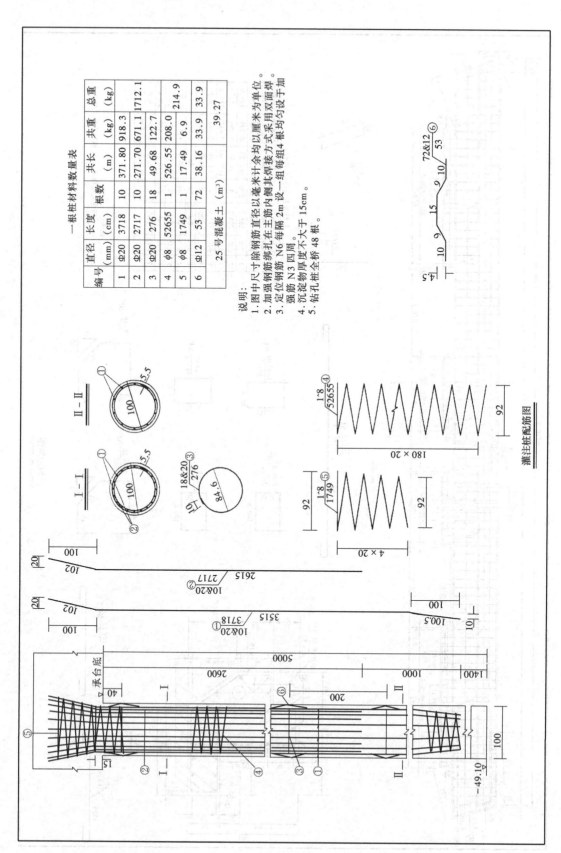

编号	直径 (mm)	长度 (cm)	根数	共长 (m)	共重 (kg)	总重 (kg)
1	Φ20	3718	10	371.80	918.3	1712.1
2	Φ20	2717	10	271.70	671.1	
3	Φ20	276	18	49.68	122.7	
4	φ8	52655	1	526.55	208.0	214.9
5	φ8	1749	1	17.49	6.9	
6	Φ12	53	72	38.16	33.9	33.9
25 号混凝土（m^3）					39.27	

说明：

1. 图中尺寸除钢筋直径以毫米计余均以厘米为单位。
2. 加强钢筋绑扎在主筋内侧其焊接方式采用双面焊。
3. 定位钢筋 N6 每隔 2m 设一组每组4 根均匀设于加强筋 N3 四周。
4. 沉淀物厚度不大于 15cm。
5. 钻孔桩全桥 48 根。

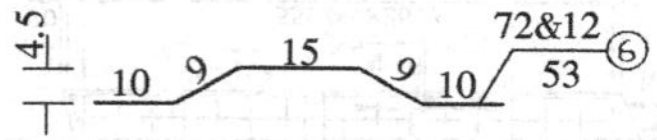

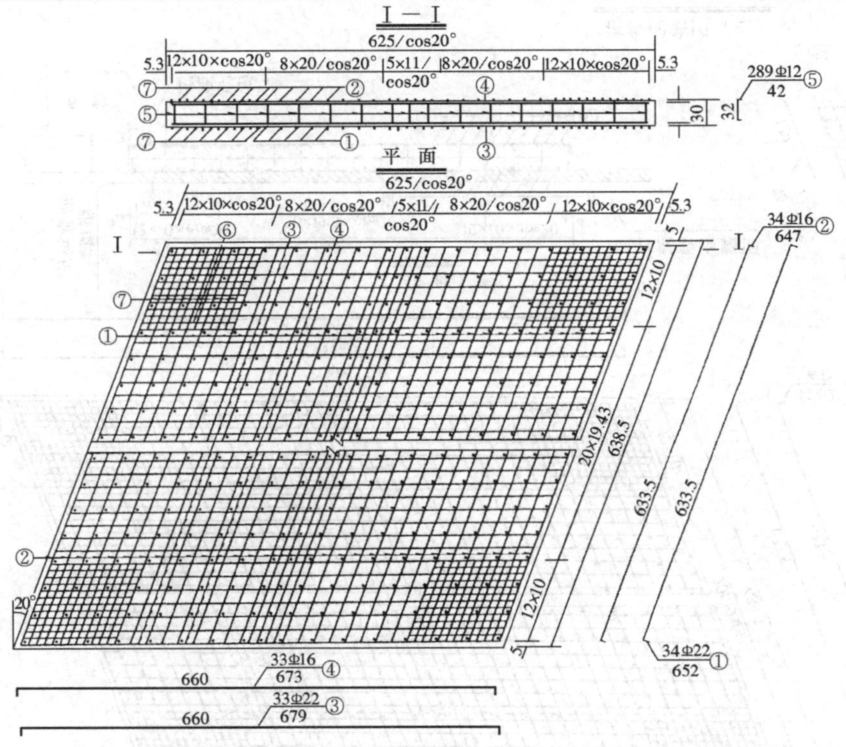

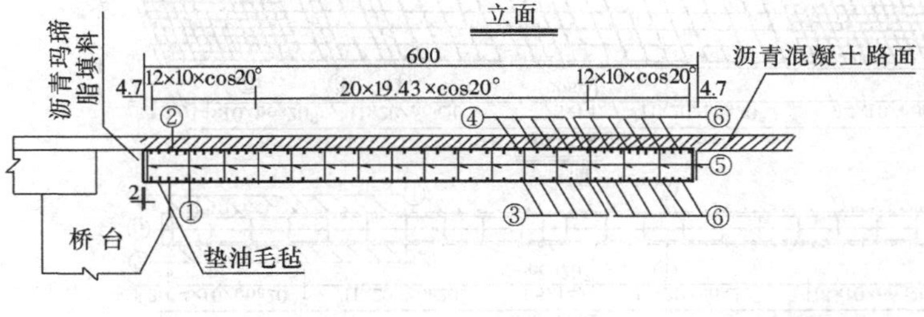

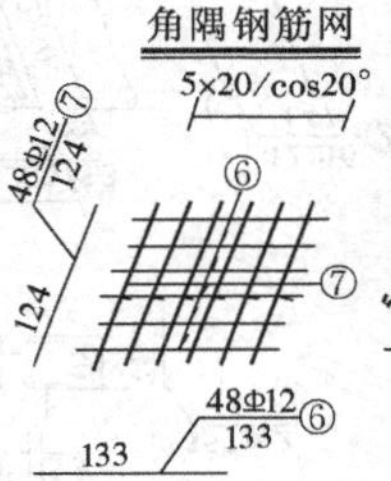

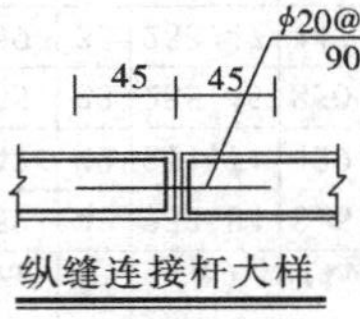

一个搭板材料数量表

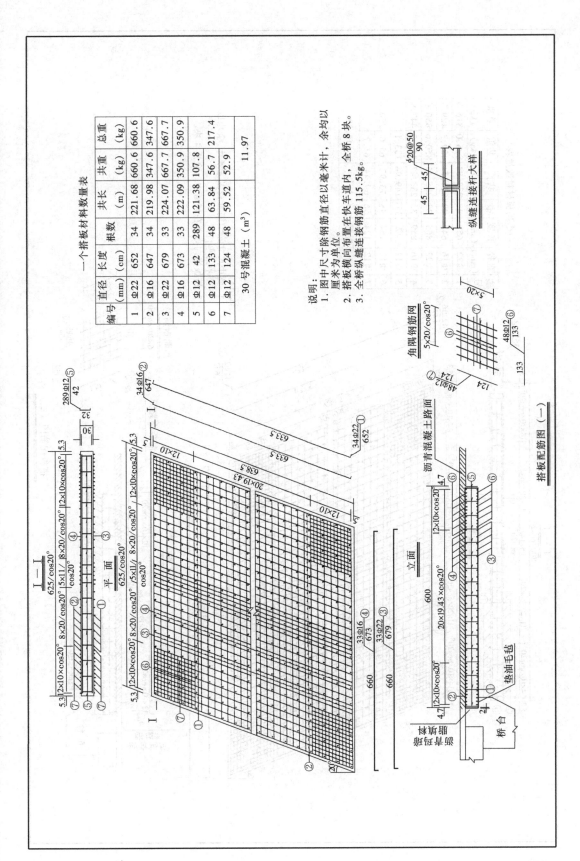

编号	直径 (mm)	长度 (cm)	根数	共长 (m)	共重 (kg)	总重 (kg)
1	Φ22	652	34	221.68	660.6	660.6
2	Φ16	647	34	219.98	347.6	347.6
3	Φ22	679	33	224.07	667.7	667.7
4	Φ16	673	33	222.09	350.9	350.9
5	Φ12	42	289	121.38	107.8	217.4
6	Φ12	133	48	63.84	56.7	
7	Φ12	124	48	59.52	52.9	
30 号混凝土（m^3）					11.97	

说明：

1. 图中尺寸除钢筋直径以毫米计，余均以厘米为单位。
2. 搭板横向布置在快车道内，全桥 8 块。
3. 全桥纵缝连接钢筋 115.5kg。

搭板配筋图（一）

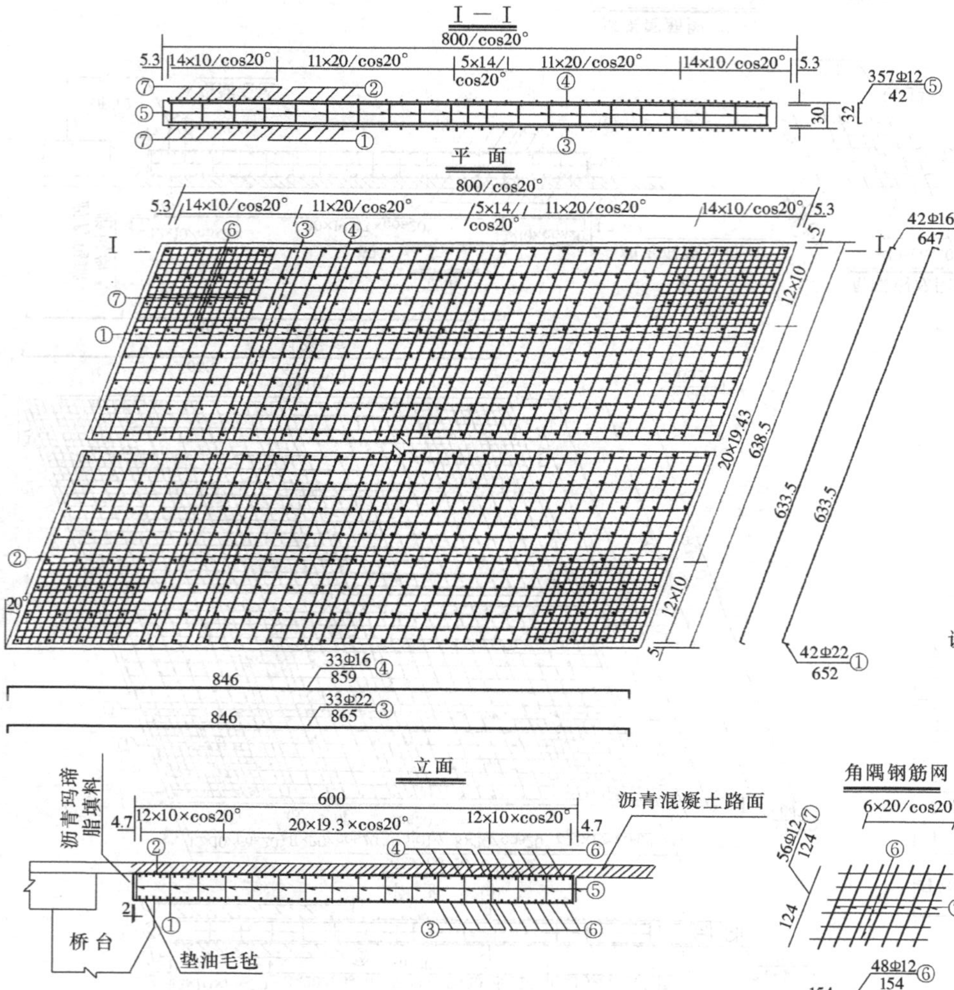

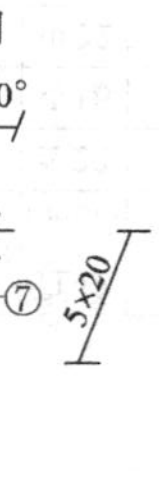

一个搭板材料数量表

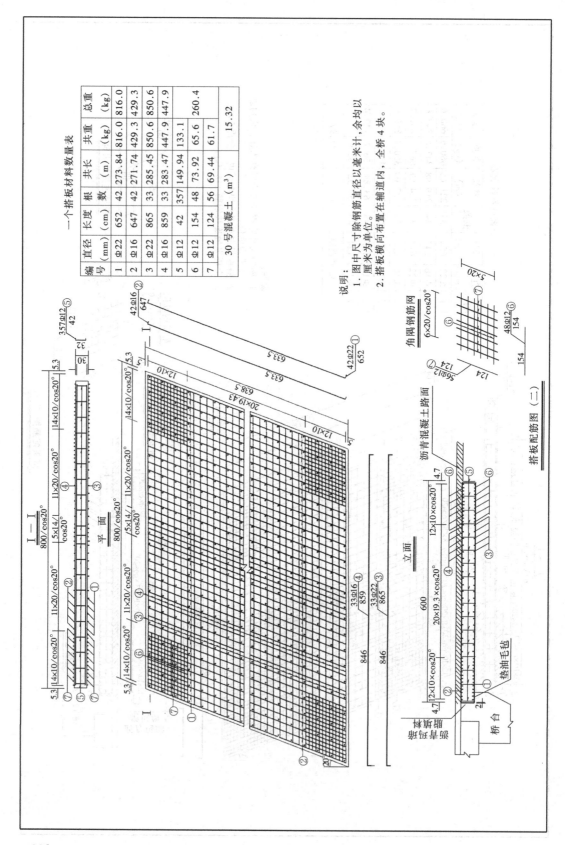

编号	直径(mm)	长度(cm)	根数	共长(m)	共重(kg)	总重(kg)
1	Φ22	652	42	273.84	816.0	816.0
2	Φ16	647	42	271.74	429.3	429.3
3	Φ22	865	33	285.45	850.6	850.6
4	Φ16	859	33	283.47	447.9	447.9
5	Φ12	42	357	149.94	133.1	260.4
6	Φ12	154	48	73.92	65.6	
7	Φ12	124	56	69.44	61.7	
30 号混凝土（m^3）					15.32	

说明：

1. 图中尺寸除钢筋直径以毫米计，余均以厘米为单位。
2. 搭板横向布置在辅道内，全桥 4 块。

搭板配筋图（二）

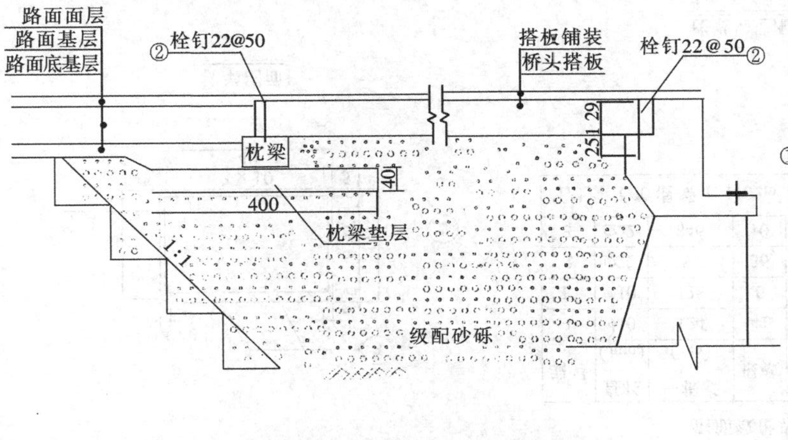

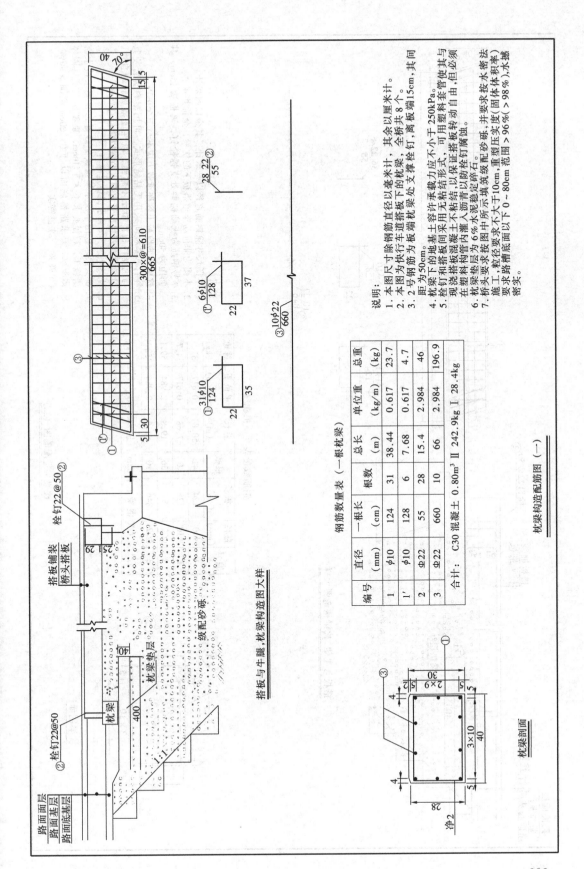

搭板与牛腿，枕梁构造图大样

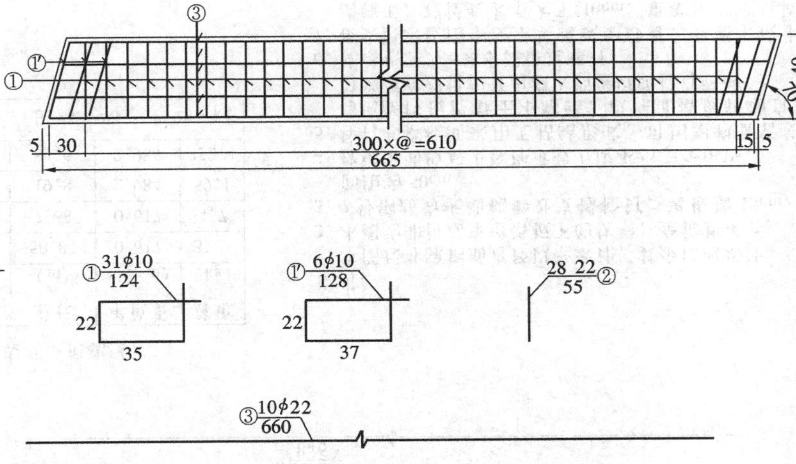

钢筋数量表（一根枕梁）

编号	直径 (mm)	一根长 (cm)	根数	总长 (m)	单位重 (kg/m)	总重 (kg)
1	φ10	124	31	38.44	0.617	23.7
1′	φ10	128	6	7.68	0.617	4.7
2	Φ22	55	28	15.4	2.984	46
3	Φ22	660	10	66	2.984	196.9
合计： C30 混凝土 $0.80m^3$ Ⅱ 242.9kg Ⅰ 28.4kg						

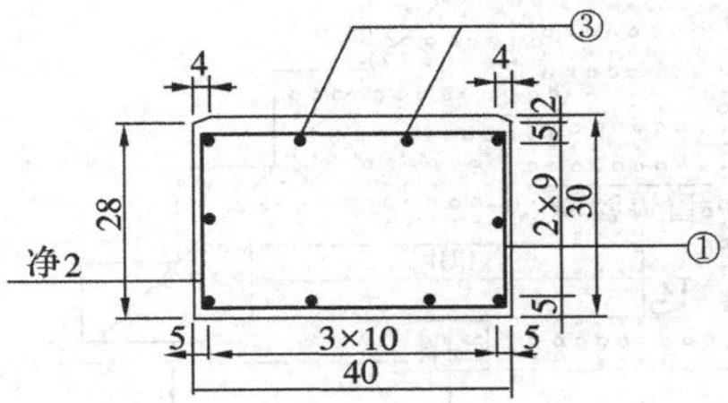

枕梁剖面

说明：
1. 本图尺寸除钢筋直径以毫米计，其余以厘米计。
2. 本图为快行车道搭板下的枕梁，全桥共 8 个。
3. 2 号钢筋为板端枕梁处支撑栓钉，离板端15cm，其间距为50cm。
4. 枕梁下的地基土容许承载力应不小于 250kPa。
5. 栓钉和搭板间采用无粘结形式，可用塑料套管使其与现浇搭板混凝土不粘结，以保证搭板转动自由，但必须在塑料构管内灌入沥青以防栓钉腐蚀。
6. 枕梁垫层为 6%水泥稳定碎石。
7. 桥头要求按图中所示填筑级配砂砾，并要求按水密法施工，粒径要求不大于10cm，重型压实度（固体体积率）要求路槽底面以下 0～80cm 范围 >96%（>98%），水撼密实。

枕梁构造配筋图（一）

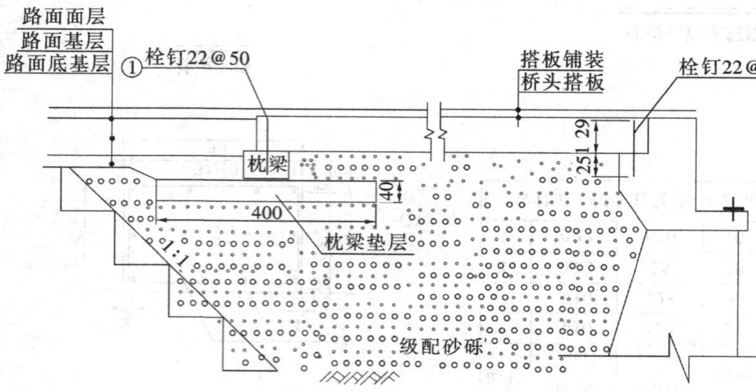

搭板与牛腿，枕梁构造图大样

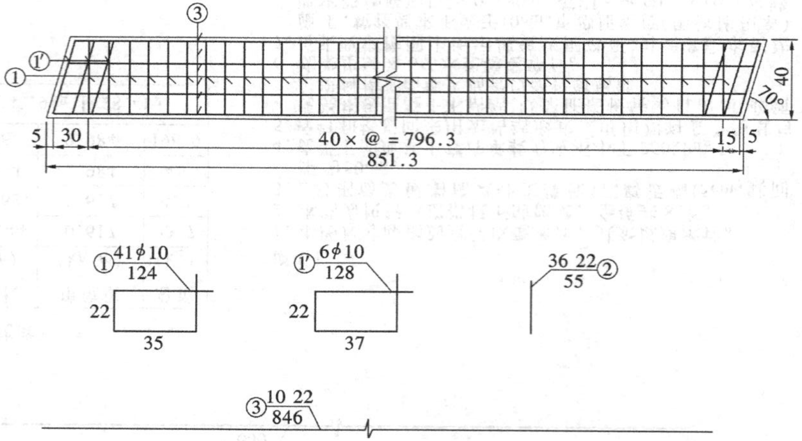

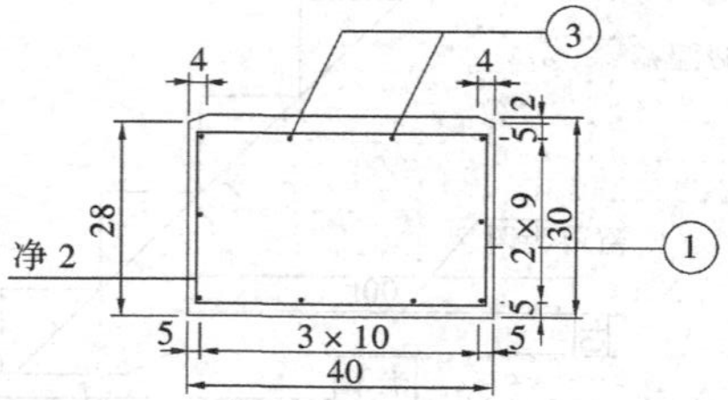

枕梁剖面

钢筋数量表（一根枕梁）

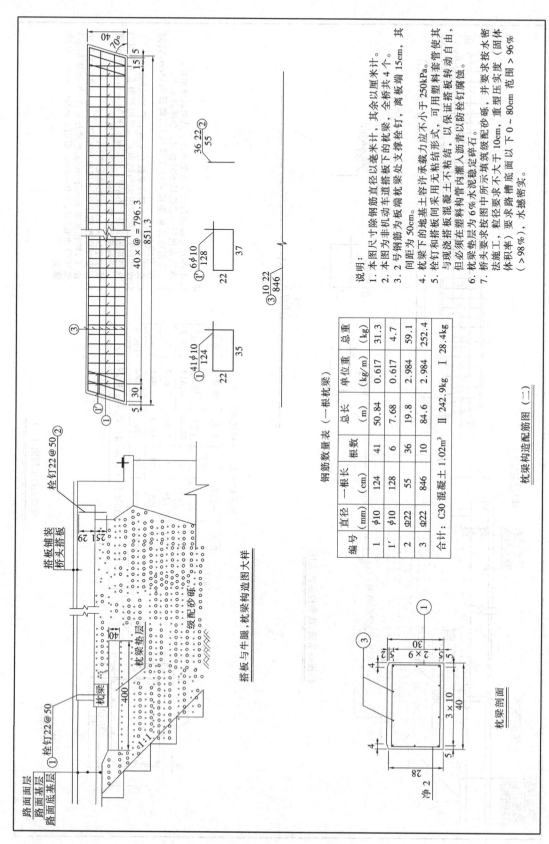

编号	直径 (mm)	一根长 (cm)	根数	总长 (m)	单位重 (kg/m)	总重 (kg)
1	φ10	124	41	50.84	0.617	31.3
1′	φ10	128	6	7.68	0.617	4.7
2	Φ22	55	36	19.8	2.984	59.1
3	Φ22	846	10	84.6	2.984	252.4
合计：C30 混凝土 1.02m³　Ⅱ 242.9kg　Ⅰ 28.4kg						

说明：

1. 本图尺寸除钢筋直径以毫米计，其余以厘米计。
2. 本图为非机动车道搭板下的枕梁，全桥共 4 个。
3. 2 号钢筋为板端枕梁处支撑栓钉，离板端 15cm，其间距为 50cm。
4. 枕梁下的地基土容许承载力应不小于 250kPa。
5. 栓钉和搭板间采用无粘结形式，可用塑料套管使其与现浇搭板混凝土不粘结，以保证搭板转动自由，但必须在塑料构管内灌入沥青以防栓钉腐蚀。
6. 枕梁垫层为 6% 水泥稳定碎石。
7. 桥头要求按图中所示填筑级配砂砾，并要求按水密法施工，粒径要求不大于 10cm，重型压实度（固体体积率）要求路槽底面以下 0～80cm 范围 > 96%（> 98%），水撼密实。

枕梁构造配筋图（二）

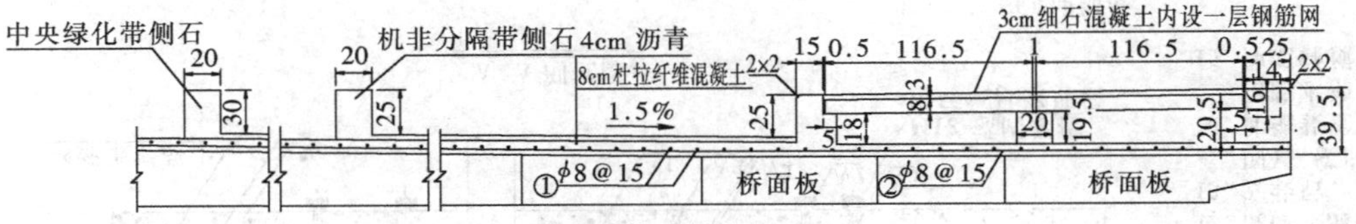

桥面系构造断面

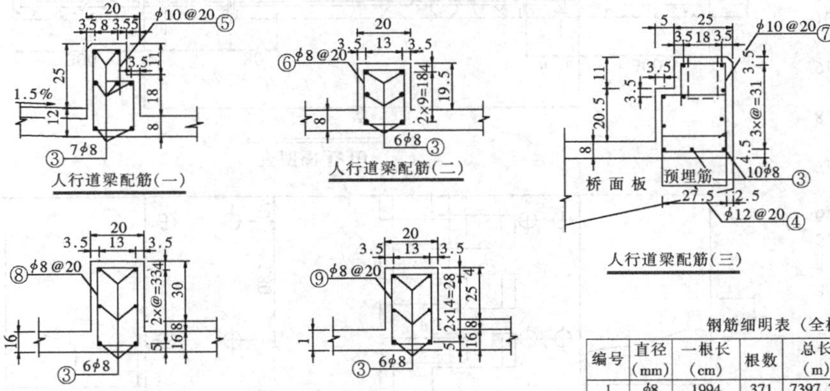

人行道梁配筋(一)

人行道梁配筋(二)

人行道梁配筋(三)

侧石配筋(一)

侧石配筋(二)

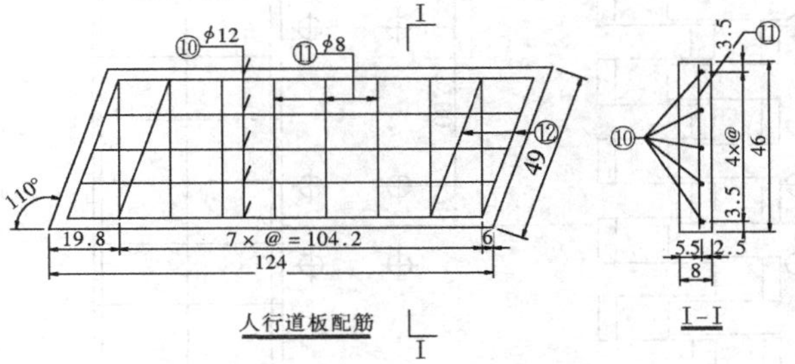

人行道板配筋

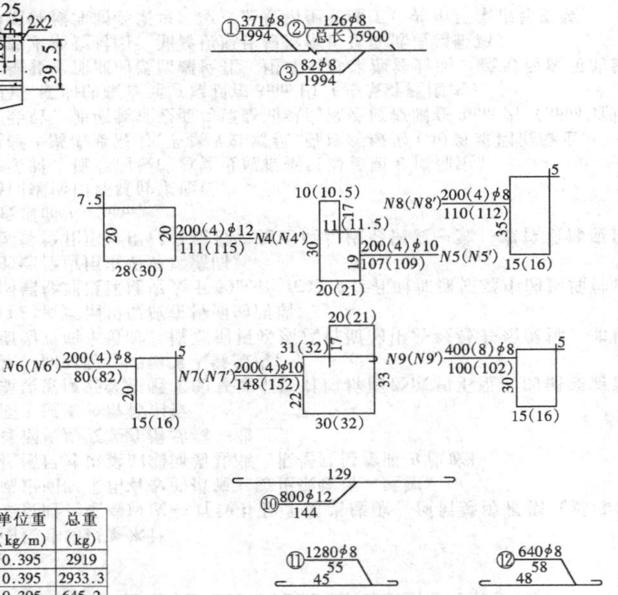

钢筋细明表（全桥）

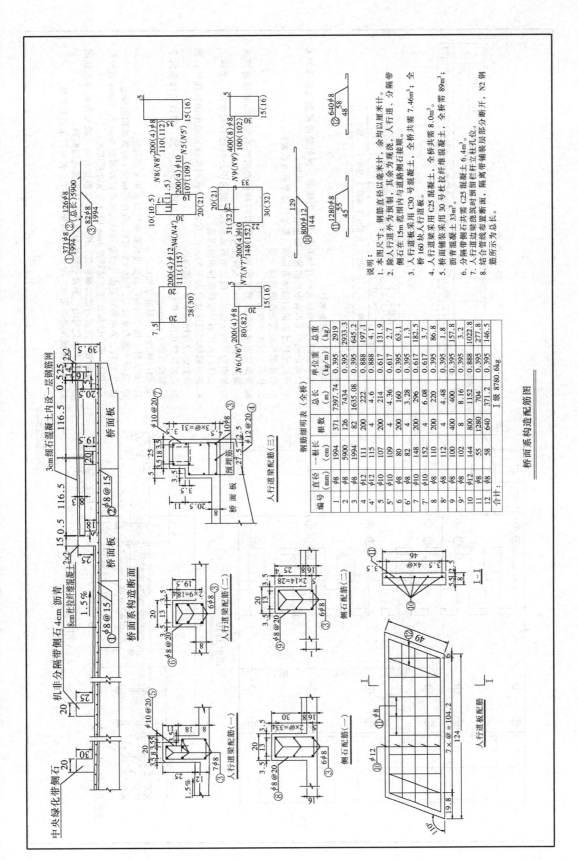

编号	直径(mm)	一根长(cm)	根数	总长(m)	单位重(kg/m)	总重(kg)
1	φ8	1994	371	7397.74	0.395	2919
2	φ8	5900	126	7434	0.395	2933.3
3	φ8	1994	82	1635.08	0.395	645.2
4	φ12	111	200	222	0.888	197.1
4′	φ12	115	4	4.6	0.888	4.1
5	φ10	107	200	214	0.617	131.9
5′	φ10	109	4	4.36	0.617	2.7
6	φ8	80	200	160	0.395	63.1
6′	φ8	82	4	3.28	0.395	1.3
7	φ10	148	200	296	0.617	182.5
7′	φ10	152	4	6.08	0.617	3.7
8	φ8	110	200	220	0.395	86.8
8′	φ8	112	4	4.48	0.395	1.8
9	φ8	100	400	400	0.395	157.8
9′	φ8	102	8	8.16	0.395	3.2
10	φ12	144	800	1152	0.888	1022.8
11	φ8	55	1280	704	0.395	277.8
12	φ8	58	640	371.2	0.395	146.5
合计:			Ⅰ级 8780.6kg			

说明：

1. 本图尺寸：钢筋直径以毫米计，余均以厘米计。
2. 除人行道外为预制，其余为现浇，人行道、分隔带侧石在 15m 范围内与道路侧石接顺。
3. 人行道板采用 C30 号混凝土，全桥共需 7.46m^3；全桥 160 块人行道板。
4. 人行道梁采用 C25 混凝土，全桥共需 8.0m^3。
5. 桥面铺装采用 30 号杜拉纤维混凝土，全桥需 89m^3；沥青混凝土 33m^3。
6. 分隔带侧石共需 C25 混凝土 6.4m^3。
7. 人行道边梁浇筑时预留栏杆立柱孔位。
8. 结合管线布置断面，隔离带铺装层部分断开，N2 钢筋所示为总长。

桥面系构造配筋图

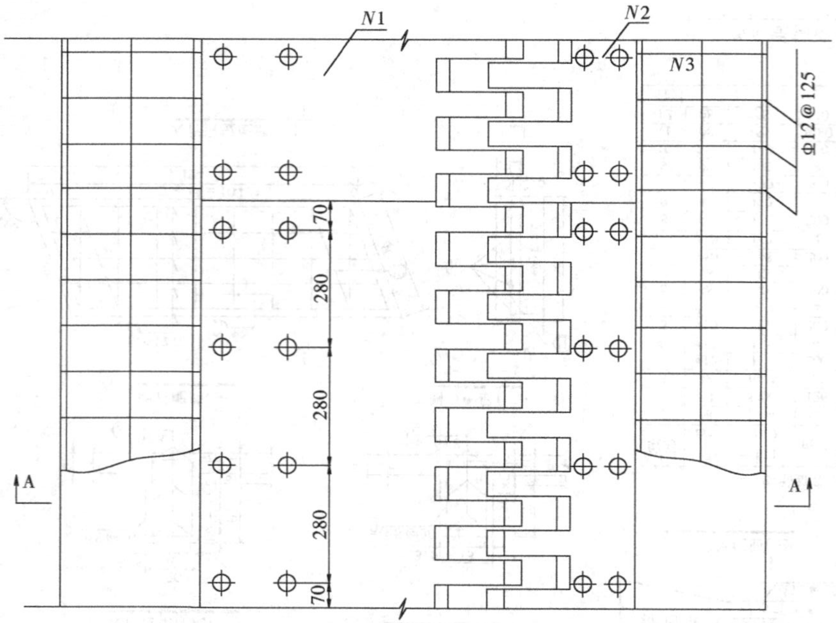

平面图 1:10

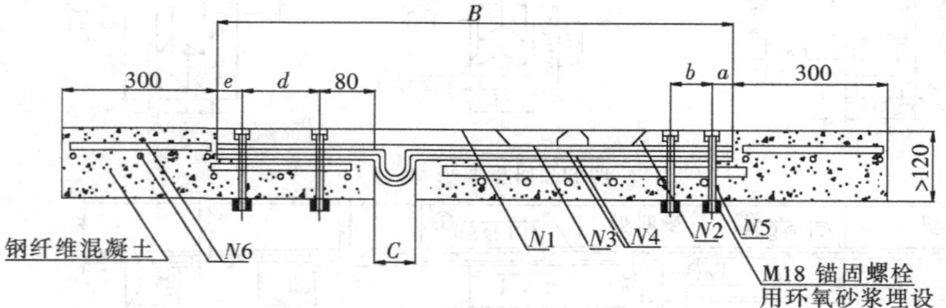

A - A 剖视图

技术参数表

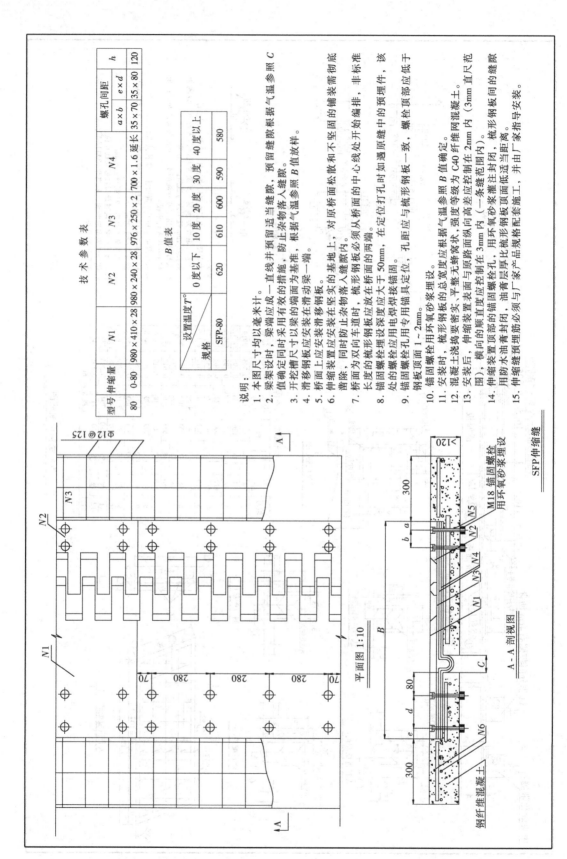

型号	伸缩量	N1	N2	N3	N4	螺孔间距		h
						a×b	e×d	
80	0-80	980×410×28	980×240×28	976×250×2	700×1.6 延长	35×70	35×80	120

B 值表

设置温度 T° / 规格	0 度以下	10 度	20 度	30 度	40 度以上
SFP-80	620	610	600	590	580

说明：

1. 本图尺寸均以毫米计。
2. 梁架设时，梁端应成一直线并预留适当缝隙，预留缝隙根据气温参照 C 值确定同时采用有效的措施，防止杂物落入缝隙。
3. 开挖槽尺寸以梁的端面为基准，根据气温参照 B 值放样。
4. 滑移钢板应安装在滑动梁一端。
5. 桥面上应安装滑移钢板。
6. 伸缩装置应安装在坚实的基地上，对原桥面松散和不坚固的铺装需彻底凿除，同时防止杂物落入缝隙内。
7. 桥面为双向车道时，梳形钢板必须从桥面的中心线处开始编排，非标准长度的梳形钢板应放在桥面的两端。
8. 锚固螺栓埋设深度应大于 50mm，在定位打孔时如遇原缝中的预埋件，该处的螺栓应用电焊焊接锚固。
9. 锚固螺栓孔用专用锚具定位，孔距应与梳形钢板一致，螺栓顶部应低于钢板顶面 1～2mm。
10. 锚固螺栓用环氧砂浆埋设。
11. 安装时，梳形钢板的总宽度应根据气温参照 B 值确定。
12. 混凝土浇捣要密实、平整无蜂窝状，强度等级为 C40 纤维网混凝土。
13. 安装后，伸缩装置表面与原路面纵向高差应控制在 2mm 内（3mm 直尺范围），横向的顺直度应控制在 3mm 内（一条缝范围内）。
14. 伸缩装置顶部的锚固螺栓孔，用环氧砂浆灌注封闭，梳形钢板间的缝隙用防水油膏封闭，油膏层厚比梳形钢板顶面低适当距离。
15. 伸缩缝预埋筋必须与厂家产品规格配套施工，并由厂家指导安装。

SFP伸缩缝

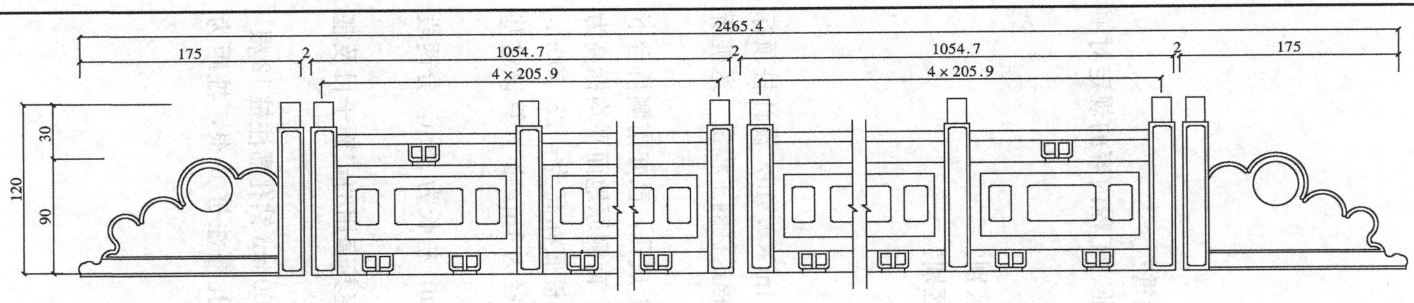

栏杆立面示意 1:20

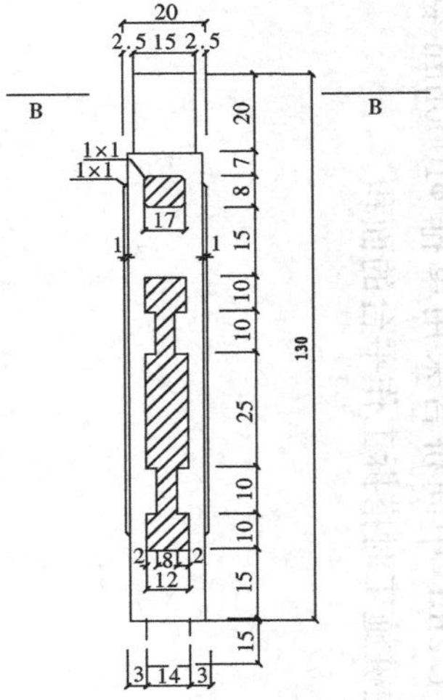

A－A 1:10

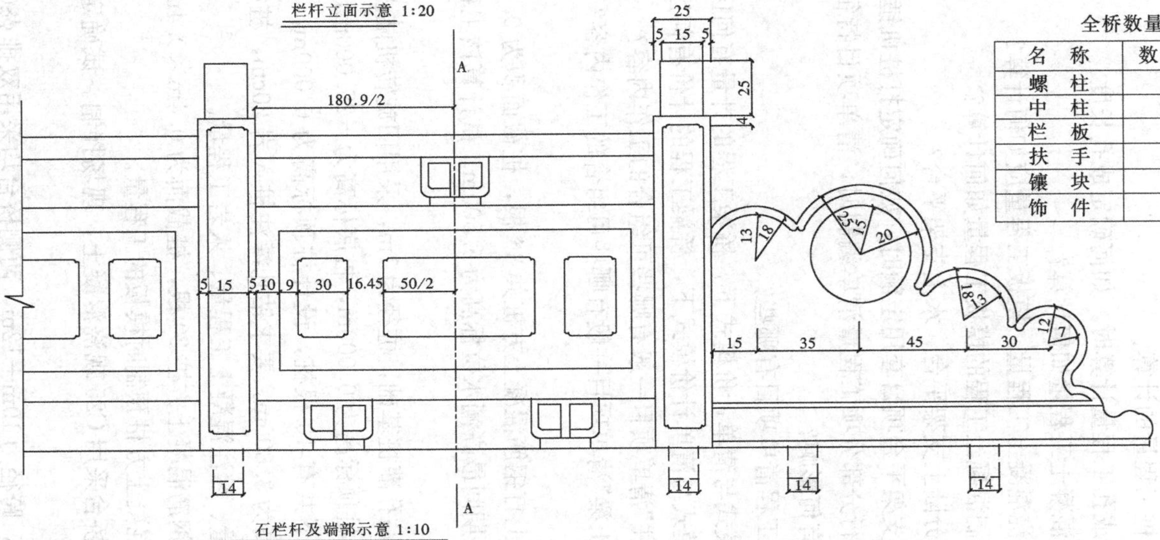

石栏杆及端部示意 1:10

全桥数量表

名　称	数量（件）
螺　柱	12
中　柱	16
栏　板	16
扶　手	16
镶　块	4
饰　件	48

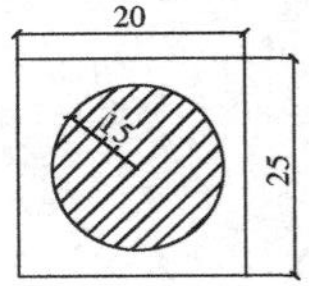

B－B 1:10

说明：
1. 本图尺寸均以厘米为单位。
2. 栏杆石料为乐清青石，有节理不能用，接头均用榫接，并用环氧砂浆嵌缝，嵌缝砂浆颜色要与石料颜色相同，安装时及时将栏杆冲洗干净。
3. 凸面线条部分采用三面剁斧，凹面（影点部位）采用点凿，扶手与柱顶部分用三面剁斧。
4. 由于栏杆加工均为定型加工，尺寸无调整余地，因此要求加工尺寸都必须准确严密，运输、安装时严防构件断裂。
5. 选其中间的一块板用来书写桥名。

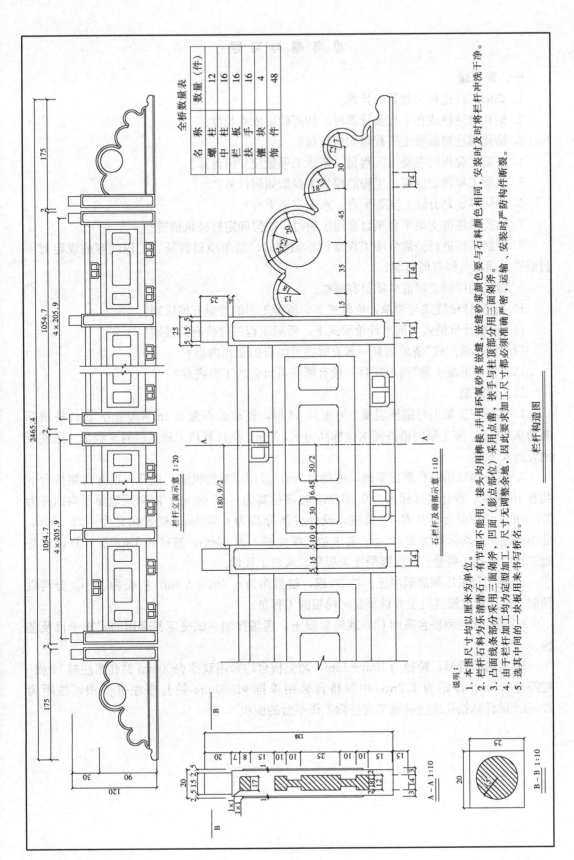

栏杆构造图

思考题与习题

一、简答题

1. 如何进行送桩工程量的计算？

2. 钻孔灌注桩成孔工程量计算时，如何确定成孔长度？

3. 钻孔灌注桩混凝土工程量如何计算？

4. 桥梁工程现浇混凝土工程量、模板工程量应如何计算？

5. 桥梁工程预制混凝土工程的模板工程量如何计算？

6. 如何界定划分陆上支架平台、水上支架平台？

7. 钻孔灌注桩支架平台项目套用定额时，如何确定打桩机锤重？

8. 桥涵工程进行分部分项工程量清单编制时，清单项目特征、工程内容的规定对项目编码、项目名称有何影响？

9. 常见的桥涵工程清单项目有哪些？

10. 定额计价模式与清单计价模式下，桥梁工程的计量有何区别？

11. 定额计价模式与清单计价模式下，桥梁工程的计价有何区别？

12. “钻孔灌注柱”清单项目一般有哪些可组合的工作内容？

13. “预制混凝土梁”清单项目一般有哪些可组合的工作内容？

二、计算题

1. 某桥在支架上打钢筋混凝土方桩共 36 根，桩截面积为 0.4m×0.4m，设计桩顶标高为 0.000m，施工期间最高潮水位标高为 5.500m。试计算该工程送桩的工程量、送桩所消耗的人工量。

2. 某桥梁采用钻孔灌桩基础，桩径为 1m，采用回旋转机陆上成孔，已知南侧桥台下共有 10 根桩、设计桩顶标高为 0.000m，桩底标高为−25.000m，南侧原地面平均标高为 3.500m；北侧桥台下共有 10 根桩，设计桩顶标高为 0.000m，桩底标高为−25.500m，北侧原地面平均标高为 3.800m，要求钻孔灌注桩入岩 20cm，桩径为 1m。试计算该桩基础工程的成孔工程量、灌注混凝土工程量、入岩工程量。

3. 某工程采用钢筋混凝土方桩 20 根，桩截面为 0.4m×0.4m，桩长为 28m，分两段预制。试计算钢筋混凝土方桩预制时模板的工程量。

4. 某桥梁轻型桥台采用 C25 现浇混凝土，现场拌制。试确定其套用的定额子目及基价。

5. 某两跨桥梁，跨径为 10m+12m，两侧桥台均采用双排 ϕ800mm 钻孔灌注桩 12 根，桩距为 1.5m，排距为 1.2m；中间桥台采用单排 ϕ1000mm 钻孔灌注桩 6 根，桩距为 1.5m。试计算钻孔灌注桩施工时搭拆工作平台的面积。

第九章　排水工程计量与计价

本章学习要点

排水工程项目定额说明与工程量计算规则、定额套用与换算；排水工程定额计量与计价；排水工程清单项目工程量计算规则及计算方法；排水工程清单计量与计价。

第一节　排水工程预算定额应用

说明

(1)《排水工程》包括定型混凝土管道基础及铺设，定型井，非定型井、渠、管道基础及砌筑，顶管，给排水（构筑物），给排水机械设备安装，模板、钢筋及井字架工程，共6章1142个子目。

(2) 适用范围：本定额适用于城镇范围内新建、改建和扩建的市政排水管渠工程；净水厂、污水厂、排水泵站的给排水构筑物和专用给排水机械设备。不适用于排水工程的日常修理及维护工程。

(3) 本册定额与其他有关定额关系的说明：

1）本册定额所涉及的土石方开挖、运输、脚手架、支撑、围堰、打拔桩、降排水、拆除等工程，除各章节另有说明外，可按第一册《通用项目》有关子目。

2）管道接口、井、给排水构筑物需要做防腐处理的，可参考《浙江省建筑工程预算定额》或《浙江省安装工程预算定额》相关子目。

3）给排水构筑物工程中的泵站上部建筑工程以及本册定额中未包括的建筑工程执行《浙江省建筑工程预算定额》。

4）给排水机械设备安装中涉及通用机械部分，可执行《浙江省安装工程预算定额》。

(4) 其他有关问题的补充说明：

1）本定额中所称管径：混凝土管、钢筋混凝土管指内径，钢管、塑料管指公称直径。

2）本定额各项目涉及的混凝土和砂浆强度等级与设计要求不同时，可进行换算，定额含量不变。

3）本定额各章所需的模板、钢筋（铁件）加工、井字架执行第七章的相应子目。

4）本定额是按无地下水考虑的，如有地下水，需降（排）水时执行第一册《通用项目》相应定额；需设排水盲沟时执行第二册《道路工程》相应定额；基础需铺设垫层时采用本册第三章的相应定额；采用湿土排水时执行第一册《通用项目》相应定额。

(5) 与浙江省建筑、安装工程预算定额的界限划分（图9-1）：

一、管道铺设

（一）说明

(1) 有关词语的释义：

1) 定型混凝土管道基础：专指按国标《给水排水标准图集（1996)》S2 的混凝土管道基础，分为 120°、180°、满包混凝土三种形式。各地区根据本地区实际所设计的管道基础不属于定型混凝土管道基础。

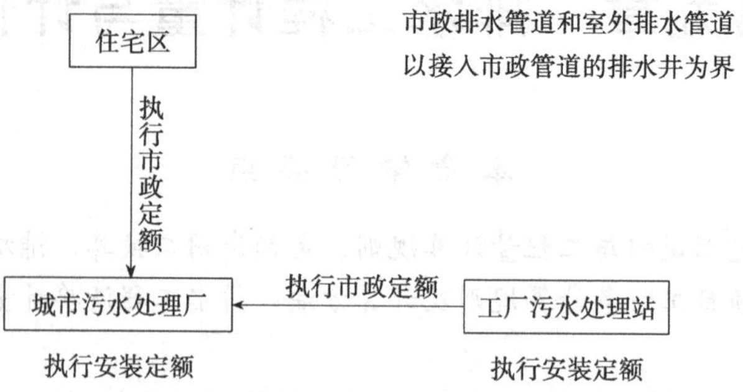

图 9-1 与浙江省建筑、安装工程预算定额的界限划分

注：污水处理厂厂区内本身的雨污水管道及检查井、雨水井应执行市政定额。

2) 定型检查井：专指按《给水排水标准图集（1996)》S2 设计及施工的检查井。

(2) 串管铺设：是指在沟槽两侧有挡土板且有钢（木）支撑的管道铺设。

1) 本章定额包括混凝土管道基础、塑料管道铺设、管道接口管道闭水试验，共 4 节 223 个。

2) 本定额中将混凝土管道铺设与接口分列开来，定额分别套用，以避免由于实际管道长度不同而造成对定额中接口数量的频繁调整。

3) 为与工程量清单中的子目相对应，将模板加工从定型混凝土管道基础各个子目中剥离，涉及的模板加工内容执行本册第七章的相应项目。

4) ϕ300～ϕ700mm 混凝土管铺设分为人工下管和人机配合下管，在定额套用时应根据施工组织设计套用不同的子目。

5) 管道闭水试验应单独进行计算，以实际闭水长度计算，不扣除各种井所占长度。

6) 在无基础的槽内铺设混凝土管道，其人工、机械乘以 1.18 系数。

7) 如遇有特殊情况必须在支撑下串管铺设，人工、机械乘以 1.33 系数。

8) 管道铺设定额若管材单价不包括接口费用，则不得重复套用管道接口相关子目。

9) 企口管膨胀水泥砂浆接口和石棉水泥接口适于 360°，其他接口均是按管座 120°和 180°列项的。如管座角度不同，按相应材质的接口做法，按表 9-1 进行调整。

【例 9-1】 排水管道管径 500mm，水泥砂浆接口 135°，试确定定额编号及基价。

【解】 [6-53] *H* 基价＝72×0.89＝64.08 元/10 个口

管道接口调整表 **表 9-1**

序号	项 目 名 称	实做角度	调整基数或材料	调整系数
1	水泥砂浆接口	90°	120°定额基价	1.33
2	水泥砂浆接口	135°	120°定额基价	0.89
3	钢丝网水泥砂浆接口	90°	120°定额基价	1.33
4	钢丝网水泥砂浆接口	135°	120°定额基价	0.89
5	企口管膨胀水泥砂浆接口	90°	定额中 1：2 水泥砂浆	0.75
6	企口管膨胀水泥砂浆接口	120°	定额中 1：2 水泥砂浆	0.67

续表

序号	项目名称	实做角度	调整基数或材料	调整系数
7	企口管膨胀水泥砂浆接口	135°	定额中 1∶2 水泥砂浆	0.625
8	企口管膨胀水泥砂浆接口	180°	定额中 1∶2 水泥砂浆	0.50
9	企口管石棉水泥接口	90°	定额中 1∶2 水泥砂浆	0.75
10	企口管石棉水泥接口	120°	定额中 1∶2 水泥砂浆	0.67
11	企口管石棉水泥接口	135°	定额中 1∶2 水泥砂浆	0.625
12	企口管石棉水泥接口	180°	定额中 1∶2 水泥砂浆	0.50

注：现浇混凝土外套环、变形缝接口，通用于平口、企口管。

10）定额中的水泥砂浆接口、钢丝网水泥砂浆接口均不包括内抹口，如设计要求内抹口时，按抹口周长每 100 延米增加水泥砂浆 0.042m^3、人工 9.22 工日计算。

【例 9-2】 *DN*600 钢筋混凝土管道（135°基础），内外抹口均为 1∶2.5 水泥砂浆，10 个口的内抹口周长为 18.9m，试确定定额编号及基价。

【解】 ［6-54］*H* 基价＝［81＋(276.26－195.13)×0.007］×0.89＋(0.042×210.26＋9.22×43)×18.9÷100＝149.19 元/10 个口。

11）定额中混凝土按现场拌制考虑，如果采用商品混凝土，每 10m^3 混凝土应扣除人工 10.3 工日，混凝土搅拌机和机动翻斗车全部台班数量。

12）本章各项所需模板、钢筋加工，执行第七章的相应项目。

（二）工程量计算规则

(1) 管道铺设，按井中至井中的中心扣除检查井长度，以延长米计算工程量。

(2) 矩形检查井按管线方向井室内径计算，圆形检查井按管线方向井室内径每侧减 0.15m 计算，雨水口不扣除。

(3) 管道接口区分管径及做法，以实际接口个数计算工程量。

【例 9-3】 某排水管道工程长 200m，采用 *D*500 混凝土管道，有 6 座 1000×1000 的检查井（管道两端各有一座检查井），试计算管道铺设长度。

【解】 管道铺设的长度为管道扣除矩形检查井按管线方向井室井径，为 200－5×1＝195m。

【例 9-4】 某排水管道工程长 300m，采用 *D*400 混凝土管道。120°混凝土基础，有 9 座 ϕ700 的圆形检查井（管道两端各有一座检查井），试计算混凝土基础和铺设长度。

【解】 基础和管道铺设的长度为管道减去每座检查井扣除的 0.4m，为 300－8×0.4＝296.8m。

【例 9-5】 某段管线工程，J1 为非定型矩形检查井 1750×1000，主管为 *DN*1200；支管为 *DN*500，单侧布置，具体如图 9-2 所示，计算应扣除的长度。

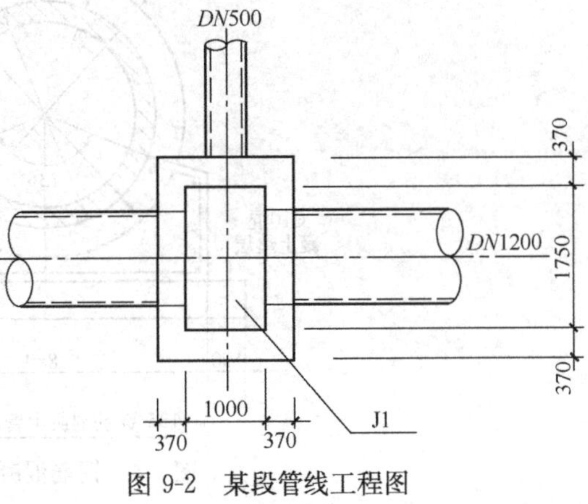

图 9-2 某段管线工程图

【解】 *DN*1200 管在 J1 处应扣除长度为 1m；*DN*500 在 J1 处应扣除长度为 1.75÷2=0.875m。

【例 9-6】 某段管线工程，J2 为非定型圆形检查井 ϕ1800，主管为 *DN*1200；支管为 *DN*500，单侧布设，具体如图 9-3 所示，计算应扣除长度。

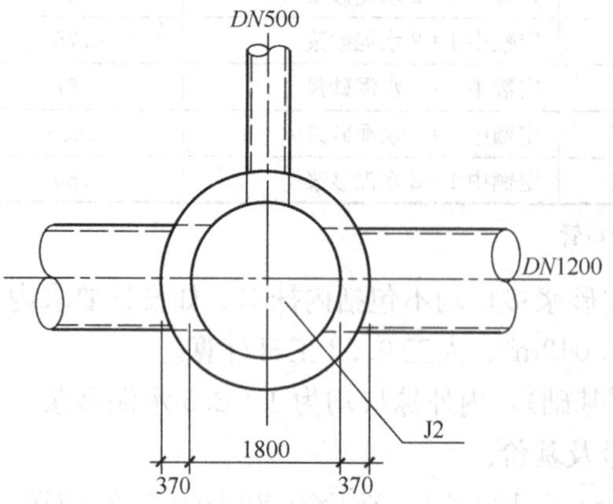

图 9-3 某段管线工程图

【解】 *DN*1200 管在 J2 检查井处应扣除长度为 1.8－0.15×2＝1.5m，*DN*500 在 J2 处应扣除长度为 1.8÷2－0.15＝0.75m。

【例 9-7】 某城市道路排水工程中雨水管道铺设如图 9-4 所示，采用 *DN*500×4000mm 钢筋混凝土承插管（O 型胶圈接口），135°C20 钢筋混凝土管道基础。雨水检查井为 1100×1100 非定型砖砌落底方井。该排水工程设计井盖平均标高 1.8m，原地面平均标高 0.6m，平均地下水位标高－0.3m，土方为三类土。建设单位在编制施工图预算时对土方部分做如下考虑：

(1) 土方开挖采用人工开挖，土方计算参数参照市政定额有关规定；

(2) 开挖后的土方堆放于沟槽边，待人回填后剩余土方采用人工装汽车土方外运（人工装汽车土方不计湿土系数），运距 5km；

(3) 已知该工程需回填的土方工程量为 110m³（按图 9-4 所示尺寸计算），试按照

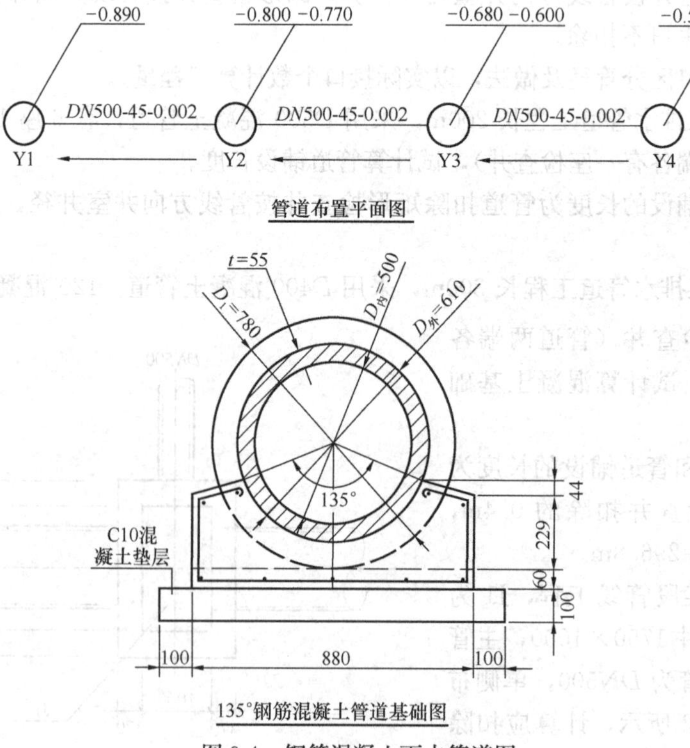

图 9-4 钢筋混凝土雨水管道图

03版市政定额有关规定计算该工程土方部分的工程量、工程直接费，并提供工程量计算书。

【解】

管道基本数据 **表 9-2**

单位：m

序号	井间号	平均管内底标高	管内底到沟底深	沟槽挖深	湿土深	长度（井中）	扣井长度	胶圈数量（个）
1	Y1-Y2	−0.845	0.3	1.745	0.845	45	1.1	10
2	Y2-Y3	−0.725	0.3	1.625	0.725	45	1.1	10
3	Y3-Y4	−0.555	0.3	1.455	0.555	45	1.1	10
	小　计					135	3.3	30

注：1. 管内底到沟底深＝（$D_1-D_内$）/2＋C_1＋垫层厚度（其中 D_1 为承口外径，D 为内插口内径，C_1 为平基高度）。
2. 沟槽挖深＝平均原地面标高－平均管内底标高＋管内底到沟底深。
3. 湿土深＝沟槽挖深－（原地面平均标高－平均地下水位标高）。
4. 单位未注明的均为米。

工程量计算书

已知：$B=0.88$，$C=0.5$，$K=0.33$

$V_{总土方量}$：$(192.85+176.69+123.09)\times1.025=504.95m^3$

其中：$V_{1-2}=(1.88+0.33\times1.745)\times1.745\times45=192.85m^3$

$V_{2-3}=(1.88+0.33\times1.625)\times1.625\times45=176.69m^3$

$V_{3-4}=1.88\times1.455\times45=123.09m^3$

$V_{湿土方量}$：$(82.09+69.14+46.95)\times1.025=203.13m^3$

其中：$V_{1-2}=(1.88+0.33\times0.845)\times0.845\times45=82.09m^3$

$V_{2-3}=(1.88+0.33\times0.725)\times0.725\times45=69.14m^3$

$V_{3-4}=1.88\times0.555\times45=46.95m^3$

$V_{干土方量}$：$V_总-V_湿=504.95-203.13=301.82m^3$

$V_{干方回填}$：$110m^3$

人$_{工装汽车运土方}$：$504.95-110\times1.15=378.45m^3$

$V_{外运}=378.45m^3$

市政工程预算书 **表 9-3**

序号	定额编号	项目名称	工程量	单位	单价	合价（元）
1	1-8	人工挖沟槽干土，三类土，2m内	301.82	m^3	13.83	4174
2	1-8h	人工挖沟槽湿土，三类土，2m内	203.13	m^3	16.32	3315
3	1-390	湿土排水	203.13	m^3	4.99	1014
4	1-49	人工装汽车土方	378.45	m^3	3.96	1499
5	1-56	沟槽填夯实土方回填	126.5	m^3	9.55	1208
6	1-85h	自卸汽车运土运距5km人工装土	378.45	m^3	11.73	4439
		小　计				15649

二、井、渠、管道基础、砌筑

（一）说明

（1）本章定额包括井、渠、管道及构筑物垫层、基础、砌筑、抹灰，混凝土构件的制作、安装，检查井筒砌筑以及沟槽回填等。

（2）本章各项目均不包括脚手架，当井深超过 1.5m，执行第七章井字脚手架项目；砌墙高度超过 1.2m，抹灰高度超过 1.5m 所需脚手架执行第一册《通用项目》相应定额。

（3）本章所列各项目所需模板的制、安、拆，钢筋（铁件）的加工均执行第七章相应项目。

（4）本章小型构件是指单件体积在 0.04m^3 以内的构件。凡大于 0.04m^3 的检查井过梁，执行混凝土过梁制安项目。

（5）雨水井的混凝土过梁制作、安装执行小型构件的相应项目。

（6）混凝土枕基和管座不分角度均按相应定额执行。

（7）干砌、浆砌出水口的平坡、锥坡、翼墙等按第一册《通用项目》的相应项目执行。

（8）拱（弧）型混凝土盖板的安装，按相应体积的矩型板定额人工、机械乘以系数 1.15 执行。

（9）砖砌检查井的降低执行第一册《通用项目》拆除构筑物相应项目。

（10）石砌体均按块石考虑，如采用片石时，石料与砂浆用量分别乘以系数 1.09 和 1.19，其他不变。

（11）给排水构筑物的垫层执行本章定额相应项目，其中人工乘以系数 0.87，其他不变；如构筑物池底混凝土垫层需要找坡时，其中人工不变。

（12）现浇混凝土方沟底板，执行渠（管）道基础中平基的相应项目。

（13）井砌筑中的爬梯可按实际用量套用本册第七章中钢筋、铁件相应子目。

（二）工程量计算规则

（1）本章所列各项目的工程量均以施工图为准计算。

（2）井砌筑按体积（不扣除管径 500 以内管道所占体积）计算，以“10m^3”为单位。

（3）各种井的预制构件以实体积“m^3”计算。

（4）井、渠垫层、基础按实体积以“10m^3”计算。

（5）沉降缝应区分材质按沉降缝的断面积或铺设长分别以“100m^2”和“100m”计算。

（6）各类混凝土盖板的制作按实体积以“m^3”计算，安装应区分单件（块）体积，以“10m^3”计算，抹灰、勾缝以“100m^2”为单位计算。

（7）方沟（包括存水井）闭水试验的工程量，按实际闭水长度的用水量，以“100m^3”计算。

（8）沟槽回填塘渣或砂按管道长度乘以断面积，并扣除各种管道、基础、垫层等所占的体积计算。

【例 9-8】 M10 水泥砂浆片石砌筑渠道墙身，片石单价 40.16 元/t，试确定定额编号及基价。

【解】 [6-293]*H*　基价＝2295－(168.17×3.67＋40.5×18.442)＋(174.77×3.67×1.19＋40×18.442×1.09)＝2498 元/10m^3

【例 9-9】 矩形雨水井 M10 砂浆砌筑，试确定定额编号及基价。

【解】 [6-231]*H*　2651＋(174.77－168.17)×2.286＝2666.09 元/10m^3

三、不开槽管道工程

(一) 说明

(1) 本章定额内容包括工作坑土方，顶管附属设备安拆、钢筋混凝土管敞开式、封闭式顶进，钢管、铸铁管顶进，混凝土方（拱）管涵顶进等项目，适用于雨、污水管（涵）以及外套管的不开槽埋管工程项目。

(2) 工作坑垫层、基础执行第三章的相应项目，人工乘以系数 1.10，其他不变。

(3) 工作坑人工挖土方挖土壤类别综合考虑。工作坑回填土，视其回填的实际做法，执行第一册《通用项目》的相应子目。

(4) 工作坑内管（涵）明敷，应根据管径、接口做法执行第一章的相应项目，人工、机械乘以系数 1.10，其他不变。对于管道下的基础，应根据第三章套用相关子目。

(5) 本章定额是按无地下水考虑的，如遇地下水时，排（降）水费用根据实际情况另行计算。

(6) 顶进施工的方（拱）涵断面大于 $4m^2$ 时，按第三册《桥涵工程》箱涵顶进部分有关项目或规定执行。

(7) 工作井如为沉井，其制作、下沉等套用本册第五章的相应项目。

(8) 本章定额未包括土方、泥浆场外运输处理费用，发生时可执行第一册《通用项目》相应子目或其他有关规定。

(9) 单位工程中，管径 ϕ1650 以内敞开式顶进在 100m 以内、封闭式顶进（不分管径）在 50m 以内时，顶进定额中的人工费与机械费乘以系数 1.30。

(10) 顶管采用中继间顶进时，各级中继间后面的顶管人工与机械数量乘以下列系数分级计算（表 9-4）。

调整系数表 **表 9-4**

中继间顶进分级	一级顶进	二级顶进	三级顶进	四级顶进	超过四级
人工费、机械费调整系数	1.20	1.45	1.75	2.1	另 计

【例 9-10】 某 ϕ1200 顶管工程，总长度为 200m，采用泥水平衡式顶进，设置 4 级中继间顶进，每 100m 定额人工为 222.926 工日，如图 9-5 所示，求其人工消耗量和机械台班消耗量。

【解】 其顶进总人工消耗量计算如下：(0.45＋0.34×1.2＋0.3×1.45＋0.56×1.75

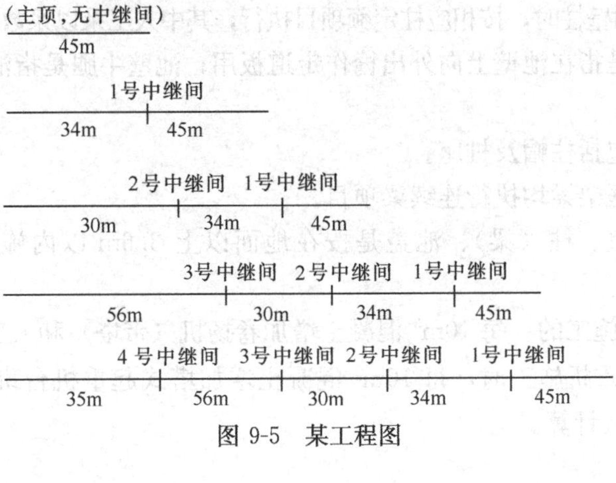

图 9-5 某工程图

+0.35×2.1)×222.926=670.561工日。

相应的机械台班数量也按此种方法计算。

(11) 钢板桩基坑支撑使用数量均已包括在安、拆支撑设备定额子目内。

(12) 安、拆顶管设备定额中，已包括双向顶进时设备调向的拆除、安装以及拆除后设备转移至另一顶进坑所需的人工和机械台班。

(13) 安、拆顶管后座及坑内平台定额已综合取定，适用于敞开式和封闭式施工方法，其中钢筋混凝土后座模板制、安、拆执行第七章相应子目。

(14) 顶管工程中的材料是按50m水平运距、坑边取料考虑的，如因场地等情况取用料水平运距超过50m时，根据超过距离和相应定额另行计算。

【例9-11】 敞开式顶管施工，管径ϕ1200，管道顶进长度90m，挤压式，试确定定额编号及基价。

【解】[6-504]H　基价=155144+(11434.78+13385.97)×0.3=162590元/100m

(二) 工程量计算规则

(1) 工作坑土方区分挖土深度，以挖方体积计算。

(2) 各种材质管道的顶管工程量，按实际顶进长度，以“延长米”为单位计算。

(3) 触变泥浆减阻每两井间的工程量按两井之间的净距离计算，以“米”为计量单位。

四、给排水构筑物

(一) 说明

本章定额包括沉井、现浇钢筋混凝土池、预制混凝土构件、折(壁)板、滤料铺设、防水工程、施工缝、井池渗漏试验等项目共8节220个。

1. 沉井

(1) 沉井工程系按深度12m以内，陆上排水沉井考虑的。水中沉井、陆上水冲法沉井以及离河岸边近的沉井，需要采取地基加固等特殊措施者，可执行第四册《隧道工程》相应项目。

(2) 沉井下沉项目中已考虑了沉井下沉的纠偏因素，但不包括压重助沉措施，若发生可另行计算。

(3) 沉井制作不包括外渗剂，若使用外渗剂时可按当地有关规定执行。

2. 现浇钢筋混凝土池类

(1) 池壁遇有附壁柱时，按相应柱定额项目执行，其中人工乘以系数1.05，其他不变。

(2) 池壁挑檐是指在池壁上向外出檐作走道板用；池壁牛腿是指池壁上向内出檐以承托池盖用。

(3) 无梁盖柱包括柱帽及桩座。

(4) 井字梁、框架梁均执行连续梁项目。

(5) 混凝土池壁、柱(梁)、池盖是按在地面以上3.6m以内施工考虑的，如超过3.6m者按：

1) 采用卷扬机施工的：每10m^{3}混凝土增加卷扬机(带塔)和人工见表9-5。

2) 采用塔式起重机施工时，每10m^{3}混凝土增加塔式起重机台班，按相应项目中搅拌机台班用量的50%计算。

每 $10m^3$ 混凝土增加卷扬机和人工工日表　　表 9-5

序号	项目名称	增加人工工日	增加卷扬机（带塔）台班	序号	项目名称	增加人工工日	增加卷扬机（带塔）台班
1	池壁、隔墙	8.7	0.59	3	池　盖	6.1	0.39
2	柱、梁	6.1	0.39				

(6) 池盖定额项目中不包括进人孔盖板，发生时另行计算。

(7) 格型池池壁执行直型池壁相应项目（指厚度）人工乘以系数 1.15，其他不变。

(8) 悬空落泥斗按落泥斗相应项目人工乘以系数 1.4，其他不变。

3. 预制混凝土构件

(1) 预制混凝土滤板中已包括了所设置预埋件 ABS 塑料滤头的套管用工，不得另计。

(2) 集水槽若需留孔时，按每 10 个孔增加 0.5 个工日计。

(3) 除混凝土滤板、铸铁滤板、支墩安装外，其他预制混凝土构件安装均执行异型构件安装项目。

4. 施工缝

(1) 各种材质填缝的断面取定见表 9-6。

各种材质填缝的断面取定表　　表 9-6

序号	项目名称	断面尺寸（cm）	序号	项目名称	断面尺寸（cm）
1	建筑油膏、聚氯乙烯胶泥	3×2	4	氯丁橡胶止水带	展开宽 30
2	油浸木丝板	2.5×15	5	白铁盖缝	展开宽平面 590，立面 750
3	紫铜板止水带	展开宽 45	6	其余	15×3

(2) 如实际设计的施工缝断面与上表不同时，材料用量可以换算，其他不变。

(3) 各项目的工作内容为：

1) 油浸麻丝：熬制沥青、调配沥青麻丝、填塞。

2) 油浸木丝板：熬制沥青、浸木丝板、嵌缝。

3) 玛瑺脂：熬制玛瑺脂、灌缝。

4) 建筑油膏、沥青砂浆：熬制油膏沥青，拌合沥青砂浆，嵌缝。

5) 贴氯丁橡胶片：清理、用乙酸乙酯洗缝，隔纸，用氯丁胶粘剂贴氯丁橡胶片，最后在氯丁橡胶片上涂胶铺砂。

6) 紫铜板、紫铜板止水带：铜板、铜板剪裁、焊接成型、铺设。

7) 聚氯乙烯胶泥：清缝、水泥砂浆勾缝，垫牛皮纸，熬灌取氯乙烯胶泥。

8) 预埋止水带：止水带制作、接头及安装。

9) 薄钢板盖板：平面埋木砖、钉木条、木条上钉薄钢板；立面埋木砖、木砖上钉铁皮。

5. 井、池渗漏试验

(1) 井池渗漏试验容量在 $500m^3$ 是指井或小型池槽。

(2) 井、池渗漏试验注水采用电动单级离心清水泵，定额项目中已包括了泵的安装与拆除用工，不得再另计。

(3) 如构筑物池容量较大，需从一个池子向另一个池注水作渗漏试验采用潜水泵时，其台班单价可以换算，其他均不变。

6. 执行其他册或章节的项目如下

（1）构筑物的垫层执行本册第三章井、渠砌筑相应项目，其中人工乘以系数 0.87，其他不变。

（2）构筑物混凝土项目中的钢筋、模板项目执行本册第七章相应项目。

（3）需要搭拆脚手架时，搭拆高度在 8m 以内时执行第一册《通用项目》相应项目，大于 8m 执行第四册《隧道工程》相应项目。

（4）泵站上部工程以及本章中未包括的建筑工程，执行本省建筑工程预算定额。

（5）构筑物中的金属构件支座安装，执行安装定额相应子目。

（6）构筑物的防腐、内衬工程金属面，应执行安装工程预算定额相应项目，非金属面应执行建筑工程预算定额相应项目。

（7）沉井预留口铜砖砌封堵套用第四册《隧道工程》第四章相应子目。

（二）工程量计算规则

1. 沉井

（1）沉井垫木按刃脚中心线以“延长米”为单位。

（2）沉井井壁及隔墙的厚度不同如上薄下厚时，可按平均厚度执行相应定额。

2. 钢筋混凝土池

（1）钢筋混凝土各类构件均按图示尺寸，以混凝土实体积计算，不扣除单孔面积 $0.3m^2$ 以内的孔洞体积。

（2）各类池盖中的进人孔、透气孔盖以及与盖相连接的结构，工程量合并在池盖中计算。

（3）平底池的池底体积，应包括池壁下的扩大部分；池底带有斜坡时，斜坡部分应按坡底计算；锥形底应算至壁基梁底面，无壁基梁者算至锥底坡的上口。

（4）池壁分别不同厚度计算体积，如上薄下厚的壁，以平均厚度计算。池壁高度应自池底板面算至池盖下面。

（5）无梁盖柱的柱高，应自池底上表面算至池盖的下表面，并包括柱座、柱帽的体积。

（6）无梁盖应包括与池壁相连的扩大部分的体积；肋形盖应包括主、次梁及盖部分的体积；球形盖应自池壁顶面以上，包括边侧梁的体积在内。

（7）沉淀池水槽，系指池壁上的环形溢水槽及纵横 U 形水槽，但不包括与水槽相连接的矩形梁，矩形梁可执行梁的相应项目。

3. 预制混凝土构件

（1）预制钢筋混凝土滤板按图示尺寸区分厚度以“立方米”计算，不扣除滤头套管所占体积。

（2）除钢筋混凝土滤板外，其他预制混凝土构件均按图示尺寸以“立方米”计算，不扣除单孔面积 0.3m 以内孔洞所占体积。

4. 折板、壁板制作安装

（1）折板安装区分材质均按图示尺寸以“平方米”计算。

（2）稳流板安装区分材质不分断面均按图示长度以“延长米”计算。

5. 滤料铺设

各种滤料铺设均按设计要求的铺设平面乘以铺设厚度以“立方米”计算，锰砂、铁矿石滤料以“吨”计算。

6. 防水工程

(1) 各种防水层按实铺面积，以“平方米”计算，不扣除单孔面积 0.3m^2 以内孔洞所占面积。

(2) 平面与立面交接处的防水层，其上卷高度超过 500mm 时，按立面防水层计算。

7. 施工缝

各种材质的施工缝填缝及盖缝均不分断面，按设计缝长以“延长米”计算。

8. 井、池渗漏试验

井、池的渗漏试验区分井、池的容量范围，以水容量计算。

【例 9-12】 某清水池无梁盖（C25 现捣混凝土）（注：未包括钢筋、模板），试确定定额编号及基价。

【解】 [6-680] *H* 基价＝2916＋(207.37－192.94)×10.15＝3062.46 元/10m^3

【例 9-13】 某净水厂钢筋混凝土清水池净长 32m，净宽 15m，墙壁板厚 0.45m 底板厚 0.5m，C15 垫层厚 0.1m，设计混凝土为 C30 抗渗 S8，要求掺 UEA 外加剂每 1m^3 混凝土掺量 28kg，UEA 单价 850 元/t。如图 9-6 所示，试计算该水池垫层、基础、墙板、止水带、UEA 外加剂、模板工程量并套用定额计算直接费。

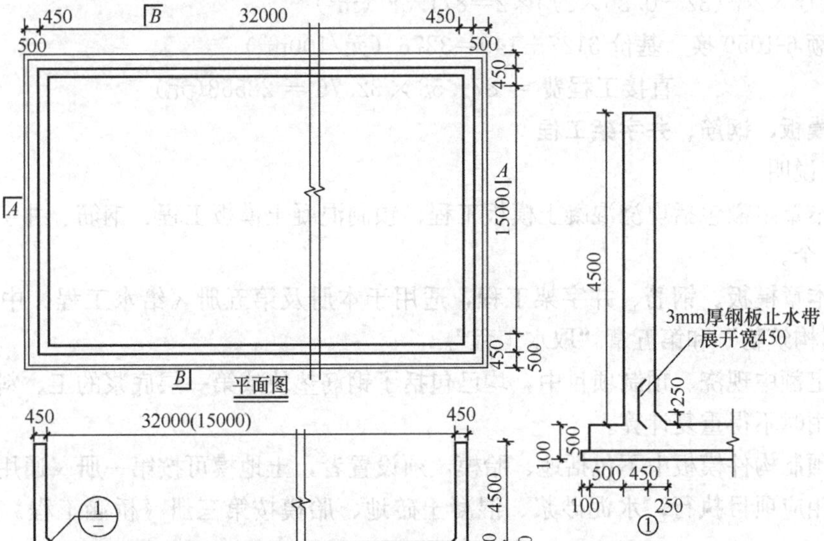

图 9-6

【解】 1) 垫层工程量：(32＋0.45×2＋0.5×2＋0.1×2)×(15＋0.45×2＋0.5×2＋0.1×2)×0.1＝58.31 (m^3)

套定额 6-299 基价 2680 元 /10m^3 直接工程费 ＝ 58.31 × 268 ＝ 15627(元)

2) 池底工程量：(32＋0.45×2＋0.5×2)×(15＋0.45×2＋0.5×2)×0.5＝268.45 (m^3)

套定额 6-623 换 基价 3346＋10.15×(247.52－236.68)＝3356.06 (元/10m^3)

直接工程费 = 268.45 × 335.606 = 90093(元)

3）池壁工程量：(32.45×2+15.45×2)×4.5×0.45+[(15×2)+(31−0.25)×2]×0.25^2=196.85 (m^3)

套定额 6-647 换　基价 2985+10.15×(238.08−192.94)=3443.17 (元/$10m^3$)

直接工程费 = 196.85 × 344.317 = 67779(元)

4）钢板止水带工程量：32.45×2+15.45×2=95.8 (m)

套定额 6-806　基价 6259 元/100m　直接工程费=95.8×62.59=5996 (元)

5）UEA 外加剂工程量：(268.45×196.85)×1.015×28/1000=13.22 (t)

直接工程费 = 13.22 × (850 − 330) = 6874.4(元)

注：UEA 外加剂 850 元/t，水泥 330 元/t。

6）垫层模板工程量：[(32+0.45×2+0.5×2+0.1×2)×2+(15+0.45×2+0.5×2+0.1×2)×2]×0.1=10.24 (m^2)

套定额 6-1044　基价 2419 元/$100m^2$　直接工程费=10.24×24.19=248 (元)

7）池底模板工程量：[(32+0.45×2+20.5×2)×2+(15+0.45×2+0.5×2)×2]×0.5=58.8 (m^2)

套定额 6-1056　基价 3374 元/$100m^2$　直接工程费=50.8×33.74=1711 (元)

8）池壁模板工程量：(15.9×2+32.9×2)×4.5+(15×2+32×2)×4.25+0.25×1.414×[(15×2+(32−0.25×2)]×2=871.58 (m^2)

套定额 6-1059 换　基价 3127+149=3276 (元/$100m^2$)

直接工程费 = 871.58 × 32.76 = 28553(元)

五、模板、钢筋、井字架工程

(一) 说明

(1) 本章定额包括现浇混凝土模板工程、预制混凝土模板工程、钢筋、井字架等项目共 4 节 98 个。

(2) 本章模板、钢筋、井字架工程，适用于本册及第五册《给水工程》中的第四章“管道附属构筑物”和第五章“取水工程”。

(3) 定额中现浇、预制项目中，均已包括了钢筋垫块或第一层底浆的工、料，及看模工日，套用时不得重复计算。

(4) 预制构件模板中不包括地、胎模，须设置者，土地模可按第一册《通用项目》平整场地的相应项目执行；水泥砂浆、混凝土砖地、胎模按第三册《桥涵工程》相应项目执行。

(5) 模板安拆以槽（坑）深 3m 为准，超过 3m 时，人工增加 8%系数，其他不变。

(6) 现浇混凝土梁、板、柱、墙的模板，支模高度是按 3.6m 考虑的，超过 3.6m 时，超过部分的工程量另按超高的项目执行。

(7) 模板的预留洞，按水平投影面积计算，小于 0.3m^2 者：圆形洞每 10 个增加 0.72 工日；方形洞每 10 个增加 0.62 工日。

(8) 小型构件是指单件体积在 0.04m^3 以内的构件；地沟盖板项目适用于单块体积在 0.3m^3 内的矩形板；井盖项目适用于井口盖板，井室盖板按矩形板项目执行，预留口按第七条规定执行。

(9) 钢筋加工定额是按现浇、预制混凝土构件、预应力钢筋分别列项的，工作内容包括加工制作、绑扎（焊接）成型、安放及浇捣混凝土时的维护用工等全部工作。

(10) 各项目中的钢筋规格是综合计算的，子目中的××以内系指主筋最大规格。

(11) 定额中非预应力钢筋加工，现浇混凝土构件是按手工绑扎，预制混凝土构件是按手工绑扎、点焊综合计算。

(12) 钢筋加工中的钢筋施工损耗，绑扎钢线及成型点焊和接头用的焊条均已包括在定额内，不得重复计算。

(13) 预制构件钢筋，如用不同直径钢筋点焊在一起时，按直径最小的定额计算，如粗细筋直径比在两倍以上时，其人工增加25%系数。

(14) 后张法钢筋的锚固是按钢筋绑条焊，U形插垫编制的，如采用其他方法锚固，应另行计算。

(15) 定额中已综合考虑了先张法张拉台座及其相应的夹具、承力架等合理的周转摊销费用，不得重复计算。

(16) 非预应力钢筋不包括冷加工，如设计要求冷加工时，另行计算。

(17) 下列构件钢筋，人工和机械增加系数见表9-7。

人工和机械增加系数表 **表9-7**

项目	计算基数	现浇构件钢筋		构筑物钢筋	
		小型构件	小型池槽	矩形	圆形
增加系数	人工机械	100%	152%	25%	50%

（二）工程量计算规则

(1) 现浇混凝土构件模板按构件与模板的接触面积以“平方米”计算。

(2) 预制混凝土构件模板，按构件的实体积以“立方米”计算。

(3) 砖、石拱圈的拱盔和支架均以拱盔与圈弧弧形接触面积计算，并执行桥涵工程第三册相应项目。

(4) 各种材质的地模胎模，按施工组织设计的工程量，并应包括操作等必要的宽度以“平方米”计算，执行第三册《桥涵工程》相应项目。

(5) 井字架区分材质和搭设高度以“架”为单位计算，每座井计算一次。

(6) 井底流槽按浇筑的混凝土流槽与模板的接触面积计算。

(7) 钢筋工程，应区别现浇、预制分别按设计长度乘以单位重量，以“吨”计算。

(8) 先张法预应力钢筋，按构件外形尺寸计算长度，后张法预应力钢筋按设计图规定的预应力钢筋预留孔道长度，并区别不同锚具，分别按下列规定计算：

1) 钢筋两端采用螺杆锚具时，预应力的钢筋按预留孔道长度减0.35m，螺杆另计。

2) 钢筋一端采用镦头插片，另一端采用螺杆锚具时，预应力钢筋长度按预留孔道长度计算。

3) 钢筋一端采用镦头插片，另一端采用帮条锚具时，增加0.15m长度，如两端均采用帮条锚具预应力钢筋共增加0.3m长度。

4) 采用后张混凝土自锚时，预应力钢筋共增加0.35m长度。

(9) 钢筋混凝土构件预埋铁件，按设计图示尺寸，以“吨”为单位计算工程量。

第二节　排水工程清单项目及清单编制

一、排水工程清单项目设置

《市政工程工程量计算规范》GB 50857—2013 附录 E 市政管网工程包括了市政排水、给水、燃气、供热管线工程，以及市政给排水构筑物及专用设备的安装，本章主要介绍市政排水管网工程相关内容。

1. E.1 管道铺设

本节根据管（渠）道材料、铺设方式的不同，设置了 12 个清单项目：陶土管铺设、混凝土管道铺设、镀锌钢管道铺设、铸铁管道铺设、钢管道铺设、塑料管道铺设、砌筑渠道、混凝土渠道、套管内铺设管道、管道架空跨越、管道沉管跨越、管道焊口无损探伤。

市政排水管（渠）常用的材料有混凝土管、塑料管、石砌渠道、混凝土渠道。

2. E.2 管件、阀门及附件安装

本节设置了 18 个清单项目：铸铁管管件，钢管管件制作、安装，塑料管管件，转换件，阀门，法兰，盲堵板制作、安装，水表，消火栓，补偿器（波纹管），除污器组成，安装，凝水缸，调压器，过滤器，分离器，安全水封，检漏（水）管。

3. 支架制作及安装

本节设置了 4 个清单项目：砌筑支墩，混凝土支墩，金属支架制作、安装，金属吊架制作、安装。

4. 管道附属构筑物

本节设置了 9 个清单项目：砌筑井，混凝土井，塑料检查井，砖砌井筒，预制混凝土井筒，砌体出水口，混凝土出水口，整体化粪池，雨水口。

除上述清单项目以外，一个完整的排水工程分部分项工程量清单一般还包括《计算规范》附录 A 土石方工程、J 钢筋工程中的有关清单项目。如果是改建排水工程，还应包括附录 K 拆除工程中的有关清单项目。

附录 J 钢筋工程中的清单项目主要有预埋铁件、非预应力钢筋、先张法预应力钢筋、后张法预应力钢筋、型钢。排水工程中应用普遍的是非预应力钢筋。

附录 K 拆除工程中的清单项目主要有拆除管道、拆除砖石结构、拆除混凝土结构。

二、排水工程清单项目工程量计算规则

本书主要介绍管道铺设、检查井、顶管、沉井相关清单项目工程量的计算。

1. 管道铺设

工程量计算规则

管道：按设计图示中线长度以延长米计算，不扣除井、阀门所占长度，计量单位为 m。

渠道：按设计图示尺寸以长度计算，计量单位为 m。

$$管道铺设清单工程量 = 设计图示井中至井中的距离 \tag{9-1}$$

$$渠道铺设清单工程量 = 设计图示渠道长度 \tag{9-2}$$

注意：

在计算管道铺设清单工程量时，要根据具体工程的施工图样，结合管道铺设清单项目的项目特征，划分不同的清单项目，分别计算其工程量。

如混凝土管铺设的项目特征有6点，需结合工程实际加以区别。

① 管有筋无筋：是钢筋混凝土管还是素混凝土管；

② 规格：管道直径大小；

③ 埋设深度；

④ 接口形式：区分平（企）接口、承插接口、套环接口等形式；

⑤ 垫层厚度、材料、品种：管道垫层是否相同；

⑥ 基础断面形式、混凝土强度等级、石料最大粒径：管道基础形式、混凝土强度等级、混凝土配合比中石料的最大粒径是否相同。

如果上述6个项目特征有1个不同，就应是1个不同的具体的清单项目，其管道铺设的工程量应分别计算。

【例 9-14】 某段雨水管道平面图如图 9-7 所示，管道均采用钢筋混凝土管，承插式橡胶圈接口、基础均采用钢筋混凝土条形基础，管道基础结构如图 9-8 所示。试计算该段雨水管道清单项目名称、项目编码及其工程量。

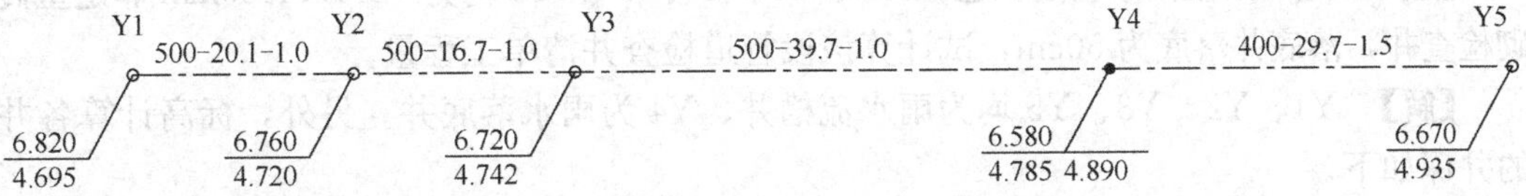

图 9-7 某段雨水管道平面图

【解】 由管道平面图可知，该段管道有两种规格：*D*400 管道、*D*500 管道，所以有两个管道铺设的清单项目，工程量分开计算。

(1) 项目名称：*D*400 混凝土管道铺设（橡胶圈接口、C20 钢筋混凝土条形基础、C10 素混凝土垫层）。

项目编码：040501002001　　　工程量＝29.7m

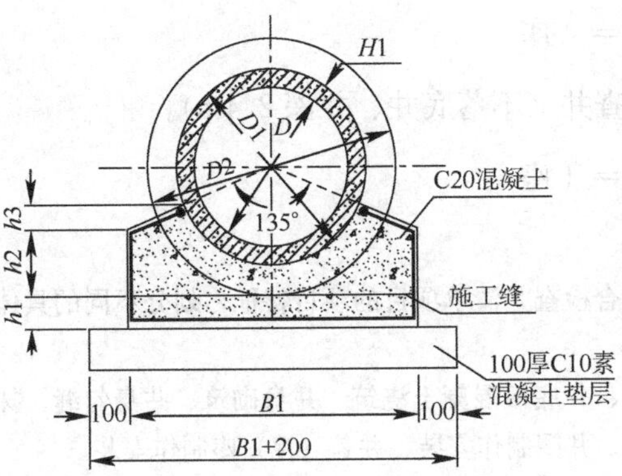

基础尺寸表

D	D1	D2	H1	B1	h1	h2	h3	C20混凝土 (m^3/m)
200	260	365	30	465	60	86	47	0.07
300	380	510	40	610	70	129	54	0.11
400	490	640	45	740	80	167	60	0.17
500	610	780	55	880	80	208	66	0.22
600	720	910	60	1010	80	246	71	0.28
800	930	1104	65	1204	80	303	71	0.36
1000	1150	1346	75	1446	80	374	79	0.48
1200	1380	1616	90	1716	80	453	91	0.66

图 9-8 管道基础结构图

(2) 项目名称：*D*500 混凝土管道铺设（橡胶圈接口、C20 钢筋混凝土条形基础、C10 素混凝土垫层）。

项目编码：040501002002　　　工程量＝20.1＋16.7＋39.7＝76.5（m）

注意：

(1) 管道铺设清单项目包括：垫层、管道基础（平基、管座）混凝土浇筑、管道铺设、管道接口、井壁（墙）凿洞、混凝土管截断、闭水试验等内容。

例 9-1 中，$D400$ 混凝土管道铺设清单项目包括：C10 素混凝土垫层、C20 钢筋混凝土平基、$D400$ 管道铺设、C20 混凝土管座、橡胶圈接口、管道闭水试验。

(2) 管道铺设清单项目不包括管道基础钢筋的制作安装，也不包括基础混凝土浇筑时模板的安拆及模板的回库维修和场外运输，钢筋制作安装按 1.1 钢筋工程另列清单项目计算，混凝土模板及模板的回库维修和场外运输均列入施工技术措施项目计算。

例 9-1 中，$D400$ 混凝土管道铺设清单项目不包括：C20 钢筋混凝土条形基础中钢筋的制作安装、C10 素混凝土垫层浇筑时模板的安拆、C20 钢筋混凝土基础浇筑时模板的安拆。

2. 砌筑检查井、混凝土检查井、雨水进水井

1) 工程量计算规则

按设计图示以数量计算，计量单位为座。

2) 工程量计算方法

$$各类井工程量 = 井的数量 \tag{9-3}$$

【例 9-15】 某段雨水管道，已知 Y1、Y2、Y3、Y4、Y5 均为 1100×1100mm 非定型砖砌检查井，落底井落底为 50cm，试计算该段管道检查井清单工程量。

【解】 Y1、Y2、Y3、Y5 均为雨水流槽井、Y4 为雨水落底井。另外，标高计算各井的井深如下。

Y1 井井深＝2.125m　　　　Y2 井井深＝2.040m

Y3 井井深＝1.978m　　　　Y5 井井深＝1.735m

Y1、Y2、Y3、Y5 平均井深＝1.97m

Y4 井井深＝2.4m

该段雨水管道检查井根据井的结构、尺寸、井深等项目特征，可设置两个具体的清单项目。

(1) 1100mm×1100mm 砖砌非定型雨水检查井（不落底井、平均井深 1.97m)。

$$清单工程量 = 4 座$$

(2) 1100mm×1100mm 砖砌非定型雨水检查井（不落底井、井深 2.4m)。

$$清单工程量 = 1 座$$

注意：

在计算工程量时，要根据具体工程的施工图样，结合检查井清单项目的项目特征，划分不同的具体清单项目，分别计算其工程量。

(1) 检查井、雨水进水井清单项目包括井垫层铺筑、井底板混凝土浇筑、井身砌筑、井身勾缝、抹灰、井内爬梯制作安装、盖板制作安装、过梁制作安装、井圈制作安装、井盖（篦）座制作安装。

(2) 检查井、雨水进水井清单项目不包括井底板、盖板、过梁、井圈等钢筋混凝土结构中钢筋的制作安装，钢筋制作安装按 1.1 钢筋工程另列清单项目计算。

(3) 检查井、雨水进水井清单项目不包括井底板、盖板、过梁、井圈等钢筋混凝土浇筑时模板的安拆及模板的回库维修和场外运输，混凝土模板及模板的回库维修和场外运输列入施工技术措施项目计算。

(4) 检查井、雨水进水井清单项目不包括检查井井深大于 1.5m 砌筑时所需的井字架工程，不包括砌筑高度超过 1.2m 及抹灰高度超过 1.5m 所需脚手架工程。井字架、脚手架均列入施工技术措施项

目计算。

3. 顶管

1）工程量计算规则

按设计图示尺寸以长度计算，计量单位为 m。

2）工程量计算方法

$$顶管(水平导向钻进)清单工程量 = 设计顶管(水平导向钻进)管道的长度 \quad (9\text{-}4)$$

注意：

(1) 顶管工程量计算时要注意根据顶管时土壤类别、管材、管径、规格等项目特征，划分不同的具体清单项目，分别计算工程量。

(2) 顶管清单项目包括：顶进后座及坑内工作平台搭拆、顶进设备安拆、中继间安拆、触变泥浆减阻、套环安装、防腐涂刷、挖土、管道顶进、洞口止水处理、余方弃置。

(3) 水平导向钻进清单项目包括：钻进、泥浆制作、扩孔、穿管、余方弃置。

4. 现浇混凝土沉井井壁及隔墙

1）工程量计算规则

按设计图示尺寸以体积计算，计量单位为 m^3。

2）工程量计算方法

$$现浇混凝土沉井井壁及隔墙清单工程量 = 图示长度 \times 厚度 \times 高度 \quad (9\text{-}5)$$

工程量计算时应根据混凝土强度等级、石料最大粒径、混凝土抗渗要求等项目特征，划分不同的具体清单项目，分别计算工程量。

现浇混凝土沉井井壁及隔墙清单项目包括：垫层铺筑、垫木铺设、混凝土浇筑、预留孔封口，但不包括混凝土结构中钢筋的制作安装、混凝土模板的安拆及模板的回库维修和场外运输等。

5. 沉井下沉

1）工程量计算规则

按自然地坪至设计底板垫层底的高度乘以沉井外壁最大断面积以体积计算，计量单位为 m^3。

2）工程量计算方法

$$沉井下沉清单工程量 = (自然地面标高 - 沉井垫层底标高) \times 沉井外壁最大断面积 \quad (9\text{-}6)$$

沉井下沉清单项目包括：垫木拆除、沉井挖土下沉、填充、余方弃置。

6. 沉井混凝土底板

1）工程量计算规则

按设计图示尺寸以体积计算，计量单位为 m^3。

2）工程量计算方法

$$沉井混凝土底板清单工程量 = 图示底板长度 \times 宽度 \times 厚度 \quad (9\text{-}7)$$

沉井混凝土底板清单项目包括：垫层铺筑、底板混凝土浇筑及养生，但不包括混凝土结构中钢筋的制作安装、混凝土模板的安拆及模板的回库维修和场外运输等。

7. 沉井混凝土顶板

1）工程量计算规则

按设计图示尺寸以体积计算。计量单位为 m^3。

2）工程量计算方法

$$沉井混凝土顶板清单工程量 = 图示顶板长度 \times 宽度 \times 厚度 \quad (9\text{-}8)$$

沉井混凝土顶板清单项目包括：混凝土浇筑、养生。但不包括混凝土结构中钢筋的制作安装、混凝土模板的安拆及模板的回库维修和场外运输等。

三、排水工程工程量清单编制

排水工程量清单的编制按照《计算规范》规定的工程量清单统一格式进行编制，主要是分部分项工程量清单、措施项目清单、其他项目清单这 3 大清单的编制。

1. 分部分项工程量清单的编制

排水工程分部分项工程量清单应根据《计算规范》附录规定的统一的项目编码、项目名称、计量单位、工程量计算规则进行编制。

分部分项工程量清单编制的步骤如下：清单项目列项、编码→清单项目工程量计算→分部分项工程量清单编制。

1）清单项目列项、编码

应依据《计算规范》附录中规定的清单项目及其编码，根据招标文件的要求，结合施工图设计文件、施工现场等条件进行排水工程清单项目列项、编码。

清单项目列项、编码可按下列顺序进行：

① 明确排水工程的招标范围及其他相关内容。

② 审读图样、列出施工项目。

编制分部分项工程量清单，必须认真阅读全套施工图样，了解工程的总体情况，明确各部分的工程构造，并结合工程施工方法，按照工程的施工工序，逐个列出工程施工项目。

【例 9-16】 某段雨水管道平面图如图 9-7 所示，管道基础图如图 9-8 所示，检查井结构如图 9-9、图 9-10 所示。已知管道主要位于黏性土层中，地下水位于地表下 1m 左右。试确定该段管道工程的施工项目。

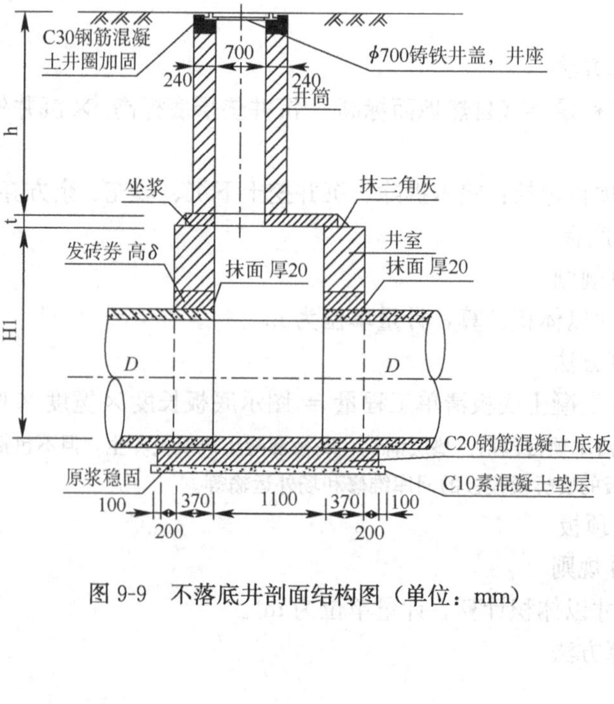

图 9-9　不落底井剖面结构图（单位：mm）

【解】 应根据施工图样及施工方案确定工程的施工项目。

施工方案：本段管道采用开槽施工，管道挖深在 2.5m 以下，边坡采用 1∶1，并在沟槽内设排水沟、集水井排水、管道挖方主要采用挖掘机挖土、人工清底。沟槽所挖土方部分用于沟槽回填、多余土方外运。管道基础、检查井的混凝土结构均采用现场拌制的水泥混凝土。

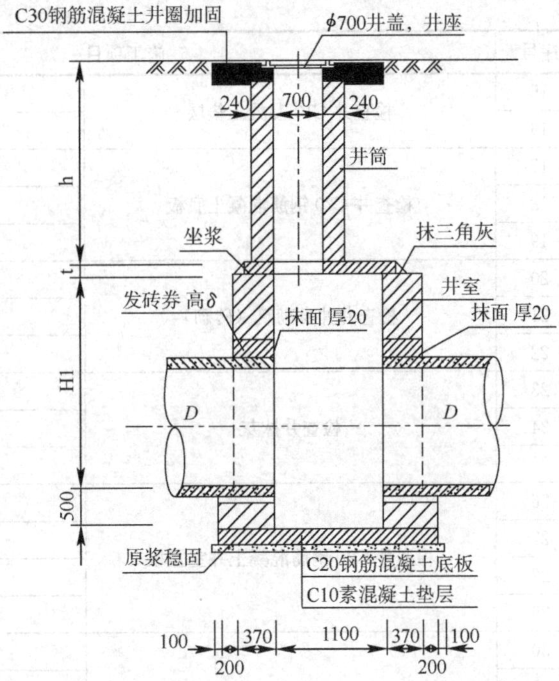

图 9-10 落底井剖面结构图（单位：mm）

注意：

常见的钢筋混凝土管道（条形基础）开槽施工的工序：沟槽开挖→素混凝土垫层（模板、混凝土浇筑）→混凝土平基（模板、钢筋、混凝土浇筑）→管道铺设、管道接口→混凝土管座（模板、钢筋、混凝土浇筑）→检查井垫层→检查井底板（模板、钢筋、混凝土浇筑）→井身砌筑（井室、井筒、流槽）→抹灰（内、外）→井室盖板（模板、钢筋、混凝土浇筑、盖板安装）→井圈（模板、钢筋、混凝土浇筑、井圈安装）→管道闭水试验→沟槽回填→铸铁井盖、座安装。

根据施工图样、施工方案、施工工序，该段管道工程的施工项目见表 9-8。

施工项目表 **表 9-8**

序号	施工项目		备 注
1	挖沟槽土方（三类土）	挖掘机挖土	排水沟排水
2		人工挖土	
3	沟槽回填		
4	多余土方外运（运距 5km）		
5	管道 C10 素混凝土垫层	模板安拆	
6		混凝土浇筑	
7	管道 C20 钢筋混凝土平基	模板安拆	
8		钢筋制作安装	
9		混凝土浇筑	
10	管道 C20 钢筋混凝土管座	模板安拆	
11		钢筋制作安装	
12		混凝土浇筑	
13	混凝土管道铺设、橡胶圈接口	D400 管道	
14		D500 管道	

续表

序号	施工项目		备 注
15	检查井 C10 混凝土垫层	模板安拆	
16		混凝土浇筑	
17	检查井 C20 钢筋混凝土底板	模板安拆	
18		钢筋制作安装	
19		混凝土浇筑	
20	检查井井身砌筑（砖砌）	井室砌筑	
21		井筒砌筑	
22		流槽砌筑	
23	检查井抹灰	井内侧抹灰	
24		井外侧抹灰	
25		流槽抹灰	分为落底井、不落底井（流槽井）
26	检查井 C20 钢筋混凝土井室盖板	模板安拆	
27		钢筋制作安装	
28		盖板混凝土预制	
29		盖板安装	
30	检查井 C30 钢筋混凝土井圈	模板安拆	
31		钢筋制作安装	
32		井圈混凝土预制	
33		井圈安装	
34	检查井铸铁井盖、座安装	井盖、座安装	
35	管道闭水试验	*D*400 管	
36		*D*500 管	

③ 对照《计算规范》，按其规定的清单项目列项、编码。

根据列出的施工项目表，对照《计算规范》各清单项目包括的工程内容，确定清单项目的项目名称、项目编码。这是正确编制分部分项工程量清单的关键。

【例 9-17】 已知条件同例 9-16，试确定该段管道工程的清单项目。

【解】 根据该段管道工程的施工项目表（表 9-8），对照《计算规范》附录，确定清单项目名称、项目编码见表 9-9。

清单项目表 **表 9-9**

序号	清单项目名称	项目编码	包括的工程内容
1	挖沟槽土方（三类土、挖深 4m 内）	040101002001	表 9-8 第 1、2 项
2	填方	040103001001	表 9-8 第 3 项
3	余方弃置（运距 5km）	040103002001	表 9-8 第 4 项
4	*D*400 混凝土管道铺设（C10 混凝土垫层、C20 钢筋混凝土基础、橡胶圈接口）	040501002001	表 9-8 第 6、9、12、13、35 项
5	*D*500 混凝土管道铺设（C10 混凝土垫层、C20 钢筋混凝土基础、橡胶圈接口）	040501002002	表 9-8 第 6、9、12、14、36 项

续表

序号	清单项目名称	项目编码	包括的工程内容
6	1100×1100 非定型砖砌检查井（落底井、C10 混凝土垫层、C20 钢筋混凝土底板、内外抹灰、井深 2.4m）	040504001001	表 9-8 第 16、19、20、21、23、24、28、29、32、33、34 项
7	1100×1100 非定型砖砌检查井（不落底井、C10 混凝土垫层、C20 钢筋混凝土底板、内外抹灰、平均井深 1.97m）	040504001002	表 9-8 第 16、19、20、21、22、23、24、25、28、29、32、33、34 项

在进行清单项目列项编码时，应注意以下几点。

① 施工项目与分部分项工程量清单项目不是一一对应的。通常一个分部分项工程量清单项目可包括几个施工项目，这主要依据《计算规范》中规定的清单项目所包含的工程内容。

如“*D*400 混凝土管道铺设（C10 混凝土垫层、C20 钢筋混凝土基础、橡胶圈接口）”清单项目，《计算规范》规定其工程内容包括垫层、管道基础（平基、管座）混凝土浇筑、管道铺设、管道接口、井壁（墙）凿洞、混凝土管截断、闭水试验。根据施工图样，确定这个清单项目就包括了表 9-8 中第 6、9、12、13、35 项施工项目。

管道铺设、检查井清单项目中均不包括钢筋的制作安装，相关的施工工作项目应按附录 J 另列“非预应力钢筋”分部分项清单项目，所以表 9-8 中第 8、11、18、27、31 项施工项目均应根据钢筋规格、材质等项目特征按附录 J 另列清单项目。管道铺设、检查井清单项目也不包括混凝土垫层、基础施工时模板的安拆。

② 有的施工项目不属于分部分项工程量清单项目，而属于措施清单项目。

如管道、检查井施工时，混凝土结构的模板安拆，是施工技术措施项目，属于措施清单项目，不属于分部分项工程量清单项目。即表 9-8 中第 5、7、10、15、17、26、30 项均为施工技术措施项目。

又如管道沟槽开挖时，采用排水沟排水，这也属于施工排、降水技术措施清单项目。

③ 清单项目名称应按《计算规范》中的项目名称（可称为基本名称），结合实际工程的项目特征综合确定，形成具体的项目名称。

如本例中“砌筑检查井”为基本名称，项目特征为材料、井深、尺寸、垫层及基础厚度、材料、强度。结合工程实际情况，具体的项目名称为“1100×1100 非定型砖砌检查井（落底井、C10 混凝土垫层、C20 钢筋混凝土底板、内外抹灰、井深 2.4m）”。

④ 清单项目编码由 12 位数字组成，第 1～9 位项目编码根据项目基本名称按《计算规范》统一编制，第 10～12 位项目编码由清单编制人根据项目特征由 001 起按顺序编制。

清单项目的基本名称相同，但有 1 个或 1 个以上的项目特征不同，则应是不同的具体清单项目，即第 1～9 位项目编码相同，第 10～12 位项目编码不同。

如本例中，*D*400、*D*500 管道铺设，“基本名称”相同，管材、接口形式、垫层、基础等项目特征均相同，“管道规格”项目特征不同，所以是 2 个具体的清单项目，清单项目前 9 位项目编码相同，后 3 位项目编码不同，自 001 起顺序编制。

2）清单项目工程量计算

清单项目列项后，根据施工图样，按照清单项目的工程量计算规则、计算方法计算各清单项目的工程量。清单项目工程量计算时，要注意计量单位。

3）编制分部分项工程量清单

按照分部分项工程量清单的统一格式，编制分部分项工程量清单与计价表。

2. 措施项目清单的编制

措施项目清单的编制应根据工程招标文件、施工设计图样、施工方法确定施工措施项目，包括施工组织措施项目、施工技术措施项目，并按照《计算规范》规定的统一格式编制。

措施项目清单编制的步骤如下：施工组织措施项目列项→施工技术措施项目列项→措施项目清单编制。

1）施工组织措施项目列项

施工组织措施项目主要有安全文明施工费、检验试验费、夜间施工增加费、提前竣工增加费、材料二次搬运费、冬雨期施工费、行车行人干扰增加费、已完工程及设备保护费等。

施工组织措施项目主要根据招标文件的要求、工程实际情况确定列项。其中“安全文明施工费”、“检验试验费”必须计取；其他组织措施项目根据工程具体情况确定。如工程施工现场场地狭窄需发生二次搬运时，需列项；如工程现场宽敞，不需发生二次搬运，就不需列项。夜间施工增加费与提前竣工增加费不能同时计取。

2）施工技术措施项目列项

施工技术措施项目主要有大型机械设备进出场及安拆、混凝土、钢筋混凝土模板及支架、脚手架、施工排水、降水、围堰、现场施工围栏、便道、便桥等。施工技术措施项目主要根据施工图样、施工方法确定列项。

3）编制措施项目清单

按照《计算规范》规定的统一的格式，编制措施项目清单与计价表（一）、（二）。

编制措施项目清单时，只需要列项，不需要计算相关措施项目的工程量。

【例 9-18】 已知条件、施工方法均同例 9-16，试编制该段管道工程的措施项目清单。

【解】

（1）施工组织措施项目列项：该段管道施工时场地宽阔，不考虑材料二次搬运。

施工组织措施项目有安全文明施工费、检验试验费、夜间施工增加费、已完工程及设备保护费。

（2）施工技术措施项目列项

根据施工图样、施工方案可知，该段管道沟槽开挖时拟采用排水沟排水，所以有“施工排水”技术措施项目。沟槽开挖主要采用挖掘机进行，所以有“大型机械进出场及安、拆”技术措施项目。管道基础、检查井混凝土结构施工时需支立模板，所以有“混凝土、钢筋混凝土模板安拆”及“混凝土、钢筋混凝土模板回库维修及场外运输”技术措施项目。检查井深度均大于 1.5m，施工时采用钢管井字架，则有“钢管井字架”技术措施项目。

（3）编制措施项目清单，见表 9-10、表 9-11。

施工技术措施项目清单与计价表（一） **表 9-10**

单位及专业工程名称：××路 Y1～Y5 管道工程　　第 1 页　共 1 页

序号	项目编码	项目名称	项目特征	计量单位	工程量	综合单价/元	合价/元	其中/元		备注
								人工费	机械费	
1	000002004001	特、大型机械进出场费		项						
2	040901001001	现浇混凝土模板		m^2						
3	040901002001	预制混凝土模板		m^2						
4	000001001001	施工排水		项						
5	0412003001001	井字架		座						
	本页小计									
	合计									

施工组织措施项目清单与计价表（二） **表 9-11**

单位及专业工程名称：××路 Y1～Y5 管道工程 第1页 共1页

序 号	项目名称	计算基数	费率/%	金额/元
1	安全文明施工费	人工＋机械		
2	建设工程检验试验费	人工＋机械		
3	其他组织措施费			
3.1	冬期、雨期施工增加费	人工＋机械		
3.2	夜间施工增加费	人工＋机械		
3.3	已完工程及设备保护费	人工＋机械		
3.4	二次搬运费	人工＋机械		
3.5	行车、行人干扰增加费	人工＋机械		
3.6	提前竣工增加费	人工＋机械		
3.7	其他施工组织措施费	按相关规定计算		
合计				

3. 其他项目清单及其包括项目对应的明细表

其他项目清单中的项目应根据拟建工程的具体情况列项，按《计算规范》规定的统一格式编制。

第三节 排水工程计量与计价编制实例

一、施工方法

（一）排水工程概况：本工程雨水干管分别设于道路两侧 20.5m，位于非机动车道内靠近中间隔离带，管径 D300～D1200。污水干管设于道路南侧 23m，管径 D300～D800。管径≤D400 采用 UPVC 管，管径＞D400～D1200 采用承插钢筋混凝土管，管径 D1200 采用企口钢筋混凝土管。沿线雨污水管道及检查井主要落在 2-1 层砂质粉土和 2-2 夹层砂质粉土中。

（二）施工方案

1. 管道施工

1.1 施工程序

测量放样→开挖上层土方→井点冲设→沟槽土方开挖→管道基础→安管→管座→检查井砌筑→闭水→回填→井点拆除。

1.2 测量放样

管道施工前，应根据设计管位定出各管线的中心桩，并按沟槽开挖宽度在中心桩两侧用石灰线标出沟槽上口边线。沿管线位置放设临时水准点及高程样板控制桩，以便于管道的施工。测量放样成果须经监理工程师审核，填报测量复核记录。施工中使用的各高程及轴线控制点要定期复核，确保其精确度。

1.3 开挖上层土方

工程中雨污水主管埋深基本上在 2.5m 以内，只有排出口和倒虹管道的挖深为 3～4m。且在管道附近无老管线，拟先挖除 1.0～1.5m 深的上层杂填土。挖出的土方可进行临时设施场地的回填或外运。严禁将土方堆在管道附近，避免沟槽边坡因土压力过大而塌方。

1.4 井点冲设

根据地质报告及现场踏勘，地下水位在0.5～1.4m之间，故基础底部受到地下水位影响，且钱塘江边下沙地区大多为粉砂土，防止涌土及流砂现象的发生，为了达到无水施工管道工程的要求，采用双排井点降水，井点管距沟槽边1.0m，间距0.8～1.6m，冲孔采用高压泵，根据不同土质调整冲水压力。冲孔到设计沟槽基底以下50cm以上时，冲管停沉，固定在该高度加冲片刻，把底部泥浆随水冲去。切断电源，迅速垂直拔出冲管，立即将井点管对准井孔中心垂直插入，将合格的滤料在井点管四周均匀填灌，分层填料，确保填充料的密实度及数量，地表以下1m改填黏土捣实。井点设备组装要压密，不漏气，尽量减少接头。并在每段设1～2个观察孔，井点机要设专人负责检修，当水位降至沟槽以下50cm时沟槽开挖。

1.5 沟槽内土方开挖

沟槽一般采用放坡开挖（深沟槽施工详见专项方案），边坡为1∶0.5，地下水埋深为1m，均采用井点降水。若局部地段土质较差，可用挡土板临时支护。其余地段沟槽均在井点冲设完成后进行开挖。

沟槽挖土采用挖掘机与人工结合进行，余土及表面建筑垃圾宜及时外运，好土与淤质土分开堆放，以便用于沟槽回填，机械挖土时槽底30cm采用人工清底，严禁超挖，做到宁高勿低。

施工时，根据设计要求，管道基础在砂质粉土层上时不作特殊处理，而基础落在杂填土层时，应将管底的杂填土全部挖除，用塘渣回填至基础底。如遇管基地质与地质资料不符时，即通知驻地监理工程师与设计业主洽商，及时采取相应的补救措施。由于该区域地下水位较高，一般在地表下0.5～1.4m，因此，沟槽底部应及时开挖排水沟及集水井抽取积水，避免槽底土壤受水浸泡。沟槽开挖时要注意临近管线、建筑物的保护、回填之前要加强观测。

1.6 垫层、基础

*D*200～*D*400的排水管道为UPVC双壁波纹管，采用砾石砂基础。

*D*500～*D*1200排水管道为钢筋混凝土承插管，采用C10素混凝土垫层，135°、C20钢筋混凝土基础。按设计宽度及高程铺设槽钢侧模，经自检及监理工程师复核无误，即可浇筑混凝土垫层。

当C10混凝土垫层强度达到设计强度的50%以上时，可开始绑扎基础钢筋，钢筋的数量、钢种、间距等均符合设计及规范要求。基础侧模采用钢模板，用钢管及方木作支撑。按设计要求，在检查井外第一节管道接口处设置沉降缝，该节管基础应与检查井底板浇筑成一体。

管道底板基础采用C20混凝土，用插入式和平板式振捣器密实，并按规范要求现场取样制作混凝土试块。拆模后，要求管基表面平整，侧面无蜂窝，麻面及“炸模”等现象。

1.7 管道铺设、护管

当管道基础混凝土达到设计值的70%以上时，可进行D500～D1200的管道的排管操作。

管道铺设前，应组织质检人员对运至现场的成品管进行逐节的检查，在运输或堆放过程中有损坏的管子不得吊入沟槽，对于管节两端接口处的飞边、毛刺应予以凿除。同时复测基础顶面标高，排管时应控制管内口底标高，必须达到规范要求。铺管采用机械（汽吊或挖机）吊运，人工就位，用手扳葫芦把管道拉紧（较浅的支管，可用人工压绳法下管）。排管顺序从下游往上游方向排，承插管的插口向下游，承口向上游。

管道采用混凝土护管，模板用钢模，支撑采用钢管及木桩。

*D*225～*D*400 管道为 UPVC 管，管底采用砾石砂基础，要求密实。管道就位方法与钢筋混凝土管类似。就位后，在管周回填砂护管，并适当洒水进行密实。

1.8　砖砌检查井施工

检查井施工时，井的底板必须与管道基础混凝土同时浇筑，并在井外第一节管道接口处设沉降缝，减小由于井室与管道的不均匀沉降而造成对管道质量的影响。

井室底板混凝土经浇筑、养护后，先在底板混凝土面上进行井室定位，并弹上墨线标示，然后砌筑检查井。检查井的砌筑严格按设计图和技术规范进行，砌筑时应做到：

砌砖的砂浆配合比及强度符合设计要求；

在砌筑部位的基础面上，先铺一层砂浆方可砌砖墙；

做到墙面垂直，边角整齐，宽度一致，井体不走样；

砌砖时夹角对齐，上下错缝，内外搭接；

砖缝的砂浆应均匀饱满，不得有通缝；

砖墙继续砌高时，顶部应冲洗干净。流槽砌筑、沉降缝的设置、钢筋混凝土盖板的安装应严格按标准施工。

1.9　闭水试验

雨、污水管道施工完一段后，按 GB 50286—97 及设计要求进行闭水试验，渗水量应符合规定，闭水合格经监理验收同意后方可分层回填土方。

1.10　沟槽土方回填

管道经闭水合格，基础混凝土达到设计强度后即及时回填，有支撑的沟槽，填土前拆支撑时，要注意检查沟槽及临时建筑物、构筑物的安全。沟槽回填顺序，应按沟槽排水方向由高向低分层进行。

管道两侧回填土或砂要求同步回填，分层夯实，严禁单侧填高，以防管道位移。井室、倒虹井等构筑物回填时应四周同时进行，局部难以压实地段如承台、管线下部采用回填粉砂和粗砂，适当洒水并用木夯振捣密实。

井点设备在管道回填至管顶 50cm 后方可拆除。

1.11　雨、污水支管施工

雨、污水支管施工应紧随主干管的施工。支管若埋设较浅，可采用大开挖，沟槽边坡为 1∶0.5。垫层、基础、管道铺设等工序按规范及设计要求施工。如因支管施工而破坏原有便道，应做绕道处理，以便居民及车辆进出。

2　雨水排出口施工

设计雨水排出口布置在道路北侧的临时明渠边或月牙河及新华河边，新设排出口 10 座。设计排出口均采用驳岸式出口，墙身为 M10 浆砌块石，墙基为 C15 毛石混凝土。

2.1　筑坝围堰

考虑到施工的便利性，拟将雨水排出口安排在旱期或枯水期施工。因此，河道中的围堰采用草袋筑坝而成，坝高 1.5～2.5m 之间，比洪水位高出 0.5m 以上。坝顶宽 2.5m，其中间 0.5m 为黏土夹心，背水面边坡采用 1∶0.75，迎水面边坡采用 1∶1～1.5。

2.2 抽水、清淤

草袋围堰施工完毕后，在坝内设置 7.5kW 水泵进行抽水，直至见底。因排出口施工时仍需进行河床铺砌，所以抽水后清淤工作要及时跟上。对于河底表面淤泥，可用泥浆泵抽取至密封罐车内进行外运到泥浆池，若下层淤泥含水量较少，呈流塑状，则采用挖掘机挖除，自卸汽车进行外运。

2.3 基坑开挖

清淤后，按设计要求进行基坑开挖。必要时采用井点降水。开挖以机械为主，人工为辅，基坑 30cm 土方必须人工清除，避免扰动基底土壤及超挖。

2.4 基础施工

排出口基础为混凝土，均按规范施工。

2.5 护岸砌筑

排出口护岸采用 M10 浆砌块石，砌筑同明渠浆砌块石。

2.6 方包混凝土

出水口管子的两侧采用钢筋混凝土方包，待雨水管安装完成后，立模绑扎钢筋。然后浇筑混凝土。

二、工程量清单计价法

排水定额工程量

序号	工程项目名称	单位	工程量计算公式	数量
	一　土方开挖		V总=(V雨+V污)×1.025	1986.24
1	V雨总	m^3		1161.65
2	V46-47	m^3	(1.1+3.042×0.5)×3.042×53	422.57
3	V47-48	m^3	(1.1+2.728×0.5)×2.728×62.21	418.16
4	V48-48-1	m^3	(1.1+2.917×0.5)×2.917×43	320.92
5	V污总	m^3		776.15
6	V52-53	m^3	(1+1.33×0.5)×1.33×40	88.58
7	V147-148	m^3	(1+1.33×0.5)×1.33×40	88.58
8	V54-1-54	m^3	(1+0.585×0.5)×0.585×30	22.68
9	V54-55	m^3	(1.1+0.885×0.5)×0.885×40	54.60
10	VZ10-55	m^3	(2.01+1.374×0.5)×1.374×12.5	46.32
11	V55-151	m^3	(2.01+1.317×0.5)×1.317×41	144.09
12	V151-150	m^3	(2.01+1.224×0.5)×1.224×52.33	167.94
13	V150-149	m^3	(1.1+1.013×0.5)×1.013×13	21.16
14	V149-149-1	m^3	(1.1+1.049×0.5)×1.049×46	78.39
15	V150-150-1	m^3	(1.1+0.896×0.5)×0.896×46	63.80

续表

序号	工程项目名称	单位	工程量计算公式	数量
	二　土方回填			
	V 回填		1986.24－185.99－191.75	1608.50
16	V1：管道基础及垫层	m^3	43.86[混凝土垫层]＋56.75[砂护管]＋28.09[混凝土平基]＋57.29[混凝土管座]	185.99
17	V2：管道体积	m^3	π×(0.51/2)^2×(150－4)＋π×(0.72/2)^2×(105.83－3)＋π×(0.64/2)^2×(384.21－11)	191.75
	三　土方外运			
18	V 外运	m^3	1986.24－1608.8×1.15	136.12
	四　管道及基础			
19	ϕ400 污水管道铺设	m	158.21－4	154.21
20	ϕ400 胶圈接口	个	50	50.00
21	管道闭水试验	m	158.21	158.21
22	10cm 碎石垫层	m^3	0.94×0.1×154.21	14.50
23	C15 管道混凝土平基	m^3	0.74×0.08×154.21	9.13
24	平基模板	m^2	0.08×2×154.21	24.67
25	C15 混凝土管座	m^3	(0.167＋0.64/2)×0.74/2－135/360×π×(0.49/2)^2)×154.21	16.88
26	混凝土管座模板	m^2	0.167×2×154.21	51.51
27	ϕ225 雨水管道铺设	m	(4.5＋8)×8＋(4.8＋8)×5＋14.5＋8	186.50
28	ϕ225 胶圈接口	个	47	47.00
29	砂护管	m^3	(0.28×0.56－π×(0.26[D＋2t]/2)^2/2)×186.5	24.29
30	ϕ300 雨水管道铺设	m	190－4	186.00
31	ϕ300 胶圈接口	个	33＋24	57.00
32	管道闭水试验	m	190	190.00
33	砂护管	m^3	(0.34×0.68－π×(0.38[D＋2t]/2)^2/2)×(190－4)	32.46
34	ϕ400 雨水管道铺设	m	186－6	180.00
35	ϕ400 胶圈接口	个	31＋24	55.00
36	管道闭水试验	m	186	186.00
37	10cm 碎石垫层	m^3	0.94×0.1×180	16.92
38	C15 管道混凝土平基	m^3	0.74×0.08×180	10.66
39	平基模板	m^2	0.08×2×180	28.80
40	C15 混凝土管座	m^3	(0.167＋0.64/2)×0.74/2－135/360×π×(0.49/2)^2)×180	19.71
41	混凝土管座模板	m^2	0.167×2×180	60.12
42	ϕ600 雨水管道铺设	m	105.83－3	102.83
43	ϕ600 胶圈接口	个	31	31.00

续表

序号	工程项目名称	单位	工程量计算公式	数量
44	闭水试验	m	105.83	105.83
45	10cm 碎石垫层	m^3	1.21×0.1×(105.83−3)	12.44
46	C15 管道混凝土平基	m^3	1.01×0.08×(105.83−3)	8.31
47	平基模板	m^2	0.08×2×(105.83−3)	16.45
48	C15 混凝土管座	m^3	(0.246+0.91/2)×1.01/2−135/360×π×(0.72/2)^2)×(105.83−3)	20.70
49	混凝土管座模板	m^2	0.246×2×(105.83−3)	50.59
	五　非定型检查井			
	污水井(不落底)			
50	C10 非定型井混凝土垫层	m^3	(1.1+(0.37+0.1+0.1)×2)^2×0.1×3	1.51
51	混凝土垫层模板	m^2	(1.1+(0.37+0.1+0.1)×2)×4×0.1×3	2.69
52	C20 非定型钢筋混凝土底板	m^3	(1.1+(0.37+0.1)×2)^2×0.2×3	2.50
53	混凝土基础模板	m^2	(1.1+(0.37+0.1)×2)×4×0.2×3	4.90
54	M10 砖砌井室	m^3	1.47×4×0.37×1.8×3[井室]−0.35×3[井底流槽]	10.70
55	M10 砖砌井筒	m^3	π×(0.7+0.24)×0.24×4.65	3.30
56	1∶2 水泥外抹灰	m^2	1.47×4×1.8×3[井室]+π×0.7×4.65	41.98
57	1∶2 水泥内抹灰	m^2	1.84×4×1.8×3[井室]+π×1.18×4.65	56.98
58	井底流槽抹灰	m^3	2.14×3	6.42
59	预制井室盖板	m^3	0.197×3	0.59
60	井室盖板木模	m^3	0.59	0.59
61	井室盖板安装	m^3	0.59	0.59
62	非定型混凝土井圈制作	m^3	π×0.94×0.2×0.24+π×1.06×0.12×0.1)×3	0.55
63	井圈模板	m^3	0.55	0.55
64	井圈安装	m^3	0.55	0.55
65	井盖井座安装	套	3	3.00
66	钢筋 ϕ10 以内制安	t	(1.715+3.307+0.5+1.148+1.555)×3/1000	0.025
67	钢筋 ϕ10 以外制安	t	(7.406+2.380+5.364)×3/1000	0.045
	污水井(落底)			
68	C10 非定型井混凝土垫层	m^3	(1.1+(0.37+0.1+0.1)×2)²×0.1×1	0.50
69	混凝土垫层模板	m^2	(1.1+(0.37+0.1+0.1)×2)×4×0.1×1	0.90
70	C20 非定型钢筋混凝土底板	m^3	(1.1+(0.37+0.1)×2)²×0.2×1	0.83
71	混凝土基础模板	m^2	(1.1+(0.37+0.1)×2)×4×0.2×1	1.63
72	M10 砖砌井室	m^3	1.47×4×0.37×1.8×1[井室]+1.47×4×0.37×0.5×1	5.00
73	M10 砖砌井筒	m^3	π×(0.7+0.24)×0.24×1.856	1.32
74	1∶2 水泥外抹灰	m^2	1.47×4×1.8×1+1.47×4×0.5×1[井室]+π×0.7×1.856	17.61

续表

序号	工程项目名称	单位	工程量计算公式	数量
75	1∶2水泥内抹灰	m^2	1.84×4×1.8×3＋1.84×4×0.5×1[井室]＋π×1.18×1.856	50.30
76	预制井室盖板	m^3	0.197×1	0.20
77	井室盖板木模	m^3	0.2	0.20
78	井室盖板安装	m^3	0.2	0.20
79	非定型混凝土井圈制作	m^3	(π×0.94×0.2×0.24＋π×1.06×0.12×0.1)×1	0.18
80	井圈模板	m^3	0.18	0.18
81	井圈安装	m^3	0.18	0.18
82	井盖井座安装	套	1	1.00
83	钢筋ϕ10以内制作安装	t	(1.715＋3.307＋0.5＋1.148＋1.555)×1/1000	0.008
84	钢筋ϕ10以外制作安装	t	(7.406＋2.380＋5.364)×1/1000	0.015
	雨水井(不落底)			
85	C10非定型井混凝土垫层	m^3	(1.1＋(0.37＋0.1＋0.1)×2)^2×0.1×12	6.02
86	混凝土垫层模板	m^2	(1.1＋(0.37＋0.1＋0.1)×2)×4×0.1×12	10.75
87	C20非定型钢筋混凝土底板	m^3	(1.1＋(0.37＋0.1)×2)^2×0.2×12	9.99
88	混凝土基础模板	m^2	(1.1＋(0.37＋0.1)×2)×4×0.2×12	19.58
89	M10砖砌井室	m^3	1.47×4×0.37×1.8×12[井室]－0.35×12[井底流槽]	42.79
90	1∶2水泥外抹灰	m^2	1.47×4×1.8×3[井室]	31.75
91	1∶2水泥内抹灰	m^2	1.84×4×1.8×3[井室]	39.74
92	井底流槽抹灰	m^3	2.14×12	25.68
93	预制井室盖板	m^3	0.197×12	2.36
94	井室盖板木模	m^3	2.36	2.36
95	井室盖板安装	m^3	2.36	2.36
96	非定型混凝土井圈制作	m^3	(π×0.94×0.2×0.24＋π×1.06×0.12×0.1)×12	2.18
97	井圈模板	m^3	2.18	2.18
98	井圈安装	m^3	2.18	2.18
99	井盖井座安装	套	12	12.00
100	钢筋ϕ10以内制安	t	(1.715＋3.307＋0.5＋1.148＋1.555)×12/1000	0.099
101	钢筋ϕ10以外制安	t	(7.406＋2.380＋5.364)×12/1000	0.182
	雨水井(落底)			
102	C10非定型井混凝土垫层	m^3	(1.1＋(0.37＋0.1＋0.1)×2)^2×0.1×4	2.01
103	混凝土垫层模板	m^2	(1.1＋(0.37＋0.1＋0.1)×2)×4×0.1×4	3.58
104	C20非定型钢筋混凝土底板	m^3	(1.1＋(0.37＋0.1)×2)^2×0.2×4	3.33
105	混凝土基础模板	m^2	(1.1＋(0.37＋0.1)×2)×4×0.2×4	6.53
106	M10砖砌井室	m^3	1.47×4×0.37×1.8×4[井室]＋1.47×4×0.37×0.5×4－π×(0.72/2)^2×0.37×4×2	18.81

续表

序号	工程项目名称	单位	工程量计算公式	数量
107	M10 砖砌井筒	m^3	π×(0.7+0.24)×0.24×2.377	1.68
108	1∶2 水泥外抹灰	m^2	1.47×4×1.8×1+1.47×4×0.5×1－π×0.3^2×8[井室]+π×0.7×2.377	16.49
109	1∶2 水泥内抹灰	m^2	1.84×4×1.8×3+1.84×4×0.5×1－π×0.3^2×8[井室]+π×1.18×2.377	49.97
110	预制井室盖板	m^3	0.197×4	0.79
111	井室盖板木模	m^3	0.79	0.79
112	井室盖板安装	m^3	0.79	0.79
113	非定型混凝土井圈制作	m^3	(π×0.94×0.2×0.24+π×1.06×0.12×0.1)×4	0.73
114	井圈模板	m^3	0.73	0.73
115	井圈安装	m^3	0.73	0.73
116	井盖井座安装	套	4	4.00
117	钢筋 ϕ10 以内制安	t	(1.715+3.307+0.5+1.148+1.555)×4/1000	0.033
118	钢筋 ϕ10 以外制安	t	(7.406+2.380+5.364)×4/1000	0.061
	雨水口			
119	碎石垫层	m^3	(0.51+(0.24+0.05)×2)×0.97×0.1×28	2.96
120	C15 混凝土基础	m^3	(0.51+(0.24+0.05)×2)×0.97×0.1×28	2.96
121	混凝土基础模板	m^2	((0.51+(0.24+0.05)×2)×2+0.91×2)×0.1×28	11.20
122	砖砌井室	m^3	(0.75×2+0.63×2)×0.24×1×28[井室]	18.55
123	井室抹灰	m^2	1.8×1×28+0.199×28	55.97
124	C30 井圈制作	m^3	0.136×28	3.81
125	井圈模板	m^3	3.81	3.81
126	井圈安装	m^3	3.81	3.81
127	雨水口箅子及底座	m^3	28	28.00
128	钢筋 ϕ10 以内制安	m^3	0.168	0.168

专业工程招标控制价计算程序表

单位工程(专业)：某某排水工程-排水工程　　　　单位：元

序号	汇总内容	费用计算表达式	金额(元)
一	分部分项工程	表-07	296544
1	其中定额人工费	表-07	36368
2	其中人工价差	表-07	31431
3	其中定额机械费	表-07	11817
4	其中机械费价差	表-07	1670
二	措施项目		34988
5	施工组织措施项目费	表-10	5158
5.1	安全文明施工费	表-10	4552
6	施工技术措施项目费	表-11	29829
6.1	其中定额人工费	表-11	5823
6.2	其中人工价差	表-11	5011
6.3	其中定额机械费	表-11	6040
6.4	其中机械费价差	表-11	404
三	其他项目	表-14	
四	规费	7+8	4887
7	排污费、社保费、公积金	[1+3+6.1+6.3]×7.3%	4383
8	农民工工伤保险费	[一+二+7]×0.15%	504
五	危险作业意外伤害保险费		
六	税金	[一+二+三+四+五]×3.577%	12034
招标控制价合计=一+二+三+四+五+六			348453

表-02

分部分项工程量清单与计价表

单位工程（专业）：某某排水工程一排水工程　　　　第 1 页　共 3 页

序号	项目编码	项目名称	项目特征	计量单位	工程量	综合单价（元）	合价（元）	其中（元）				备注
								定额人工费	人工费价差	定额机械费	机械费价差	
		0401 土石方工程					296544	36368	31431	11817	1670	
1	040101002001	挖沟槽土方	1. 土壤类别：一、二类土 2. 挖土深度：1.44m	m^3	1986.00	5.18	10287.48	2343.48	2065.44	3991.86	238.32	
2	040103001001	回填方	1. 密实度要求：符合填土要求土方 2. 填方材料品种：沟槽原土回填 3. 填方粒径要求：填土压实	m^3	1608.50	11.69	18803.37	7109.57	6208.81	2798.79	96.51	
3	040103002001	余方弃置	运距：运距 5km	m^3	136.00	14.56	1980.16			1396.72	206.72	
4	040501004001	塑料管	1. 垫层、基础材质及厚度：10cm 碎石垫层+C15 混凝土基础 2. 材质及规格：D400PVC—U 环形肋管 3. 连接形式：承插式 4. 铺设深度：埋设深度 2.05m 5. 管道检验及试验要求：管道闭水试验	m	158.21	235.00	37179.35	3373.04	2901.57	400.27	134.48	
5	040501004002	塑料管	1. 垫层、基础材质及厚度：砂护管至管中心 2. 材质及规格：D225PVC-U 管 3. 连接形式：承插式 4. 铺设深度：埋设深度 1.0m 5. 管道检验及试验要求：管道闭水试验	m	186.50	73.25	13661.13	880.28	759.06	14.92	1.87	
6	040501004003	塑料管	1. 垫层、基础材质及厚度：砂护管至管中心 2. 材质及规格：D300PVC-U 管 3. 连接形式：承插式 4. 铺设深度：埋设深度 1.0m 5. 管道检验及试验要求：管道闭水试验	m	190.00	123.90	23541.00	1292.00	1109.60	20.90		
本页小计							105452	14998	13044	8623	678	

表-07

分部分项工程量清单与计价表

单位工程（专业）：某某排水工程-排水工程　　　　第 2 页　共 3 页

序号	项目编码	项目名称	项目特征	计量单位	工程量	综合单价（元）	合价（元）	其中（元）				备注
								定额人工费	人工费价差	定额机械费	机械费价差	
7	040501004004	塑料管	1. 垫层、基础材质及厚度：10cm 碎石垫层＋C15 混凝土基础 2. 材质及规格：D400PVC-U 环形肋管 3. 连接形式：承插式 4. 铺设深度：埋设深度 2.05m 5. 管道检验及试验要求：管道闭水试验	m	186.00	292.03	54317.58	3915.30	3368.46	466.86	156.24	
8	040501001001	混凝土管	1. 垫层、基础材质及厚度：10cm 碎石垫层＋C15 混凝土基础 2. 管座材质：C15 混凝土管座 3. 规格：D600 钢筋混凝土管 4. 接口方式：承插式 5. 铺设深度：埋设深度 2.64m 6. 混凝土强度等级：C15 混凝土 7. 管道检验及试验要求：管道闭水试验	m	105.83	399.66	42296.02	3838.45	3302.95	817.01	209.54	
9	040504001001	砌筑污水井 1100×1100mm H=3.36m	（1）尺寸 1100×1100mm （2）不落底井，井深 3.36m （3）C10 垫层 10cm （4）C20 钢筋混凝土基础 20cm （5）M10 砖砌井，1：2 水泥砂浆抹面 （6）C20 钢筋混凝土顶板 （7）D700 铸铁井盖座安装	座	3	4486.31	13458.93	2282.22	1963.32	291.39	97.02	
10	040504001002	砌筑污水井 1100×1100mm H=4.08m	（1）尺寸 1100×1100mm （2）落底井，井深 4.08m （3）C10 垫层 10cm （4）C20 钢筋混凝土基础 20cm （5）M10 砖砌井，1：2 水泥砂浆抹面 （6）C20 钢筋混凝土顶板 （7）D700 铸铁井盖座安装	座	1	6208.41	6208.41	1188.74	1022.53	124.63	44.01	
			本页小计				116281	11225	9657	1700	507	

表-07

分部分项工程量清单与计价表

单位工程（专业）：某某排水工程-排水工程　　　　第 3 页　共 3 页

序号	项目编码	项目名称	项目特征	计量单位	工程量	综合单价（元）	合价（元）	其中（元）				备注
								定额人工费	人工费价差	定额机械费	机械费价差	
11	040504001003	砌筑污水井 1100×1100mm H=1.82m	(1) 尺寸 1100×1100mm (2) 不落底井，井深 1.82m (3) C10 垫层 10cm (4) C20 钢筋混凝土基础 20cm (5) M10 砖砌井，1：2 水泥砂浆抹面 (6) C20 钢筋混凝土顶板 (7) D700 铸铁井盖座安装	座	12	3139.37	37672.44	4930.08	4242.12	881.40	271.56	
12	040504001004	砌筑污水井 1100×1100mm H=2.94m	(1) 尺寸 1100×1100mm (2) 落底井，井深 2.94m (3) C10 垫层 10cm (4) C20 钢筋混凝土基础 20cm (5) M10 砖砌井，1：2 水泥砂浆抹面 (6) C20 钢筋混凝土顶板 (7) D700 铸铁井盖座安装	座	4	4168.69	16674.76	2382.80	2050.08	356.80	115.96	
13	040504009001	雨水口	(1) 尺寸 390×510mm (2) 井深 1.0m (3) 碎石垫层 10cm (4) C15 混凝土基础 15cm (5) M10 砖砌井，1：2 水泥砂浆抹面 (6) C30 混凝土井座 (7) 510×390 铸铁雨水篦座安装	座	28	730.85	20463.80	2832.48	2437.40	255.08	97.44	
本页小计							74811	10145	8730	1493	485	
合计							296544	36368	31431	11817	1670	

表-07

工程量清单综合单价计算表

单位工程（专业）：某某排水工程-排水工程 第1页 共9页

序号	编号	名称	计量单位	数量	综合单价（元）									合计（元）
					定额人工费	人工费价差	材料费	定额机械费	机械费价差	管理费	利润	风险费用	小计	
		0401 土石方工程												
1	040101002001	挖沟槽土方 1. 土壤类别：一、二类土 2. 挖土深度：1.44m	m^3	1986.00	1.18	1.04		2.01	0.12	0.50	0.33		5.18	10287
	1-4 换	人工挖沟槽、基坑一、二类土，深度在2m以内～人工辅助机械挖沟槽、基坑	m^3	198.6	9.95	8.70			0.00	1.55	1.04		21.24	4218
	1-56	挖掘机挖土不装车一、二类土	m^3	1849.775	0.19	0.17		1.93	0.12	0.33	0.22		2.96	5475
	1-59	挖掘机挖土装车一、二类土	m^3	136	0.19	0.17		3.05	0.20	0.51	0.34		4.46	607
2	040103001001	回填方 1. 密实度要求：符合填土要求土方 2. 填方材料品种：沟槽原土回填 3. 填方粒径要求：填土压实	m^3	1608.50	4.42	3.86		1.74	0.06	0.96	0.65		11.69	18803
	1-87	机械槽、坑填土夯实	m^3	1608.5	4.42	3.86		1.74	0.06	0.96	0.65		11.69	18803
3	040103002001	余方弃置 运距：运距5km	m^3	136.00		0.00	0.09	10.27	1.52	1.60	1.08		14.56	1980
	1-68 换	自卸汽车运土方 运距5km内	m^3	136		0.00	0.09	10.27	1.52	1.60	1.08		14.56	1980
4	040501004001	塑料管 1. 垫层、基础材质及厚度：10cm碎石垫层＋C15混凝土基础 2. 材质及规格：D400PVC-U环形肋管 3. 连接形式：承插式 4. 铺设深度：埋设深度2.05m 5. 管道检验及试验要求：管道闭水试验	m	158.21	21.32	18.34	185.74	2.53	0.85	3.72	2.50		235.00	37179
	6-46 换	UPVC排水管铺设 管径400mm以内	m	154.2	2.60	2.23	127.00		0.00	0.41	0.27		132.51	20433

表-08

工程量清单综合单价计算表

单位工程（专业）：某某排水工程-排水工程　　　　第 2 页　共 9 页

序号	编号	名　称	计量单位	数量	综合单价（元）									合计（元）
					定额人工费	人工费价差	材料费	定额机械费	机械费价差	管理费	利润	风险费用	小计	
	6-194	塑料排水管　承插式橡胶圈接口　管径 400mm 以内	只	50	6.79	5.85	0.54		0.00	1.06	0.71		14.95	748
	6-211	管道闭水试验　管径 400mm 以内	m	158.2	0.72	0.62	1.73		0.00	0.11	0.08		3.26	516
	6-263	干铺碎石垫层	m^3	14.5	30.23	26.01	156.28	1.61	0.06	4.97	3.34		222.50	3226
	6-276	渠（管）道混凝土平基	m^3	9.13	73.14	62.94	273.06	15.45	5.49	13.82	9.30		453.20	4138
	6-282 换	C15 现浇现拌混凝土管座	m^3	16.88	83.68	72.00	280.98	13.98	4.92	15.23	10.25		481.04	8120
5	040501004002	塑料管 1. 垫层、基础材质及厚度：砂护管至管中心 2. 材质及规格：D225PVC-U 管 3. 连接形式：承插式 4. 铺设深度：埋设深度 1.0m 5. 管道检验及试验要求：管道闭水试验	m	186.50	4.72	4.07	63.12	0.08	0.01	0.75	0.50		73.25	13661
	6-44 换	UPVC 排水管铺设　管径 225mm 以内	m	186.5	1.72	1.48	48.85		0.00	0.27	0.18		52.50	9791
	6-192	塑料排水管　承插式橡胶圈接口　管径 225mm 以内	只	47	4.21	3.63	0.31		0.00	0.66	0.44		9.25	435
	6-286	黄砂沟槽回填	m^3	24.29	14.92	12.84	109.00	0.65	0.01	2.43	1.63		141.48	3437
6	040501004003	塑料管 1. 垫层、基础材质及厚度：砂护管至管中心 2. 材质及规格：D300PVC-U 管 3. 连接形式：承插式 4. 铺设深度：埋设深度 1.0m 5. 管道检验及试验要求：管道闭水试验	m	190.00	6.80	5.84	109.35	0.11	0.00	1.07	0.73		123.90	23541

表-08

工程量清单综合单价计算表

单位工程（专业）：某某排水工程-排水工程　　　　第 3 页　共 9 页

序号	编号	名称	计量单位	数量	综合单价（元）									合计（元）
					定额人工费	人工费价差	材料费	定额机械费	机械费价差	管理费	利润	风险费用	小计	
	6-45 换	UPVC 排水管铺设　管径 300mm 以内	m	186	2.00	1.71	91.47		0.00	0.31	0.21		95.70	17800
	6-193	塑料排水管　承插式橡胶圈接口　管径 300mm 以内	只	57	5.85	5.03	0.43		0.00	0.91	0.61		12.83	731
	6-210	管道闭水试验　管径 300mm 以内	m	190	0.54	0.46	1.05		0.00	0.08	0.06		2.19	416
	6-286	黄砂沟槽回填	m^3	32.46	14.92	12.84	109.00	0.65	0.01	2.43	1.63		141.48	4592
7	040501004004	塑料管 1. 垫层、基础材质及厚度：10cm 碎石垫层＋C15 混凝土基础 2. 材质及规格：D400PVC-U 环形肋管 3. 连接形式：承插式 4. 铺设深度：埋设深度 2.05m 5. 管道检验及试验要求：管道闭水试验	m	186.00	21.05	18.11	243.37	2.51	0.84	3.68	2.47		292.03	54318
	6-46	UPVC 排水管铺设　管径 400mm 以内	m	180	2.60	2.23	187.90		0.00	0.41	0.27		193.41	34814
	6-194	塑料排水管　承插式橡胶圈接口　管径 400mm 以内	只	55	6.79	5.85	0.54		0.00	1.06	0.71		14.95	822
	6-211	管道闭水试验管径 400mm 以内	m	186	0.72	0.62	1.73		0.00	0.11	0.08		3.26	606
	6-263	干铺碎石垫层	m^3	16.92	30.23	26.01	156.28	1.61	0.06	4.97	3.34		222.50	3765
	6-276	渠（管）道混凝土平基	m^3	10.66	73.14	62.94	273.06	15.45	5.49	13.82	9.30		453.20	4831
	6-282 换	C15 现浇现拌混凝土管座	m^3	19.71	83.68	72.00	280.98	13.98	4.92	15.23	10.25		481.04	9481

表-08

工程量清单综合单价计算表

单位工程（专业）：某某排水工程-排水工程　　　　第 4 页　共 9 页

序号	编号	名称	计量单位	数量	综合单价（元）									合计（元）
					定额人工费	人工费价差	材料费	定额机械费	机械费价差	管理费	利润	风险费用	小计	
8	040501001001	混凝土管 1. 垫层、基础材质及厚度：10cm 碎石垫层＋C15 混凝土基础 2. 管座材质：C15 混凝土管座 3. 规格：D600 钢筋混凝土管 4. 接口方式：承插式 5. 铺设深度：埋设深度 2.64m 6. 混凝土强度等级：C15 混凝土 7. 管道检验及试验要求：管道闭水试验	m	105.83	36.27	31.21	311.01	7.72	1.98	6.85	4.62		399.66	42296
	6-32	承插式混凝土管道铺设人机配合下管管径 600mm 以内	m	102.8	7.42	6.38	212.10	3.69	0.60	1.73	1.17		233.09	23962
	6-180	排水管道混凝土管胶圈（承插）接口管径 600mm 以内	个	31	7.57	6.51	21.75		0.00	1.18	0.79		37.80	1172
	6-213	管道闭水试验管径 600mm 以内	m	105.8	1.18	1.02	3.84		0.00	0.18	0.12		6.34	671
	6-263	干铺碎石垫层	m^3	12.44	30.23	26.01	156.28	1.61	0.06	4.97	3.34		222.50	2768
	6-276	渠（管）道混凝土平基	m^3	8.31	73.14	62.94	273.06	15.45	5.49	13.82	9.30		453.20	3766
	6-282 换	C15 现浇现拌混凝土管座	m^3	20.7	83.68	72.00	280.98	13.98	4.92	15.23	10.25		481.04	9958
9	040504001001	砌筑污水井 1100×1100mm　H=3.36m （1）尺寸 1100×1100mm （2）不落底井，井深 3.36m （3）C10 垫层 10cm （4）C20 钢筋混凝土基础 20cm （5）M10 砖砌井，1∶2 水泥砂浆抹面 （6）C20 钢筋混凝土顶板 （7）D700 铸铁井盖座安装	座	3	760.74	654.44	2717.84	97.13	32.34	133.72	90.10		4486.31	13459
	6-229	C15 混凝土井垫层	m^3	1.51	59.77	51.43	270.74	15.54	5.48	11.75	7.91		422.62	638

表-08

工程量清单综合单价计算表

单位工程（专业）：某某排水工程-排水工程　　　　第 5 页　共 9 页

序号	编号	名　称	计量单位	数量	综合单价（元）									合计（元）
					定额人工费	人工费价差	材料费	定额机械费	机械费价差	管理费	利润	风险费用	小计	
	6-229 换	C15 混凝土井垫层～现浇现拌混凝土 C20（40）	m^3	2.5	59.77	51.43	282.18	15.54	5.48	11.75	7.91		434.06	1085
	6-231	矩形井砖砌	m^3	10.7	48.97	42.14	340.11	5.52	2.40	8.50	5.72		453.36	4851
	6-230	圆形井砖砌	m^3	3.3	65.18	56.08	345.82	7.76	3.35	11.38	7.66		497.23	1641
	6-237	砖墙井壁抹灰	m^2	98.96	10.14	8.72	6.09	0.52	0.22	1.66	1.12		28.47	2817
	6-239	砖墙流槽抹灰	m^2	6.42	8.54	7.35	6.09	0.52	0.22	1.41	0.95		25.08	161
	6-330	C20 钢筋混凝土矩形盖板预制板厚 20cm 以内	m^3	0.59	94.60	81.40	302.35	15.42	5.47	17.16	11.55		527.95	311
	6-348	钢筋混凝土井室矩形盖板安装　每块体积在 $0.3m^3$ 以内	m^3	0.59	64.90	55.85	32.59	17.11	2.74	12.79	8.61		194.59	115
	土 4-444	Ⅰ类构件　运距 5km	m^3	0.59	8.60	7.40	4.69	91.19	11.41	15.57	10.48		149.34	88
	6-305	C20 现浇混凝土无筋墙帽砌筑	m^3	0.55	104.61	90.01	305.54	16.58	5.49	18.91	12.72		553.86	305
	6-252	铸铁检查井井盖安装	套	3	21.41	18.43	360.93		0.00	3.34	2.25		406.36	1219
	6-1126	预制构件钢筋（圆钢）直径 Φ10mm 以内	t	0.025	501.38	431.42	2527.02	136.28	6.51	99.47	66.95		3769.03	94
	6-1127	预制构件钢筋（螺纹钢）直径 Φ10mm 以外	t	0.045	260.15	223.85	2282.44	90.54	8.38	54.71	36.82		2956.89	133

表-08

工程量清单综合单价计算表

单位工程（专业）：某某排水工程-排水工程　　　　第 6 页　共 9 页

序号	编号	名称	计量单位	数量	综合单价（元）									合计（元）
					定额人工费	人工费价差	材料费	定额机械费	机械费价差	管理费	利润	风险费用	小计	
10	040504001002	砌筑污水井 1100×1100mm　H=4.08m （1）尺寸 1100×1100mm （2）落底井，井深 4.08m （3）C10 垫层 10cm （4）C20 钢筋混凝土基础 20cm （5）M10 砖砌井，1：2 水泥砂浆抹面 （6）C20 钢筋混凝土顶板 （7）D700 铸铁井盖座安装	座	1	1188.74	1022.53	3485.86	124.63	44.01	204.69	137.95		6208.41	6208
	6-229	C15 混凝土井垫层	m^3	0.5	59.77	51.43	270.74	15.54	5.48	11.75	7.91		422.62	211
	6-229 换	C15 混凝土井垫层～现浇现拌混凝土 C20（40）	m^3	0.83	59.77	51.43	282.18	15.54	5.48	11.75	7.91		434.06	360
	6-231	矩形井砖砌	m^3	5	48.97	42.14	340.11	5.52	2.40	8.50	5.72		453.36	2267
	6-230	圆形井砖砌	m^3	1.32	65.18	56.08	345.82	7.76	3.35	11.38	7.66		497.23	656
	6-237	砖墙井壁抹灰	m^2	67.91	10.14	8.72	6.09	0.52	0.22	1.66	1.12		28.47	1933
	6-238	砖墙井底抹灰	m^2	1.21	6.59	5.67	6.09	0.52	0.22	1.11	0.75		20.95	25
	6-330	C20 钢筋混凝土矩形盖板预制板厚 20cm 以内	m^3	0.2	94.60	81.40	302.35	15.42	5.47	17.16	11.55		527.95	106
	6-348	钢筋混凝土井室矩形盖板安装每块体积在 0.3m^3 以内	m^3	0.2	64.90	55.85	32.59	17.11	2.74	12.79	8.61		194.59	39
	土 4-444	Ⅰ类构件　运距 5km	m^3	0.2	8.60	7.40	4.69	91.19	11.41	15.57	10.48		149.34	30
	6-305	C20 现浇混凝土无筋墙帽砌筑	m^3	0.18	104.61	90.01	305.54	16.58	5.49	18.91	12.72		553.86	100
	6-252	铸铁检查井井盖安装	套	1	21.41	18.43	360.93		0.00	3.34	2.25		406.36	406

表-08

工程量清单综合单价计算表

单位工程（专业）：某某排水工程-排水工程

序号	编号	名称	计量单位	数量	综合单价（元）									合计（元）
					定额人工费	人工费价差	材料费	定额机械费	机械费价差	管理费	利润	风险费用	小计	
	6-1126	预制构件钢筋（圆钢）直径 Φ10mm 以内	t	0.008	501.38	431.42	2527.02	136.28	6.51	99.47	66.95		3769.03	30
	6-1127	预制构件钢筋（螺纹钢）直径 Φ10mm 以外	t	0.015	260.15	223.85	2282.44	90.54	8.38	54.71	36.82		2956.89	44
11	040504001003	砌筑污水井 1100×1100mm　H=1.82m (1) 尺寸 1100×1100mm (2) 不落底井，井深 1.82m (3) C10 垫层 10cm (4) C20 钢筋混凝土基础 20cm (5) M10 砖砌井，1：2 水泥砂浆抹面 (6) C20 钢筋混凝土顶板 (7) D700 铸铁井盖座安装	座	12	410.84	353.51	2152.57	73.45	22.63	75.52	50.85		3139.37	37672
	6-229	C15 混凝土井垫层	m^3	6.02	59.77	51.43	270.74	15.54	5.48	11.75	7.91		422.62	2544
	6-229 换	C15 混凝土井垫层～现浇现拌混凝土 C20（40）	m^3	9.99	59.77	51.43	282.18	15.54	5.48	11.75	7.91		434.06	4336
	6-231	矩形井砖砌	m^3	42.79	48.97	42.14	340.11	5.52	2.40	8.50	5.72		453.36	19399
	6-237	砖墙井壁抹灰	m^2	71.49	10.14	8.72	6.09	0.52	0.22	1.66	1.12		28.47	2035
	6-239	砖墙流槽抹灰	m^2	25.68	8.54	7.35	6.09	0.52	0.22	1.41	0.95		25.08	644
	6-330	C20 钢筋混凝土矩形盖板预制板厚 20cm 以内	m^3	2.36	94.60	81.40	302.35	15.42	5.47	17.16	11.55		527.95	1246
	6-348	钢筋混凝土井室矩形盖板安装　每块体积在 0.3m^3 以内	m^3	2.36	64.90	55.85	32.59	17.11	2.74	12.79	8.61		194.59	459
	土 4-444	Ⅰ类构件　运距 5km	m^3	2.36	8.60	7.40	4.69	91.19	11.41	15.57	10.48		149.34	352
	6-305	C20 现浇混凝土无筋墙帽砌筑	m^3	2.18	104.61	90.01	305.54	16.58	5.49	18.91	12.72		553.86	1207
	6-252	铸铁检查井井盖安装	套	12	21.41	18.43	360.93		0.00	3.34	2.25		406.36	4876

表-08

工程量清单综合单价计算表

单位工程（专业）：某某排水工程-排水工程　　　　第 8 页　共 9 页

序号	编号	名称	计量单位	数量	综合单价（元）									合计（元）
					定额人工费	人工费价差	材料费	定额机械费	机械费价差	管理费	利润	风险费用	小计	
	6-1126	预制构件钢筋（圆钢）直径 Φ10mm 以内	t	0.009	501.38	431.42	2527.02	136.28	6.51	99.47	66.95		3769.03	34
	6-1127	预制构件钢筋（螺纹钢）直径 Φ10mm 以外	t	0.182	260.15	223.85	2282.44	90.54	8.38	54.71	36.82		2956.89	538
12	040504001004	砌筑污水井 1100×1100mm　H=2.94m （1）尺寸 1100×1100mm （2）落底井，井深 2.94m （3）C10 垫层 10cm （4）C20 钢筋混凝土基础 20cm （5）M10 砖砌井，1：2 水泥砂浆抹面 （6）C20 钢筋混凝土顶板 （7）D700 铸铁井盖座安装	座	4	595.70	512.52	2763.55	89.20	28.99	106.80	71.93		4168.69	16675
	6-229	C15 混凝土井垫层	m^3	2.01	59.77	51.43	270.74	15.54	5.48	11.75	7.91		422.62	849
	6-229 换	C15 混凝土井垫层～现浇现拌混凝土 C20（40）	m^3	3.33	59.77	51.43	282.18	15.54	5.48	11.75	7.91		434.06	1445
	6-231	矩形井砖砌	m^3	18.81	48.97	42.14	340.11	5.52	2.40	8.50	5.72		453.36	8528
	6-230	圆形井砖砌	m^3	1.68	65.18	56.08	345.82	7.76	3.35	11.38	7.66		497.23	835
	6-237	砖墙井壁抹灰	m^2	66.46	10.14	8.72	6.09	0.52	0.22	1.66	1.12		28.47	1892
	6-238	砖墙井底抹灰	m^2	4.84	6.59	5.67	6.09	0.52	0.22	1.11	0.75		20.95	101
	6-330	C20 钢筋混凝土矩形盖板预制板厚 20cm 以内	m^3	0.79	94.60	81.40	302.35	15.42	5.47	17.16	11.55		527.95	417
	6-348	钢筋混凝土井室矩形盖板安装　每块体积在 0.3m^3 以内	m^3	0.79	64.90	55.85	32.59	17.11	2.74	12.79	8.61		194.59	154
	土 4-444	Ⅰ类构件　运距 5km	m^3	0.79	8.60	7.40	4.69	91.19	11.41	15.57	10.48		149.34	118
	6-305	C20 现浇混凝土无筋墙帽砌筑	m^3	0.73	104.61	90.01	305.54	16.58	5.49	18.91	12.72		553.86	404

表-08

工程量清单综合单价计算表

单位工程（专业）：某某排水工程-排水工程　　　　第 9 页　共 9 页

序号	编号	名　称	计量单位	数量	综合单价（元）									合计（元）
					定额人工费	人工费价差	材料费	定额机械费	机械费价差	管理费	利润	风险费用	小计	
	6-252	铸铁检查井井盖安装	套	4	21.41	18.43	360.93		0.00	3.34	2.25		406.36	1625
	6-1126	预制构件钢筋（圆钢）直径 Φ10mm 以内	t	0.033	501.38	431.42	2527.02	136.28	6.51	99.47	66.95		3769.03	124
	6-1127	预制构件钢筋（螺纹钢）直径 Φ10mm 以外	t	0.061	260.15	223.85	2282.44	90.54	8.38	54.71	36.82		2956.89	180
13	040504009001	雨水口 （1）尺寸 390×510mm （2）井深 1.0m （3）碎石垫层 10cm （4）C15 混凝土基础 15cm （5）M10 砖砌井，1∶2 水泥砂浆抹面 （6）C30 混凝土井座 （7）510×390 铸铁雨水篦座安装	座	28	101.16	87.05	501.28	9.11	3.48	17.19	11.58		730.85	20464
	6-225	井垫层（碎石）	m^3	2.96	31.99	27.53	156.28	1.61	0.06	5.24	3.53		226.24	670
	6-229	C15 混凝土井垫层	m^3	2.96	59.77	51.43	270.74	15.54	5.48	11.75	7.91		422.62	1251
	6-231	矩形井砖砌	m^3	18.55	48.97	42.14	340.11	5.52	2.40	8.50	5.72		453.36	8410
	6-237	砖墙井壁抹灰	m^2	56	10.14	8.72	6.09	0.52	0.22	1.66	1.12		28.47	1594
	6-238	砖墙井底抹灰	m^2	5.569	6.59	5.67	6.09	0.52	0.22	1.11	0.75		20.95	117
	6-305	C20 现浇混凝土无筋墙帽砌筑	m^3	3.81	104.61	90.01	305.54	16.58	5.49	18.91	12.72		553.86	2110
	6-256	铸铁雨水井箅安装	套	28	20.34	17.51	160.56		0.00	3.17	2.14		203.72	5704
	6-1124	现浇构件钢筋（圆钢）直径 Φ10mm 以内	t	0.168	476.01	409.59	2547.35	39.82	13.01	80.47	54.16		3620.41	608
合　计														296544

表-08

工程量清单综合单价工料机分析表

单位工程(专业)：某某排水工程-排水工程　　　　　　　　第1页　共13页

项目编号		040101002001		项目名称	挖沟槽土方	计量单位	m^3
项目特征	1. 土壤类别：一、二类土 2. 挖土深度：1.44m					综合单价	5.18
清单综合单价组成明细							
序号	名称及规格		单位	(1)数量	金额(元)		
					市场价		合价 1×(2+3)
					(2)定额单价	(3)价差	
1	人工	一类人工	工日	0.02966	40.00	35.00	2.22
		小计(定额人工费、价差及合价合计)			1.19	1.04	2.22
2	材料						
		小计					
3	机械	履带式推土机 90kW	台班	0.00025	705.64	60.60	0.19
		履带式单斗挖掘机(液压)$1m^3$	台班	0.00170	1078.38	62.20	1.94
		小计(定额机械费、价差及合价合计)			2.01	0.12	2.13
4	企业管理费		(定额人工费+定额机械费)×0%				0.50
5	利润		(定额人工费+定额机械费)×0%				0.33
6	风险费用		(1+2+3+4+5)×0%				
7	综合单价(4+5+6+7)		1+2+3+4+5+6				5.18

表-09

工程量清单综合单价工料机分析表

单位工程(专业)：某某排水工程-排水工程　　　　第2页　共13页

<table>
<tr><td>项目编号</td><td colspan="2">040103001001</td><td>项目名称</td><td colspan="2">回填方</td><td>计量单位</td><td>m³</td></tr>
<tr><td>项目特征</td><td colspan="5">1. 密实度要求：符合填土要求土方
2. 填方材料品种：沟槽原土回填</td><td>综合单价</td><td>11.69</td></tr>
<tr><td colspan="8">清单综合单价组成明细</td></tr>
<tr><td rowspan="3">序号</td><td colspan="2" rowspan="3">名称及规格</td><td rowspan="3">单位</td><td rowspan="3">(1)数量</td><td colspan="3">金额(元)</td></tr>
<tr><td colspan="2">市场价</td><td rowspan="2">合价
1×(2+3)</td></tr>
<tr><td>(2)定额单价</td><td>(3)价差</td></tr>
<tr><td rowspan="2">1</td><td rowspan="2">人工</td><td>一类人工</td><td>工日</td><td>0.11040</td><td>40.00</td><td>35.00</td><td>8.28</td></tr>
<tr><td colspan="3">小计(定额人工费、价差及合价合计)</td><td>4.42</td><td>3.86</td><td>8.28</td></tr>
<tr><td rowspan="2">2</td><td rowspan="2">材料</td><td></td><td></td><td></td><td></td><td></td><td></td></tr>
<tr><td colspan="3">小计</td><td></td><td></td><td></td></tr>
<tr><td rowspan="2">3</td><td rowspan="2">机械</td><td>电动夯实机 20～62N·m</td><td>台班</td><td>0.07980</td><td>21.79</td><td>0.76</td><td>1.80</td></tr>
<tr><td colspan="3">小计(定额机械费、价差及合价合计)</td><td>1.74</td><td>0.06</td><td>1.80</td></tr>
<tr><td>4</td><td colspan="2">企业管理费</td><td colspan="4">(定额人工费+定额机械费)×0%</td><td>0.96</td></tr>
<tr><td>5</td><td colspan="2">利润</td><td colspan="4">(定额人工费+定额机械费)×0%</td><td>0.65</td></tr>
<tr><td>6</td><td colspan="2">风险费用</td><td colspan="4">(1+2+3+4+5)×0%</td><td></td></tr>
<tr><td>7</td><td colspan="2">综合单价(4+5+6+7)</td><td colspan="4">1+2+3+4+5+6</td><td>11.69</td></tr>
</table>

表-09

工程量清单综合单价工料机分析表

单位工程(专业)：某某排水工程-排水工程　　　　第3页　共13页

<table>
<tr><td>项目编号</td><td colspan="2">040103002001</td><td>项目名称</td><td colspan="2">余方弃置</td><td>计量单位</td><td>m³</td></tr>
<tr><td>项目特征</td><td colspan="5">运距：运距5km</td><td>综合单价</td><td>14.56</td></tr>
<tr><td colspan="8">清单综合单价组成明细</td></tr>
<tr><td rowspan="3">序号</td><td rowspan="3" colspan="2">名称及规格</td><td rowspan="3">单位</td><td rowspan="3">(1)数量</td><td colspan="3">金额(元)</td></tr>
<tr><td colspan="2">市场价</td><td rowspan="2">合价
1×(2+3)</td></tr>
<tr><td>(2)定额单价</td><td>(3)价差</td></tr>
<tr><td rowspan="2">1</td><td rowspan="2">人工</td><td></td><td></td><td></td><td>0.00</td><td></td><td></td></tr>
<tr><td colspan="3">小计(定额人工费、价差及合价合计)</td><td>0.00</td><td></td><td></td></tr>
<tr><td rowspan="2">2</td><td rowspan="2">材料</td><td>水</td><td>m³</td><td>0.01200</td><td colspan="2">7.28</td><td>0.09</td></tr>
<tr><td colspan="5">小计</td><td>0.09</td></tr>
<tr><td rowspan="3">3</td><td rowspan="3">机械</td><td>洒水汽车4000L</td><td>台班</td><td>0.00060</td><td>383.06</td><td>57.67</td><td>0.26</td></tr>
<tr><td>自卸汽车12t</td><td>台班</td><td>0.01560</td><td>644.78</td><td>92.64</td><td>11.50</td></tr>
<tr><td colspan="3">小计(定额机械费、价差及合价合计)</td><td>10.29</td><td>1.48</td><td>11.77</td></tr>
<tr><td>4</td><td colspan="2">企业管理费</td><td colspan="4">(定额人工费+定额机械费)×0%</td><td>1.60</td></tr>
<tr><td>5</td><td colspan="2">利润</td><td colspan="4">(定额人工费+定额机械费)×0%</td><td>1.08</td></tr>
<tr><td>6</td><td colspan="2">风险费用</td><td colspan="4">(1+2+3+4+5)×0%</td><td></td></tr>
<tr><td>7</td><td colspan="2">综合单价(4+5+6+7)</td><td colspan="4">1+2+3+4+5+6</td><td>14.56</td></tr>
</table>

表-09

工程量清单综合单价工料机分析表

单位工程(专业)：某某排水工程-排水工程　　　　第4页　共13页

项目编号	040501004001	项目名称	塑料管	计量单位	m
项目特征	1. 垫层、基础材质及厚度：10cm碎石垫层+C15混凝土基础 2. 材质及规格：D400PVC-U环形肋管			综合单价	235

清单综合单价组成明细

序号		名称及规格	单位	(1)数量	金额(元)		
					市场价		合价
					(2)定额单价	(3)价差	1×(2+3)
1	人工	二类人工	工日	0.49572	43.00	37.00	39.66
		小计(定额人工费、价差及合价合计)			21.32	18.34	39.66
2	材料	黄砂(净砂)综合	t	0.15297	80.00		12.24
		其他材料费	元	1.02793	1.00		1.03
		水	m^3	0.30840	7.28		2.25
		草袋	个	0.60106	2.54		1.53
		碎石综合	t	0.36619	86.00		31.49
		混凝土实心砖240×115×53	千块	0.00073	530.00		0.39
		水泥42.5	kg	33.81420	0.39		13.02
		橡胶管	m	0.01500	5.96		0.09
		焊接钢管DN40	m	0.00030	15.36		0.00
		镀锌铁丝10#	kg	0.00680	7.00		0.05
		UPVC排水管DN400	m	0.98927	125.00		123.66
		小计					185.74
3	机械	双锥反转出料混凝土搅拌机350L	台班	0.00907	96.72	39.00	1.23
		混凝土振捣器插入式	台班	0.01460	4.83	0.18	0.07
		混凝土振捣器平板式BLL	台班	0.00487	17.56	0.18	0.09
		机动翻斗车1t	台班	0.01230	109.73	39.41	1.83
		电动夯实机20～62N·m	台班	0.00678	21.79	0.76	0.15
		小计(定额机械费、价差及合价合计)			2.53	0.85	3.38
4	企业管理费		(定额人工费+定额机械费)×0%				3.72
5	利润		(定额人工费+定额机械费)×0%				2.50
6	风险费用		(1+2+3+4+5)×0%				
7	综合单价(4+5+6+7)		1+2+3+4+5+6				235.00

表-09

工程量清单综合单价工料机分析表

单位工程(专业)：某某排水工程-排水工程　　　　第5页　共13页

<table>
<tr><td>项目编号</td><td colspan="2">040501004002</td><td>项目名称</td><td colspan="2">塑料管</td><td>计量单位</td><td>m</td></tr>
<tr><td>项目特征</td><td colspan="5">1. 垫层、基础材质及厚度：砂护管至管中心
2. 材质及规格：D225PVC-U管</td><td>综合单价</td><td>73.25</td></tr>
<tr><td colspan="8">清单综合单价组成明细</td></tr>
<tr><td rowspan="3">序号</td><td colspan="2" rowspan="3">名称及规格</td><td rowspan="3">单位</td><td rowspan="3">(1)数量</td><td colspan="3">金额(元)</td></tr>
<tr><td colspan="2">市场价</td><td rowspan="2">合价
1×(2+3)</td></tr>
<tr><td>(2)定额单价</td><td>(3)价差</td></tr>
<tr><td rowspan="2">1</td><td rowspan="2">人工</td><td>二类人工</td><td>工日</td><td>0.10989</td><td>43.00</td><td>37.00</td><td>8.79</td></tr>
<tr><td colspan="3">小计(定额人工费、价差及合价合计)</td><td>4.73</td><td>4.07</td><td>8.79</td></tr>
<tr><td rowspan="5">2</td><td rowspan="5">材料</td><td>水</td><td>m^3</td><td>0.02058</td><td colspan="2">7.28</td><td>0.15</td></tr>
<tr><td>黄砂(毛砂)综合</td><td>t</td><td>0.23027</td><td colspan="2">61.00</td><td>14.05</td></tr>
<tr><td>UPVC排水管DN225</td><td>m</td><td>1.01500</td><td colspan="2">48.00</td><td>48.72</td></tr>
<tr><td>其他材料费</td><td>元</td><td>0.21082</td><td colspan="2">1.00</td><td>0.21</td></tr>
<tr><td colspan="5">小计</td><td>63.13</td></tr>
<tr><td rowspan="2">3</td><td rowspan="2">机械</td><td>混凝土振捣器平板式BLL</td><td>台班</td><td>0.00482</td><td>17.56</td><td>0.18</td><td>0.09</td></tr>
<tr><td colspan="3">小计(定额机械费、价差及合价合计)</td><td>0.08</td><td>0.00</td><td>0.09</td></tr>
<tr><td>4</td><td colspan="2">企业管理费</td><td colspan="4">(定额人工费+定额机械费)×0%</td><td>0.75</td></tr>
<tr><td>5</td><td colspan="2">利润</td><td colspan="4">(定额人工费+定额机械费)×0%</td><td>0.50</td></tr>
<tr><td>6</td><td colspan="2">风险费用</td><td colspan="4">(1+2+3+4+5)×0%</td><td></td></tr>
<tr><td>7</td><td colspan="2">综合单价(4+5+6+7)</td><td colspan="4">1+2+3+4+5+6</td><td>73.25</td></tr>
</table>

表-09

工程量清单综合单价工料机分析表

单位工程(专业)：某某排水工程-排水工程　　　　第6页　共13页

<table>
<tr><td>项目编号</td><td colspan="2">040501004003</td><td>项目名称</td><td colspan="2">塑料管</td><td>计量单位</td><td>m</td></tr>
<tr><td>项目特征</td><td colspan="5">1. 垫层、基础材质及厚度：砂护管至管中心
2. 材质及规格：D300PVC-U管</td><td>综合单价</td><td>123.9</td></tr>
<tr><td colspan="8">清单综合单价组成明细</td></tr>
<tr><td rowspan="3">序号</td><td rowspan="3" colspan="2">名称及规格</td><td rowspan="3">单位</td><td rowspan="3">(1)数量</td><td colspan="3">金额(元)</td></tr>
<tr><td colspan="2">市场价</td><td rowspan="2">合价
1×(2+3)</td></tr>
<tr><td>(2)定额单价</td><td>(3)价差</td></tr>
<tr><td rowspan="2">1</td><td rowspan="2">人工</td><td>二类人工</td><td>工日</td><td>0.15801</td><td>43.00</td><td>37.00</td><td>12.64</td></tr>
<tr><td colspan="3">小计(定额人工费、价差及合价合计)</td><td>6.79</td><td>5.85</td><td>12.64</td></tr>
<tr><td rowspan="11">2</td><td rowspan="11">材料</td><td>黄砂(净砂)综合</td><td>t</td><td>0.00047</td><td colspan="2">80.00</td><td>0.04</td></tr>
<tr><td>水</td><td>m³</td><td>0.11143</td><td colspan="2">7.28</td><td>0.81</td></tr>
<tr><td>黄砂(毛砂)综合</td><td>t</td><td>0.30205</td><td colspan="2">61.00</td><td>18.42</td></tr>
<tr><td>其他材料费</td><td>元</td><td>0.26002</td><td colspan="2">1.00</td><td>0.26</td></tr>
<tr><td>混凝土实心砖 240×115×53</td><td>千块</td><td>0.00041</td><td colspan="2">530.00</td><td>0.22</td></tr>
<tr><td>水泥 42.5</td><td>kg</td><td>0.08250</td><td colspan="2">0.39</td><td>0.03</td></tr>
<tr><td>橡胶管</td><td>m</td><td>0.01500</td><td colspan="2">5.96</td><td>0.09</td></tr>
<tr><td>焊接钢管 DN40</td><td>m</td><td>0.00030</td><td colspan="2">15.36</td><td>0.00</td></tr>
<tr><td>镀锌铁丝 10#</td><td>kg</td><td>0.00680</td><td colspan="2">7.00</td><td>0.05</td></tr>
<tr><td>UPVC 排水管 DN300</td><td>m</td><td>0.99363</td><td colspan="2">90.00</td><td>89.43</td></tr>
<tr><td colspan="5">小计</td><td>109.35</td></tr>
<tr><td rowspan="2">3</td><td rowspan="2">机械</td><td>混凝土振捣器平板式 BLL</td><td>台班</td><td>0.00632</td><td>17.56</td><td>0.18</td><td>0.11</td></tr>
<tr><td colspan="3">小计(定额机械费、价差及合价合计)</td><td>0.11</td><td>0.00</td><td>0.11</td></tr>
<tr><td>4</td><td colspan="2">企业管理费</td><td colspan="4">(定额人工费+定额机械费)×0%</td><td>1.07</td></tr>
<tr><td>5</td><td colspan="2">利润</td><td colspan="4">(定额人工费+定额机械费)×0%</td><td>0.73</td></tr>
<tr><td>6</td><td colspan="2">风险费用</td><td colspan="4">(1+2+3+4+5)×0%</td><td></td></tr>
<tr><td>7</td><td colspan="2">综合单价(4+5+6+7)</td><td colspan="4">1+2+3+4+5+6</td><td>123.90</td></tr>
</table>

表-09

工程量清单综合单价工料机分析表

单位工程(专业)：某某排水工程-排水工程　　　　　　　　　　　　　　第7页　共13页

项目编号	040501004004			项目名称	塑料管		计量单位	m
项目特征	1. 垫层、基础材质及厚度：10cm碎石垫层+C15混凝土基础 2. 材质及规格：D400PVC-U环形肋管						综合单价	292.03
清单综合单价组成明细								
序号		名称及规格	单位	(1)数量	金额(元)			
					市场价		合价 1×(2+3)	
					(2)定额单价	(3)价差		
1	人工	二类人工	工日	0.48952	43.00	37.00	39.16	
		小计(定额人工费、价差及合价合计)			21.05	18.11	39.16	
2	材料	碎石综合	t	0.36359	86.00		31.27	
		草袋	个	0.59696	2.54		1.52	
		黄砂(净砂)综合	t	0.15193	80.00		12.15	
		水	m^3	0.30733	7.28		2.24	
		其他材料费	元	1.01110	1.00		1.01	
		UPVC双壁波纹排水管DN400	m	0.98226	185.00		181.72	
		混凝土实心砖240×115×53	千块	0.00073	530.00		0.39	
		橡胶管	m	0.01500	5.96		0.09	
		焊接钢管DN40	m	0.00030	15.36		0.00	
		镀锌铁丝10#	kg	0.00680	7.00		0.05	
		水泥42.5	kg	33.58413	0.39		12.93	
		小计					243.36	
3	机械	电动夯实机20～62N·m	台班	0.00673	21.79	0.76	0.15	
		机动翻斗车1t	台班	0.01221	109.73	39.41	1.82	
		双锥反转出料混凝土搅拌机350L	台班	0.00901	96.72	39.00	1.22	
		混凝土振捣器平板式BLL	台班	0.00483	17.56	0.18	0.09	
		混凝土振捣器插入式	台班	0.01450	4.83	0.18	0.07	
		小计(定额机械费、价差及合价合计)			2.51	0.84	3.35	
4	企业管理费		(定额人工费+定额机械费)×0%				3.68	
5	利润		(定额人工费+定额机械费)×0%				2.47	
6	风险费用		(1+2+3+4+5)×0%					
7	综合单价(4+5+6+7)		1+2+3+4+5+6				292.03	

表-09

工程量清单综合单价工料机分析表

单位工程(专业)：某某排水工程-排水工程　　　　第8页　共13页

<table>
<tr><td>项目编号</td><td colspan="2">040501001001</td><td>项目名称</td><td colspan="2">混凝土管</td><td>计量单位</td><td>m</td></tr>
<tr><td>项目特征</td><td colspan="5">1. 垫层、基础材质及厚度：10cm碎石垫层＋C15混凝土基础
2. 管座材质：C15混凝土管座</td><td>综合单价</td><td>399.66</td></tr>
<tr><td colspan="8">清单综合单价组成明细</td></tr>
<tr><td rowspan="3">序号</td><td colspan="2" rowspan="3">名称及规格</td><td rowspan="3">单位</td><td rowspan="3">(1)数量</td><td colspan="3">金额(元)</td></tr>
<tr><td colspan="2">市场价</td><td rowspan="2">合价
1×(2+3)</td></tr>
<tr><td>(2)定额单价</td><td>(3)价差</td></tr>
<tr><td rowspan="2">1</td><td rowspan="2">人工</td><td>二类人工</td><td>工日</td><td>0.84344</td><td>43.00</td><td>37.00</td><td>67.48</td></tr>
<tr><td colspan="3">小计(定额人工费、价差及合价合计)</td><td>36.27</td><td>31.21</td><td>67.48</td></tr>
<tr><td rowspan="15">2</td><td rowspan="15">材料</td><td>碎石综合</td><td>t</td><td>0.54697</td><td colspan="2">86.00</td><td>47.04</td></tr>
<tr><td>水泥42.5</td><td>kg</td><td>56.42121</td><td colspan="2">0.39</td><td>21.72</td></tr>
<tr><td>黄砂(净砂)综合</td><td>t</td><td>0.25525</td><td colspan="2">80.00</td><td>20.42</td></tr>
<tr><td>其他材料费</td><td>元</td><td>1.25127</td><td colspan="2">1.00</td><td>1.25</td></tr>
<tr><td>草袋</td><td>个</td><td>1.06420</td><td colspan="2">2.54</td><td>2.70</td></tr>
<tr><td>水</td><td>m^3</td><td>0.61990</td><td colspan="2">7.28</td><td>4.51</td></tr>
<tr><td>混凝土实心砖240×115×53</td><td>千块</td><td>0.00165</td><td colspan="2">530.00</td><td>0.87</td></tr>
<tr><td>防水涂料858</td><td>kg</td><td>0.03354</td><td colspan="2">9.84</td><td>0.33</td></tr>
<tr><td>钢筋混凝土承插管ϕ600×4000</td><td>m</td><td>0.98108</td><td colspan="2">210.00</td><td>206.03</td></tr>
<tr><td>O型胶圈(承插)ϕ600</td><td>只</td><td>0.29732</td><td colspan="2">20.13</td><td>5.98</td></tr>
<tr><td>橡胶管</td><td>m</td><td>0.01500</td><td colspan="2">5.96</td><td>0.09</td></tr>
<tr><td>镀锌铁丝10#</td><td>kg</td><td>0.00680</td><td colspan="2">7.00</td><td>0.05</td></tr>
<tr><td>焊接钢管DN40</td><td>m</td><td>0.00030</td><td colspan="2">15.36</td><td>0.00</td></tr>
<tr><td colspan="5">小计</td><td>311.01</td></tr>
<tr><td colspan="6"></td></tr>
<tr><td rowspan="7">3</td><td rowspan="7">机械</td><td>混凝土振捣器平板式BLL</td><td>台班</td><td>0.00811</td><td>17.56</td><td>0.18</td><td>0.14</td></tr>
<tr><td>双锥反转出料混凝土搅拌机350L</td><td>台班</td><td>0.01502</td><td>96.72</td><td>39.00</td><td>2.04</td></tr>
<tr><td>混凝土振捣器插入式</td><td>台班</td><td>0.02434</td><td>4.83</td><td>0.18</td><td>0.12</td></tr>
<tr><td>电动夯实机20～62N·m</td><td>台班</td><td>0.00870</td><td>21.79</td><td>0.76</td><td>0.20</td></tr>
<tr><td>汽车式起重机5t</td><td>台班</td><td>0.01086</td><td>330.22</td><td>53.08</td><td>4.16</td></tr>
<tr><td>机动翻斗车1t</td><td>台班</td><td>0.02036</td><td>109.73</td><td>39.41</td><td>3.04</td></tr>
<tr><td colspan="3">小计(定额机械费、价差及合价合计)</td><td>7.72</td><td>1.98</td><td>9.70</td></tr>
<tr><td>4</td><td colspan="2">企业管理费</td><td colspan="4">(定额人工费＋定额机械费)×0%</td><td>6.85</td></tr>
<tr><td>5</td><td colspan="2">利润</td><td colspan="4">(定额人工费＋定额机械费)×0%</td><td>4.62</td></tr>
<tr><td>6</td><td colspan="2">风险费用</td><td colspan="4">(1+2+3+4+5)×0%</td><td></td></tr>
<tr><td>7</td><td colspan="2">综合单价(4+5+6+7)</td><td colspan="4">1+2+3+4+5+6</td><td>399.66</td></tr>
</table>

表-09

工程量清单综合单价工料机分析表

单位工程(专业)：某某排水工程-排水工程　　　　第9页　共13页

项目编号		040504001001	项目名称	砌筑污水井 1100mm×1100mm H=3.36m		计量单位	座
项目特征		(1)尺寸1100mm×1100mm (2)不落底井，井深3.36m (3)C10垫层10cm (4)C20钢筋混凝土基础20cm (5)M10砖砌井，1∶2水泥砂浆抹面 (6)C20钢筋混凝土顶板 (7)D700铸铁井盖座安装				综合单价	4486.31
清单综合单价组成明细							
序号	名称及规格		单位	(1)数量	金额(元)		
					市场价		合价 1×(2+3)
					(2)定额单价	(3)价差	
1	人工	二类人工	工日	17.68896	43.00	37.00	1415.12
		小计(定额人工费、价差及合价合计)			760.63	654.49	1415.12
2	材料	水	m^3	3.33502	7.28		24.28
		电焊条	kg	0.13680	7.00		0.96
		螺纹钢Ⅱ级综合	t	0.01530	2161.00		33.06
		镀锌铁丝22#	kg	0.07006	7.00		0.49
		圆钢(综合)	t	0.00850	2427.00		20.63
		其他材料费	元	22.00391	1.00		22.00
		煤焦油沥青漆L01-17	kg	0.49200	6.00		2.95
		碎石综合	t	2.13175	86.00		183.33
		混凝土实心砖240×115×53	千块	2.51339	530.00		1332.09
		垫木	m^3	0.00065	1200.00		0.78
		黄砂(净砂)综合	t	4.23387	80.00		338.71
		草袋	个	2.86325	2.54		7.27
		铸铁井盖ϕ700轻型	套	1.00000	350.00		350.00
		水泥42.5	kg	1042.09625	0.39		401.21
		小计					2717.77
3	机械	双锥反转出料混凝土搅拌机350L	台班	0.10157	96.72	39.00	13.78
		点焊机长臂75kVA	台班	0.00810	175.91	7.11	1.48
		对焊机75kV·A	台班	0.00105	123.05	5.65	0.14
		直流弧焊机32kW	台班	0.00615	94.28	4.31	0.61
		钢筋弯曲机ϕ40	台班	0.00357	20.95	0.59	0.08
		钢筋切断机ϕ40	台班	0.00203	38.82	1.48	0.08
		电动卷扬机单筒慢速50kN	台班	0.00220	93.75	38.55	0.29
		混凝土振捣器平板式BLL	台班	0.10664	17.56	0.18	1.89
		载货汽车5t	台班	0.00098	317.14	49.88	0.36
		灰浆搅拌机200L	台班	0.20846	58.57	37.40	20.00
		混凝土振捣器插入式	台班	0.01739	4.83	0.18	0.09
		汽车式起重机5t	台班	0.00924	330.22	53.08	3.54
		机动翻斗车1t	台班	0.44944	109.73	39.41	67.03
		载货汽车8t	台班	0.01489	380.09	51.20	6.42
		载货汽车15t	台班	0.00773	726.54	96.70	6.36
		汽车式起重机16t	台班	0.00832	800.52	88.34	7.39
		小计(定额机械费、价差及合价合计)			97.10	32.46	129.56
4	企业管理费		(定额人工费+定额机械费)×0%				133.72
5	利润		(定额人工费+定额机械费)×0%				90.10
6	风险费用		(1+2+3+4+5)×0%				
7	综合单价(4+5+6+7)		1+2+3+4+5+6				4486.31

表-09

工程量清单综合单价工料机分析表

单位工程(专业)：某某排水工程-排水工程　　　　第10页　共13页

项目编号	040504001002		项目名称	砌筑污水井 1100mm×1100mm H=4.08m	计量单位		座
项目特征	(1)尺寸1100mm×1100mm (2)落底井，井深4.08m				综合单价		6208.41
清单综合单价组成明细							
序号		名称及规格	单位	(1)数量	金额(元) 市场价 (2)定额单价	(3)价差	合价 1×(2+3)
1	人工	二类人工	工日	27.63952	43.00	37.00	2211.16
		小计(定额人工费、价差及合价合计)			1188.50	1022.66	2211.16
2	材料	水	m³	3.85550	7.28		28.07
		电焊条	kg	0.13680	7.00		0.96
		螺纹钢Ⅱ级综合	t	0.01530	2161.00		33.06
		镀锌铁丝22#	kg	0.06821	7.00		0.48
		圆钢(综合)	t	0.00816	2427.00		19.80
		其他材料费	元	29.90734	1.00		29.91
		煤焦油沥青漆L01-17	kg	0.49200	6.00		2.95
		黄砂(净砂)综合	t	5.71813	80.00		457.45
		碎石综合	t	2.12348	86.00		182.62
		混凝土实心砖240×115×53	千块	3.40839	530.00		1806.45
		垫木	m³	0.00066	1200.00		0.79
		水泥42.5	kg	1469.93375	0.39		565.92
		草袋	个	2.85861	2.54		7.26
		铸铁井盖ϕ700轻型	套	1.00000	350.00		350.00
		小计					3485.72
3	机械	点焊机长臂75kVA	台班	0.00786	175.91	7.11	1.44
		对焊机75kV·A	台班	0.00105	123.05	5.65	0.14
		直流弧焊机32kW	台班	0.00615	94.28	4.31	0.61
		钢筋弯曲机ϕ40	台班	0.00352	20.95	0.59	0.08
		钢筋切断机ϕ40	台班	0.00200	38.82	1.48	0.08
		电动卷扬机单筒慢速50kN	台班	0.00219	93.75	38.55	0.29
		混凝土振捣器平板式BLL	台班	0.10595	17.56	0.18	1.88
		双锥反转出料混凝土搅拌机350L	台班	0.10117	96.72	39.00	13.73
		汽车式起重机16t	台班	0.00846	800.52	88.34	7.52
		载货汽车15t	台班	0.00786	726.54	96.70	6.47
		载货汽车8t	台班	0.01514	380.09	51.20	6.53
		载货汽车5t	台班	0.00100	317.14	49.88	0.37
		汽车式起重机5t	台班	0.00940	330.22	53.08	3.60
		混凝土振捣器插入式	台班	0.01768	4.83	0.18	0.09
		灰浆搅拌机200L	台班	0.33018	58.57	37.40	31.69
		机动翻斗车1t	台班	0.63236	109.73	39.41	94.31
		小计(定额机械费、价差及合价合计)			124.57	44.25	168.81
4	企业管理费		(定额人工费+定额机械费)×0%				204.69
5	利润		(定额人工费+定额机械费)×0%				137.95
6	风险费用		(1+2+3+4+5)×0%				
7	综合单价(4+5+6+7)		1+2+3+4+5+6				6208.41

表-09

工程量清单综合单价工料机分析表

单位工程(专业)：某某排水工程-排水工程　　　　

项目编号		040504001003	项目名称	砌筑污水井 1100mm×1100mm H=1.82m		计量单位	座
项目特征	(1)尺寸1100mm×1100mm(2)不落底井，井深1.82m(3)C10垫层10cm(4)C20钢筋混凝土基础20cm(5)M10砖砌井，1：2水泥砂浆抹面(6)C20钢筋混凝土顶板(7)D700铸铁井盖座安装					综合单价	3139.37
清单综合单价组成明细							
序号		名称及规格	单位	(1)数量	金额(元) 市场价 (2)定额单价	(3)价差	合价 1×(2+3)
1	人工	二类人工	工日	9.55421	43.00	37.00	764.34
		小计(定额人工费、价差及合价合计)			410.83	353.51	764.34
2	材料	水	m^3	2.91295	7.28		21.21
		电焊条	kg	0.13832	7.00		0.97
		螺纹钢Ⅱ级综合	t	0.01547	2161.00		33.43
		镀锌铁丝22#	kg	0.02822	7.00		0.20
		圆钢(综合)	t	0.00077	2427.00		1.86
		煤焦油沥青漆L01-17	kg	0.49200	6.00		2.95
		其他材料费	元	16.20930	1.00		16.21
		碎石综合	t	2.12658	86.00		182.89
		混凝土实心砖240×115×53	千块	1.94302	530.00		1029.80
		垫木	m^3	0.00065	1200.00		0.78
		黄砂(净砂)综合	t	2.98620	80.00		238.90
		草袋	个	2.84949	2.54		7.24
		铸铁井盖ϕ700轻型	套	1.00000	350.00		350.00
		水泥42.5	kg	691.22214	0.39		266.12
		小计					2152.54
3	机械	电动卷扬机单筒慢速50kN	台班	0.00199	93.75	38.55	0.26
		钢筋切断机ϕ40	台班	0.00129	38.82	1.48	0.05
		混凝土振捣器平板式BLL	台班	0.10629	17.56	0.18	1.89
		双锥反转出料混凝土搅拌机350L	台班	0.10132	96.72	39.00	13.75
		钢筋弯曲机ϕ40	台班	0.00253	20.95	0.59	0.05
		直流弧焊机32kW	台班	0.00622	94.28	4.31	0.61
		对焊机75kV·A	台班	0.00106	123.05	5.65	0.14
		点焊机长臂75kVA	台班	0.00266	175.91	7.11	0.49
		载货汽车5t	台班	0.00098	317.14	49.88	0.36
		灰浆搅拌机200L	台班	0.10777	58.57	37.40	10.34
		混凝土振捣器插入式	台班	0.01739	4.83	0.18	0.09
		汽车式起重机5t	台班	0.00924	330.22	53.08	3.54
		机动翻斗车1t	台班	0.29728	109.73	39.41	44.34
		载货汽车15t	台班	0.00773	726.54	96.70	6.36
		汽车式起重机16t	台班	0.00832	800.52	88.34	7.39
		载货汽车8t	台班	0.01489	380.09	51.20	6.42
		小计(定额机械费、价差及合价合计)			73.46	22.64	96.09
4	企业管理费		(定额人工费+定额机械费)×0%				75.52
5	利润		(定额人工费+定额机械费)×0%				50.85
6	风险费用		(1+2+3+4+5)×0%				
7	综合单价(4+5+6+7)		1+2+3+4+5+6				3139.37

表-09

工程量清单综合单价工料机分析表

单位工程(专业)：某某排水工程-排水工程　　　　　　　　第 12 页　共 13 页

项目编号	040504001004	项目名称	砌筑污水井 1100mm×1100mm H=2.94m	计量单位	座
项目特征	(1)尺寸 1100mm×1100mm(2)落底井，井深 2.94m(3)C10 垫层 10cm(4)C20 钢筋混凝土基础 20cm(5)M10 砖砌井，1：2 水泥砂浆抹面(6)C20 钢筋混凝土顶板(7)D700 铸铁井盖座安装			综合单价	4168.69

清单综合单价组成明细							
序号		名称及规格	单位	(1)数量	金额(元) 市场价 (2)定额单价	金额(元) 市场价 (3)价差	金额(元) 合价 1×(2+3)
1	人工	二类人工	工日	13.85248	43.00	37.00	1108.20
		小计(定额人工费、价差及合价合计)			595.66	512.54	1108.20
2	材料	水	m³	3.28794	7.28		23.94
		电焊条	kg	0.13908	7.00		0.97
		螺纹钢Ⅱ级综合	t	0.01556	2161.00		33.61
		镀锌铁丝 22#	kg	0.06999	7.00		0.49
		圆钢(综合)	t	0.00842	2427.00		20.42
		煤焦油沥青漆 L01-17	kg	0.49200	6.00		2.95
		其他材料费	元	21.67660	1.00		21.68
		水泥 42.5	kg	876.65092	0.39		337.51
		铸铁井盖 ϕ700 轻型	套	1.00000	350.00		350.00
		草袋	个	2.86209	2.54		7.27
		碎石综合	t	2.12968	86.00		183.15
		垫木	m³	0.00065	1200.00		0.78
		混凝土实心砖 240×115×53	千块	2.77999	530.00		1473.40
		黄砂(净砂)综合	t	3.84159	80.00		307.33
		小计					2763.50
3	机械	钢筋切断机 ϕ40	台班	0.00205	38.82	1.48	0.08
		双锥反转出料混凝土搅拌机 350L	台班	0.10147	96.72	39.00	13.77
		混凝土振捣器平板式 BLL	台班	0.10647	17.56	0.18	1.89
		电动卷扬机单筒慢速 50kN	台班	0.00223	93.75	38.55	0.30
		直流弧焊机 32kW	台班	0.00625	94.28	4.31	0.62
		钢筋弯曲机 ϕ40	台班	0.00360	20.95	0.59	0.08
		对焊机 75kV·A	台班	0.00107	123.05	5.65	0.14
		点焊机长臂 75kVA	台班	0.00808	175.91	7.11	1.48
		机动翻斗车 1t	台班	0.39542	109.73	39.41	58.97
		载货汽车 15t	台班	0.00776	726.54	96.70	6.39
		载货汽车 8t	台班	0.01495	380.09	51.20	6.45
		载货汽车 5t	台班	0.00099	317.14	49.88	0.36
		汽车式起重机 5t	台班	0.00928	330.22	53.08	3.56
		混凝土振捣器插入式	台班	0.01746	4.83	0.18	0.09
		灰浆搅拌机 200L	台班	0.17326	58.57	37.40	16.63
		汽车式起重机 16t	台班	0.00835	800.52	88.34	7.43
		小计(定额机械费、价差及合价合计)			89.20	29.02	116.80
4	企业管理费		(定额人工费+定额机械费)×0%				106.80
5	利润		(定额人工费+定额机械费)×0%				71.93
6	风险费用		(1+2+3+4+5)×0%				
7	综合单价(4+5+6+7)		1+2+3+4+5+6				4168.69

表-09

工程量清单综合单价工料机分析表

单位工程(专业)：某某排水工程-排水工程　　　　　　　　　　　　　　　　　第13页　共13页

项目编号		040504009001	项目名称	雨水口		计量单位	座
项目特征	(1)尺寸390mm×510mm (2)井深1.0m					综合单价	730.85
清单综合单价组成明细							
序号		名称及规格	单位	(1)数量	金额(元) 市场价 (2)定额单价	(3)价差	合价 1×(2+3)
1	人工	二类人工	工日	2.35259	43.00	37.00	188.21
		小计(定额人工费、价差及合价合计)			101.16	87.05	188.21
2	材料	其他材料费	元	2.70962	1.00		2.71
		煤焦油沥青漆 L01-17	kg	0.43050	6.00		2.58
		水	m^3	0.52078	7.28		3.79
		镀锌铁丝22#	kg	0.06155	7.00		0.43
		圆钢(综合)	t	0.00612	2427.00		14.85
		碎石综合	t	0.49035	86.00		42.17
		黄砂(净砂)综合	t	0.53299	80.00		42.64
		水泥42.5	kg	124.44915	0.39		47.91
		铸铁平箅260×420	套	1.00000	150.00		150.00
		草袋	个	1.12320	2.54		2.85
		混凝土实心砖240×115×53	千块	0.36100	530.00		191.33
		小计					501.27
3	机械	钢筋切断机 ϕ40	台班	0.00066	38.82	1.48	0.03
		电动卷扬机单筒慢速50kN	台班	0.00198	93.75	38.55	0.26
		混凝土振捣器平板式BLL	台班	0.02237	17.56	0.18	0.40
		钢筋弯曲机 ϕ40	台班	0.00132	20.95	0.59	0.03
		电动夯实机20～62N·m	台班	0.00782	21.79	0.76	0.18
		双锥反转出料混凝土搅拌机350L	台班	0.01431	96.72	39.00	1.94
		机动翻斗车1t	台班	0.05155	109.73	39.41	7.69
		灰浆搅拌机200L	台班	0.02162	58.57	37.40	2.07
		小计(定额机械费、价差及合价合计)			9.11	3.49	12.60
4	企业管理费		(定额人工费+定额机械费)×0%				17.19
5	利润		(定额人工费+定额机械费)×0%				11.58
6	风险费用		(1+2+3+4+5)×0%				
7	综合单价(4+5+6+7)		1+2+3+4+5+6				730.85

表-09

施工组织措施项目清单与计价表

单位工程(专业)：某某排水工程-排水工程　　　　第1页　共1页

序号	项目名称	计算基础	费率(%)	金额(元)
1	安全文明施工费	定额人工费＋定额机械费	7.58	4552
2	其他组织措施费			606
3	夜间施工增加费	定额人工费＋定额机械费	0.03	18
4	二次搬运费	定额人工费＋定额机械费	0.71	426
5	冬雨季施工增加费	定额人工费＋定额机械费	0.19	114
6	行车、行人干扰增加费	定额人工费＋定额机械费		
7	已完工程及设备保护费	定额人工费＋定额机械费	0.04	24
8	提前竣工增加费	定额人工费＋定额机械费		
9	工程定位复测费	定额人工费＋定额机械费	0.04	24
10	特殊地区增加费	定额人工费＋定额机械费		
合计				5158

表-10

施工技术措施项目清单与计价表

单位工程（专业）：某某排水工程-排水工程　　　　第1页　共1页

序号	项目编码	项目名称	项目特征	计量单位	工程量	综合单价（元）	合价（元）	其中（元）				备注
								定额人工费	人工费价差	定额机械费	机械费价差	
		0411 措施项目					29829	5823	5011	6040	404	
1	041101005001	井字架	井深：4.0m以内	座	20	167.96	3359	1528.20	1315.00	0.00	0.00	
2	041102001001	垫层模板	构件类型：现浇混凝土垫层	m^2	69.93	39.58	2768	369.23	318.18	27.27	4.20	
3	041102002001	基础模板	构件类型：现浇混凝土基础	m^2	162.22	39.58	6421	856.52	738.10	63.27	9.73	
4	041102031001	管（渠）道平基模板	构件类型：管基平基	m^2	17.92	42.98	770	209.84	180.45	22.04	3.40	
5	041102032001	管（渠）道管座模板	构件类型：管基管座	m^2	43.84	58.45	2562	832.52	715.91	53.92	8.33	
6	041102033001	井顶（盖）板模板	构件类型：井室盖板	m^3	3.94	271.16	1068	229.43	197.43	1.62	0.08	
7	041106001001	大型机械设备进出场及安拆		台·次	1	4190.91	4191	516.00	444.00	1323.27	150.02	
8	041107002001	排水、降水		m^3	993.12	8.75	8690	1281.12	1102.36	4548.49	228.42	
本页小计							29829	5823	5011	6040	404	
合计							29829	5823	5011	6040	404	

表-11

措施项目清单综合单价计算表

单位工程(专业)：某某排水工程-排水工程　　　　第1页　共1页

序号	编号	名称	计量单位	数量	综合单价(元)									合计(元)
					定额人工费	人工费价差	材料费	定额机械费	机械费价差	管理费	利润	风险费用	小计	
		0411 措施项目												
1	041101005001	井字架　井深：4.0m以内	座	20	76.41	65.75	5.86		0	11.92	8.02		167.96	3359
	6-1138	钢管工程　井深4m以内	座	20	76.41	65.75	5.86		0	11.92	8.02		167.96	3359
2	041102001001	垫层模板　构件类型：现浇混凝土垫层	m^2	69.93	5.28	4.55	27.82	0.39	0.06	0.88	0.60		39.58	2768
	6-1044	现浇混凝土基础垫层木模	m^2	69.93	5.28	4.55	27.82	0.39	0.06	0.88	0.60		39.58	2768
3	041102002001	基础模板　构件类型：现浇混凝土基础	m^2	162.22	5.28	4.55	27.82	0.39	0.06	0.88	0.60		39.58	6421
	6-1044	现浇混凝土基础垫层木模	m^2	162.22	5.28	4.55	27.82	0.39	0.06	0.88	0.60		39.58	6421
4	041102031001	管(渠)道 平基模板　构件类型：管基平基	m^2	17.92	11.71	10.07	16.40	1.23	0.19	2.02	1.36		42.98	770
	6-1094	现浇混凝土管、渠道平基钢模	m^2	17.92	11.71	10.07	16.40	1.23	0.19	2.02	1.36		42.98	770
5	041102032001	管(渠)道 管座模板　构件类型：管基管座	m^2	43.84	18.99	16.33	16.44	1.23	0.19	3.15	2.12		58.45	2562
	6-1096	现浇混凝土管座钢模	m^2	43.84	18.99	16.33	16.44	1.23	0.19	3.15	2.12		58.45	2562
6	041102033001	井顶(盖)板模板　构件类型：井室盖板	m^3	3.94	58.23	50.11	147.08	0.41	0.02	9.15	6.16		271.16	1068
	6-1120	预制混凝土井盖板木模	m^3	3.94	58.23	50.11	147.08	0.41	0.02	9.15	6.16		271.16	1068
7	041106001001	大型机械设备进出场及安拆	台·次	1	516.00	444	1277.57	1323.27	150.02	286.93	193.12		4190.91	4191
	3001	履带式挖掘机 $1m^3$ 以内 场外运输费用	台次	1	516.00	444	1277.57	1323.27	150.02	286.93	193.12		4190.91	4191
8	041107002001	排水、降水	m^3	993.12	1.29	1.11		4.58	0.23	0.92	0.62		8.75	8690
	1-347	湿土排水	m^3	993.12	1.29	1.11		4.58	0.23	0.92	0.62		8.75	8690
合计														29829

表-12

措施项目清单综合单价工料机分析表

单位工程(专业)：某某排水工程-排水工程　　　　第1页　共8页

<table>
<tr><td>项目编号</td><td colspan="2">041101005001</td><td>项目名称</td><td colspan="2">井字架</td><td>计量单位</td><td>座</td></tr>
<tr><td>项目特征</td><td colspan="5">井深：4.0m以内</td><td>综合单价</td><td>167.96</td></tr>
<tr><td colspan="8">清单综合单价组成明细</td></tr>
<tr><td rowspan="3">序号</td><td colspan="2" rowspan="3">名称及规格</td><td rowspan="3">单位</td><td rowspan="3">(1)数量</td><td colspan="3">金额(元)</td></tr>
<tr><td colspan="2">市场价</td><td rowspan="2">合价
1×(2+3)</td></tr>
<tr><td>(2)定额单价</td><td>(3)价差</td></tr>
<tr><td rowspan="2">1</td><td rowspan="2">人工</td><td>二类人工</td><td>工日</td><td>1.77700</td><td>43.00</td><td>37.00</td><td>142.16</td></tr>
<tr><td colspan="3">小计(定额人工费、价差及合价合计)</td><td>76.41</td><td>65.75</td><td>142.16</td></tr>
<tr><td rowspan="5">2</td><td rowspan="5">材料</td><td>焊接钢管 DN40</td><td>kg</td><td>0.57100</td><td colspan="2">4.00</td><td>2.28</td></tr>
<tr><td>零星卡具</td><td>kg</td><td>0.13400</td><td colspan="2">6.82</td><td>0.91</td></tr>
<tr><td>木脚手板</td><td>m³</td><td>0.00200</td><td colspan="2">1300.00</td><td>2.60</td></tr>
<tr><td>其他材料费</td><td>元</td><td>0.06000</td><td colspan="2">1.00</td><td>0.06</td></tr>
<tr><td colspan="5">小计</td><td>5.86</td></tr>
<tr><td rowspan="2">3</td><td rowspan="2">机械</td><td></td><td></td><td></td><td>0.00</td><td></td><td></td></tr>
<tr><td colspan="3">小计(定额机械费、价差及合价合计)</td><td>0.00</td><td></td><td></td></tr>
<tr><td>4</td><td colspan="2">企业管理费</td><td colspan="4">(定额人工费+定额机械费)×0%</td><td>11.92</td></tr>
<tr><td>5</td><td colspan="2">利润</td><td colspan="4">(定额人工费+定额机械费)×0%</td><td>8.02</td></tr>
<tr><td>6</td><td colspan="2">风险费用</td><td colspan="4">(1+2+3+4+5)×0%</td><td></td></tr>
<tr><td>7</td><td colspan="2">综合单价(4+5+6+7)</td><td colspan="4">1+2+3+4+5+6</td><td>167.96</td></tr>
</table>

表-13

措施项目清单综合单价工料机分析表

单位工程(专业)：某某排水工程-排水工程　　　　　　　　第2页　共8页

项目编号		041102001001	项目名称	垫层模板		计量单位	m^2
项目特征		构件类型：现浇混凝土垫层				综合单价	39.58
清单综合单价组成明细							
序号		名称及规格	单位	(1)数量	金额(元)		
					市场价		合价 1×(2+3)
					(2)定额单价	(3)价差	
1	人工	二类人工	工日	0.12288	43.00	37.00	9.83
		小计(定额人工费、价差及合价合计)			5.28	4.55	9.83
2	材料	镀锌铁丝22#	kg	0.00180	7.00		0.01
		水泥42.5	kg	0.05544	0.39		0.02
		黄砂(净砂)综合	t	0.00014	80.00		0.01
		水	m^3	0.00004	7.28		0.00
		圆钉	kg	0.19730	7.50		1.48
		木模板	m^3	0.01445	1800.00		26.01
		脱模剂	kg	0.10000	2.83		0.28
		小计					27.82
3	机械	载货汽车5t	台班	0.00110	317.14	49.88	0.40
		木工圆锯机 ϕ500	台班	0.00160	25.38	1.10	0.04
		小计(定额机械费、价差及合价合计)			0.39	0.06	0.45
4	企业管理费		(定额人工费+定额机械费)×0%				0.88
5	利润		(定额人工费+定额机械费)×0%				0.60
6	风险费用		(1+2+3+4+5)×0%				
7	综合单价(4+5+6+7)		1+2+3+4+5+6				39.58

表-13

措施项目清单综合单价工料机分析表

单位工程(专业)：某某排水工程-排水工程　　　　　　　　　第 3 页　共 8 页

项目编号		041102002001	项目名称	基础模板		计量单位	m²
项目特征	构件类型：现浇混凝土基础					综合单价	39.58
清单综合单价组成明细							
序号	名称及规格		单位	(1)数量	金额(元)		
					市场价		合价 1×(2+3)
					(2)定额单价	(3)价差	
1	人工	二类人工	工日	0.12288	43.00	37.00	9.83
		小计(定额人工费、价差及合价合计)			5.28	4.55	9.83
2	材料	镀锌铁丝 22#	kg	0.00180	7.00		0.01
		水泥 42.5	kg	0.05544	0.39		0.02
		黄砂(净砂)综合	t	0.00014	80.00		0.01
		水	m³	0.00004	7.28		0.00
		圆钉	kg	0.19730	7.50		1.48
		木模板	m³	0.01445	1800.00		26.01
		脱模剂	kg	0.10000	2.83		0.28
		小计					27.82
3	机械	载货汽车 5t	台班	0.00110	317.14	49.88	0.40
		木工圆锯机 ϕ500	台班	0.00160	25.38	1.10	0.04
		小计(定额机械费、价差及合价合计)			0.39	0.06	0.45
4	企业管理费		(定额人工费+定额机械费)×0%				0.88
5	利润		(定额人工费+定额机械费)×0%				0.60
6	风险费用		(1+2+3+4+5)×0%				
7	综合单价(4+5+6+7)		1+2+3+4+5+6				39.58

表-13

措施项目清单综合单价工料机分析表

单位工程(专业)：某某排水工程-排水工程　　　　　　　　　　第4页　共8页

项目编号	041102031001		项目名称	管(渠)道平基模板		计量单位	m²
项目特征	构件类型：管基平基					综合单价	42.98
清单综合单价组成明细							
序号		名称及规格	单位	(1)数量	金额(元)		
					市场价		合价 1×(2+3)
					(2)定额单价	(3)价差	
1	人工	二类人工	工日	0.27225	43.00	37.00	21.78
		小计(定额人工费、价差及合价合计)			11.71	10.07	21.78
2	材料	镀锌铁丝 10#	kg	0.26224	7.00		1.84
		镀锌铁丝 22#	kg	0.00175	7.00		0.01
		水泥 42.5	kg	0.05544	0.39		0.02
		黄砂(净砂)综合	t	0.00014	80.00		0.01
		水	m³	0.00004	7.28		0.00
		圆钉	kg	0.09721	7.50		0.73
		铁件	kg	0.24390	3.60		0.88
		草板纸 80#	张	0.30000	0.20		0.06
		钢模板	kg	0.63549	5.00		3.18
		木模板	m³	0.00144	1800.00		2.59
		木支撑	m³	0.00239	1200.00		2.87
		零星卡具	kg	0.48620	6.82		3.32
		尼龙帽	个	1.29000	0.48		0.62
		脱模剂	kg	0.10000	2.83		0.28
		小计					16.40
3	机械	汽车式起重机 5t	台班	0.00120	330.22	53.08	0.46
		载货汽车 5t	台班	0.00260	317.14	49.88	0.95
		木工圆锯机 ϕ500	台班	0.00030	25.38	1.10	0.01
		小计(定额机械费、价差及合价合计)			1.23	0.19	1.42
4	企业管理费		(定额人工费+定额机械费)×0%				2.02
5	利润		(定额人工费+定额机械费)×0%				1.36
6	风险费用		(1+2+3+4+5)×0%				
7	综合单价(4+5+6+7)		1+2+3+4+5+6				42.98

表-13

措施项目清单综合单价工料机分析表

单位工程(专业)：某某排水工程-排水工程　　　　　　　　　　　　　　　　　　　　第5页　共8页

项目编号		041102032001	项目名称	管(渠)道管座模板	计量单位	m²
项目特征	构件类型：管基管座				综合单价	58.45
清单综合单价组成明细						
序号		名称及规格	单位	(1)数量	金额(元) 市场价 (2)定额单价	(3)价差	合价 1×(2+3)
1	人工	二类人工	工日	0.44154	43.00	37.00	35.32
		小计(定额人工费、价差及合价合计)			18.99	16.34	35.32
2	材料	镀锌铁丝10#	kg	0.26224	7.00		1.84
		镀锌铁丝22#	kg	0.00175	7.00		0.01
		水泥42.5	kg	0.05544	0.39		0.02
		黄砂(净砂)综合	t	0.00014	80.00		0.01
		水	m³	0.00004	7.28		0.00
		圆钉	kg	0.09721	7.50		0.73
		铁件	kg	0.24390	3.60		0.88
		草板纸80#	张	0.30000	0.20		0.06
		钢模板	kg	0.63499	5.00		3.17
		木模板	m³	0.00144	1800.00		2.59
		木支撑	m³	0.00242	1200.00		2.90
		零星卡具	kg	0.48620	6.82		3.32
		尼龙帽	个	1.29000	0.48		0.62
		脱模剂	kg	0.10000	2.83		0.28
		小计					16.44
3	机械	汽车式起重机5t	台班	0.00120	330.22	53.08	0.46
		载货汽车5t	台班	0.00260	317.14	49.88	0.95
		木工圆锯机 ϕ500	台班	0.00030	25.38	1.10	0.01
		小计(定额机械费、价差及合价合计)			1.23	0.19	1.42
4	企业管理费		(定额人工费+定额机械费)×0%				3.15
5	利润		(定额人工费+定额机械费)×0%				2.12
6	风险费用		(1+2+3+4+5)×0%				
7	综合单价(4+5+6+7)		1+2+3+4+5+6				58.45

表-13

措施项目清单综合单价工料机分析表

单位工程(专业)：某某排水工程-排水工程　　　　第6页　共8页

项目编号	041102033001		项目名称	井顶(盖)板模板		计量单位	m^3
项目特征	构件类型：井室盖板					综合单价	271.16
清单综合单价组成明细							
序号		名称及规格	单位	(1)数量	金额(元) 市场价 (2)定额单价	(3)价差	合价 1×(2+3)
1	人工	二类人工	工日	1.35430	43.00	37.00	108.34
		小计(定额人工费、价差及合价合计)			58.23	50.11	108.34
2	材料	镀锌铁丝22#	kg	0.08760	7.00		0.61
		水泥42.5	kg	2.31000	0.39		0.89
		黄砂(净砂)综合	t	0.00599	80.00		0.48
		水	m^3	0.00150	7.28		0.01
		圆钉	kg	0.23660	7.50		1.77
		木模板	m^3	0.07880	1800.00		141.84
		脱模剂	kg	0.52200	2.83		1.48
		小计					147.08
3	机械	木工圆锯机 ϕ500	台班	0.00700	25.38	1.10	0.19
		木工压刨床单面600	台班	0.00700	33.40	1.32	0.24
		小计(定额机械费、价差及合价合计)			0.41	0.02	0.43
4	企业管理费		(定额人工费+定额机械费)×0%				9.15
5	利润		(定额人工费+定额机械费)×0%				6.16
6	风险费用		(1+2+3+4+5)×0%				
7	综合单价(4+5+6+7)		1+2+3+4+5+6				271.16

表-13

措施项目清单综合单价工料机分析表

单位工程(专业)：某某排水工程-排水工程　　　　　　　　　　　　　　第7页　共8页

项目编号	041106001001		项目名称	大型机械设备进出场及安拆		计量单位	台·次
项目特征						综合单价	4190.91
清单综合单价组成明细							
序号	名称及规格		单位	(1)数量	金额(元)		
					市场价		合价 1×(2+3)
					(2)定额单价	(3)价差	
1	人工	二类人工	工日	12.00000	43.00	37.00	960.00
		小计(定额人工费、价差及合价合计)			516.00	444.00	960.00
2	材料	枕木	m^3	0.08000	2000.00		160.00
		镀锌铁丝	kg	5.00000	7.00		35.00
		草袋	个	10.00000	2.54		25.40
		架线	次	0.70000	450.00		315.00
		回程费25%	元	742.17300	1.00		742.17
		小计					1277.57
3	机械	汽车式起重机5t	台班	1.00000	330.22	53.08	383.29
		平板拖车组40t	台班	1.00000	993.05	96.95	1090.00
		小计(定额机械费、价差及合价合计)			1323.27	150.03	1473.29
4	企业管理费		(定额人工费+定额机械费)×0%				286.93
5	利润		(定额人工费+定额机械费)×0%				193.12
6	风险费用		(1+2+3+4+5)×0%				
7	综合单价(4+5+6+7)		1+2+3+4+5+6				4190.91

表-13

措施项目清单综合单价工料机分析表

单位工程(专业)：某某排水工程-排水工程　　　　第8页　共8页

项目编号		041107002001	项目名称	排水、降水	计量单位		m³
项目特征					综合单价		8.75
清单综合单价组成明细							
序号		名称及规格	单位	(1)数量	金额(元)		
					市场价		合价 1×(2+3)
					(2)定额单价	(3)价差	
1	人工	二类人工	工日	0.03000	43.00	37.00	2.40
		小计(定额人工费、价差及合价合计)			1.29	1.11	2.40
2	材料						
		小计					
3	机械	污水泵 ϕ70	台班	0.05500	83.31	4.13	4.81
		小计(定额机械费、价差及合价合计)			4.58	0.23	4.81
4	企业管理费		(定额人工费+定额机械费)×0%				0.92
5	利润		(定额人工费+定额机械费)×0%				0.62
6	风险费用		(1+2+3+4+5)×0%				
7	综合单价(4+5+6+7)		1+2+3+4+5+6				8.75

表-13

工程人工费汇总表

单位工程(专业)：某某排水工程-排水工程　　　　第1页　共1页

序号	编码	人工	单位	数量	单价(元)	合价(元)
1	0000001	一类人工	工日	236.49	75.00	17736.53
2	0000011	二类人工	工日	761.33	80.00	60906.18
合计						78643

表-16

工程材料费汇总表

单位工程(专业)：某某排水工程-排水工程　　　　第1页　共1页

序号	编码	材料名称	规格型号	单位	数量	单价(元)	合价(元)
1	0101001	螺纹钢	Ⅱ级综合	t	0.31	2161.00	667.88
2	0109001	圆钢	(综合)	t	0.25	2427.00	601.56
3	0205349	O型胶圈	(承插)ϕ600	只	31.47	20.13	633.39
4	0233011	草袋		个	417.29	2.54	1059.92
5	0341011	电焊条		kg	2.76	7.00	19.34
6	0351001	圆钉		kg	52.74	7.50	395.54
7	0357101	镀锌铁丝		kg	5.00	7.00	35.00
8	0357103	镀锌铁丝	10#	kg	20.55	7.00	143.84
9	0357109	镀锌铁丝	22#	kg	3.49	7.00	24.44
10	0359001	铁件		kg	15.06	3.60	54.23
11	0401031	水泥	42.5	kg	37490.59	0.39	14433.88
12	0403043	黄砂(净砂)	综合	t	164.17	80.00	13133.77
13	0403045	黄砂(毛砂)	综合	t	100.33	61.00	6120.37
14	0405001	碎石	综合	t	239.74	86.00	20617.23
15	0413091	混凝土实心砖	240×115×53	千块	56.00	530.00	29678.11
16	0503041	枕木		m^3	0.08	2000.00	160.00
17	0503361	垫木		m^3	0.01	1200.00	15.60
18	1103721	防水涂料	858	kg	3.55	9.84	34.93
19	1111111	煤焦油沥青漆	L01－17	kg	21.89	6.00	131.36
20	1233041	脱模剂		kg	31.45	2.83	89.00
21	1401051	焊接钢管	DN40	m	0.19	15.36	2.95
22	1401221	焊接钢管	DN40	kg	11.42	4.00	45.68
23	1431434	UPVC排水管	DN225	m	189.30	48.00	9086.28
24	1431435	UPVC排水管	DN300	m	188.79	90.00	16991.10
25	1431437	UPVC排水管	DN400	m	156.51	125.00	19564.13
26	1431437	UPVC双壁波纹排水管	DN400	m	182.70	185.00	33799.50
27	1437001	橡胶管		m	9.60	5.96	57.22
28	1445026	钢筋混凝土承插管	ϕ600×4000	m	103.83	210.00	21803.88
29	3109041	草板纸	80#	张	18.53	0.20	3.71
30	3111011	尼龙帽		个	79.67	0.48	38.24
31	3115001	水		m^3	274.77	7.28	2000.31
32	3201011	钢模板		kg	39.23	5.00	196.13
33	3201021	木模板		m^3	3.75	1800.00	6757.15
34	3202071	零星卡具		kg	32.71	6.82	223.07
35	3203031	木脚手板		m^3	0.04	1300.00	52.00
36	3209151	木支撑		m^3	0.15	1200.00	178.71
37	3301031	铸铁井盖	ϕ700轻型	套	20.00	350.00	7000.00
38	3301205	铸铁平箅	260×420	套	28.00	150.00	4200.00
39	6000001	其他材料费		元	1026.05	1.00	1026.05
40	8001021	水泥砂浆	M7.5	m^3	24.20	208.08	5035.87
41	8001061	水泥砂浆	1：2	m^3	10.71	275.89	2955.62
42	8021201	现浇现拌混凝土	C15(40)	m^3	99.93	255.66	25548.76
43	8021211	现浇现拌混凝土	C20(40)	m^3	28.58	266.88	7627.85
44	C0000003	架线		次	0.70	450.00	315.00
45	C0000004	回程费	25%	元	742.17	1.00	742.17
合计							253301

表-17

工程机械台班费汇总表

单位工程(专业)：某某排水工程-排水工程　　第1页　共1页

序号	编码	机械设备名称	单位	数量	单价(元)	合价(元)
1	9901003	履带式推土机 90kW	台班	0.50	766.25	382.68
2	9901043	履带式单斗挖掘机(液压)$1m^3$	台班	3.37	1140.58	3845.43
3	9901068	电动夯实机 20～62N・m	台班	131.82	22.56	2973.60
4	9903017	汽车式起重机 5t	台班	2.41	383.29	923.20
5	9903020	汽车式起重机 16t	台班	0.17	888.86	148.14
6	9904005	载货汽车 5t	台班	0.44	367.01	159.89
7	9904007	载货汽车 8t	台班	0.30	431.28	128.63
8	9904010	载货汽车 15t	台班	0.15	823.24	127.47
9	9904017	自卸汽车 12t	台班	2.12	737.42	1564.51
10	9904024	平板拖车组 40t	台班	1.00	1090.00	1090.00
11	9904030	机动翻斗车 1t	台班	14.95	149.14	2229.12
12	9904034	洒水汽车 4000L	台班	0.08	440.73	35.96
13	9905010	电动卷扬机单筒慢速 50kN	台班	0.10	132.29	12.84
14	9906006	双锥反转出料混凝土搅拌机 350L	台班	7.13	135.72	967.43
15	9906016	灰浆搅拌机 200L	台班	3.55	95.96	340.40
16	9907002	钢筋切断机 ϕ40	台班	0.05	40.29	2.02
17	9907003	钢筋弯曲机 ϕ40	台班	0.10	21.54	2.07
18	9907012	木工圆锯机 ϕ500	台班	0.42	26.49	11.06
19	9907018	木工压刨床单面 600	台班	0.03	34.72	0.96
20	9908019	污水泵 ϕ70	台班	54.62	87.44	4776.14
21	9909008	直流弧焊机 32kW	台班	0.12	98.58	12.25
22	9909010	对焊机 75kV・A	台班	0.02	128.70	2.73
23	9909025	点焊机长臂 75kVA	台班	0.10	183.02	17.65
24	9913032	混凝土振捣器平板式 BLL	台班	7.38	17.75	130.99
25	9913033	混凝土振捣器插入式	台班	7.93	5.01	39.77
26	9999991	折旧费(机械)	元	2753.06	1.00	2753.06
27	9999992	大修理费(机械)	元	643.39	1.00	643.39
28	9999993	经常修理费(机械)	元	1839.38	1.00	1839.38
29	9999994	安拆费及场外运费(机械)	元	499.23	1.00	499.23
30	9999995	其他费用(机械)	元	214.20	1.00	214.20
31	J0000011	人工(机械)	工日	39.70	80.00	3175.98
32	J1201011	柴油(机械)	kg	527.58	6.75	3561.18
33	J1201021	汽油(机械)	kg	58.57	7.79	456.22
34	J3115031	电(机械)	kW・h	7535.89	0.90	6782.30
合计						39850

表-18

机械人工、燃料动力费价格表

单位工程(专业)：某某排水工程-排水工程　　　　第1页　共1页

序号	编码	名称	规格型号	单位	数量	单价(元)
1	J0000011	人工(机械)		工日	39.700	80.00
2	J1201011	柴油(机械)		kg	527.58	6.75
3	J1201021	汽油(机械)		kg	58.57	7.79
4	J3115031	电(机械)		kW·h	7535.886	0.90

表-19

三、工料单价计价法

排水定额工程量

序号	工程项目名称	单位	工程量计算公式	数量
	一　土方开挖		V总＝(V雨＋V污)×1.025	1986.24
1	V雨总	m^3		1161.65
2	V46-47	m^3	(1.1＋3.042×0.5)×3.042×53	422.57
3	V47-48	m^3	(1.1＋2.728×0.5)×2.728×62.21	418.16
4	V48-48-1	m^3	(1.1＋2.917×0.5)×2.917×43	320.92
5	V污总	m^3		776.15
6	V52-53	m^3	(1＋1.33×0.5)×1.33×40	88.58
7	V147-148	m^3	(1＋1.33×0.5)×1.33×40	88.58
8	V54-1-54	m^3	(1＋0.585×0.5)×0.585×30	22.68
9	V54-55	m^3	(1.1＋0.885×0.5)×0.885×40	54.60
10	VZ10-55	m^3	(2.01＋1.374×0.5)×1.374×12.5	46.32
11	V55-151	m^3	(2.01＋1.317×0.5)×1.317×41	144.09
12	V151-150	m^3	(2.01＋1.224×0.5)×1.224×52.33	167.94
13	V150-149	m^3	(1.1＋1.013×0.5)×1.013×13	21.16
14	V149-149-1	m^3	(1.1＋1.049×0.5)×1.049×46	78.39
15	V150-150-1	m^3	(1.1＋0.896×0.5)×0.896×46	63.80
	二　土方回填			
	V回填		1986.24-185.99-191.75	1608.50
16	V1：管道基础及垫层	m^3	43.86[混凝土垫层]＋56.75[砂护管]＋28.09[混凝土平基]＋57.29[混凝土管座]	185.99
17	V2：管道体积	m^3	π×(0.51/2)^2×(150－4)＋π×(0.72/2)^2×(105.83－3)＋π×(0.64/2)^2×(384.21－11)	191.75
	三　土方外运			
18	V外运	m^3	1986.24－1608.8×1.15	136.12
	四　管道及基础			
19	ϕ400污水管道铺设	m	158.21－4	154.21
20	ϕ400胶圈接口	个	50	50.00

续表

序号	工程项目名称	单位	工程量计算公式	数量
21	管道闭水试验	m	158.21	158.21
22	10cm 碎石垫层	m^3	0.94×0.1×154.21	14.50
23	C15 管道混凝土平基	m^3	0.74×0.08×154.21	9.13
24	平基模板	m^2	0.08×2×154.21	24.67
25	C15 混凝土管座	m^3	((0.167+0.64/2)×0.74/2−135/360×π×(0.49/2)^2)×154.21	16.88
26	混凝土管座模板	m^2	0.167×2×154.21	51.51
27	ϕ225 雨水管道铺设	m	(4.5+8)×8+(4.8+8)×5+14.5+8	186.50
28	ϕ225 胶圈接口	个	47	47.00
29	砂护管	m^3	(0.28×0.56−π×(0.26[D+2t]/2)^2/2)×186.5	24.29
30	ϕ300 雨水管道铺设	m	190-4	186.00
31	ϕ300 胶圈接口	个	33+24	57.00
32	管道闭水试验	m	190	190.00
33	砂护管	m^3	(0.34×0.68−π×(0.38[D+2t]/2)^2/2)×(190-4)	32.46
34	ϕ400 雨水管道铺设	m	186−6	180.00
35	ϕ400 胶圈接口	个	31+24	55.00
36	管道闭水试验	m	186	186.00
37	10cm 碎石垫层	m^3	0.94×0.1×180	16.92
38	C15 管道混凝土平基	m^3	0.74×0.08×180	10.66
39	平基模板	m^2	0.08×2×180	28.80
40	C15 混凝土管座	m^3	((0.167+0.64/2)×0.74/2−135/360×π×(0.49/2)^2)×180	19.71
41	混凝土管座模板	m^2	0.167×2×180	60.12
42	ϕ600 雨水管道铺设	m	105.83−3	102.83
43	ϕ600 胶圈接口	个	31	31.00
44	闭水试验	m	105.83	105.83
45	10cm 碎石垫层	m^3	1.21×0.1×(105.83−3)	12.44
46	C15 管道混凝土平基	m^3	1.01×0.08×(105.83−3)	8.31
47	平基模板	m^2	0.08×2×(105.83−3)	16.45
48	C15 混凝土管座	m^3	((0.246+0.91/2)×1.01/2−135/360×π×(0.72/2)^2)×(105.83−3)	20.70
49	混凝土管座模板	m^2	0.246×2×(105.83−3)	50.59
	五 非定型检查井			
	污水井(不落底)			
50	C10 非定型井混凝土垫层	m^3	(1.1+(0.37+0.1+0.1)×2)^2×0.1×3	1.51
51	混凝土垫层模板	m^2	(1.1+(0.37+0.1+0.1)×2)×4×0.1×3	2.69

续表

序号	工程项目名称	单位	工程量计算公式	数量
52	C20非定型钢筋混凝土底板	m^3	(1.1+(0.37+0.1)×2)^2×0.2×3	2.50
53	混凝土基础模板	m^2	(1.1+(0.37+0.1)×2)×4×0.2×3	4.90
54	M10砖砌井室	m^3	1.47×4×0.37×1.8×3[井室]−0.35×3[井底流槽]	10.70
55	M10砖砌井筒	m^3	π×(0.7+0.24)×0.24×4.65	3.30
56	1∶2水泥外抹灰	m^2	1.47×4×1.8×3[井室]+π×0.7×4.65	41.98
57	1∶2水泥内抹灰	m^2	1.84×4×1.8×3[井室]+π×1.18×4.65	56.98
58	井底流槽抹灰	m^3	2.14×3	6.42
59	预制井室盖板	m^3	0.197×3	0.59
60	井室盖板木模	m^3	0.59	0.59
61	井室盖板安装	m^3	0.59	0.59
62	非定型混凝土井圈制作	m^3	π×0.94×0.2×0.24+π×1.06×0.12×0.1)×3	0.55
63	井圈模板	m^3	0.55	0.55
64	井圈安装	m^3	0.55	0.55
65	井盖井座安装	套	3	3.00
66	钢筋ϕ10以内制安	t	(1.715+3.307+0.5+1.148+1.555)×3/1000	0.025
67	钢筋ϕ10以外制安	t	(7.406+2.380+5.364)×3/1000	0.045
	污水井(落底)			
68	C10非定型井混凝土垫层	m^3	(1.1+(0.37+0.1+0.1)×2)^2×0.1×1	0.50
69	混凝土垫层模板	m^2	(1.1+(0.37+0.1+0.1)×2)×4×0.1×1	0.90
70	C20非定型钢筋混凝土底板	m^3	(1.1+(0.37+0.1)×2)^2×0.2×1	0.83
71	混凝土基础模板	m^2	(1.1+(0.37+0.1)×2)×4×0.2×1	1.63
72	M10砖砌井室	m^3	1.47×4×0.37×1.8×1[井室]+1.47×4×0.37×0.5×1	5.00
73	M10砖砌井筒	m^3	π×(0.7+0.24)×0.24×1.856	1.32
74	1∶2水泥外抹灰	m^2	1.47×4×1.8×1+1.47×4×0.5×1[井室]+π×0.7×1.856	17.61
75	1∶2水泥内抹灰	m^2	1.84×4×1.8×3+1.84×4×0.5×1[井室]+π×1.18×1.856	50.30
76	预制井室盖板	m^3	0.197×1	0.20
77	井室盖板木模	m^3	0.2	0.20
78	井室盖板安装	m^3	0.2	0.20
79	非定型混凝土井圈制作	m^3	(π×0.94×0.2×0.24+π×1.06×0.12×0.1)×1	0.18
80	井圈模板	m^3	0.18	0.18
81	井圈安装	m^3	0.18	0.18
82	井盖井座安装	套	1	1.00
83	钢筋ϕ10以内制安	t	(1.715+3.307+0.5+1.148+1.555)×1/1000	0.008
84	钢筋ϕ10以外制安	t	(7.406+2.380+5.364)×1/1000	0.015

续表

序号	工程项目名称	单位	工程量计算公式	数量
	雨水井(不落底)			
85	C10 非定型井混凝土垫层	m^3	(1.1+(0.37+0.1+0.1)×2)^2×0.1×12	6.02
86	混凝土垫层模板	m^2	(1.1+(0.37+0.1+0.1)×2)×4×0.1×12	10.75
87	C20 非定型钢筋混凝土底板	m^3	(1.1+(0.37+0.1)×2)^2×0.2×12	9.99
88	混凝土基础模板	m^2	(1.1+(0.37+0.1)×2)×4×0.2×12	19.58
89	M10 砖砌井室	m^3	1.47×4×0.37×1.8×12[井室]−0.35×12[井底流槽]	42.79
90	1∶2 水泥外抹灰	m^2	1.47×4×1.8×3[井室]	31.75
91	1∶2 水泥内抹灰	m^2	1.84×4×1.8×3[井室]	39.74
92	井底流槽抹灰	m^3	2.14×12	25.68
93	预制井室盖板	m^3	0.197×12	2.36
94	井室盖板木模	m^3	2.36	2.36
95	井室盖板安装	m^3	2.36	2.36
96	非定型混凝土井圈制作	m^3	(π×0.94×0.2×0.24+π×1.06×0.12×0.1)×12	2.18
97	井圈模板	m^3	2.18	2.18
98	井圈安装	m^3	2.18	2.18
99	井盖井座安装	套	12	12.00
100	钢筋 ϕ10 以内制安	t	(1.715+3.307+0.5+1.148+1.555)×12/1000	0.099
101	钢筋 ϕ10 以外制安	t	(7.406+2.380+5.364)×12/1000	0.182
	雨水井(落底)			
102	C10 非定型井混凝土垫层	m^3	(1.1+(0.37+0.1+0.1)×2)^2×0.1×4	2.01
103	混凝土垫层模板	m^2	(1.1+(0.37+0.1+0.1)×2)×4×0.1×4	3.58
104	C20 非定型钢筋混凝土底板	m^3	(1.1+(0.37+0.1)×2)^2×0.2×4	3.33
105	混凝土基础模板	m^2	(1.1+(0.37+0.1)×2)×4×0.2×4	6.53
106	M10 砖砌井室	m^3	1.47×4×0.37×1.8×4[井室]+1.47×4×0.37×0.5×4−π×(0.72/2)^2×0.37×4×2	18.81
107	M10 砖砌井筒	m^3	π×(0.7+0.24)×0.24×2.377	1.68
108	1∶2 水泥外抹灰	m^2	1.47×4×1.8×1+1.47×4×0.5×1−π×0.3^2×8[井室]+π×0.7×2.377	16.49
109	1∶2 水泥内抹灰	m^2	1.84×4×1.8×3+1.84×4×0.5×1−π×0.3^2×8[井室]+π×1.18×2.377	49.97
110	预制井室盖板	m^3	0.197×4	0.79
111	井室盖板木模	m^3	0.79	0.79
112	井室盖板安装	m^3	0.79	0.79
113	非定型混凝土井圈制作	m^3	(π×0.94×0.2×0.24+π×1.06×0.12×0.1)×4	0.73
114	井圈模板	m^3	0.73	0.73
115	井圈安装	m^3	0.73	0.73
116	井盖井座安装	套	4	4.00

续表

序号	工程项目名称	单位	工程量计算公式	数量
117	钢筋 ϕ10 以内制安	t	(1.715+3.307+0.5+1.148+1.555)×4/1000	0.033
118	钢筋 ϕ10 以外制安	t	(7.406+2.380+5.364)×4/1000	0.061
	雨水口			
119	碎石垫层	m^3	(0.51+(0.24+0.05)×2)×0.97×0.1×28	2.96
120	C15 混凝土基础	m^3	(0.51+(0.24+0.05)×2)×0.97×0.1×28	2.96
121	混凝土基础模板	m^2	((0.51+(0.24+0.05)×2)×2+0.91×2)×0.1×28	11.20
122	砖砌井室	m^3	(0.75×2+0.63×2)×0.24×1×28[井室]	18.55
123	井室抹灰	m^2	1.8×1×28+0.199×28	55.97
124	C30 井圈制作	m^3	0.136×28	3.81
125	井圈模板	m^3	3.81	3.81
126	井圈安装	m^3	3.81	3.81
127	雨水口箅子及底座	m^3	28	28.00
128	钢筋 ϕ10 以内制安	m^3	0.168	0.168

专业工程招标控制计算程序表

单位工程(专业)：某某排水工程(排水工程)　　　　第 1 页　共 1 页

序号	费用名称	计算方法	金额(元)
一	直接费	1+2+3+4+5	310993
1	其中定额人工费	表-11	44153
2	其中人工价差	表-11	38129
3	其中材料费	表-12	208620
4	其中定额机械费	表-13	18001
5	其中机械费价差	表-13	2090
二	施工组织措施费	6+7+8+9+10+11+12+13+14	5339
6	安全文明施工费	(1+4)×7.58%	4711
7	工程定位复测费	(1+4)×0.04%	25
8	冬雨季施工增加费	(1+4)×0.19%	118
9	夜间施工增加费	(1+4)×0.03%	19
10	已完工程及设备保护费	(1+4)×0.04%	25
11	二次搬运费	(1+4)×0.71%	441
12	行车、行人干扰增加费	(1+4)×	0
13	提前竣工增加费	(1+4)×	0
14	特殊地区增加费	(1+4)×	0
三	企业管理费	(1+4)×15.6%	9696
四	利润	(1+4)×10.5%	6526
五	规费	15+16	5043
15	排污费、社保费、公积金	(1+4)×7.3%	4537
16	民工工伤保险费	(一+二+三+四+15)×0.15%	506
六	危险作业意外伤害保险费		0
七	总承包服务费		0
八	风险费	(一+二+三+四+五+六+七)×	0
九	暂列金额		0
十	税金	(一+二+三+四+五+六+七+八+九)×3.577%	12076
十一	造价下浮	(一+二+三+四+五+六+七+八+九+十)×	0
十二	建设工程造价	一+二+三+四+五+六+七+八+九+十-十一	349673

表-02

分部分项工程费计算表

单位工程(专业)：某某排水工程(排水工程)　　　　第1页　共4页

序号	编号	名　称	单位	数量	单价(元)	合价(元)
		1. 土石方部分		1.000	26472.44	26472.44
1	1-4换	人工挖沟槽、基坑一、二类土，深度在2m以内～人工辅助机械挖沟槽、基坑	m^3	198.600	18.65	3703.27
2	1-56	挖掘机挖土不装车一、二类土	m^3	1849.775	2.41	4451.37
3	1-87	机械槽、坑填土夯实	m^3	1608.500	10.08	16213.82
4	1-59	挖掘机挖土装车一、二类土	m^3	136.000	3.61	491.62
5	1-68换	自卸汽车运土方　运距5km内	m^3	136.000	11.86	1612.35
		2. D400PVC-U污水管铺		1.000	49301.19	49301.19
6	6-46换	UPVC排水管铺设　管径400mm以内	m	154.200	192.73	29718.86
7	6-194	塑料排水管　承插式橡胶圈接口　管径400mm以内	只口	50.000	13.18	659.00
8	6-211	管道闭水试验　管径400mm以内	m	158.200	3.06	484.54
9	6-263	干铺碎石垫层	m^3	14.500	214.19	3105.74
10	6-276	渠(管)道混凝土平基	m^3	9.130	430.08	3926.60
11	6-1094	现浇混凝土管、渠道平基钢模	m^2	24.670	39.61	977.08
12	6-282换	C15现浇现拌混凝土管座	m^3	16.880	455.57	7689.95
13	6-1096	现浇混凝土管座钢模	m^2	51.510	53.18	2739.43
		3. D225PVC-U污水管铺		1.000	13428.69	13428.69
14	6-44换	UPVC排水管铺设管径225mm以内	m	186.500	52.05	9707.83
15	6-192	塑料排水管　承插式橡胶圈接口　管径225mm以内	只口	47.000	8.15	383.05
16	6-286	黄砂沟槽回填	m^3	24.290	137.41	3337.81
		4. D300PVC-U污水管铺		1.000	23199.73	23199.73
17	6-45换	UPVC排水管铺设　管径300mm以内	m	186.000	95.18	17704.32
18	6-193	塑料排水管　承插式橡胶圈接口　管径300mm以内	只口	57.000	11.31	644.67
19	6-210	管道闭水试验　管径300mm以内	m	190.000	2.05	390.26
20	6-286	黄砂沟槽回填	m^3	32.460	137.41	4460.49
		5. D400PVC－U雨水管铺		1.000	46549.73	46549.73
21	6-46	UPVC排水管铺设　管径400mm以内	m	180.000	131.83	23729.27
22	6-194	塑料排水管　承插式橡胶圈接口　管径400mm以内	只口	55.000	13.18	724.90
23	6-211	管道闭水试验　管径400mm以内	m	186.000	3.06	569.69
24	6-263	干铺碎石垫层	m^3	16.920	214.19	3624.07
25	6-276	渠(管)道混凝土平基	m^3	10.660	430.08	4584.62
		本页小计				145634.59

表-07

分部分项工程费计算表

单位工程(专业)：某某排水工程(排水工程)　　　　第2页　共4页

序号	编号	名　称	单位	数量	单价(元)	合价(元)
26	6-1094	现浇混凝土管、渠道平基钢模	m^2	28.800	39.61	1140.65
27	6-282换	C15现浇现拌混凝土管座	m^3	19.710	455.57	8979.20
28	6-1096	现浇混凝土管座钢模	m^2	60.120	53.18	3197.33
		6. D600混凝土雨水管铺设		1.000	44423.40	44423.40
29	6-32	承插式混凝土管道铺设　人机配合下管　管径600mm以内	m	102.800	230.19	23663.04
30	6-180	排水管道　混凝土管胶圈(承插)接口　管径600mm以内	个口	31.000	35.83	1110.81
31	6-213	管道闭水试验　管径600mm以内	m	105.800	6.04	638.88
32	6-263	干铺碎石垫层	m^3	12.440	214.19	2664.51
33	6-276	渠(管)道混凝土平基	m^3	8.310	430.08	3573.94
34	6-1094	现浇混凝土管、渠道平基钢模	m^2	16.450	39.61	651.52
35	6-282换	C15现浇现拌混凝土管座	m^3	20.700	455.57	9430.21
36	6-1096	现浇混凝土管座钢模	m^2	50.590	53.18	2690.50
		7. 砌筑污水井1100×1100mm　H=3.36m		1.000	13227.42	13227.42
37	6-229	C15混凝土井垫层	m^3	1.510	402.95	608.46
38	6-1044	现浇混凝土基础垫层木模	m^2	2.690	38.09	102.48
39	6-229换	C15混凝土井垫层～现浇现拌混凝土C20(40)	m^3	2.500	414.40	1036.00
40	6-1044	现浇混凝土基础垫层木模	m^2	4.900	38.09	186.67
41	6-231	矩形井砖砌	m^3	10.700	439.14	4698.76
42	6-230	圆形井砖砌	m^3	3.300	478.19	1578.04
43	6-237	砖墙井壁抹灰	m^2	98.960	25.69	2542.22
44	6-239	砖墙流槽抹灰	m^2	6.420	22.72	145.84
45	6-330	C20钢筋混凝土矩形盖板预制板厚20cm以内	m^3	0.590	499.24	294.55
46	6-348	钢筋混凝土井室矩形盖板安装　每块体积在$0.3m^3$以内	m^3	0.590	173.19	102.18
47	土4-444	Ⅰ类构件　运距5km	m^3	0.590	123.29	72.74
48	6-1120	预制混凝土井盖板木模	m^3	0.590	255.86	150.96
49	6-305	C20现浇混凝土无筋墙帽砌筑	m^3	0.550	522.22	287.22
50	6-252	铸铁检查井井盖安装	套	3.000	400.77	1202.31
51	6-1126	预制构件钢筋(圆钢)直径Φ10mm以内	t	0.025	3602.61	90.07
52	6-1127	预制构件钢筋(螺纹钢)直径Φ10mm以外	t	0.045	2865.36	128.94
		8. 砌筑污水井1100×1100mm　H=4.08m		1.000	6013.25	6013.25
53	6-229	C15混凝土井垫层	m^3	0.500	402.95	201.48
		本页小计				71169.48

表-07

分部分项工程费计算表

单位工程(专业)：某某排水工程(排水工程)　　　　第3页　共4页

序号	编号	名　称	单位	数量	单价(元)	合价(元)
54	6-1044	现浇混凝土基础垫层木模	m^2	0.900	38.09	34.29
55	6-229 换	C15 混凝土井垫层～现浇现拌混凝土 C20(40)	m^3	0.830	414.40	343.95
56	6-1044	现浇混凝土基础垫层木模	m^2	1.630	38.09	62.09
57	6-231	矩形井砖砌	m^3	5.000	439.14	2195.68
58	6-230	圆形井砖砌	m^3	1.320	478.19	631.22
59	6-237	砖墙井壁抹灰	m^2	67.910	25.69	1744.56
60	6-238	砖墙井底抹灰	m^2	1.210	19.09	23.10
61	6-330	C20 钢筋混凝土矩形盖板预制板厚 20cm 以内	m^3	0.200	499.24	99.85
62	6-348	钢筋混凝土井室矩形盖板安装　每块体积在 0.3m^3 以内	m^3	0.200	173.19	34.64
63	土 4－444	Ⅰ类构件　运距 5km	m^3	0.200	123.29	24.66
64	6-1120	预制混凝土井盖板木模	m^3	0.200	255.86	51.17
65	6-305	C20 现浇混凝土无筋墙帽砌筑	m^3	0.180	522.22	94.00
66	6-252	铸铁检查井井盖安装	套	1.000	400.77	400.77
67	6-1126	预制构件钢筋(圆钢)直径 Φ10mm 以内	t	0.008	3602.61	28.82
68	6-1127	预制构件钢筋(螺纹钢)直径 Φ10mm 以外	t	0.015	2865.36	42.98
		9. 砌筑污水井 1100×1100mm　H=1.82m		1.000	37914.91	37914.91
69	6-229	C15 混凝土井垫层	m^3	6.020	402.95	2425.78
70	6-1044	现浇混凝土基础垫层木模	m^2	10.750	38.09	409.52
71	6-229 换	C15 混凝土井垫层～现浇现拌混凝土 C20(40)	m^3	9.990	414.40	4139.84
72	6-1044	现浇混凝土基础垫层木模	m^2	19.580	38.09	745.90
73	6-231	矩形井砖砌	m^3	42.790	439.14	18790.63
74	6-237	砖墙井壁抹灰	m^2	71.490	25.69	1836.53
75	6-239	砖墙流槽抹灰	m^2	25.680	22.72	583.36
76	6-330	C20 钢筋混凝土矩形盖板预制板厚 20cm 以内	m^3	2.360	499.24	1178.21
77	6-348	钢筋混凝土井室矩形盖板安装　每块体积在 0.3m^3 以内	m^3	2.360	173.19	408.72
78	土 4-444	Ⅰ类构件　运距 5km	m^3	2.360	123.29	290.96
79	6-1120	预制混凝土井盖板木模	m^3	2.360	255.86	603.82
80	6-305	C20 现浇混凝土无筋墙帽砌筑	m^3	2.180	522.22	1138.45
81	6-252	铸铁检查井井盖安装	套	12.000	400.77	4809.26
82	6-1126	预制构件钢筋(圆钢)直径 Φ10mm 以内	t	0.009	3602.61	32.42
83	6-1127	预制构件钢筋(螺纹钢)直径 Φ10mm 以外	t	0.182	2865.36	521.49
		本页小计				43726.68

表-07

分部分项工程费计算表

单位工程(专业)：某某排水工程(排水工程)　　　　第4页　共4页

序号	编号	名　称	单位	数量	单价(元)	合价(元)
		10. 砌筑污水井 1100×1100mm　$H=2.94$m		1.000	16546.96	16546.96
84	6-229	C15 混凝土井垫层	m^3	2.010	402.95	809.94
85	6-1044	现浇混凝土基础垫层木模	m^2	3.580	38.09	136.38
86	6-229 换	C15 混凝土井垫层～现浇现拌混凝土 C20(40)	m^3	3.330	414.40	1379.95
87	6-1044	现浇混凝土基础垫层木模	m^2	6.530	38.09	248.76
88	6-231	矩形井砖砌	m^3	18.810	439.14	8260.15
89	6-230	圆形井砖砌	m^3	1.680	478.19	803.37
90	6-237	砖墙井壁抹灰	m^2	66.460	25.69	1707.31
91	6-238	砖墙井底抹灰	m^2	4.840	19.09	92.38
92	6-330	C20 钢筋混凝土矩形盖板预制板厚 20cm 以内	m^3	0.790	499.24	394.40
93	6-348	钢筋混凝土井室矩形盖板安装　每块体积在 0.3m^3 以内	m^3	0.790	173.19	136.82
94	土 4-444	Ⅰ类构件　运距 5km	m^3	0.790	123.29	97.40
95	6-1120	预制混凝土井盖板木模	m^3	0.790	255.86	202.13
96	6-305	C20 现浇混凝土无筋墙帽砌筑	m^3	0.730	522.22	381.22
97	6-252	铸铁检查井井盖安装	套	4.000	400.77	1603.09
98	6-1126	预制构件钢筋(圆钢)直径 Φ10mm 以内	t	0.033	3602.61	118.89
99	6-1127	预制构件钢筋(螺纹钢)直径 Φ10mm 以外	t	0.061	2865.36	174.79
		11. 雨水井 390mm×510mm 井深 1.0m		1.000	20084.77	20084.77
100	6-225	井垫层(碎石)	m^3	2.960	217.47	643.71
101	6-229	C15 混凝土井垫层	m^3	2.960	402.95	1192.74
102	6-1044	现浇混凝土基础垫层木模	m^2	11.200	38.09	426.66
103	6-231	矩形井砖砌	m^3	18.550	439.14	8145.97
104	6-237	砖墙井壁抹灰	m^2	56.000	25.69	1438.60
105	6-238	砖墙井底抹灰	m^2	5.569	19.09	106.30
106	6-305	C20 现浇混凝土无筋墙帽砌筑	m^3	3.810	522.22	1989.68
107	6-256	铸铁雨水井箅安装	套	28.000	198.41	5555.49
108	6-1124	现浇构件钢筋(圆钢)直径 Φ10mm 以内	t	0.168	3485.78	585.61
		12. 其他		1.000	13830.85	13830.85
109	6-1138	钢管工程　井深 4m 以内	座	20.000	148.02	2960.36
110	1-347	湿土排水	m^3	993.120	7.21	7159.63
111	3001	履带式挖掘机 1m^3 以内场外运输费用	台次	1.000	3710.87	3710.87
		本页小计				50462.58
		合计				310993.33

表-07

分部分项工程费计算表

单位工程(专业)：某某排水工程(排水工程)　　　　　　　　第1页　共5页

序号	编号	名称	单位	数量	单价(元)	合价(元)	合价组成		
							人工费	材料费	机械费
		1. 土石方部分		1.000	26472.44	26472.44	17736.53	11.88	8724.03
1	1-4换	人工挖沟槽、基坑一、二类土，深度在2m以内～人工辅助机械挖沟槽、基坑	m^3	198.600	18.65	3703.27	3703.27	0.00	0.00
2	1-56	挖掘机挖土不装车一、二类土	m^3	####	2.41	4451.37	665.92	0.00	3785.45
3	1-87	机械槽、坑填土夯实	m^3	####	10.08	16213.82	13318.38	0.00	2895.44
4	1-59	挖掘机挖土装车一、二类土	m^3	136.000	3.61	491.62	48.96	0.00	442.66
5	1-68换	自卸汽车运土方　运距5km内	m^3	136.000	11.86	1612.35	0.00	11.88	1600.47
		2. D400PVC-U污水管铺		1.000	49301.19	49301.19	8631.03	40027.40	642.76
6	6-46换	UPVC排水管铺设管径400mm以内	m	154.200	192.73	29718.86	745.09	28973.76	0.00
7	6-194	塑料排水管承插式橡胶圈接口管径400mm以内	只口	50.000	13.18	659.00	632.00	27.00	0.00
8	6-211	管道闭水试验管径400mm以内	m	158.200	3.06	484.54	211.36	273.19	0.00
9	6-263	干铺碎石垫层	m^3	14.500	214.19	3105.74	815.48	2266.05	24.20
10	6-276	渠(管)道混凝土平基	m^3	9.130	430.08	3926.60	1242.41	2493.04	191.15
11	6-1094	现浇混凝土管、渠道平基钢模	m^2	24.670	39.61	977.08	537.31	404.68	35.08
12	6-282换	C15现浇现拌混凝土管座	m^3	16.880	455.57	7689.95	2627.88	4743.00	319.07
13	6-1096	现浇混凝土管座钢模	m^2	51.510	53.18	2739.43	1819.50	846.68	73.25
		3. D225PVC-U污水管铺		1.000	13428.69	13428.69	1639.57	11773.17	15.95
14	6-44换	UPVC排水管铺设　管径225mm以内	m	186.500	52.05	9707.83	596.80	9111.03	0.00
15	6-192	塑料排水管承插式橡胶圈接口　管径225mm以内	只口	47.000	8.15	383.05	368.48	14.57	0.00
16	6-286	黄砂沟槽回填	m^3	24.290	137.41	3337.81	674.29	2647.57	15.95
		4. D300PVC-U污水管铺		1.000	23199.73	23199.73	2401.68	20776.73	21.31
17	6-45换	UPVC排水管铺设　管径300mm以内	m	186.000	95.18	17704.32	690.43	17013.89	0.00
18	6-193	塑料排水管承插式橡胶圈接口管径300mm以内	只口	57.000	11.31	644.67	620.16	24.51	0.00
19	6-210	管道闭水试验管径300mm以内	m	190.000	2.05	390.26	190.00	200.26	0.00
20	6-286	黄砂沟槽回填	m^3	32.460	137.41	4460.49	901.09	3538.08	21.31
		5. D400PVC-U雨水管铺		1.000	46549.73	46549.73	10035.00	35764.29	750.44
21	6-46	UPVC排水管铺设　管径400mm以内	m	180.000	131.83	23729.27	869.76	22859.51	0.00
22	6-194	塑料排水管　承插式橡胶圈接口　管径400mm以内	只口	55.000	13.18	724.90	695.20	29.70	0.00
23	6-211	管道闭水试验　管径400mm以内	m	186.000	3.06	569.69	248.50	321.19	0.00
		本页小计				137425.90	32222.27	95799.58	9404.05

表-07-1

分部分项工程费计算表

单位工程(专业)：某某排水工程(排水工程)　　　　第2页　共5页

序号	编号	名称	单位	数量	单价(元)	合价(元)	合价组成		
							人工费	材料费	机械费
24	6-263	干铺碎石垫层	m^3	16.920	214.19	3624.07	951.58	2644.25	28.24
25	6-276	渠(管)道混凝土平基	m^3	10.660	430.08	4584.62	1450.61	2910.82	223.18
26	6-1094	现浇混凝土管、渠道平基钢模	m^2	28.800	39.61	1140.65	627.26	472.43	40.96
27	6-282换	C15现浇现拌混凝土管座	m^3	19.710	455.57	8979.20	3068.45	5538.19	372.56
28	6-1096	现浇混凝土管座钢模	m^2	60.120	53.18	3197.33	2123.63	988.20	85.50
		6.D600混凝土雨水管铺设		1.000	44423.40	44423.40	9286.19	34015.33	1121.88
29	6-32	承插式混凝土管道铺设人机配合下管管径600mm以内	m	102.800	230.19	23663.04	1418.64	21803.88	440.52
30	6-180	排水管道混凝土管胶圈(承插)接口　管径600mm以内	个口	31.000	35.83	1110.81	436.48	674.33	0.00
31	6-213	管道闭水试验　管径600mm以内	m	105.800	6.04	638.88	232.76	406.12	0.00
32	6-263	干铺碎石垫层	m^3	12.440	214.19	2664.51	699.63	1944.12	20.77
33	6-276	渠(管)道混凝土平基	m^3	8.310	430.08	3573.94	1130.82	2269.13	173.98
34	6-1094	现浇混凝土管、渠道平基钢模	m^2	16.450	39.61	651.52	358.28	269.84	23.39
35	6-282换	C15现浇现拌混凝土管座	m^3	20.700	455.57	9430.21	3222.58	5816.36	391.27
36	6-1096	现浇混凝土管座钢模	m^2	50.590	53.18	2690.50	1787.00	831.56	71.95
		7.砌筑污水井1100×1100mm　H=3.36m		1.000	13227.42	13227.42	4383.89	8451.23	392.31
37	6-229	C15混凝土井垫层	m^3	1.510	402.95	608.46	167.91	408.81	31.74
38	6-1044	现浇混凝土基础垫层木模	m^2	2.690	38.09	102.48	26.44	74.83	1.20
39	6-229换	C15混凝土井垫层～现浇现拌混凝土C20(40)	m^3	2.500	414.40	1036.00	278.00	705.45	52.54
40	6-1044	现浇混凝土基础垫层木模	m^2	4.900	38.09	186.67	48.17	136.31	2.19
41	6-231	矩形井砖砌	m^3	10.700	439.14	4698.76	974.90	3639.14	84.72
42	6-230	圆形井砖砌	m^3	3.300	478.19	1578.04	400.14	1141.22	36.68
43	6-237	砖墙井壁抹灰	m^2	98.960	25.69	2542.22	1866.23	602.49	73.50
44	6-239	砖墙流槽抹灰	m^2	6.420	22.72	145.84	101.99	39.09	4.77
45	6-330	C20钢筋混凝土矩形盖板预制板厚20cm以内	m^3	0.590	499.24	294.55	103.84	178.39	12.33
46	6-348	钢筋混凝土井室矩形盖板安装　每块体积在0.3m^3以内	m^3	0.590	173.19	102.18	71.24	19.23	11.71
47	土4-444	Ⅰ类构件　运距5km	m^3	0.590	123.29	72.74	9.44	2.77	60.53
48	6-1120	预制混凝土井盖板木模	m^3	0.590	255.86	150.96	63.92	86.78	0.25
49	6-305	C20现浇混凝土无筋墙帽砌筑	m^3	0.550	522.22	287.22	107.04	168.05	12.14
50	6-252	铸铁检查井井盖安装	套	3.000	400.77	1202.31	119.52	1082.79	0.00
		本页小计				78957.68	21846.52	54854.56	2256.61

表-07-1

分部分项工程费计算表

单位工程(专业)：某某排水工程(排水工程)　　　　　　　　第3页　共5页

序号	编号	名称	单位	数量	单价(元)	合价(元)	合价组成		
							人工费	材料费	机械费
51	6-1126	预制构件钢筋(圆钢)直径Φ10mm以内	t	0.025	3602.61	90.07	23.32	63.18	3.57
52	6-1127	预制构件钢筋(螺纹钢)直径Φ10mm以外	t	0.045	2865.36	128.94	21.78	102.71	4.45
		8. 砌筑污水井 1100×1100mm　H=4.08m		1.000	6013.25	6013.25	2257.70	3585.52	170.03
53	6-229	C15混凝土井垫层	m^3	0.500	402.95	201.48	55.60	135.37	10.51
54	6-1044	现浇混凝土基础垫层木模	m^2	0.900	38.09	34.29	8.85	25.04	0.40
55	6-229换	C15混凝土井垫层～现浇现拌混凝土C20(40)	m^3	0.830	414.40	343.95	92.30	234.21	17.44
56	6-1044	现浇混凝土基础垫层木模	m^2	1.630	38.09	62.09	16.02	45.34	0.73
57	6-231	矩形井砖砌	m^3	5.000	439.14	2195.68	455.56	1700.53	39.59
58	6-230	圆形井砖砌	m^3	1.320	478.19	631.22	160.06	456.49	14.67
59	6-237	砖墙井壁抹灰	m^2	67.910	25.69	1744.56	1280.67	413.45	50.44
60	6-238	砖墙井底抹灰	m^2	1.210	19.09	23.10	14.83	7.37	0.90
61	6-330	C20钢筋混凝土矩形盖板预制板厚20cm以内	m^3	0.200	499.24	99.85	35.20	60.47	4.18
62	6-348	钢筋混凝土井室矩形盖板安装　每块体积在0.3m^3以内	m^3	0.200	173.19	34.64	24.15	6.52	3.97
63	土4-444	Ⅰ类构件　运距5km	m^3	0.200	123.29	24.66	3.20	0.94	20.52
64	6-1120	预制混凝土井盖板木模	m^3	0.200	255.86	51.17	21.67	29.42	0.09
65	6-305	C20现浇混凝土无筋墙帽砌筑	m^3	0.180	522.22	94.00	35.03	55.00	3.97
66	6-252	铸铁检查井井盖安装	套	1.000	400.77	400.77	39.84	360.93	0.00
67	6-1126	预制构件钢筋(圆钢)直径Φ10mm以内	t	0.008	3602.61	28.82	7.46	20.22	1.14
68	6-1127	预制构件钢筋(螺纹钢)直径Φ10mm以外	t	0.015	2865.36	42.98	7.26	34.24	1.48
		9. 砌筑污水井 1100×1100mm　H=1.82m		1.000	37914.91	37914.91	9725.89	27021.36	1167.66
69	6-229	C15混凝土井垫层	m^3	6.020	402.95	2425.78	669.42	1629.84	126.52
70	6-1044	现浇混凝土基础垫层木模	m^2	10.750	38.09	409.52	105.68	299.05	4.80
71	6-229换	C15混凝土井垫层～现浇现拌混凝土C20(40)	m^3	9.990	414.40	4139.84	1110.89	2818.99	209.96
72	6-1044	现浇混凝土基础垫层木模	m^2	19.580	38.09	745.90	192.48	544.69	8.73
73	6-231	矩形井砖砌	m^3	42.790	439.14	18790.63	3898.68	14553.16	338.79
74	6-237	砖墙井壁抹灰	m^2	71.490	25.69	1836.53	1348.19	435.25	53.10
75	6-239	砖墙流槽抹灰	m^2	25.680	22.72	583.36	407.94	156.35	19.07
76	6-330	C20钢筋混凝土矩形盖板预制板厚20cm以内	m^3	2.360	499.24	1178.21	415.36	713.55	49.31
77	6-348	钢筋混凝土井室矩形盖板安装　每块体积在0.3m^3以内	m^3	2.360	173.19	408.72	284.97	76.90	46.85
		本页小计				36750.75	10736.42	24979.17	1035.17

表-07-1

分部分项工程费计算表

单位工程(专业)：某某排水工程(排水工程)　　　　第4页　共5页

序号	编号	名称	单位	数量	单价(元)	合价(元)	合价组成		
							人工费	材料费	机械费
78	土4-444	Ⅰ类构件　运距5km	m^3	2.360	123.29	290.96	37.76	11.07	242.14
79	6-1120	预制混凝土井盖板木模	m^3	2.360	255.86	603.82	255.69	347.12	1.01
80	6-305	C20现浇混凝土无筋墙帽砌筑	m^3	2.180	522.22	1138.45	424.26	666.08	48.11
81	6-252	铸铁检查井井盖安装	套	12.000	400.77	4809.26	478.08	4331.18	0.00
82	6-1126	预制构件钢筋(圆钢)直径Φ10mm以内	t	0.009	3602.61	32.42	8.40	22.74	1.29
83	6-1127	预制构件钢筋(螺纹钢)直径Φ10mm以外	t	0.182	2865.36	521.49	88.09	415.40	18.00
		10. 砌筑污水井1100×1100mm　$H=2.94$m		1.000	16546.96	16546.96	4617.77	11451.46	477.73
84	6-229	C15混凝土井垫层	m^3	2.010	402.95	809.94	223.51	544.18	42.24
85	6-1044	现浇混凝土基础垫层木模	m^2	3.580	38.09	136.38	35.19	99.59	1.60
86	6-229换	C15混凝土井垫层～现浇现拌混凝土C20(40)	m^3	3.330	414.40	1379.95	370.30	939.66	69.99
87	6-1044	现浇混凝土基础垫层木模	m^2	6.530	38.09	248.76	64.19	181.65	2.91
88	6-231	矩形井砖砌	m^3	18.810	439.14	8260.15	1713.82	6397.40	148.93
89	6-230	圆形井砖砌	m^3	1.680	478.19	803.37	203.71	580.98	18.67
90	6-237	砖墙井壁抹灰	m^2	66.460	25.69	1707.31	1253.33	404.62	49.36
91	6-238	砖墙井底抹灰	m^2	4.840	19.09	92.38	59.32	29.47	3.59
92	6-330	C20钢筋混凝土矩形盖板预制板厚20cm以内	m^3	0.790	499.24	394.40	139.04	238.86	16.50
93	6-348	钢筋混凝土井室矩形盖板安装　每块体积在$0.3m^3$以内	m^3	0.790	173.19	136.82	95.39	25.74	15.68
94	土4-444	Ⅰ类构件　运距5km	m^3	0.790	123.29	97.40	12.64	3.71	81.05
95	6-1120	预制混凝土井盖板木模	m^3	0.790	255.86	202.13	85.59	116.20	0.34
96	6-305	C20现浇混凝土无筋墙帽砌筑	m^3	0.730	522.22	381.22	142.07	223.05	16.11
97	6-252	铸铁检查井井盖安装	套	4.000	400.77	1603.09	159.36	1443.73	0.00
98	6-1126	预制构件钢筋(圆钢)直径Φ10mm以内	t	0.033	3602.61	118.89	30.78	83.39	4.71
99	6-1127	预制构件钢筋(螺纹钢)直径Φ10mm以外	t	0.061	2865.36	174.79	29.52	139.23	6.03
		11. 雨水井390mm×510mm井深1.0m		1.000	20084.77	20084.77	5379.90	14347.17	357.70
100	6-225	井垫层(碎石)	m^3	2.960	217.47	643.71	176.18	462.59	4.94
101	6-229	C15混凝土井垫层	m^3	2.960	402.95	1192.74	329.15	801.38	62.21
102	6-1044	现浇混凝土基础垫层木模	m^2	11.200	38.09	426.66	110.10	311.57	5.00
103	6-231	矩形井砖砌	m^3	18.550	439.14	8145.97	1690.13	6308.98	146.87
104	6-237	砖墙井壁抹灰	m^2	56.000	25.69	1438.60	1056.07	340.94	41.59
		本页小计				35791.06	9271.68	25470.51	1048.88

表-07-1

分部分项工程费计算表

单位工程(专业)：某某排水工程(排水工程)　　　　第5页　共5页

序号	编号	名称	单位	数量	单价(元)	合价(元)	合价组成		
							人工费	材料费	机械费
105	6-238	砖墙井底抹灰	m^2	5.569	19.09	106.30	68.26	33.91	4.14
106	6-305	C20 现浇混凝土无筋墙帽砌筑	m^3	3.810	522.22	1989.68	741.49	1164.11	84.08
107	6-256	铸铁雨水井箅安装	套	28.000	198.41	5555.49	1059.74	4495.75	0.00
108	6-1124	现浇构件钢筋(圆钢)直径 Φ10mm 以内	t	0.168	3485.78	585.61	148.78	427.96	8.87
		12. 其他		1.000	13830.85	13830.85	6186.69	1394.73	6249.43
109	6-1138	钢管工程井深 4m 以内	座	20.000	148.02	2960.36	2843.20	117.16	0.00
110	1-347	湿土排水	m^3	993.120	7.21	7159.63	2383.49	0.00	4776.14
111	3001	履带式挖掘机 $1m^3$ 以内场外运输费用	台次	1.000	3710.87	3710.87	960.00	1277.57	1473.29
		本页小计				22067.93	8204.96	7516.45	6346.52
		合计				310993.33	82281.83	208620.27	20091.23

表-07-1

工程人工费汇总表

单位工程(专业)：某某排水工程(排水工程)　　　　第1页　共1页

序号	编码	人工	单位	数量	定额价(元)	市场价(元)	定额合价(元)	市场合价(元)	差价合计(元)
1	0000001	一类人工	工日	236.49	40	75.00	9459.48	17736.53	8277.05
2	0000011	二类人工	工日	806.82	43	80.00	34693.10	64545.30	29852.20
		合计					44153	82282	38129

表-11

工程材料费汇总表

单位工程(专业)：某某排水工程(排水工程)　　　　第1页　共1页

序号	编码	材料名称	规格型号	单位	数量	单价(元)	合价(元)
1	0101001	螺纹钢	Ⅱ级综合	t	0.31	2161.00	667.88
2	0109001	圆钢	(综合)	t	0.25	2427.00	601.56
3	0205349	O型胶圈	(承插)ϕ600	只	31.47	20.13	633.39
4	0233011	草袋		个	417.29	2.54	1059.92
5	0341011	电焊条		kg	2.76	7.00	19.34
6	0351001	圆钉		kg	35.68	7.50	267.63
7	0357101	镀锌铁丝		kg	5.00	7.00	35.00
8	0357103	镀锌铁丝	10号	kg	65.23	7.00	456.60
9	0357109	镀锌铁丝	22号	kg	3.48	7.00	24.38
10	0359001	铁件		kg	56.62	3.60	203.83
11	0401031	水泥	42.5	kg	37490.59	0.39	14433.88
12	0403043	黄砂(净砂)	综合	t	164.17	80.00	13133.77
13	0403045	黄砂(毛砂)	综合	t	100.33	61.00	6120.37
14	0405001	碎石	综合	t	239.74	86.00	20617.23
15	0413091	混凝土实心砖	240×115×53	千块	56.00	530.00	29678.11
16	0503041	枕木		m^3	0.08	2000.00	160.00
17	0503361	垫木		m^3	0.01	1200.00	15.60
18	1103721	防水涂料	858	kg	3.55	9.84	34.93
19	1111111	煤焦油沥青漆	L01－17	kg	21.89	6.00	131.36
20	1233041	脱模剂		kg	31.45	2.83	88.99
21	1401051	焊接钢管	DN40	m	0.19	15.36	2.95
22	1401221	焊接钢管	DN40	kg	11.42	4.00	45.68
23	1431434	UPVC排水管	DN225	m	189.30	48.00	9086.28
24	1431435	UPVC排水管	DN300	m	188.79	90.00	16991.10
25	1431437	UPVC双壁波纹排水管	DN400	m	182.70	125.00	22837.50
26	1431437	UPVC排水管	DN400	m	156.51	185.00	28954.91
27	1437001	橡胶管		m	9.60	5.96	57.22
28	1445026	钢筋混凝土承插管	ϕ600×4000	m	103.83	210.00	21803.88
29	3109041	草板纸	80#	张	69.64	0.20	13.93
30	3111011	尼龙帽		个	299.46	0.48	143.74
31	3115001	水		m^3	274.77	7.28	2000.31
32	3201011	钢模板		kg	147.44	5.00	737.21
33	3201021	木模板		m^3	1.54	1800.00	2766.93
34	3202071	零星卡具		kg	115.55	6.82	788.03
35	3203031	木脚手板		m^3	0.04	1300.00	52.00
36	3209151	木支撑		m^3	0.56	1200.00	671.62
37	3301031	铸铁井盖	ϕ700轻型	套	20.00	350.00	7000.00
38	3301205	铸铁平箅	260×420	套	28.00	150.00	4200.00
39	6000001	其他材料费		元	1026.05	1.00	1026.05
40	8001021	水泥砂浆	M7.5	m^3	24.20	208.08	5035.87
41	8001061	水泥砂浆	1∶2	m^3	10.71	275.89	2955.62
42	8021201	现浇现拌混凝土	C15(40)	m^3	99.93	255.66	25548.76
43	8021211	现浇现拌混凝土	C20(40)	m^3	28.58	266.88	7627.85
44	C0000003	架线		次	0.70	450.00	315.00
45	C0000004	回程费	25%	元	742.17	1.00	742.17
合计							249788

表-12

工程机械台班费汇总表

单位工程(专业)：某某排水工程(排水工程)　　第1页　共2页

序号	编码	机械设备名称	规格型号	单位	数量	定额价(元)	市场价(元)	定额合价(元)	市场合价(元)	差价合计(元)
1	9901003	履带式推土机	90kW	台班	0.50	705.64	766.25	352.41	382.68	30.27
2	9901043	履带式单斗挖掘机(液压)	$1m^3$	台班	3.37	1078.38	1140.58	3635.73	3845.43	209.70
3	9901068	电动夯实机	20～62N·m	台班	131.82	21.79	22.56	2872.94	2973.60	100.66
4	9903017	汽车式起重机	5t	台班	2.61	330.22	383.29	862.87	1001.57	138.69
5	9903020	汽车式起重机	16t	台班	0.17	800.52	888.86	133.42	148.14	14.72
6	9904005	载货汽车	5t	台班	0.69	317.14	367.01	219.21	253.68	34.47
7	9904007	载货汽车	8t	台班	0.30	380.09	431.28	113.36	128.63	15.27
8	9904010	载货汽车	15t	台班	0.15	726.54	823.24	112.50	127.47	14.97
9	9904017	自卸汽车	12t	台班	2.12	644.78	737.42	1367.97	1564.51	196.54
10	9904024	平板拖车组	40t	台班	1.00	993.05	1090.00	993.05	1090.00	96.95
11	9904030	机动翻斗车	1t	台班	14.95	109.73	149.14	1640.07	2229.12	589.05
12	9904034	洒水汽车	4000L	台班	0.08	383.06	440.73	31.26	35.96	4.71
13	9905010	电动卷扬机	单筒慢速 50kN	台班	0.10	93.75	132.29	9.10	12.84	3.74
14	9906006	双锥反转出料混凝土搅拌机	350L	台班	7.13	96.72	135.72	689.41	967.43	278.02
15	9906016	灰浆搅拌机	200L	台班	3.55	58.57	95.96	207.75	340.40	132.65
16	9907002	钢筋切断机	ϕ40	台班	0.05	38.82	40.29	1.95	2.02	0.07
17	9907003	钢筋弯曲机	ϕ40	台班	0.10	20.95	21.54	2.01	2.07	0.06
18	9907012	木工圆锯机	ϕ500	台班	0.20	25.38	26.49	4.98	5.19	0.22
19	9907018	木工压刨床	单面 600	台班	0.03	33.40	34.72	0.92	0.96	0.04
20	9908019	污水泵	ϕ70	台班	54.62	83.31	87.44	4550.76	4776.14	225.38
21	9909008	直流弧焊机	32kW	台班	0.12	94.28	98.58	11.71	12.25	0.53
22	9909010	对焊机	75kV·A	台班	0.02	123.05	128.70	2.61	2.73	0.12
23	9909025	点焊机	长臂 75kVA	台班	0.10	175.91	183.02	16.96	17.65	0.69
24	9913032	混凝土振捣器	平板式 BLL	台班	7.38	17.56	17.75	129.63	130.99	1.36
25	9913033	混凝土振捣器	插入式	台班	7.93	4.83	5.01	38.31	39.77	1.46
26	9999991	折旧费(机械)		元	2768.24	1.00	1.00	2768.24	2768.24	0.00

表-13-1

工程机械台班费汇总表

单位工程(专业)：某某排水工程(排水工程)　　　　第2页　共2页

序号	编码	机械设备名称	规格型号	单位	数量	定额价(元)	市场价(元)	定额合价(元)	市场合价(元)	差价合计(元)
27	9999992	大修理费(机械)		元	648.00	1.00	1.00	648.00	648.00	0.00
28	9999993	经常修理费(机械)		元	1852.73	1.00	1.00	1852.73	1852.73	0.00
29	9999994	安拆费及场外运费(机械)		元	498.85	1.00	1.00	498.85	498.85	0.00
30	9999995	其他费用(机械)		元	223.08	1.00	1.00	223.08	223.08	0.00
31	J0000011	人工(机械)		工日	40.16	43.00	80.00	1726.87	3212.78	1485.91
32	J1201011	柴油(机械)		kg	535.81	6.35	6.75	3402.38	3616.71	214.32
33	J1201021	汽油(机械)		kg	63.33	7.10	7.79	449.63	493.33	43.70
34	J3115031	电(机械)		kW·h	7530.57	0.85	0.90	6431.11	6777.51	346.41
合计								36001.78	40182.46	4180.68

表-13-1

机械人工、燃料动力费价格表

单位工程(专业)：某某排水工程(排水工程)　　　　第1页　共1页

序号	编码	名称	规格型号	单位	数量	单价(元)
1	J0000011	人工(机械)		工日	40.160	80.00
2	J1201011	柴油(机械)		kg	535.81	6.75
3	J1201021	汽油(机械)		kg	63.33	7.79
4	J3115031	电(机械)		kW·h	7530.570	0.90

表-14

排水施工图总说明

一、设计依据及主要资料：

1. 杭州市七格污水处理厂工程建设指挥部委托我院设计合同；

2. 关于德胜路（红普路-高教 1 号路）工程初步设计的批复（杭建设发[2003] 258 号 2003.4.24）；

3. 德胜路（机场路-高教 1 号路）工程管线设计协调会会议纪要（杭州市七格污水处理厂工程建设指挥部）；

4. 杭州市德胜路（机场路-高教 1 号路）工程初步设计（浙江泛华工程有限责任公司设计院 2002.5）。

二、施工图变更内容：

1. 道路按远期 60m 实施，要求管线也按远期设计。

2. 按“初设批复”要求，管线均安排在辅道、人行道及辅道与快车道之间的绿化带上（详见管位图）。

三、管材，接口形式，管道基础：

1. 管材：

$D225 \sim D500$：为 PVC-U 环形肋管，后图纸提供 $D400$ 为承插混凝土基础；

$D600$：钢筋混凝土管；

2. 接口形式：橡胶圈接口；

3. 管道基础：见结构图。

四、施工方法，注意事项及验收标准：

1. 施工方法：

采用大开挖施工，做好沟槽内降水以及地面排水工作；管道施工应由下游向上游施工，由深及浅。

2. 施工注意事项：

（1）道路纵坡最低处设置的雨水口位置不应移动，均为单篦式雨水口。

（2）雨水口连接管：均为 $D225$，$i=1\%$。

（3）路口雨水口位置应根据道路交叉口竖向设计设置。

（4）钢件防腐：采用 JS 涂料。

3. 验收标准：

要求雨、污水管均做闭水试验，验收按《市政排水管渠工程质量评定标准 CJJ 3—90》，《给水排水管道工程施工及验收规范 GB 50268—97》及其有关规范标准实行。

五、需说明的几个问题：

1. 管线单位应提供各自管线设计资料，以便管线综合设计。

2. 施工前应会同有关部门确定是否需设置水利横穿管。

3. 道路两侧各 15m 范围内河道做驳坎，详见结构图。

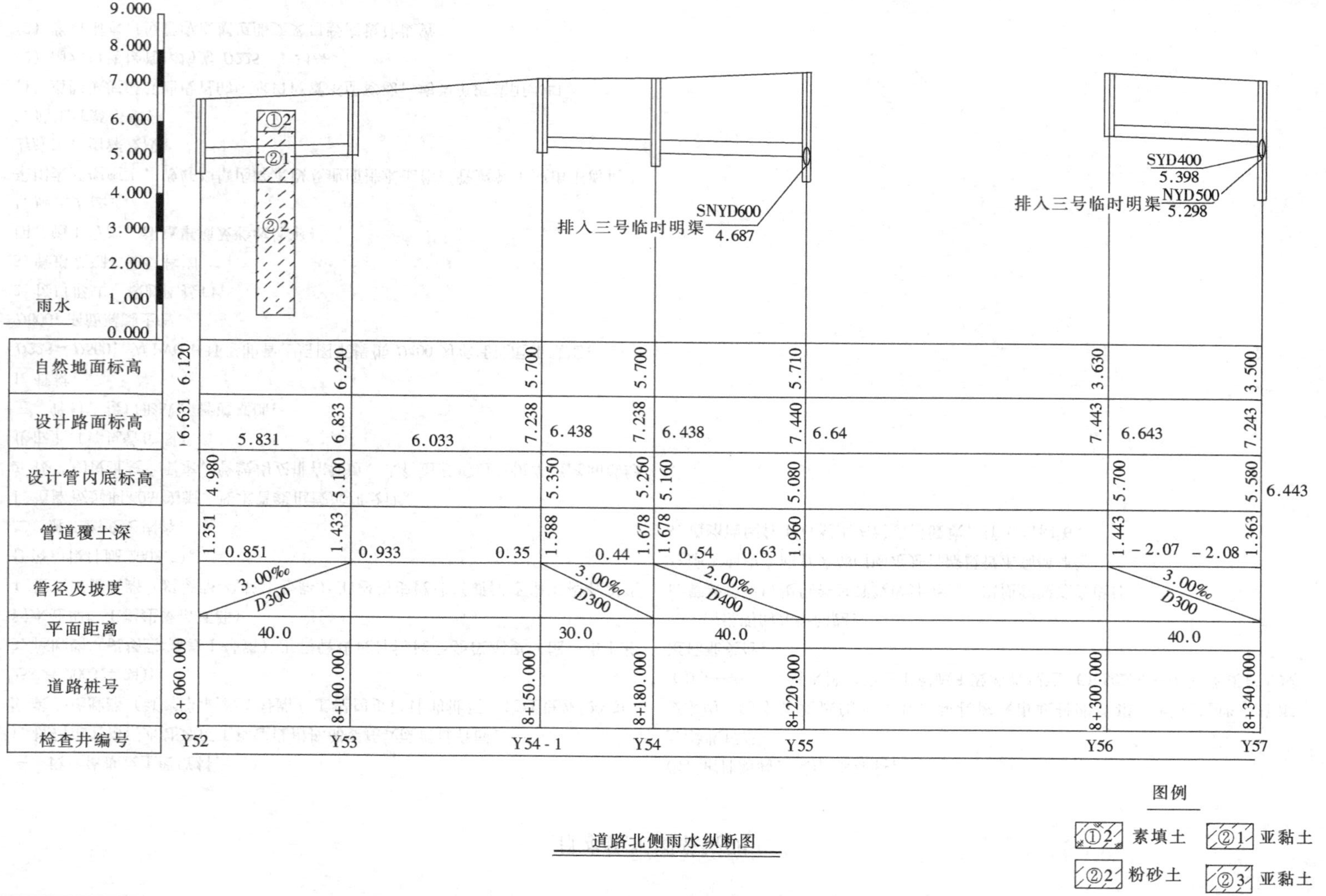
9.000
8.000
7.000
6.000
5.000
4.000
3.000
2.000
1.000
0.000
雨水
①2
②1
②2
SNYD600
4.687
排入三号临时明渠
SYD400
5.398
NYD500
5.298
排入三号临时明渠
自然地面标高
6.120
6.240
5.700
5.700
5.710
3.630
3.500
设计路面标高
6.631
5.831
6.833
6.033
7.238
6.438
7.238
6.438
7.440
6.64
7.443
6.643
7.243
设计管内底标高
4.980
5.100
5.350
5.260
5.160
5.080
5.700
5.580
6.443
管道覆土深
1.351
0.851
1.433
0.933
0.35
1.588
0.44
1.678
1.678
0.54
0.63
1.960
1.443
– 2.07
– 2.08
1.363
管径及坡度
3.00‰
D300
3.00‰
D300
2.00‰
D400
3.00‰
D300
平面距离
40.0
30.0
40.0
40.0
道路桩号
8+060.000
8+100.000
8+150.000
8+180.000
8+220.000
8+300.000
8+340.000
检查井编号
Y52
Y53
Y54 - 1
Y54
Y55
Y56
Y57
图例
①2 素填土
②1 亚黏土
②2 粉砂土
②3 亚黏土

道路北侧雨水纵断图

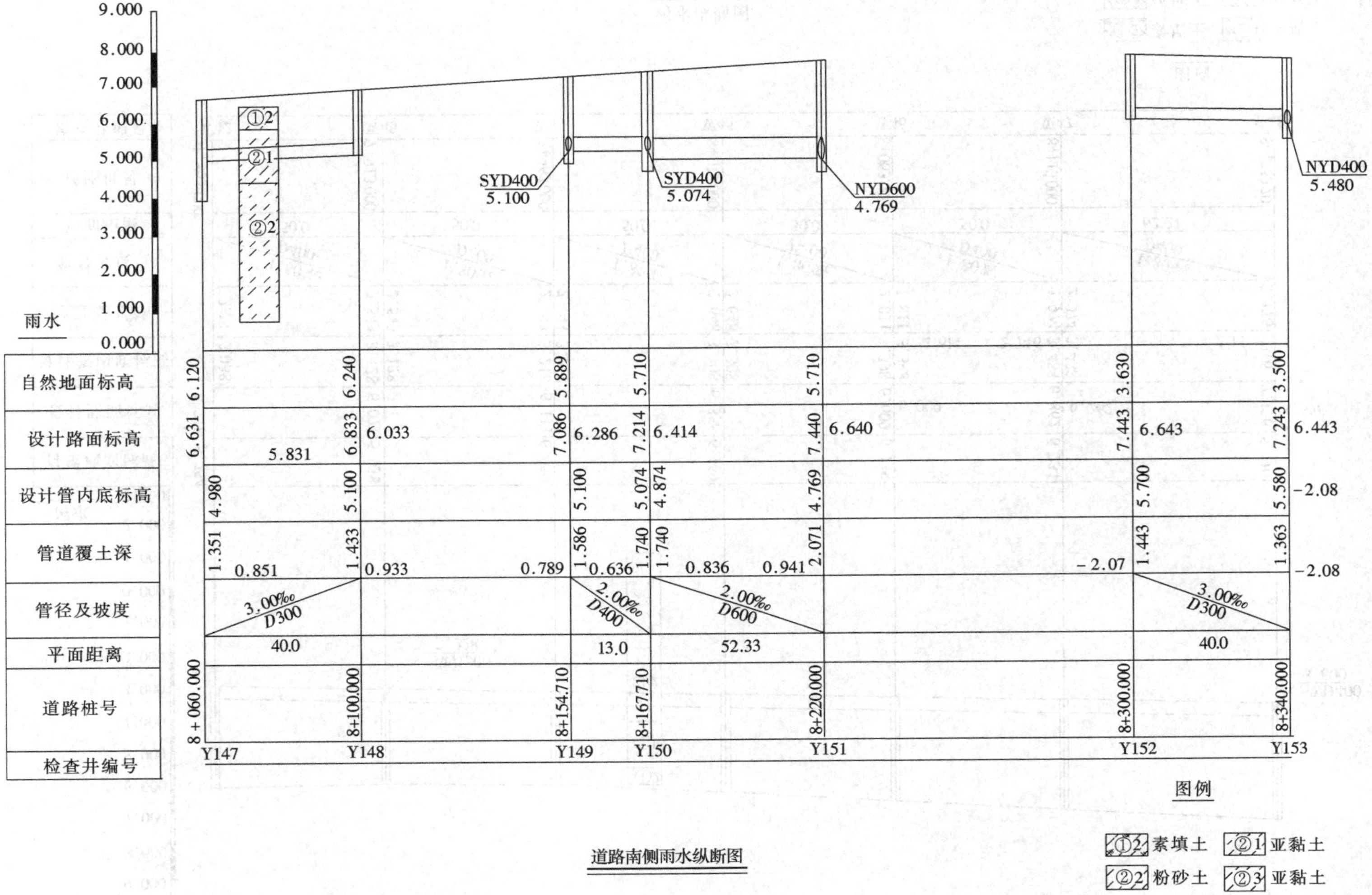

雨水
9.000
8.000
7.000
6.000
5.000
4.000
3.000
2.000
1.000
0.000
自然地面标高
设计路面标高
设计管内底标高
管道覆土深
管径及坡度
平面距离
道路桩号
检查井编号
①2
②1
②2
SYD400
5.100
SYD400
5.074
NYD600
4.769
NYD400
5.480
6.120
6.631
4.980
1.351
0.851
5.831
3.00‰
D300
40.0
8 + 060.000
Y147
6.240
6.833
6.033
5.100
1.433
0.933
8+100.000
Y148
5.889
7.086
6.286
5.100
1.586
0.789
0.636
2.00‰
D400
13.0
8+154.710
Y149
5.710
7.214
6.414
5.074
4.874
1.740
1.740
0.836
0.941
2.00‰
D600
52.33
8+167.710
Y150
5.710
7.440
6.640
4.769
2.071
8+220.000
Y151
3.630
7.443
6.643
5.700
1.443
−2.07
3.00‰
D300
40.0
8+300.000
Y152
3.500
7.243
6.443
5.580
−2.08
1.363
−2.08
8+340.000
Y153
图例
①2 素填土
②1 亚黏土
②2 粉砂土
②3 亚黏土

道路南侧雨水纵断图

10.000
9.000
8.000
7.000
6.000
5.000
4.000
3.000
2.000
1.000
0.000
-1.000
-2.000
-3.000
污水
SWD300
3.228
SWD400
3.600
①2
②1
②2
自然地面标高
设计路面标高
设计管内底标高
管道覆土深
管径及坡度
平面距离
道路桩号
检查井编号
6.218 5.784
3.038
2.78
7+863.000
W42
5.938
6.071
3.128 3.128
2.543 2.543
7+913.000
W43
6.059
6.111
3.218 3.218
2.493 2.493
7+963.000
W44
6.169
6.356
3.308 3.308
2.648 2.648
8+013.000
W45
6.135
6.609
6.009
3.398 3.398
2.611
2.811 2.811
8+063.000
W46
6.234
6.862
6.262
2.746
3.488 3.488
2.974 2.974
8+113.000
W47
5.710
7.176
6.576
3.6
2.11
3.176
8+175.170
W48
1.80‰
D400
50.0
1.80‰
D400
50.0
1.80‰
D400
50.0
1.80‰
D400
50.0
1.80‰
D400
50.0
1.80‰
D400
62.21
图例
①2 素填土
②1 亚黏土
②2 粉砂土
②3 亚黏土

污水纵断图

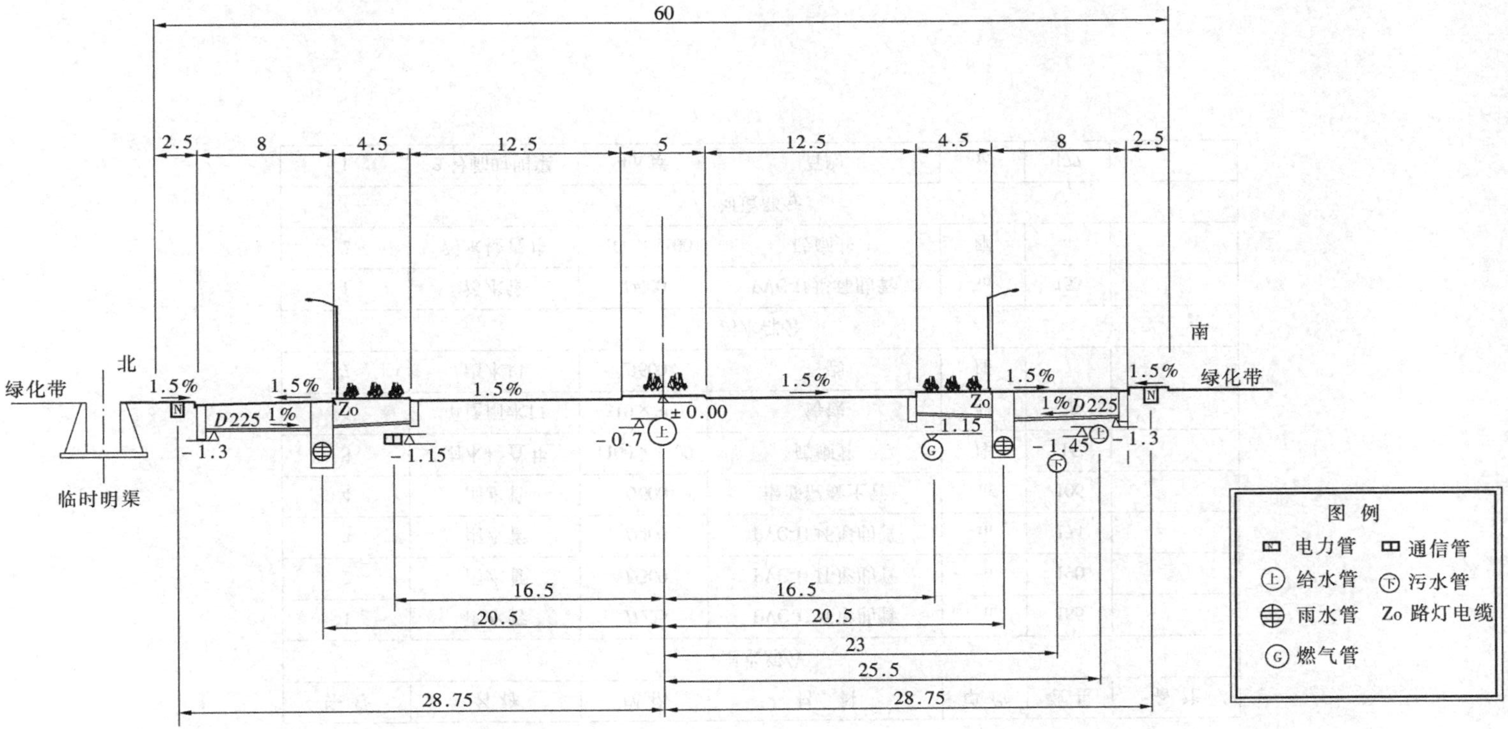

说明：

本图除管径以毫米计外，
其余尺寸与标高均以米计。

管位图

工 程 数 量 表

序号	名称	规格	材料	单位	数量	备注
雨水部分						
1	雨水管	*D*225	PVC-U 环形肋管	m	185	
2	雨水管	*D*300	PVC-U 环形肋管	m	190	
3	雨水管	*D*400	PVC-U 环形肋管	m	174	
4	雨水管	*D*600	钢筋混凝土管	m	106	
5	雨水检查井	1100×1100	砖砌井	座	16	
6	单篦雨水口	510×390	铸铁	座	28	
7	出水口	*D*600	石砌	座	1	
污水部分						
1	污水管	*D*400	PVC-U 形环肋管	m	153	
2	污水检查井	1100×1100	砖砌井	座	4	
河道部分						
1	3 号临时明渠	4m 宽	石砌	m	177	

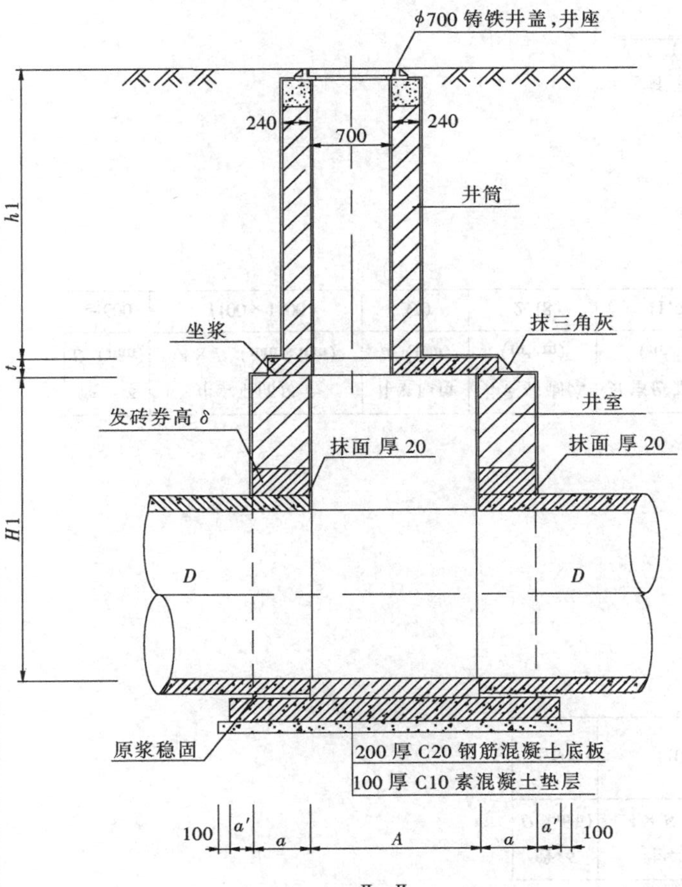

Ⅱ-Ⅱ

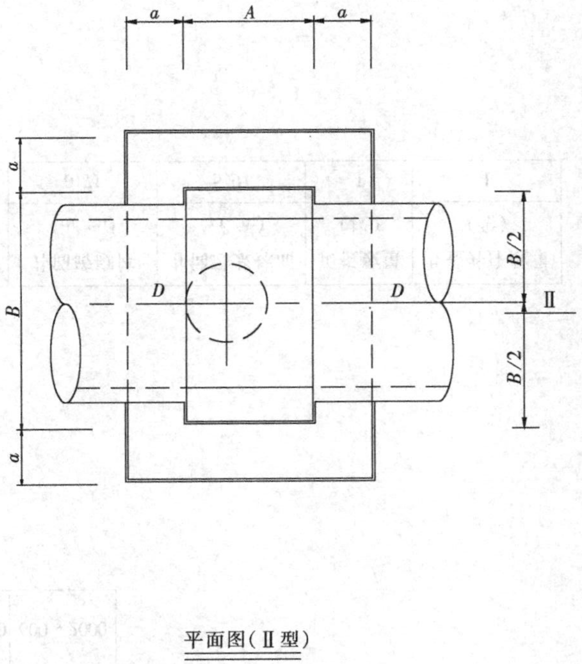

平面图（Ⅱ型）

矩形排水检查井平面，剖面图
（井筒总高度≤2.0m，不落底井）

注：

1. D 为检查井主管管径。
2. 主管为企口管时，检查井的 a' 为 $1000-a$，其余为 100。

各部尺寸

管径 D（mm）	井室平面尺寸 $A \times B$（mm×mm）	井壁厚度 a（mm）	井室高度 $H1$（mm）	井筒高度 h（mm）
≤600	1100×1100	370	1800~2400	600~2000

工程数量表

管径 D（mm）	井室平面尺寸 $A \times B$（mm×mm）	井壁厚度 a（mm）	井室砖砌体 （m^3/m）	井室砂浆抹面 （m^2/m）	流槽砖砌体 （m^3）	流槽砂浆抹面 （m^2）	井筒砖砌体 （m^3/m）	井筒砂浆抹面 （m^2/m）	顶板数量 （块）	井盖井座数量 （套）
≤600	1100×1100	370	2.18	11.76	0.35	2.14	0.71	5.91	1	1

矩形排水检查井各部尺寸及工程量表

（井筒总高度≤2.0m，不落底井）

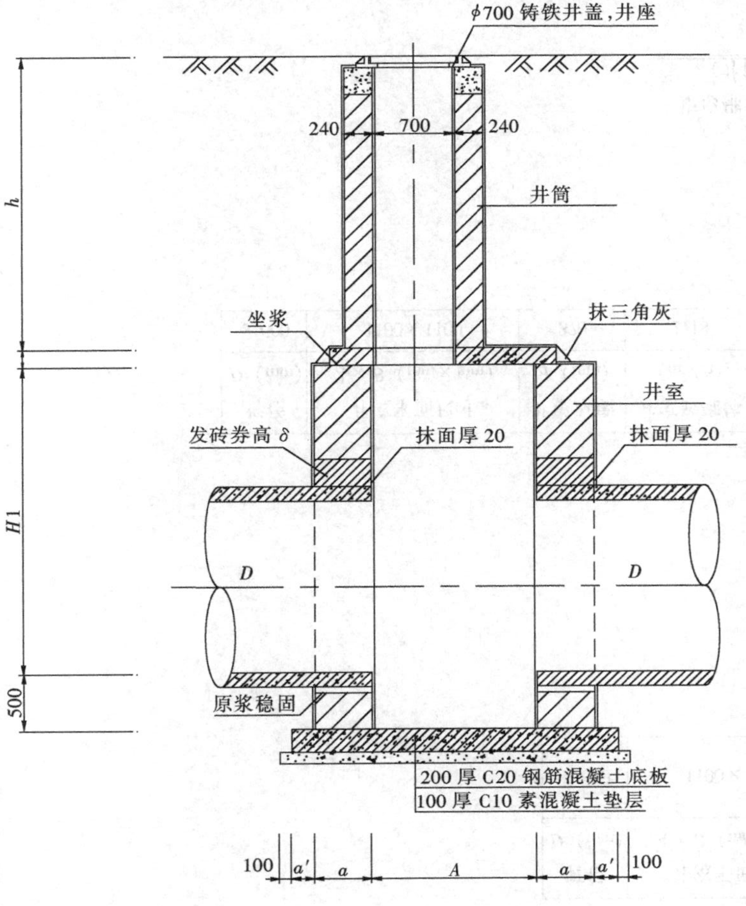

I-I

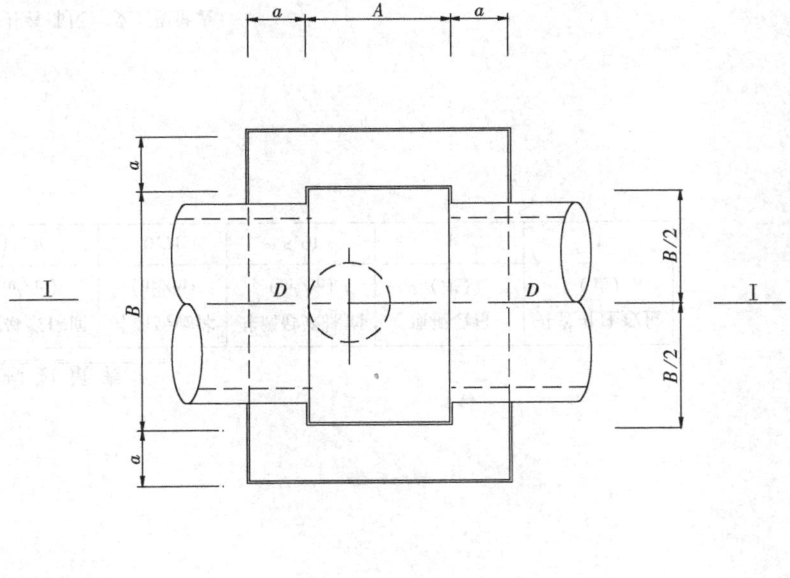

平面图（Ⅰ型）

矩形排水检查井平面，剖面图
（井筒总高度≤2.0m，落底井）

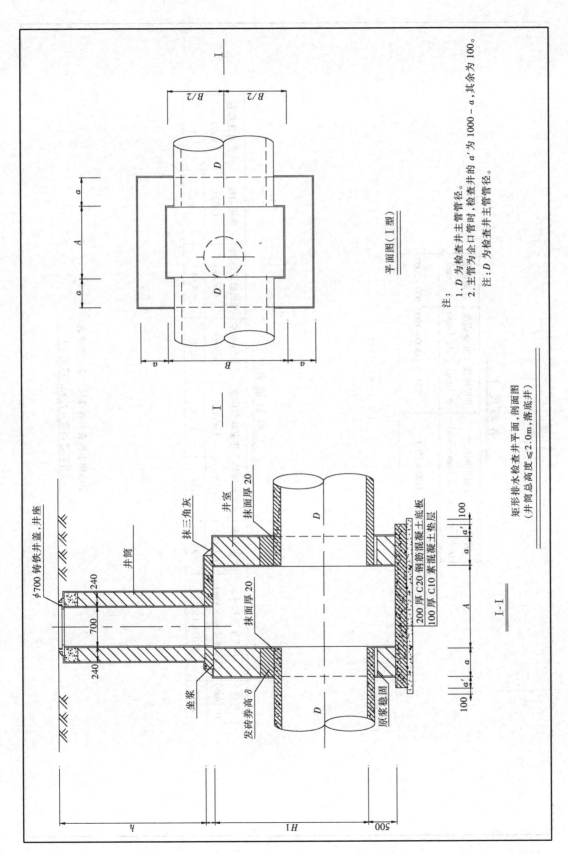

注：
1. D 为检查井主管管径。
2. 主管为企口管时，检查井的 a' 为 1000 − a，其余为 100。

注：D 为检查井主管管径。

各部尺寸

管径 D（mm）	井室平面尺寸 A × B（mm × mm）	井壁厚度 a（mm）	井室高度 H1（mm）	井筒高度 h（mm）
≤600	1100 × 1100	370	1800 ~ 1900	600 ~ 2000

工程数量表

管径 D（mm）	井室平面尺寸 A × B（mm × mm）	井壁厚度 a（mm）	井室砖砌体（m^3/m）	井室砂浆抹面（m^2/m）	井筒砖砌体（m^3/m）	井筒砂浆抹面（m^2/m）	顶板数量（块）	井盖井座数量（套）
≤600	1100 × 1100	370	2.18	11.76	0.71	5.91	1	1

矩形排水检查井各部尺寸及工程量表

（井筒总高度≤2.0m，落底井）

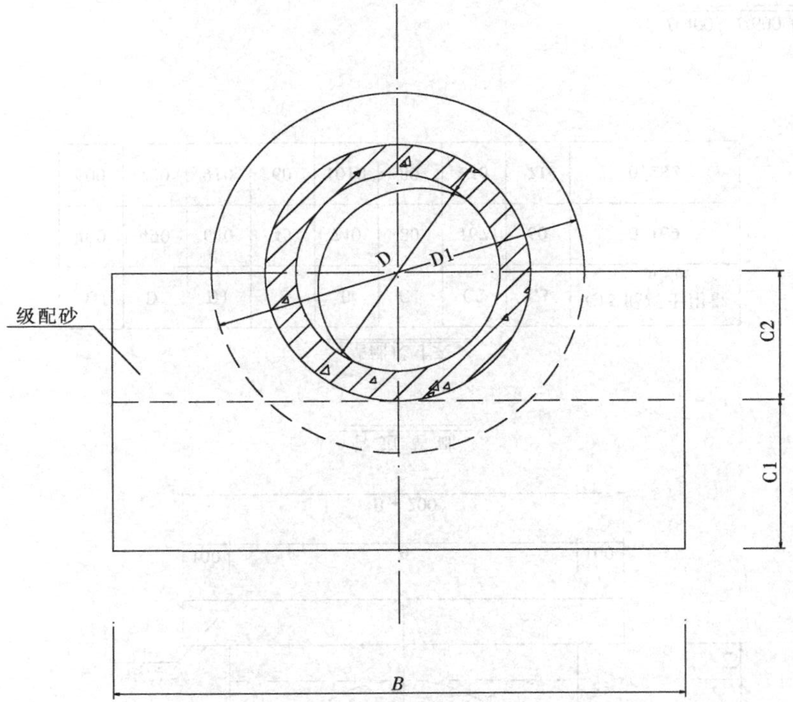

基础尺寸表

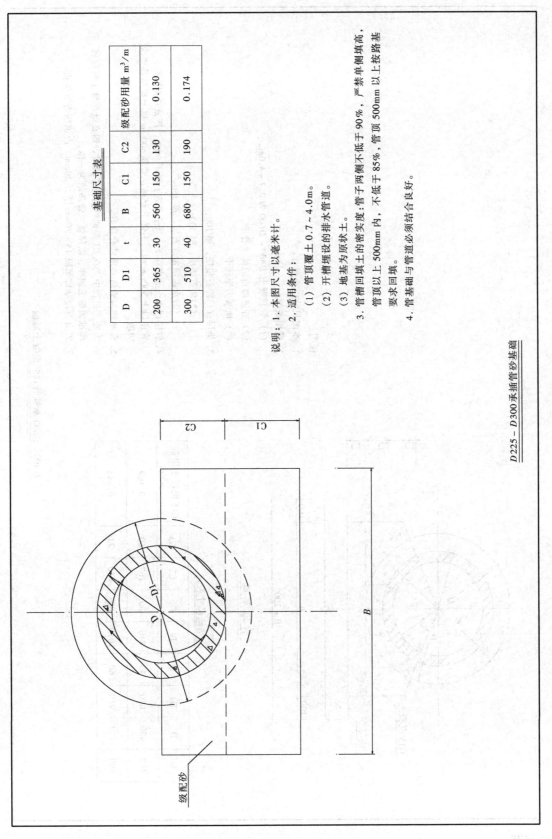

D	D1	t	B	C1	C2	级配砂用量 m^3/m
200	365	30	560	150	130	0.130
300	510	40	680	150	190	0.174

说明：1. 本图尺寸以毫米计。

2. 适用条件：

(1) 管顶覆土 0.7～4.0m。

(2) 开槽埋设的排水管道。

(3) 地基为原状土。

3. 管槽回填土的密实度：管子两侧不低于 90%，严禁单侧填高，管顶以上 500mm 内，不低于 85%，管顶 500mm 以上按路基要求回填。

4. 管基础与管道必须结合良好。

*D*225－*D*300承插管砂基础

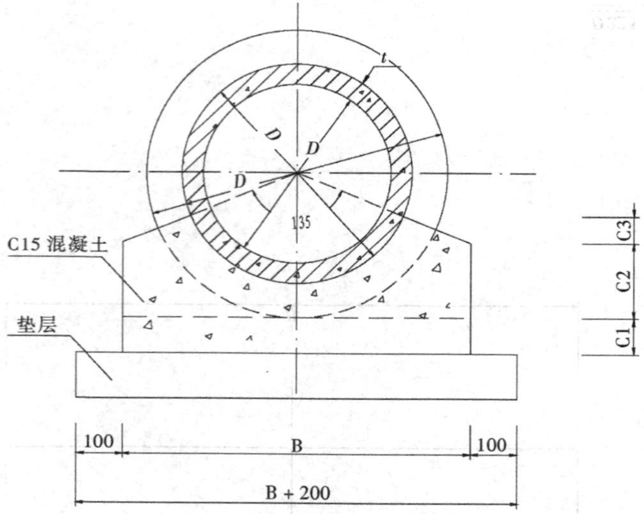

管道基础

基础尺寸表

D	D′	D1	t	B	C1	C2	C3	C15 混凝土用量 m^3/m
400	490	640	45	740	80	167	60	0.169
600	720	910	60	1010	80	246	71	0.282

说明：

1. 本图尺寸以毫米计。
2. 适用条件：
   （1） 管顶覆土 *D*400 ~ *D*600 为 0.7 ~ 4.0m。
   （2） 开槽埋设的排水管道。
   （3） 地基为原状土。
3. 垫层：(1)碎石垫层，厚 100；
   (2)块石垫层，厚 300；
   (3)水泥稳定碎石层，厚 250。
4. 管槽回填土的密实度：管子两侧不低于 90%，严禁单侧填高，管顶以上 500mm 内，不低于 85%，管顶 500mm 以上按路基要求回填。
5. 管基础与管道必须结合良好。
6. 当施工过程中需在 C1 层面处留施工缝时，则在继续施工时应将间歇面凿毛刷净，以使整个管基结为一体。
7. 管道带形基础每隔 15 ~ 20mm 断开 20mm，内填沥青木丝板。

*D*400 – *D*600 承插管135°混凝土基础

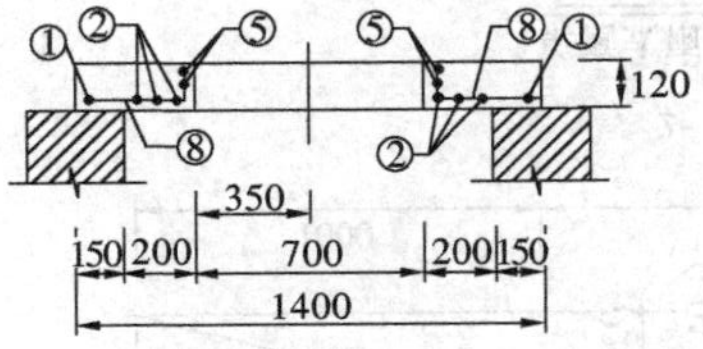

A-A 剖面 1:30

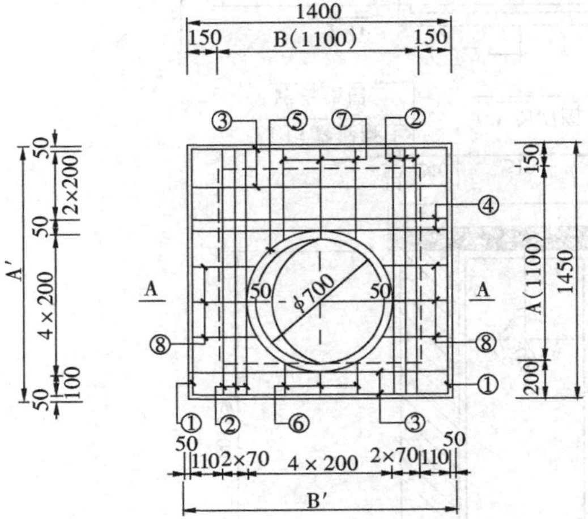

顶板配筋平面 1:30

钢筋及工程数量表

检查井尺寸 A×B (mm×mm)	盖板尺寸 A′×B′ (mm×mm)	编号	直径 (mm)	简图 (mm)	根长 (mm)	根数 (根)	共长 (m)	重量 (kg)	每块顶板材料用量	
									钢筋 (kg)	混凝土 (m^3)
1100×1100	1450×1400	①	φ10	1390	1390	2	2.780	1.715	23.232	0.197
		②	Φ12	1390	1390	6	8.340	7.406		
		③	φ10	1340	1340	4	5.360	3.307		
		④	Φ12	1340	1340	2	2.680	2.380		
		⑤	Φ12	D800 搭接 42d	3020	2	6.040	5.364		
		⑥	φ10	50 80 均长 140	均长 270	3	0.810	0.500		
		⑦	φ10	50 80 均长 490	均长 620	3	1.86	1.148		
		⑧	φ10	50 80 均长 290	均长 420	6	2.52	1.555		

说明：1. 本图尺寸以毫米计。

2. 材料：混凝土 - C20，Φ为 HRB335 级钢筋。

3. 主钢筋净保护层 30mm。

4. 板顶覆土厚度为 600～2000mm。

5. 活载：城 - B。

1100×1100矩形排水检查井顶板配筋图

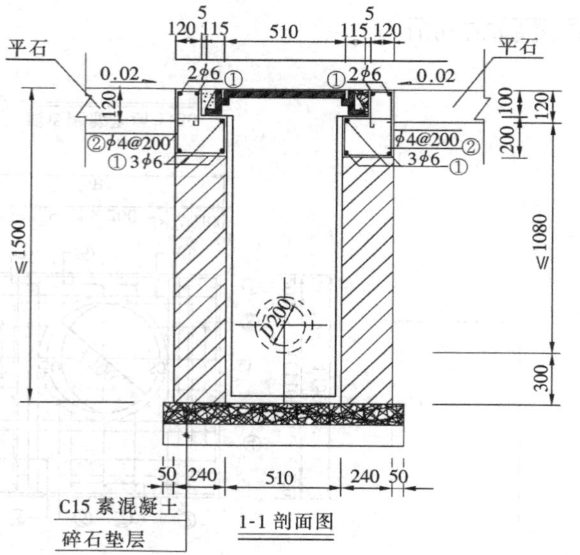

1-1 剖面图

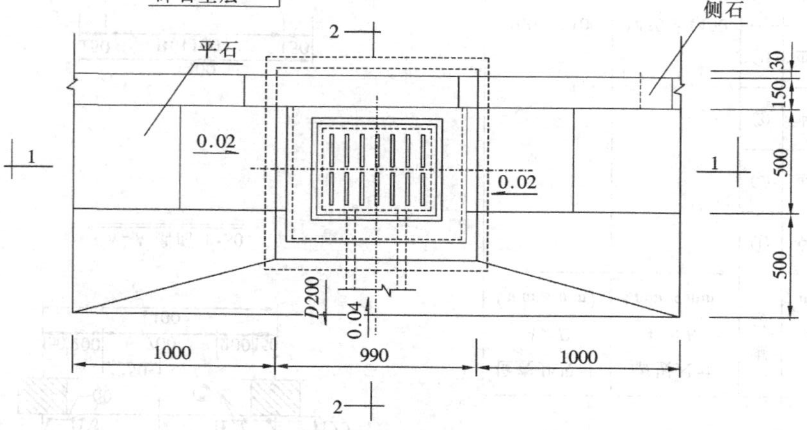

单篦式雨水口平面图

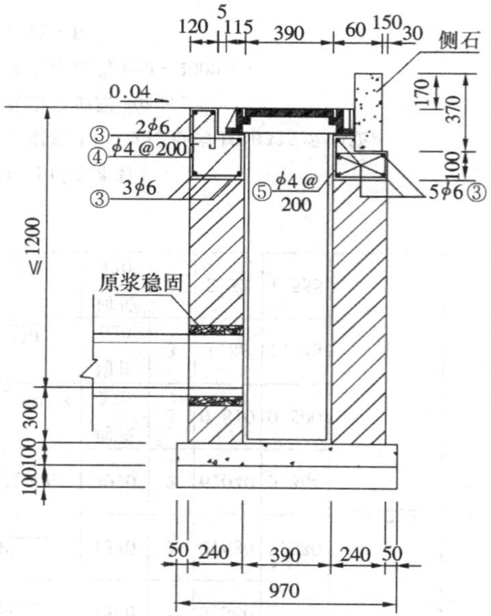

2-2 剖面图

说明：

1. 混凝土：除已注明外，均为 C30。
2. 钢筋：δ-HPB235 级钢。

单篦式雨水口平，剖面图

钢筋明细表

编号	简 图	直 径	根 数
①		ϕ6	10
②	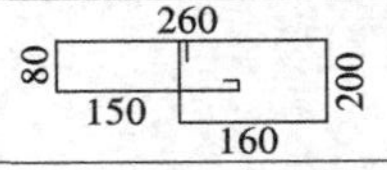	ϕ4	10
③		ϕ6	10
④	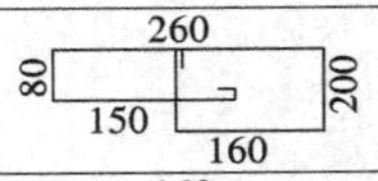	ϕ4	6
⑤	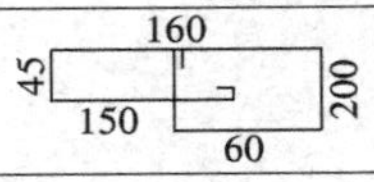	ϕ4	6

注：1 号筋遇侧石折弯。

主要工程数量表

序号	材料名称		单位	数量	备注
1	碎石垫层		m^3	0.106	
2	C15 混凝土		m^3	0.106	
3	砖砌体		m^3/m	0.662	
4	砂浆抹面	底面	m^2	0.199	
		内侧面	m^2/m	1.80	
5	雨水口篦子及底座		套	1	防盗式
6	C30 钢筋混凝土		m^3	0.136	

说 明

1. 单位：毫米。
2. 本图适用于沥青路面，当为混凝土路面时，则取消平石，篦子周围应浇筑钢筋混凝土加固，详见加固图。
3. 砖砌体用 M10 水泥砂浆砌筑 MU10 机砖，井内壁抹面厚 20。
4. 勾缝，坐浆和抹面均用 1:2 水泥砂浆。
5. 要求雨水口篦面比周围道路低 2～3cm，并与路面接顺，以利排水。
6. 安装篦座时，下面应坐浆；篦座与侧石、平石之间应用砂浆填缝。
7. 雨水口管：随接入井方向设置 $D200$，$i=0.01$。

单篦式雨水口主要工程量及钢筋表

思考题与习题

一、问答题

1. 排水管道基础、垫层、管道铺设工程量计算时，是否需扣除检查井所占长度？管道闭水试验工程量计算时，是否需扣除检查井所占长度？

2. 如设计要求定型井外抹灰，如何套用定额？

3.“检查井筒砌筑(ϕ700mm)”的定额子目适用于什么工程项目？

4. 某排水管道基础采用钢筋混凝土条形基础，施工时均采用木模，试分别确定管道平基、管座模板套用的定额子目。

5. 某排水检查井，其井室盖板、井口盖板均为预制混凝土，施工时均采用木模，试分别确定井室盖板、井口盖板模板套用的定额子目。

6.《计价规范》中，市政管网工程主要列了哪些清单项目？

7.“钢筋混凝土管道铺设”清单项目与定额子目有何区别？

8.“砌筑检查井”清单项目与定额子目有何区别？

9. 定额计价模式与清单计价模式下，排水工程的计量有何区别？

10. 定额计价模式与清单计价模式下，排水工程的计价有何区别？

二、计算题

1. 某ϕ1500顶管工程，采用敞开式顶进，总长150m，设置三级中继间，如图9-11所示。试计算该顶管工程人工的用量。

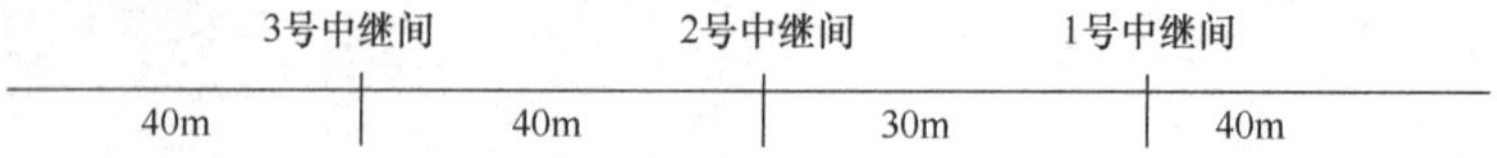

图9-11　三级中继间示意图

2. 某段雨水管道平面图、基础图如下，试确定“管道铺设”清单项目及项目编码、计算各清单项目工程量，并计算其报价工程量。

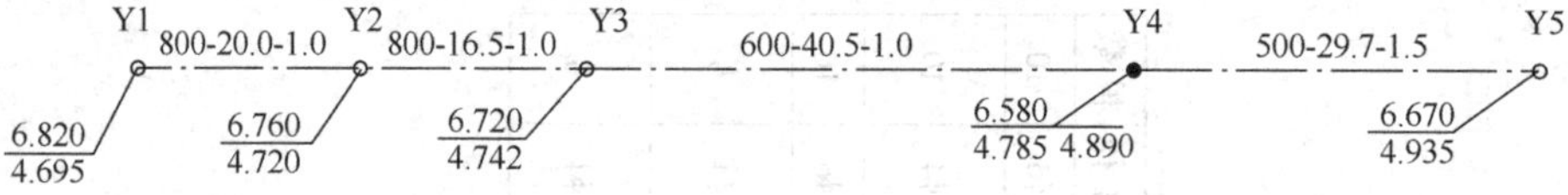

第十章 利用广联达计价软件编制市政工程造价（工料计价法与综合清单法）

本章学习要点

计价软件的安装；入门操作，包括新建工程，量的输入、价的确定、立材的确定、费率的确定、报价确定、打印报表。

第一节 概 述

市政工程预算的编制是一项相当繁琐的计算工作，耗用人力多，计算时间长。在量价分离的新定额体制中，采用手算方法不但速度慢，效率低，而且易出差错，因此往往不能赶上生产的需要，特别是在当前市政工程采用招投标方式以后，更需要及时、迅速、准确的算出投标报价、施工图预算等。电子计算机及相应预算软件编制工程预算，是改善管理，提高效率的重要手段，将广大的预算技术人员从繁琐的计算工作中解放出来，迅速而准确的编制工程预算，为实现工程预算科学管理开辟了新的途径。

运用电子计算机编制工程预算的方法和手算方法基本相似：

(1)熟悉施工图纸，了解施工现场情况。

(2)熟悉市政工程预算定额、08 国标清单的使用和有关文件及资料。

(3)列出工程项目，计算出相应工程量，并写出各工程项目。

(4)在电脑中安装有关市政工程预算软件(本书使用的软件为广联达计价软件 GBQ4.0)。

(5)用户根据电脑屏幕显示输入各工程项目的定额或清单及相应的工程量。

(6)用户根据电脑屏幕显示，选取有关数据。

(7)用户在电脑中，按预算软件的操作方法，计算工程造价。

(8)根据用户需要，打印各种表式。

(9)数据的备份。

第二节 软件安装与卸载

一、软件运行环境

硬件环境：

最低配置：处理器：PentiumⅡ300MHz 或更高

内存：256MB

硬盘：100MB 可用硬盘空间

显示器：VGA、SVGA、TVGA 等彩色显示器，分辨率 800×600，16 位

真彩，各种针式、喷墨和激光打印机

推荐配置：处理器：PentiumⅢ800MHz 或更高

内存：512MB

硬盘：200MB 可用硬盘空间

显示器：VGA、SVGA、TVGA 等彩色显示器，分辨率 1024×768，24 位真彩，各种针式、喷墨和激光打印机

软件环境：

操作系统：简体中文版 Windows2000

简体中文版 Windows XP

简体中文版 Windows Vista

浏览器：建议使用 Internet Explorer5.0 以上版本

二、安装广联达计价软件 GBQ4.0

1. 准备工作：

(1)请您先检查一下您的磁盘空间，看看是否还有足够的空间安装 GBQ4.0，GBQ4.0 大约会占用 40MB 磁盘空间，如果空间不足，请先清理磁盘空间，然后再开始安装。

(2)GBQ4.0 默认的安装目录为 C：\Granoft\广联达计价软件 4.0\GBQ4.0\。

(3)将光盘放进光驱，此时光盘自动运行。

2. 安装步骤：

(1)点击【安装广联达计价软件 GBQ4.0】，稍许等待弹出安装界面；

(2)点击【下一步】，进入"许可协议"页面，您必须同意许可协议才能继续安装；

(3)认真阅读《最终用户许可协议》后，选择"我同意许可协议所有的条款"，点击【下一步】按钮，进入"著作权声明"页面；

(4)认真阅读《北京广联达股份有限公司严正声明》后，点击【下一步】按钮，进入"安装选项"页面；

(5)勾选需要安装的其他项目，点击【下一步】按钮，开始安装所选组件；

(6)安装完成后点击【完成】按钮即可完成安装。

三、卸载广联达计价软件 GBQ4.0

通过卸载广联达计价软件，您可以把 GBQ4.0 软件从计算机中卸载，卸载方式有两种：

方式一：在【开始】程序找到【广联达计价软件 GBQ4.0】→【卸载广联达计价软件 GBQ4.0】，在选择需要卸载的组件，点击【下一步】按钮，即可将所选组件卸载。

方式二：在 Windows 的"控制面板"中找到【添加或删除程序】。点击【更改/删除】，在需要卸载的组件前打勾，点【下一步】，即可将所选组件卸载。

📖 说明：卸载定额库的方法同卸载软件。

第三节　综合清单法的入门操作

1. 建立工程项目结构

标段结构包含工程项目名称、单位工程、专业工程三部分。如图 10-1 所示。

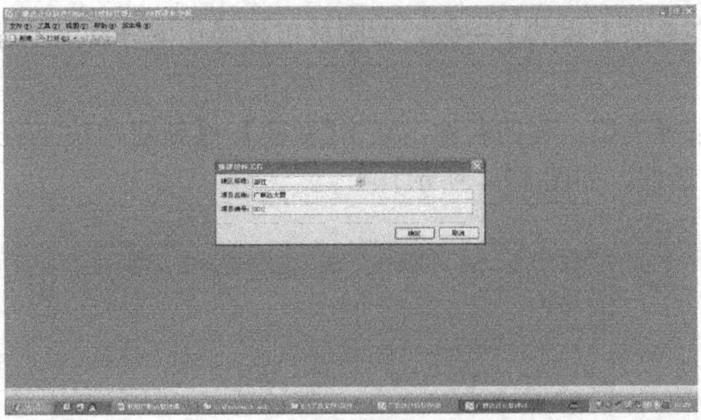

图 10-1　建立工程项目结构

2. 新建单位工程

单位工程应建在工程项目的下一级。如广联达大厦工程项目包括园林市政绿化单位工程，具体操作如下：

第一步：选中工程项目(广联达大厦)，点击【新建】→【新建单项工程】或右键选择【新建单项工程】会弹出对话框，如图 10-2 所示。

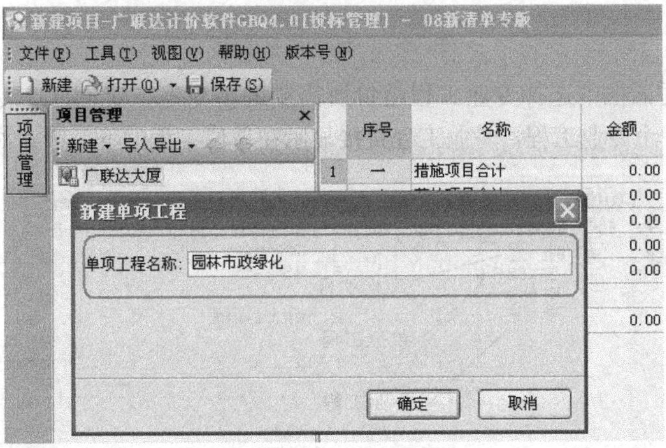

图 10-2　新建单位工程

第二步：在“项目名称”中输入单位工程的名称，点击【确定】即可完成新建一个单位工程，单位工程就会显示在工程项目的下一级，如图 10-3 所示。

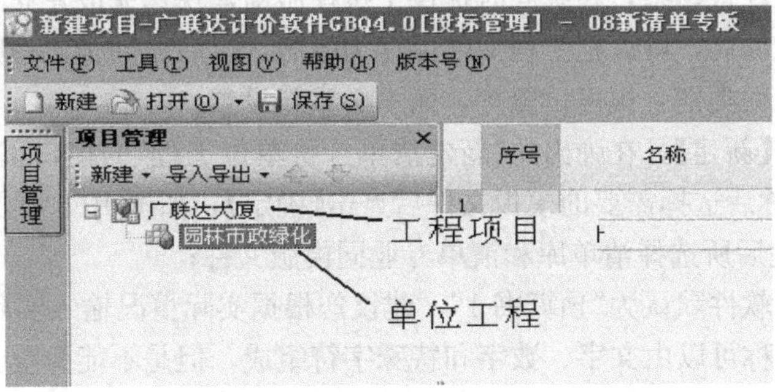

图 10-3　新建单位工程

3. 新建专业工程

专业工程应建在单项工程的下一级，如园林市政绿化下分桥梁工程和排水工程两个专业工程，操作如下：

第一步：左键选择单位工程的名称，点击【新建】→【新建单位工程】或右键选择【新建单位工程】会弹出对话框，如图 10-4 所示。

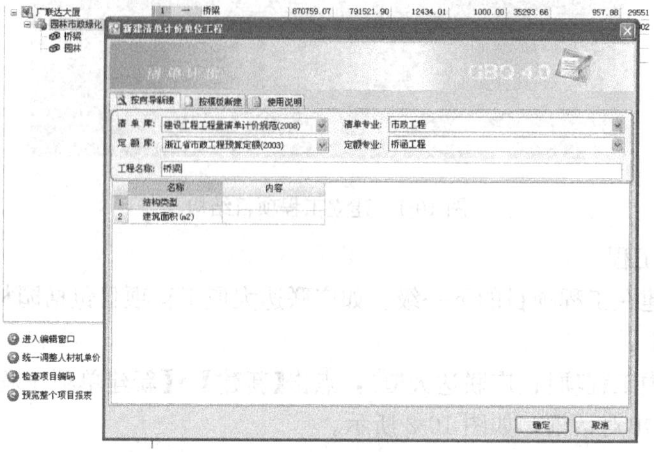

图 10-4　新建专业工程

第二步：在对话框中选择专业工程组价所需要的清单库、定额库、专业等信息，点击【确定】即可建好一个专业工程，专业工程直接显示在单位工程的下一级，如图 10-5 所示。

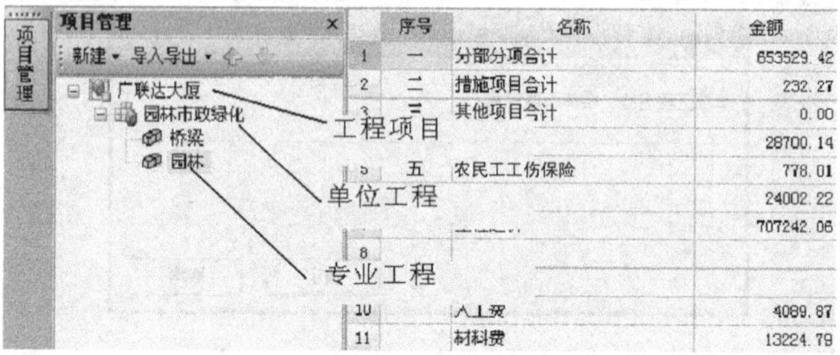

图 10-5　新建专业工程

📖 说明

如果用户对软件很熟悉，系统同时提供了按模版新建快速完成建立专业工程。

编制完工程文件后，可以把工程文件保存为模版，以后做同类工程则可以载取模版中的设置内容，如工程类别、报表设置等，而不必重新设置。

点击【文件】→【新建】，在弹出的“新建清单计价单位工程”的窗口里，点击【按模板新建】，输入工程名称后选择需要的模板文件后点击【确定】，如图 10-6 所示。

a. 按模板新建后所选择清单库和清单专业同模版文件；

b.“工程名称”软件默认为“预算书 1”，建议您根据实际情况输入实际的工程名称，以便于管理。工程名称可以由文字、数字和特殊字符组成，但是不能为空。

4. 工程概况

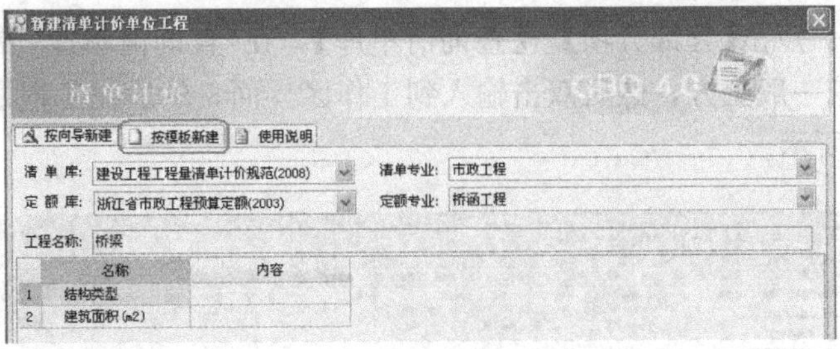

图 10-6　按模板新建

在投标报价平台 4.0 清单计价中，工程概况由工程信息、工程特征、指标信息三部分组成。这几部分主要是和报表中的封面相关联的。

(1)工程信息

供用户输入一些工程信息，包括工程名称、开竣工日期、设计单位、建设单位、施工单位、监理单位等一些信息，用户可直接输入。如图 10-7 所示。

图 10-7　工程信息

🕮 说明：a. 所有在【工程信息】中输入的信息都会与报表的标题、表眉、页脚中相应信息自动链接；

b. 在【工程信息】中可以【插入信息项】和【删除】这一行如图 10-7。

(2)工程特征

供用户输入一些工程特征及属性，包括基础类型、结构类型、建筑面积、装饰材料类型等，用户可直接输入，也可点下拉列表选择。不同的定额和专业其显示的内容不同，安装、市政、建筑工程的工程特征都是不相同的。如图 10-8 所示。

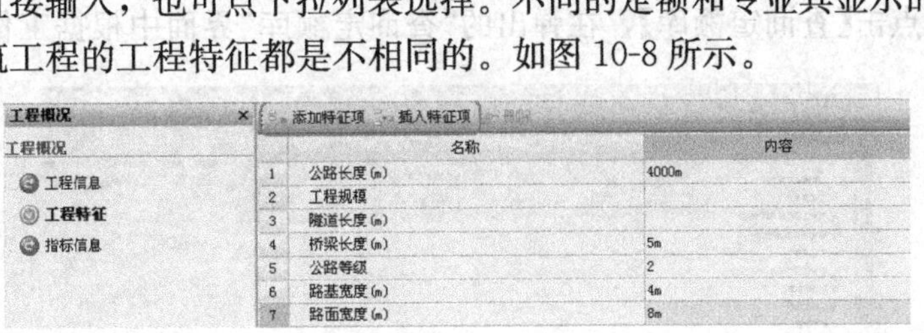

图 10-8　工程特征

🕮 说明：a. 所有在【工程特征】中输入的信息都会与报表的标题、表眉、页脚中相应信息自动链接；

b. 在【工程特征】中可以【插入特征项】和【删除】其中任意一行，如图 10-8。

5. 分部分项工程量清单

(1)输入清单：点击【分部分项】→【查询清单库】，在“查询清单库”界面中选择您所需要的清单项，如挖一般土方，然后双击输入到工作区界面，然后在工程量列输入清单项的数量。如图10-9所示。

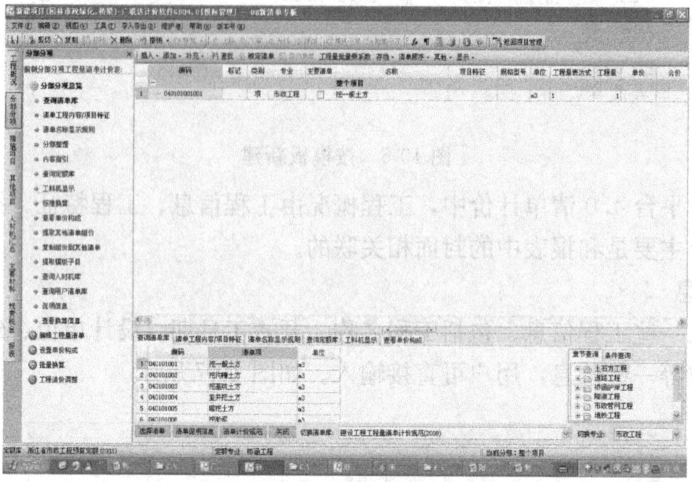

图10-9　分部分项工程量清单

(2)设置项目特征：点击【清单工程内容/项目特征】，在“工程内容/项目特征”窗口中设置要输出的工作内容，并在“特征值”列通过下拉选项选择项目特征值；如图10-10所示。

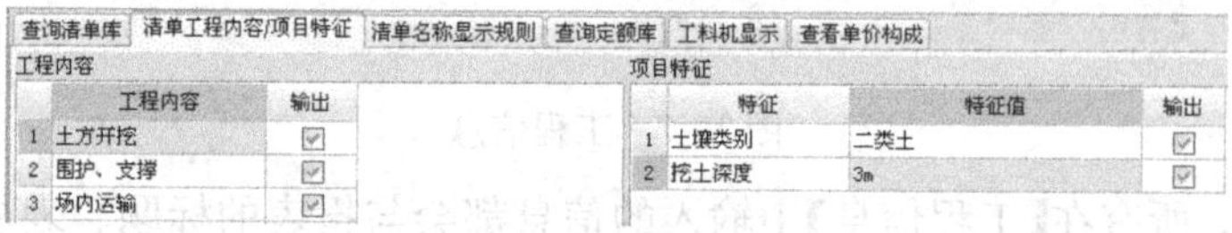

图10-10　分部分项工程量清单设置项目特征

(3)设置清单名称显示规则：然后点击【清单名称显示规则】，在“清单名称显示规则”窗口中设置名称显示规则，然后点击【应用规则到全部清单】，软件则会按照规则设置清单项的名称；如图10-11所示。

(4)组价：点击【查询定额库】，在弹出的“查询定额库”界面中根据工作内容选择相应

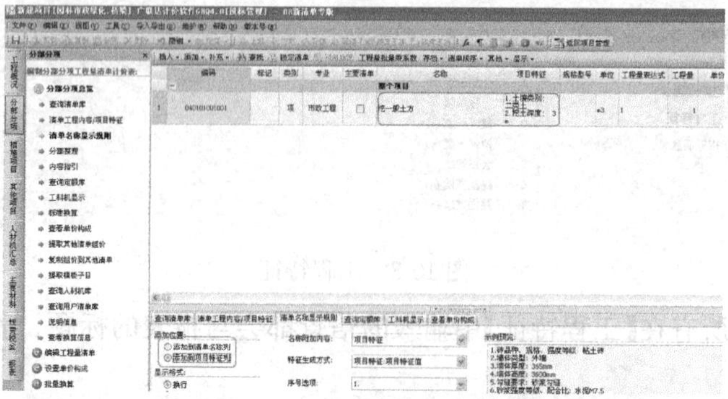

图10-11　分部分项工程量清单设置清单名称显示规则

的定额子目，然后双击输入，并输入子目的工程量；如图 10-12 所示。

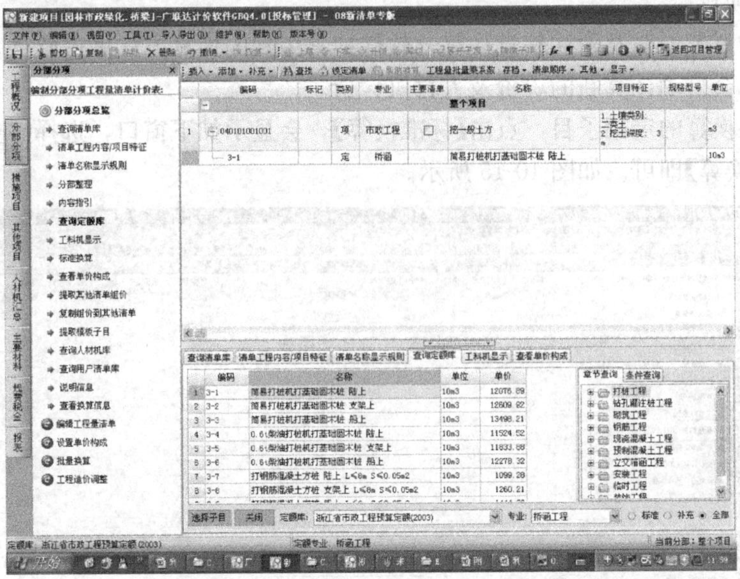

图 10-12　分部分项工程量清单查询定额库

1)补充子目输入

定额中没有的子目我们可以通过制作补充定额的方法输入到清单下。

在定额编号中直接输入 B：001，或点击界面中【补充】→【子目】，弹出如图对话框，输入相应信息点【确定】，该补充子目自动进入预算书中。如图 10-13 所示。

📖 说明

a. 此界面可以具体输入补充子目的名称、单位、人工费、材料费、机械费、主材费、设备费；

b. 如果需要具体补充该子目的详细人材机，点击【编辑子目组成】，弹出如下对话框，插入具体的人工、材料、机械。如图 10-14 所示。

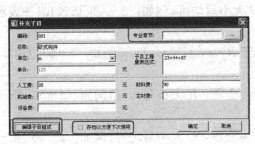

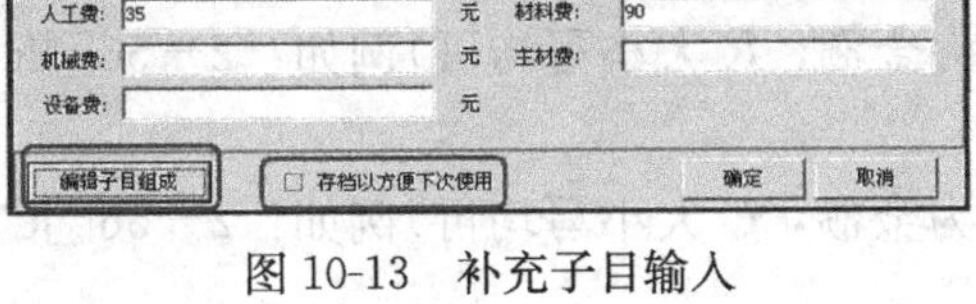

图 10-13　补充子目输入

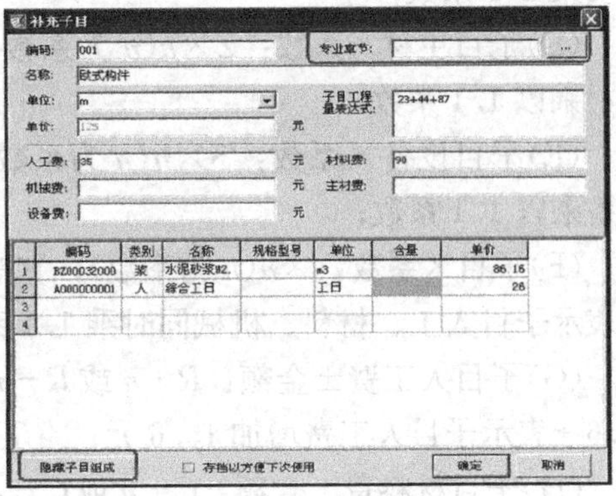

图 10-14　补充子目输入

2)换算

软件把常用到的换算方式做入软件，只要进行简单操作，系统会自动进行处理，计算新的单价。

A. 标准换算

按定额的章节说明及附注信息换算，软件把常用到的换算方式做进软件，只要进行简单操作，系统会自动计算新的单价及人材机含量。

选择需要换算的定额子目，点击【标准换算】，会显示如下窗口，选择需要的换算，然后点击【应用换算】即可。如图 10-15 所示。

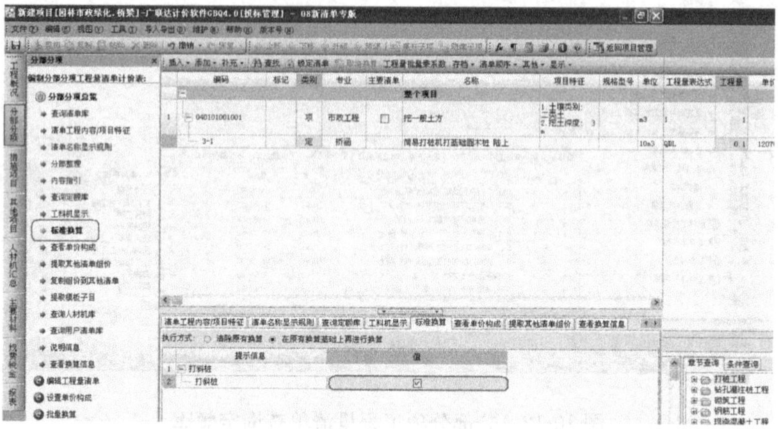

图 10-15　标准换算

B. 直接输入换算

直接输入子目时，可以在定额号的后面跟上一个或多个换算信息来进行换算，预算书类别以“换”作标识，区别定额子目。其格式如下：(注意：□表示空格)

(A)子目人工×系数：$R\times n$(n 为系数，R 大小写均可)例如：2－56□$R\times 1.1$→表示人工费乘 1.1 系数；

(B)子目材料×系数：$C\times n$(n 为系数，C 大小写均可)例如：2－56□$C\times 1.1$→表示材料费乘 1.1 系数；

(C)子目机械×系数：$J\times n$(n 为系数，J 大小写均可)例如：2－56□$J\times 1.1$→表示机械费乘 1.1 系数；

(D)子目主材×系数：$Z\times n$(n 为系数，Z 大小写均可)例如：4－12□$Z\times 1.1$→表示主材乘以 1.1 系数；

(E)子目设备×系数：$S\times n$(n 为系数，S 大小写均可)例如：8－42□$S\times 1.1$→表示设备乘以 1.1 系数；

(F)子目×系数：$\times n$(n 为系数)，它等价于 $R\times n$，$C\times n$，$J\times n$ 例如：2－56□×1.1→表示子目人工、材料、机械同时乘 1.1 系数；

(G)子目人工费±金额：$R+n$ 或 $R-n$(n 为金额，R 大小写均可)例如：2－56□$R+15.6$→表示子目人工费增加 15.6 元；

(H)子目材料费±金额：$C+n$ 或 $C-n$(n 为金额，C 大小写均可)例如：2－56□$C-16.8$→表示子目材料费减少 16.8 元；

(I)子目机械费±金额：$J+n$ 或 $J-n$(n 为金额，J 大小写均可)例如：2－56□$J+16.8$→表示子目机械费增加 16.8 元；

(J)子目主材费±金额：$Z+n$ 或 $Z-n$(n 为金额，Z 大小写均可)例如：4－12□Z＋1000→表示主材费增加1000；

(K)加减其他子目：＋/－其他定额号及换算信息例如：2－56□＋□2－101×10→表示子目2－56加2－101乘10倍，合并为新子目。

选择需要换算的定额子目，点击【人材机换算】，按上述换算格式输入换算信息即可。

C. 直接修改量换算

即用户可以直接修改子目人工费、材料费、机械费或者单价，软件可反算到人材机含量中。

选择需要换算的定额子目，点击【人材机换算】，直接修改即可。如“9－76”子目，工程量为“1”，人工费为“28.22”，材料费为“22.92”，单价为“102.28”，将人工费改为“56.44”，工日的工程量表达式即由“1×1.22”变为“1×2.44”，单价也重新计算为“79.36”，双击人工单价，其中显示“28.22×2”。

6. 措施项目清单

(1)不可以计算工程量的措施项目清单项：点击【措施项目】→【组价内容】，选择“环境保护”项，在计算基数中选择“分部分项合计FBFXHJ”，费率输入5，软件则计算出环境保护费；如图10-16所示。

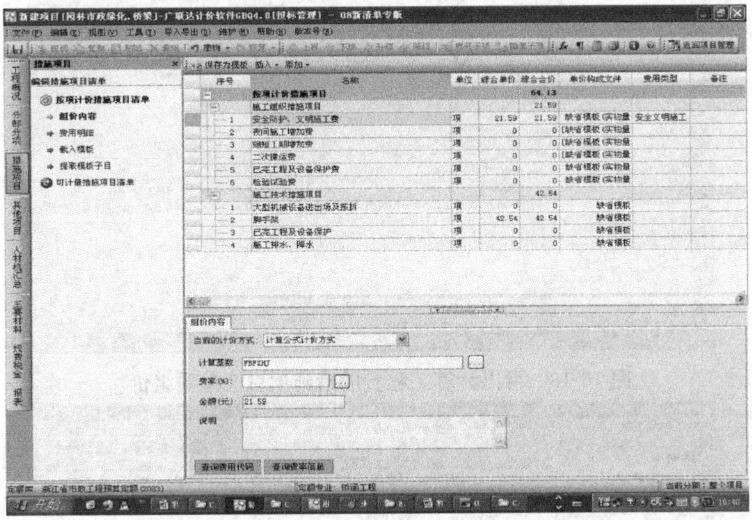

图10-16 不可以计算工程量的措施项目清单项

(2)可以计算工程量的措施项目清单项：如选择“脚手架”项，在【工作内容】窗口点击【查询定额本】，在“查询定额本”窗口中选择脚手架子目，然后点击【选择子目】；如图10-17所示。

(3)在“组价内容”窗口输入子目工程量。如图10-18所示。

7. 其他项目清单

点击【其他项目】，编辑暂列金额、材料暂估价、专业工程暂估价、计日工、总承包服务费等费用。如图10-19所示。

8. 人材机汇总

(1)载入市场价：点击【人材机汇总】→【载入市场价】，在“载入市场价”窗口选择“载入单个市场价文件”，点击【请选择…】。然后在弹出的窗口中选择相应的市场价文件(图10-20)；

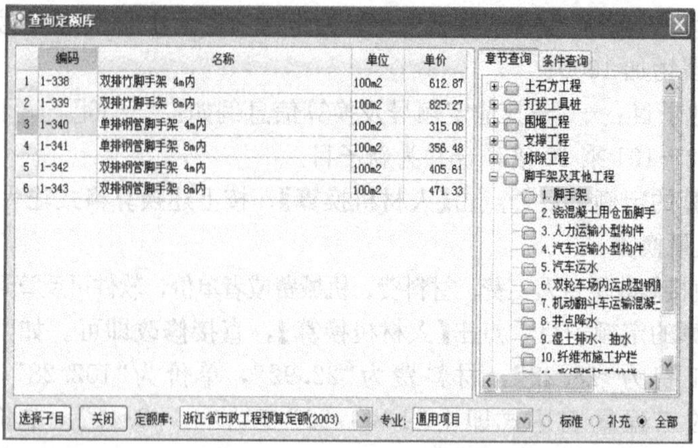

图 10-17　可以计算工程量的措施项目清单项

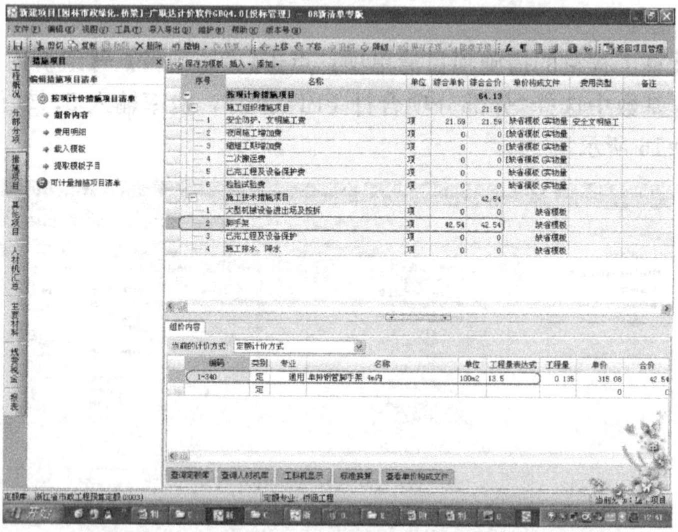

图 10-18　可以计算工程量的措施项目清单项组价

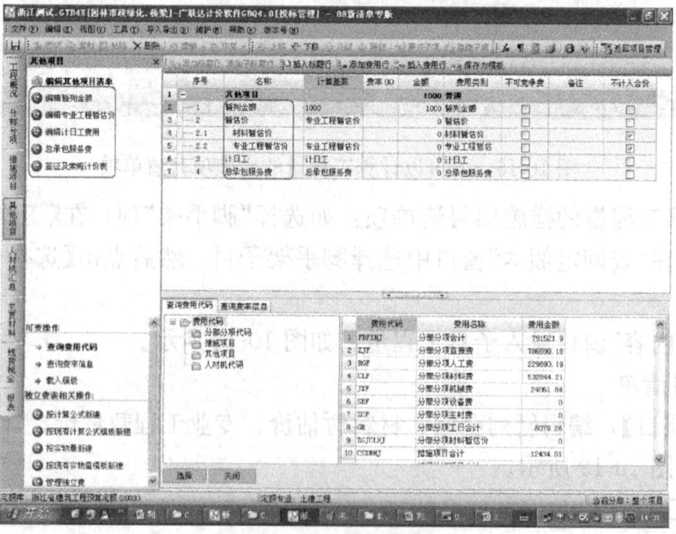

图 10-19　其他项目清单

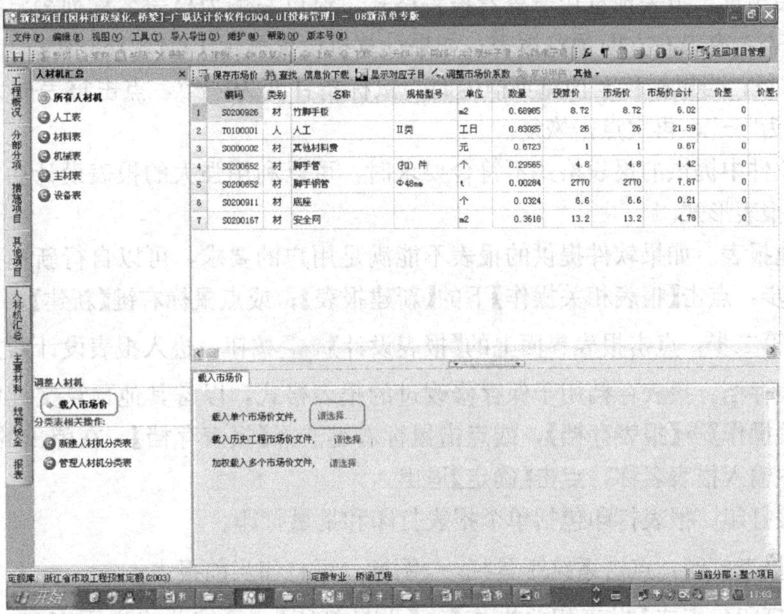

图 10-20　人材机汇总

(2)修改市场价：选中需要调整市场价的材料，直接修改材料的市场价，修改完以后软件会以颜色标示出来。

9. 报表

报表界面用于编辑、设计和输出报表，点击【报表】，选择需要浏览或打印的报表。根据 2008 清单规范中的报表样式和各地的招投标习惯，广联达计价软件已经在软件中设计好相应的报表格式，用户可以直接使用，也可以根据需要自行设计报表类型。如图10-21所示。

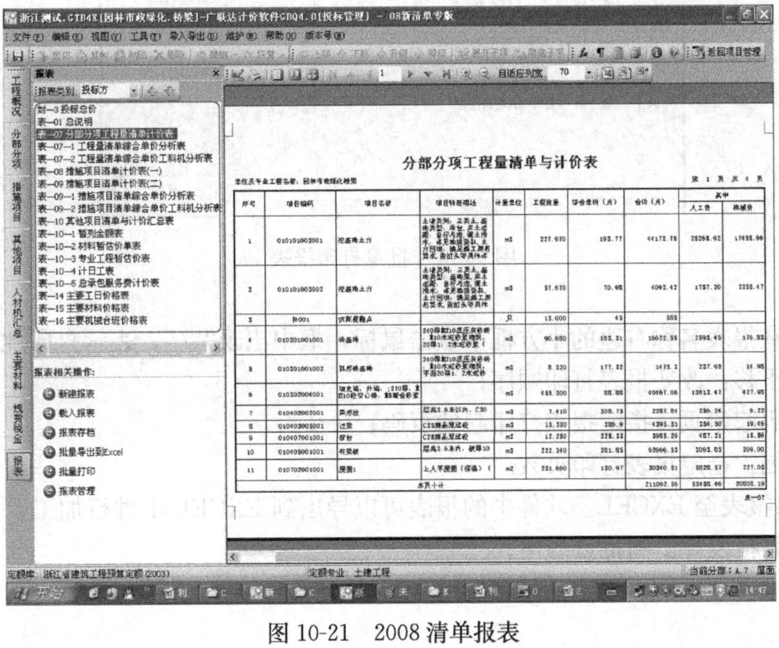

图 10-21　2008 清单报表

(1)报表预览。报表预览用于查看报表格式。窗口左侧为报表名称列表，操作鼠标或键盘选择报表，窗口右方即预览报表；如果计算机设置显示1024×768像素，系统默认显示比例为46%；当鼠标移至预览页框内时，鼠标指针变为“+”，点击报表放大为100%，鼠标指针变为“-”，再次点击恢复。

(2)当软件中提供的报表格式不符合要求时，可以利用强大的报表设计功能，设计出自己需要的报表形式。

(3)新建报表。如果软件提供的报表不能满足用户的要求，可以自行新建报表，分为两步：第一步：点击【报表相关操作】下的【新建报表】；或点鼠标右键【新建】，软件会生成一张空表；第二步：点击报表界面上的【报表设计】按钮，进入报表设计器主界面。

(4)报表存档。报表存档用于保存修改过的报表格式，以备其他预算文件中调用。点击【报表相关操作】→【报表存档】，或点击鼠标右键选择【报表存档】，在弹出的“保存报表文件”窗口中输入报表名称，点击【确定】退出。

(5)报表打印。报表打印包括单个报表打印和批量打印。

1)单个报表打印：点击系统工具栏图标，可打印当前报表；

2)批量打印：点击【报表相关操作】→【批量打印】，系统弹出以下窗口，如图10-22所示。

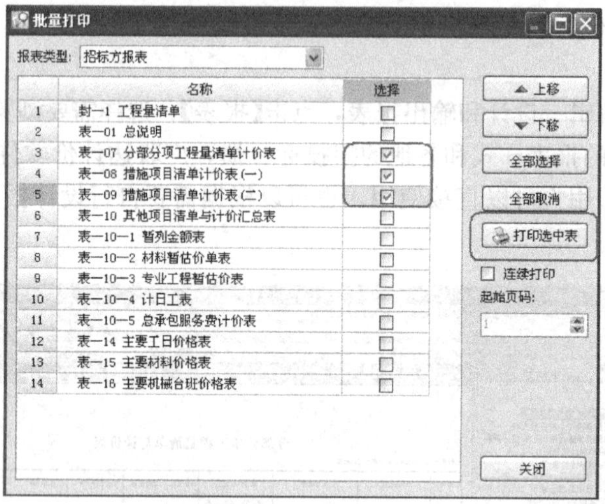

图10-22　批量打印报表

说明

选择：在报表名称右边的小方框中点击鼠标，框中出现“√”，表示打印此表；

上移、下移：改变报表打印顺序；

连打页码起始页：指定报表打印起始页码；

页码范围：指定报表打印页数。

(6)导出报表至EXCEL。软件中的报表可以导出到EXCEL中进行加工，保存，导出方式包括单张报表导出和批量导出。

1)单张报表导出：

导出到 EXCEL ：按报表默认名称和软件默认保存路径导出；

导出到 EXCEL 文件 ：可输入报表名称和选择保存路径；

导出到已有的 EXCEL 表 ：选择已有的 EXCEL 表将报表内容添加进去；

2)批量导出：

点击【报表相关操作】→【批量导出到 EXCEL】，可选择多张报表一起导出，如图 10-23 所示。

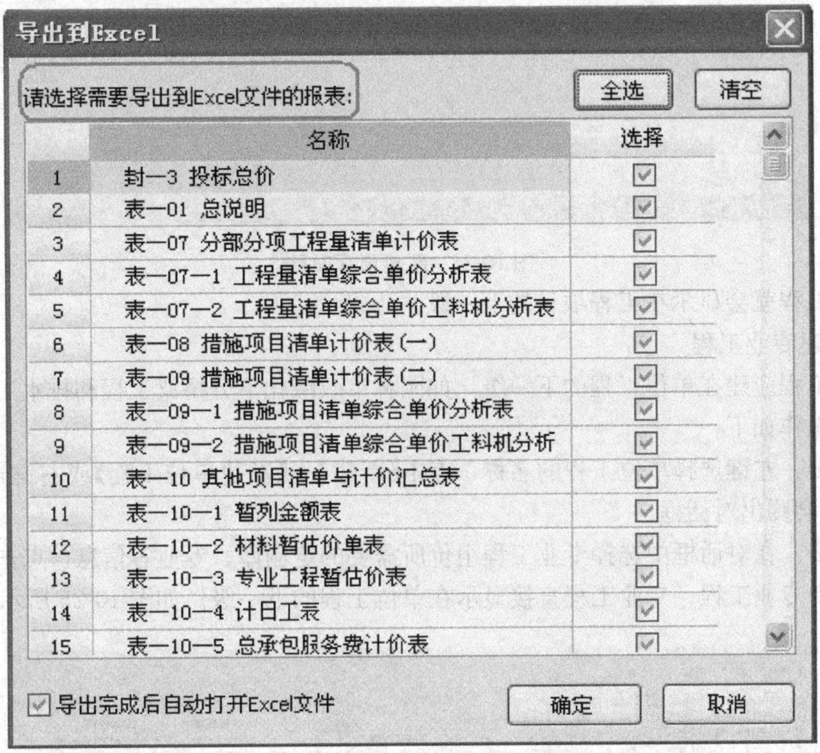

图 10-23 批量导出报表

第四节 工料计价法的入门操作

1. 新建预算项目

打开广联达计价软件 GBQ4.0 后，选择【定额计价】→【新建预算项目】，如图10-24 所示。

2. 新建单位工程

单位工程应建在预算项目的下一级。如广联达大厦工程项目包括园林市政绿化等单位工程，具体操作如下：

第一步：选中工程项目(广联达大厦)，点击【新建】→【新建单项工程】或右键选择【新建单项工程】会弹出对话框；

第二步：在“项目名称”中输入单位工程的名称，点击【确定】即可完成新建一个单位工

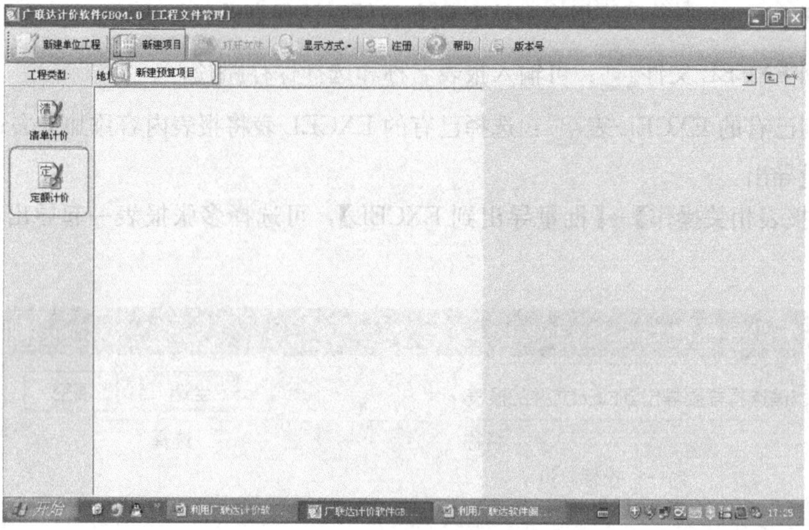

图 10-24　新建预算项目

程，单位工程就会显示在工程项目的下一级。

3. 新建专业工程

专业工程应建在单位工程的下一级，如园林市政绿化下分桥梁工程和排水工程两个专业工程，操作如下：

第一步：左键选择单位工程的名称，点击【新建】→【新建单位工程】或右键选择【新建单位工程】会弹出对话框。

第二步：在对话框中选择专业工程组价所需要的定额库、专业等信息，点击【确定】即可建好一个专业工程，专业工程直接显示在单位工程的下一级。如图 10-25 所示。

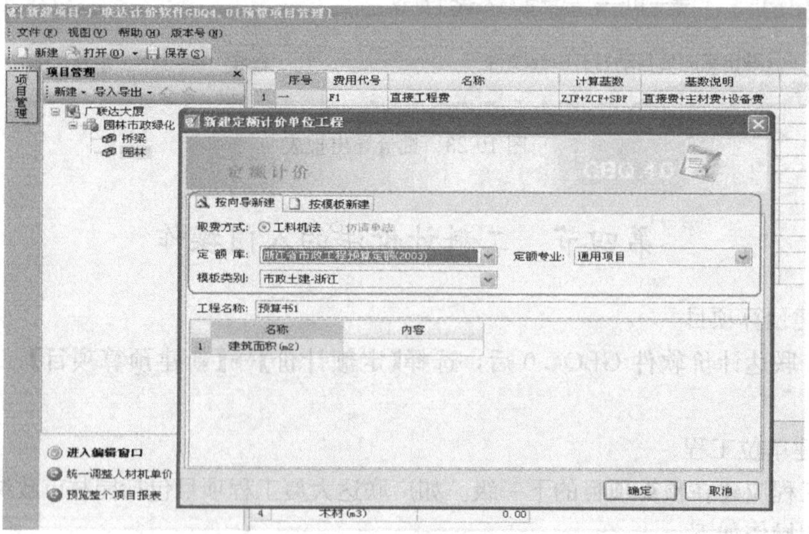

图 10-25　建立预算项目

说明

如果用户对软件很熟悉，系统同时提供了按模版新建快速完成建立专业工程。

编制完工程文件后，可以把工程文件保存为模版，以后做同类工程则可以载取模版中的设置内容，如工程类别、报表设置等，而不必重新设置。

点击【文件】→【新建】，在弹出的“新建清单计价单位工程”的窗口里，点击【按模板新建】，输入工程名称后选择需要的模板文件后点击【确定】。

a. 按模板新建后所选择清单库和清单专业同模版文件；

b.“工程名称”软件默认为“预算书 1”，建议您根据实际情况输入实际的工程名称，以便于管理。工程名称可以由文字、数字和特殊字符组成，但是不能为空。

4. 工程概况

在投标标价平台 4.0 清单计价中，工程概况由工程信息、工程特征、指标信息三部分组成。这几部分主要是和报表中的封面相关联的。

(1)工程信息

供用户输入一些工程信息，包括工程名称、开竣工日期、设计单位、建设单位、施工单位、监理单位等一些信息，用户可直接输入。

1)所有在【工程信息】中输入的信息都会与报表的标题、表眉、页脚中相应信息自动链接；

2)在【工程信息】中可以【插入信息项】和【删除】这一行。

(2)工程特征

供用户输入一些工程特征及属性，包括基础类型、结构类型、建筑面积、装饰材料类型等，用户可直接输入，也可点下拉列表选择。不同的定额和专业其显示的内容不同，安装、市政、建筑工程的工程特征都是不相同的。

1)所有在【工程特征】中输入的信息都会与报表的标题、表眉、页脚中相应信息自动链接；

2)在【工程特征】中可以【插入特征项】和【删除】其中任意一行。

5. 分部分项工程

(1)子目输入：软件提供了多种输入子目的方法。

1)直接输入：在预算书界面可以直接输入定额子目。

输入 1－1 按回车键，该子目会自动进入预算书中。软件还提供了一种快速输入定额号的方法，即如果定额号属于同一章节，用户在输入第二条子目时，只需输入子目序号，软件自动提取章号，例如：上一子目为 3-12，下一子目为 3-14，输完第一条后再输第二条时只需输入 14，回车，定额号列就会自动出现 3-14。

2)查询输入：在软件中可以查找定额中的子目。

A. 进入预算书编辑界面点击【定额查询】，在操作界面下方会显示“定额查询”的窗口，如图 10-26 所示。

B. 右边窗口是章节查询，左边窗口是查询结果。选取时，双击自己需要的定额项即可。

📖 使用技巧：按住“shift＋左键”可以连续选择多个子目；按住“ctrl＋左键”可以非连续选择多个子目。

3)补充子目输入：定额中没有的子目我们可以通过制作补充定额的方法输入到分部分项工程量清单中。

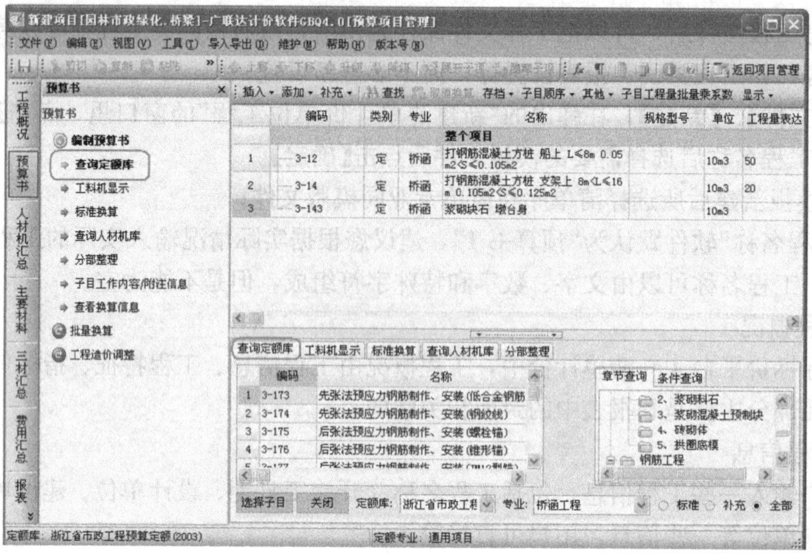

图 10-26　查询子目

在定额编号中直接输入 B：001 或点击界面中【补充】下的【子目】，弹出下方窗口。此界面可以具体输入补充子目的名称、单位、人工费、材料费、机械费、主材费、设备费。如图 10-27 所示。

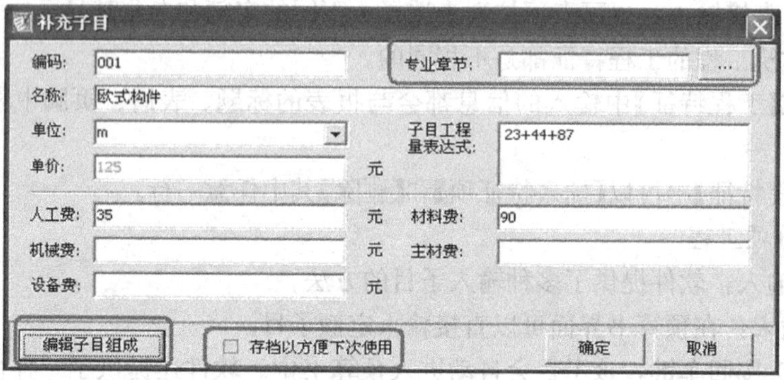

图 10-27　补充子目

如果需要具体补充该子目的详细人材机，左键点击【编辑子目组成】，弹出窗口，点右键【插入人材机】，具体输入所需人材机即可。如图 10-28 所示。

说明：若您想将补充子目存档，可以将【存档以方便下次使用】打上勾，在“专业章节”中选择好具体路径后，点【确定】即可。

(2)换算

软件把常用到的换算方式做入软件，只要进行简单操作，系统会自动进行处理，计算新的单价。

1)标准换算

按定额的章节说明及附注信息换算，软件把常用到的换算方式做进软件，只要进行简单操作，系统会自动计算新的单价及人材机含量。

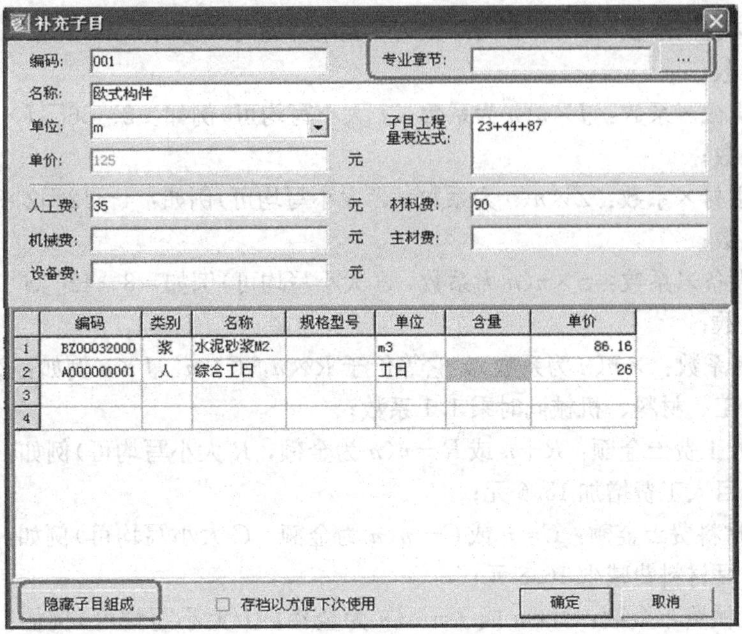

图 10-28 补充子目

选择需要换算的定额子目，点击【标准换算】，会显示如下窗口，选择需要的换算，然后点击【应用换算】即可。如图 10-29 所示。

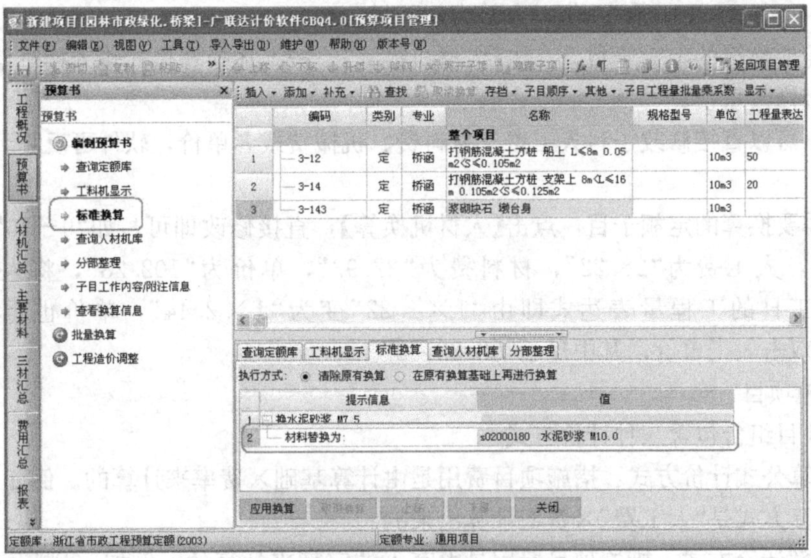

图 10-29 标准换算

2)直接输入换算

直接输入子目时，可以在定额号的后面跟上一个或多个换算信息来进行换算，预算书类别以“换”作标识，区别定额子目。其格式如下：(注意：□表示空格)

A. 子目人工×系数：$R\times n$(n 为系数，R 大小写均可)例如：2－56□$R\times1.1$→表示

人工费乘 1.1 系数；

B. 子目材料×系数：$C\times n$(n 为系数，C 大小写均可)例如：2－56□$C\times 1.1$→表示材料费乘 1.1 系数；

C. 子目机械×系数：$J\times n$(n 为系数，J 大小写均可)例如：2－56□$J\times 1.1$→表示机械费乘 1.1 系数；

D. 子目主材×系数：$Z\times n$(n 为系数，Z 大小写均可)例如：4－12□$Z\times 1.1$→表示主材乘以 1.1 系数；

E. 子目设备×系数：$S\times n$(n 为系数，S 大小写均可)例如：8－42□$S\times 1.1$→表示设备乘以 1.1 系数；

F. 子目×系数：$\times n$(n 为系数)，它等价于 $R\times n$，$C\times n$，$J\times n$ 例如：2－56□×1.1→表示子目人工、材料、机械同时乘 1.1 系数；

G. 子目人工费±金额：$R+n$ 或 $R-n$(n 为金额，R 大小写均可)例如：2－56□$R+15.6$→表示子目人工费增加 15.6 元；

H. 子目材料费±金额：$C+n$ 或 $C-n$(n 为金额，C 大小写均可)例如：2－56□$C-16.8$→表示子目材料费减少 16.8 元；

I. 子目机械费±金额：$J+n$ 或 $J-n$(n 为金额，J 大小写均可)例如：2－56□$J+16.8$→表示子目机械费增加 16.8 元；

J. 子目主材费±金额：$Z+n$ 或 $Z-n$(n 为金额，Z 大小写均可)例如：4－12□$Z+1000$→表示主材费增加 1000；

K. 加减其他子目：+/－其他定额号及换算信息例如：2－56□＋□2－101×10→表示子目 2－56 加 2－101 乘 10 倍，合并为新子目。

选择需要换算的定额子目，点击【人材机换算】，按上述换算格式输入换算信息即可。

3)直接修改量换算

即用户可以直接修改子目人工费、材料费、机械费或者单价，软件可反算到人材机含量中。

选择需要换算的定额子目，点击【人材机换算】，直接修改即可。如“9－76”子目，工程量为“1”，人工费为“28.22”，材料费为“22.92”，单价为“102.28”，将人工费改为“56.44”，工日的工程量表达式即由“1×1.22”变为“1×2.44”，单价也重新计算为“79.36”，双击人工单价，其中显示“28.22×2”。

6. 措施项目

措施项目组价包含三种计价方式：

(1)计算公式计价方式：措施项目费用是由计算基础×费率来计算的。例如：“文明施工费”的计算方式是“人工费”×费率计算出来的。

(2)定额计价方式：措施项目费用是由套入的定额来计算的。例如：“脚手架”是套定额 3-1 和对应的工程量计算的。

(3)实物量计价方式：措施项目费是由具体的实物计算出来的。例如：“临时设施费”中是由具体的人工费＋机械费＋材料费组成。

说明

a. 在【组价内容】中，可以看到光标所在措施项行的组价方式；

b. 在【组价内容】中，可以修改光标所在措施项行的组价方式。

7. 人材机汇总

人材机汇总用于人材机的预览与编辑。窗口左侧为人材机的类别列表，选择不同类别的人材机表，右方显示相应表的内容，同时软件还提供了载入市场、人材机表管理、人材机设置等功能。如图 10-30 所示。

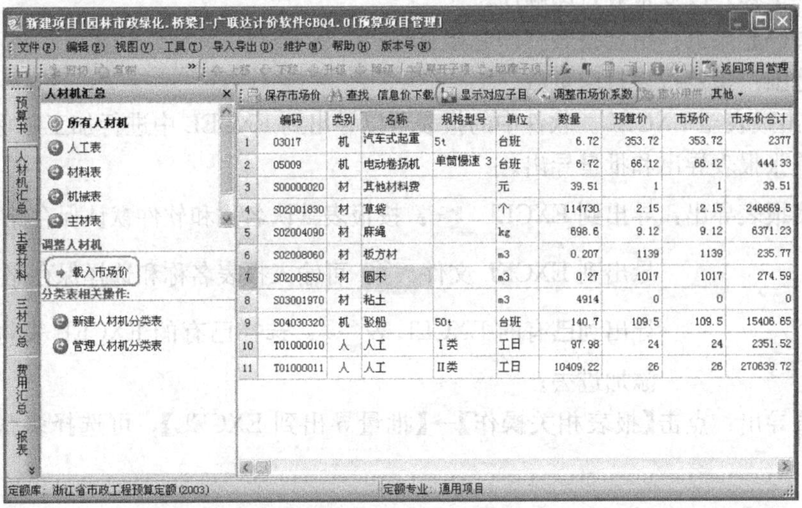

图 10-30 所有人材机

8. 市场价调整

在人材机界面主要功能是调价差，因此首先要确定的就是市场价；市场价调整提供了【载入市场价】、【调整市场价系数】、【人材机无价差】、【市场价加权】等功能。

9. 报表

报表界面用于编辑、设计和输出报表，点击【报表】，选择需要浏览或打印的报表。根据 2008 清单规范中的报表样式和各地的招投标习惯，广联达计价软件已经在软件中设计好相应的报表格式，用户可以直接使用，也可以根据需要自行设计报表类型。如图10-31所示。

(1)报表预览。报表预览用于查看报表格式。窗口左侧为报表名称列表，操作鼠标或键盘选择报表，窗口右方即预览报表；如果计算机设置显示 1024×768 像素，系统默认显示比例为 46%；当鼠标移至预览页框内时，鼠标指针变为“+”，点击报表放大为 100%，鼠标指针变为“—”，再次点击恢复。

(2)当软件中提供的报表格式不符合要求时，可以利用强大的报表设计功能，设计出自己需要的报表形式。

(3)新建报表。如果软件提供的报表不能满足用户的要求，可以自行新建报表，分为两步：第一步：点击【报表相关操作】下的【新建报表】；或点鼠标右键【新建】，软件会生成一张空表；第二步：点击报表界面上的【报表设计】按钮，进入报表设计器主界面；

(4)报表存档。报表存档用于保存修改过的报表格式，以备其他预算文件中调用。点击【报表相关操作】→【报表存档】，或点击鼠标右键选择【报表存档】，在弹出的“保存报表文件"窗口中输入报表名称，点击【确定】退出。

(5)报表打印。报表打印包括单个报表打印和批量打印。

1)单个报表打印：点击系统工具栏图标，可打印当前报表；

2)批量打印：点击【报表相关操作】→【批量打印】。

说明：选择：在报表名称右边的小方框中点击鼠标，框中出现"√"，表示打印此表；

上移、下移：改变报表打印顺序；

连打页码起始页：指定报表打印起始页码；

页码范围：指定报表打印页数。

(6)导出报表至EXCEL。软件中的报表可以导出到EXCEL中进行加工，保存，导出方式包括单张报表导出和批量导出。

1)单张报表导出：导出到EXCEL：按报表默认名称和软件默认保存路径导出；

导出到EXCEL文件：可输入报表名称和选择保存路径；

导出到已有的EXCEL表：选择已有的EXCEL表将报表内容添加进去；

2)批量导出：点击【报表相关操作】→【批量导出到EXCEL】，可选择多张报表一起导出。

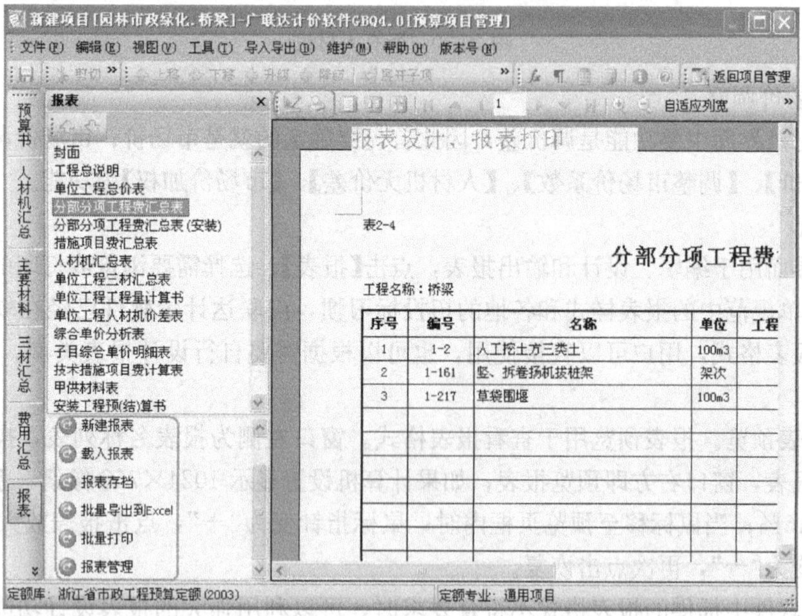

图10-31 报表

如果您在使用GBQ4.0的过程遇到任何问题，可以通过以下几种方式解决您所遇到的问题：

广联达软件股份有限公司网站

门户网站：http：//www.glodon.com/

参 考 文 献

[1] GB 50500—2013 建设工程工程量清单计价规范. 北京：中国计划出版社，2013.
[2] GB 50857—2013 市政工程工程量计算规范. 北京：中国计划出版社，2013.
[3] 浙江省市政预算定额. 北京：中国计划出版社，2010.
[4] 浙江省建设工程施工取费定额. 北京：中国计划出版社，2010.
[5] 王云江 市政工程定额与预算.（第二版）. 北京：中国建筑工业出版社，2010.
[6] 王云江 市政工程预算快速入门与技巧. 北京：中国建筑工业出版社，2014.